普通高等教育“十一五”国家级规划教材　计算机系列教材

秦磊华　吴非　莫正坤　编著

计算机组成原理

清华大学出版社
北京

内 容 简 介

本书主要介绍计算机单机系统的组成原理及内部工作机制，包括计算机各大部件的工作原理、设计方法、逻辑实现及互连构成计算机整机的技术。全书共分 9 章，内容包括计算机系统概论、计算机中数据信息的表示方法、运算方法与运算器设计、存储系统、指令系统、控制器的工作原理与设计方法、流水线的基本概念、系统总线技术、输入输出设备及其组织结构和工作原理。

本书综合了编者多年的教学经验，并借鉴吸收了国内外经典教材的优点。在内容选取上，既重点论述了经典内容，又尽可能与国际先进教材的内容接轨，并选取一些反映计算机系统新发展的部分知识。内容充实、思路清晰、概念明确、重点突出、通俗易懂，并附有大量的例题、习题和课外实践内容。

本书可作为高等学校计算机及相关专业计算机组成原理课程的教材，也可作为有关专业研究生或计算机工程技术人员的参考书。

图书在版编目(CIP)数据

计算机组成原理/秦磊华，吴非，莫正坤编著. —北京：清华大学出版社，2011.2(2021.1重印)
(计算机系列教材)
ISBN 978-7-302-24089-1

Ⅰ. ①计… Ⅱ. ①秦… ②吴… ③莫… Ⅲ. ①计算机体系结构—教材 Ⅳ. ①TP303

中国版本图书馆 CIP 数据核字(2010)第 228571 号

责任编辑：张瑞庆　薛　阳
责任校对：李建庄
责任印制：吴佳雯

出版发行：清华大学出版社
　网　　址：http://www.tup.com.cn，http://www.wqbook.com
　地　　址：北京清华大学学研大厦 A 座　　**邮　　编**：100084
　社 总 机：010-62770175　　**邮　　购**：010-83470235
　投稿与读者服务：010-62776969，c-service@tup.tsinghua.edu.cn
　质量反馈：010-62772015，zhiliang@tup.tsinghua.edu.cn
印 装 者：北京嘉实印刷有限公司
经　　销：全国新华书店
开　　本：185mm×260mm　　**印　　张**：25.75　　**字　　数**：640 千字
版　　次：2011 年 2 月第 1 版　　**印　　次**：2021 年 1 月第14次印刷
定　　价：49.00 元

产品编号：033561-03

《计算机组成原理》 前言

“计算机组成原理”(Computer Organization)是计算机类各专业的一门核心专业基础课。主要讨论计算机各大功能部件的基本组成原理及其互连构成整机的技术。本课程在计算机学科系列课程中起承上启下的作用,其先导课程包括“数字逻辑电路”和“汇编语言程序设计”,后续课程为“计算机系统结构”和“微机接口技术”。因此,该课程的教学过程中要注重站在计算机硬件系列课程的角度,引导学生如何利用在前导课中所学的基本知识,设计计算机各大功能部件并构成整机系统,同时要为后续课程的学习奠定坚实的基础。

本书以层次结构的观点来描述计算机各主要功能部件及组成原理;以数据信息和控制信息的表示、处理为主线来组织全书的内容。全书共分 9 章,第 1 章为计算机系统概论,简单介绍计算机系统的软、硬件组成、计算机系统的多级层次结构以及计算机的性能指标等内容;第 2 章为数据信息的表示,主要介绍数值数据和非数值数据的表示方法及信息校验方法;第 3 章为信息处理,主要介绍定点数和浮点数的四则运算、逻辑运算及运算器的组成和工作原理;第 4 章讲述存储器系统,主要讨论存储器分级结构的概念、半导体存储器的工作原理、高速缓冲存储器(cache)的工作原理、cache 和主存之间的各种映射和替换算法、并行存储器、虚拟存储器的基本概念以及磁表面存储器和廉价磁盘冗余阵列 RAID 等内容;第 5 章论述指令系统,首先介绍了计算机指令系统的基本知识,然后讨论了指令系统设计与优化的有关问题,最后较详细地介绍典型 RISC 处理器的指令实例——MIPS 指令系统。第 6 章讲述中央处理器,主要介绍 CPU 的功能和基本结构、指令执行流程、数据通路的基本组成与结构、时序控制、微程序控制器和硬布线控制器的基本结构。本章还分别以一个基于总线结构和一个类 MIPS 的模型机为例,详细讲解数据通路的建立以及硬布线控制器和微程序控制器的设计原理和设计方法;第 7 章为流水线技术,讲述流水线的基本概念和性能分析,介绍了流水线中的相关问题及解决方法;第 8 章介绍总线的基本概念、总线的连接方式、总线的仲裁、总线的定时等基本内容,同时还对总线标准的发展和流行的总线标准进行了分析;第 9 章讲述输入输出系统的一些基本知识,主要包括 I/O 系统的特性、I/O 接口的功能与组织结构、常见的几种输入输出方式,并简要介绍几种常见输入输出设备的工作原理。

本书是编者在总结多年从事计算机组成原理及相关计算机硬件系列课程理论及实践教学的基础上,借鉴并吸取国内外经典教材优点编写而成。在内容选取上,既重点论述了经典的内容,又尽可能与国际先进教材的内容接轨,并选取一些反映计算机系统发展的部分内容。在编写方式上，本书力求去繁求简，用最简单的语言来阐述教材的内容。全书具有内容充实、结构合理、概念清晰、重点突出的优点，符合高等学校计算机科学与技术专业公共核心知识体系与课程中对“计算机组成原理”课程知识点的要求。本书可按层次和模块化结构组织教学，授课教师可以根据教学需要及课时的多少，对内容进行灵活的取舍。教学课时可以安排为56～72学时。

本书第1,3,4,5,6,8,9等章由秦磊华编写，第2章及输入输出设备的部分内容由莫正坤编写，第7章由吴非编写。全书由秦磊华主编并修改。在本书的编写过程中，得到了清华大学出版社、华中科技大学计算机学院及华中科技大学教务处的大力支持与帮助。另外，本书直接或间接地引用了许多国内外专家和学者的文献及著作，在此向他们一并表示衷心的感谢，这些文献和著作已经在参考文献部分一一列出。

由于计算机技术的不断发展，新的思想、概念、技术和实现方法不断涌现，加之作者水平有限，书中难免有错误和不妥之处，敬请同行和广大读者批评指正。

使用该教材的教师可通过电子邮件(abc_119@126.com)索取课程PPT和课后习题参考解答。

作　者

2010年12月于华中科技大学

《计算机组成原理》目录

第 1 章　计算机系统概论

电子计算机的诞生是当代最卓越的科学技术成就之一，它的发明与应用标志着人类文明进入了一个新的历史阶段。它的迅速发展成为当今新技术革命浪潮中最活跃的因素，也成为衡量世界各国现代化科学技术水平的重要标志。

本章对计算机的发展与应用、计算机的基本组成、计算机系统的层次结构等内容简要介绍，重点分析计算机硬软件系统组成与功能、计算机系统的性能评价指标。使读者能从总体上对计算机的构成及各主要部件的功能有一个初步的了解，并建立整体概念，为后续知识的学习奠定基础。

1.1　计算机的发展与应用

计算机是一种不需要人工直接干预，能够按照事先存储的程序，自动、高速、准确地对各种信息进行处理的电子设备。从数据表示来看，计算机可分为数字计算机和模拟计算机。今天的计算机以数字计算机为主，本书的主要研究对象也是数字计算机。

1.1.1　国内外计算机发展概况

1946 年 2 月世界上第一台电子数字计算机“埃尼阿克”(ENIAC)在美国宾夕法尼亚大学诞生，它标志着科学技术的发展进入了新的时代——电子计算机时代。从第一台电子计算机的诞生到现在短短 60 多年的时间里，按照所采用的微电子器件的发展水平，计算机的发展已经历了 4 代。

1. 电子管计算机(1946—1958 年)

这一时期的计算机以电子管为基本电子器件。存储器采用延迟线，存储容量小，只有几千个存储单元。运算速度每秒约几千次至几万次。输入和输出的设备为穿孔卡片或穿孔带。这一代计算机具有体积大、功耗高、可靠性差等特点。主要应用于科学计算，编程语言为汇编语言。

2. 晶体管计算机(1958—1964 年)

第二代计算机的基本电子器件为晶体管。主存采用磁芯，存储容量增至 10 万存储单元以上；磁鼓被用作辅助存储器。运算速度已达到每秒几万次至几十万次。相对于电子管计算机，其体积和功耗均有所降低。应用领域从科学计算扩展到数据处理，开始使用 FORTRAN 和 Algol 等高级语言。

3. 集成电路计算机(1964—1978年)

第三代计算机的基本电子器件普遍采用了集成电路。主存采用半导体存储器,而磁盘代替磁鼓成为辅助存储器;主存和辅存容量显著增加;高速缓存和虚拟存储技术被引入存储系统。运算速度已达每秒几十万次至几百万次。体积和功耗均显著减小,可靠性大大提高。在此期间,出现了向大型和小型化两极发展的趋势,典型的有IBM公司的360(1964年)、Digital Equipment(数字设备)公司的PDP-11(1971年)以及第一台向量计算机CRAY-1(1974年)。与此同时,计算机品种开始出现多样化和系列化;微程序、流水线和并行性等技术也陆续被引入到计算机设计中;软件技术与计算机外围设备发展迅速,应用领域不断扩大。

4. 超大规模集成电路计算机(1978年以后)

第四代计算机的基本电子器件普遍采用了超大规模集成电路。存储容量和速度进一步提高,网络存储开始出现。运算速度从MIPS(每秒10^6条指令)级提高到GIPS(每秒10^9条指令)级乃至TIPS(每秒10^{12}条指令)水平。超大规模集成电路技术的发展,进一步缩小了计算机的体积和功耗,增强了计算机的功能。1980年,采用Intel 8086系列芯片的个人电脑IBM PC(Person Computer)诞生;出现了精减指令系统计算机RISC(典型代表是1985年推出的MIPS机)和复杂指令系统计算机CISC(典型代表是1978年推出的SPARC)两个发展方向。与此同时,多机并行处理与网络化也成为这一时代计算机的重要特征,大规模并行处理系统、分布式系统、计算机网络的研究和实施进展迅速;系统软件的发展不仅实现了计算机运行的自动化,而且正在向工程化和智能化迈进。

我国电子计算机的研究从1953年开始,到1958年研制出第一台103型通用数字电子计算机,它属于第一代电子管计算机。60多年来,我国已相继研制出多代新的计算机。从1982年开始,我国的计算机事业进入了新的发展时期,研制出每秒1亿次的巨型机——银河Ⅰ型机、中型机、32位超级小型系列机,微型计算机、超级微型计算机、服务器都实现了批量生产。现在已形成了自己的计算机工业体系,并具备相当规模的计算机硬件、软件和外部设备的生产能力。1995年5月,由中科院计算技术研究所研制的"曙光1000"大规模并行处理机诞生。该机的峰值速度可达每秒25亿次单精度浮点运算,或每秒20亿次双精度浮点运算,内存容量为1000MB,节点机间总通信容量为每秒4800MB。该机的研制成功,标志着我国已掌握了大规模并行处理尖端技术,进入该高技术领域的世界先进行列。为加快我国经济信息化的进程,国家组织实施了一系列重大信息工程并已经取得丰硕成果。目前,电子商务、电子政务的实施正方兴未艾。计算机网络的应用已从机关、企业、学校普及到寻常百姓家,我国网民的数量已跃居世界前列。计算机应用已渗透到我国的各行各业和千家万户。

1.1.2 摩尔定律

1965年,英特尔公司创始人之一戈登·摩尔(Gordon Moore)在一篇论文里对集成电路上可容纳的晶体管数目、性能和价格等发展趋势进行了预测，其主要内容可概括为：集成电路上可容纳的晶体管数量每18个月翻一番，性能将提高一倍，而其价格将降低一半。这就是著名的摩尔定律的核心思想。

作为迄今为止半导体发展史上意义最深远的定律，摩尔定律已被集成电路近40多年的发展历史准确无误地验证着。1971年Intel 4004 CPU芯片上集成了2300个晶体管，至2001年Intel Pentium 4芯片上已集成了4200万个晶体管，增长了180多倍。

虽然摩尔后来对1965年发表论文中晶体管数量的增长率进行了重新审定和修正，而且近年来部分部件的发展已经开始偏离摩尔定律的预测，但这些都不能否定摩尔定律的深远影响和巨大贡献。这里需要特别指出的是，摩尔定律并非数学、物理定律，而是对发展趋势的一种分析预测，因此无论是它的文字表述还是定量计算，都应当容许一定的宽裕度。

目前，微处理器的制造工艺已从微米级发展到纳米级，戈登·摩尔的预言仍然正确。虽然摩尔定律从物理角度来说终归要结束，然而摩尔定律的影响是非常深远的，它表现在：

(1) 单个芯片集成度提高后，其成本变化不大，因此总体成本明显下降。

(2) 高集成度的芯片中，电路间的距离更近，其连线更短，工作速度可以更高。

(3) 增加了芯片内部的连线，从而减少了外部连线，可靠性得以提高。

(4) 计算机变得更小，减少了电能的消耗，适应性更好。

1.1.3 计算机的发展趋势

随着超大规模集成电路、新型高速器件不断涌现，计算机产品的生命周期大大缩短，计算机工业已成为当今世界发展最快的工业之一。20世纪90年代，微型计算机已迈入64位的新时代；RISC出现并逐步成熟；随机存取存储器、光盘、磁盘阵列和高速缓冲存储(cache)、网络存储等信息存储技术以及计算机网络技术正以惊人的速度发展；大规模并行处理系统(MPP)的处理速度已达到TFLOPS级(每秒10^{12}条浮点指令)；超立方体计算机、神经网络计算机等高性能计算机正在加紧研究、试制之中。随着电子器件速度极限的逼近，人们又开始了光计算机、生物计算机和量子计算机的研究，这些计算机的诞生将会使计算机的发展进入一个全新时代。

在软件方面，20世纪40年代是手工编程时代，50年代是高级语言时代，60年代是操作系统时代，70年代是软件工程和数据库时代，80年代是软件开发环境时代。而今，具有良好图形用户界面的32位操作系统和各种网络操作系统得到广泛使用，版本不断更新。计算机辅助工程(CAS)、面向对象的技术以及形形色色的诊断、测试、调试和开发工具如雨后春笋，窗口软件、集成操作环境已相当成熟。软件在计算机系统中所占的比重越来越大，专门生产软件的公司越来越多，软件产业已形成相对独立的专门产业。只需要人们给出设计思想和解题步骤，由计算机自动编程的时代已为期不远。

计算机外部设备的发展速度也异常迅速，垂直磁记录技术、磁盘阵列技术、激光存储技术、激光印字机、高分辨率显示器、平面显示技术的研究和开发不断取得新成果。

可以预料，21世纪将实现全球信息化。人们将通过信息高速公路查阅各地的报刊、资料，点播各国的电视节目，召开电视会议，进行网上购物，开展基于网络的远程教学和远程医疗等活动。

1.1.4 多核处理器

经过多年的发展，目前通用微处理器的主频已经突破了4GHz，数据宽度也达到甚至超过64位，在制造工艺方面也同样以惊人的速度在发展。英特尔已经推出了具有革命性技术的45nm工艺系列产品Penryn，根据摩尔定律可预测芯片上集成的晶体管数目将不断快速增长。如何有效地利用这些晶体管开发出效能更高的处理器是目前国际上的研究热点。

多核技术是通过在一个芯片上集成多个简单的处理器以充分利用这些晶体管资源，发挥其最大的能效，采用多核技术具有下列优点。

(1) 当芯片的制造工艺达到0.18μm甚至更小时，线延迟已超过门延迟并成为制约集成电路性能的主要因素。目前处理器芯片已经采用了0.13μm的制造工艺，设计工作频率达到3GHz以上。此时，采用分布式结构的多核处理器可减少全局信号线，从而克服线延迟对处理器性能的影响。

(2) 按照Pollack规则，处理器性能的提升与其复杂性的平方根成正比，如果一个处理器的硬件逻辑提高一倍，至多能提高40%的性能，而如果采用两个简单的处理器构成一个相同硬件规模的双核处理器，则可以获得70%～80%的性能提升，同时在面积上也同比缩小。

(3) 多核处理器通过关闭(或降频)一些处理器核等多层次低功耗调度技术，可以有效地降低能耗。

(4) 多核处理器通过处理器IP核(Intellectual Property Core)的复用，可以极大降低设计的成本，同时模块的验证成本也显著下降。

同时，多核处理器还能充分利用不同应用的指令级并行和线程级并行。具有较高线程级并行性的应用如数据库等商业应用可以很好地利用这种结构来提高性能。多核处理器已经成为处理器体系结构发展的必然。

目前，英特尔在45nm工艺条件下，在一个处理器中可支持2、4、8个核；其他处理器生产厂家如AMD和RMI也都推出了多核处理器。不难看出，多核处理器是处理器发展的必然趋势。无论是移动/嵌入式应用、桌面应用还是服务器应用，都将采用多核的架构。

1.1.5 嵌入式计算机

嵌入式系统是以应用为中心，以计算机技术为基础，并且软硬件可裁剪，适用于应用系统对功能、可靠性、成本、体积、功耗等有严格要求的专用计算机系统(非PC系统)。它一般由嵌入式微处理器、外围硬件设备、嵌入式操作系统以及用户应用程序等4个部分组成，用于实现对其他设备的控制、监视或管理。

嵌入式计算机不同于通用计算机，嵌入式计算机具有专用性和用户定制等基本特征。嵌入式系统通常是面向用户、面向产品、面向特定应用，并与具体应用有机地结合在一起。

嵌入式系统的核心是嵌入式处理器。据不完全统计，目前全世界嵌入式处理器的种类已达到1000余种，其中流行的体系结构有30多个系列。现在几乎每个半导体制造商都生产嵌入式处理器。嵌入式微处理器的体系结构经历了从CISC到RISC和Compact RISC的转变；位数由4位、8位、16位、32位到64位；寻址空间一般为64KB～16MB，处理速度为0.1MIPS～2000MIPS(Million Instructions Per Second，每秒百万条指令)；常用的封装为8～144个引脚。目前的嵌入式处理器可以分为嵌入式微处理器(Embedded Microprocessor Unit，EMPU)、嵌入式微控制器(Embedded Microcontroller Unit，EMCU)、嵌入式DSP处理器(Embedded Digital Signal Processor，EDSP)和嵌入式片上系统(Embedded System On Chip，ESOC)4类。

早期的嵌入式系统很少用操作系统，从20世纪80年代开始，嵌入式操作系统得到了快速发展。目前较常见的几种商用嵌入式操作系统有VxWorks，pSOS，μC/OS-Ⅱ和Windows CE等。

嵌入式系统在制造工业、过程控制、通信、仪器、仪表、汽车、船舶、航空、航天、军事装备等方面有着非常广泛的应用。在日常生活中，嵌入式系统也有非常广泛的应用，如PDA、机顶盒、IP电话、洗衣机、微波炉等消费类电子中都包含有嵌入式系统的应用。

1.1.6 计算机的应用

计算机的应用几乎涉及人类社会的所有领域，从军事部门到民用部门，从尖端科学到消费类电子，从厂矿企业到个人家庭，无处不出现计算机的踪迹。计算机的主要应用表现在以下几方面。

1. 科学技术计算

计算机的应用最早源于科学计算。在科学计算和工程设计领域使用计算机不仅能减轻计算工作量，而且还能解决很多复杂的问题。例如，宇宙飞船运动轨迹和气动干扰问题的计算；人造卫星和洲际导弹发射后，正确制导入轨计算；高能物理中热核反应控制条件及能量计算；天文测量和天气预报的计算等。现代工程中，电站、桥梁、水坝、隧道等最佳方案的设计和选择也离不开计算机。

2. 数据处理

数据处理是指对数据进行一系列的操作。例如，对数据进行加工、分析、传送、存储及检测等。数据处理已渗透在日常工作、生活的每一个方面。如金融数字的统计、核算；账务的处理；各种文献资料及书刊的保存、查阅、整理；仓库管理、人事管理、统计报表等数据处理；铁路、机场、港口的交通调度等。

随着网络技术的发展，数据处理已从单功能转向多功能、多层次。管理信息系统(MIS)逐渐成熟，它把数据处理与经济管理模型的优化计算和仿真结合起来，具有决策、控制和预测功能。管理信息系统在引入人工智能之后就形成决策支持系统(Decision Support System,DSS)。

3. 过程控制

过程控制就是利用计算机对连续的工业生产过程进行控制,被控对象可以是一台机床、一个窑炉、一条生产线、一个车间,甚至整个工厂。计算机在工业生产过程的使用,不仅减轻了工人的劳动强度,而且还能大幅提高产品的质量和生产效率。更为重要的是,一些靠人很难进行的生产过程(如有毒或其他对人体健康有害的生产环境、地下或高空作业等)使用计算机后变得非常容易。

目前用于过程控制的有单片微机、可编程控制器(Programmable Logic Controller,PLC)、微机测控系统和分散式计算机测控系统。我国有许多企业在生产过程中都引入了计算机控制技术。国家、地方和企业在利用微电子技术特别是计算机技术改造传统产业方面投入了大量资金,正在逐步取得成效。此外,计算机控制技术在军事、航空、航天、核能利用等领域的应用已是“历史悠久”,硕果累累。

4. 计算机辅助技术

计算机辅助技术包含计算机辅助设计(Computer Aided Design,CAD)、计算机辅助制造(Computer Aided Manufacturing,CAM)、计算机辅助测试(Computer Assisted Testing,CAT)、计算机辅助教学(Computer Assisted Instruction,CAI)等。

计算机辅助设计就是利用计算机来帮助设计人员进行设计。其中有机械CAD、建筑CAD、服装CAD以及电子电路CAD(又称电子设计自动化EDA)等。使用这种技术能提高设计工作的自动化程度,节省人力和时间。现在,计算机都采用这种技术来完成自身的体系结构模拟、逻辑模拟、大规模及超大规模电路设计以及印制电路板的自动布线等工作,使新型计算机的设计周期大大缩短,设计质量大大提高。

计算机辅助制造是利用计算机进行生产设备的管理、控制和操作的过程。如工厂在制造产品的过程中,用计算机来控制机器的运行,处理制造中所需的数据,控制和处理材料的流动以及对产品进行测试和检验等。CAM发展到现在,已形成了一种称为CIM的技术。CIM(Computer Integrated Manufacturing)就是计算机集成制造。用这种技术组成的系统称为计算机集成制造系统(CIMS)。它是将企业的全部生产活动所需的各种自动化系统有机地集成起来,以获得高效益、高柔性的智能生产系统,是CAD,CAM和MIS通过计算机网络的集成。采用CIMS将给企业带来生产力的飞跃和生产方式的根本变革。

计算机辅助测试是利用计算机帮助人们进行各种测试工作。如大规模特别是超大规模集成电路因为过于复杂,需要测试的参数又很多,若用人工测试,一是不准确,二是速度太慢。采用CAT系统则可快速自动完成各种参数的测试和报告结果,还可分类和筛选产品。

计算机辅助教学是利用计算机帮助教师和学生进行课程内容的教学和测验。学生可以通过人机对话的方式学习有关章节的内容并回答计算机提出的问题,计算机可以判断学生的回答是否正确。目前，CAI 软件已大量涌现。从小学、中学到大学的许多课程都有成熟的 CAI 软件产品。有些软件图文并茂，提高了学生的学习积极性。CAI 与多媒体技术相结合组成多媒体计算机辅助教学系统，在这个系统中图、文、声、像俱全，在实现远程教学和网络教学中发挥重要作用。

5. 计算机通信

计算机通信是计算机技术与通信技术相结合的产物，其典型的代表是计算机网络。随着互联网和多媒体技术的迅速普及，网上会议、远程医疗、网上银行、电子商务、网络会计等基于计算机通信的远程活动已经或将要获得普及。

6. 人工智能

人工智能(Artificial Intelligence，AI)是指利用计算机模拟人类的智能活动，使计算机具有判断、理解、学习、问题求解的能力。目前人工智能的研究已取得一些成果，如在医疗诊断、文字翻译、密码分析、智能机器人等领域的应用都有突破。

随着计算机的不断发展和普及，计算机的应用领域将越来越广泛，除上述所列 6 方面的应用外，计算机的应用领域还有很多，这里不再一一列举。

1.2 计算机系统的组成

一台完整的计算机应包括硬件和软件两部分。硬件与软件结合，才能使计算机正常运行并发挥作用。因此，对计算机的理解不能仅局限于硬件部分，应该把它看作一个包含软件系统与硬件系统的完整系统。

1.2.1 计算机硬件系统

计算机硬件系统(Hardware System)是指构成计算机系统的电子线路和电子元件等物理设备的总称。硬件是构成计算机的物质基础，是计算机系统的核心。

20 世纪 40 年代中期，美国科学家冯·诺依曼(John von Neumann)大胆地提出了采用二进制作为数字计算机数制基础的理论。同时，他还提出了计算机组成结构、程序存储和程序设计等思想。所谓“存储程序”，就是人们将解题的步骤编成程序，然后把程序存放到计算机的存储器中。计算机的控制器根据程序控制全机执行程序，从而完成该项任务，这一过程称为“程序控制”。因此，存储程序和程序控制就是冯·诺依曼型计算机的主要设计思想。人们把冯·诺依曼的这些理论总结为冯·诺依曼体系结构。

半个多世纪以来，计算机已发展为一个庞大的家族，在这个家族中有巨型机、大型机、中型机、小型机和微型机等，每种规模的计算机又有很多机种和型号。尽管它们在硬件配置上不同，在性能、结构、应用等方面存在着较大的差异，但它们的基本组成结构却是相同的。现代计算机仍然以冯·诺依曼体系结构为主流结构。

按照冯·诺依曼的设计思想，计算机的硬件系统包含运算器、控制器、存储器(此节指主存储器)、输入设备和输出设备等5大部件。运算器与控制器又合称为中央处理器(Central Processing Unit,CPU);CPU和存储器通常称为主机;输入设备和输出设备统称输入输出设备,有时也称外部设备,因为它们位于主机的外部。图1.1给出了计算机硬件系统中5大部件的相互关系。

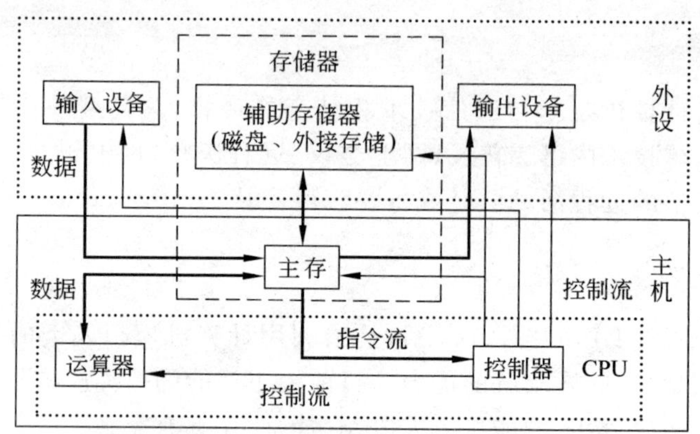

图1.1 计算机硬件系统基本框图

下面将对图1.1中各部分的功能进行简要分析。

1. 存储器

存储器的主要功能是存放程序和数据。程序是计算机操作的依据,数据是计算机操作的对象。不管是程序还是数据,在存储器中都是用二进制的形式表示,统称为信息。为实现自动计算,这些信息必须预先放在主存储器中才能被CPU读取。

目前,计算机的主存储器都是半导体存储器。存储体由许多存储单元组成,信息按单元存放。存储单元按某种顺序编号,每个存储单元对应一个编号,称为单元地址,用二进制编码表示。存储单元地址与存储在其中的信息一一对应。每个存储单元的单元地址只有一个,固定不变,而存储在其中的信息则可改变,图1.2给出了一个存储器的组织框图。

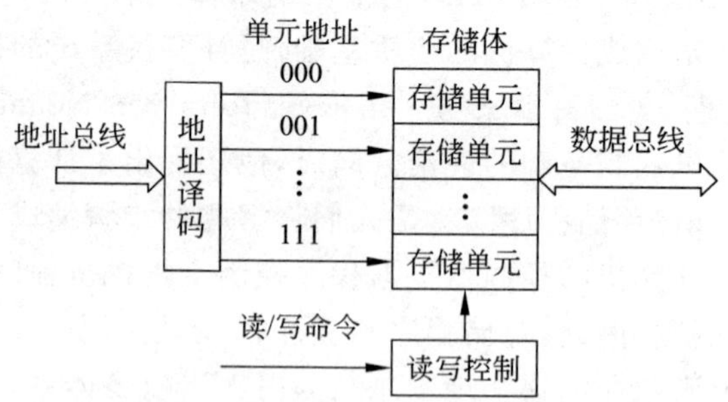

图1.2 存储器组成框图

向存储单元存入或从存储单元取出信息,称为访问存储器。访问存储器时,先由地址译码器将送来的单元地址进行译码,找到相应的存储单元;再由读写控制电路确定访问存储器的方式,即取出(读)或存入(写);然后,按规定的方式具体完成取出或存入的操作。

与存储器有关的部件还有地址总线与数据总线。它们分别为访问存储器传递地址信息和数据信息。地址总线是单向的，数据总线是双向的。有关存储器的介绍详见第4章。

2. 运算器

运算器是一种用于信息加工的部件，又称执行部件。它对数据进行算术运算和逻辑运算。算术运算是按照算术规则进行的运算，如加、减、乘、除及它们的复合运算。逻辑运算一般泛指非算术性运算。如比较、移位、逻辑加、逻辑乘、逻辑取反及“异或”操作等。

运算器通常由算术逻辑部件(ALU)和一系列寄存器组成。图1.3给出了一个最简单的运算器示意图。ALU是具体完成算术与逻辑运算的部件；寄存器用于存放运算操作数；累加器除存放运算操作数外，在连续运算中，还用于存放中间结果和最后结果，累加器由此而得名。寄存器与累加器中的原始数据既可从存储器取得，也可以来自其他寄存器；累加器的最后结果既可存放到存储器中，也可送入其他寄存器。

运算器一次运算处理的二进制位数称为字长。它是计算机的重要性能指标。常用的计算机字长有8位、16位、32位及64位。寄存器、累加器及存储单元的长度一般与ALU的字长相等或者是它的整数倍。现代计算机的运算器具有多个寄存器，如8个、16个、32个，多的达到上百个，这些寄存器统称为通用寄存器组。设置通用寄存器组可以减少访问存储器的次数，提高运算器的速度。有关运算器的详细内容将在第3章介绍。

3. 控制器

控制器是全机的指挥中心，它使计算机各部件自动协调地工作。控制器工作的实质就是解释程序，它每次从存储器读取一条指令，经过分析译码，产生一串操作命令，发向各个部件，控制各部件动作，使整个机器连续地、有条不紊地运行，以实现指令和程序的功能。

计算机中有两股信息在流动：一股是控制信息，即操作命令，它分散流向各个部件；一股是数据信息，它受控制信息的控制，从一个部件流向另一个部件，在流动的过程被相应的部件加工处理。

控制信息的发源地是控制器。控制器产生控制信息的依据来自以下3个方面，如图1.4所示。一是指令，它存放在指令寄存器中，是计算机操作的主要依据。二是各部件的状态触发器，用于存放反映机器运行状态的有关信息。机器在运行过程中，根据各部件的即时状态，决定下一步操作是按顺序执行下一条指令，还是转移执行其他指令，或者转

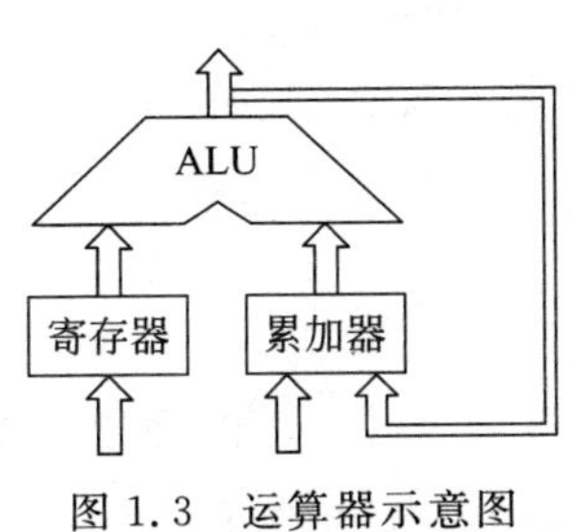

图1.3 运算器示意图

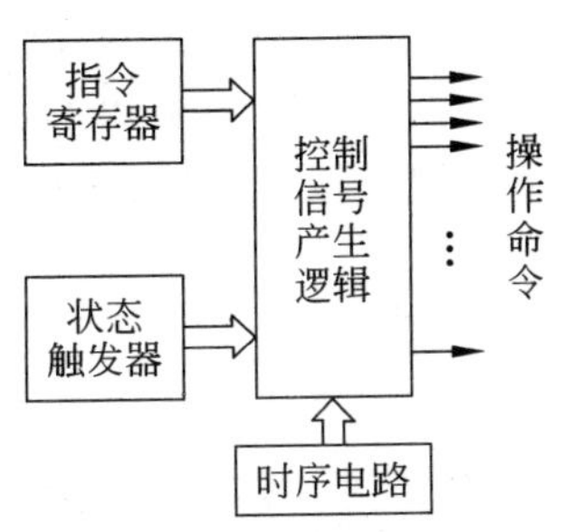

图1.4 控制器结构简图

向其他操作。三是时序电路，它能产生各种时序信号，使控制器的操作命令被有序地发送出去，以保证整个机器协调地工作，不至于造成操作命令间的冲突或先后次序上的错误。关于指令系统和控制器的详细知识将分别在第 5 章和第 6 章介绍。

4. 输入设备

输入设备就是将信息输入到计算机的外部设备，它将人们熟悉的信息形式变换成计算机能接收并识别的信息形式。输入的信息形式有数字、字母、符号、文字、图形、图像、声音等多种形式。送入计算机的只有一种形式，就是二进制数据。一般的输入设备用于原始数据和程序的输入。

常用的输入设备有键盘、鼠标、扫描仪及模/数转换器等。模/数转换器（A/D 转换器）能将模拟量转换成数字量。模拟量是指用连续物理量表示的数据，如电流、电阻、压力、速度及角度等。

输入设备与主机之间通过接口连接。设置接口主要有以下几个方面的原因。一是输入设备大多数是机电设备，传送数据的速度远远低于主机，因而需用接口作数据缓冲。二是输入设备表示的信息格式与主机不同，例如，由键盘的按键输入的字母、数字，先由键盘接口转换成 8 位二进制码（ASCII 码），再拼接成主机认可的字长送入主机。因此，需用接口进行信息格式的变换。三是接口还可以向主机报告设备运行的状态，传达主机的命令等。

5. 输出设备

输出设备就是将计算机运算结果转换成人们或其他设备能接收和识别形式的设备。输出设备与输入设备一样，需要通过接口与主机联系。常用的输出设备有：打印机、显示器、数/模（D/A）转换器等。

外存储器也是计算机中重要的外部设备，它既可以作为输入设备，也可以作为输出设备，此外，它还有存储信息的功能，因此它常常作为辅助存储器使用。人们常将暂时还未使用或等待使用的程序和数据存放在其中。计算机的存储管理软件将它与主存储器一起统一管理，作为主存储器的补充。常见的外存储设备有磁盘、光盘与磁带机。它们与输入输出设备一样，也要通过接口与主机相连。

总之，计算机硬件系统是运行程序的基本组成部分，人们通过输入设备将程序与数据存入存储器，运行时，控制器从存储器中逐条取出指令，将其解释成控制命令，去控制各部件的动作。数据在运算器中加工处理，处理后的结果通过输出设备输出。

关于输入输出系统和输入输出设备的详细内容将在第 9 章介绍。

6. 系统互连

前面已经介绍了构成计算机系统各部件的基本功能。为了构成一个完整的计算机硬件系统，上述各部件还需要有组织地以某种方式连接起来，实现数据信息和控制信息在不同部件之间的流动和对数据信息的加工处理。实现部件互连的方法很多，本节只介绍最简单的连接方法，即基于单总线结构的互连方法。

总线(Bus)是连接两个或多个设备(部件)的公共信息通路。它主要由数据线、地址线和控制线组成。连接计算机中各主要部件的总线称为系统总线。基于单总线结构的系统互连如图1.5所示。

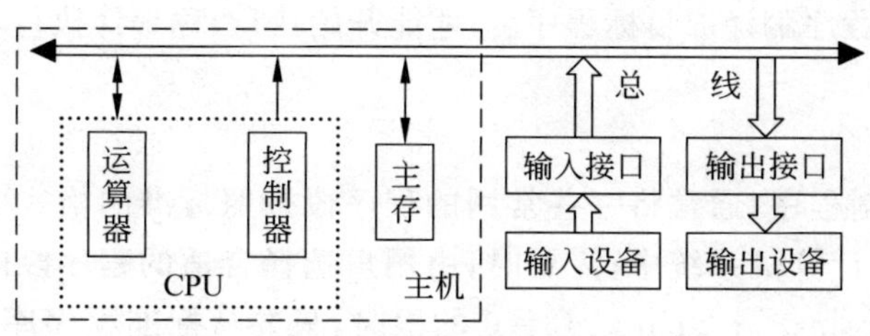

图1.5 基于单总线结构的互连

图1.5中,所有设备均与总线相连。由于总线是多个设备的公共连接线,因此每次只能有一个设备向总线输出信息,但允许多个设备同时接收来自总线的信息。关于总线的详细内容将在第8章介绍。

1.2.2 计算机软件系统

计算机的软件是将解决问题的方法、思想和过程用程序进行描述,因此程序是软件的核心组成部分。程序通常存储在介质上,人们可以看到的是存储程序的介质,而程序则是无形的。

一台计算机中全部程序的集合,统称为这台计算机的软件系统。软件按其功能分成应用软件和系统软件两大类。

应用软件是用户为解决某种应用问题而编制的一些程序,如科学计算程序、自动控制程序、工程设计程序、数据处理程序、情报检索程序等。随着计算机的广泛应用,应用软件的种类及数量将越来越多,功能也越来越强大。

系统软件用于对计算机系统的管理、调度、监视和服务等功能,其目的是方便用户,提高计算机使用效率,扩充系统的功能。通常将系统软件分为以下6类。

1. 操作系统

操作系统是管理计算机各种资源、自动调度用户作业、处理各种中断的软件。由操作系统管理的资源,通常有硬件、软件和数据信息。操作系统的规模和功能可大可小,随不同的要求而异。常见的操作系统有:DOS,UNIX,Windows,Linux。

2. 语言处理程序

计算机能识别的语言与机器能直接执行的语言并不一致。计算机能识别的语言很多,如汇编语言、BASIC语言、FORTRAN语言、Pascal语言、C语言等,它们各自都规定了一套基本符号和语法规则。用这些语言编制的程序叫源程序。用“0”或“1”的机器代码按一定规则组成的语言,称为机器语言。用机器语言编制的程序,称为目标程序。语言处理程序的任务,就是将源程序翻译成目标程序。不同语言的源程序,对应有不同的语言处理程序。

常见的语言处理程序按其翻译的方法不同，可分为解释程序与编译程序两大类。前者对源程序的翻译采用边解释、边执行的方法，并不生成目标程序，称解释执行，如BASIC语言；后者必须先将源程序翻译成目标程序后，才能开始执行，称编译执行，如C语言。

3. 标准程序库

为方便用户编制程序，通常将一些常用的程序段按照标准的格式事先编制好，组成一个标准程序库，存入计算机系统中；需要时，由用户选择合适的程序段嵌入自己的程序中。

例如，求解方程 $\sin x^2+2\sin x-3=0$ 的根时，只要从标准程序库中调出一元二次方程求根子程序和正弦函数子程序，将它们正确地装配起来，就可得到解此方程的程序。

4. 服务性程序

服务性程序，也称实用程序，它提供多种计算机系统运行所需的服务功能，是一种辅助计算机工作的程序。例如，用于程序的装入、连接、编辑及调试的装入程序、连接程序、编辑程序及调试程序等都属于服务性程序。又如诊断故障程序、纠错程序、监督程序等；此外，还有二-十进制转换程序等为系统提供更多实用功能的服务性程序。

5. 数据库管理系统

数据库管理系统(Database Management System，DBMS)，又称数据库管理软件。它用来管理系统中的所有文件，实现数据共享。数据库是为了满足大型企业的数据处理和信息管理的需要，在文件系统的基础上发展起来的。数据库包含大量文件，有数据、表格、文字档案、信息资料等，它们彼此间存在着一定的关系，通过数据库管理系统将它们联系在一起，对它们进行检索、组合、扩建，或按用户要求形成新的文件。这类软件，在信息处理、情报检索、办公室自动化和各种管理信息系统中起着重要的支撑作用。

6. 计算机网络软件

计算机网络软件是为计算机网络配置的系统软件。它负责对网络资源进行浏览、组织和管理，实现相互之间的通信。计算机网络软件包括网络操作系统和数据通信处理程序等。前者用于协调网络中各机器的操作系统及实现网络资源的管理，后者用于网络内的通信，实现网络操作。

总之，软件系统是在硬件系统的基础上，为有效地使用计算机而配置的。没有系统软件，现代计算机系统就无法正常地、有效地运行；没有应用软件，计算机就不能发挥效能。

1.3 计算机的性能指标和性能评价

计算机的性能由多方面因素共同决定，评价一台计算机的性能要综合多项指标。本节将介绍评价计算机性能的常用技术指标，并就这些指标对计算机性能的影响进行简要的分析。

1.3.1 基本性能指标

1. 字长

计算机的字长一般指一次参与运算数据的基本长度，用二进制数位的长度来衡量。一般与计算机内部寄存器、加法器、数据总线的位数以及存储器字长等长，因此，字长直接影响硬件的代价。

为便于灵活表达和处理信息，字长一般以字节(Byte)为基本单位。不同的计算机字长可以不同，有的计算机还支持变字长，如支持半字长、全字长、双字长和多字长等，不过它们都是字节的整数倍。早期的计算机字长较短，一般为16位，现代计算机字长一般为32位或64位。

字长对计算机性能有下列几方面的影响：

(1) 影响运算精确度。字长越长，计算精确度就越高，反之计算精确度就越低。

(2) 影响数据的表示范围。字长越长，数据的表示范围就越大。对于浮点数据表示而言，字长越长，数据表示的范围和精确度还可同时提高。

(3) 影响运算速度。当需要运算的数据位较多，而字长又比较短时，需要经过多次运算才能完成计算任务，降低了运算速度。

2. 主存容量

主存容量是指主存能存储的最大信息量，一般用 $M\times N$ 表示，其中 M 表示存储单元数，也称字容量；N 表示每个存储单元存储的二进制位数，也称位容量。当计算机按字节编址时，M 即为存储容量，如果按字编址，则 M 的值随一个字包含的字节数的不同而变化。主存常用容量单位的定义如表1.1所示。

表1.1 主存常用单位定义

单　　位	对应的存储容量	访问该空间最少所需地址线
KB(Kilo)	1024个存储单元	10位
MB(Mega)	1024K个存储单元	20位
GB(Giga)	1024M个存储单元	30位
TB(Tera)	1024G个存储单元	40位
PB(Peta)	1024T个存储单元	50位

增加主存容量能减少程序运行期间访问辅助存储器的次数，从而提高程序的执行速度，也有利于计算机性能的提高。

1.3.2 与执行时间有关的性能指标

时间是衡量计算机系统性能最基本的标准，完成同样的任务所需要的时间越少，表明该计算机的性能越高。随着计算机系统中软件规模不断增大，系统复杂度不断提高，系统的性能评价也变得越来越困难。即便是两款不同类型的计算机具有相同的 CPU、数据通路宽度和存储容量,它们执行同一程序的时间也可能不相同。通过前面几个简单的静态指标很难准确评价计算机系统的性能。人们已经把程序的执行速度作为评价计算机性能最主要的指标。

1. 几个基本概念

1) 时钟周期

时钟周期是时钟频率的倒数,也称为节拍周期或 T 周期,是处理操作最基本的时间单位。显然,随着 CPU 主频的提高,对应的时钟周期时间也越短,例如,主频为 100MHz CPU 的时钟周期为 10ns(纳秒),主频为 1GHz CPU 的时钟周期为 1ns。

2) CPI

计算机中一条指令的执行时间等于该指令实际执行过程中所用到的时钟周期时间之和。CPI(Clock cycles Per Instruction)是指执行每条指令所需要的平均时钟周期数。由于指令功能不同且同一功能的指令还可能具有多种不同的寻址方式,因此,指令执行时所需要的时钟周期数也可能不同。CPI 既可表示每条指令执行所需要的时钟周期数,也可指一类指令(如算术运算类指令)或一段程序中所有指令执行所需时钟周期数的平均值。

对于具有相同指令系统的不同计算机系统而言,同一段程序被编译后所生成的指令条数相同,但是执行这些指令所需要的时间不一定相同,因此,可将 CPI 作为计算机性能评价的指标之一。

根据上述 CPI 的定义,可得:

CPI=程序执行所需要的 CPU 时钟周期总数/程序所包含的指令条数

若能知道某程序中每类指令的使用频度(设用 P_i 表示)、每类指令的 CPI(设用 CPI_i 表示)、每类指令的条数(设用 IC_i 表示)和程序中包含的总指令条数(设用 IC 表示),则程序的 CPI 可用公式(1.1)和公式(1.2)表示:

$$\text{CPI} = \sum_{i=1}^{n}(CPI_i \times P_i) \tag{1.1}$$

$$\text{CPI} = \sum_{i=1}^{n}\left(CPI_i \times \frac{IC_i}{IC}\right) \tag{1.2}$$

3) CPU 时间

CPU 时间即计算某个任务时 CPU 实际消耗的时间,也即 CPU 真正花费在某程序上的时间。该时间不包括因为等待输入输出操作的时间。我们用汇编语言编写延时程序时,其延长的时间就是程序包含的每条指令执行时间的总和。

根据上述定义和描述,可以采用公式(1.3)求某段程序的 CPU 时间:

CPU 时间=程序中所有指令的 CPU 时钟周期数之和×CPU 的时钟周期 (1.3)

等价的算式也可以表示为公式(1.4):

CPU 时间=程序中所有指令的 CPU 时钟周期数之和/CPU 时钟频率 (1.4)

考虑 CPI 后,CPU 时间还可表示为公式(1.5):

CPU 时间=CPU 时钟周期×CPI×指令条数=CPI×指令条数/时钟频率 (1.5)

公式(1.5)就是通常所说的CPU全性能公式，之所以称为全性能公式，是因为它从CPU的主频、指令的CPI和程序中包含的指令数量等多个方面来综合评价计算机的性能。

从公式(1.1)～公式(1.5)可以看出CPU的执行时间与下列3个因素紧密相关：

(1) 时钟周期(时钟频率)。显然，计算机的时钟周期越短(对应计算机的主频越高)，程序执行速度就越快。微处理器的时钟频率主要受超大规模集成电路生产工艺的影响。

(2) CPI。如果每条指令所需要的时钟周期数越少，则程序的执行速度越快。CPI的长短与CPU的体系结构，包括指令系统的设计、指令执行过程的安排(如数据通路)等因素有关。

(3) 指令条数。当CPI和时钟周期固定时，程序中包含的指令条数越少，程序的执行速度就越快。完成相同功能的程序所包含的指令条数主要与指令系统的设计和编译技术有关。

从上面的描述中还可以看出CPU的性能与计算机体系的关系：

(1) 时钟频率反映了计算机的实现技术和生产工艺。

(2) CPI反映了计算机的实现技术和指令集结构。

(3) IC反映了计算机指令系统的设计和编译技术。

4) MIPS

MIPS(Million Instruction Per Second)即每秒百万条指令，用每秒钟执行完成的指令数量作为衡量计算机性能的一个指标，不过要注意这个指标考核的指令数是以百万条为单位。

根据MIPS的定义，可用公式(1.6)计算MIPS：

$$\text{MIPS}=\text{程序中指令的条数}/(\text{程序 CPU 时间}\times 10^6) \tag{1.6}$$

将公式(1.5)代入公式(1.6)可得：

$$\text{MIPS}=\frac{\text{时钟频率}}{\text{CPI}\times 10^6} \tag{1.7}$$

式中，10^6 表示百万，时钟频率的单位采用Hz。

应用MIPS作为衡量计算机系统性能时要注意以下问题：

(1) 该指标没有考虑不同指令在功能和执行速度上的差异性，因此，不能用于不同指令系统计算机之间性能的比较。

(2) 对同一台计算机，当测试程序中使用了不同类型的指令时测量出的MIPS也不相同，因此，当对同类计算机通过MIPS比较性能时应使用同一测试程序。

(3) 在一些情况下，MIPS值可能与计算机的实际性能成反比，在应用MIPS比较性能时，要避免在这样条件下应用MIPS比较计算机性能。最经典的例子就是带浮点运算硬件的计算机，使用浮点硬件执行浮点运算的计算机比使用软件进行浮点操作的计算机具有更高的实际性能，而MIPS则较低。

5) MFLOPS

MFLOPS(Million Floating-Point Operations Per Second)描述的是计算机每秒执行浮点操作次数，而不是MIPS所衡量的单位时间内执行的指令条数。如某系统的运算速度为 2 MFLOPS，表示该系统的浮点运算速度为每秒钟 200 万次。

它不是机器实际执行程序时的速度，而是机器在理论上能完成的浮点处理速度。与 MIPS 类似，MFLOPS 用程序中浮点运算次数除以程序在特定输入时的执行时间得到，即：

$$\text{MFLOPS} = \text{程序中的浮点运算次数} /(\text{执行时间} \times 10^6) \qquad (1.8)$$

与 MIPS 相似，MFLOPS 也不能全面反映计算机系统的性能，在应用 MFLOPS 作为衡量计算机系统性能时也要注意以下问题：

(1) MFLOPS 仅能反映浮点数的运算速度。

(2) 使用该评价指标也可能得到与实际浮点运算性能相反的结果。由于 MFLOPS 是根据程序中单位时间内执行浮点运算的次数来衡量计算机的浮点运算能力，若一个计算机有浮点数乘法指令，则执行一条指令就能完成乘法运算；而对于一个不具备浮点乘法的计算机而言，需要使用多条非乘法指令才能完成相同的乘法运算，此时后者的 MFLOPS 比前者还高。

(3) MFLOPS 的计算结果与所使用的程序相关。不同程序中包含的浮点运算的量不同，用该程序测量该计算机的 MFLOPS，得到的结果也不相同。

综上所述，采用 MFLOPS 衡量计算机的性能会受到一些条件的限制，为了能利用该指标客观评价计算机的浮点运算性能，实际应用中要注意上述限制条件可能对测试结果的影响。当然，在一般情况下，对体系结构系统相同或相近的两个系统，采用相同的程序计算 MFLOPS，MFLOPS 值越大表明该系统的浮点运算能力越强。

计算机的性能很难用某一个指标来精确衡量，上述几个衡量计算机性能的指标之间也不是完全独立的，改变其中的一项指标可能会影响到其他指标。在处理器设计中引入一个新的特征，只有在程序运行的总时间减少的情况下才能算是对计算机的性能的有效改善。一个具有 1GHz 时钟的处理器未必比一个 800MHz 的处理器性能好，因为它们可能具有不同的 CPI。

1.3.3 CPU 性能公式及其应用

本节通过几个具体的实例简要分析上述几个与时间有关的基本概念在计算机性能评价中的应用。

例 1.1 某程序的目标代码主要由 4 类指令组成，它们在程序中所占的比例和各自的 CPI 如表 1.2 所示。

表 1.2 各类指令的比例及 CPI

指令类型	CPI	所占比例	指令类型	CPI	所占比例
算术逻辑运算	1	60%	转移	4	12%
内存读写	2	18%	其他	8	10%

完成下列问题：

(1) 求该程序的 CPI。

(2) 若该 CPU 的主频为 400MHz,求该机的 MIPS。

解:(1) 根据 $\mathrm{CPI}=\sum_{i=1}^{n}\left(CPI_i \times \frac{IC_i}{IC}\right)$,得

$$\mathrm{CPI}=1\times 0.6+2\times 0.18+4\times 0.12+8\times 0.1=2.24$$

(2) 根据公式 $\mathrm{MIPS}=\frac{\text{时钟频率}}{\mathrm{CPI}\times 10^6}$,得

$$\mathrm{MIPS}=(400\times 10^6)/(2.24\times 10^6)=178.6$$

例 1.2 假设计算机 A 和 B 是基于相同指令集设计的两种不同类型的计算机,机器 A 的时钟周期为 2ns,某程序在机器 A 上运行时的 CPI 为 3.0。机器 B 的时钟周期为 4ns,同一程序在机器 B 上运行的 CPI 为 2,对这个程序而言,计算机 A 与 B 哪个机器更快? 快多少?

解:根据 CPU 时间定义:

$$\mathrm{CPU}\text{时间}_A=\mathrm{CPU}\text{时钟周期}_A\times \mathrm{CPI}_A\times\text{指令条数}_A=2\times 3\times\text{指令条数}_A$$

$$\mathrm{CPU}\text{时间}_B=\mathrm{CPU}\text{时钟周期}_B\times \mathrm{CPI}_B\times\text{指令条数}_B=4\times 2\times\text{指令条数}_B$$

由于是同一程序在 A,B 两机器上运行,因此指令数量相同,由此得到同一程序在两机器上的 CPU 时间之比为

$$\frac{\mathrm{CPU}\text{时间}_A}{\mathrm{CPU}\text{时间}_B}=\frac{6}{8}=0.75$$

即计算机 A 快,且其速度约为机器 B 速度的 1.3 倍。

例 1.3 设某计算机中 A,B,C 三类指令的 CPI 如表 1.3 所示。

表 1.3 各类指令的 CPI

指　　令	A	B	C
CPI	1	2	3

现有两种不同的编译器,将同一高级语言语句编译成两种不同类型的代码序列,其中包含的上述 3 类指令数量如表 1.4 所示。

表 1.4 不同代码中 3 类指令的数量

代码序列	代码中 3 类指令的条数		
	A	B	C
1	2	1	2
2	4	1	1

问:

(1) 哪种代码包含的指令条数少?

(2) 两种代码序列的 CPI 分别是多少?

(3) 哪种代码的执行速度快?

解：(1) 根据题目给定条件很容易求出两种代码所包含的指令数：

代码1所包含的指令条数=2+1+2=5条

代码2所包含的指令条数=4+1+1=6条

(2) 根据公式 CPI= $\sum_{i=1}^{n}\left(CPI_i \times \frac{IC_i}{IC}\right)$ 可求出两类代码的 CPI：

$$CPI1=1\times 2/5+2\times 1/5+3\times 2/5=2$$

$$CPI2=1\times 4/6+2\times 1/6+3\times 1/6=1.5$$

(3) 设 f 表示 CPU 的时钟频率。根据公式 CPU 时间=CPI×指令条数/时钟频率，可求出两类代码的运行时间：

$$\text{CPU 时间 } 1 = 2\times 5/f = 10/f \text{ 秒}$$

$$\text{CPU 时间 } 2 = 1.5\times 6/f = 9/f \text{ 秒}$$

根据代码的运行时间可判断代码2的运行时间比代码1的运行时间短。

本例说明，仅通过编译后目标代码中包含的指令条数的多少不足以评价计算机的性能。本例中代码2所包含的指令条数比代码1所包含的指令条数多，尽管CPU的主频不受编译系统的影响，但由于两种不同的编译方法改变了代码的CPI，导致指令条数多的代码执行速度比指令条数少的代码的执行速度还快。

1.3.4 性能测试

对一台计算机的性能进行科学合理的评估是一项重点工作。计算机系统设计者要利用性能评估来对计算机中新增功能的有效性进行评价；制造商在计算机销售过程中要使用该性能指标进行宣传；计算机用户在购买计算机时要使用性能指标进行合理的选择。

对计算机运行速度的考察，人们总是在寻找各种有效的办法。虽然本章介绍了多个评价计算机性能的指标，但这些性能指标对于销售商和一般用户来说过于专业，而且其中的一些参数也不容易得到。基于这些原因，在20世纪70年代推出了一些基准测试程序，把应用程序中使用频度最高的那些核心程序作为评价计算机性能的标准程序，称为基准程序(Benchamark)。

不同的基准测试程序侧重目的不同：有的测试CPU性能，有的测试文件服务器性能，有的测试输入输出界面，有的测试网络通信速度等。根据不同用途，测试程序可有专用和通用之分。目前国际上流行的通用测试程序可分为几类：综合型如Dhrystone，Whetstone等；核心型如Livemore，Fortran Kernals等；数学库如Linpack，FFT等；应用型如SPEC，Perfect等；并行型如NPB(NAS Parallel Benchmark)，PARKBENCK等。下面简单介绍几种常见的基准测试程序。

1. 计算机综合测试程序SPEC

SPEC(System Performance Evaluation Cooperative)是几十家世界知名计算机大厂商所支持的非营利的合作组织，旨在开发共同认可的标准基准程序。

SPEC基准程序是由SPEC开发的一组用于计算机性能综合评价的程序。以对VAX11/780机的测试结果作为基数,其他计算机的测试结果以相对于这个基数的比率来表示。SPEC基准程序能较全面地反映机器性能,有一定的参考价值。

SPEC 1.0版本于1989年10月发布,主要用于测试与工程和科学应用有关的数值密集型的整数和浮点数方面的计算。源程序超过15万行,包含10个测试程序,使用的数据量比较大,分别测试应用的各个方面。

SPEC基准程序测试结果一般以SPECmark(SPEC分数)、SPECint(SPEC整数)和SPECfp(SPEC浮点数)来表示。其中SPEC分数是10个程序的几何平均值,SPEC整数是4个整数程序的几何平均值,SPEC浮点数是6个浮点程序的几何平均值。

1992年在原来SPECint89和SPECfp89的基础上增加了两个整数测试程序和8个浮点数测试程序,因此SPECint92由6个程序组成,SPECfp92由14个程序组成。这20个基准程序是基于不同的应用写成的,主要测量32位CPU、主存储器、编译器和操作系统的性能。

参加这个组织的主要成员有:IBM,AT&T,Compaq,CDC,DG,DEC,Fujitsu,HP,Intel,MIPS,Motorola,SGI,SUN和Unisys等。1995年,这些厂商又共同推出了SPECint95和SPECfp95作为最新的测试标准程序。

SPEC原主要是测试CPU性能的,现在强调开发能反映真实应用(如实际负载等)的基准测试程序,并已推广至客户/服务器计算、商业应用、I/O子系统等。

CPU 2000是SPEC中测量CPU功能的最新版性能基准程序组,目的是为不同计算机系统计算密集型的工作负载提供性能评估的测量工具,SPEC CPU 2000包含两组性能基准程序:CINT 2000测量比较计算密集型定点运算,CFP 2000测量比较计算密集型浮点运算。

2. 整数测试程序Dhrystone

Dhrystone主要用于测试编译器和CPU处理整数指令和控制功能的有效性。Dhrystone用C语言编写,由下列操作组成:各种赋值语句,各种数据类型的数据区,各种控制语句,过程调用和参数传送,整数运算和逻辑操作。当今已很少使用。

3. 浮点测试程序

在计算机科学工程应用领域内,浮点计算工作量占很大比例,因此机器的浮点性能对系统的应用有很大的影响。有些机器只标出单个浮点操作性能,如浮点加法、浮点乘法时间。Linpack和Whetstone是两个常见的浮点数测试程序,Linpack主要测试向量性能和高速缓存性能。Whetstone是一个综合性测试程序,除测试浮点操作外,还测试整数计算和功能调用等性能。

1) Linpack基准测试程序

Linpack基准程序是一组求解密集线性代数方程组的程序包,主要测试浮点加法和浮点乘法操作的性能。初创于20世纪70年代,在以后的几十年中不断完善和更新,至今仍是计算机性能测试的主要标准之一。

2) Whetstone 基准测试程序

Whetstone 是用 FORTRAN 语言编写的综合性测试程序，主要由执行浮点运算、整数算术运算、功能调用、数组变址、条件转移和超越函数的程序组成。测试结果用单位 Kwips 表示，1Kwips 表示机器每秒钟能执行 1000 条 Whetstone 指令。

4. TPC 基准测试程序

事务处理委员会 TPC(Transaction Processing Council)是一个专门负责制定计算机事务处理能力测试标准并监督其执行的组织。20 世纪 80 年代出现了一种新的在线计算模式，它通过在线数据库系统进行简单的事务处理，拥有良好的在线事务处理(Online Transaction Process，OLTP)系统的厂家就可以赢得更多的客户。TPC 基准程序是由 TPC 开发的评价计算机事务处理性能的测试程序，用于评价计算机在事务处理、数据库处理、企业管理与决策支持系统等方面的性能。TPC 成立于 1988 年，目前已有 40 多个成员，几乎包括了所有主要的商用计算机系统和数据库系统。该基准程序的评测结果用每秒完成的事务处理数 TPC 来表示。TPC 基准测试程序在商业界范围内建立了用于衡量机器性能以及性能价格比的标准。

TPC 于 1988 年发布了第一个标准 TPC-A，20 世纪 90 年代又发布了 OLTP 测试标准 TPC-C 和决策支持系统测试标准 TPC-D；1998 年，发布了新的基于 Web 商业的测试标准 TPC-W，用于测试通过 Internet 进行的商业行为，如零售业务和机票预订系统的性能。

5. 并行测试程序

NAS Parallel Benchmark(NPB)是 1991 年美国 NAS(Numerical Aerodynamic Simulation)项目所开发的并行测试程序，其目的是为了比较各种并行机的性能，有时也称为 NPB(NAS Parallel Benchmark)并行测试程序。它由 8 个程序组成，测试范围从整数排序到复杂的数值计算。测试结果以向量处理机的 CrayY-MP/1 为单位(Class A)或 Cray C90/1 为单位(Class B)做比较。NPB 由以下 5 个核心程序组成：

(1) EP(Embarrassingly Parallel)用于计算 Gauss 伪随机数，因为它几乎不要求处理器之间相互通信，所以很适合于并行计算，而所测得的结果往往可以作为一个特定并行系统浮点计算性能可能达到的上限。

(2) MG(MultiGrid)：用 4 个 V 循环多重网格算法求解三维泊松方程的离散周期近似解。

(3) CG(Conjugate Gradient)：用于求解大型稀疏对称正定矩阵的最小特征值的近似值，它表征了非结构风格计算和非规整远程通信计算类问题。

(4) FFT(Fast Fourier Transformation)：用于求解基于 FFT 谱分析法的三维偏微分方程，它也要求远程通信。

(5) IS(Integer Sort)：用于基于桶排序的二维大整数排序，它要求大量的全交换通信。

另外还有计算流体力学中的 3 个模拟程序：

(1) LU(Lower Upper triangular)：用于基于对称超松弛法求解块稀疏方程组。

(2) SP(Scalar Penta-Diagonal)：用于求解5对角线方程组。

(3) BT(Block Tri-Diagonal)：用于求解3对角块方程组。

计算机系统性能是软硬件有机结合的整体综合性能，而基准测试程序往往是由若干个局部测试程序组成的，采用基准测试程序所获得的局部结论基本是可信的，但不能全面反映综合性能。另外，除系统的性能外，系统的可靠性、可用性和可维护性也是计算机系统很重要的性能指标，但这些指标很难测试。

1.3.5 计算机系统的可靠性及其评价

随着计算机应用的日益广泛，人们对计算机的依赖程度越来越高，计算机系统的故障轻则造成重大的经济损失，重则可能会导致无法挽回的严重后果。计算机系统的可靠性已经成为人们关注的重要问题，并成为衡量计算机系统性能的一个重要指标，现在越来越多的计算机系统都采用了可靠性技术。

1. 可靠性定义及可靠性指标

可靠性是指系统或产品在规定的条件和规定的时间内，完成规定功能的能力。这里所说的规定条件包括产品所处的环境条件(如温度、湿度、压力、振动等)、使用条件(载荷大小和性质、操作者的技术水平等)、维修条件(维修方法、手段、设备和技术水平等)。

系统的可靠性是时间的函数，可量化为系统在给定时间内不出现故障的概率，假设用$R(t)$表示。假设系统建成时是完好的，当失效率为常数时，可靠性用公式(1.9)表示：

$$R(t) = \mathrm{e}^{-\lambda t} \tag{1.9}$$

式中，λ为系统的失效率。

描述系统可靠性的3个常用指标包括平均无故障时间、平均故障间隔时间和可用性。

1) 平均无故障时间

平均无故障时间MTTF(Mean Time To Failure)也称为平均失效前时间，是指系统自使用以来到第一次出故障的时间间隔的期望值，可通过对大量同类系统运行的统计得到该值。

$$\mathrm{MTTF} = \int_0^{\infty} R(t)\mathrm{d}(t) = 1/\lambda \tag{1.10}$$

例1.4 设系统的平均无故障时间是10^4小时，求该系统正常工作2小时的可靠性是多少？

解：根据题目条件，MTTF$=10^4$

则

$$\lambda = 1/\mathrm{MTTF} = 10^{-4}$$

进一步可求出系统运行2小时的可靠性：

$$R(t) = \mathrm{e}^{-\lambda t} = \mathrm{e}^{-0.0002} = 0.9998$$

2) 平均故障间隔时间

平均故障间隔时间MTBF(Mean Time Between Failure)是衡量一个产品(尤其是电

器产品)时间质量的可靠性指标,单位为“小时”,体现了产品在规定时间内保持功能的一种能力。具体来说,是指相邻两次故障之间的平均工作时间,也称为平均故障间隔。它包括系统的平均修复时间 MTTR(Mean Time to Repair)和修复后的平均无故障时间 MTTF,即:

$$\mathrm{MTBF}=\mathrm{MTTR}+\mathrm{MTTF}=1/\lambda+1/\mu \tag{1.11}$$

式(1.11)中 μ 称为修复率,这里假定系统被修复后其可靠性不变。MTBF 仅适用于可维修系统。

3) 可用性

对可修复的系统,可用性指系统在任意时刻可使用的概率。可用性与可靠性不同,它假设系统可发生多次故障,只要每次故障后系统能被修复,就认为系统是可用的。系统稳态的可用性 A 可按公式(1.12)计算:

$$A=\mathrm{MTTF}/(\mathrm{MTTF}+\mathrm{MTTR})=\mu/(\mu+\lambda) \tag{1.12}$$

从公式(1.12)可看出,提高系统的平均无故障时间和降低系统的修复时间均可提高系统的可用性。

例 1.5 如某元件的 MTBF 为 10 000 小时,分别计算 MTTR 为 6 小时和 3 小时两种情况下系统的可用性。

解:根据公式(1.11)可求出两种情况下的 MTTF:

$$\mathrm{MTTF1}=\mathrm{MTBF}-\mathrm{MTTR1}=10\,000-6=9994 \text{ 小时}$$

$$\mathrm{MTTF2}=\mathrm{MTBF}-\mathrm{MTTR2}=10\,000-3=9997 \text{ 小时}$$

将 MTBF 和 MTTF 代入公式(1.12)即可求出系统的可用性:

$$\mathrm{A1}=9994/10\,000=99.94\%$$

$$\mathrm{A2}=9997/10\,000=99.97\%$$

从本例可以看出,降低系统的修复时间可以提高系统的可用性。

2. 提高系统可靠性的常用方法

提高系统可靠性的常用方法包括避错和容错。前者即避免错误的出现,从而提高系统的平均无故障时间;后者容许错误的出现,但采取有效的方法来防止其造成的不利影响。硬件系统的抗干扰设计、软件系统的测试等都是常用的避错方法;而信息冗余(如数据备份)、部件冗余(如采用双电源、双链路、双机热备份等)是常用的容错方法,容错本质上是通过降低系统的修复时间来提高系统的可用性。

1.4 计算机系统的层次结构

由于计算机软硬件设计者和使用者都从不同的角度,以各自不同的视角来看待同一台计算机,因此,他们看到的计算机系统的属性和对计算机系统的理解也不一样。计算机系统层次结构的概念较客观地反映了不同层次用户所看到的计算机的不同属性。

1.4.1 计算机系统的层次结构及各层简介

计算机系统的层次结构是1960年后引入到计算机领域的概念，但目前尚没有一个统一的标准，比较一致的计算机系统的层次结构如图1.6左边第一列所示。

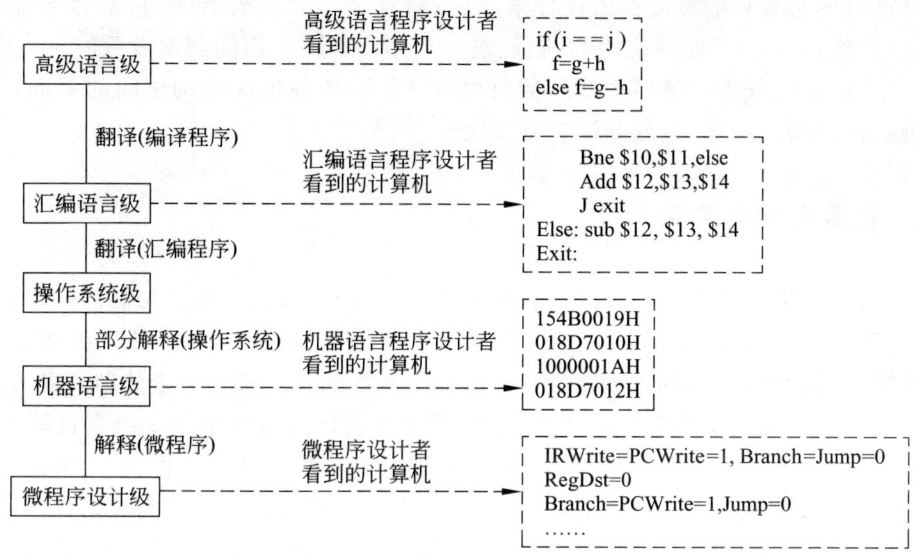

图1.6 计算机系统的层次结构

图1.6中将计算机系统的层次结构分成5级，下面先对各层的特性进行简要的描述。

第1级为微程序设计级。是一个实际的机器层，只有采用微程序设计的计算机系统，才有这一级。该级的用户使用微指令编写微程序，用户所编写的微程序由硬件直接执行，速度快。对于采用微程序设计的计算机而言，该级是计算机系统最低层的硬件系统。对采用硬布线控制器的计算机来说，第一级为硬联机器级，此时，这一级由门、触发器等逻辑电路组成，它是由逻辑设计者采用布尔语言设计的硬件内核。第1级为第2级提供机器指令的解释执行功能。

第2级为机器语言级，也是一个实际的机器层。是一般用户可通过编程实现对计算机进行控制的最低层，因此该层也称为传统机器级。机器语言级是计算机中软件系统与硬件系统之间的界面和纽带。一方面，在该层可用二进制表示的机器语言编程控制计算机的硬件系统，另一方面，该级之上的软件系统的各种程序，必须转换成该级的机器语言形式才能被底层的硬件执行。该层的功能由第1级的微程序解释实现。

第3级是操作系统级。用于对计算机系统的硬件和软件资源进行统一管理和调度。同时该级由机器指令和广义指令组成操作系统程序实现，其中的广义指令是为扩展机器功能而设置的，由操作系统定义和解释的软件指令。

第4级是汇编语言级。它为用户提供一种用助记符表示的汇编编程工具，与第二层所采用的机器语言编程工具相比，采用汇编语言编写程序既容易理解，也便于记忆，从而方便用户使用和管理计算机。该级由汇编语言执行和支持。

第5级是高级语言级。它是面向用户的，为进一步方便用户编写高级语言程序而设置的，该级为用户提供了接近人类自然语言的编程符号和各种有用的例行子程序，方便用户和系统管理员编程及使用计算机。该级由高级语言的编译程序支持和实现，如C语言编译程序等。

上述关于计算机系统的5级层次结构中，1、2级是硬件机器，是计算机系统的基础和核心，计算机的所有功能最终都由硬件来完成；第3级是面向机器的，它是为支持高层的需要而设置的；4、5级是面向应用的，它们是为程序员解决应用问题而设置的。

将计算机系统分为多级层次结构的目的在于：分清各层次结构之间的界面，明确各自的功能，以便构成合理、高效的计算机系统。

1.4.2 各层之间的关系

计算机系统层次结构中各层次之间的关系十分密切，高层是低层功能的扩展，低层是高层的基础，这是层次结构的一个特点。另一个特点是，站在不同的层次观察计算机系统，会得到不同的概念。例如，程序员站在第四层看到的计算机是一个处理高级语言的机器；系统操作员将第三层看做是系统的资源；而硬件设计人员在第1、2级看计算机，它是电子线路和逻辑器件集。图1.6中第二列分别对应地给出了从高级语言、汇编语言、机器语言和微程序设计者角度所看到的不同计算机，即他们看到的分别是高级语言程序、汇编语言程序、机器语言程序和计算机硬件电路的操作控制信号（由微程序中的微指令承载，具体内容详见第6章中央处理器的有关内容）。第5级的高级语言程序只有最终被翻译成第一级的微操作控制信号才能被计算机识别和执行。

应该指出，层次划分不是绝对的。机器指令系统级与操作系统级的界面，又称硬软件交界面，随着软件硬化和硬件软化而动态变化。操作系统和其他系统软件的界面也有动态变化的趋势。例如，数据库软件也部分地起到了操作系统的功能。此外，某些常用的带有应用性质的程序，既可以划归应用程序层，也可以划归系统软件层。

1.4.3 硬件和软件逻辑功能的等价性

计算机硬件实现的往往是最基本的算术运算和逻辑运算功能，而其他功能大多是通过软件的扩充得以实现的。不过硬件和软件在功能上的分配关系随着技术的发展而变化。有许多功能可以由硬件实现，也可以由软件实现，即从用户的角度来看它们在功能上是等价的，这一等价性被称为软硬件逻辑功能的等价性。如乘法运算既可以由硬件直接实现，也可以在加法器和移位器的支持下用乘法子程序实现，这两种实现方法在功能上完全等效，不同的只是执行时间的长短不同而已。

软硬件的逻辑等价性原理是计算机系统设计的重要依据，软硬件的功能分配及其界面的确定是计算机系统结构研究的重要内容。当研制一台计算机的时候，设计者必须明确分配每一级的任务，确定哪些功能使用硬件实现，哪些功能使用软件实现。软硬功能界面的划分依据是由设计目标、性能价格比、技术水平等综合因素决定的。就目前而言，一些计算机的特点是，把原来明显地在一般机器级通过编制程序实现的操作，如整数乘除法指令、浮点运算指令、处理字符串指令等，改为直接由硬件完成。

随着大规模集成电路技术的发展，软件硬化或固化是必然的趋势。例如，将 Basic 解释程序固定在半导体只读存储器(ROM)中，装入机器，随用随取。又如目前的 PC，其主板上都有一块 BIOS 芯片，它就是将基本输入输出系统(BIOS)固化在 ROM 中实现的。它形式上是硬件，但其实际内容是软件。这种将程序固定在 ROM 中组成的部件称为固件。固件是一种具有软件特性的硬件，它既具有硬件的快速性特点，又有软件的灵活性特点。这是软件和硬件互相转化的典型实例。

本章小结

本章主要对计算机系统进行概述，涉及的基本概念比较多。本章的主要学习目标包括：

(1) 了解计算机的特点、计算机的发展、计算机的应用。

(2) 掌握冯·诺依曼体系结构计算机的特点、工作原理。

(3) 熟悉计算机系统的组成及各部分的作用。

(4) 了解计算机的性能指标及其意义，能运用这些指标进行初步的计算机系统性能评价。

(5) 理解计算机系统的层次结构。

对上述主要内容总结如下。

1. 关于计算机的发展与应用

计算机的发展大致经历了 4 代，每一阶段的计算机具有不同的特征。

(1) 第一代，以电子管为基本器件；使用机器语言和汇编语言；采用延迟线作存储。主要用于科学计算。

(2) 第二代，用晶体管取代电子管；使用算法语言和操作系统；采用磁芯作存储。应用于科学计算和数据处理。

(3) 第三代，采用集成电路；计算机系列化；软件、外设迅速发展；采用半导体和磁盘存储器。应用领域不断扩大。

(4) 第四代，采用大规模及超大规模集成电路；性能不断提高；存储容量不断扩大。计算机网络和高性能计算机出现并得到应用。

多核是当代处理器发展的趋势，目前主流处理器都采用多核技术。

计算机应用几乎涉及人类社会的所有领域，典型的应用包括科学计算、数据处理、人工智能、过程控制、辅助技术、电子商务等。

2. 冯·诺依曼结构计算机的特点、工作原理

1) 冯·诺依曼结构计算机的特点

(1) 由运算器、控制器、存储器、输入设备和输出设备等 5 部分组成。

(2) 指令和数据以二进制形式存放在存储器中,存储器按地址访问。

(3) 指令由操作码和地址码构成,并由指令控制计算机的运行。

(4) 由控制器来控制程序和数据的存取及程序的执行。

2) 冯·诺依曼结构计算机的工作原理

冯·诺依曼结构计算机的工作原理是"存储程序"和"程序控制"。"存储程序",就是将解题的步骤编成程序,然后把程序存放到计算机的存储器中。"程序控制"就是程序运行时,控制器根据逐条从主存中取出指令,控制全机相关部件执行相应的操作,完成指令的功能,直到程序中所有指令执行完成,从而实现程序应该完成的功能。

3. 计算机系统的组成及各部分的作用

一台完整的计算机应包括硬件和软件两部分。硬件与软件结合,才能使计算机正常运行并发挥作用。因此,对计算机的理解不能仅局限于硬件部分,应该把它看作一个包含软件系统与硬件系统的完整系统。

常见的硬件及其功能如下。

(1) 存储器:主要功能是存放程序和数据,按地址访问。要掌握常用主存容量指标和访问对应容量主存所需要的地址线的数量。

(2) 运算器:对数据进行算术运算和逻辑运算的部件。

(3) 控制器:指挥协调计算机各部件工作。控制器根据指令的操作码、指令执行过程中的条件状态、时序系统等3方面的因素来产生指令执行过程中所需要的控制信号,控制指令的执行。

(4) 输入设备:将信息输入到计算机的设备,如键盘、鼠标等。

(5) 输出设备:将计算机运算结果转换成人或其他设备能接收并识别的外部设备。

软件系统的组成如下。

一台计算机中全部程序的集合,统称为这台计算机的软件系统。软件按其功能分成应用软件和系统软件两大类。

应用软件是用户为解决某种应用问题而编制的一些程序,如科学计算程序、自动控制程序、工程设计程序、数据处理程序、情报检索程序等。随着计算机的广泛应用,应用软件的种类及数量将越来越多,功能也越来越强大。

系统软件用于对计算机系统的管理、调度、监视和服务等功能,其目的是方便用户,提高计算机使用效率,扩充系统的功能。操作系统、数据库系统、各类监控程序等都是常见的系统软件。

4. 计算机的性能指标及其应用

(1) 基本性能指标包括字长和存储容量。

(2) 与时间相关的性能指标主要包括:

① 时钟周期:时钟周期是时钟频率的倒数,也称为节拍周期或T周期,是处理操作最基本的时间单位。

② CPI是指执行每条指令所需要的平均时钟周期数。

③ MIPS用每秒钟执行完成的指令数量作为衡量计算机性能的指标。

④ CPU时间即一段程序的执行时间。

(3) 系统的可靠性及可靠性指标。

可靠性是指系统或产品在规定的条件和规定的时间内，完成规定功能的能力。系统的可靠性成为衡量计算机系统性能的一个重要指标。

衡量计算机系统可靠性的指标包括平均无故障时间MTTR、平均故障间隔时间MTBF和可用性。提高系统可靠性的常用方法包括避错和容错。硬件系统的抗干扰设计、软件系统的测试等都是常用的避错方法；而信息冗余(如数据备份)、部件冗余(如采用双电源、双链路、双机热备份等)是常用的容错方法。

5. 计算机系统的层次结构

(1) 五级层次结构。

第1级为微程序设计级，第2级为机器语言级，第3级为操作系统级，第4级为汇编语言级，第5级为高级语言级。其中1、2级是硬件机器，是计算机系统的基础和核心，计算机的所有功能最终都由硬件来完成；第3级是面向机器的，它是为支持高层的需要而设置的；4、5级是面向应用的，它们是为程序员解决应用问题而设置的。

(2) 不同层次之间的关系。

高层是低层功能的扩展，低层是高层的基础；站在不同的层次观察计算机系统，得到的概念不同。

(3) 从用户的角度来看硬件和软件在功能上是等价的，软硬件的逻辑等价性原理是计算机系统设计的重要依据。

习题1

1.1 解释下列名词。

摩尔定律；主存；控制器；时钟周期；多核处理器；字长；存储容量；CPI；MIPS；CPU时间；计算机系统的层次结构；基准测试程序；软硬件功能的等价性；固件；可靠性；MTTF；MTTR；MTBF；可用性。

1.2 什么是计算机系统的硬件和软件？为什么说计算机系统的硬件和软件在逻辑功能上是等价的？

1.3 冯·诺依曼型计算机的基本思想是什么？按此思想设计的计算机硬件系统应由哪些部件组成？各起什么作用？

1.4 什么是计算机字长？它取决于什么？计算机字长统一了哪些部件的长度？

1.5 计算机系统从功能上可划分为哪些层次？各层次在计算机系统中起什么作用？

1.6 计算机内部有哪两股信息在流动？它们彼此有什么关系？

1.7 为什么说计算机系统的软件与硬件可以互相转化？

1.8 什么叫软件系统？它包含哪些内容？

1.9 说明高级语言、汇编语言和机器语言三者之间的差别和联系。

1.10　什么是系统的可靠性？衡量系统可靠性的指标有哪些？如何提高系统的可靠性？

1.11　假定某计算机1和计算机2以不同的方式实现了相同的指令集，该指令集中共有A，B，C，D四类指令，机器1和机器2的主频分别为600MHz和800MHz，各类指令在两机器上的CPI如表1.5所示。

表1.5　两台计算机不同指令的CPI

	A	B	C	D
CPI1	2	3	4	5
CPI2	2	2	3	4

求两机器的MIPS各为多少？

1.12　若某程序编译后生成的目标代码由A，B，C，D四类指令组成，它们在程序中所占比例分别为40%，20%，15%，25%。已知A，B，C，D四类指令的CPI分别为1，2，2，2。现需要对程序进行编译优化，优化后的程序中A类指令条数减少了一半，而其他指令数量未发生变化。假设运行该程序的计算机CPU主频为500MHz。完成下列各题：

(1) 优化前后程序的CPI各为多少？

(2) 优化前后程序的MIPS各为多少？

(3) 通过上面的计算结果你能得出什么结论？

课外实践

从网上下载计算机系统性能测试工具对你的计算机系统进行性能测试，并对由不同性能测试工具对同一台计算机进行测试的结果进行对比分析。

第2章　数据信息的表示

计算机内部流动的信息可以分为两大类：一类为数据信息，另一类为控制信息。数据信息是计算机加工处理的对象，而控制信息则控制数据信息的加工处理。数据信息的表示将直接影响到运算器的设计，最终还将影响到计算机的结构和性能。本章讨论数据信息的表示。

2.1　数据表示的目的及设计数据格式应考虑的因素

数据表示的作用就是将数据按照某种方式组织，以便机器硬件能直接识别和引用。由于数字计算机中的信息都是由逻辑电路进行处理，因此，应用中的任何数据要能直接被计算机识别和引用，必须首先表示成二进制。在此基础上，数据表示还要研究如何为应用提供更灵活和有效的支持。

在选择计算机的数据表示时，一般需要综合考虑以下几方面的因素。

1. 数据类型

显然，计算机所支持的数据类型应该能满足应用对数据类型的要求。从大类上分，数据类型包括数值数据和非数值数据。其中数值数据用于科学计算，常见的数值数据类型包括小数、整数、实数等。非数值数据又称符号数据，一般用来表示符号或文字，没有值的含义。如ASCII和汉字的表示就属于非数值数据。

2. 数据表示范围和精确度

计算机所支持的数据表示范围和精确度也应该能满足应用对数据范围和精确度的要求。计算机所能表示数的范围和精确度与所采用的数据类型和字长有关。

3. 存储和处理的代价

设计的数据格式要便于存储和处理。这不仅有利于降低数据存储和处理过程中对硬件资源的消耗，而且还能提高数据处理的速度。从这一点上看，在设计数据格式的时候，往往还要综合考虑数据表示和数据的处理代价，要使设计出的数据格式易于表示、易于设计处理数据的硬件，如运算器等。

4. 软件的可移植性

设计数据格式时，要充分考虑软件的移植性。目前，计算机硬件的升级速度很快，从保护用户软件投资的角度看，应使设计的数据格式在满足应用需求的前提下，符合相应的规范，从而便于软件的移植。

2.2 数值数据的表示

数值数据有确定的值，它表示数的大小，能在数轴上找到它们的位置。非数值数据一般用来表示符号和文字，它没有值的含义。本节仅讨论计算机中数值数据的表示方法。

2.2.1 数的机器码表示

二进制具有运算简单、便于物理实现、节省设备等优点，所以被计算机采用。二进制数与十进制数一样有正负之分。在计算机中，常采用数的符号和数值一起编码的方法来表示数据。常用的有原码、补码、反码和移码等几种表示方法，这几种表示法都将数据的符号数码化。对于原码、反码和补码而言，数据的最高位（最左位）为“0”时，表示该数为正数；数据的最高位（最左位）为“1”时，表示该数为负数。对于移码，则正好相反，数据的最高位为“0”时，表示该数为负数；数据的最高位为“1”时，表示该数为正数。为了区分一般书写时表示的数和机器中编码表示的数，我们称前者为真值，后者为机器数。

下面将分别介绍原码、补码、反码和移码的表示方法及特点。

1. 原码表示

原码表示法是一种直观的数据表示方法，除符号被数值化以外，数值部分仍保留着其真值的特征。

若定点小数 x 的原码形式为 $x_0.x_1x_2\cdots x_n$，其中 x_0 为符号位，则小数原码的定义是：

$$[x]_原 = \begin{cases} x & (0 \leqslant x < 1) \\ 1 - x = 1 + |x| & (-1 < x \leqslant 0) \end{cases}$$

若定点整数 x 的原码形式为 $x_0x_1x_2\cdots x_n$，其中 x_0 为符号位，则整数原码的定义是：

$$[x]_原 = \begin{cases} x & (0 \leqslant x < 2^n) \\ 2^n - x = 2^n + |x| & (-2^n < x \leqslant 0) \end{cases}$$

式中，$[x]_原$是机器数，x 为真值。

表 2.1 描述了原码数据表示方法。

表 2.1 原码的表示方法

	真 值	原 码
正数	$x=+0.x_1x_2\cdots x_n$	$[x]_原=0.x_1x_2\cdots x_n$
负数	$x=-0.x_1x_2\cdots x_n$	$[x]_原=1.x_1x_2\cdots x_n$
正数	$x=+x_1x_2\cdots x_n$	$[x]_原=0x_1x_2\cdots x_n$
负数	$x=-x_1x_2\cdots x_n$	$[x]_原=1x_1x_2\cdots x_n$

例 2.1 $x=+0.1101$ 则 $[x]_原=0.1101$

$x=-0.1101$ 则 $[x]_原=1.1101$

$x=+1101$ 则 $[x]_原=01101$

$x=-1101$　　则　$[x]_{原}=11101$

原码表示法有两个特点：

(1) 零的表示有"+0"和"−0"之分，其两种原码表示形式分别为

$$[+0]_{原}=0.00\cdots0$$
$$[-0]_{原}=1.00\cdots0$$

(2) 符号位 x_0 的取值由数的正负决定：

$$x_0=\begin{cases}0 & (x\geqslant 0)\\ 1 & (x<0)\end{cases}$$

即当真值 x 为正数时，符号位 x_0 取值为 0；当 x 为负数时，符号位 x_0 取值为 1。这一特征与后面要介绍的补码表示法和反码表示法是一致的。

原码表示法的优点是直观，在数的真值和它的原码表示之间的对应关系简单，相互转换容易。缺点是加减运算复杂，两个数求和时，如果符号相同，则数值部分相加；如果符号相异，则数值部分相减。相减时，要先比较两个运算数绝对值的大小，然后做减法，最后结果的符号位同绝对值大的那个数的符号位。显然，利用原码实现加减法运算控制复杂，且不利于运算器设计的简化。

2. 反码表示法

反码表示法中，符号的表示法与原码相同。正数的反码与正数的原码形式相同。负数的反码，符号位为 1，数值部分通过将负数原码的数值部分各位取反得到。

若定点小数 x 的反码形式为 $x_0.x_1x_2\cdots x_n$，其中 x_0 为符号位，则反码表示的定义是：

$$[x]_{反}=\begin{cases}x & (0\leqslant x<1)\\ (2-2^{-n})+x & (-1<x\leqslant 0)\end{cases}$$

其中 n 表示小数点后的位数。

若定点整数 x 的反码形式为 $x_0x_1x_2\cdots x_n$，其中 x_0 为符号位，则对应的反码定义为：

$$[x]_{反}=\begin{cases}x & (0\leqslant x<2^n)\\ (2^{n+1}-1)+x & (-2^n<x\leqslant 0)\end{cases}\quad (\mathrm{mod}\ 2^{n+1}-1)$$

式中 n 表示整数数值位的位数。

表 2.2 描述了反码数据表示方法。

表 2.2　反码的表示方法

	真　值	反　码
正数	$x=+0.x_1x_2\cdots x_n$	$[x]_{反}=0.x_1x_2\cdots x_n$
负数	$x=-0.x_1x_2\cdots x_n$	$[x]_{反}=1.\bar{x}_1\bar{x}_2\cdots\bar{x}_n$
正数	$x=+x_1x_2\cdots x_n$	$[x]_{原}=0x_1x_2\cdots x_n$
负数	$x=-x_1x_2\cdots x_n$	$[x]_{原}=1\bar{x}_1\bar{x}_2\cdots\bar{x}_n$

例 2.2　$x=+0.0101$　则　$[x]_{反}=0.0101$

$x=-0.0101$　则　$[x]_{反}=1.1010$

例 2.3　假定字长为 6 位，若 $x=10101$　则　$[x]_{反}=010101$

$$x=-10101 \text{则} \quad [x]_{反}=2^6-1-10101=101010$$

对于0,反码有“+0”和“−0”之分:

$$[+0]_{反}=0.00\cdots0$$

$$[-0]_{反}=1.11\cdots1$$

3. 补码表示

1) 补码的引进和定义

统计表明,加减运算占运算指令的比例很高,因此,能否方便地进行正负数加减运算,直接关系到计算机的运行效率。通过前面对原码特点的分析可知,采用原码数据表示不利于运算器设计的优化。引入补码数据表示的目的就是希望能方便带符号数的加减运算。

补码数据表示建立在“模”的概念基础上,要理解补码数据表示,先要理解模的概念。在“数字逻辑”课程中,我们把计数器的循环状态数称为计数器的模。如某计数器有12个计数状态(从状态0到状态11),我们就称该计数器为模12的计数器(即模为最大状态加1)。对于模12的加法计数器而言,若当前状态为11,则再加一个数后计数器就循环到状态0。因此,“模”是指一个系统的量程,按模运算是指运算结果超过模时将被丢弃。当模为整数时,按模运算也可理解成除以模求余数的过程。常用符号“mod”表示按模运算。

有了模的概念,接下来仍以具有12个整点状态的钟表为例说明补码的概念。假设现在的标准时间是6点整,某钟表的时间指示为11点整,为了校准时间,可以采用两种方法:一是将时针逆时针方向拨5小时;二是将时针顺时针方向拨7个小时。这两种方法都可以将该钟表的时间校准。向逆时针方向拨动时针类似于减法操作,顺时针方向拨动时针类似于加法操作,则上述两种校准时钟的方法可用下列两个算式表示:

$$6=(11-5) \bmod 12$$

$$6=(11+7) \bmod 12$$

从上面校准钟表的例子中可以看到,在模为12的前提下,对11执行减5和加7得到的结果相同。我们将这种关系记作:

$$-5=7 \pmod{12}$$

上述表示的含义是以12为模时−5的补码为7,或者说−5与7对模12互补。

按照同样的规律,我们能求出在模为12时任一个负数的补码,如−6的补码是+6,−3的补码是+9等。

下面接着研究正数的补码,仍以校准钟表为例,任何情况下,将时针顺时针方向拨12个小时后又回到原来的时间,这种关系可记作(假定原来的时间是6点整):

$$6=18 \pmod{12}$$

若以16为模,同理有:

$$-3=13 \pmod{16}$$

$$0=16 \pmod{16}$$

$$5=5 \pmod{16}$$

$$18=2 \pmod{16}$$

可见：

(1) 负数的补码可以用模加上该负数获得。

(2) 一个小于模的正数相对某模数的补码就是该正数本身。

(3) 大于模的正数，在模的意义下，该正数与它减模后得到的数相等。

通过前面的分析可知：

(1) 在模已知的情况下可以很方便地求出任何一个数的补码。

(2) 由于负数可用对应的补码取代，因此减法运算可用加法运算实现，从而简化运算器的设计。

2) 二进制数补码的求法

存在多种求补码的方法：

(1) 根据补码的定义求补码

即根据$[x]_{补}=$模$+x$ (mod 模)来求 x 的补码，其中 x 可正可负。利用这种方法需要事先求出模的值。

若小数 x 的补码为 $x_0.x_1x_2\cdots x_n$，其中 x_0 为符号位，模为 2，对应的补码定义为

$$[x]_{补}=\begin{cases}x & (0\leqslant x<1)\\ 2+x=2-|x| & (-1\leqslant x<0)\end{cases}\quad(\text{mod } 2)$$

式中，$[x]_{补}$表示数 x 的补码，即机器数，x 为真值。

若定点整数 x 的补码为 $x_0x_1x_2\cdots x_n$，其中 x_0 为符号位，模为 2^{n+1}，对应的补码定义为

$$[x]_{补}=\begin{cases}x & (0\leqslant x<2^n)\\ 2^{n+1}+x & (-2^n\leqslant x<0)\end{cases}\quad(\text{mod } 2^{n+1})$$

式中 n 表示数值位的位数。

说明：其实小数补码表示中的模也可和定点整数一样用 2^{n+1} 表示，因为定点小数的整数位为 0，因此 $2^{n+1}=2^{0+1}=2$。

例 2.4 设 $x=0.0101$，则

$$[x]_{补}=2+0.0101=0.0101\quad(\text{mod } 2)$$

例 2.5 设 $x=-0.0101$，则

$$[x]_{补}=2+(-0.0101)=1.1011\quad(\text{mod } 2)$$

例 2.6 假定字长为 6 位，设 $x=-10101$，则

$$[x]_{补}=2^6+(-10101)=101011\quad(\text{mod } 64)$$

对于 0，在补码定义下只有一种表示形式，即：

$$[+0]_{补}=[-0]_{补}=0.00\cdots0$$

从上述求补码的过程中不难发现，求负数的补码时，要从模中减去负数的绝对值，需要执行一次减法运算，增加了求补的开销。

(2) 利用反码求补码

通过比较负数求反码和补码的公式不难发现二者之间具有如下关系：

$$[x]_{补}=[x]_{反}+2^{-n}\quad(n\text{ 表示数中小数点后的位数})$$

这个公式说明，求一个负数的补码，可以在其反码的基础上通过在最低位加 1 的方式

得到。

例 2.7 设 $x=-0.0101$,则

$$[x]_{补}=[x]_{反}+0.0001=1.1010+0.0001=1.1011$$

设 $x=-10101$,则

$$[x]_{补}=[x]_{反}+1=101010+1=101011$$

由于数值位各位取反的逻辑实现很方便(用反相器就能实现),从而避免了利用补码定义求补码做减法带来的麻烦,但该方法仍然需要执行一次加法运算。

(3) 利用扫描方法求补码

扫描方法可以很方便地将一个负数从真值或原码表示直接变换成补码,具体方法是对数值位按照从低位到高位的顺序(假设低位在数的尾部)扫描,尾数第一个 1 及其右边的 0 保持不变,其余各位求反,最后再将符号位置 1。

例 2.8 设 $x=-1010100$,利用扫描规则可以求出 $[x]_{补}=10101100$。

扫描方法既避免了利用补码定义求补所需要的减法运算,又避免了利用反码求补所需的加 1 运算,是计算机系统中设计实际求补电路的常用方法。

从上面的讨论不难发现:

(1) 正数的原码、补码和反码有相同的形式。即:

$$[x]_{原}=[x]_{反}=[x]_{补}=x$$

(2) 负数的原码,是将符号位置 1,数值部分保持真值的数值位不变。

(3) 负数的补码和反码符号位均为 1。反码的数值部分可通过将原码的数值各位取反获得;可以采用多种方法求一个负数的补码。

综上所述,求与真值相应的机器数,可不按机器数的数学定义去求,只要掌握上面的规律就可以方便地将真值转换成机器数。也可以方便地从机器数反推出其真值。

例 2.9 设 $x=0.101101$,求 x 的原码、反码和补码。则

$$[x]_{原}=0.101101 \quad [x]_{反}=0.101101 \quad [x]_{补}=0.101101$$

例 2.10 设 $x=-0.101101$,求 x 的原码、反码和补码。则

$$[x]_{原}=1.101101 \quad [x]_{反}=1.010010 \quad [x]_{补}=1.010011$$

将机器数转换成真值是将真值转换成机器数的逆过程。

例 2.11 将下列各数转换成真值。

$[x]_{原}=0.101110$ 则 $x=0.101110$

$[x]_{原}=1.101010$ 则 $x=-0.101010$

$[x]_{反}=1.101010$ 则 $x=-0.010101$

$[x]_{反}=0.110110$ 则 $x=0.110110$

$[x]_{补}=0.110110$ 则 $x=0.110110$

$[x]_{补}=1.110110$ 则 $x=-0.001010$

4. 移码表示

移码可通过真值 x 加上一个常数得到,这个常数也称为偏置值,增加常数的操作相当于 x 在数轴上向正方向平移了一段距离,这就是称为“移码”的原因,移码也可称为增

码。即：

$$[x]_{移} = x + 偏置值$$

移码通常用于表示浮点数的阶码，整数表示。最常见的移码偏置值为 2^n（n 为整数中不包含符号位的整数位数）。

设 n 位整数的移码形式为 $x_0x_1x_2\cdots x_n$，则移码的定义为

$$[x]_{移} = 2^n + x \quad (-2^n \leqslant x < 2^n)$$

若阶码数值部分为 7 位，x 表示真值，则：

$$[x]_{移} = 2^7 + x \quad (-2^7 \leqslant x < 2^7)$$

例 2.12 设 $x=+1010110$，则 $[x]_{移}=2^7+1010110=11010110$；

设 $x=-1010110$，则 $[x]_{移}=2^7+x=2^7-1010110=00101010$。

表 2.3 列出了在 8 位字长的情况下与真值对应的补码和移码之间的关系。

表 2.3 真值与补码和移码对照表

真值(十进制)	二进制表示	补 码 表 示	移 码 表 示
−128	−10000000	10000000	00000000
−127	−1111111	10000001	00000001
…	…	…	…
−1	−0000001	11111111	01111111
0	0000000	00000000	10000000
1	0000001	00000001	10000001
…	…	…	…
126	1111110	01111110	11111110
127	1111111	01111111	11111111

对表 2.3 所示的移码表示而言，移码将真值 x 沿坐标轴正方向平移了 128 个单位。通过对比表 2.3 中同一数的补码和移码数据表示，不难发现移码数据表示具有下列特点。

(1) 移码的符号位中“0”表示负数，“1”表示正数。

(2) 同一数值的移码和补码除符号位相反外，其他各位相同。

(3) 移码中 0 的表示也唯一，具体表示为 10000…0。

将移码作为浮点数（将在 2.2.3 节详细介绍浮点数据表示）的阶码具有下列优点。

(1) 移码通过偏移的方法把真值映射到正数域，这样可直接按无符号数规则比较两个移码表示数据的大小，便于浮点数的比较。

(2) 有利于简化“机器零”的判断。从表 2.3 可知，当移码的各位均为 0 时，对应的阶码值最小。此时，当尾数为全 0，对应的就是机器零。

2.2.2 数的定点表示

定点表示法约定机器中所有数据的小数点位置固定，其中，将小数点的位置固定在数据的最高数位之前（或符号位之后）的数据表示称为定点小数，而将小数点固定在最低数

位之后的数据表示称为定点整数。另外，由于小数点位置固定，因而小数点可不必再用记号表示。

1. 定点小数

设定点小数 x 的形式为 $x=x_0.x_1x_2\cdots x_n$，则其在计算机中的表示形式如图 2.1 所示。

符号位 x_0 用来表示数的正负，小数点的位置是约定的，机器中并不用器件去指示它。$x_1\sim x_n$ 是数值的有效部分，也称为尾数，x_1 为最高有效位。

2. 定点整数

设定点整数 x 的形式为 $x=x_0x_1x_2\cdots x_n$，则其在计算机中的表示形式如图 2.2 所示。

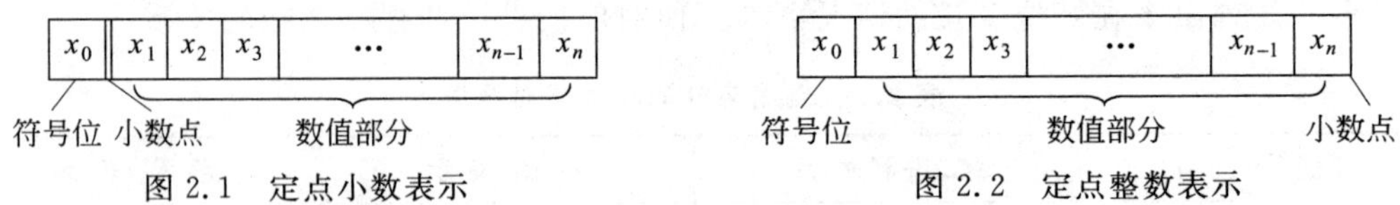

图 2.1 定点小数表示　　图 2.2 定点整数表示

定点数能表示的数据范围与下列因素有关。

(1) 字长。一般而言，字长越长，表示的数据范围就越大。

(2) 所采用的机器数表示方法。通过前面对几种不同机器数的分析可知，补码和移码数据表示所能表示的数据范围比原码和反码所能表示的数据范围要多一个数据单位。

3. 定点数的数据表示范围

定点数的数据表示范围与字长及采用的机器数形式等因素有关，当字长为 $n+1$（包含一位符号位）时，分别采用原码、反码、补码和移码数据表示时，对应的数据表示特征如表 2.4 所示。

表 2.4 原码、反码、补码和移码数据表示特征

	定点小数			定点整数			
	原码	反码	补码	原码	反码	补码	移码
最大正数	0.111…1 $(1-2^{-n})$	0.111…1 $(1-2^{-n})$	0.111…1 $(1-2^{-n})$	0111…1 $(2^{-n}-1)$	0111…1 $(2^{-n}-1)$	0111…1 $(2^{-n}-1)$	1111…1 $(2^{-n}-1)$
最小正数	0.000…01 (2^{-n})	0.000…01 (2^{-n})	0.000…01 (2^{-n})	0000…01 (1)	0000…01 (1)	0000…01 (1)	1000…01 (1)
0	0.000…00 1.000…00	0.000…00 1.111…11	0.000…00	0000…00 1000…00	0000…00 1111…11	0000…00	1000…00
最大负数	1.000…01 -2^{-n}	1.111…10 -2^{-n}	1.111…11 -2^{-n}	1000…01 (−1)	1111…10 (−1)	1111…11 (−1)	0111…11 (−1)
最小负数	1.111…1 $-(1-2^{-n})$	1.000…0 $-(1-2^{-n})$	1.000…0 (−1)	1111…1 $-(2^{-n}-1)$	1000…0 $-(2^{-n}-1)$	1000…0 $-(2^{-n})$	0000…0 $-(2^{-n})$

2.2.3 浮点数据表示

浮点表示法是小数点在数据中不固定，即小数点在数中可以浮动的一种数据表示方法，它由阶码和尾数两部分组成，其中阶码的位数决定数据的范围，尾数的位数决定数据的精确度。

1. 浮点数据表示的一般格式

对任意一个二进制数 N 都可表示成：

$$N = 2^E \times M$$

其中，E 为数 N 的阶码(Exponent)，M 称为数 N 的尾数(Mantissa)。浮点数的一般格式如图 2.3 所示。

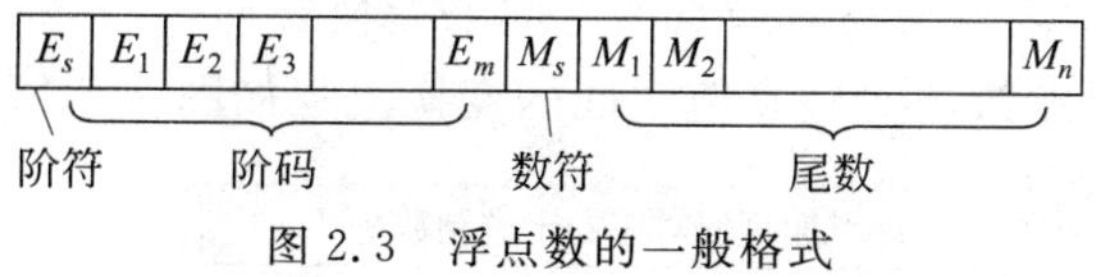

图 2.3 浮点数的一般格式

其中，E_s 表示阶码的符号，$E_1 \sim E_m$ 为阶码的值；M_s 表示尾数的符号(也决定整个数的正负)，$M_1 \sim M_n$ 构成尾数，尾数是小于 1 的数。

例如，将 $x = 2^{-01} \times (-0.1110)$ 写成机器表示形式。若用 8 位表示该数，且 E 占 3 位，M 占 5 位(E 和 M 中各包含一位符号位)，则以原码形式表示的浮点数如图 2.4 所示。

若以补码表示该数，则形式如图 2.5 所示。

图 2.4 浮点数原码表示

图 2.5 浮点数补码表示

2. IEEE 浮点数据表示

在浮点数据表示中，不同机器可能选用不同基、不同的阶码及尾数的位数，从而导致不同机器浮点数据表示的差异性较大，不利于软件的移植。为此，美国电气及电子工程师协会 IEEE 于 1985 年提出了浮点数标准 IEEE 754，现在该浮点数标准已被主流计算机所采用。

1) 32 位 IEEE 754 单精度浮点数格式

IEEE 754 浮点数据表示由符号位 S、阶码部分 E 和尾数部分 M 组成，具体形式如图 2.6 所示。

其中 S 占 1 位，E 占 8 位，M 占 23 位。

浮点数格式的几点说明如下。

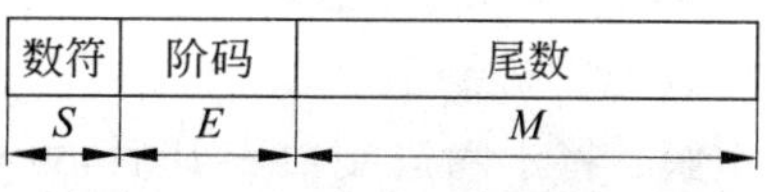

图 2.6 IEEE 754 浮点数据格式

(1) 关于阶码字段 E：在 IEEE 754 标准中，阶码部分采用偏移值为 127 的移码表示。

(2) 关于尾数字段 M：在 IEEE 754 标准中，约定小数点左边隐含一位 1，即尾数的实际有效位数为 24 位，完整的尾数形式为 $1.M$，但在进行浮点数据表示时只保存 M。正是由于要将位数变成 $1.M$，阶码的偏移值才为 127 而不是 128(即 2^7)。

与上述 IEEE 754 格式相对应的浮点数的真值可表示为

$$N=(-1)^S\times 2^{E-127}\times 1.M$$

随着 E 和 M 的取值不同，IEEE 754 浮点数据表示具有不同的意义：

(1) $E=0, M=0$：表示机器零。

(2) $E=0, M\neq 0$：则 $N=(-1)^S\times 2^{-126}\times 0.M$，表示一个非规格化的浮点数，非规格化的主要目的是为了提高数据的精确度。

(3) $1\leqslant E\leqslant 254$：$N=(-1)^S\times 2^{E-127}\times 1.M$，表示一个规格化的浮点数。

(4) $E=255, M=0$：表示一个无穷大的数，对应于 $x/0$(其中 $x\neq 0$)。

(5) $E=255, M\neq 0$：$N=\mathrm{NaN}$，即 N 是一个非数值，对应于 0/0。

2) IEEE 754 32 位浮点数与对应真值之间的变换流程

IEEE 754 32 位浮点数与对应真值之间的变换流程如图 2.7 所示。

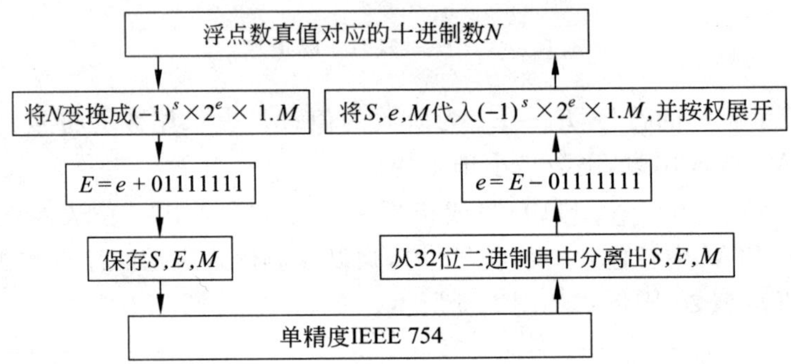

图 2.7 IEEE 754 32 位浮点数与对应真值之间的变换流程

例 2.13 将十进制数 20.593 75 转换成 32 位 IEEE 754 格式浮点数的二进制格式来存储。

解：首先分别将整数和分数部分转换成二进制数：

$$20.59375 = 10100.10011$$

移动小数点，使其变成 $1.M$ 的形式

$$10100.10011 = 1.010010011\times 2^4$$

于是得到：

$$S=0,\quad e=4,\quad E=100+01111111=10000011,\quad M=010010011$$

最后得到 32 位浮点数的二进制存储格式为

$$0100\ 0001\ 1010\ 0100\ 1100\ 0000\ 0000\ 0000=(41\mathrm{A}4\mathrm{C}000)_{16}$$

例 2.14 若浮点数 N 的二进制存储格式为 $(41360000)_{16}$，求此 IEEE 754 格式 32 位浮点数的十进制值。

解：将十六进制数展开后，可得二进制数格式为

$$0\quad 100\ 0001\ 0011\ 0110\ 0000\ 0000\ 0000\ 0000$$

从32位二进制串中分离出S,E,M：

$$S=0,\quad E=10000010,\quad M=011\ 011$$

进一步计算可得：

$$e=E-01111111=10000010-01111111=00000011=(3)_{10}$$

实际尾数$1.M=1.011\ 011=1.011011$

于是有：

$$N=(-1)^S\times 1.M\times 2^e=(1.011011)\times 2^3=+1011.011=(11.375)_{10}$$

3）其他类型的IEEE 754浮点数格式

除单精度32位数据格式外，IEEE 754还有另外3种类型：

(1) 扩展单精度格式：S占1位，$E\geqslant 11$位，M占31位。

(2) 双精度格式(64位)：S占1位，$E=11$位，M占52位。

(3) 扩展双精度格式：S占1位，$E\geqslant 15$位，$M\geqslant 63$位。

3. 浮点数的规格化

在浮点运算过程中，为了保证数据的精度，要求尾数的最高位为非0数码，即当尾数的值不为零时，其绝对值应大于或等于$(1/2)_{10}$，这是浮点数规格化的基本要求。因此，对于非规格化浮点数，通过将尾数左移或右移，并修改阶码的值以满足规格化要求。

以补码表示为例，正数规格化后，尾数的形式为

$$0.1\times\times\cdots\times$$

负数规格化后，尾数的形式为

$$1.0\times\times\cdots\times$$

记号"×"可任取0或1。

正数规格化后，尾数最大值为0.111…1；尾数最小值为0.100…0，即$(1/2)\leqslant m<1$。

负数规格化后，尾数(补码表示)最大值为1.011…1；尾数最小值为1.000…0，即$-1\leqslant m<-(1/2)$。

由于$-1/2$的补码形式为1.100…0，为了方便机器判别，故约定不将$(-1/2)$列入规格化数。

虽然浮点表示能扩大数据的表示范围，但因为机器字长是有限的，所以它的表示范围仍然是有限的。如果在运算过程中，出现超出机器所能表示范围的数据，这种现象称为溢出。下面以阶码3位和尾数5位(各包含1位符号位，且都以补码表示)为例，来讨论这个问题。

图2.8给出了相应的补码规格化数的数值表示范围。图中"可表示的负数区域"和"可表示的正数区域"及"0"，是机器可表示的数据区域；上溢区是数据绝对值太大，机器无法表示的区域；下溢区是数据绝对值太小，机器无法表示的区域。如果运算结果落在上溢区，就产生了溢出错误，使得结果不能被正确表示，此时要停止机器运行，进行溢出处理。若运算结果落在下溢区，虽然也不能正确表示结果，但由于产生下溢的数的绝对值很小，因此常作0处理，并称为机器零。

所谓机器零是指如果一个浮点数的尾数全为0，则不论其阶码为何值；或者一个浮点

数的阶码小于它能表示的最小负数，则不论其尾数为何值，计算机在处理它们时都把该浮点数作 0 处理。特别是当浮点数的阶码采用移码表示、尾数采用补码数据表示时，如果阶码等于它能表示的最小负数(即为 2^n 时，n 为阶码的位数)且尾数为 0 时，其阶码和尾数表现为全 0，从而有利于机器中判 0 电路的设计与简化。

一般来说，增加尾数的位数，将增加可表示区域数据点的密度，从而提高了数据的精度；增加阶码的位数，能增大可表示的数据区域，并缩小不能表示的数据区域，扩大了数据的表示范围。但是，在字长一定的情况下，增加数据表示范围将影响数据表示的精确度，反之亦然。

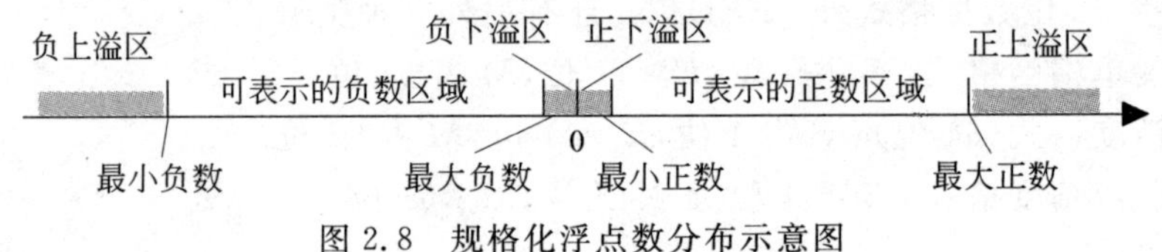

图 2.8 规格化浮点数分布示意图

4. 浮点数的表示范围和精度

数据的表示范围是指机器所能表示的一个数的最大值与最小值间的范围。数据的精度是指一个数的有效位数，有效位数越多，精度越高。

设计算机字长为 $m+n$ 位(含相应的符号位)，当采用如图 2.3 所示的一般浮点数格式表示时，m 和 n 分别表示阶码和尾数的位数(各包含一位符号位)，且假设阶码和尾数均采用补码数据表示，能表示的数据范围如表 2.5 所示。

表 2.5 阶码和尾数均采用补码表示的浮点数表示范围

典型数据	机器数形式	真值
非规格化最小正数	10 00 000…01	$+2^{-(n-1)}\times 2^{-2^{(m-1)}}$
规格化最小正数	10 00 010…00	$+2^{-1}\times 2^{-2^{(m-1)}}$
最大正数	01 11 011…11	$+(1-2^{-(n-1)})\times 2^{(2^m-1)}$
非规格化最大负数	10 00 111…11	$-2^{-(n-1)}\times 2^{(2^m-1)}$
规格化最大负数	10 00 1 01…11	$-(2^{-1}+2^{-(n-1)})\times 2^{-2^{(m-1)}}$
最小负数	01 11 1 00…00	$-1\times 2^{(2^m-1)}$

从表 2.5 可看出，当机器字长一定时，分给阶码的位数越多，尾数占用的位数就越少，则数的表示范围越大。而尾数占用的位数减少，必然会减少数的有效数位，即影响数的精度。IEEE 754 单精度浮点数能表示的数据特征如表 2.6 所示。

表 2.6 32 位 IEEE 754 浮点数特征

指数的取值范围	$-126\sim127$
最小规格化数	2^{-126}
最大规格化数	2^{128}
最小非规格化数	$2^{-149}\approx10^{-45}$
可表示十进制数范围	$10^{-38}\sim10^{38}$

2.2.4 十进制数的二进制编码与运算

计算机中的数据只能是二进制数，而人们习惯使用的是十进制数。因此，输入到计算机中的十进制数，需要转换成二进制数；数据输出时，应将二进制数转换成十进制数。这个转换工作，是机器通过标准子程序实现的。两种进位制数间的转换依据是数的编码。

用二进制数码来表示十进制数，称为二进制编码的十进制数。十进制数有 0～9 这 10 个数码。用二进制数表示时，必须用 4 位才能表示 10 个数码。但 4 位二进制数码共有 16 种不同组合，要从这 16 种组合中选取 10 种来表示十进制数的 0～9 这 10 个数码，选取的方法有多种，下面介绍几种常用的编码。

1. 有权码

表示 1 位十进制数的二进制数码的每一位都有确定的权。此类码中有 8421 码、2421 码等。8421 码就是常用的一种 BCD 码(Binary Coded Decimal)。各位的权值如下：

二进制数码　x_3　x_2　x_1　x_0

权值　2^3　2^2　2^1　2^0

即 8421 码选取 4 位二进制数的前 10 个代码 0000～1001 分别对应表示十进制数的 10 个数码，1010～1111 这 6 个编码未被选用，如表 2.7 第二列所示。

表 2.7　十进制数的 BCD 编码和余 3 码

十进制数	有权的 8421 码	无权的余 3 码
0	0000	0011
1	0001	0100
2	0010	0101
3	0011	0110
4	0100	0111
5	0101	1000
6	0110	1001
7	0111	1010
8	1000	1011
9	1001	1100
未被采用的编码	1010	0000
	1011	0001
	1100	0010
	1101	1101
	1110	1110
	1111	1111

对于BCD码,若按权求和,和数就等于该代码所对应的十进制数。

例如:$0111=0\times2^3+1\times2^2+1\times2^1+1\times2^0=4+2+1=7$。

这就是说,编码中的每位仍然保留着一般二进制数所具有的位权,而且4位代码从左到右的位权依次是8,4,2,1。8421码就是因此而得名。如十进制数63,用8421码表示为0110 0011。

对8421码实现算术运算时,其结果要进行修正。加法运算修正的规则如下。

- 若两个8421码相加之和$\leqslant(9)_{10}$,则不需修正。
- 若两个8421码相加之和$\geqslant(10)_{10}$,则要进行加$(6)_{10}$修正,并向高位进位。

例2.15 用8421码实现下列十进制运算:2+4 7+8。

8421码运算:

```
    0010           0111
+   0100       +   1000
---------      ---------
    0110           1111     ≥(10)10
 (结果为6)     +   0110     加(6)10修正
               ---------
                  10101     (15)10
                  ↑          (结果为15)
               向高位进位
```

2. 无权码

无权码用二进制码表示一个十进制数码时,它的各位都没有确定的权。此类码中有余3码、格雷码等。余3码是常用的一种无权码。它是从4位二进制数中顺序选取0011～1100这10个编码,分别对应表示十进制数的0～9这10个代码,其他代码不用,如表2.7第三列所示。

从表2.7中可以看到,余3码是在8421码的基础上,把每个代码加0011形成的。在这种编码中,若将二进制代码按二进制数转换成十进制数,则每组代码的值比相应的十进制数多3。

例如,表中十进制数5相应的余3码编码是$1000=2^3=8$;又如十进制数码6相应的编码是$1001=2^3+2^0=9$。显然8比5多3,9比6多3。因此,称这种编码为余3码。

余3码的运算规则:当两个余3码相加不产生进位时,从结果中减去0011;若产生进位,则将进位送入高位,本位加0011。

例2.16 用余3码加法计算$(38)_{10}+(29)_{10}$。

```
    0110           1011     (38)10
+   0101           1100     (29)10
-----------------------
    1100     ←——10111     低位产生进位
-   0011     +     0011     高位减3,低位加3
-----------------------
    1001           1010     (67)10
```

2.3 非数值数据的表示

非数值数据是一种没有数值大小之分的数据，也称字符数据，如符号和文字等。

2.3.1 字符的表示方法

国际上广泛采用美国国家信息交换标准代码，简称 ASCII 码(American Standard Code for Information Interchange)表示字符。它选用了常用的 128 个符号，其中包括 33 个控制字符、10 个十进制数码、52 个英文大写和小写字母、33 个专用符号。128 个字符分别由 128 个二进制数码串表示。目前广泛采用键盘输入方式实现信息输入。当从键盘输入字符时，编码电路按字符键的要求给出与字符相应的二进制数码串，然后送交机器处理。计算机输出处理结果时，则把二进制数码串按同一标准转换成字符，由显示器显示或打印机打印出来。表 2.8 给出了不带校验位的 ASCII 字符代码。

表 2.8 ASCII 码表

位 数				w7	0	0	0	0	1	1	1	1
				w6	0	0	1	1	0	0	1	1
				w5	0	1	0	1	0	1	0	1
w4	w3	w2	w1	列 行	0	1	2	3	4	5	6	7
0	0	0	0	0	(NUL)	(DLE)	SP	0	@	P	`	p
0	0	0	1	1	(SOH)	(DC1)	!	1	A	Q	a	q
0	0	1	0	2	(STX)	(DC2)	"	2	B	R	b	r
0	0	1	1	3	(ETX)	(DC3)	#	3	C	S	c	s
0	1	0	0	4	(EOT)	(DC4)	$	4	D	T	d	t
0	1	0	1	5	(ENQ)	(NAK)	%	5	E	U	e	u
0	1	1	0	6	(ACK)	(SYN)	&	6	F	V	f	v
0	1	1	1	7	(BEL)	(ETB)	`	7	G	W	g	w
1	0	0	0	8	(BS)	(CAN)	(	8	H	X	h	x
1	0	0	1	9	(HT)	(EM)	)	9	I	Y	i	y
1	0	1	0	10	(LF)	(SUB)	*	:	J	Z	j	z
1	0	1	1	11	(VT)	(ESC)	+	;	K	[	k	{
1	1	0	0	12	(FF)	(FS)	,	<	L	\	l	|
1	1	0	1	13	(CR)	(GS)	—	=	M	]	m	}
1	1	1	0	14	(SO)	(RS)	.	>	N	^	n	~
1	1	1	1	15	(SI)	(US)	/	?	O	_	o	DEL

128 个字符可以用 7 位二进制数对它们进行编码，即用 0000000～1111111 共 128 种不同的数码串分别表示 128 个字符。如果加上一个校验位，正好可用一个字节(8 位)表示一个字符。

从表 2.8 中看出，0～9 这 10 个数字符号是从 0110000 开始的一个连续区域，大写英文字母是从 1000001 开始的一个连续区。在数码转换时,这一点是可以利用的。例如,将 5 转换成 ASCII 码时,只需以 0110000 为基值加上 101 即可,而通过去掉十进制数据区域的 ASCII 码最高 3 位的方法,则可以得到十进制数的 8421 码。

2.3.2 汉字编码

计算机要对汉字信息进行处理,首先要将汉字转换成计算机可以识别的二进制形式并输入到计算机,这是由汉字输入码完成的;汉字输入到计算机后,还需要转换成内码才能被计算机处理,显然,汉字内码也应该是二进制形式。如果需要显示和打印汉字,还要将汉字的内码转换成字形码。下面将简要介绍汉字的输入码、机内码和字形码。

1. 汉字输入码

用通用的西文键盘输入汉字,首先必须解决汉字的输入问题。汉字输入编码的研究是一个十分活跃的领域。到目前为止,国内外提出的编码方法有几百种之多,但编码的方式不外乎以下 4 大类。

- 流水码:用数字组成的等长编码,如国标码、区位码。
- 音码:根据汉字读音组成的编码,如拼音码。
- 形码:根据汉字的形状、结构特征组成的编码,如五笔字型码。
- 音形码:将汉字的读音与其结构特征综合考虑的编码,如自然码、钱码等。

1) 区位码

区位码将汉字字符编成行列结构的二维矩阵,其中的行又称为区,列又成为位,区位码由此得名。区和位均用两位十进制数表示,因此,对应于一个汉字的区位码由 4 位十进制数构成,其中前两位对应区,后两位对应位。区位码将汉字编码 GB2312—80 中的 6763 个汉字分成 94 个区和 94 个位。如 1763 为“边”字对应的区位码。区位码具有如下特点。

(1) 无重码。

(2) 等长,所有汉字的区位码都是 4 位。

(3) 由于汉字的区位与汉字之间的对应关系没有什么规律,记忆困难。

(4) 除输入汉字外,还能输入各种图形字符和制表符等。

2) 拼音码

直接用汉字的拼音作为汉字编码,即每个汉字的拼音本身就是其输入码。这种编码具有如下特点。

(1) 具有重码,输入汉字拼音后还需要翻屏选择具体的汉字。

(2) 编码长度较长且可变。

(3) 容易使用,不需要任何其他记忆,只要会拼音,就能输入汉字。

(4) 只能输入汉字。

目前常见的拼音码主要包括全拼音、智能 ABC 等。

3) 字形编码

这是一种根据汉字的形状、结构特征组成的编码,主要方法是将汉字拆分成若干个基本成分，用这些基本部分组成汉字的编码。由于拆分汉字的角度、方法不同，因而产生出各种各样的形码。其中五笔字型码是最为流行和普及的字形编码。该码特点是：重码少，输入速度快，但需要有一定的记忆。

4）音形结合编码方法

音形码是既要考虑汉字的读音，又要考虑汉字的结构特征的一类输入码，它们通常由两部分组成，即反映汉字读音的编码和表现汉字本身结构特征的字根编码。如“吴”字只可以拆成“口”、“天”两个字元。这种情况下，编码由两个字元拼音的第一个字母和该字的末画与该字本身字音的第一个字母组成。“口”、“天”的拼音分别为Kou，Tian，该字的最后一画“捺”的拼音为Na，“吴”的拼音为Wu，所以“吴”字的编码为KTNW。

音形码的种类很多，有首尾码、快速码、音形码、形声码、表形码、钱码、自然码等。其中自然码、钱码尤为突出。音形码的特点是选用的字根少，记忆量小。

2. 汉字机内码

汉字机内码是计算机内存储和处理汉字时使用的编码。由于计算机要同时处理汉字和字符，因此，对汉字机内码编码时，既要考虑到与ASCII码严格区分，又要能与国标码或区位码之间具有简单的对应关系。

汉字机内码与区位码之间的对应关系为：区位码＋A0A0H。

如“边”字的区位码为1763，变换成十六进制数为06E3H，则“边”字的机内码为：06E3H＋A0A0H＝A7B3H，对应的二进制为10100111 10110011。

由于文本中通常混合使用汉字和西文字符，汉字信息如果不与西文字符进行区别，就会与单字节的ASCII码混淆。此问题的解决方法之一是将一个汉字看成是两个扩展ASCII码，使表示GB2312汉字的两个字节的最高位都为1。如上述汉字“边”对应的机内码中，高、低两个字节的最高位均为1，这样就能区别一个机内码到底对应一个汉字还是两个西文字符。

3. 汉字字形码

字形码是汉字的输出码，输出汉字时都采用图形方式，无论汉字的笔画多少，每个汉字都可以写在同样大小的方块中。为了能准确地表达汉字的字形，对于每一个汉字都有相应的字形码。目前大多数汉字系统中都是以点阵的方式来存储和输出汉字的字形。所谓点阵就是将字符(包括汉字图形)看成一个矩形框内一些横竖排列的点的集合，有笔画的位置用黑点表示，没笔画的位置用白点表示。在计算机中用一组二进制数表示点阵，用0表示白点，用1表示黑点。一般的汉字系统中汉字字形点阵有16×16，24×24，48×48几种，点阵越大对每个汉字的修饰作用就越强，打印质量也就越高。通常用16×16点阵来显示汉字，每一行上的16个点需用两个字节表示，一个16×16点阵的汉字字形码需要2×16＝32个字节表示，这32个字节中的信息是汉字的数字化信息，即汉字字模。

汉字字模按国标码的顺序排列，以二进制文件形式存放在存储器中，构成汉字字模字库，也称为汉字字形库，简称汉字库。

2.4 数据信息的校验

受元器件的质量、电路故障或噪音干扰等因素的影响，计算机在对数据进行处理、传输及存储过程中，往往会出现错误。如何发现或纠正上述过程中的数据错误，是计算机系统设计者必须面临的问题。为此，人们提出了基于编码的解决方案，其基本原理如图 2.9 所示。

有效信息(k位)	校验信息(r位)

图 2.9 数据校验的基本原理

如图 2.9 所示，为了实现检测或纠正错误，在被校验的数据中增加一些冗余码（校验位），使数据按某种规则编码以后，具有发现错误的能力，甚至能指出错误的所在位置，然后借助逻辑线路自动纠正。这种具有发现错误或者同时能给出错误所在位置的数据编码，就称为数据校验码。利用校验码实现对数据信息的校验，目的是提高计算机的可靠性。

2.4.1 码距与数据校验

通常将一组编码中任何两个编码之间代码不同的位数称为这两个编码距离，简称码距，又称海明（Hamming）距离。对于一个编码体制，将其中所有的合法码距的最小值称为这个编码体制的码距。例如 4 位二进制编码 0011 与 0001 仅有一位不同，这两组编码的码距为 1，而 0011 与 0000 两组编码的距离为 2。下面通过两个实例来考查码距与数据校验的关系。

例 2.17 设用 4 位二进制编码表示 16 种状态，从 0000～1111，则任何两个 4 位二进制编码之间的距离最小值是 1（两个相邻的编码之间）、最大值为 4（0000 与 1111 之间）。根据码距的定义，4 位二进制编码表示 16 种状态时的码距为 1，因此，当任何一个 4 位编码中的一位出错时，就会从一种有效状态变成另一种有效状态，即这种编码没有检测错误和纠正错误的能力。

例 2.18 如果用 4 位二进制编码只表示 8 种状态，即从 0000～1111 中选出 8 种编码作为有效编码，假定它们是 0000，0011，0101，0110，1001，1010，1100，1111。根据码距的定义，此时的码距为 2。此时，这 8 种编码中的任何一位发生改变，如 0000 变成 1000 就从有效编码变成了无效编码，可以容易检测到这种错误。

码距是编码体制里一个重要概念，通过上面的例题不难看出，通过增加码距就能把一个不具备检错的编码变成具有检错功能的编码。校验码就是利用这一原理，在正常编码的基础上，通过增加一些附加的校验位而形成的。增加校验的同时也增加了码距，当码距增加到一定程度时，校验码不仅具有检错功能，而且还可具有纠正错误的能力。

根据信息论原理，码距 d 与校验码的检错和纠错能力的关系如下。

(1) $d \geqslant e+1$：可检测 e 个错误。

(2) $d \geqslant 2t+1$：可纠正 t 个错误。

(3) $d \geqslant e+t+1$：当 $e \geqslant t$ 时，可检测 e 个错误并纠正 t 个错误。

根据上述关系,可得到码距的检错与纠错能力,如表 2.9 所示。

表 2.9　不同码距的检错与纠正错能力

码　　距	检错个数	纠错个数	码　　距	检错个数	纠错个数
1	0	0	5	2	2
2	1	0	6	3	2
3	2	1	7	3	3
4	2	1			

在确定与使用数据校验码时,应该考虑在不过多增加硬件开销的情况下,尽可能发现或改正更多的错误。常用的数据校验码有奇偶校验码、海明校验码和循环冗余校验码。

2.4.2　奇偶校验

奇偶校验是一种常见的简单校验。通过检测校验码中 1 的个数的奇偶性是否改变来判断数据是否出错。

1. 简单奇偶校验

奇偶校验分奇校验和偶校验两种校验。奇校验所约定的编码规则是让整个校验码(包含有效信息和校验位)中 1 的个数为奇数。而偶校验约定的编码规则是让整个校验码中 1 的个数为偶数。有效信息(被校验的信息)部分可能是奇性(1 的个数为奇数)也可能是偶性,所以,奇偶两种校验都只需配一个校验位(对应图 2.9 中的 $r=1$),就可以使整个校验码满足指定的奇偶性要求。

设被校验信息 $x=x_1x_2\cdots x_{n-1}$,校验位为 C。

奇校验时,C 的逻辑表达式为

$$C=\overline{x_1\oplus x_2\oplus x_3\oplus\cdots\oplus x_{n-1}}$$

偶校验时,C 的逻辑表达式为

$$C=x_1\oplus x_2\oplus x_3\oplus\cdots\oplus x_{n-1}$$

实际计算校验信息的过程中可按照更简单的方法来确定校验位,即:偶校验时,若有效信息中有偶数个 1,则校验位取值为 0;若有效信息中有奇数个 1,则校验位取值为 1。奇校验时,若有效信息中有偶数个 1,则校验位取值为 1;若有效信息中有奇数个 1,则校验位取值为 0。表 2.10 中的例子说明奇偶校验的编码方法。假定校验码中最右边的一位为校验位。

表 2.10　奇偶校验举例

被校验信息	奇校验码	偶校验码
1 0 1 1 0 1 0 1	1 0 1 1 0 1 0 1 **0**	1 0 1 1 0 1 0 1 **1**
1 0 1 0 1 1 1 0	1 0 1 0 1 1 1 0 **0**	1 0 1 0 1 1 1 0 **1**
0 0 1 1 0 0 1 1	0 0 1 1 0 0 1 1 **1**	0 0 1 1 0 0 1 1 **0**
0 1 0 0 1 0 0 0	0 1 0 0 1 0 0 0 **1**	0 1 0 0 1 0 0 0 **0**

现以偶校验为例，分析数据校验的实现方法。设 $x=x_1x_2\cdots x_8$。偶校验实现的方法如图 2.10 所示。图中左半部分为发送部件待发送数据 $x=x_1x_2\cdots x_8$ 及校验位的产生电路，按偶校验方式产生校验位 C。C 和 x 一同送接收部件。右半部分是接收部件。设接收到的数据是 x'。同样按偶校验方式产生校验位 C'。将发送过来的校验位 C 与接收部件产生的 C'进行比较，如果相同，则说明传送没有错误；如果不相同，则说明传送有错误。这种比较可利用“异或”电路获得。图中 P 为比较后的结果。

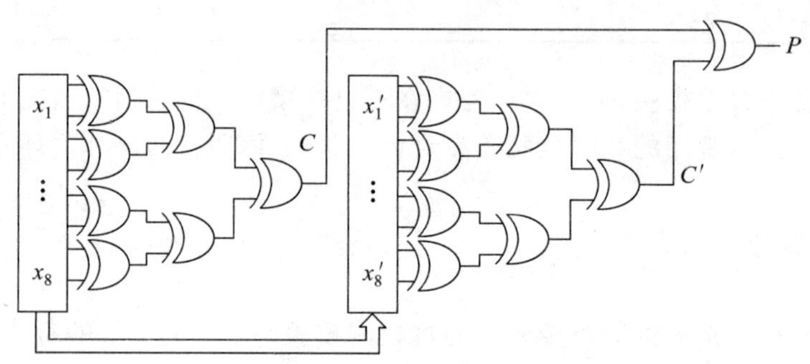

图 2.10　偶校验的逻辑实现

若 $P=0$，则表示传送没有出错，严格地说，是没有出现奇数位错；若 $P=1$，则表示接收的信息有错。$P=1$ 就告诉机器应停止使用这个数据，机器也会做出相应的处理。

例 2.19　设 $x=10100011$，按偶校验方式产生校验位 $C=0$。如果接收到的 $x=$ 1010111 0(只有 1 位出错，最后一个 0 表示是校验位)，接收方按偶校验方式根据 1010111 计算得到的校验位 $C'=1$，与从信息中读到的校验码的取值不同，表明传送的信息发生了错误。

例 2.20　设 $x=10100011$，按偶校验方式产生校验位 $C=0$。如果接收到的 $x=$ 10**1**10**1**11 0(注意，这里有两位同时出错，最后一个 0 表示是校验位)，按偶校验方式产生校验位 $C'=0$。由于 C 和 C'都为 0，所以 $P=0$。也就是说，判断传送没有出错，但事实上有两位同时出错。

从本例可以看出：偶校验只具有发现出现奇数个代码出错的能力；如果同时发生偶数个代码出错，这种校验就无能为力了。另外，奇偶校验只具有校验能力，即发现错误的能力。由于它发现错误后不能定位是哪位出错，故不能纠正错误。对例 2.19 和例 2.20 采用奇校验进行处理，也能达到相同的校验结论，具体过程请读者自己完成。

奇偶校验码通过增加一位校验位后，将码距由 1 增加到 2，从表 2.9 可知，它只能检测一位错误；又因为其利用的是编码中 1 的个数的奇偶性作为依据，所以不能发现偶数位错误。

2. 交叉奇偶校验

为了克服简单奇偶校验不能发现同时有偶数位出错的不足，人们提出了交叉奇偶校验的方法，也称为水平/垂直校验码。其基本原理是对多个数据块同时进行横向和纵向的奇偶校验。

假定有一个由 4 个字节组成的传送组，先对其采用奇校验进行交叉校验，具体数据和纵、横向奇校验值如表2.11所示。

表2.11 交叉奇校验举例

	A_6	A_5	A_4	A_3	A_2	A_1	A_0	Cr
W_3	1	0	1	0	1	1	0	1
W_2	1	1	1	0	1	1	0	0
W_1	0	0	1	0	0	0	1	1
W_0	1	1	0	0	1	0	0	0
C_L	0	1	0	1	0	1	0	1

当W_1的A_5和A_4同时出错时，W_1的横向校验位Cr不会发生变化，因此也检测不到这种错误；但此时W_3～W_1的纵向校验信息C_L的A_5和A_4却会发生变化，此时的交叉校验结果如表2.12所示。

表2.12 偶数位同时出错的交叉奇校验举例

	A_6	A_5	A_4	A_3	A_2	A_1	A_0	Cr
W_3	1	0	1	0	1	1	0	1
W_2	1	1	1	0	1	1	0	0
W_1	0	**1**	**0**	0	0	0	1	1
W_0	1	1	0	0	1	0	0	0
C_L	0	**0**	**1**	1	0	1	0	1

通过比较发送方和接收方的C_L就能知道数据在发送过程中有错误出现。

若传送过程中只有一位发生错误，当采用简单的奇偶校验时，只能检测错误而无法定位和改正错误；若此时采用交叉奇偶校验，不仅可以检测，而且还能定位并改正错误。例如仅当W_1的A_5出错时，不仅W_1的横向校验位Cr发生变化，而且4个字的纵向校验信息C_L的A_5也发生变化。通过比较发送方和接收方的Cr和C_L，就能确定发生变化的校验位的行、列值，从而实施修正。详细过程如表2.13所示。

表2.13 基于交叉奇校验的检错与改错

	A_6	A_5	A_4	A_3	A_2	A_1	A_0	Cr
W_3	1	0	1	0	1	1	0	1
W_2	1	1	1	0	1	1	0	0
W_1	0	**1**	1	0	0	0	1	**0**
W_0	1	1	0	0	1	0	0	0
C_L	0	**0**	0	1	0	1	0	1

通过比较表2.11和表2.13不难发现W_1字的A_5出错，因此在接收方直接将该位改成0即可。

2.4.3 海明校验

海明校验码是由理查德·海明(Richard Hamming)于1950年提出的。它不仅具有检测错误的能力，同时还具有给出错误所在准确位置的能力。这里只介绍具有检出和校正一位错误的海明编码。

前述奇偶校验方法，是将整个有效信息作为一组，进行奇偶校验，它仅有一个校验位，故只能提供一位检错信息，进行错误检查，而不能指出出错位置。如果将有效信息按某种规律分成若干组，每组安排一个校验位进行奇偶测试，就能提供多位检错信息，以指出最大可能是哪位出错，从而将其纠正。这就是海明校验的基本思想。从这一意义上讲，海明校验实质上是一种多重奇偶校验，它通过在数据位之间插入 k 个校验位来扩大码距，从而实现检错和纠错。

1. 校验位的位数

设校验码为 N 位，其中有效信息为 k 位，校验位为 r 位，分成 r 组作奇偶校验，这样能产生 r 位检错信息。这 r 位信息就构成一个指错字，可指出 2^r 种状态，其中的一种状态表示无错，余下的状态就能指出 2^r-1 位中某位出错。

如果要求海明码能指出并纠正一位错误，则应满足关系式：

$$N=k+r\leqslant 2^r-1$$

例如，$r=3$，则 $N=k+r\leqslant 7$，所以 $k\leqslant 4$。也就是 4 位有效信息应配上 3 位校验位。根据上述关系式，可以算出不同长度有效信息编成海明码所需要的最少校验位数。信息位与检验位的对应关系如表 2.14 所示。

表 2.14　有效信息位数与校验位位数的关系

k	1	2～4	5～11	12～26	27～57	58～120	…
r	2	3	4	5	6	7	…

如要求海明码能纠正一位错误，并能发现两位错误，则应满足关系式

$$N=k+r\leqslant 2^{r-1}$$

满足该式的信息位与检验位的对应关系如表 2.15 所示。

表 2.15　有效信息位数与校验位位数的关系

k	1～4	5～11	12～26	27～57	58～120	121～247	…
r	4	5	6	7	8	9	…

本节下面所讨论的海明编码均以指出并纠正一位错误的海明编码为例。

2. 分组原则

在海明码 $H_1\sim H_n$ 中，位号数（$1,2,3,\cdots,n$）为 2 的权值的那些位，即 $1(2^0)$，$2(2^1)$，$4(2^2)$，…，2^{r-1}位，作为奇偶校验位，并记作 $P_1,P_2,P_3,\cdots,P_r$，余下各位则为有效信息位。与 $N=11,k=7,r=4$ 相应海明码可示意为

位号	1	2	3	4	5	6	7	8	9	10	11
Pi 占位	P_1	P_2	b_1	P_3	b_2	b_3	b_4	P_4	b_5	b_6	b_7

其中，bi 均为有效信息。海明码中的每一位被 $P_1,P_2,P_3,\cdots,P_r$ 中的一至若干位所校验。

例如，H_5 即校验码中第 5 位被 P_1 和 P_3 所校验；H_7 即校验码中第 7 位被 P_1，P_2 和 P_3 所校验。其规律是：第 i 位由校验位位号之和等于 i 的那些校验位所校验。由此可得表 2.16。

表 2.16 海明码每位所占用的校验位($k=7$)

海明码位号	占用的校验位号	备 注	海明码位号	占用的校验位号	备 注
1	1	1=1	7	1,2,4	7=1+2+4
2	2	2=2	8	8	8=8
3	1,2	3=1+2	9	1,8	9=1+8
4	4	4=4	10	2,8	10=2+8
5	1,4	5=1+4	11	1,2,8	11=1+2+8
6	2,4	6=2+4			

从表中可以清楚地看到某一位是由哪几个校验位所校验的。反过来说，每个校验位，校验着它以后的一些确定位置上的有效信息，并包括它本身。例如，P_1 校验着海明码中第 1,3,5,7,9,11 位；P_2 校验着第 2,3,6,7,10,11 位。归并起来，如表 2.17 所示。这样，就形成了 4 个小组，每个小组一个校验位，校验位的取值仍采用奇偶校验方式确定。

表 2.17 每个校验位所校验的数位($k=7$)

校验位位号	被校验的海明码位号	校验位位号	被校验的海明码位号
1(P_1)	3,5,7,9,11	3(P_3)	5,6,7
2(P_2)	3,6,7,10,11	4(P_4)	9,10,11

3. 编码、查错、纠错原理

下面以 4 位有效信息和 3 位校验位为例，来说明编码原理、查错原理及纠错方法。

设 4 位有效信息为 b_1,b_2,b_3,b_4，3 位校验位为 P_1,P_2,P_3，海明校验码的序号和分组可参见表 2.17，此时利用了该表中前 3 组信息，被校验的海明码位号中不包括 9～11。

从表中可以看到：

(1) 每个小组只有 1 位校验位，第 1 组是 P_1，第 2 组是 P_2，第 3 组是 P_3。

(2) 每个校验位，校验着它本身和它后面的一些确定位。

1) 编码原理

若有效信息 $b_1b_2b_3b_4=1011$，则先将它分别填入第 3,5,6,7 位，再分组进行奇偶统计，分别填入校验位 P_1,P_2,P_3 的值。这里分组采用偶校验，因此，要保证 3 组校验位的取值都满足偶校验规则。各校验位的取值如下：

$$P_1=H_3\oplus H_5\oplus H_7=b_1\oplus b_2\oplus b_4=1\oplus 0\oplus 1=0$$
$$P_2=H_3\oplus H_6\oplus H_7=b_1\oplus b_3\oplus b_4=1\oplus 1\oplus 1=1$$
$$P_3=H_5\oplus H_6\oplus H_7=b_2\oplus b_3\oplus b_4=0\oplus 1\oplus 1=0$$

这样得到了海明码，正确的编码应为 $P_1P_2b_1P_3b_2b_3b_4$＝0110011。

2）查错与纠错原理

经过编码后得到的海明编码的序号和分组如表 2.18 所示，下面将基于表 2.18 分析海明编码的查错和纠错原理。

表 2.18 $k=4,r=3$ 的海明编码

海明码序号	1	2	3	4	5	6	7	指错字	无错	出错位						
含义	P_1	P_2	b_1	P_3	b_2	b_3	b_4			1	2	3	4	5	6	7
第三组				√	√	√	√	G_3	0	0	0	0	1	1	1	1
第二组		√	√			√	√	G_2	0	0	1	1	0	0	1	1
第一组	√		√		√		√	G_1	0	1	0	1	0	1	0	1

分组校验对指出错误所在确切位置给予了有力的支持。表 2.18 中的海明编码被分作 3 组校验，每组可产生一个检错信息，3 组共 3 个检错信息便构成一个指错字，由 $G_3G_2G_1$ 组成，其中

$$G_3 = P_3 \oplus b_2 \oplus b_3 \oplus b_4,$$
$$G_2 = P_2 \oplus b_1 \oplus b_3 \oplus b_4,$$
$$G_1 = P_1 \oplus b_1 \oplus b_2 \oplus b_4$$

3 位指错字共表示 8 种状态，在没有出错的情况下，$G_3G_2G_1=000$。由于在分组时就确定了每位校验位参与校验的组别，所以，指错字能准确地指出错误所在位。例如，第 H_3 位的 b_1 出错，由于 b_1 参加了第 1 组和第 2 组的校验，必然破坏了第 1 组和第 2 组的偶性（因为表 2.18 中采用的是偶校验），从而使 G_1 和 G_2 为 1，又因 b_1 没有参加第三组校验，故 G_3 仍为 0，这就构成了一个指错字 $G_3G_2G_1=011$，它指出第 H_3 位出错。

反之，若 $G_3G_2G_1=111$，则说明海明码 H_7 位即 b_4 出错。这是因为只有第 7 位 b_4 参加了 3 个小组的校验，只有第 7 位出错才能破坏 3 个小组的偶性。

假定源部件发送的海明码为 0110011，若接收端海明码为 0110011，则 3 个小组都满足偶校验要求，这时 $G_3G_2G_1=000$，表明收到的信息正确，可以从中提取有效信息 1011 参加运算处理。若接收端的海明码为 0110111，分组检测后，指错字 $G_3G_2G_1=101$，它指出第 5 位 b_2 出错，则只需将第 5 位信息变反，就可还原成正确的数码 0110011。

4. 海明校验的逻辑实现

与表 2.18 相应的海明码编码电路如图 2.11 所示。图中上端 $P_1,P_2,b_1,P_3,b_2,b_3,b_4$ 便是一组 7 位海明编码，P_1,P_2,P_3 的取值可以用“异或”门方便地得到。

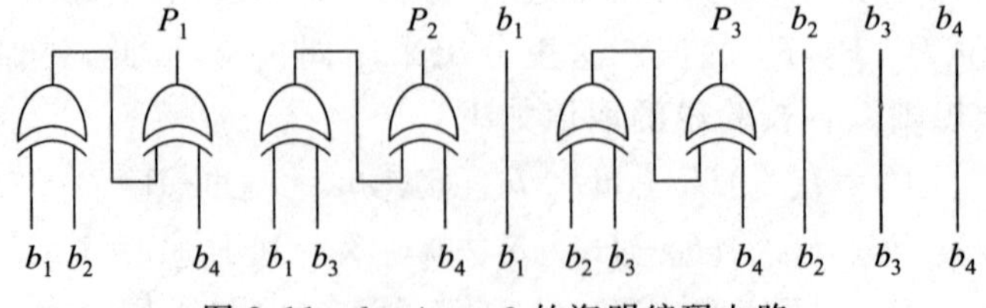

图 2.11 $k=4,r=3$ 的海明编码电路

图 2.12 给出了相应 7 位海明码查错纠错逻辑电路。图中 $P_1, P_2, P_3, b_1, b_2, b_3, b_4$ 为目的部件接收到的信息，$P_1', P_2', P_3', b_1', b_2', b_3', b_4'$ 是纠错后的信息，G_3, G_2, G_1 是根据接收到的信息产生的指错字。

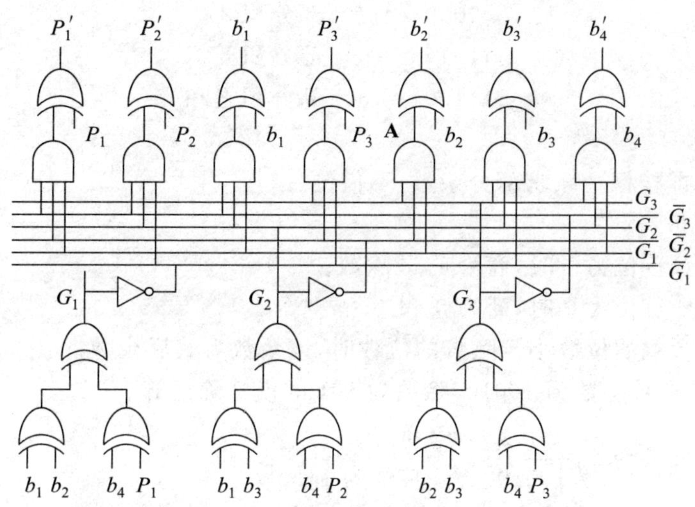

图 2.12 $k=4, r=3$ 的海明编码的查错和纠错电路

电路的工作原理如下：当目的部件接收到一组海明码后，送入电路进行分组并检测，得到检错字信息 $G_3G_2G_1$，这组信息通过译码电路译码，给出出错(或无错)的信号，这个信号就是纠错的依据。若 $G_3G_2G_1=000$，图 2-12 中最上一排异或门的输入控制端均为 0，输出端的输出 $P_1' \sim b_4' = P_1 \sim b_4$，即传送无错误不需要纠正。若 $G_3G_2G_1=101$，则最上一排第 5 个异或门的输入控制端 A 为 1，其他异或门输入控制端为 0，A 点为 1 使第 5 个异或门的输出 $b_2' = \bar{b}_2$，即将出错的第 5 位信息取反，其他未错的信息位保持不变。这样，就实现了对出错信息位的自动纠正。

2.4.4 循环冗余校验(CRC)

循环冗余校验是一种基于模 2 运算建立编码规则的校验码。CRC 在磁存储器和计算机通信方面应用较多。

1. 模 2 运算

1) 模 2 加减运算

模 2 加减运算就是按位加减运算，即不带进位和借位的二进制加法和减法运算。模 2 加与模 2 减运算的结果相同。运算规则如下：

$$0 \pm 0 = 0, \quad 0 \pm 1 = 1, \quad 1 \pm 0 = 1, \quad 1 \pm 1 = 0$$

2) 模 2 乘运算

模 2 乘运算即按模 2 加求部分积之和，无进位。

例 2.21 按模 2 乘法运算法则求 1101 与 101 之积。

```
     1101      被乘数
×     101      乘数
-----------
     1101      部分积 1
    0000       部分积 2
   1101        部分积 3
-----------
   111001      部分积之和
```

3）模 2 除运算

模 2 除运算即按模 2 减求部分余数，不借位。

其上商原则是：

(1) 部分余数首位为 1 时，商为 1，减除数。

(2) 部分余数首位为 0 时，商为 0，减 0。

(3) 当部分余数的位数小于除数的位数时，该余数为最后余数。

例 2.22 计算被除数为 10010，除数为 101 的模 2 除运算。

```
        101      商
  101 / 10010    首位为 1
        101      模 2 减，商 1
       -----
        011      首位为 0
        000      减 0，商 0
       -----
         110     首位为 1
         101     模 2 减，商 1
        -----
          11     余数位数少于除数，为最后余数
```

2. 循环冗余校验

1）编码方法

与海明码相似，CRC 码也是由有效信息位和校验位组成，其编码方法如下：

(1) 先将 k 位有效信息表达为多项式 $M(x)$：

$$M(x) = C_{k-1}x^{k-1} + C_{k-2}x^{k-2} + \cdots + C_i x^i + \cdots + C_1 x + C_0$$

式中 C_i 为 0 或 1。

(2) 将 $M(x)$左移 r 位，可表示成 $M(x) \cdot 2^r$。右面的 r 位用来放置校验位。其中 r 的取值应该满足：$r > \log_2(k)$。

(3) 选择一个生成多项式 $G(x)$，其最高次幂等于校验位的位数 r，最低次幂等于 0，即 $G(x)$必须是 $r+1$ 位。

(4) 用多项式 $M(x) \cdot 2^r$ 除以生成多项式 $G(x)$所得的余数作为校验码。

设商为 $Q(x)$，余数为 $R(x)$。将余数 $R(x)$放置到 $M(x) \cdot 2^r$ 中右面空出的 r 位上，就形成了被校验信息的 CRC 码。其多项式为

$$\begin{aligned} M(x) \cdot 2^r + R(x) &= [Q(x) \cdot G(x) + R(x)] + R(x) \\ &= [Q(x) \cdot G(x)] + [R(x) + R(x)] \end{aligned}$$

因模 2 加，$R(x) + R(x) = 0$，所以

$$M(x)\cdot 2^r + R(x) = Q(x)\cdot G(x)$$

即当不出错时，CRC 码一定能被 $G(x)$ 除尽。

例 2.23 求有效信息 1100 的 CRC 码，选择生成多项式 $G(x)=1011$。

解：$M(x)=x^3+x^2=1100$。因有效信息为 4 位，所以 $r>\log_2(4)$，即 $r>2$，取 $r=3$，

$$M(x)\cdot 2^3 = x^6 + x^5 = 1100000$$

选择生成多项式 $G(x)=x^3+x+1=1011$

$$\frac{M(x)\cdot 2^3}{G(x)}=\frac{1100000}{1011}$$

按模 2 除法，得商 $Q(x)=1110$，余数 $R(x)=010$。

所以　　　　该信息的 CRC 码：$M(x)\cdot 2^3+R(x)=1100\mathbf{010}$

这种有效信息 4 位（$k=4$），CRC 码 7 位（$n=7$）的循环校验码称为(7,4)码。

2) CRC 的纠错

发送部件将某信息的 CRC 码传送至接收部件，接收部件收到 CRC 码后，仍用约定的多项式 $G(x)$ 去除，若余数为 0，表示传送正确；若余数不为 0，表示出错，再由余数的值来确定哪一位出错，从而加以纠正。具体的纠错原理如下。

(1) 不论错误出现在哪一位，均要通过将出错位循环左移到最左边的一位（即本例中的 X_1 位）上时被纠正。

(2) 不为零的余数具有循环特性。即在余数后面补一个零除以生成多项式，将得到下一个余数，继续在新余数基础上补零除以生成多项式，继续该操作，余数最后能循环到最开始的余数。CRC 由此而得名。对于(7,4)码，当生成多项式采用 1011 时，余数将按照表 2.19 所示的规律变化。

表 2.19　(7,4)CRC 码的出错模式（生成多项式 $G(x)=1011$）

	X_1	X_2	X_3	X_4	X_5	X_6	X_7	余　数	出错位
正确	1	1	0	0	0	1	0	0　0　0	无
错误	1	1	0	0	0	1	**1**	0　0　1	7
	1	1	0	0	0	**0**	0	0　1　0	6
	1	1	0	0	**1**	1	0	1　0　0	5
	1	1	0	**1**	0	1	0	0　1　1	4
	1	1	**1**	0	0	1	0	1　1　0	3
	1	**0**	0	0	0	1	0	1　1　1	2
	0	1	0	0	0	1	0	1　0　1	1

(3) CRC 就是利用不为零余数的循环特性，在循环计算余数的同时，将收到的 CRC 编码同步循环左移，当余数循环到等于最左边位出错对应的余数时，表明已将出错的位移到 CRC 码的最左边，对出错位进行纠错。

(4) 继续进行余数的循环计算,并同步移动 CRC 编码,当余数又回到最开始的值时,纠错后的 CRC 码又回到了最开始的位置。至此,完成 CRC 的纠错任务。

下面以例 2.23 得到的 CRC 码为例,具体说明 CRC 的纠错方法。表 2.19 列出了 CRC 每位出错对应的余数。

读者可以用表 2.19 中列出的具体实例完成下列工作。

(1) 验证余数的循环特性。可以从余数 001(对应 X_7 位出错)开始,不停地在新得到的余数后添 0 并除以 1011,将依次得到新余数 010,100,011,…,101,001。

(2) 体会纠错方法,还是以 X_7 出错为例说明。每计算一次新的余数,同步将 CRC 码循环左移一位。表 2.19 中,对应 X_1 位出错的余数为 101,当余数从 001(对应 X_7 位出错)循环到 101 时,对应的出错位也从 X_7 移动到 X_1 位。

(3) 将出错位移到 X_1 位修改后,再计算一次余数同时循环左移 CRC,又回到了最初的位置,但出错位已经被修改。

总之,对于(7,4)码,从任何一个非零余数开始,共循环左移 7 次,即可得到纠正后的代码。采用 CRC 校验,减少了海明校验中要为每一位提供纠正条件的译码电路。当位数增加时,CRC 校验能有效地降低硬件开销,所以它得到了广泛应用。

3) 生成多项式

生成多项式由接收方和发送方共同约定。在发送方,利用生成多项式对信息多项式做模 2 除生成校验码;在接收方利用生成多项式对收到的编码多项式做模 2 除法以检测和确定错误位置。对于 CRC 校验中的生成多项式有如下特殊要求。

(1) 生成多项式的最高位和最低位必须为 1。

(2) 当被传送信息(CRC 码)任何一位发生错误时,被生成多项式进行模 2 除后余数应不为 0。

(3) 不同位发生的错误,余数不同。

(4) 对余数继续做模 2 除,应使余数循环。

对应于不同码距的常用生成多项式如表 2.20 所示。

表 2.20 常见生成多项式

N	K	码距 d	G(x)多项式	G(x)
7	4	3	x^3+x+1	1011
7	4	3	x^3+x^2+1	1101
7	3	4	$x^4+x^3+x^2+1$	11101
7	3	4	x^4+x^2+x+1	10111
15	11	3	x^4+x+1	10011
15	7	5	$x^8+x^7+x^6+x^4+1$	111010001
31	26	3	x^5+x^2+1	100101
31	21	5	$x^{10}+x^9+x^8+x^6+x^5+x^3+1$	11101101001
63	57	3	x^6+x+1	1000011
63	51	5	$x^{12}+x^{10}+x^5+x^4+x^2+1$	1010000110101

本章小结

本章主要介绍了数值数据和非数值数据的表示方法，以及常用数据信息的校验技术。本章的主要学习目标包括：

(1) 掌握机器数的概念及二进制数的原码、反码、补码及移码等各类数据编码的方法和特点。

(2) 掌握定点数和浮点数的表示方法。

(3) 熟悉非数值数据的表示方法。

(4) 掌握数据信息的常用校验技术。

具体内容小结如下。

1. 数值数据的表示法

1) 真值与机器数

数的符号位用“+”或“−”表示的数据表示方法称为真值，而数的符号位用“0”或“1”表示的数据表示方法为机器数。

2) 定点数表示

(1) 设 x 为 n 位定点小数，则 x 的原码、补码和反码的定义如表 2.21 所示。

表 2.21 定点小数的原码、补码和反码定义

	原　码	补　码	反　码
$0\leqslant x<1$	x	x	x
$-1<x\leqslant 0$	$1-x$ 或 $1+\|x\|$	$2+x$ 或 $2-\|x\|$	$(2-2^{-n})-\|x\|$

(2) 设 x 为 n 位定点整数，则 x 的原码、补码、反码和移码的定义如表 2.22 所示。

表 2.22 定点整数的 4 种机器数定义

	原　码	补　码	反　码	移　码
$0\leqslant x<2^n$	x	x	x	2^n+x
$-2^n<x\leqslant 0$	2^n-x 或 $2^n+\|x\|$	$2^{n+1}+x$ 或 $2^{n+1}-\|x\|$	$(2^{n+1}-1)+x$	

(3) 补码与反码间的转换：

$$\text{定点小数：}[x]_{补}=[x]_{反}+2^{-n}$$

$$\text{定点整数：}[x]_{补}=[x]_{反}+1$$

(4) 补码数据表示建立在“模”的概念基础上，模的值即为符号位进位所在位的权值。对于定点小数而言，模的值为 2^1 即 2，对于定点整数而言，模的值为 2^{n+1}，其中 n 为不包含符号位的整数位数。

(5) 移码用于表示浮点数的阶码，整数表示。移码与补码的关系为

$$\begin{aligned}[x]_{移} &= [x]_{补}-2^n \quad (x<0)\\ &= [x]_{补}+2^n \quad (x\geqslant 0)\end{aligned}$$

即只要将 n 位整数补码的符号位取反即可得相应的移码。

3）浮点数数据表示

浮点数是一种将数据的表示范围与数据的精确度分开表示的数据表示方法，其中数据表示的范围由阶码位数决定，精确度由尾数的位数决定，因此浮点数包括阶码和尾数两部分。

(1) 一般格式

一般格式的浮点数中，阶码和尾数均采用补码表示，且阶码和尾数的位数不确定，不便于软件的移植。

一般格式的浮点数规格化判断及规格化方法(以补码为例)如下。

- 尾数形式为 11.0XXXXXX 和 00.1XXXXXX 的浮点数为规格化浮点数。
- 对尾数形式为 11.1XXXXXX 和 00.0XXXXXX 形式的非规格化数，采用左移方法规格化。
- 对尾数形式为 10.XXXXXX 和 01.XXXXXX 形式的非规格化数，采用右移一位的方法规格化。
- 不将 $-1/2$ 列入规格化数。

(2) IEEE 754 浮点数格式

IEEE 754 浮点数有 32 位单精度和 64 位双精度。不论哪种格式的 IEEE 754 格式浮点数都是由数符 S、阶码 E 和尾数 M 三部分组成，阶码采用移码表示，尾数采用原码数据表示，且隐藏高位 1。

对 32 位单精度格式而言：S 为 1，E 为 8 位，采用偏移值为 127 的移码，M 为 23 位。

对 64 位双精度格式而言：S 为 1，E 为 11 位，采用偏移值为 1023 的移码，M 为 52 位。

由于 IEEE 754 浮点数格式固定，因此便于数据移植。

IEEE 754 浮点数规格化判断及规格化将在第 3 章介绍。

2. 非数值数据的表示法

(1) ASCII 码是一种国际通用的字符码。

(2) 汉字编码：包含输入码、内码和字模码，分别用于汉字的输入、汉字在计算机内的处理以及汉字的显示和打印。

3. 数据信息的校验

1）码距

将一组编码中任何两个编码之间代码不同的位数称为这两个编码的距离，简称码距。对于一个编码体制，将其中所有的合法码距的最小值称为这个编码体制的码距。设 d，e，t 分别表示码距、检测的错误、纠正的错误。码距与纠错和检错能力的关系如下。

- $d \geqslant e+1$：可检测 e 个错误。
- $d \geqslant 2t+1$：可纠正 t 个错误。
- $d \geqslant e+t+1$：可检测 e 个错误并纠正 t 个错误($e \leqslant t$)。

2）奇偶校验

(1) 编码方法：增加一位校验位(一般放置在数据最前或最后)。

(2) 校验规则。

- 奇校验规则：待校验数据中1的个数为奇数时，其校验位为0，否则为1。
- 偶校验规则：待校验数据中1的个数为偶数时，其校验位为0，否则为1。

(3) 奇偶校验原理：利用编码中1的个数的奇偶性进行校验。

(4) 奇偶校验码的码距为2，只能检测1位错误。要提高奇偶校验码的检错与纠错能力，可采用交叉奇偶校验。

3）海明校验

海明校验实质上是一种多重奇偶校验。它将有效信息按某种规律分成若干组，每组安排一个校验位，作奇偶测试，就能提供多位检错信息，以指出最大可能是哪位出错，从而将其纠正。

4）CRC校验

校验码由多项式 $M(x)\cdot 2^r$ 除以产生校验码的生成多项式 $G(x)$ 所得的余数形成。

CRC的检错和纠错方法是：发送部件将某信息的CRC码传送至接收部件，接收部件收到CRC码后，仍用约定的多项式 $G(x)$ 去除，若余数为0，表示传送正确；若余数不为0，表示出错，再由余数的值来确定哪一位出错，从而加以纠正。

奇偶校验是一种只能检查出错的校验方式，它不能确定哪位出错，故没有纠错功能。海明校验和CRC校验相对奇偶校验而言较为复杂，但它们不仅可以查错，还能指出是哪位出错并通过线路纠正其错误，从而保证数据信息传送的正确性。

习题2

2.1 解释下列名词。

真值；数值数据；非数值数据；机器数；变形补码；规格化；机器零；BCD码；汉字内码；码距；奇偶校验；海明校验；循环冗余校验；检错；纠错。

2.2 回答下列问题。

(1) 为什么计算机中采用二进制？

(2) 为什么计算机中采用补码表示带符号的整数？

(3) 浮点数的表示范围和精确度分别由什么决定？字长一定时浮点数的表示范围与精确度之间有何关系？

(4) 汉字输入码、机内码和字形码在汉字处理过程中各有何作用？

(5) 在机内码中如何区分两个ASCII码字符和一个汉字？

(6) “8421码就是二进制数”。这种说法对吗？为什么？

(7) 如何识别浮点数的正负？浮点数能表示的数值范围和数值的精确度取决于什么？

(8) 简述CRC的纠错原理。

2.3　写出下列各数的原码、反码和补码。

0，－0，0.10101，－0.10101，0.11111，－0.11111，－0.10000，0.10000

2.4　已知数的补码表示形式，求数的真值。

$[x]_补=0.10010$，　$[x]_补=1.10010$，　$[x]_补=1.11111$，

$[x]_补=1.00000$，　$[x]_补=0.10001$，　$[x]_补=1.00001$

2.5　已知 $x=0.10110$，$y=-0.01010$，求：

$[x/2]_补$，　$[x/4]_补$，　$[y/2]_补$，　$[2y]_补$

2.6　C 语言中允许无符号数和有符号整数之间的转换，下面是一段 C 语言代码：

```
int x=-1;
unsigned u=2147483648;
printf ("x=%u=%d\n",x,x);
printf ("u=%u=%d\n",u,u);
```

给出在 32 位计算机中上述程序段的输出结果并分析原因。

2.7　分析下列几种情况下所能表示的数据范围分别是多少。

(1) 16 位无符号数。

(2) 16 位原码定点小数。

(3) 16 位补码定点小数。

(4) 16 位补码定点整数。

2.8　用补码表示 8 位二进制整数，最高位用一位表示符号（即形如 $x_0x_1x_2x_3x_4x_5x_6x_7$）时，模应为多少？

2.9　用 IEEE 754 32 位浮点数标准表示十进制数。

(a) $-6\frac{5}{8}$　　(b) 3.141 592 7　　(c) 64 000

2.10　求与 IEEE 754 32 位浮点数 43940000H 对应的十进制数。

2.11　求 32 位 IEEE 754 浮点数能表示的最大数和最小数。

2.12　设有两个正浮点数：$N_1=2^m\times M_1$，$N_2=2^n\times M_2$。

(1) 若 $m<n$，是否有 $N_1>N_2$？

(2) 若 M_1 和 M_2 是规格化的数，上述结论是否正确？

2.13　设二进制浮点数的阶码为 3 位，尾数是 7 位。用模 2 补码写出它们所能表示的最大正数、最小正数、最大负数和最小负数，并将它们转换成十进制数。

2.14　将下列十进制数表示成浮点规格化数，阶码 4 位，尾数 10 位，各含 1 位符号，阶码和尾数均用补码表示。

(1) 57/128　　(2) －69/128

2.15　设有效信息为 01011011，分别写出奇校验码和偶校验码。

2.16　由 6 个字符的 7 位 ASCII 编码排列，再加上水平和垂直偶校验位构成如表 2.23 所示的行列结构（最后一列为水平偶校验位，最后一行为垂直偶校验位）。

表 2.23 ASCII 码交叉校验

字符	7 位 ASCII 码							HP
3	0	X_1	X_2	0	0	1	1	0
Y_1	1	0	0	1	0	0	X_3	1
+	X_4	1	0	1	0	1	1	0
Y_2	0	1	X_5	X_6	1	1	1	1
D	1	0	0	X_7	1	0	X_8	0
=	0	X_9	1	1	1	X_{10}	1	1
VP	0	0	1	1	1	X_{11}	1	X_{12}

则 $X_1X_2X_3X_4$ 处的比特分别为________；$X_5X_6X_7X_8$ 处的比特分别为________；$X_9X_{10}X_{11}X_{12}$处的比特分别为________；Y_1 和 Y_2 处的字符分别为________和________。

2.17 设 8 位有效信息为 01101110，试写出它的海明校验码。给出过程，说明分组检测方式，并给出指错字及其逻辑表达式。如果接收方收到的有效信息变成 01101111，说明如何定位错误并纠正错误。

2.18 设要采用 CRC 编码传送的数据信息 $x=1001$，当生成多项式为 $G(x)=1101$ 时，请写出它的循环校验码。若接收方收到的数据信息 $x'=1101$，说明如何定位错误并纠正错误。

课外实践

用 EDA 软件设计图 2.11 和图 2.12 所示的海明编码和纠错电路，并进行功能仿真。

第3章　运算方法与运算器

计算机的主要功能就是对数据信息进行加工处理，这种处理可以归结为算术运算和逻辑运算，前者包括加、减、乘、除四则运算，并与数据的编码形式和表达形式（浮点、定点）密切相关；后者是一种无进位的按位运算，相对比较简单。本章重点介绍数值数据的四则运算及运算器的设计与实现。

3.1　定点补码加减法运算

数据在计算机中是以一定的编码方式表示的，常用的编码有原码、反码、补码和移码。同一种算术运算，使用不同的编码，有不同的运算法则。由第2章对不同机器数特点的分析可知，采用补码数据表示，不仅符号位同数值位一起参加运算，而且还可以把减法变成加法实现。因此基于补码数据表示的定点补码加减法运算具有运算规则简单，易于实现等优点。

3.1.1　补码加减法运算方法

1. 补码加法

补码加法的运算如公式(3.1)所示：

$$[x]_{补} + [y]_{补} = [x+y]_{补} \pmod{M} \tag{3.1}$$

式(3.1)的含义是：在以M为模时，两个数的补码之和等于两个数之和的补码。它说明两个用补码表示的数相加，所得的结果为补码表示的和。下面将以定点小数为例证明公式(3.1)，证明的方法就是利用补码的定义。

对定点小数范围内的补码加法而言，$M=2$，$-1 \leqslant x < 1$，$-1 \leqslant y < 1$，且$-1 \leqslant x+y < 1$。证明分以下4种情况进行。

(1) 若$x>0$，$y>0$，则$x+y>0$。

由于参加运算的数都为正数，故运算结果也一定为正数。利用正数补码与真值有相同的表示形式，可得：

$$[x]_{补} = x, \quad [y]_{补} = y$$

所以：

$$[x]_{补} + [y]_{补} = x + y = [x+y]_{补}$$

(2) 若$x>0$，$y<0$，则$x+y>0$或$x+y<0$。

当参加运算的两个数一个为正、一个为负时，则相加结果有正、负两种可能。根据补码定义：

$$[x]_{补} = x, \quad [y]_{补} = 2 + y$$

所以$[x]_{补}+[y]_{补}=2+(x+y)$,此时可能出现两种情况：

- 当$x+y>0$时,$2+(x+y)>2$,2为符号位进位,即模数,
  所以
  $$[x]_{补} + [y]_{补} = x + y = [x + y]_{补}$$
- 当$x+y<0$时,将$x+y$看成一个负数,根据补码的定义可得：
  $$[x + y]_{补} = 2 + (x + y)$$
  所以
  $$[x]_{补} + [y]_{补} = 2 + (x + y) = [x + y]_{补}$$

(3) 若$x<0,y>0$,则$x+y>0$或$x+y<0$。

这种情况和情况(2)类似,即把x与y的位置对调即可得证。

(4) 若$x<0,y<0$,则$x+y<0$。

根据补码的定义：

$$[x]_{补} = 2 + x, \quad [y]_{补} = 2 + y$$

所以

$$[x]_{补} + [y]_{补} = 2 + 2 + x + y = 2 + (2 + x + y)$$

由于$x+y$为负数,其绝对值又小于1,因此：

$$1 < (2 + x + y) < 2$$

$$2 + (2 + (x + y)) > 2$$

根据补码定义有：

$$2 + (2 + (x + y)) = 2 + (x + y) \pmod 2$$

又因为$x+y<0$,根据负数补码的定义有：

$$[x]_{补} + [y]_{补} = 2 + (x + y) = [x + y]_{补}$$

综上所述,对于定点小数而言,公式(3.1)成立。同理,也可以证明公式(3.1)同样适用于整数。

例 3.1 设$x=0.1010,y=0.0101$,求$[x]_{补}+[y]_{补}$。

解：先将真值x和y变成补码数据表示：

$$[x]_{补} = 0.1010, \quad [y]_{补} = 0.0101$$

利用补码加法公式可得：

$$\begin{array}{rll} & [x]_{补} & 0.1010 \\ + & [y]_{补} & 0.0101 \\ \hline & [x+y]_{补} & 0.1111 \end{array}$$

所以

$$[x]_{补} + [y]_{补} = 0.1111$$

例 3.2 设$x=0.1011,y=-0.1010$,求$[x]_{补}+[y]_{补}$。

解：先将真值x和y变成补码数据表示：

$$[x]_{补} = 0.1011, \quad [y]_{补} = 1.0110$$

利用补码加法公式可得：

$$
\begin{array}{lrr}
 & [x]_{补} & 0.1011 \\
+ & [y]_{补} & 1.0110 \\
\hline
 & [x+y]_{补} & \boxed{1}\ 0.0001
\end{array}
$$

（$\boxed{1}$ 丢掉）

所以

$$[x]_{补}+[y]_{补}=0.0001$$

例 3.3 设 $x=-0.1010, y=-0.0100$，求 $x+y=?$

解：$[x]_{补}=1.0110, [y]_{补}=1.1100$。

$$
\begin{array}{lrr}
 & [x]_{补} & 1.0110 \\
+ & [y]_{补} & 1.1100 \\
\hline
 & [x+y]_{补} & \boxed{1}\ 1.0010
\end{array}
$$

（$\boxed{1}$ 丢掉）

即

$$[x]_{补}+[y]_{补}=1.0010$$

所以 $x+y=-0.1110$。

2. 补码减法

补码减法的运算如公式(3.2)所示：

$$[x]_{补}-[y]_{补}=[x]_{补}+[-y]_{补}=[x-y]_{补} \quad (\mathrm{mod}\ M) \tag{3.2}$$

对定点小数而言，$M=2$；对定点整数而言，$M=2^{n+1}$，其中 n 为定点整数位数(不含符号位)。

根据补码的加法公式可直接证明公式(3.2)前一个等式是成立的。只要能证明 $[-y]_{补}=-[y]_{补}$，便可证明公式(3.2)中后一个等式的成立。证明的方法就是利用补码加法公式。

现证明如下：

因为

$$[x+y]_{补}=[x]_{补}+[y]_{补}$$

所以

$$[y]_{补}=[x+y]_{补}-[x]_{补} \tag{3.3}$$

又因为

$$[x-y]_{补}=[x]_{补}+[-y]_{补}$$

所以

$$[-y]_{补}=[x-y]_{补}-[x]_{补} \tag{3.4}$$

将式(3.3)与式(3.4)相加得

$$
\begin{aligned}
[-y]_{补}+[y]_{补} &= [x+y]_{补}+[x-y]_{补}-[x]_{补}-[x]_{补} \\
&= [x+y+x-y]_{补}-[x]_{补}-[x]_{补} \\
&= [x+x]_{补}-[x]_{补}-[x]_{补}=0
\end{aligned}
$$

因此$[-y]_{补}=-[y]_{补}$成立。

由补码减法公式可知，在实施补码减法之前需从$[y]_{补}$求出$[-y]_{补}$，可采用多种方法实现该操作，最简单的方法是：对$[y]_{补}$各位（包括符号位）取反、末位加1，就可以得到$[-y]_{补}$。也可采用同样的方法从$[-y]_{补}$求出$[y]_{补}$。

例 3.4 设$x=0.1001$，$y=0.0110$，求$[x]_{补}-[y]_{补}$。

解：$[x]_{补}=0.1001$，$[y]_{补}=0.0110$，$[-y]_{补}=1.1010$。

$$\begin{array}{rlr} & [x]_{补} & 0.1001 \\ + & [-y]_{补} & 1.1010 \\ \hline & [x-y]_{补}\ \boxed{1} & 0.0011 \end{array}$$

（方框中的1：丢掉）

所以$[x]_{补}-[y]_{补}=0.0011$。

例 3.5 设$x=-0.1001$，$y=-0.0110$，求$x-y$。

解：$[x]_{补}=1.0111$，$[y]_{补}=1.1010$，$[-y]_{补}=0.0110$。

$$\begin{array}{rlr} & [x]_{补} & 1.0111 \\ + & [-y]_{补} & 0.0110 \\ \hline & [x-y]_{补} & 1.1101 \end{array}$$

即

$$[x]_{补}-[y]_{补}=1.1101$$

所以$x-y=-0.0011$。

3.1.2 溢出及检测

1. 溢出的概念

下面先通过两实例观察溢出现象。

例 3.6 设$x=0.1011$，$y=0.1100$，求$[x]_{补}+[y]_{补}$。

解：$[x]_{补}=0.1011$，$[y]_{补}=0.1100$。

$$\begin{array}{rlr} & [x]_{补} & 0.1011 \\ + & [y]_{补} & 0.1100 \\ \hline & [x+y]_{补} & 1.0111 \end{array}$$

两个正数相加，运算结果是负数，显然结果是错误的。

例 3.7 设$x=-0.1011$，$y=-0.1100$，求$[x]_{补}+[y]_{补}$。

解：$[x]_{补}=1.0101$，$[y]_{补}=1.0100$

$$\begin{array}{rlr} & [x]_{补} & 1.0101 \\ + & [y]_{补} & 1.0100 \\ \hline & [x+y]_{补}\ \boxed{1} & 0.1001 \end{array}$$

两个负数相加结果成了正数，运算结果同样是错误的。

运算结果超出数据类型所能表示数据范围的现象称为溢出。例 3.6 和例 3.7 的运算结果都是错误的，其原因就是因为运算的结果超过了定点小数所能表示的数据范围。例 3.6 运算结果为正，绝对值超过表示范围时，称为正溢；例 3.7 运算结果为负，绝对值超过表示范围时，称为负溢。另外，应该特别注意按模丢掉与运算溢出的区别。

由于机器字长是确定的，所以能表示的数据范围也是有限的，溢出现象不可避免。而溢出往往可能导致有效数字丢失或直接导致错误的运算结果，因此，对于计算机系统设计者而言，必须解决溢出的判断问题，以便溢出发生时计算机应能做出相应的处理。

2. 溢出检测

有多种方法可以检测出溢出，下面将主要介绍常见的 3 种方法。

1）根据操作数和运算结果的符号位是否一致进行检测

显然，只有两个符号相同的数相加时才有可能产生溢出，因此，可根据操作数和运算结果的符号位是否一致进行检测。

设 X_f，Y_f 为参加运算数的符号位，S_f 为结果的符号位，V 为溢出标志位，当 V 取 1 时表示发生溢出。基于该方法实现溢出检测的逻辑表达式如公式(3.5)所示：

$$V = X_f Y_f \overline{S}_f + \overline{X}_f \overline{Y}_f S_f \tag{3.5}$$

将例 3.6 和例 3.7 中参加运算数及结果的符号位代入上式可计算出 V=1，表明发生了溢出。

例 3.8 设 $x=-0.1011$，$y=0.1100$，求 $[x-y]_补$。

解：$[x]_补=1.0101$，$[y]_补=0.1100$，$[-y]_补=1.0100$。

$$\begin{array}{lcr} [x]_补 & & 1.0101 \\ [-y]_补 & & 1.0100 \\ \hline [x-y]_补 & \boxed{1} & 0.1001 \end{array}$$

本例运算结果应该是溢出，但如果直接将 $[x]_补$，$[y]_补$ 及运算结果的符号位代入式(3.5)却得到 V=0，表明运算结果不溢出。产生这一矛盾结果的原因是 y 的符号位使用不正确，因为本题完成的是减法运算，因此实际参加运算的是 $[-y]_补$ 而非 $[y]_补$，因此代入公式(3.5)中的应该是 $[-y]_补$ 的符号位。由此可见，在应用式(3.5)设计溢出检测电路时，要注意符号位的连接问题。图 3.1 显示了正确的连接。

图 3.1 中 P 是加减运算控制，当 P=0 时执行加法运算；当 P=1 时执行减法运算。如果在执行减法时从图中 A 点取 y 的符号位则减法运算的溢出检测结果可能出错。

2）根据运算过程中最高数据位的进位与符号位的进位位是否一致进行检测

设运算时最高有效数据位产生的进位信号为 C_D，符号位产生的进位信号为 C_F，如图 3.1 所示，则可根据公式(3.6)设计检测电路：

$$V = C_D \oplus C_F \tag{3.6}$$

即当运算过程中最高数据位的进位与符号位进位位不同步产生时就表明运算结果发生了溢出。公式(3.6)所示溢出检测方法的直观解释如下。

- 当参加运算的两数均为正数时，则 $C_F=0$ 且符号位之和为 $S_F=0$，此时若 $C_D=1$，

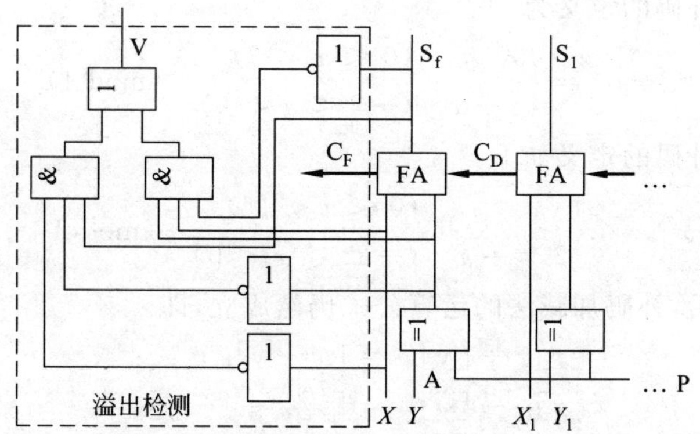

图 3.1 操作数和运算结果的符号位是否一致进行检测

则导致运算结果的符号位与参加运算的数的符号位不同，会发生溢出。

- 当参加运算的两数均为负数，则 $C_F=1$，且之和为 $S_f=0$，此时只有 $C_D=1$ 才能使 $S_F=1$，运算结果的符号位才与参加运算数的符号相同；若 $C_D=0$，则 $S_f=0$ 导致运算结果的符号位与参加运算的数的符号位不同，也会发生溢出。

综上所述，只有 C_D 和 C_F 同步的情况下，才不会发生溢出。

例 3.9 设计算机字长 4 位，$x=-111$，$y=110$，求$[x-y]_补$。

解：$[x]_补=1001$，$[y]_补=0110$，$[-y]_补=1010$。

$$
\begin{array}{ll}
[x]_补 & 1\ 0\ 0\ 1 \\
[-y]_补 & 1\ 0\ 1\ 0 \\
\hline
[x-y]_补 & \boxed{1}\ 0\ 0\ 1\ 1 \\
 & \qquad C_D=0 \\
 & \qquad C_F=1
\end{array}
$$

从计算过程可知，例 3.9 中 $C_D=0$，$C_F=1$，故发生了溢出。

例 3.10 设计算机字长 4 位，$x=-11$，$y=100$，求$[x-y]_补$。

解：$[x]_补=1101$，$[y]_补=0100$，$[-y]_补=1100$。

$$
\begin{array}{ll}
[x]_补 & 1\ 1\ 0\ 1 \\
[-y]_补 & 1\ 1\ 0\ 0 \\
\hline
[x-y]_补 & \boxed{1}\ 1\ 0\ 0\ 1 \\
 & \qquad C_D=1 \\
 & \qquad C_F=1
\end{array}
$$

例 3.10 中 $C_D=1$，$C_F=1$，故未发生溢出。

3）利用变形补码进行检测

变形补码，即用两个二进制位来表示数据的符号位，其余与补码相同。对定点小数而言，采用变形补码后，其模为 4，因此，也称为“模 4 补码”；对整数而言，采用变形补码后，其模为 2^{n+2}（n 为数值位的位数）。

定点小数变形补码的定义为

$$[x]_{补} = \begin{cases} x & (0 \leqslant x < 2) \\ 4 + x & (-2 \leqslant x < 0) \end{cases} \quad (\text{mod } 4)$$

定点整数变形补码的定义如下：

$$[x]_{补} = \begin{cases} x & (0 \leqslant x < 2^n) \\ 2^{n+2} + x & (-2^n \leqslant x < 0) \end{cases} \quad (\text{mod } 2^{n+2})$$

采用变形补码后，补码加减法的运算公式仍然成立，即

$$[x]_{补} + [y]_{补} = [x + y]_{补};$$
$$[x]_{补} - [y]_{补} = [x]_{补} + [-y]_{补}$$

采用变形补码后，正数符号以"00"表示，负数的符号以"11"表示。一般称左边的符号位为第一符号位，右边的符号位为第二符号位。若运算结果的符号位为"01"或"10"，则表明分别产生了上溢和下溢。

例 3.11 设 $x=0.1011, y=0.0111$，求$[x]_{补}+[y]_{补}$。

解：$[x]_{补}=00.1011, [y]_{补}=00.0111$。

$$\begin{array}{lll} & [x]_{补} & 00.1011 \\ + & [y]_{补} & 00.0111 \\ \hline & [x+y]_{补} & 01.0010 \end{array}$$

运算结果符号位为"01"，说明发生了正溢出。

例 3.12 (1) $x=-0.1011, y=-0.1101$。

(2) $x=0.1011, y=-0.1101$。

求$[x]_{补}+[y]_{补}$。

解：(1) $[x]_{补}=11.0101, [y]_{补}=11.0011$。

$$\begin{array}{lll} & [x]_{补} & 11.0101 \\ + & [y]_{补} & 11.0011 \\ \hline & [x+y]_{补} & 10.1000 \end{array}$$

运算结果符号位为"10"，发生了负溢出。

(2) $[x]_{补}=00.1011, [y]_{补}=11.0011$。

$$\begin{array}{lll} & [x]_{补} & 00.1011 \\ + & [y]_{补} & 11.0011 \\ \hline & [x+y]_{补} & 11.1110 \end{array}$$

运算结果符号位为"11"，未发生负溢出。

由上可见，运算结果的两个符号位相同时，表示没有溢出；相异时，则表示溢出。故表示溢出的逻辑表达式为

$$V = S_{f1} \oplus S_{f2}$$

其中，S_{f1}和S_{f2}分别是结果的第一符号位和第二符号位。因此，运算结果的溢出检测可用"异或"门实现。当$V=1$时，说明产生了溢出；$V=0$，则说明没有溢出。另外，运算结果不论溢出与否，第一符号位(即S_{f1})总是与真实结果的符号位一致。

3.1.3 补码加减法的逻辑实现

设字长为 n 位,两个操作数分别为

$$[x]_{补} = x_0.x_1x_2\cdots x_{n-1}$$

$$[y]_{补} = y_0.y_1y_2\cdots y_{n-1}$$

其中,x_0,y_0 位为符号位。图 3.2 给出了补码加减法运算的逻辑结构图。

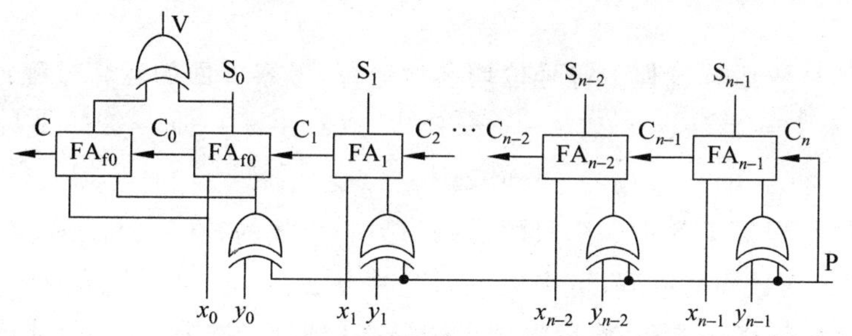

图 3.2 补码加减法实现的逻辑框图

对图 3.2 所示补码加减运算实现逻辑的特点简要归纳如下:

(1) 利用一位全加器(FA)作为基本的加法单元,低位 FA 的进位输出直接送入相邻高位 FA 的进位输入,构成一个串行进位链。

(2) 图中 P 端为补码加减运算控制端。P=0 时控制运算器执行加法,y_i 直接送入相应的 FA;P=1 时实现减法运算,此时 y_i 经过异或门被取反后送入相应的 FA,同时 P 的值使 $C_n=1$,即送入加法器的数经历一次求补操作。

(3) 采用了基于变形补码的双符号位溢出检测方法。

(4) 不支持逻辑运算。

3.2 移码加减运算及实现逻辑

IEEE 754 标准中阶码采用移码表示,在浮点数运算过程中涉及阶码的加减运算,因此需要研究移码的加减运算。

1. 移码的加法运算

在 3.1 节推导了补码加减运算法则,本节将利用移码和补码的关系推导移码的加减运算法则。

根据移码的定义,n 位整数 x 的移码定义为

$$[x]_{移} = 2^n + x \quad (-2^n \leqslant x < 2^n) \quad (\text{mod } 2^n)$$

则两数移码之和:

$$\begin{aligned}[x]_{移} + [y]_{移} &= 2^n + x + 2^n + y = 2^n + (2^n + x + y)\\ &= 2^n + [x+y]_{移} \quad (\text{根据移码的定义})\end{aligned} \tag{3.7}$$

由此可见，两数移码之和不等于两数和的移码，而是比两数和的移码多 2^n。

又根据补码和移码的关系，可对公式(3.7)进行下列变换：

$$2^n + [x+y]_{移} = [x+y]_{补}$$

即

$$[x]_{移} + [y]_{移} = [x+y]_{补} \tag{3.8}$$

可见，直接用移码求和，结果比两数之和的移码多了 2^n，要得到正确的两数和的移码，还需要对结果的最高位(符号位)取反。也可以直接求出两数和的补码，然后将其符号位取反即可。

由于补码和移码运算过程中符号位均参加运算，考察下面的运算过程：

$$\begin{aligned}[x]_{移} + [y]_{补} &= 2^n + x + 2^{n+1} + y = 2^{n+1} + (2^n + x + y) = 2^{n+1} + [x+y]_{移} \\ &= [x+y]_{移} \quad (\bmod\ 2^{n+1})\end{aligned} \tag{3.9}$$

即两数和的移码等于其中一个数的移码与另一个数的补码之和。

综上所述，求两数和的移码，可采取下列 3 种方法：

(1) 直接对两数移码求和，然后将结果的最高位取反(按公式(3.7)计算)。

(2) 直接求出两数和的补码，然后将结果的最高位取反(按公式(3.8)计算)。

(3) 用其中一个数的移码与另一个数的补码相加即可(按公式(3.9)计算)。

2. 移码的减法运算

利用公式(3.9)，将其中的 y 用 $-y$ 代换即可直接得到关于移码减法公式：

$$[x]_{移} + [-y]_{补} = [x-y]_{移} \tag{3.10}$$

考察下列关于移码减法的算式：

$$[x]_{移} - [y]_{移} = 2^n + x - 2^n - y = 2^n + x - y - 2^n = [x-y]_{移} - 2^n \tag{3.11}$$

可见，两数移码之差并不等于两数差的移码，它们比两数差的移码多减了 2^n。

综上所述，关于两数差的移码可采取下列两种方法。

(1) 直接用被减数的移码与减数负数的补码之和得到(按公式(3.10)计算)。

(2) 直接计算两数移码之差，然后将结果的最高位取反(按公式(3.11)计算)。

3. 移码加减法运算的溢出判断

移码加减法运算的溢出判断比补码溢出判断更复杂，根据公式(3.7)～公式(3.11)，移码加减运算总体上可采用两大类方法，一类是直接采用移码运算，然后调整运算结果的符号位，具体运算方法如公式(3.7)和公式(3.11)；另一类是混合两种数据表示方法进行运算，如公式(3.9)和公式(3.10)。不同类别的运算方法可采用不同的溢出判断方法。

1) 直接采用移码运算的溢出判断方法

只有两个符号相同的数相加时才有可能产生溢出，当运算结果的符号位与参加运算数的符号位相同则说明发生了溢出(与补码溢出判断方法不同)，即溢出标志 V 可表示为

$$V=X_fY_fS_f+\overline{X}_f\overline{Y}_f\overline{S}_f$$

2）当采用移码和补码两种数据表示方式运算时的溢出判断

采用双符号判断。设移码的双符号位为 $S_{f1}S_{f2}$，并规定运算开始时，移码的第一符号位为 0，当运算结果的第一符号位为 0 时表示未溢出，否则表示结果溢出。具体的判断方法为

- $S_{f1}S_{f2}=00$ 表明结果为负，未溢出。
- $S_{f1}S_{f2}=01$ 表明结果为正，未溢出。
- $S_{f1}S_{f2}=10$ 表明结果为上溢。
- $S_{f1}S_{f2}=11$ 表明结果为下溢。

例 3.13 设阶码为 4 位(不包含阶符)，求$[e_x\pm e_y]_{移}$，并判断是否溢出。

(1) $e_x=-3, e_y=6$。

(2) $e_x=-9, e_y=-9$。

解：(1) $[e_x]_{移}=01101, [e_y]_{补}=00110, [-e_y]_{补}=11010, [e_y]_{移}=10110$。

① 先计算$[e_x+e_y]_{移}$，采用公式(3.7)～公式(3.9)三种方法。

- 根据公式(3.7)可知：

$$[e_x]_{移}+[e_y]_{移}=01101+10110=00011$$

是两个异号数相加，故不会发生溢出。

将结果的符号位取反即得$[e_x+e_y]_{移}=10011$。

- 根据公式(3.8)可知：

$$[e_x+e_y]_{补}=[-3+6]_{补}=00011$$

将结果的符号位取反即得$[e_x+e_y]_{移}=10011$。

- 根据公式(3.9)可知：

本题采用双符号位表示移码，并用双符号位判断是否溢出。

$$[e_x+e_y]_{移}=[e_x]_{移}+[e_y]_{补}=001101+000110=010011$$

双符号位为 01，结果未溢出，计算结果对应真值 3 的移码。

② 计算$[e_x-e_y]_{移}$，采用公式(3.10)～公式(3.11)两种方法。

- 根据公式(3.10)可知：

$$[e_x-e_y]_{移}=[e_x]_{移}+[-e_y]_{补}=001101+111010=000111$$

双符号位为 00，表明结果未溢出，计算结果对应真值−9 的移码。

- 根据公式(3.11)可知：

$$[e_x]_{移}-[e_y]_{移}=01101-10110=10111$$

直接将上述结果的符号位取反(或减 10000)，即

$$[e_x-e_y]_{移}=00111$$

采用公式(3.11)后，$-[e_y]_{移}$的符号位为 0，因此，本题属于两个同号数相加，结果的符号位与参加运算的数据的符号位相反，因此未发生溢出，计算结果对应真值为−9 的移码。

(2) $[e_x]_移=[e_y]_移=00111$

① 计算$[e_x+e_y]_移$,只采用公式(3.7)。

$$[e_x]_移+[e_y]_移=00111+00111=01110$$

两个同号数相加,结果的符号位与参加运算的数据的符号位相同,因此发生溢出。

② 利用公式(3.11)计算$[e_x-e_y]_移$。

$$[e_x]_移-[e_y]_移=00111-00111=00000$$

则$[e_x-e_y]_移=10000$,即为移码表示的零。

4. 移码加减法运算的逻辑实现

设$[e_x]_移=e_{x0}e_{x1}e_{x2}\cdots e_{xn-1}$,$[e_y]_移=e_{y0}e_{y1}e_{y2}\cdots e_{yn-1}$,移码运算结果为$[S]_移=S_0S_1S_2\cdots S_{n-1}$。图3.3为实现移码加减运算的逻辑电路,图中两个操作数和运算结果均用移码表示。P=1时执行移码加法,P=0时执行移码减法。

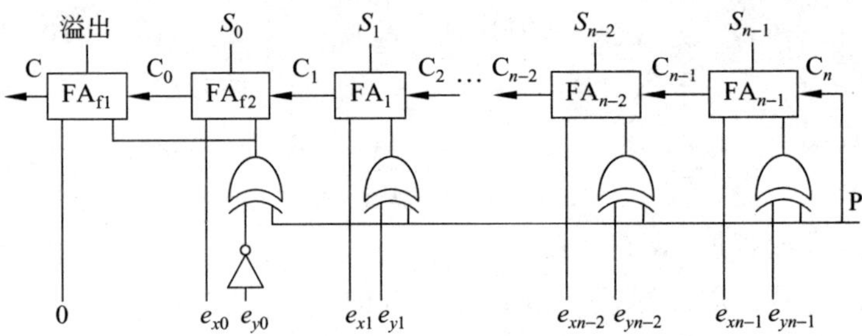

图3.3 补码加减法实现的逻辑框图

从图3.3所示的逻辑框图可看出,移码加减运算是基于公式(3.9)和公式(3.10)实现的,采用了基于双符号位的溢出判断方法。读者可将例3.13中采用公式(3.9)和公式(3.10)的几个算例利用图3.3的逻辑框图进行检验。

3.3 定点乘法运算

从计算机硬件角度看,实现乘法运算的方法主要有以下两种。

(1) 以加法器为基础,并配置相应的逻辑功能器件,通过循环累加实现。

(2) 采用阵列硬件直接实现。

3.3.1 机器数的移位操作

移位操作是乘法实现过程中的基本操作。常用的移位操作包括逻辑移位与算术移位两种,每种移位操作又可分为左移和右移。本节以补码为例来说明各种移位操作的特点,如表3.1所示。

表 3.1 移位操作的特点

移位类型		移位前的数据	移位后的数据	特点
逻辑移位	左移	11101110	11011100	左边一位移出,右边空出位补 0
	右移	11101110	01110111	右边一位移出,左边空出位补 0
算术移位	左移	11101110	11011100	各位依次左移,右边空出位补 0,一次移位相当于乘以 2,当符号位改变时表明溢出
	右移	11101110	11110111	符号位保持不变,其余各位依次右移,最右边一位移出,将符号位复制到左边空出的位,一次移位相当于除以 2

3.3.2 原码一位乘法

1. 原码一位乘法的运算方法

1) 乘积符号的确定

被乘数

$$x = x_f . x_1 x_2 \cdots x_n$$

乘数

$$y = y_f . y_1 y_2 \cdots y_n$$

式中,x_f 和 y_f 分别为被乘数和乘数的符号位。

设乘积为 P,符号位为 P_f。若被乘数与乘数同号,则乘积为正;若被乘数与乘数异号,则乘积为负。根据二进制原码的特点,乘积的符号与两个运算数的符号间的关系为“异或”关系,即

$$P_f = x_f \oplus y_f$$

由此可见,乘积符号的确定比较容易,重点在于找到求乘积数值部分的算法。

2) 乘积的数值

因为乘积的符号是单独处理的,所以乘积的数值可由被乘数与乘数的绝对值之积求得,即

$$|P| = |x| \cdot |y|$$

原码的数值部分与真值相同,在设计原码一位乘法的运算规则或运算方法时,可以从手算中得到一些启发。先观察手算二进制乘法的过程,然后分析该算法的特点。

设 $x=0.1101$,$y=-0.1011$,用手算求两数乘积的过程如下:

$$\begin{array}{r}
0.1101 \\
\times \quad 0.1011 \\
\hline
1101 \\
1101 \\
0000 \\
+)\quad 1101 \\
\hline
10001111
\end{array}$$

由于 x 为正数，y 为负数，所以 $x \cdot y = -0.10001111$。

手算求积的方法不能直接用来作为计算机中乘法的算法，原因如下。

(1) 由乘数不同位得到的部分积左移的位数不同，不仅不便于控制，而且总的移位次数太多，不利于运算速度的提高。

(2) n 位字长的乘数与被乘数，需要长度为 $2n$ 位的加法器和积寄存器，不利于乘积的处理与传送。

(3) 乘数与被乘数字长为 n 位时，需要 n 个寄存器保存部分积。

(4) 需要加法器能完成 n 个部分积同时求和，而基于一位全加器 FA 设计的运算器每次只能实现 2 位数的求和。

为此，对手算方法做如下修改，以方便机器实现。

(1) 设初始部分积为 0，每得到一个部分积就与前面的部分积做一次加法运算，即以累加代替所有部分积同时相加，不仅减少了保存部分积所需的寄存器数目，还能避免一次性部分积求和带来的不便。

(2) 用部分积右移代替手算中的位积左移，不仅使部分积的相加运算可固定在同一位置上进行，而且不再需要长度为 $2n$ 位的加法器。

经过上述改进后，-0.1101×0.1011 的运算过程为

```
       0.:1101
  ×    0.:1011
  ------------
         :1101
       → :01101
  +      :1101
  ------------
       1 :00111
       → :100111
  +      :0000
  ----------------
         :100111
       → :0100111
  +      :1011
  ------------
       1 :0001111
       → :10001111
```

其中，"→"表示右移一位，运算结果为 -0.10001111。图 3.4 给出了原码一位乘法的算法流程图。

乘法开始前，令部分积的初值 $P_0=0$，然后对乘数末位 y_n（假设 $|y|=0.y_1y_2y_3\cdots y_n$）进行判断以获得位积 $y_n \times x$，并将位积与 P_0 相加。然后将 P_0 和 y 同步右移一位，得到新的部分积 P_1，部分积中右移出的位按序移入到 y 中。重复这个过程 n 次，最后单独处理乘积的符号位。随着 y 的右移，y_n 位总是表示乘数将要被判断的那一位。

例 3.14 已知 $x=0.1101$，$y=-0.1011$，用原码一位乘法法则求 $x \cdot y$。

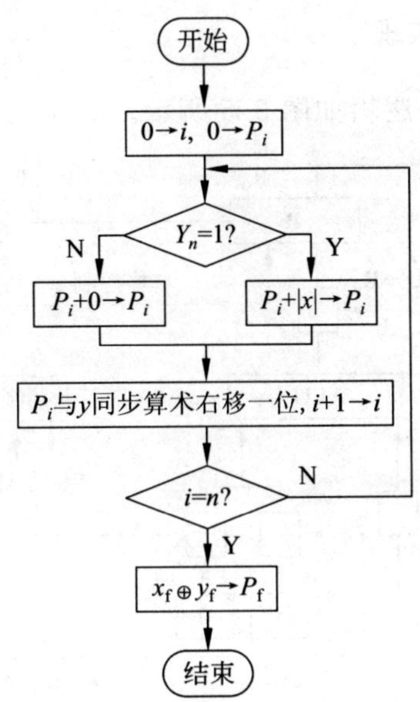

图 3.4 原码一位乘法算法流程图

解：

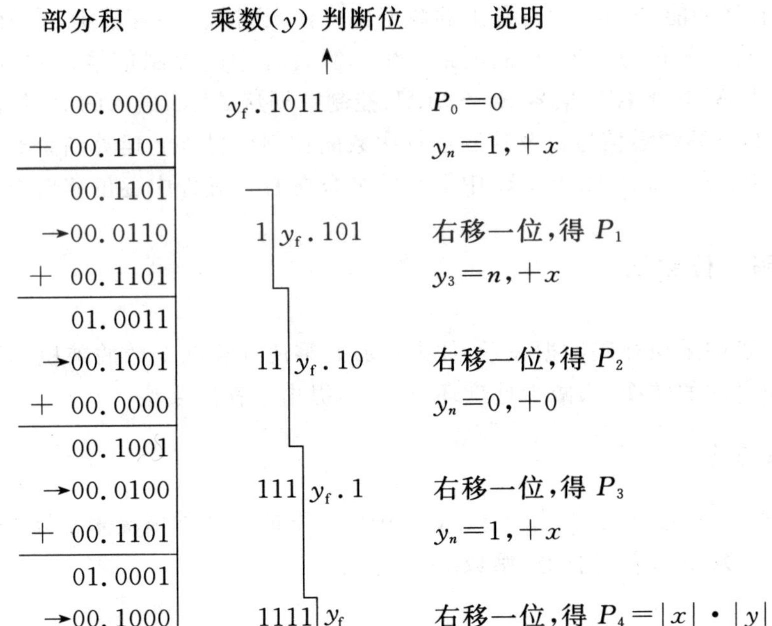

由于 $P_f = x_f \oplus y_f = 0 \oplus 1 = 1$，

所以 $x \cdot y = -0.10001111$。

从例中可知：

(1) 两个 n 位数参加乘法运算要做 n 次加法和移位操作。

(2) 用循环累加和移位操作实现乘法运算。

2. 原码一位乘法的逻辑实现

实现原码一位乘法的硬件逻辑如图 3.5 所示。

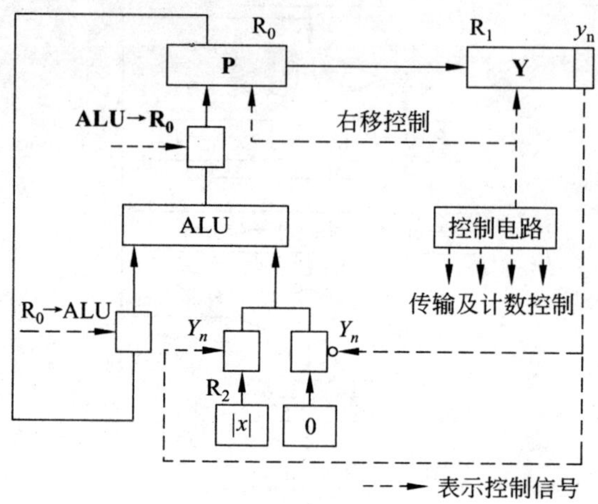

图 3.5 原码乘法的逻辑实现

图中寄存器 R_0 存放部分积，寄存器 R_1 存放乘数，并且最低位 y_n 位为判断位；R_0 与 R_1 具有级联右移功能，即 R_0 中右移出的数据位将移入到 R_1；寄存器 R_2 存放被乘数的绝对值；ALU 实现部分积的累加；控制电路产生运算过程中的控制信号，如右移控制信号、数据从 R_0 送入 ALU 的控制信号 R_0→ALU、控制数据从 ALU 送入的 R_0 控制信号 ALU→R_0、运算开始时的清零信号以及控制运算次数的控制信号等。运算结束时，乘积的高 n 位数据在 R_0 中，低 n 位在 R_1 中，R_1 中原来的乘数在右移过程中逐位移出寄存器。

3.3.3 补码一位乘法

由于计算机中采用补码数据表示，如果用原码乘法计算两个数的乘积，运算前后要实现补码和原码之间的转换，为减少处理环节，人们提出了补码乘法。

1. Booth 算法

设$[x]_补=x_0.x_1x_2\cdots x_n$，$[y]_补=y_0.y_1y_2\cdots y_n$。下面分两种情况来推导 Booth 算法。

(1) 设被乘数$[x]_补$符号任意，乘数$[y]_补$为正，

则

$$[x]_补 = x_0.x_1x_2\cdots x_n$$

$$[y]_补 = 0.y_1y_2\cdots y_n$$

根据补码定义

$$[x]_补 = 2+x = 2^{n+1}+x \pmod 2$$

$$[y]_补 = y$$

所以

$$[x]_补 \cdot [y]_补 = 2^{n+1} \cdot y + x \cdot y = 2\,(y_1 y_2 \cdots y_n) + x \cdot y$$

注意：式中 $y_1 y_2 \cdots y_n = (0.y_1 y_2 \cdots y) \cdot 2^n$，是一个整数。根据模 2 的运算性质，有：

$$2(y_1 y_2 \cdots y_n) = 2$$

所以

$$[x]_补 \cdot [y]_补 = 2 + x \cdot y = [x \cdot y]_补$$

$$[x \cdot y]_补 = [x]_补 \cdot y \tag{3.12}$$

(2) 被乘数$[x]_补$符号任意，乘数 y 为负，则：

$$[x]_补 = x_0.x_1 x_2 \cdots x_n$$

$$[y]_补 = 1.y_1 y_2 \cdots y_n \quad \text{（直接将负数的符号用 1 表示）}$$

$$= 2 + y \quad \text{（利用了补码的定义）}$$

所以

$$y = [y]_补 - 2 = 0.y_1 y_2 \cdots y_n - 1$$

$$x \cdot y = x(0.y_1 y_2 \cdots y_n - 1) = x(0.y_1 y_2 \cdots y_n) - x \tag{3.13}$$

对式(3.13)两边同时求补，并利用补码的减法公式展开等式右边的项可得：

$$[x \cdot y]_补 = [x(0.y_1 y_2 \cdots y_n)]_补 - [x]_补$$

因为

$$(0.y_1 y_2 \cdots y_n) > 0$$

根据式(3.12)得：

$$[x(0.y_1 y_2 \cdots y_n)]_补 = [x]_补 \cdot (0.y_1 y_2 \cdots y_n)$$

所以

$$[x \cdot y]_补 = [x]_补 \cdot (0.y_1 y_2 \cdots y_n) - [x]_补 \tag{3.14}$$

将式(3.12)和式(3.14)综合起来，即可得到补码一位乘法的统一算式，即：

$$[x \cdot y]_补 = [x]_补 \cdot (0.y_1 y_2 \cdots y_n) - [x]_补 \cdot y_0 \tag{3.15}$$

对于式(3.15)右边第二项$[x]_补 \cdot y_0$：

- 当 y 为正时，$y_0 = 0$，该项不存在；
- 当 y 为负时，$y_0 = 1$，该项为$[x]_补$。

为推出分步算法，可将式(3.15)展开，以获得各项部分积的累加形式：

$$\begin{aligned}[x \cdot y]_补 &= [x]_补 \cdot (2^{-1} y_1 + 2^{-2} y_2 + \cdots + 2^{-n} y_n) - [x]_补 \cdot y_0 \\ &= [x]_补 \cdot [-y_0 + (y_1 - 2^{-1} y_1) + (y_2 2^{-1} - y_2 2^{-2}) + \cdots + (y_n 2^{-(-n-1)} - y_n 2^{-n})] \\ &= [x]_补 \cdot [(y_1 - y_0) + (y_2 - y_1)\, 2^{-1} + \cdots + (y_n - y_{n-1}) 2^{-(-n-1)} + (0 - y_n) 2^{-n}]\end{aligned}$$

写成递推公式如下：

$$[P_0]_补 = 0$$

$$[P_1]_补 = 2^{-1}\{[P_0]_补 + (y_{n+1} - y_n)[x]_补\} \quad (y_{n+1} = 0)$$

$$[P_2]_补 = 2^{-1}\{[P_1]_补 + (y_n - y_{n-1})[x]_补\}$$

$$\vdots$$

$$[P_i]_补 = 2^{-1}\{[P_{i-1}]_补 + (y_{n-i+2} - y_{n-i+1})[x]_补\}$$

⋮

$$[P_n]_补 = 2^{-1}\{[P_{n-1}]_补 + (y_2 - y_1)[x]_补\}$$

所以

$$[x \cdot y]_补 = [P_{n+1}]_补 = [P_n]_补 + (y_1 - y_0)[x]_补$$

注意：y_0 是乘数 y 的符号位，y_{n+1} 是人为附加位，其初始值为 0。

2. 补码一位乘法的运算规则

归纳上面推导的结果，便可以得到补码一位乘法的运算规则：

(1) 被乘数一般取双符号位参加运算。

(2) 乘数末位增设附加位 y_{n+1}，且初值为 0。

(3) 利用 y_{n+1} 与 y_n 的差判断各步的具体运算，详细控制算法如表 3.2 所示。

表 3.2　补码一位乘法的运算操作

$y_{n+1}-y_n$	操　作	$y_{n+1}-y_n$	操　作
0	部分积右移一位	−1	部分积加$[-x]_补$后右移一位
1	部分积加$[x]_补$后右移一位		

(4) 按照上述算法进行 $n+1$ 步累加操作，n 步右移操作。

例 3.15　设$[x]_补=1.0111$，$[y]_补=1.0011$，求$[x \cdot y]_补$。

解：$[-x]_补=0.1001$。

部分积		乘数 $y_n y_{n+1}$	说明
00.0000		1.00110	$y_{n+1}=0$
+00.1001			$y_{n+1}y_n=01$，加$[-x]_补$
00.1001			
→00.0100	1	1.0011	右移一位，得 P_1
+00.0000			$y_{n+1}y_n=11$，加 0
00.0100			
→00.0010	01	1.001	右移一位，得 P_2
+11.0111			$y_{n+1}y_n=10$，加$[x]_补$
11.1001			
→11.1100	101	1.00	右移一位，得 P_3
+00.0000			$y_{n+1}y_n=00$，加 0
11.1100			
→11.1110	0101	1.0	右移一位，得 P_4
+00.1001			$y_{n+1}y_n=01$，加$[-x]_补$
00.0111	0101		最后一步数据不移位

所以

$$[x \cdot y]_{补} = 0.01110101$$

3. 补码一位乘法的逻辑实现

图 3.6 给出了实现补码一位乘法的逻辑框图，它与原码一位乘法的逻辑结构十分类似，工作过程也十分类似，不同的是：

(1) 乘数寄存器 R_1 末端增设附加位 y_{n+1}，且 y_{n+1} 初值为 0。

(2) 符号位参加运算，每次对乘数寄存器中 $y_n y_{n+1}$ 位置上两位进行判断，并根据 $y_{n+1}-y_n$ 的值决定操作方式。

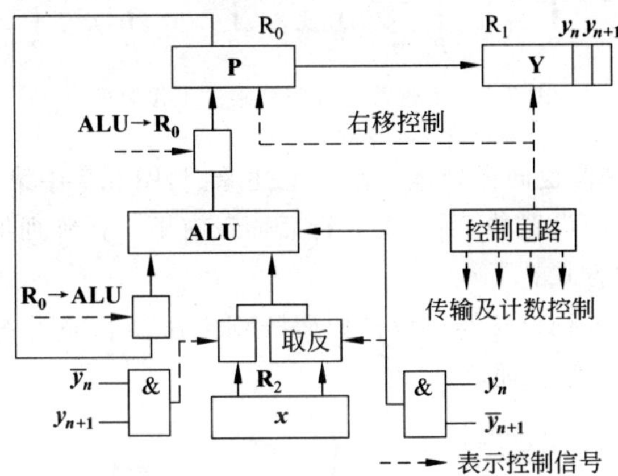

图 3.6 补码一位乘法逻辑结构图

3.3.4 阵列乘法器

运算速度的提高对机器性能的提高至关重要。3.3.2 节和 3.3.3 节中介绍的一位乘法通过逐位判断、右移及循环累加来实现，速度较慢。为提高乘法速度，可以采取两位乘法，即按乘数每两位的取值情况，一次求出对应于该两位的部分积(具体细节请参考相关资料，本书中不再介绍)。更快速的方法是采用硬件方式实现的阵列乘法器。其基本思想是采用类似手工乘法运算的方法，用大量与门产生手工乘法中的各乘积项，同时将大量一位全加器按照手工乘法算式中需要进行加运算的各相关项的排列方式组成加法器阵列。由于采用了硬件实现，因此执行速度很快。

设 $A=0.a_3a_2a_1a_0$，$B=0.b_3b_2b_1b_0$，则 3 位乘 3 位不带符号数阵列乘法的基本原理如图 3.7 所示。

对图 3.7 中的阵列加法器按行编号，如图 3.7 右边所示，图中除最后一行加法器外，其他各行中所有 FA 的进位既没有采用串行进位方式，也没有采用并行进位方式，而是送到下一行相邻高位 FA 的进位输入端，这样做的目的是在保证结果正确的情况下，加快了运算的速度。从图 3.7 中可以看出第 0 行 FA 的所有进位都送到下一行(第 1 行)相邻高

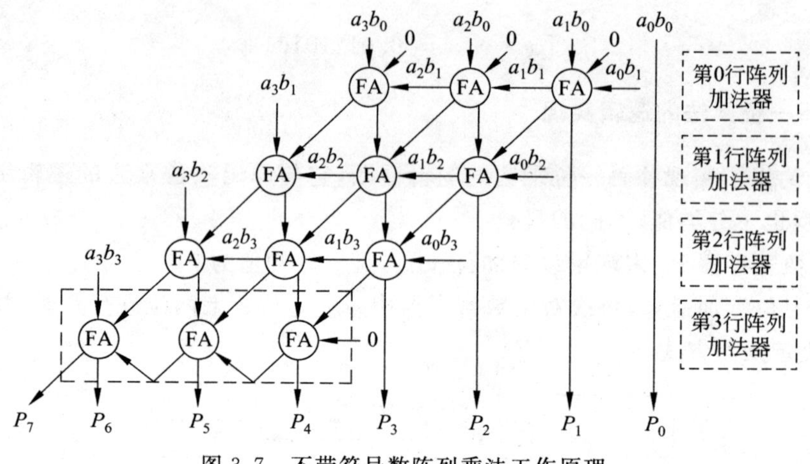

图 3.7 不带符号数阵列乘法工作原理

位的 FA 中，第 1 行的进位也同样处理。基于上述原因，图 3.7 中第 3 行阵列加法器是为了第 2 行加法器的进位而设置的，因为第 3 行后面没有下一行阵列加法器了，所以该行的进位采用了串行进位的方式。

基于不带符号数的阵列乘法器可设计原码阵列乘法器和补码阵列乘法器，图 3.8 是 n 位补码阵列乘法器的工作原理。

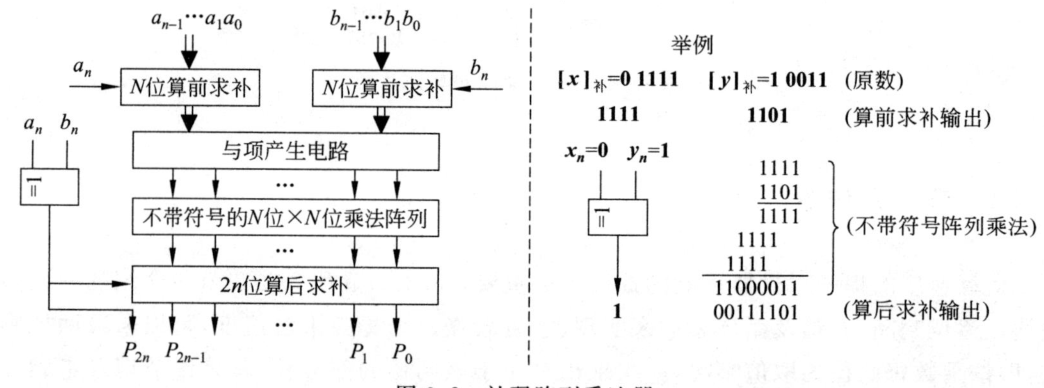

图 3.8 补码阵列乘法器

上述补码阵列乘法器在不带符号数阵列乘法器的基础上变换而来。由于补码乘法中的乘数、被乘数和乘积的结果都以补码方式给出，为能利用不带符号数阵列乘法器，需要在运算前将以补码方式出现的被乘数和乘数先变成无符号数，因此在与项电路前增加了两个 N 位算前求补电路，并分别用各自的符号位作为求补控制信号。另外，不带符号数阵列乘法器的输出结果是不带符号数，为将结果变成补码，还需在最后增加一个 $2n$ 位算后求补电路，同时结果的符号位由异或门产生，并作为算后求补电路的求补控制信号。

图 3.8 右边用具体的数据补充说明了补码阵列乘法器的工作原理，主要描述了两个算前求补和一个算后求补电路输入和输出数据的变化。

3.4 定点除法运算

除法运算与乘法运算的处理思想相似，通常是将 n 位数的除操作转换成若干次“加减及移位”的循环操作来实现。本节将介绍恢复余数法和不恢复余数法两种除法。

3.4.1 原码一位除法

设被除数$[x]_{原}=x_f.x_1x_2\cdots x_n$，除数$[y]_{原}=y_f.y_1.y_2\cdots y_n$，则：

商的符号

$$Q_f = x_f \oplus y_f$$

商的数值

$$|Q| = \frac{|x|}{|y|}$$

为保证运算的结果不发生溢出，上述除法的隐含条件为$|x|<|y|$。

由于原码的数值部分与真值相同，所以在设计原码一位除法的运算方法时，也可从手算中得到一些启发。通过分析手工二进制除法的过程，可以发现下列规律。

(1) 除法通过减法实现。

(2) 上第 i 位商前，通过自己的判断来比较余数与 $2^{-i}y$（即将除数右移 i 位）之间的大小，然后根据比较的结果决定商上 1 还是上 0。

为便于在计算机上执行除法运算，对手工除法算法进行如下改进。

(1) 通过减法运算比较数的大小，并作为上商的依据。若余数减去除数大于或等于 0 则表示够减，若小于零则表示不够减。

(2) 将每次右移除数改为左移余数，并与上商操作统一起来，使得上商能固定在一个位置上进行。值得注意的是，每左移一次余数，相当于将余数乘以 2，在求得 n 位商后，余数 r 也就被左移了 n 次，因此最后正确的余数应为 $r_n \cdot 2^{-n}$。

1. 原码恢复余数法

在原码恢复余数法中，比较被除数（余数）与除数的大小是用减法实现的。对原码除法而言，由于操作数以绝对值的形式参与运算，因此，相减结果为正（余数的符号位为 0）说明够减，商上 1；相减结果为负（余数的符号位为 1）说明不够减，商上 0。

由于除法通过减法实现，当商上 1 时，可将比较数据大小时的减法操作与除法操作中的减法操作合并，即商上 1 后继续后面的除法操作。商上 0 时表明不够减，但因比较操作时已经实施了一次减法，因此，需要对执行比较操作后的结果加上除数，即将余数还原成比较操作前的数值，这种方法就称为恢复余数法。

例 3.16 $[x]_{原}=0.1001$，$[y]_{原}=0.1011$，求$[x]_{原}\div[y]_{原}$。

解：$[|y|]_{补}=0.1011$，$[-|y|]_{补}=1.0101$。

被除数/余数	商寄存器	上商位	说明
00.1001			
$+[-y]_补$ 11.0101			$(x-y)$比较
11.1110		0	余数 $r_0<0$,商上 0
$+$ 00.1011			加 y 恢复余数
00.1001			
← 01.0010	0		左移一位,商移入商寄存器
$+[-y]_补$ 11.0101			减 y 比较
00.0111		1	$r_1>0$,商上 1
← 00.1110	0.1		左移一位
$+[-y]_补$ 11.0101			减 y 比较
00.0011		1	$r_2>0$,商上 1
← 00.0110	0.11		左移一位
$+[-y]_补$ 11.0101			减 y 比较
11.1011		0	$r_3<0$,商上 0
$+$ 00.1011			加 y 恢复余数
00.0110			
←00.1100	0.110		左移一位
$+[-y]_补$ 11.0101			减 y 比较
00.0001	0.1101		$r_4>0$,商上 1,只移商

故$[x]_原 \div [y]_原 = [Q]_原 = 0.1101$,余数$[r]_原 = 0.1101 \times 2^{-4}$。

可以看出运算过程是一个循环过程：比较 →上商(商为 0 时还需要恢复余数)→左移→再比较,直到商达到规定的位数为止。一般商的位数与除数的位数相同。

从例 3.16 的运算过程可知,由于可能需要恢复余数,而除法中恢复余数的步数不能在运算前被确定,导致原码恢复余数除法控制复杂。

2. 原码不恢复余数法

不恢复余数法又称加减交替法,是对恢复余数法的改进。不恢复余数法的特点是不够减时不再恢复余数,而根据余数的符号做相应处理就可继续往下运算,因此运算步数固定,控制简单,提高了运算速度。

下面通过分析恢复余数法中恢复余数的环节,寻找不恢复余数的算法。设恢复余数方法中某次余数为 r_i。根据恢复余数算法,下一步操作将 r_i 左移一位,并通过减除数进行比较,得到新余数 r_{i+1}。即 $r_{i+1}=2r_i-y$。

当 $r_{i+1}<0$ 时商上 0,并加 y 恢复余数,即

$$(2r_i - y) + y = 2r_i$$

若继续下面的求商,还需将恢复余数后的数左移一位,然后减去除数,才能得到新余数 r_{i+2},即

$$r_{i+2} = 2(2r_i) - y = 4r_i - y \tag{3.16}$$

如果当$(2r_i-y)$小于0时，商仍上0，不进行加y恢复余数操作，而是把$(2r_i-y)$左移一位，然后加上除数，即

$$r_{i+2}=2(2r_i-y)+y=4r_i-y \tag{3.17}$$

比较公式(3.16)和公式(3.17)不难发现，两种处理方法得到了相同的结果。所以，当比较结果小于0时，商上0后仍将余数左移一位，然后加y进行比较。这样，比较过程可根据不同的情况分别用加法或减法实现。不恢复余数法就是采用这种方法，所以它又称为加减交替法。

不恢复余数法的运算规则是：

- 当余数为正时，商上1，余数左移一位，减去除数。
- 当余数为负时，商上0，余数左移一位，加上除数。

例 3.17 $[x]_原=0.1001$，$[y]_原=0.1011$，用不恢复余数法求$[x]_原\div[y]_原$。

解：$[|y|]_补=0.1011$，$[-|y|]_补=1.0101$。

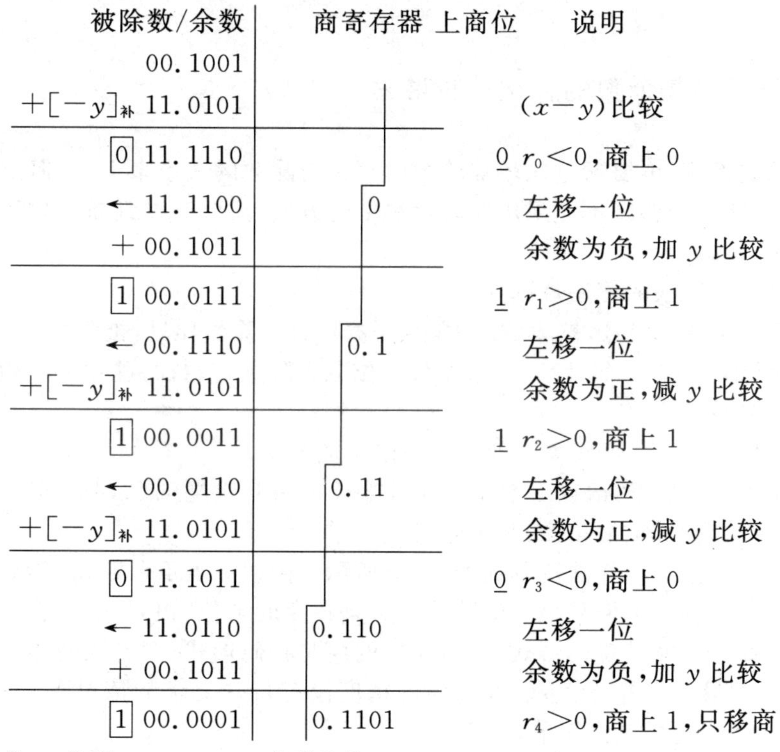

被除数/余数	商寄存器	上商位	说明
00.1001			
$+[-y]_补$ 11.0101			$(x-y)$比较
[0] 11.1110		0	$r_0<0$，商上0
← 11.1100	0		左移一位
+ 00.1011			余数为负，加y比较
[1] 00.0111		1	$r_1>0$，商上1
← 00.1110	0.1		左移一位
$+[-y]_补$ 11.0101			余数为正，减y比较
[1] 00.0011		1	$r_2>0$，商上1
← 00.0110	0.11		左移一位
$+[-y]_补$ 11.0101			余数为正，减y比较
[0] 11.1011		0	$r_3<0$，商上0
← 11.0110	0.110		左移一位
+ 00.1011			余数为负，加y比较
[1] 00.0001	0.1101		$r_4>0$，商上1，只移商

即$[x]_原\div[y]_原=[Q]_原=0.1101$，余数$[r]_原=0.0001\times2^{-4}$。

例3.17算式最左边小方框标识的数字是运算器进位位的值，不难发现，加法器进位位的值与所上的商相同，因此，在具体逻辑实现中可用加法器进位位作为上商的控制信号。

实现原码不恢复余数除法的硬件逻辑框图如图3.9所示。其中寄存器R_0在除法开始前存放被除数，运算过程中存放余数；寄存器R_2存放除数；商存放在R_1中；R_0与R_1都具有左移功能。每步的商和下一步的操作根据当前加法器进位位的状态来确定，上商操作固定在q_n位进行。q_n的值(即每一步所上的商)控制下一步是进行加y还是进行减y操作，当$q_n=1$时，下一步加$[-y]_补$，进行减y比较；当$q_n=0$时，则下一步进行加y比较。在运算过程中，经$n+1$步后获得$n+1$位商，其中n为有效数的位数，最后由$x_f\oplus y_f$的值

来决定商的符号。

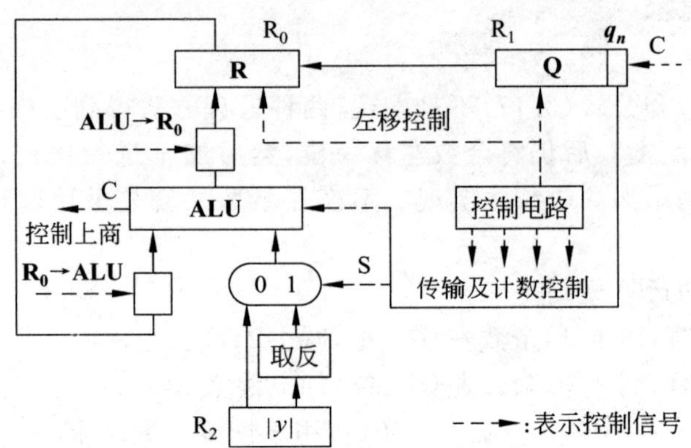

图 3.9 原码不恢复余数除法的硬件逻辑框图

3.4.2 基于不恢复余数的补码一位除法

对补码除法而言，也要通过比较被除数(余数)与除数的大小来上商，但由于符号位参与运算，因此判断是否够减不能采用原码除法中的方法，需要通过判断余数和除数的符号来确定。

补码不恢复余数法的算法规则如下。

(1) 被除数与除数同号，被除数减去除数；被除数与除数异号，被除数加上除数。

(2) 余数与除数同号，商上1，余数左移一位减去除数；余数与除数异号，商上0，余数左移一位加上除数。

注意：余数左移加上或减去除数后就得到了新余数。

(3) 重复(2)，若采用“恒置1”法，则包括符号位内共重复第(2)步 n 次；若采用校正法，包括符号在内，则应重复第(2)步 $n+1$ 次。

补码不恢复余数法的算法流程如图3.10所示。图中 r 表示余数，q_n 为商的末位。

上面所讨论的补码不恢复余数法除法运算是在商的末位“恒置1”的条件下所取得的有限位商。当商为负时是反码形式，而所需要的商是补码形式，两者之间相差的就是末位的1，这样引起的最大误差是 2^{-n}。在对商的精度没有特殊要求的情况下，一般就采用商的末位“恒置1”法，这样操作简单，易于实现。

如果要求进一步提高商的精度，则按上述办法多求一位商，再用校正的办法对商进行处理。在商为负且不能除尽(即余数 $r_i \neq 0$)的情况下，求出一个全字长的商以后，可在末位加上1进行校正。即按上述算法求得商的反码形式后，再加上 2^{-n}，以得到商的补码形式。总之商的校正可根据下面原则进行。

(1) 当刚好能除尽时，如果除数为正，则商不必修正；如果除数为负，则商需要校正，即加 2^{-n}。

(2) 当不能除尽时，如果商为正，则不必修正；如果商为负，则商需要加 2^{-n} 进行修正。

例 3.18 $[x]_补=0.1001$，$[y]_补=1.0101$，求$[x\div y]_补$。

解：$[-y]_补=0.1011$。

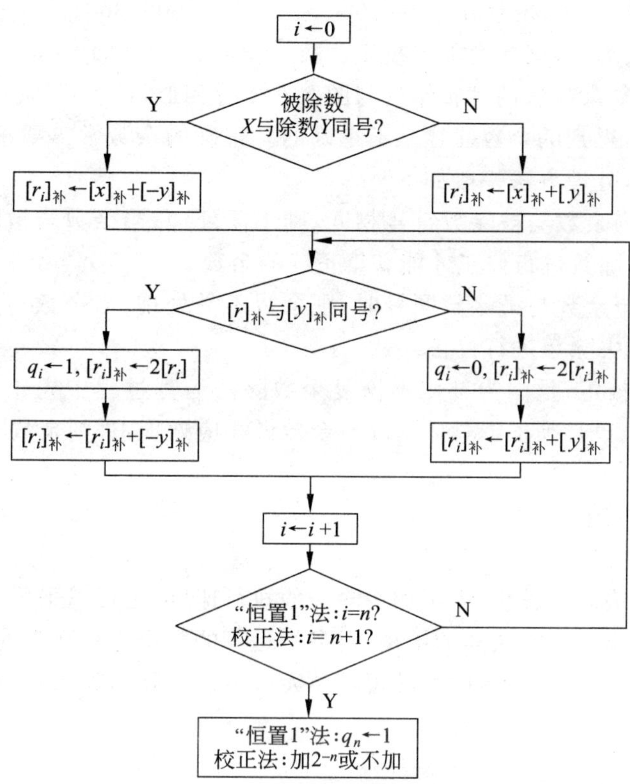

图 3.10 补码不恢复余数除法流程

	被除数/余数	商	上商位	说明
	00.1001			
$+[y]_{补}$	11.0101			被除数与除数异号,加除数比较
	11.1110		1	余数 r_0 与除数同号,商上 1
←	11.1100	1		左移一位,商从上商位移入商寄存器
$+[-y]_{补}$	00.1011			减除数比较
	00.0111		0	余数 r_1 与除数异号,商上 0
←	00.1110	1.0		左移一位
$+[y]_{补}$	11.0101			加减除数
	00.0011		0	余数 r_2 与除数异号,商上 0
←	00.0110	1.00		左移一位
$+[y]_{补}$	11.0101			加除数比较
	11.1011		1	余数 r_3 与除数同号,商上 1
←	11.0110	1.001		左移一位
$+[-y]_{补}$	00.1011			减除数比较
	00.0001	1.0010		余数 r_4 与除数异号,商上 0,移商

故$[x\div y]_{补}=1.0010$,余数$[r]_{补}=0.0001\times2^{-4}=0.00000001$。

因未除尽,商又为负,因此商需要校正。故$[x\div y]_{补}=1.0010+0.0001=1.0011$。

实现补码不恢复余数法的逻辑结构与图3.9十分相似,这里不再叙述。

求得n位商后,得到的余数往往是不正确的。正确的余数常需要根据具体情况做适当的处理才能获得,处理方法一般如下。

- 若商为正,当余数与被除数符号相同,则不需处理;当余数与被除数异号时,则应将余数加上除数进行修正才能获得正确的余数。
- 若商为负,当余数与被除数同号时,则余数不需处理;当余数与被除数异号时,则余数需要减去除数进行校正。

余数之所以需校正,是因为补码不恢复余数除法运算过程中先比较后上商的缘故。可见,如果要保存余数必须根据具体情况对余数做相应处理,否则余数不一定正确。

3.4.3 阵列除法器

类似于阵列乘法器的思想,为了加快除法的执行速度,也可以采用阵列除法器来实现除法。为简化运算及阵列除法器的结构,对参加运算的数据进行适当的处理,使其以正数的形式参加运算。图3.11所示的加减可控单元(CAS)是阵列除法器的核心单元。

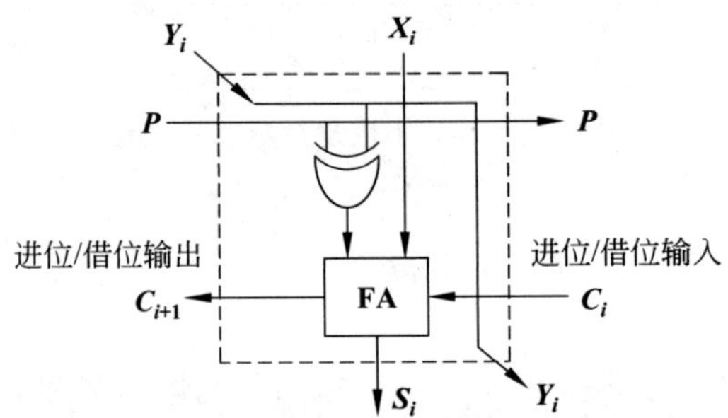

图3.11 CAS阵列除法器组成图

1. CAS的结构及其工作原理

一个CAS单元有8根引线(比FA多3根),分成4个输入端和4个输出端。CAS单元上面一行水平输入和输出线P为加减操作控制,$P=0$时CAS执行加法,否则执行减法;CAS单元下面一行水平输入和输出的是进位/借位输入(输出)信号;斜向输入输出的Y_i为除数,但斜向输出到下一个CAS单元(当由多个CAS单元构成阵列时),相当于手工除法中的右移;垂直输入的是被除数X_i,垂直输出的是商S_i。

CAS单元输入与输出的关系可用公式(3.18)表示:

$$\begin{aligned} S_i &= A_i \oplus (B_i \oplus P) \oplus C_i \\ C_{i+1} &= (A_i + C_i)(B_i \oplus P) + A_i C_i \end{aligned} \tag{3.18}$$

当$P=0$时,式(3.18)变成:

$$S_i = A_i \oplus B_i \oplus C_i$$

$$C_{i+1} = A_iB_i + B_iC_i + A_iC_i \tag{3.19}$$

公式(3.19)即我们熟悉的一位全加器(FA)的本位和及进位公式。

当 $P=1$ 时,式(3.18)变成:

$$\begin{aligned} S_i &= A_i \oplus \bar{B}_i \oplus C_i \\ C_{i+1} &= A_i\bar{B}_i + \bar{B}_iC_i + A_iC_i \end{aligned} \tag{3.20}$$

式(3.20)即为一位全减器的本位差和借位输出公式。

图3.12为字长为3位的阵列除法器的基本结构,其中被除数 $x=0.x_1x_2x_3x_4x_5x_6$(双字长),除数 $y=0.y_1y_2y_3$,商 $q=0.q_1q_2q_3$,余数 $r=0.r_1r_2r_3r_4r_5r_6$。

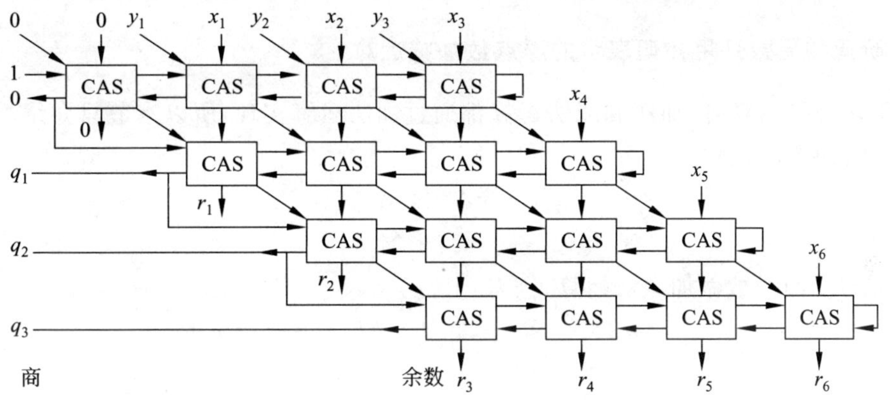

图3.12 阵列除法器的基本结构

2. 阵列除法器的连接方法

每行CAS单元的连接中,所有CAS单元的P信号按照相邻关系依次连接,进位/借位信号也依次连接,需要特别注意的有以下两个地方。

(1) 最右边CAS单元的 P 输出和C输入相连接,要理解这种连接的依据,由公式(3.19)和公式(3.20)可知,$P=1$ 时CAS做减法,而减法是通过加负数的补码实现,但 $P=1$ 时,CAS单元只对除数实现了求反码,所以此时要在最低位加1才能变成补码,因此,可用 P 将1送到最低位CAS的进位输入(即最右边的CAS单元)。当 $P=0$ 时CAS做加法,与最低CAS的进位位相连刚好满足加法的进位需求。

(2) 由原码不恢复余数法可知,新上的商决定了下一步除法的算法,因此,可用上一步的商(各行最左边CAS的进位/借位输出)控制除法阵列中相邻下一行CAS阵列的加减操作,即商上1,下一步减除数,而商上零,下一步加除数。故将上一步的商与下一行CAS阵列的 P 输入相连接。

例3.17说明了为什么可利用加法器进位作为商。

3. 运算方法

阵列除法器采用的是原码不恢复余数除法法则和手工除法的思想,第一步采用减法。另外,根据原码不恢复余数除法的法则,上一步的商决定下一步运算是加法还是减法。

3.5 浮点运算

浮点数比定点数表示数的范围大，有效精度也高，更适合于工程计算。但它的数据运算处理过程比较复杂，硬件代价高，运算速度也慢一些。浮点数常采用规格化数进行运算。本节将介绍浮点数四则运算法则。

3.5.1 浮点数加减运算

1. 阶码和尾数采用补码表示的浮点数加减运算

由于用补码运算时，加法和减法运算都通过加法运算实现，所以本节只介绍浮点加法运算。设有两个浮点数：

$$x = 2^m \times M_x$$
$$y = 2^n \times M_y$$

对 x 与 y 两个数做加减法运算，则有：

$$x \pm y = 2^m \times (M_x \pm 2^{n-m} \times M_y) \quad (m \geqslant n \text{ 时})$$

或

$$x \pm y = 2^n \times (2^{m-n} M_x \pm M_y) \quad (m \leqslant n \text{ 时})$$

可见当 $m=n$ 时，只要完成括号内两个数(尾数)的求和运算，就可以得到浮点形式的运算结果。然而参加运算的两个数的阶码 m 与 n 往往并不相等，所以必须先设法让阶码相等后才能进行尾数部分的运算。使阶码相等的过程称为对阶。

另外浮点数在机器中要求以规格化形式出现，虽然参加运算的浮点数是规格化数，但尾数运算结果不一定是规格化数，所以运算后还可能需要对运算的结果进行规格化处理。综上所述，浮点加减法运算过程包括如下 5 个步骤。

1) 对阶

对阶的原则是小的阶码向大的阶码看齐，这是因为小阶码增大数值时，尾数部分右移舍去的是尾数的低位部分。如果让大阶码向小的阶码看齐，则尾数部分相应左移，将会丢失尾数的高位部分，导致运算结果的精确度大大降低。

对阶又包括如下两个步骤。

(1) 求阶差。通过对两个阶码进行减法运算实现，这不仅能知道阶码的大小，还能求出两个阶码的具体差值。

(2) 阶码的调整与尾数的移位，可按下面方式进行：

- 若 $m>n$，则将浮点数 y 的尾数右移 $m-n$ 位。
- 若 $m<n$，则将浮点数 x 的尾数右移 $n-m$ 位。

2) 尾数运算

对阶完成后可按照定点数的加减运算法则执行尾数加减操作。注意，对于阶码小的那个浮点数，应该使用对阶后的尾数参加运算。

3）结果规格化

结果规格化就是使运算结果成为规格化数。为了运算处理方便，可让尾数的符号位扩展为两位，当尾数运算结果不是11.0××…×或00.1××…×的形式时，则应进行相应的规格化处理：

- 当尾数符号为01或10时，需要向右规格化，且只需将尾数右移一位，同时将结果的阶码值加1。
- 当尾数运算结果为11.1××…×或00.0××…×时需要左移规格化，而且左移次数不固定，与运算结果的形式有关。

左规的方法是尾数连同符号位一起左移位，结果的阶码减1，直到尾数部分出现11.0或00.1的形式为止。

4）舍入

在对阶右移和右移规格化操作时，尾数末尾的几位会超出机器字长而被丢掉，从而产生误差。这时，计算机可以按选定的方式进行舍入操作。常用的舍入方法如下。

- 末位恒置1法：只要因移位而丢失的位中有一位是1，就把运算结果的最低位置1。而不管最低位原来是0还是1。
- 0舍1入法：当丢失位数的最高位是1时将尾数的末尾加1。

5）溢出判断

由于浮点数中阶码的位数决定数的表示范围，因此对于浮点运算而言，当阶码出现溢出时才表示运算结果溢出，即当阶码的符号位为01和10时表示运算结果溢出。

例3.19 设 $x=2^{-011}\times(-0.101100)$，$y=2^{-010}\times0.011110$，又假定数的阶码为3位，尾数为6位（均不含符号位），且都用补码表示，按照补码浮点数运算步骤计算 $x+y$。

解：先用补码形式表示 x 和 y（设符号位均取2位）：

$$[x]_{补} = 11101\ 11.010100$$

$$[y]_{补} = 11110\ 00.011110$$

（1）对阶

$$[\Delta E]_{补} = [Ex]_{补} + [-Ey]_{补} = 11110 + 00010 = 11111$$

所以 $\Delta E=-1$。

所以 x 的阶码比 y 的阶码小1。

将 x 的尾数向右移动1位，同时阶码加1，对阶后的 x 为

$$[x]_{补} = 11110,\quad 11.101010$$

（2）尾数的运算

$$\begin{array}{r} 11.101010 \\ +\quad 00.011110 \\ \hline 00.001000 \end{array}$$

（3）尾数规格化处理

尾数的形式为00.0××…×，故要左移规格化，即将结果的尾数向左移动两位，同时将结果的阶码减2。规格化后的结果为

$$[x+y]_{补} = 11100,\quad 00.100000$$

(4)) 舍入

最后没有丢掉有效数字,所以不需要舍入。

(5) 溢出判断

由于阶码的双符号位相同,故没有发生溢出。

最后的结果为

$$x+y=2^{-100}\times 0.100000$$

例 3.20 设 $x=2^{-4}\times(15/32)$,$y=2^{-5}\times(-23/32)$,当阶码为 5 位(含 2 位符号),尾数为 7 位(含 2 位符号)时,用补码二进制浮点运算方法计算 $x+y$,舍入采用 0 舍 1 入法。

解:将 x 和 y 用二进制数表示:

$$x=2^{-100}\times(0.01111),\quad y=2^{-101}\times(-0.10111)$$

$$[x]_{补}=11100\ 00.01111$$

$$[y]_{补}=11011\ 11.01001$$

(1) 对阶

先求阶差

$$\begin{array}{r} 11100 \\ +\ 00101 \\ \hline 00001 \end{array}\quad x\text{ 的阶码比 }y\text{ 的阶码大 }1$$

需将$[y]_{补}$的阶码加 1,尾数右移 1 位。

$$[y]_{补}=11100\ 11.101001\quad \text{末位 0 舍 1 入后得}$$

$$[y]_{补}=11100\ 11.10101$$

(2) 尾数相加运算

$$\begin{array}{r} 00.01111 \\ +\ 11.10101 \\ \hline 00.00100 \end{array}$$

(3) 结果规格化

因尾数有效位的前两位都与符号位相同,需做两次左规操作。即尾数左移 2 次,阶码减 2。

$$[x+y]_{补}=2^{11010}\times(0.10000)$$

(4) 溢出判断

由于阶码的双符号位相同,故没有发生溢出。

最后的结果为

$$x+y=2^{-6}\times 0.10000$$

2. IEEE 754 浮点数的加减运算

IEEE 754 浮点数的加减运算过程与基于补码表示的浮点数运算过程类似。由于 IEEE 754 浮点数的阶码采用移码表示,而尾数采用原码表示,且尾数的最高位隐藏,因此,IEEE 754 浮点数加减运算过程中又表现出与前者的不同:

(1) 对阶和规格化过程中,阶码的运算采用移码的加减运算。

(2) 尾数的运算采用原码运算法则,且隐藏位要参与尾数运算。

(3) 隐藏位参与尾数规格化判断及尾数规格化过程:

- 若尾数形式为1.××…×,则为规格化尾数。
- 若尾数形式为1×.××…×,则需要进行右移规格化一次,即将尾数右移一位,同时阶码加1。
- 若尾数形式为00.××…×,则需要进行左移规格化,将尾数左移,尾数每左移1位,同时阶码减1,直到尾数形式为1.××…×为止。

(4) 溢出判断。

浮点数的溢出与否通过阶码来判断,可采用3.2节介绍的两种方法中的任何一种进行判断。另外,对IEEE 754单精度浮点数而言,上溢发生在当阶码为全1(即11111111,对应真值为127)时,若进行右移规格化,而下溢发生在当阶码为全0(即00000000,对应真值为−128)时,若进行左移规格化。因此,对于IEEE 754单精度浮点数的溢出判断,可采用下列简单判断方法。

- 对于右规格化,若右规格化前阶码已为全1,则直接判上溢,不需要进行右移规格化;反之,则执行右移规格化,并将阶码加1。
- 对于左规格化,如果在左移规格化之前阶码为全0,则直接判下溢,不需要进行右移规格化;反之,则执行左移规格化,阶码减1。

注意:阶码的加减运算采用3.2节的移码运算方法。

例3.21 用IEEE 754单精度浮点数加减运算求0.75+(−0.4375)。

解:先将0.75和−0.4375表示成浮点数格式:

$$x = (0.75)_{10} = (0.11)_2 = 2^{-1} \times (1.1)_2$$

$$y = (-0.4375)_{10} = (-0.01110\cdots0)_2 = 2^{-2} \times (-1.11)_2$$

用IEEE 754单精度格式进一步表示为

$$[Ex]_{移} = 01111111 + (-1) = 01111110$$

$$[Ey]_{移} = 01111111 + (-10) = 01111101$$

得到两数的IEEE 754单精度表示:

$$[x]_{浮} = 0\ 01111110\quad (1)\ 1000\cdots0$$

$$[y]_{浮} = 1\ 01111101\quad (1)\ 1100\cdots0$$

上述浮点数括号中的数字表示隐藏位的值。

(1) 对阶

$$\begin{aligned}[\Delta E]_{移} &= [Ex - Ey]_{移} = [Ex]_{移} + [-Ey]_{补} \\ &= 01111110 + 00000011 = 10000001\end{aligned}$$

即$\Delta E=1$,x的阶码比y的阶码大,将y的尾数右移一位得:

$$[y]_{浮} = 1\quad 01111110\ (0)11100\cdots0$$

(2) 尾数相加

两个尾数符号相异,根据原码加法规则:

$$0(1)\ 1000\cdots0 + 1(0)\ 11100\cdots0 = 00.1010\cdots0$$

括号中的数据是隐藏位,括号前面的一位数是尾数的符号位,其余位是尾数的数值位。

(3) 规格化

从和的尾数形式看,需要左移一位进行左移规格化。阶码减 1。

得到:

和的阶码=01111110+11111111=01111101

和的尾数=0(1).01000…0

(4) 舍入

本例中未丢失尾数的有效数值,故不进行舍入。

(5) 溢出判断

根据 IEEE 754 浮点数溢出的判断方法可知,本题未发生溢出。

即

$$[x+y]_{浮} = 0\ 01111101\ (1).01000\cdots0$$

所以

$$x+y = 2^{125-127}\times 1.01 = 2^{-2}\times 1.01 = 0.3125$$

3.5.2 浮点乘法运算

设 $x=2^m\cdot M_x$,$y=2^n\cdot M_y$,则两浮点数的乘法可表示为

$$x\times y = 2^{m+n}(M_x\cdot M_y)$$

浮点乘法运算也可以分为以下 3 个步骤。

1. 阶码相加

两个数的阶码相加可在加法器中完成。阶码和尾数两个部分并行操作时,可另设一个加法器专门实现对阶码的求和;串行操作时,可利用同一加法器分时完成阶码求和、尾数求积的运算,并且先完成阶码求和运算。阶码相加后有可能产生溢出,若发生溢出,相应部件将给出溢出信号,指示计算机做溢出处理。

2. 尾数相乘

两个运算数的尾数部分相乘就可得到积的尾数。

3. 结果规格化

当运算结果需要规格化时,就进行规格化操作。规格化及舍入方法与浮点减法处理的方法相同。

对 IEEE 754 浮点数而言,阶码的运算仍然采用移码的运算法则,尾数处理过程中隐藏位要参与运算,并采用 IEEE 754 的规格化和溢出检测与处理方法。需要特别注意的是 IEEE 754 浮点乘法运算中不存在左移规格化操作。

3.5.3 浮点除法运算

设 $x=2^m \cdot M_x$，$y=2^n \cdot M_y$，则两浮点数的除法可表示为

$$x \div y = 2^{m-n}(M_x \div M_y)$$

浮点除法运算也可以分作以下 3 步进行。

1. 尾数调整

检查被除数的尾数是否小于除数的尾数(从绝对值考虑)。如果被除数的尾数大于除数尾数，则将被除数的尾数右移一位并相应调整阶码。由于操作数在运算前是规格化数，所以最多只做一次调整。这步操作将防止商的尾数出现混乱。

2. 阶码求差

由于商的阶码等于被除数的阶码减去除数的阶码，所以要进行阶码求差运算。阶码求差可以很简单地在阶码加法器中实现。

3. 尾数相除

商的尾数由被除数的尾数除以除数的尾数获得。由于操作数在运算前已规格化并且调整了尾数，所以尾数相除的结果是规格化定点小数。两个尾数相除与定点除法相类似。

对 IEEE 754 浮点数而言，阶码的运算仍然采用移码的运算法则，尾数处理过程中隐藏位要参与运算，并采用 IEEE 754 的规格化和溢出检测与处理方法。需要特别注意的是 IEEE 754 浮点除法运算中不存在右移规格化操作。

3.6 逻辑运算

基本的逻辑运算包括：逻辑非、逻辑乘(与)、逻辑加(或)、逻辑异等几种运算。

1. 逻辑非

逻辑非又称逻辑求反，即对某变量或二进制数的各位求反。

例 3.22 已知 $x=01011$，则$\bar{x}=10100$。

利用“非”门电路很容易实现逻辑非运算。

2. 逻辑乘

逻辑乘又称逻辑与，常用记号“∧”或“·”来表示。它的运算法则是按位与。

例 3.23 已知 $x=101101$，$y=010011$，则 $x \wedge y=000001$。

逻辑乘可以用“与”门电路实现。

3. 逻辑加

逻辑加又称逻辑或。常用记号"∨"或"+"表示。它的运算法则是按位或。

例 3.24 已知 $x=101011, y=100101$,则 $x \vee y=101111$。

逻辑加运算可用"或"门电路实现。

4. 逻辑异

逻辑异也称逻辑"异或",常用记号"⊕"表示。

例 3.25 已知 $x=101101, y=110010$,则 $x \oplus y=011111$。

逻辑异可用"异或"门电路实现。

除逻辑非、逻辑乘、逻辑加、逻辑异等几种逻辑运算外,常用的逻辑运算还包括逻辑移位运算,详细内容见 3.3.1 节相关内容。

3.7 运算器

运算器是对数据进行加工处理的部件,它具体实现数据的算术运算和逻辑运算,所以又称做算术逻辑运算部件,简记为 ALU(Arithmetic Logic Unit),它是中央处理机的重要组成部分。

3.7.1 定点运算器

各种计算机中运算器的结构虽然有区别,但一般都包含如下几个基本部分:加法器、一组通用寄存器、输入数据选择电路和输出数据控制电路等。

1. 运算器的基本组成单元

1) 算术逻辑运算单元

算术逻辑运算单元是对数据进行加工处理的部件,其主要功能包括算术运算和逻辑运算,也常作为数据传送的通路。

2) 通用寄存器组

运算器内通用寄存器的作用大致可分为以下 3 类。

- 用来暂时存放参加运算的数据和运算结果(或中间结果),尽量减少指令执行过程中访问主存的次数,提高运算速度。
- 作为状态寄存器,保存运算过程中设置的状态,如进位、溢出、结果为负等。这些状态可用于程序执行流程的控制。
- 可作变址寄存器、堆栈指示器使用。不同的机器对这组寄存器的使用情况和设置个数不相同。

3) 输入输出数据选择控制

输入数据选择控制是对送入运算器的数据进行选择和控制,其作用包括:

- 选择数据送入运算器。
- 控制数据以何种编码形式(如原码、反码或补码等)送入运算器。

输出数据控制电路对运算器输出的数据进行控制,该电路一般还具有移位功能,并具有将运算器输出的数据输送到运算器、通用寄存器的通路和送往总线的控制电路。

图 3.9 中的 R_0→ALU 和 ALU→R_0 分别是输入和输出数据选择控制信号,S 是控制数据以原码或反码形式送入 ALU 的控制信号。

4) 内部总线

是连接各个部件的信息通道。

2. 运算器的基本结构

运算器的基本结构与运算器中总线结构以及运算器各部件与总线的连接方式紧密相关,不同的连接构成不同的数据通路,形成不同结构的运算器。根据运算器中数据通路的不同,可将运算器的结构分为基于单总线、双总线和三总线等三种不同的形式。

1) 单总线结构运算器

从图 3.13 所示的单总线结构运算器逻辑结构图可知,所有部件都与总线 IB 连接。由于所有部件都通过同一总线相连,因此在同一时间内,总线只能传输一个数据,因此需要在 ALU 输入端设置 LA,LB 两个缓冲器。当执行双操作数运算时,首先把一个操作数通过总线送入 LA 缓冲器,然后把另一操作数通过总线送入 LB 缓冲器,只有两个操作数同时出现在 ALU 的输入端时,ALU 才能正确执行相应运算。运算结果可通过单总线存入通用寄存器或缓冲器 LA 或 LB。

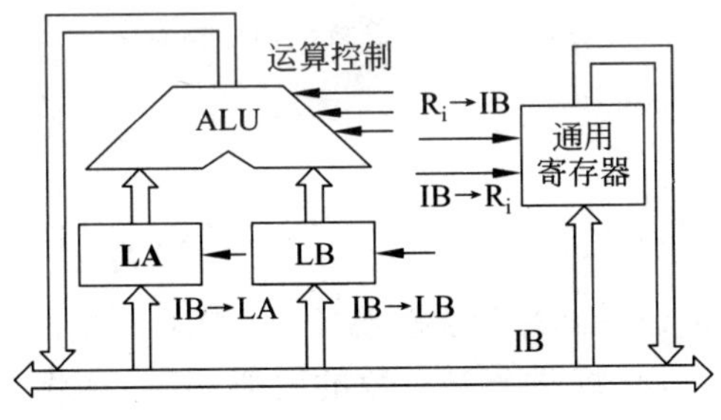

图 3.13 单总线结构运算器

从上面的分析可知,单总线结构运算器的主要缺点是操作速度慢。

2) 双总线结构运算器

在图 3.14 所示的双总线结构运算器逻辑结构图中,ALU 与通用寄存器都连接在总线 IB1 和 IB2 上,因此,可以同时通过两组总线传输数据。在执行双操作数运算时,可以将两个操作数同时加到 ALU 的两个输入端。为防止 ALU 的输出直接送入总线 IB1 并对该总线上传输数据的影响,在 ALU 的输出与 IB1 总线间设置缓冲器 LA 暂存运算结果。除缓冲功能外,LA 往往还具备数据移位功能。双总线结构运算器的执行速度比单总线结构运算器的执行速度快。

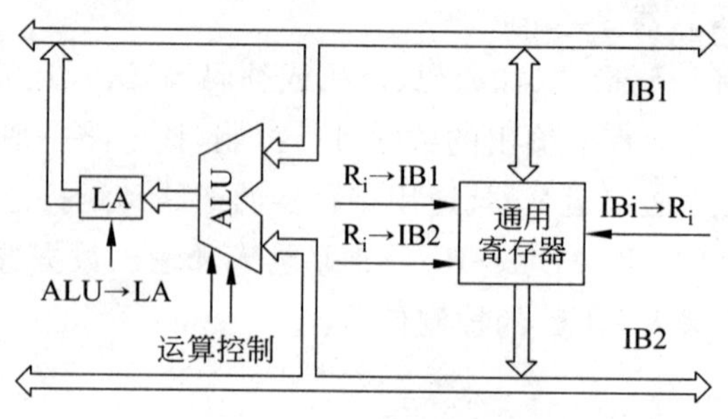

图 3.14　双总线结构运算器

3）三总线结构运算器

在图 3.15 所示的三总线结构运算器逻辑结构图中，操作部件连接在三组总线上。在执行双操作数运算时，可同时通过三组总线传输数据（包括参加运算的源数据和运算结果），不仅运算速度快，而且不需要设置缓冲器。图中旁路器的作用是不通过 ALU 实现通用寄存器之间的数据传输。

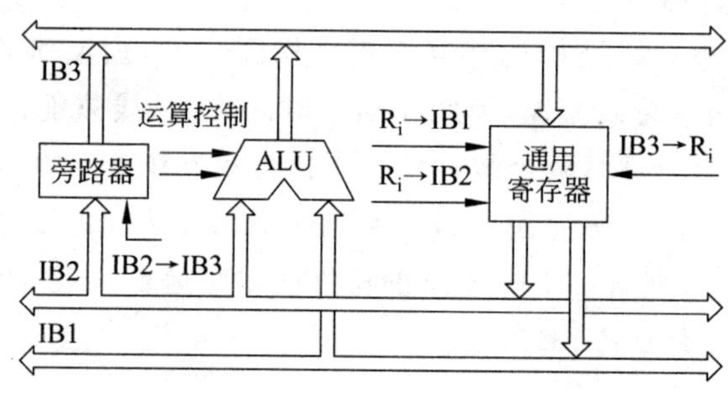

图 3.15　三总线结构运算器

3.7.2　浮点运算器

图 3.16 为浮点数加减运算部件的逻辑结构图，最上面是两个浮点数据寄存器，左上部是一个用于对阶的 ALU，它将两个浮点数的阶码相减，并将结果存入阶差寄存器中。浮点运算控制部件根据阶差，选择阶码小的浮点数的尾数进行右移操作，同时选择较大的阶码送入阶码加 1 或减 1 寄存器中。阶码大的浮点数的尾数和经过右移后的浮动数的尾数，进入尾数运算 ALU 进行尾数的加减运算，运算的结果送入尾数规格化部件。规格化时对运算结果的尾数进行左移或右移规格化，同时对阶码进行加 1 或减 1 操作。规格化的结果又送入舍入部件，控制部件根据规格化后的结果进行舍入操作。

3.7.3　基本算术逻辑运算单元的设计

1. 基本算术、逻辑部件

算术逻辑运算单元 ALU 是计算机的核心部件，实现的基本功能包括加减等算术运

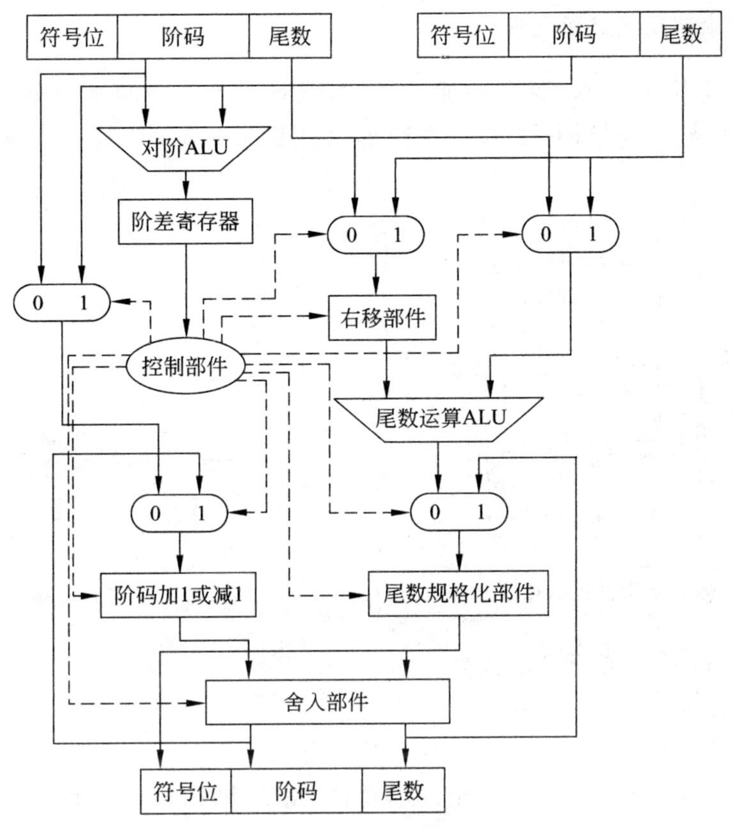

图 3.16　浮点加法器逻辑框图

算和与、或、非等逻辑运算。实现上述算术和逻辑运算功能的部件就是构造 ALU 的基本算术、逻辑单元部件，它们的逻辑符号和基本功能如图 3.17 所示。

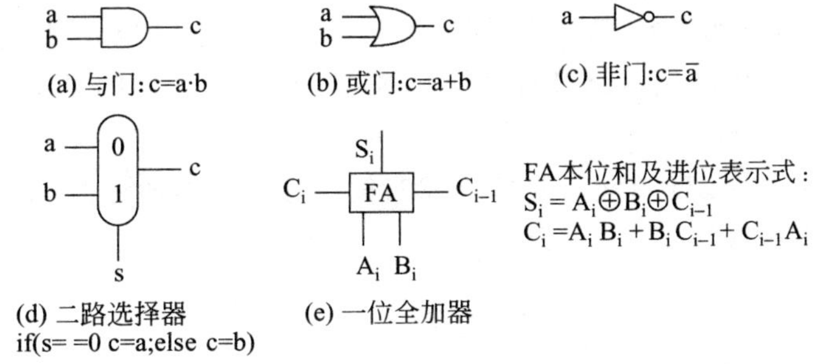

图 3.17　构造 ALU 的基本逻辑单元

其中与、或、非三个逻辑门完成与、或、非三种基本的逻辑运算；一位全加器 FA 实现两个一位二进制数的加法运算功能；二路选择器实现从两路输入信号中选择一路输出，当需要从多路输入中选择一路输出时，则使用多路选择器，如四路选择器等。

2. 基本算术逻辑运算单元设计

利用图 3.17 中的算术、逻辑功能部件，可设计具有基本算术和逻辑运算功能的 ALU。图 3.18 是一个利用上述算术、逻辑单元构建的 ALU，图 3.19 是该 ALU 的逻辑符号。

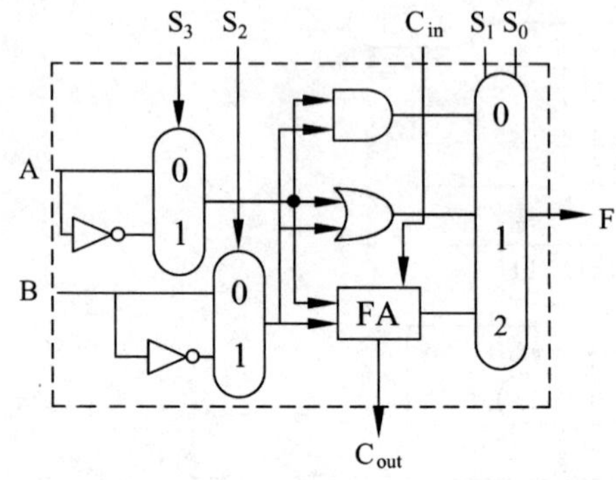

图 3.18　基本算术逻辑运算单元

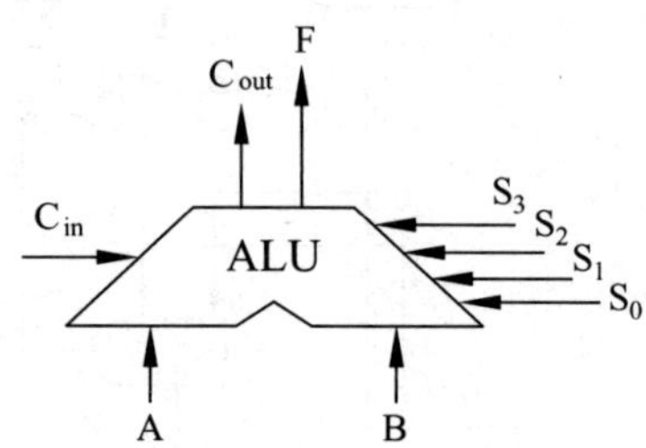

图 3.19　基本算术逻辑运算单元的逻辑符号

图 3.18 所示 ALU 单元的功能为：

$S_1S_0=00$ 且 $S_3S_2=00$ 时，$F=AB$ （与运算）；

$S_1S_0=01$ 且 $S_3S_2=00$ 时，$F=A+B$ （或运算）；

$S_1S_0=10$ 且 $S_3S_2=00$ 时，执行全加器功能，从 F 和 C_{out} 端分别输出本位和及进位输出；

$S_1S_0=10$ 且 $S_3S_2=01$、$C_{in}=1$ 时，执行 A 减 B 的功能；

$S_1S_0=00$ 且 $S_3S_2=11$ 时，$F=\overline{A+B}$ （或非）；

$S_1S_0=01$ 且 $S_3S_2=11$ 时，$F=\overline{a\cdot b}$ （与非）；

读者还可列出当 $S_3S_2S_1S_0$ 取其他值时，图 3.18 所示 ALU 单元对应的功能。利用完全类似的方法，读者还可以设计出具有其他算术和逻辑运算功能的 ALU。

1）串行进位加法器

利用图 3.18 所示 ALU 单元可直接构成四位串行进位的加法器，如图 3.20 所示（未画出 $S_3\sim S_0$ 四个控制信号）。

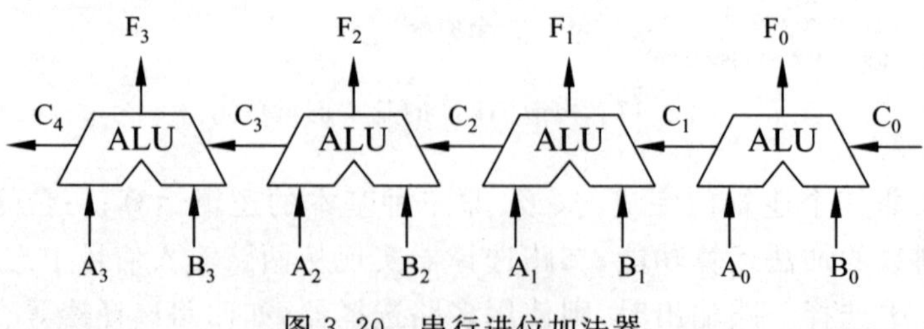

图 3.20　串行进位加法器

图 3.20 中，低位 ALU 的进位输出直接与相邻高位 ALU 的进位输入相连。根据

图 3.17 所示的一位全加器的进位公式 $C_i = A_iB_i + (B_i + A_i)C_{i-1}$ 可分别得到图 3.20 中四个进位 $C_4 \sim C_1$ 的表达式：

$$
\begin{aligned}
C_1 &= A_0B_0 + (A_0 + B_0)C_0 \\
C_2 &= A_1B_1 + (A_1 + B_1)C_1 \\
C_3 &= A_2B_2 + (A_2 + B_2)C_2 \\
C_4 &= A_3B_3 + (A_3 + B_3)C_3
\end{aligned} \tag{3.21}
$$

由公式(3.21)可知，高位进位的产生依赖于相邻低位的进位输入，如只有 C_3 产生后才能产生 C_4，而 C_3 的产生又必依赖于 C_2 的产生。这种由低向高位逐步产生进位的方式称为串行进位，也称为行波进位。由于高位运算需要等待低位的运算，因此串行进位加法器的速度较慢。

2) 并行加法器

通过改变串行进位的方式可提高串行加法器的运算速度。将公式(3.21)中的低位进位表达式依次代入高位进位表达式得到：

$$
\begin{aligned}
C_1 &= A_0B_0 + (A_0 + B_0)C_0 \\
C_2 &= A_1B_1 + (A_1 + B_1)C_1 = A_1B_1 + (A_1 + B_1)A_0B_0 + (A_1 + B_1)(A_0 + B_0)C_0 \\
C_3 &= A_2B_2 + (A_2 + B_2)C_2 = A_2B_2 + (A_2 + B_2)A_1B_1 + (A_2 + B_2)(A_1 + B_1)A_0B_0 \\
&\quad + (A_2 + B_2)(A_1 + B_1)(A_0 + B_0)C_0 \\
C_4 &= A_3B_3 + (A_3 + B_3)C_3 = A_3B_3 + (A_3 + B_3)A_2B_2 + (A_3 + B_3)(A_2 + B_2)A_1B_1 \\
&\quad + (A_3 + B_3)(A_2 + B_2)(A_1 + B_1)A_0B_0 \\
&\quad + (A_3 + B_3)(A_2 + B_2)(A_1 + B_1)(A_0 + B_0)C_0
\end{aligned} \tag{3.22}
$$

公式(3.22)所表示的四个进位之间不再存在相互依存关系，它们同时计算。这种进位方式称为并行进位，也称为先行进位。

四位并行进位加法器的原理如图 3.21 所示。

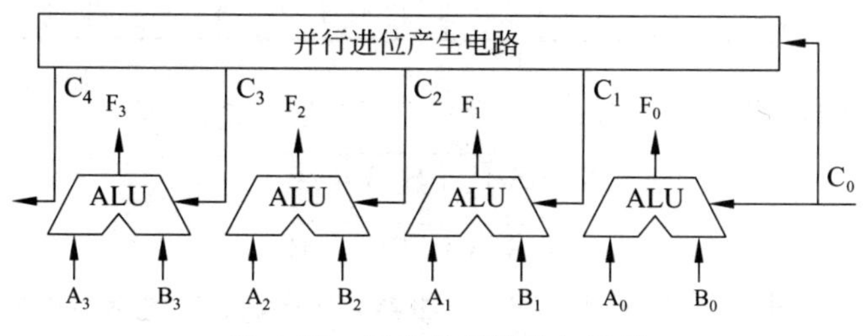

图 3.21　四位并行进位加法器

图 3.21 中的并行进位产生电路利用公式(3.22)的四个进位表达式对应的逻辑门实现。在并行进位方式下，高位 ALU 的进位输入不再直接来自于低位 ALU 的进位输出，而是来自并行进位产生电路的相应进位输出。

公式(3.22)中的 C_4 由两部分组成，它们的作用也不相同。

令 $G = A_3B_3 + (A_3 + B_3)A_2B_2 + (A_3 + B_3)(A_2 + B_2)A_1B_1 + (A_3 + B_3)(A_2 + B_2)(A_1 + B_1)A_0B_0$，它表明本 ALU 的进位输出位可能是由参加运算的两个数直接产生，即

当参加运算的两个数取某些值时，可直接产生进位输出位，因此，将 G 称为进位产生函数。

令 $P=(A_3+B_3)(A_2+B_2)(A_1+B_1)(A_0+B_0)$，该项的作用是当参加运算的数取某些值使得该项为 1 时，将最低进位输入 C_0 传递到本 ALU 的进位输出。因此，该项常被称为进位传递函数。

在并行进位电路中设置 P 和 G 两个输出的主要目的是为了设计位数更多的并行进位加法器。

3. 多功能算术逻辑运算单元 SN74181 的设计

除上面介绍过的简单结构 ALU 外，还可通过在全加器 FA 的基础上增加函数部件实现功能更为复杂的算术逻辑运算单元。这里将以 SN74181 为例来分析多功能算术逻辑运算部件的设计方法。

1）SN74181 算术逻辑运算单元的设计

SN74181 的基本算术逻辑运算单元仍然以 FA 为基础，通过在 FA 输入端增加函数发生器改变输入数据的特性，使得这些数据经过 FA 后能实现更多和更复杂的算术、逻辑运算功能，其基本思想如图 3.22 所示。

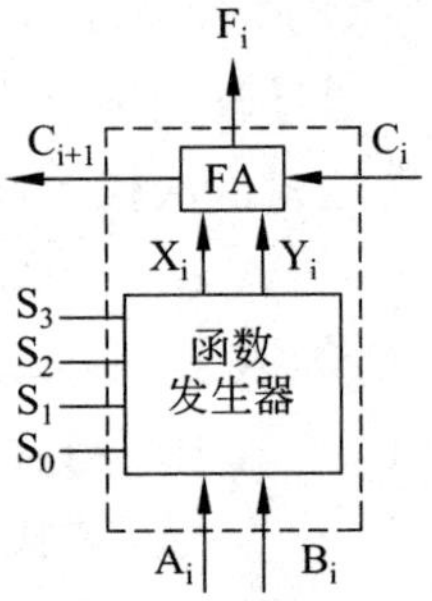

图 3.22 SN74181 ALU 单元的构造

图 3.22 中通过 $S_3 \sim S_0$ 对 A_i 和 B_i 进行某种逻辑变换，变换的效果是使数据经过 FA 后能得到输入数据的算术或逻辑值。其中，$S_3 \sim S_0$ 对 A_i 和 B_i 的控制关系如表 3.3 所示。

表 3.3 函数发生器的控制关系

S_3	S_2	X_i	S_1	S_0	Y_i	S_3	S_2	X_i	S_1	S_0	Y_i
0	0	1	0	0	$\overline{A}_i$	1	0	$\overline{A}_i+\overline{B}_i$	1	0	$\overline{A}_i \cdot B_i$
0	1	$\overline{A}_i+B_i$	0	1	$\overline{A}_i \cdot \overline{B}_i$	1	1	$\overline{A}_i$	1	1	0

由表 3.3 所示的逻辑关系可得：

$$
\begin{aligned}
X_i &= \overline{S_1 \overline{B}_i + S_0 B_i + A_i} \\
Y_i &= \overline{S_3 A_i B_i + S_2 A_i \overline{B}_i}
\end{aligned}
\qquad (3.23)
$$

由于图 3.22 的上半部分仍然是一位全加器，因此，将上述 X_i 和 Y_i 表达式代入 FA 的本位和及进位公式就可得到一位 ALU 的本位和及进位函数。

SN74181 是一个四位的算术逻辑运算单元，采用了公式(3.22)所示的并行进位方法，并将并行进位电路与其 ALU 单元一起封装。SN74181 有正、负两种逻辑的芯片。正逻辑 SN74181 的引脚方框图和内部结构图分别如图 3.23(a)和图 3.23(b)所示。

2）SN74181 中的功能表和逻辑符号

SN74181 ALU 具体的功能如表 3.4 所示。

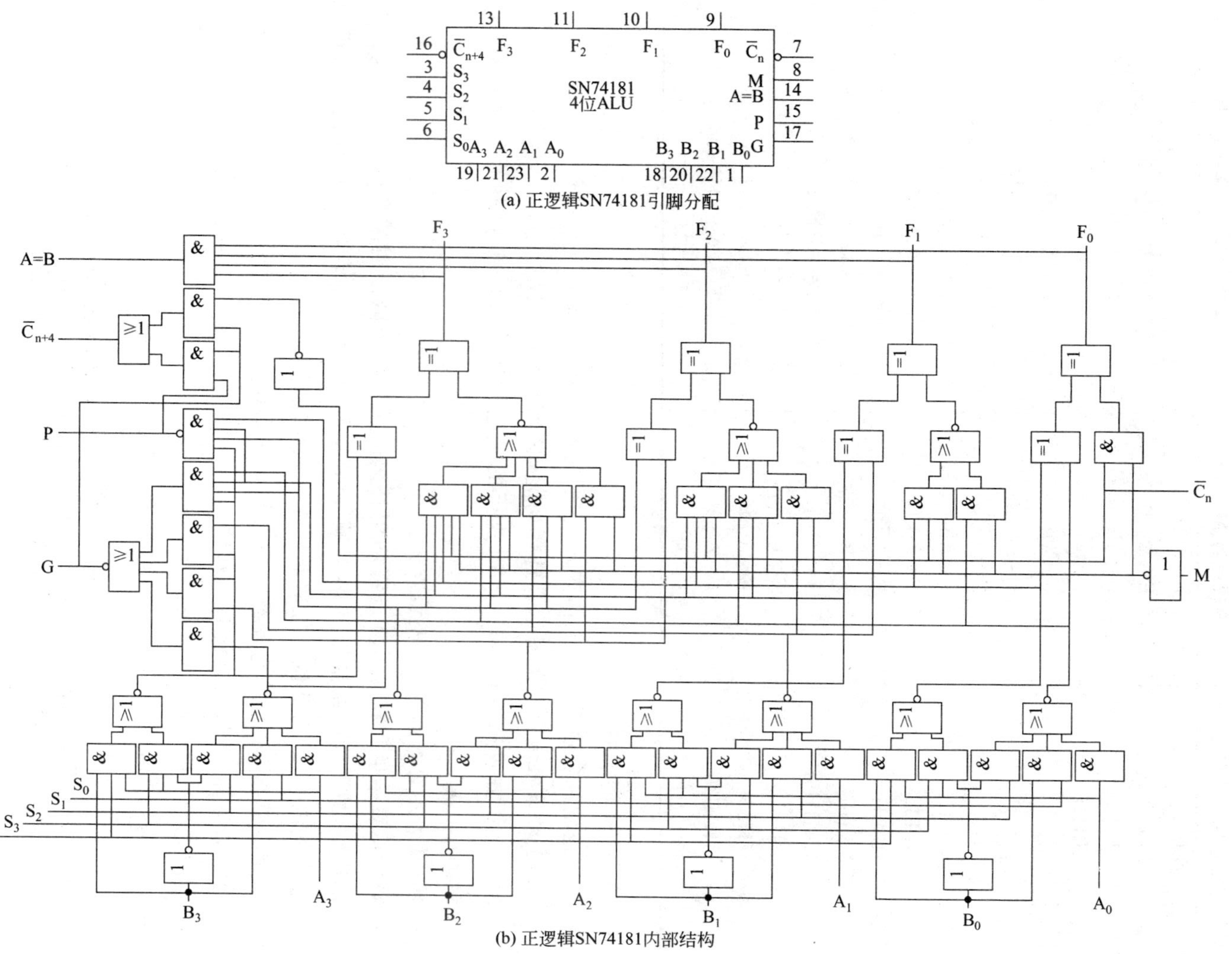

(a) 正逻辑SN74181引脚分配

(b) 正逻辑SN74181内部结构

图 3.23 正逻辑 SN74181 内部结构和逻辑图

表 3.4 SN74181 正逻辑功能表

操作方式选择 $S_3S_2S_1S_0$	逻辑运算 M=H	算术运算 M=L,$\overline{C}_n$=H
LLLL	F=$\overline{A}$	F=A
LLLH	F=$\overline{A+B}$	F=A+B
LLHL	F=$\overline{A}$B	F=A+$\overline{B}$
LLHH	F=0	F=减 1
LHLL	F=$\overline{AB}$	F=A 加 A$\overline{B}$
LHLH	F=$\overline{B}$	F=(A+B)加 A$\overline{B}$
LHHL	F=A⊕B	F=A 减 B 减 1
LHHH	F=A$\overline{B}$	F=A$\overline{B}$ 减 1
HLLL	F=$\overline{A}$+B	F=A 加 AB
HLLH	F=$\overline{A⊕B}$	F=A 加 B
HLHL	F=B	F=(A+$\overline{B}$)加 AB
HLHH	F=AB	F=AB 减 1
HHLL	F=1	F=A 加 A*
HHLH	F=A+$\overline{B}$	F=(A+B)加 A
HHHL	F=A+B	F=(A+$\overline{B}$)加 A
HHHH	F=A	F=A 减 1

对 SN74181 的说明：

- 有正逻辑和负逻辑两种工作方式，它们的逻辑功能等效。
- 有 16 种算术运算或逻辑运算选择功能，受 S_3～S_0 的控制。
- M 是运算方式选择符，M=H 时执行的是逻辑运算，M=L 时执行算术运算（非全部）。
- 加、减表示算术运算，+表示或运算。
- 算术运算结果和算术运算过程均用补码表示。由于减法时减数的反码由电路内部产生，故得到的结果为 A 减 B 减 1，要得到 A 减 B 的结果，则应该使最低进位输入低电平，因为低位进位取非后才送入相应电路。
- 功能表中 A* 表示将 A 左移一位，即 A* =2A。
- 对于减运算，减数只能从 B_{3-1} 端输入。

3）组间先行进位部件 SN74182

图 3.24 为用四片 SN74181 构成的 16 位 ALU。

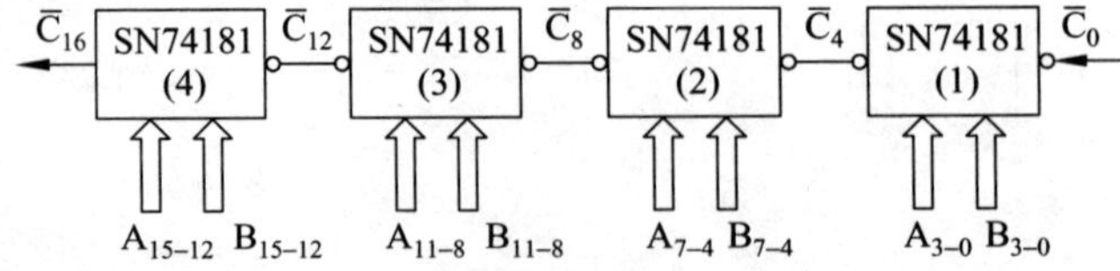

图 3.24 组间串行进位的 16 位 ALU

图 3.24 所示的 ALU 中，4 片 SN74181 将 16 位参加运算的数分成四组，每片 74181 完成一组中四位数的运算，四组的四个进位采用串行连接，16 位 ALU 的进位方式为组内

并行进位、组间串行进位。要实现16位全并行进位的ALU,必须实现组间和组内的并行进位。下面将研究SN74181组间并行进位的方法。用不同编号区分图3.24中四片SN74181的进位产生和进位传递输出G和P端,假定第1～4片SN74181的进位产生和进位传递输出端分别为(G_0,P_0)、(G_1,P_1)、(G_2,P_2)、(G_3,P_3)。则图3.24中四片74181的进位分别可表示为

$$C_4 = G_0 + P_0 C_0$$
$$C_8 = G_1 + P_1 C_4$$
$$C_{12} = G_2 + P_2 C_8$$
$$C_{16} = G_3 + P_3 C_4$$

这四个进位公式之间的依存关系与公式(3.21)描述的四个进位公式之间的依存关系完全相同,也属于串行进位方式。同样也可以采用代入的方法得到组间并行进位的逻辑实现,即:

$$\begin{aligned} C_4 &= G_1 + P_1 C_0 \\ C_8 &= G_2 + P_2 C_1 = G_2 + P_2 G_1 + P_2 P_1 C_0 \\ C_{12} &= G_3 + P_3 C_2 = G_3 + P_3 G_2 + P_3 P_2 G_1 + P_3 P_2 P_1 C_0 \\ C_{16} &= G_4 + P_4 C_3 = G_4 + P_4 G_3 + P_4 P_3 G_2 + P_4 P_3 P_2 G_1 + P_4 P_3 P_2 P_1 C_0 \end{aligned} \tag{3.24}$$

式(3.24)中的P和G来自于SN74181的输出。对式(3.24)应用反演律并采用与非、或非、与或非等逻辑门实现连接,就得到了先行进位部件SN74182,图3.25为SN74182的逻辑框图,图3.26为SN74182内部电路图。

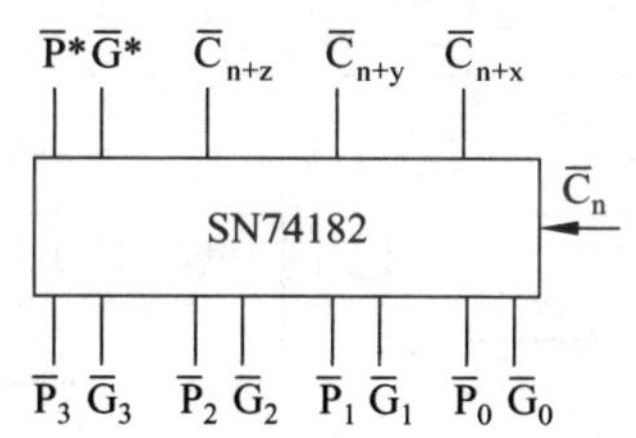

图3.25 SN74182的逻辑框图

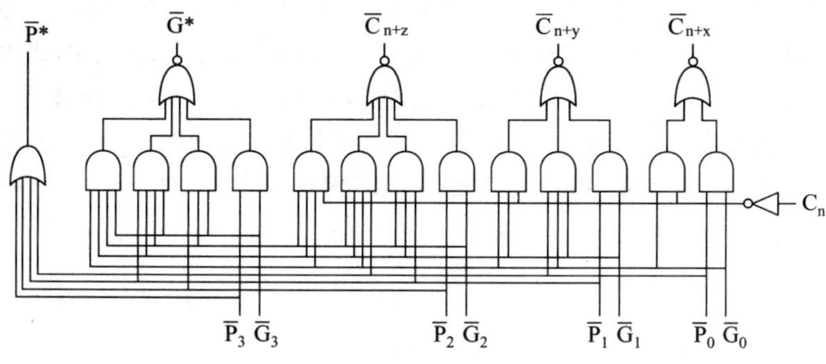

图3.26 SN74182的内部结构

图3.26中SN74182的输出P^*和G^*分别称为成组进位传递和成组进位产生函数,其作用类似于SN74181中的P和G,只是组的大小不同而已,对SN74181而言,每组包

含 4 位数，而 SN74182 中每组包含 16 位数据。

对比公式(3.24)与公式(3.22)不难发现，两者具有完全相同的逻辑结构，由此可以推断利用 SN74182 还可以构成更大组间的先行进位。

利用 SN74181 与 SN74182 不同组合可组成多种具有不同位数和结构的 ALU。图 3.27、图 3.28 和图 3.29 分别是利用 SN74182 构成的两级先行进位的 16 位 ALU、两级行波进位的 64 位 ALU 和三级先行进位的 64 位 ALU。

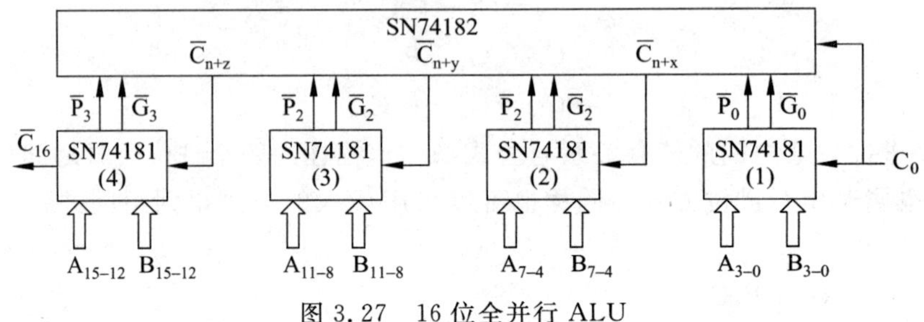

图 3.27　16 位全并行 ALU

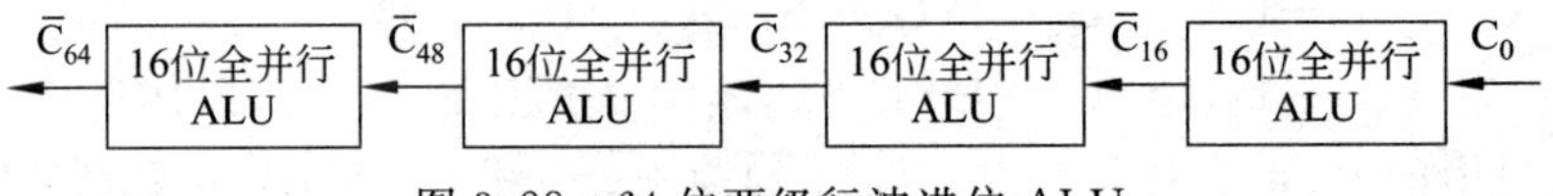

图 3.28　64 位两级行波进位 ALU

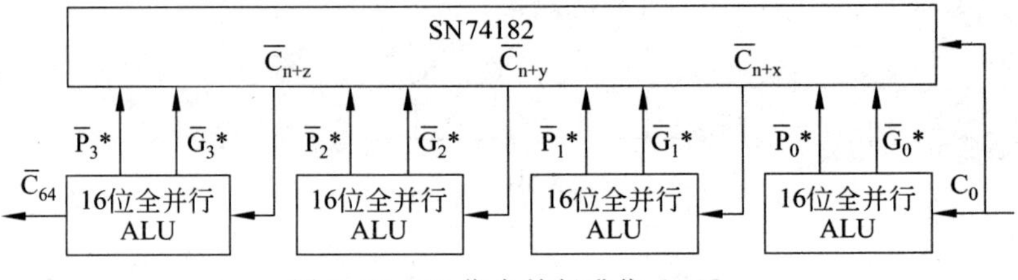

图 3.29　64 位全并行进位 ALU

说明：图 3.28 和图 3.29 中的 16 位全并行 ALU 即图 3.27 所示的 ALU。

图 3.24、图 3.27～图 3.29 列出了 4 种常见的 ALU 进位结构，它们分别是一级行波进位结构(不使用 74182,74181 组内并行进位,74181 组间串行进位)、两级并行进位结构(两级分别是指 74181 和 74182,组间和组内全为并行进位)、两级行波进位结构(使用 74182,但 74182 之间采用串行进位)、三级并行进位结构(包含两级 74182,组内和组间全为并行进位)。利用 EDA 软件的时序仿真功能可测量出图 3.24,图 3.27～图 3.29 所示运算器的加法时间。

本章小结

本章的主要内容包括两部分。其一是介绍计算机的运算方法。它包括算术运算和逻辑运算。算术运算中含定点及浮点的加、减、乘、除运算。逻辑运算中含逻辑非、逻辑乘、逻辑加和逻辑异。其二是运算方法在计算机中的实现，即运算器的组成。特别讨论了提高运算速度的方法。

算术运算中的加、减、乘、除运算均以补码运算为主。因为两补码数相减，可以变换为两补码数相加，所以运算器中的核心部件是加法器。

每种运算都有其特定的运算规则，可通过看例题和做习题来掌握其规则。

本章具体内容小结如下。

1. 定点补码加减运算

1）公式

$$\text{补码加法}\quad [x]_{补}+[y]_{补}=[x+y]_{补}$$
$$\text{补码减法}\quad [x]_{补}-[y]_{补}=[x]_{补}+[-y]_{补}$$

2）运算规则

(1) 参加运算的数均用补码表示。

(2) 符号位参加运算。

(3) 运算的结果为补码。

(4) 符号位的进位按模运算丢掉。

3）溢出判断

在定点小数机器中，数的表示范围为$|x|<1$，在运算过程中如果出现$|x|>1$的现象，就称为溢出。为了判断运算中是否产生了溢出，引出了变形补码概念，其定义为

$$[x]_{补}=\begin{cases} x & (0\leqslant x<2) \\ 4+x & (-2\leqslant x<0) \end{cases}$$

在形式上表现为双符号位补码；正数的符号为“00”，负数的符号为“11”。当运算结果的符号为“01”时，表示发生正溢出；为“10”时，表示发生负溢出。因此可以看出：运算结果的两符号位相同时，表示不溢出，不同时，表示溢出。这种逻辑很容易用“异或”门实现。

2. 移码的加减运算

1）移码加法运算法则

$$[x]_{移}+[y]_{移}=2^{n}+[x+y]_{移}=[x+y]_{补}$$
$$[x]_{移}+[y]_{补}=[x+y]_{移}$$

求两数和的移码，可采取下列3种方法。

(1) 直接对两数移码求和，然后将结果的最高位取反。

(2) 直接求出两数和的补码，然后将结果的最高位取反。

(3) 用其中一个数的移码与另一个数的补码相加即可。

2）移码减法运算法则

$$[x]_{移}+[-y]_{补}=2^{n+1}+[x-y]_{移}=[x-y]_{移}$$
$$[x]_{移}-[y]_{移}=[x-y]_{移}-2n$$

关于求两数差的移码可采取下列两种方法。

(1) 直接用被减数的移码与减数负数的补码之和得到。

(2) 直接计算两数移码之差，然后将结果的最高位取反。

3）移码溢出判断

移码溢出判断比补码溢出判断复杂。可采用以下两种方法实现。

（1）当直接采用移码运算时，可采用运算结果的符号位与参加运算的数的符号位是否不同来判断，当结果符号位与参加运算数的符号位不同时，则表示未溢出，反之则溢出。

（2）当采用移码与补码两种数据表示方法进行运算时，采用双符号判断。运算开始时，移码的第一符号位为0，移码运算的溢出判断方法为：

- $S_{f1}S_{f2}=00$ 表明结果为负，未溢出。
- $S_{f1}S_{f2}=01$ 表明结果为正，未溢出。
- $S_{f1}S_{f2}=10$ 表明结果为上溢。
- $S_{f1}S_{f2}=11$ 表明结果为下溢。

3. 定点乘法运算

1）移位运算

移位分为逻辑移位和算术移位两种。

- 逻辑左移：左边一位移出，右边空出位补0。
- 逻辑右移：右边一位移出，左边空出位补0。
- 算术左移：各位依次左移，右边空出位补0，一次移位相当于乘以2，当符号位改变时表明溢出。
- 算术右移：符号位保持不变，其余各位依次右移，最右边一位移出，将符号位复制到左边空出的位，一次移位相当于除以2。

2）原码一位乘法

设被乘数 $x=x_f.x_1x_2\cdots x_n$，乘数 $y=y_f.y_1y_2\cdots y_n$，因为参加运算的数都是原码，积的符号要单独处理，积的数值部分为被乘数与乘数的绝对值的积：

$$|P|=|x|\cdot|y|$$

乘法由加法和右移操作来实现。计算的过程中需要注意的是：

（1）部分积的初值为零。

（2）小数点后为 n 位时，循环 n 次。

（3）积的数值部分有 $2n$ 位。

（4）积的符号 $P_f=x_f\oplus y_f$。

3）补码一位乘法

其运算规则如下。

（1）符号位参加运算，被乘数取双符号位。

（2）乘数取单符号位，末位增加一位附加位 y_{n+1}，其初值为0。

（3）部分积开始时为0。当 $y_ny_{n+1}=00$ 或11时，部分积加0，然后部分积和乘数一同右移一位；当 $y_ny_{n+1}=01$ 时，部分积加$[x]_补$，然后部分积和乘数一同右移一位；当 $y_ny_{n+1}=10$ 时，部分积加$[-x]_补$，然后部分积和乘数一同右移一位。

（4）第(3)步重复 $n+1$ 次，但最后一次不移位。

4）原码和补码一位乘的区别

（1）前者符号位单独处理，后者符号位参加运算。

（2）前者只用乘数的末位进行判断，后者乘数增加一附加位，用最后两位进行判断。

（3）前者循环次数为 n，后者循环次数为 $n+1$，但最后一次不移位。

4. 定点除法运算

1）原码一位除法

原码一位除法有两种算法：恢复余数法和不恢复余数法。这两种算法的共同点如下。

（1）要求：$|x|<|y|$。

（2）商的符号单独处理，即由两数的符号异或运算后得到。

设被除数 $x=x_f.x_1x_2\cdots x_n$，除数 $y=y_f.y_1y_2\cdots y_n$，则商的符号 $Q_f=x_f\oplus y_f$。

（3）运算过程中的加减操作都是采用双符号位补码运算。

数值部分的运算规则及特点如表 3.5 所示。

表 3.5　定点数除法规则

恢复余数法	不恢复余数法
被除数或余数减除数（比较）： 结果为正，商上 1，左移一位； 结果为负，商上 0，加除数，左移一位。 重复上述操作，直到商的位数符合要求为止	被除数或余数减除数（比较）： 结果为正，商上 1，左移一位，减除数； 结果为负，商上 0，左移一位，加除数。 重复上述操作 $n+1$ 次
循环次数不固定，不利于控制	循环次数固定，便于用硬件实现

2）补码不恢复余数除法规则

设被除数为$[x]_补$，除数为$[y]_补$，余数为$[r]_补$。

（1）$[x]_补$与$[y]_补$的符号相同时，$[x]_补-[y]_补$；$[x]_补$与$[y]_补$的符号相异时，$[x]_补+[y]_补$。

商的符号取值见(2)。

（2）$[r]_补$与$[y]_补$的符号相同时，商 1，$2[r]_补-[y]_补$；$[r]_补$与$[y]_补$的符号相异时，商 0，$2[r]_补+[y]_补$。

（3）采用“恒置 1”法时，包括符号位在内，重复第(2)步 n 次；采用校正法时，包括符号位在内，重复第(2)步 $n+1$ 次。

5. 关于浮点运算

由于浮点数的格式与定点数不同，所以其运算方法也不同。浮点补码加减法运算的步骤如下。

（1）求阶差。

（2）对阶（小阶向大阶看齐）。

（3）尾数运算（进行定点运算）。

(4) 规格化运算结果，需要规格化时进行左规或右规操作。

请注意：

(1) 凡是尾数右移时(对阶和右规)，都要进行舍入操作。

(2) 如果结果的阶码出现溢出，表明本次运算产生溢出。

特别注意： IEEE 754 浮点数据运算的方法与采用补码表示阶码和尾数的浮点数运算法则的相同和不同之处。

6. 运算器及其数据通路

1) 运算器的基本结构

运算器的主要部件是加法器、通用寄存器组、输入选择电路和输出控制电路。其中还有总线，关于总线的知识将在第 8 章介绍，这里可以理解为传送数据信息的一组传输线。

- 加法器是运算器的核心，由它实现算术逻辑运算。
- 通用寄存器组的作用是暂存参加运算的数据、运算的中间结果或最后结果。
- 输入选择电路的作用是对若干个数据的输入进行选择或控制。
- 输出控制电路对加法器的输出进行控制。

2) 加法器及其进位系统

逐位向高位进位的加法器，称为串行进位加法器。由于较高位和的产生依赖其低位的进位，其运算速度受到很大影响。这是串行进位加法器的主要缺点。

为了提高加法器的运算速度，可从各位进位产生的逻辑表达式中获得启示，从而产生了并行进位加法器(或称先行进位加法器)。

SN74181 是一种具有并行进位的多功能 ALU 芯片。每片 4 位，构成一组。可以用它构成组内并行进位而组间串行进位的 ALU。SN74182 是一种组间进位逻辑芯片，一片对应 4 组。因此，用 4 片 SN74181 和 1 片 SN74182 可以实现 16 位全并行进位的 ALU。

习题 3

3.1 解释下列名词。

变形补码；溢出；阵列乘法；恢复余数除法；不恢复余数除法；阵列除法；行波进位；并行进位；算术移位；逻辑移位；对阶；规格化。

3.2 回答下列问题。

(1) 为什么采用并行进位能提高加法器的运算速度？

(2) 如何判断浮点数运算结果是否发生溢出？

(3) 如何判断浮点数运算结果是否为规格化数？如果不是规格化数，如何进行规格化？

(4) 为什么阵列除法器中能用 CAS 的进位/借位控制端作为上商的控制信号？

(5) 移位运算和乘法及除法运算有何关系？

3.3 已知 x 和 y，用变形补码计算 $x+y$，并判断结果是否溢出。

(1) $x=0.11010$，$y=0.101110$。

(2) $x=0.11101, y=-0.10100$。

(3) $x=-0.10111, y=-0.11000$。

3.4 已知 x 和 y，用变形补码计算 $x-y$，并判断结果是否溢出。

(1) $x=0.11011, y=0.11101$。

(2) $x=-0.10111, y=0.11110$。

(3) $x=0.11111, y=-0.11001$。

3.5 设移码用6位表示(包含2位符号位)，求 $[x \pm y]_{移}$。

(1) $x=-6, y=-3$。

(2) $x=7, y=11$。

(3) $x=-3, y=-12$。

3.6 用原码一位乘法计算 $x \times y=?$

(1) $x=-0.11111, y=0.11101$。

(2) $x=-0.11010, y=-0.01011$。

3.7 用补码一位乘法计算 $x \times y=?$

(1) $x=0.10110, y=-0.00011$。

(2) $x=-0.011010, y=-0.011101$。

3.8 用原码不恢复余数法和补码不恢复余数法计算 $x \div y=?$

(1) $x=0.10101, y=0.11011$。

(2) $x=-0.10101, y=0.11011$。

3.9 设数的阶码为3位，尾数为6位(均不包括符号位)，按机器补码浮点运算步骤，完成下列 $[x+y]_{补}$ 运算。

(1) $x=2^{011} \times 0.100100, y=2^{010} \times (-0.011010)$。

(2) $x=2^{-101} \times (-0.100010), y=2^{-100} \times (-0.010110)$。

3.10 采用IEEE 754单精度浮点数格式计算下列表达式的值。

(1) $0.625+(-12.25)$； (2) $0.625-(-12.25)$。

3.11 用“与、或、非”等逻辑门设计一个4位并行进位的加法器。

3.12 利用上题结果，设计一个4位运算器。运算器中包括加法器、两个寄存器、输入选择和输出控制电路。要求输入选择电路能接收选择总线或寄存器中的数据，能对两个寄存器中的数以原码和补码两种形式送入加法器，并能对加法器的输出进行直接传送、左移一位和右移一位传送，然后将结果送寄存器或总线。

课外实践

1. 利用EDA软件分别设计一个先行进位和行波进位的8位加法器，分别对它们进行时序分析，比较先行进位和行波进位在时间上的差别。

2. 利用EDA软件设计实现图3.7所示的阵列乘法器的电路，并进行功能仿真。

3. 利用EDA软件设计实现图3.21所示的算术逻辑运算单元的功能，并进行功能仿真。

第4章　存储系统

根据冯·诺依曼计算机存储程序的设计思想，存储器是计算机中存放指令和数据的主要场所。存储器的容量越大，表明它能存储的信息越多。提高存储系统的访问速度，有利于提高计算机处理信息的速度。设计大容量、高速度、成本低的存储系统是计算机发展追求的目标之一。本章基本内容包括存储器的组成与工作原理，利用存储器芯片构建主存的基本方法，高速缓冲存储器及虚拟存储器的工作原理，辅助存储器的工作原理。

4.1　存储器概述

4.1.1　存储器分类

由于信息载体和电子元器件的不断发展，存储器的功能和结构都发生了很大变化，相继出现了各种类型的存储器，以适应计算机系统的需要。下面从不同的角度介绍存储器的分类情况。

1. 按存取方式分类

1）随机存储器（Random Access Memory，RAM）、顺序存储器（Sequential Access Memory，SAM）和直接存取存储器（Direct Access Memory，DAM）

随机存储器是指存储单元的内容可按需随机取出或存入，且存取的速度与存储单元的位置无关的存储器。早期使用的磁芯存储器和当前大量使用的半导体主存储器都是随机存储器。

顺序存储器是指存储单元的内容只能依地址顺序访问，且访问的速度与存储单元的位置有关的存储器，如磁带存储器和CD-ROM都是顺序存储器。

直接存取存储器是指不必经过顺序搜索就能在存储器中直接存取信息的存储器，这类存储器兼有随机存储器和顺序存储器的访问特性。磁盘属于直接存储器，寻道和找扇区的过程与RAM相似，在扇区内读写数据的过程同SAM相似。

2）读写存储器和只读存储器（ROM）

随机存储器是既能读出又能写入信息的存储器，故称为读写存储器。而有些存储器中的内容不允许随意改变，只能读出其中的内容，这种存储器称为只读存储器。

2. 按存储介质分类

1）磁性材料存储器

磁性材料存储器简称磁存储器，它包括磁芯存储器、磁盘存储器、磁带存储器等。它们都以磁性材料作为存储介质。例如磁芯存储器采用具有矩形磁滞回线的铁氧体磁性材料，制成圆环状的磁芯，上面绕有线圈。磁芯在不同磁场作用下，具有不同的剩磁状态，用来记忆0和1。相对于半导体存储器，此存储器具有体积大、存取速度低等不足。

2）半导体存储器

用半导体器件组成的存储器称为半导体存储器。目前有两大类：一种是双极型存储器，它又分为TTL型和ECL型两种；另一种是金属氧化物半导体存储器，简称MOS存储器，它又有静态MOS存储器(SRAM)和动态MOS存储器(DRAM)之分。

3）光存储器

除了以上两种外，还有一种类似于激光唱盘的存储器。信息以刻痕的形式保存在盘面上，用激光束照射盘面，靠盘面的不同反射率来读出信息。正因为如此，人们常称这类存储器为光盘。光盘可分为只读型光盘(CD-ROM)、只写一次型光盘(WORM)和磁光盘(MO)等几种。

3. 按功能和存取速度分类

1）寄存器型存储器

它是由多个寄存器组成的存储器，如当前许多CPU内部的寄存器组。它可以由几个或几十个寄存器组成，其字长一般与机器字长相同，主要用来存放地址、数据及运算的中间结果，速度可与CPU匹配，但容量一般很小。

2）高速缓冲存储器

是计算机中的一个高速小容量存储器，用于存放CPU近期要执行的指令和数据。一般采用高速半导体存储器作为高速缓冲存储器。由于它存取速度高，因此在计算机中用它来提高存储系统的访问速度。

3）主存储器

主存储器简称主存，用于存储程序和数据，CPU可直接随机地进行读写访问。主存一般由半导体MOS存储器组成。

4）外存储器

计算机主机外部的存储器称为外存储器(简称外存)，也叫辅助存储器。它的容量很大，但存取速度相对较低。目前广泛使用的外存储器包括磁盘存储器、磁带存储器、光盘存储器、磁盘阵列和网络存储系统等。用来存放当前暂不参与运行的程序和数据，以及一些需要永久性保存的信息。CPU不能直接访问它。

4. 按信息保存的时间分类

按照信息保存的时间和条件的不同，存储器分为易失性存储器和非易失性存储器。

1）易失性存储器

易失性存储器是指断电后，所保存的信息将被丢失的存储器，RAM属于这类存储器。

2）非易失性存储器

非易失性存储器是指断电后，所保存的信息不丢失的存储器，ROM、磁盘存储器、光盘存储器等都属于这类存储器。

上述各类存储器在计算机中的大致位置分布如图 4.1 所示。

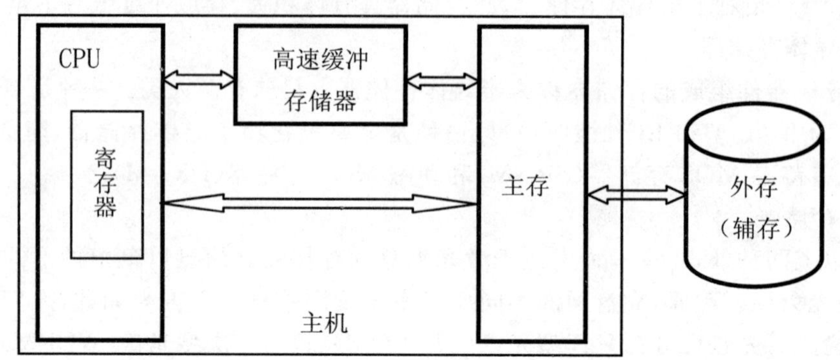

图 4.1 各类存储器在主机中的位置

高速缓存处于 CPU 和主存之间,主存介于高速缓存和外存之间。越靠近 CPU 的存储器,其存取速度越快,但容量相对来说就越小。计算机系统中没有高速缓存时,CPU 直接访问主存(向主存存取信息)。一旦有了高速缓存,CPU 当前要使用的指令和数据可通过访问高速缓存获取。另外,CPU 不能直接访问外存,当需要用到外存上的程序和数据时,先要将它们从外存调入主存,再从主存调入高速缓存后为 CPU 所利用。

对计算机存储系统的划分还可从不同的角度进行,读者可参考其他参考资料,这里不再一一列举。

4.1.2 主存的主要技术指标

存储器的特性由它的技术参数来描述。常用于描述存储的主要技术指标包括容量、存取速度(包括存取时间、存储周期、存储带宽)和稳定性等。

1. 容量

存储器可以存储的二进制信息总量称为存储容量。常用的容量单位及其与访问地址的关系详见 1.3 节中的介绍。存储容量有以下两种表示方法。

(1) 位表示方法。以存储器中的存储单元总数与存储字位数的乘积表示。如 1K×4 位,表示该芯片有 1K 个单元(1K=1024),每个存储单元的长度为 4 个二进制位。

(2) 字节表示方法。以存储器中的单元总数表示(一个存储单元由 8 个二进制位组成,称为一个字节,用 B 表示)。如 128B,表示该芯片有 128 个单元。

2. 存取速度

(1) 存取时间:又称为存储器的访问时间,是指启动一次存储器的操作(读或写分别对应取与存)到该操作完成所经历的时间。

(2) 存取周期:连续启动两次访问操作之间的最短时间间隔。不同于存取时间,对于主存而言，该时间段内不进行数据的读或写，用于存储器状态恢复。并为下一次有效的存取操作预留时间，该时间值略大于存取时间。

(3) 存储器带宽：单位时间内存储器所能传输的信息量，常用的单位包括位/秒或字节/秒。带宽是衡量数据传输速率的重要指标，与存取时间的长短和一次传输的数据位的多少等因素有关。一般而言，存取时间短、数据位数多的主存对应的存储器带宽高。

3. 存储器的可靠性

可靠性用平均故障间隔时间 MTBF(Mean Time Between Failures)来衡量。MTBF 可以理解为两次故障之间的平均时间间隔。MTBF 越长，表示可靠性越高，即保持正确工作的能力越强。

4.1.3 主存中数据的存放

1. 存储字长与数据字长的概念

- 存储字长：主存的一个存储单元所存储的二进制位数。
- 数据字长(简称字长)：计算机一次能处理的二进制数的位数。

存储字长与数据字长不一定相同，如对于字长为 32 位的计算机，所采用的存储字长可以是 16 位、32 位或 64 位。

2. 大端和小端数据存放方式

对于任何一个多字节数据，可采用从高字节到低字节位或相反的顺序存放在主存中。由于存储器按字节编址，当存储器的低字节地址单元中存放的是数据的最高字节时，称这种数据存放方式为按大端(Big-Endian)方式存储；反之，当存储器的低字节地址单元中存放的是数据的最低字节时，称这种数据存放方式为按小端(Little-Endian)方式存储。

设某 32 位的整数 0x12345678，采用大端或者小端模式在内存中的存储如表 4.1 所示。

表 4.1 大端和小端数据存放方式

存放方式	主存字地址	主存单元中的字节地址			
大端方式	0	12	34	56	78
小端方式	4	78	56	34	12

由表 4.1 可知，采用大、小模式对数据进行存放的主要区别在于存放字节的顺序，大端方式将数据的高位字节存放在主存低地址单元，小端方式将数据的低位字节存放在低地址单元。采用大端方式进行数据存放符合人类的正常思维，而采用小端方式进行数据存放利于计算机处理。

有的处理器系统采用了小端方式进行数据存放，如 Intel 的奔腾；有的处理器系统采用了大端方式进行数据存放，如 Power PC 处理器；还有的处理器同时支持大端和小端方式，如 ARM 处理器。除处理器外，现在有些外设的设计中也存在着使用大端或者小端进行数据存放的选择。

大端与小端模式的差别不仅体现在处理器中的寄存器，在指令集、系统总线等各个层次中也可能存在大端与小端模式的差别。必须深入理解大端和小端模式的上述差别。

例 4.1 设某汇编语言程序执行前通用寄存器 R0 中的值为 0x11223344H，通用寄存器 R1 中的值为 0x100。依次执行汇编语言指令 STR R0,[R1]（将 R0 的内容存放在寄存器 R1 的内容所指的主存单元）和 LDRB R2,[R1]（将 R1 内容所指主存单元的字节内容送寄存器 R2 中），则：

大端模式下：R2＝0x11；

小端模式下：R2＝0x44。

3. 边界对齐的数据存放方法

现代计算机中内存空间按照字节编址，从理论上讲似乎对任何类型变量的访问可以从任何地址开始，但实际情况是在访问特定类型变量时经常在特定的内存地址访问，这就需要各种类型数据按照一定的规则在空间上排列，而不是顺序的一个接一个的存放，这就是对齐。数据按照边界对齐的方式存放可以提高存储系统的访问效率，此时，一个读写周期就可以访问一个字，否则可能需要花费两个甚至更多个读写周期才能访问一个字。

设某计算机字长 32 位，则半字长 16 位，双字长 64 位。则边界对齐的数据存放如图 4.2 所示。

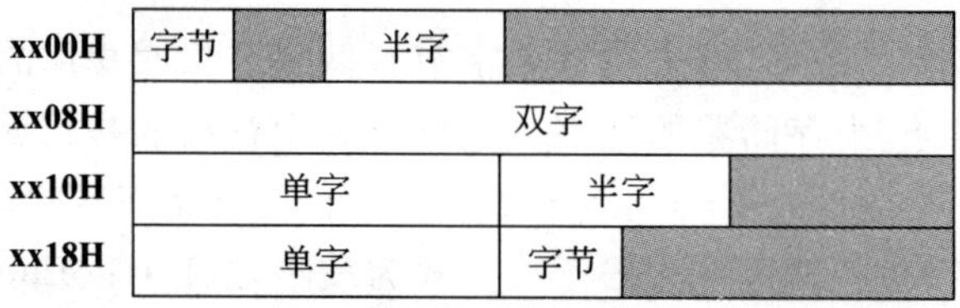

xx00H	字节	（阴影）	半字	（阴影）
xx08H	双字			
xx10H	单字		半字	（阴影）
xx18H	单字		字节	（阴影）

图 4.2 字节编址条件下边界对齐数据存放方法

图 4.2 中为了实现字节编址的边界对齐存储，对字节、单字、半字和双字的存储单元地址提出了一定的限制，具体表现在：

- 双字数据起始地址的最末 3 位为 000（8 字节的整数倍），表示访问一个 64 位字长的字，如果要访问其中的某字节或半字则用低 3 位中的部分位来选择。
- 单字数据起始地址的最末两位为 00（4 字节的整数倍）。
- 半字数据起始地址的最末一位为 0（2 字节的整数倍）。
- 字节数据的存储按照单字数据处理。

图 4.2 中阴影部分表示没有使用的存储空间。按照图 4.2 的方式存放数据可以确保任何一次访问都可在一个存取周期完成，无论访问的是一个字节、半字、单字还是双字。

4.1.4 主存的基本结构和工作过程

主存储器组成如图 4.3 所示。它由存储体加上一些外围电路构成。外围电路包括地址译码驱动器、数据寄存器和存储器控制电路。

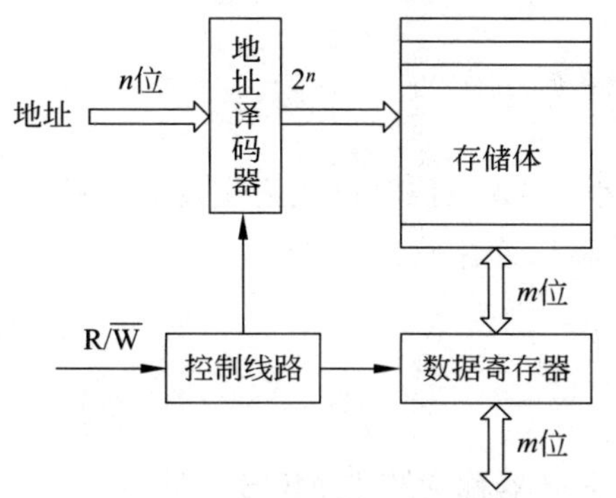

图 4.3 主存储器组成示意图

地址译码驱动器接收来自 CPU 的 n 位地址信号，经译码、驱动后形成 2^n 个地址选择信号，每次选中一个存储单元。

数据寄存器寄存 CPU 送来的 m 位数据，或寄存从存储体中读出的 m 位数据。

控制线路接收 CPU 的读写控制信号后产生存储器内部的控制信号，将指定地址的信息从存储体读出送到数据寄存器供 CPU 使用，或将来自 CPU 并已存入数据寄存器的信息写入存储体中的指定单元。

存储器的大致工作过程如下。

CPU 执行某条指令时，若需要与存储器交换数据，则先要给出该数据在存储器中的地址。该地址经地址译码驱动器后选中存储体中该地址对应的存储单元，然后由控制线路控制读出或写入。

读出时，将选中的存储单元所存的数据送入数据寄存器，原存储单元中的内容不变。CPU 从数据寄存器取走该数据进行指令所要求的处理。

写入时，将 CPU 送来并已存放于数据寄存器中的数据写入选中的存储单元。如果该存储单元原先存有数据，经写入操作后，原数据将被新数据所取代。

4.1.5 存储系统层次结构

对存储系统的基本要求是存储速度快、存储容量大、成本价格低。很显然，在同样的技术条件下，这些要求之间是相互矛盾的，存储系统层次结构的设计就是要利用相关技术克服上述矛盾，并构建一个存储速度快、存储容量大、成本价格低的存储系统。

存储系统的分级结构如图 4.4 所示。

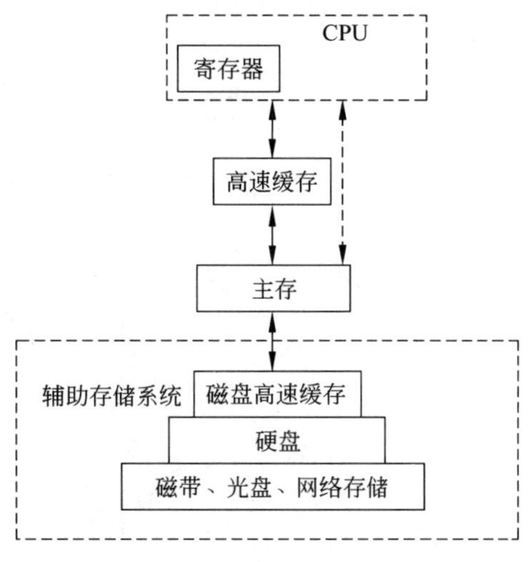

图 4.4 存储系统的分级结构

图 4.4 所示的是一个由高速缓冲存储器、主存和辅存三级存储体系构成的分级结构，3 种不同类型的存储器承担的职能各不相同。其中使用高速缓存的主要目的是提高 CPU 对存储系统的访问速度，缓解快速 CPU 与主存

之间的速度差异问题;使用辅存的目的是缓解主存容量不足的矛盾;使用主存是为了能容纳系统的核心软件和较多的用户程序及数据,因为指令和数据只有从外存调入内存才能被 CPU 访问。基于这种分级结构,就构成了一个满足应用需求的存储速度快、存储容量大、成本价格低的存储系统。

4.2 半导体存储器

半导体存储器的主要特点是存取速度快、体积小、价廉、可靠,已成为实现主存的首选器件。通常的半导体存储器分为随机存储器 RAM 和只读存储器 ROM。

4.2.1 静态 MOS 存储器(SRAM)

存储体以静态 MOS 存储元为基本单元组成的存储器称为静态 MOS 存储器。

1. 静态 MOS 存储单元

存储单元是存储器中的最小存储单位,其作用是存储一位二进制信息。作为存储单元的电路,需具备以下基本功能。

- 具有两种稳定状态。
- 两种稳定状态经外部信号控制可以相互转换。
- 经控制,能读出其中的信息。
- 无外部原因,其中的信息能长期保存。

1) 静态存储单元的结构

静态存储单元的结构有多种,一种典型的静态存储单元电路如图 4.5 所示。其中 T_1,T_2 为工作管,T_3,T_4 为负载管,T_5,T_6,T_7,T_8 为门控管,相当于控制开关,控制存储单元与外界的联通或隔离,静态存储单元是由 T_1,T_2 组成的双稳态触发器存储一位二进制信息。

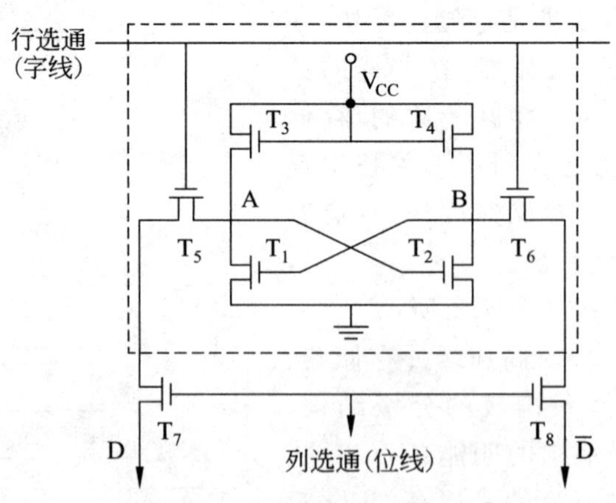

图 4.5 静态存储单元结构

2）写操作

写操作前先通过字线和位线选通 4 个门控管 $T_5 \sim T_8$，此时，A 点与位线 D 相通，B 点与位线 $\bar{D}$ 相通。假定给 D 线加高电位同时给 $\bar{D}$ 线加低电位表示“1”。写“1”时，D 线的高电位通过 T_7，T_5 加至 A 点使 T_2 导通，$\bar{D}$ 的低电位通过 T_8，T_6 加至 B 点使 T_1 截止，由 T_1，T_2 组成的这种双稳态存储“1”。

写“0”的过程与写“1”的过程类似，给 D 线加低电位同时给 $\bar{D}$ 线加高电位，D 线的低电位通过 T_7，T_5 加至 A 点使 T_2 截止，$\bar{D}$ 的高电位通过 T_8，T_6 加至 B 点使 T_1 导通，由 T_1，T_2 组成的双稳态存储“0”。

3）读操作

读出时，同样先给行、列选通信号打开门控管 $T_5 \sim T_8$，然后 A 点与位线 D 相通，B 点与位线 $\bar{D}$ 相通。若原来存储的是“1”，则 D 线为高电平，$\bar{D}$ 线为低电平，经读出放大器放大后，输出信息“1”；若原存信息为“0”，则 D 线为低电平，$\bar{D}$ 线为高电平，经读出放大器放大后，输出信息“0”。

4）信息的保持

当不对存储单元进行读写操作时，不给行、列选通信号，门控管 $T_5 \sim T_8$ 截止，电源 V_{CC} 通过 T_3，T_4 不断供给 T_1 或 T_2 提供电流，以保存信息。只要电源不断，存储单元的状态就一直保持不变，并且在读出时也不破坏原存数据。

2. 静态 MOS 存储器的结构

静态 MOS 存储器一般由存储体、地址译码电路、I/O 电路和控制电路等组成。图 4.6 所示的是一个 4096×1 位的静态 MOS 存储器结构框图。

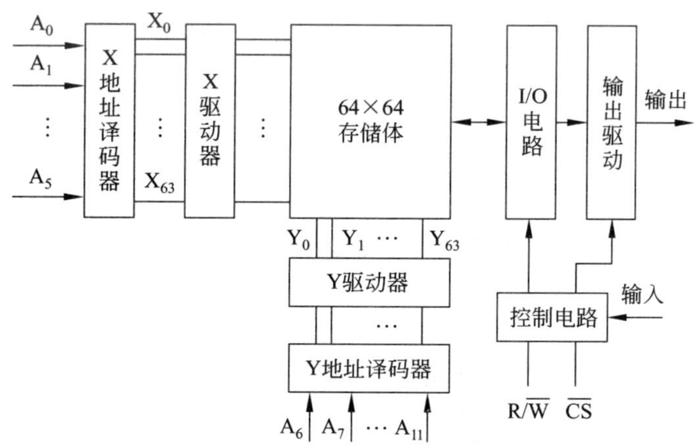

图 4.6 静态 MOS 存储器结构框图

1）存储体

它由静态 MOS 存储元组成，4096 个存储单元排列成二维的阵列组织。X，Y 方向的各 6 根地址线经过 X，Y 译码器后各产生 64 根选择线，存储矩阵为 64×64，在每个 X，Y 选择线的交叉点有一个存储元。

2）地址译码器

存储器中地址译码器的作用是将地址翻译成驱动存储单元门控管的控制信号，选择相应的存储单元。常见的地址译码器的设计方案有两种：一种是单译码结构，另一种是双译码结构。

单译码结构中，地址译码器只有一个。译码器的输出选择对应的字，如图 4.7 所示。这里地址线数 $n=2$，译码后输出 4 个状态，对应 4 个地址，每个地址中存一个 4 位的字。由于存储单元有行、列选通控制信号，而单译码结构只能提供一组选通控制信号，要选通存储单元，必须将所有存储单元的行、列选通控制信号连接在一起，然后与单译码器的输出线相连。

单译码结构的缺点是当 n 较大时，译码器将变得复杂而庞大，使存储器的成本迅速上升，性能下降。如 $n=12$ 时，译码器输出 2^{12} 根选择线，每根选择线还要配一个驱动器，结构复杂，所以单译码结构只适用于小容量存储器。

为减少驱动器数量，降低成本，存储器一般采用双译码结构。如图 4.8 所示，这种结构中有 X 和 Y 两个方向的译码器，译码器的输出分别与存储单元的行、列选通线相连接。设 $n=12$，虽然采用双译码结构后译码输出状态数为 $2^6\times2^6=4096$ 个，但译码输出线只有 $2\times2^6=128$ 根，大大少于采用单译码器时的 4096 根，且相应的驱动器也只需要 128 个，结构简单。

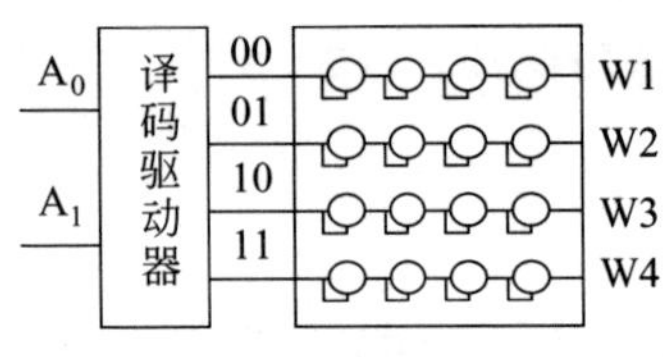

图 4.7 单译码结构示意图

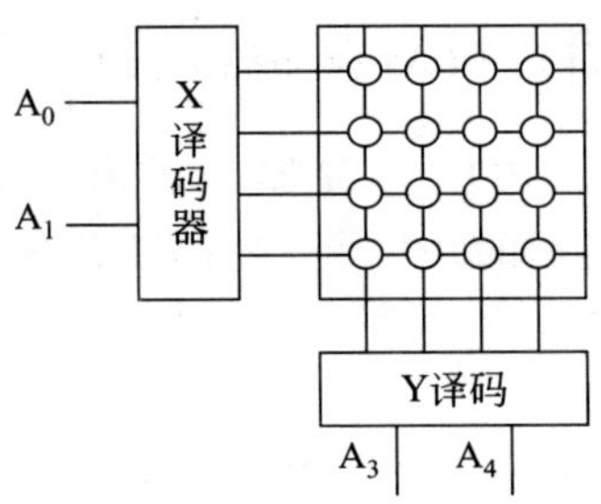

图 4.8 双译码结构示意图

3）驱动器

每条选择线要控制与它相连接的所有存储单元，负载很大，因此要用驱动器来增加其负载能力。

4）I/O 电路

I/O 电路用来控制数据的输入和输出，也就是对被选中单元进行的读写控制。它处在存储单元和数据总线之间。读出时，数据经输出驱动送至数据总线；写入时，数据总线上的数据送 I/O 电路，再写入对应单元。

5）片选和读写控制电路

由于一块集成芯片的容量有限，要组成一个大容量的存储器，往往需要将多块芯片连接起来使用，此时，存储器被访问时并不是所有的芯片同时工作，通过片选信号可以很好地解决存储芯片的选择问题。只有片选信号有效的存储芯片才能对它进行读或写操作。读或写操作由 CPU 发出读写命令($R/\overline{W}$)来控制。

3. 静态MOS存储器芯片实例

Intel 2114是一种1K×4位的静态MOS芯片，其结构如图4.9所示。它是一种字片式结构的芯片，即一块芯片上有1024个字，每个字4位，常表示成1024×4。地址输入为10位，其中A_3～A_8用于行译码，产生64条行选择信号；A_0～A_2及A_9用于列译码，产生16条列选择线，每个存储单元保存4位信息。

数据输入输出线I/O_1～I/O_4连接双向数据总线。由片选信号$\overline{CS}$和写允许信号$\overline{WE}$控制左右两个三态门的写入或读出。写入时，$\overline{CS}$和$\overline{WE}$均有效(低电平)，W端为高电平，打开左边的三态门，数据总线上的数据便写入存储器。读出时，$\overline{WE}$无效(高电平)，R端为高电平，右边的三态门被打开，数据从存储器读出后送数据总线。由于读和写是分时的，W和R信号互锁，因此数据总线上的数据不会出现混乱。

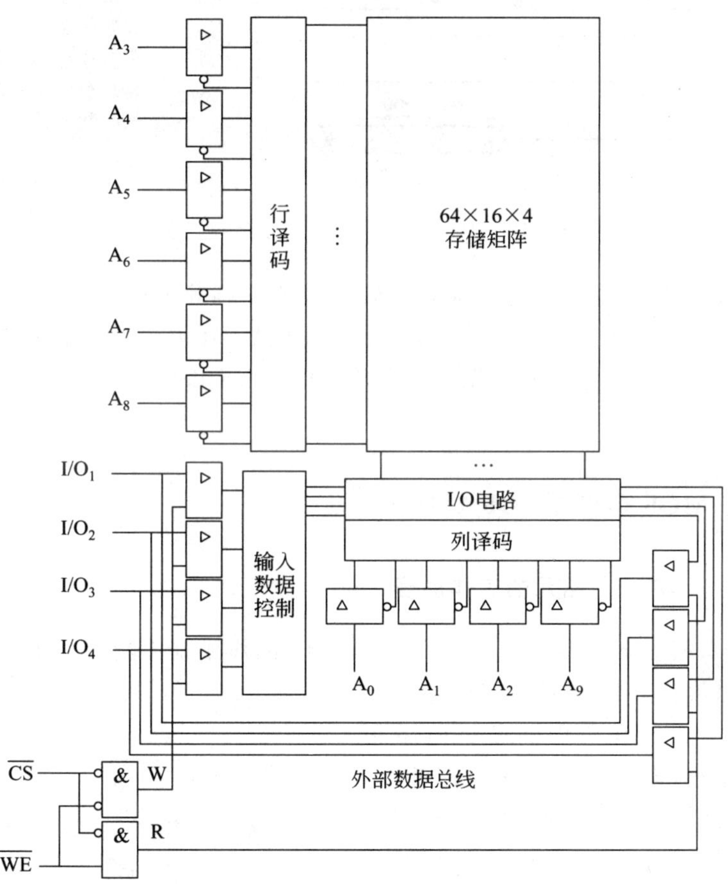

图4.9 Intel 2114结构

4. 静态存储器的读写周期

存储器具有自己的时间特性——读写周期，只有按照存储器的读写周期去访问存储器才能保证读写操作的正确性。图4.10是SRAM芯片的读写周期时序示意图。图的右边用文字对存储器读写周期中的每一个时间参数进行了简要说明。

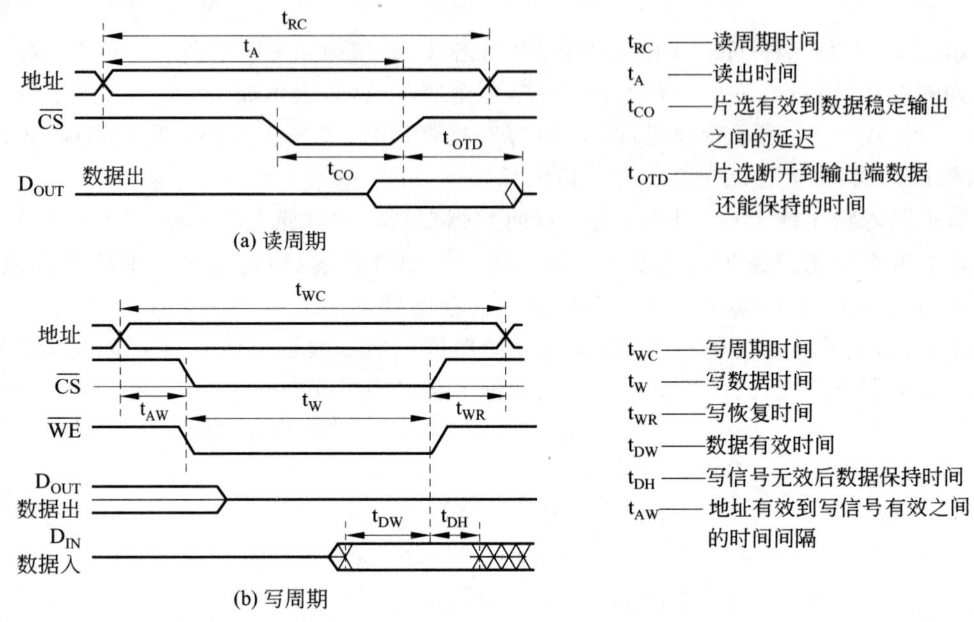

图 4.10 2114 的读写周期时序及时间参数

对写周期需要特别强调的是地址有效后必须还要再等 t_{AW} 的时间后，写信号 WE 才能有效果，否则可能产生写出错。另外，写信号无效后，还要经过 t_{WR} 的时间才能改变地址，否则也容易导致写出错。写数据必须在片选信号 CS 和写信号 WE 无效前 t_{DW} 时间就送数据总线上。

4.2.2 动态 MOS 存储器(DRAM)

1. 四管动态 MOS 存储元的工作原理

图 4.6 所示的静态存储单元中，负载管 T_3，T_4 的作用是不断给工作管 T_1 或 T_2 的栅极补充电荷，以维持存储单元中双稳态电路的状态不变。由于 MOS 管的栅极电阻很高，泄漏电流很小，即使没有直流电流补充，栅极电容上存储的电荷也能保持相当长的时间。为了提高集成度，将 T_3，T_4 去掉后便形成了如图 4.11 所示的四管动态存储单元。

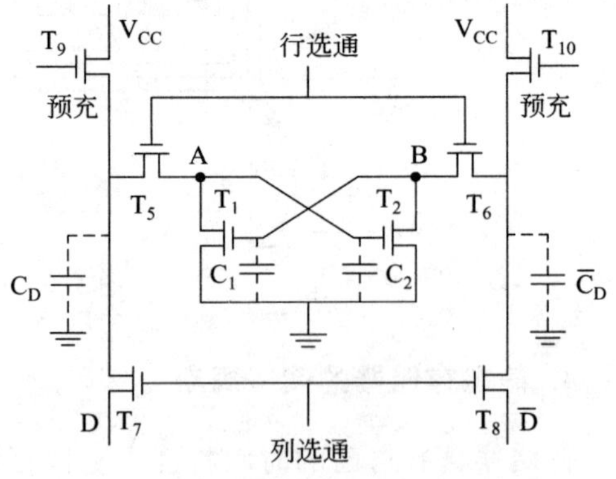

图 4.11 四管动态存储元电路

1）结构

T_1，T_2 为工作管；T_5，T_6，T_7，T_8 为门控管，相当于控制开关，控制存储单元与外界的联通或隔离。这里的 4 管是指与动态存储单元工作密切相关的 4 个 MOS 管 T_1，T_2，T_5

和 T_6。另外，还有 T_1，T_2 的栅极与衬底之间的分布电容 C_1 和 C_2。

四管动态存储元利用 T_1 和 T_2 管的栅极与衬底间的分布电容 C_1，C_2 上所存电荷的状态来存储二进制信息。

2）写操作

仍然假定给D线加高电位同时给 $\bar{D}$ 线加低电位表示“1”。写“1”时，行、列选通信号有效后，D线的高电位通过 T_7，T_5 加至A点使 T_2 导通，且使 C_1 充电至高电位；$\bar{D}$ 的低电位通过 T_8，T_6 加至B点使 T_1 截止，使 C_2 放电，实现了写“1”。写“0”的过程与写“1”的过程类似，但电容充电及工作管的导通与截止与写“1”刚好相反。

3）读操作

读出时，如按静态存储单元的读出方式，则读操作会导致电容 C_1，C_2 上所存电荷全部泄露，并造成对存储信息的破坏。为防止这种情况的发生，动态存储单元的读操作采用了与静态存储不同的读方式。读操作前，先通过预充信号打开 T_9 和 T_{10}，电源对分布电容 C_D 和 $\bar{C}_D$ 充电。当行、列选通信号有效时，存储的信息通过A，B向位线输出。若原来存放的是“1”，则 $\bar{C}_D$ 上的电荷通过 T_2 管释放，$\bar{D}$ 线有负脉冲出现。同时，由于 T_1 截止，C_D维持D线为高电位，且给 C_2 补充电荷。经读出放大器放大后，输出信息“1”；若原存信息为“0”，则D线为低电平，$\bar{D}$ 线为高电平，经读出放大器放大后，输出信息“0”。

4）刷新操作

动态存储单元中，信息以电荷形式存储在 T_1 或 T_2 管的栅极电容 C_1 或 C_2 上。由于电容容量小，所存电荷会在一段时间后逐渐泄漏（一般为ms级），为使所存信息能长期保存，需要在电容电荷泄露完之前定时地补充电荷，这一过程称为刷新。

从前面的分析可知，四管动态存储单元的读操作过程也能对所读单元的 T_1 或 T_2 管的栅极电容 C_1 或 C_2 充电，从这个意义上看，读操作具有刷新功能。但读操作的刷新不能代替整个存储器的刷新，一方面由于只有被读过的单元才能被刷新，另一方面，对同一单元两次读操作的时间间隔也很难满足刷新间隔的要求。具体的刷新方式将在本节稍后的内容中专门介绍。

2. 单管动态MOS存储单元的工作原理

为进一步提高集成度，可以只用一个MOS管和一个电容构成单管动态存储单元，基本结构如图4.12所示。

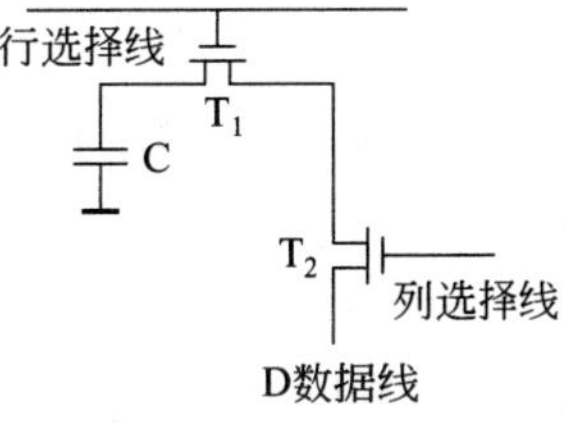

图4.12 单管动态存储单元电路

写入时，行、列选通线分别选通 T_1 和 T_2，位线D上的信息写入电容C。读出时，行、列选通线分别选通 T_1 和 T_2 后，电容C上的信息传到位线D。若原存信息为“1”，电容C向位线放电形成读出电流，经读出放大器输出“1”信号；若原存信息为“0”，电容C无电荷可放，位线D无电流，读出放大器输出“0”信息。值得注意的是，由于电容放电，读出“1”以后，原来保存的信息被破坏，一般采用将读出的信息重写入被读单元的再生措施，恢复原来被保存的信息，但再生不能代替刷新，因为只有被读过的单元才能被再生。

显然，单管动态存储单元与四管动态存储单元相比，具有功耗更小、集成度更高的优点。

3. 动态存储器的读写周期

由于动态存储器的工作原理与静态存储器的工作原理存在一定的差别，因此，它们在读写周期上也表现出不同的特性。图4.13是DRAM芯片的读写周期时序示意图。图的右边用文字对存储器读写周期中的每一个时间参数进行了简要说明。

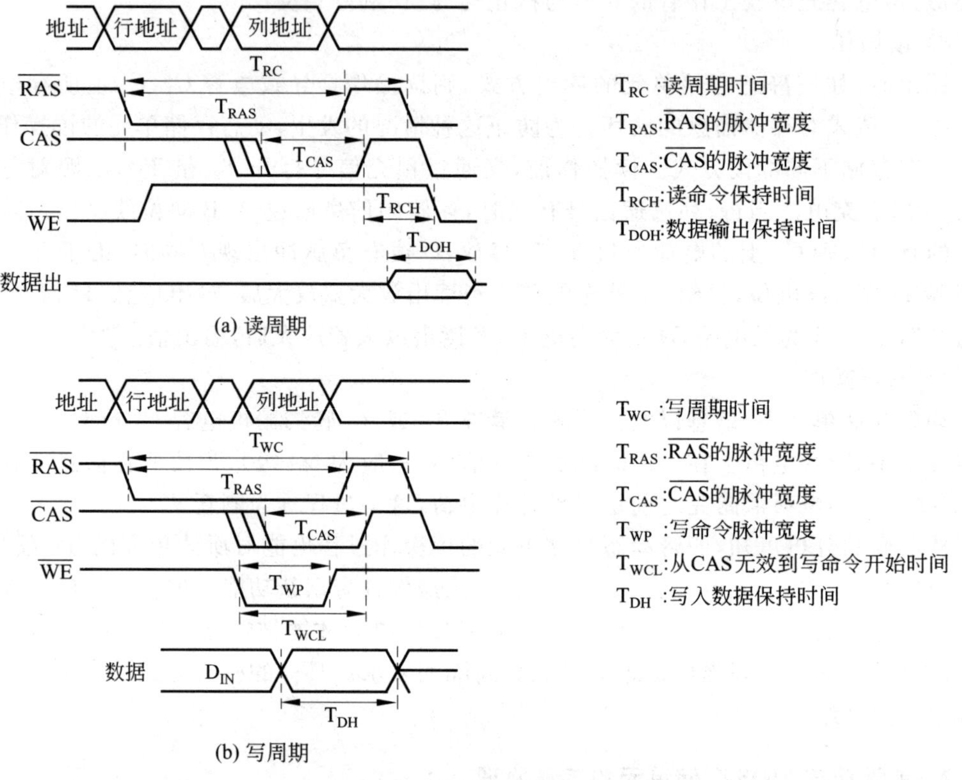

图4.13 DRAM芯片的读写周期时序示意图

读周期中，各信号的时间应该满足下列约束关系。

(1) 行地址必须于$\overline{RAS}$有效前送地址输入端。

(2) 由于地址复用，因此，$\overline{CAS}$信号必须滞后$\overline{RAS}$信号，直到列地址送入地址输入端为止。

(3) $\overline{RAS}$和$\overline{CAS}$必须保持一定的宽度。

(4) $\overline{WE}$信号为高电平，且必须在$\overline{CAS}$有效之前建立。

写周期中各信号之间应该满足的时间约束关系与读周期基本相同，需要特别注意的是低电平的写信号必须在$\overline{CAS}$建立之前有效，且输入数据必须在$\overline{CAS}$有效之前出现在数据输入端D_{IN}。

4. 动态MOS存储的刷新

1）关于动态存储器刷新的几点说明

（1）采用不同材料及不同生产工艺生产的动态存储器的刷新间隔可能不同，常见的有2ms，4ms，8ms等，在设计刷新电路时需要了解刷新间隔。

（2）动态存储器的刷新按行进行；设计刷新电路同样需要清楚动态存储芯片内部的行列结构。一般要结合存储芯片的容量、地址复用、双译码等因素来考察动态存储芯片的行列结构，或参考芯片的技术手册。

（3）刷新地址由刷新地址计数器产生而不是由CPU发出，刷新地址计数器的位数与动态存储芯片内部行结构有关。如某动态存储芯片内部有256行，则刷新地址计数器至少为8位，在每个刷新间隔内，该计数器的值从00000000到11111111循环一次。

（4）读操作虽然具有刷新功能，但读操作与刷新操作又有所不同，刷新操作只需要给出行地址，而不需要列地址。另外，刷新操作也不受芯片片选信号的控制。

2）动态RAM的刷新方式

为了便于比较不同刷新方式，设动态存储器存储体为128行×128列结构，存储器的读写周期tc＝0.5μs，刷新间隔为2ms。

（1）集中刷新方式

由于存储器体内部行列结构为128×128，因此刷新操作应该在2ms内对128个行进行一次刷新。图4.14(a)为集中刷新方式的时间分配图。在不考虑刷新的情况下，2ms内可进行4000次读写或保持操作。在集中刷新方式下，2ms内的前3872个读写周期都用来进行读写或保持，2ms内的最后128个读写周期集中用于刷新。

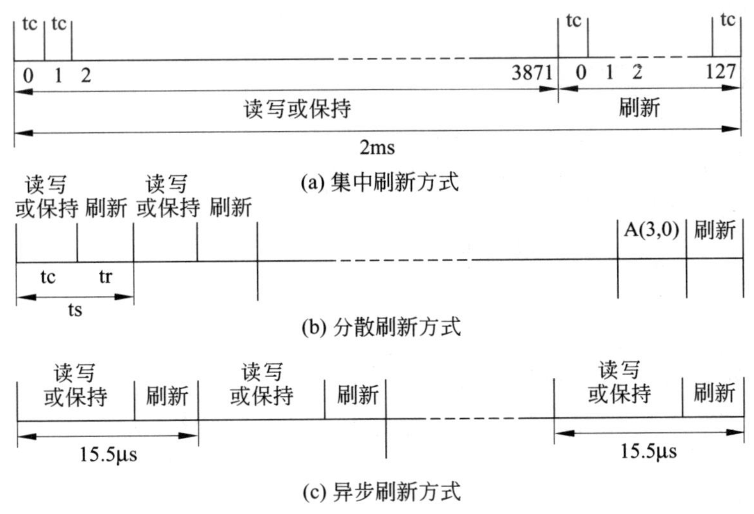

图4.14 刷新时间分配

集中刷新的优点是读写操作期间不受刷新操作的影响，因此存储器的速度比较快；不足是存在“死时间”，即刷新期间的128个读写周期内，CPU不能访问存储器。显然，存储器芯片内部行数越多，死时间就越长。

采用集中刷新刷新后存储系统的平均读写周期为

$$tc=2ms/(4000-128)=0.5165\mu s$$

（2）分散刷新方式

分散刷新方式如图4.14(b)所示。该方式把系统周期ts分为两部分，前半段用来进行读写或保持，后半段作为刷新时间，因此ts=1μs。每过128个ts，整个存储器就被刷新一次。显然，在2ms内可进行约15次刷新。虽然这种刷新方式不存在死时间，但因刷新过于频繁，严重影响了系统的速度，故不适合应用于高速存储器。

（3）异步刷新方式

异步刷新是集中刷新和分散刷新方式的结合，如图4.14(c)所示。它是先用要刷新的行数对2ms进行分割，然后再将已分割的每段时间分为两部分，第一部分时间用于读写或保持，最后留出一个读写周期时间用于刷新。对于本例而言，先将2ms分成128个15.5μs的时间段，将每个时间段中最后的0.5μs用来刷新一行。这样既充分利用了2ms时间，又能保持系统的高速特性。

（4）透明刷新方式

由于指令译码期间不访问存储器，可利用这段时间对动态存储器进行刷新，而不占用CPU时间。由于这种刷新方式对CPU透明，所以称为透明刷新方式。

以上4种方式各有其优缺点，应根据具体情况进行选择。

5. 动态MOS存储芯片举例

动态MOS存储器芯片与静态MOS存储器芯片的结构大致相同。但由于动态MOS存储器芯片集成度高，而且要进行刷新操作，所以它的外围电路相对要复杂一些。图4.15为动态存储器芯片2116的内部结构和逻辑符号。

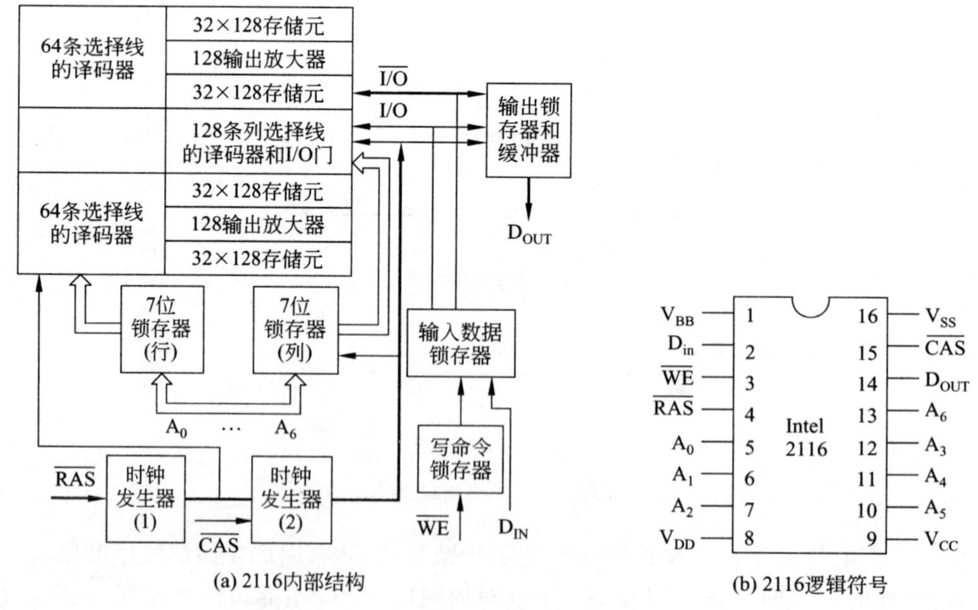

图4.15　2116内部结构及逻辑符号

2116是16K×1位存储芯片，受引脚数量的限制，采用地址复用技术，分别由行地址选通信号$\overline{RAS}$和列地址选通信号$\overline{CAS}$先后将7位地址$A_0 \sim A_6$分别锁存到行地址锁存器与列地址锁存器。存储矩阵为128×128结构，7条行地址线也作为刷新地址，刷新时地址计数，逐行刷新。

行、列地址译码后均产生128条选择线。选中某行时，该行的128个存储元都选通到读出放大器。在那里每个存储元的信息都被鉴别、锁存和重写。而列译码器中只选通128个放大器中的一个，将读出的信息送输出锁存器和缓冲器。

从前面的分析可看出，DRAM的结构大体与SRAM存储芯片相似，不同点主要有：

（1）地址线一般采用复用技术，即CPU分时传送行、列地址，并分别由行选择信号（$\overline{RAS}$）和列选择信号$\overline{CAS}$选通。

（2）DRAM无片选信号，由$\overline{RAS}$和$\overline{CAS}$选择工作芯片。

（3）数据输入（D_{IN}）和数据输出（D_{OUT}）分开且可锁存。

4.2.3 只读存储器

信息只能读出不能随意写入的存储器，称为只读存储器，记为ROM。它的特点是通过一定方式将信息写入之后，信息就固定在ROM中且具有非易失性，即使电源断电，保存的信息也不会丢失。因此，只读存储器主要用来存放一些不需要修改的程序，如微程序、子程序、某些系统软件和用户软件等。

按照制造工艺的不同，可将ROM分为：掩膜式只读存储器MROM、可编程只读存储器PROM、可擦除可编程只读存储器EPROM以及电擦除可编程只读存储器E^2PROM等4种。

1. MROM

MROM的存储元可以由半导体二极管、双极型晶体管或MOS电路构成。它由制造厂家在生产过程中按要求做好，用户不能修改。

图4.16为存储元采用MOS管的1024×8位MROM结构图。它采用单译码结构，存储单元排列成1024×8矩阵，每行一个字，每字8位。MOS管与行、列线连接表示该存储元存储0信息，否则存储1信息。图4.16(a)是MROM的内部结构，图4.16(b)表示图4.16(a)的信息分布情况。

图4.16所示MROM结构的工作原理是：当某行被选中时，该行选择线为高电位，选中一行的8个MOS管。与行、列选择线相连的MOS管导通，输出为0；否则输出为1。这些信号经读出放大器放大后送数据缓冲器。若片选$\overline{CS}$有效，则输出$D_0 \sim D_7$。

MROM具有以下特点。

（1）存储的信息一次写入后再不能修改，灵活性差。

（2）信息固定不变，可靠性高。

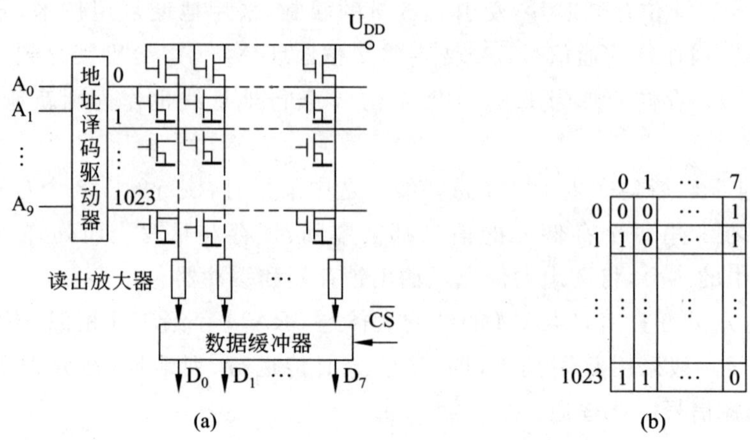

图 4.16 采用 MOS 管的 MROM 结构

2. PROM

PROM 是一种由用户编程且只能编程一次的 ROM。PROM 存储器出厂时每个存储单元的内容都为 1 或都为 0，使用时，可根据应用的需要对存储的内容修改一次，从而克服 MROM 使用不便的问题。PROM 种类很多，图 4.17 所示的是一种基于熔丝工艺的 PROM，出厂时所有单元内容都为 0，采用单译码结构，存储矩阵为 4×4 结构，每个发射极通过一根熔丝与位线相连。当某字被选中时，对应多发射极管的基极处于高电位，射极也处于高电位。被熔丝连通的那一位经读写控制电路反相输出为 0。如果熔丝被烧断，则对应的位线就不与管子的射极相连，经读写控制反相输出为 1。生产厂家提供的 PROM 芯片是半成品，所有熔丝都与射极相连。用户可根据需要把有些熔丝烧断来存入 1 信息。

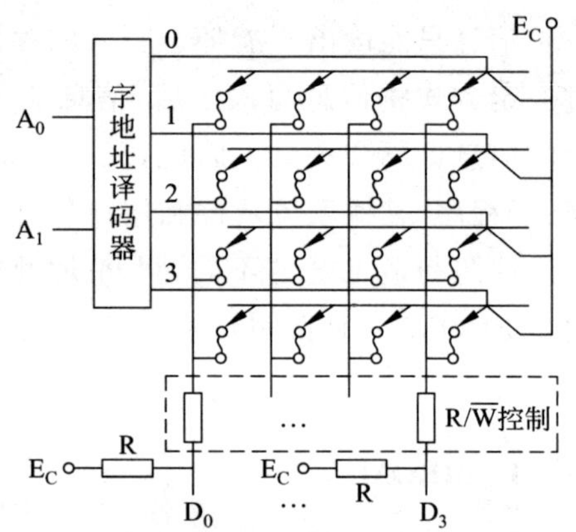

图 4.17 熔丝型 PROM 示意图

写入时，E_C 接+12V，要写 1 的那一位的 D 端断开，用大电流烧断熔丝；写 0 的位 D 端接地，电流不经过熔丝。如此逐字写入需要的信息。读出时，E_C 接+5V，信息从 D_0～D_3 输出。

从前面的分析可知，PROM 中的信息只能被用户修改一次。

3. EPROM

EPROM 是一种可多次写入的 ROM。其特点是写入的信息可长期保存，当不需要这些信息或希望进行修改时，可进行擦除和重写。EPROM 芯片上开有一石英窗口，当芯片置于紫外线下照射时，高能光子与被禁锢在 EPROM 悬浮栅中的电子相碰撞，使其获得较高的能量，逐渐透过绝缘层消失，以电荷形式存储的信息即被擦除。

EPROM 工作电压为 5V，在写入时要用专用的编程器，并且写入时必须要加一定的编程电压(随不同的芯片型号而不同，典型电压为 24V)。

图 4.18 为浮栅型 MOS 存储单元的构造。在制造 MOS 管时，将栅极埋入 SiO_2 中且浮空与外界绝缘，称为浮栅 FE，刚制造好的浮栅型 MOS 管其栅极(G)上无电荷，该管不导通，即漏极(D)和源极(S)间无电流。写入时，在 D 和 S 间加编程电压，且外加宽 50ms 的编程脉冲，被选中单元在高压作用下瞬时击穿，电子注入浮栅，高压撤除后，因浮栅有绝缘层包围，电子无法泄漏，浮栅变负，形成导电沟道，EPROM 管导通，信息存入 EPROM 存储单元。

EPROM 芯片正面有一个石英玻璃窗口，用紫外线照射这个窗口并持续一段时间后，浮栅上的电荷便迅速返回衬底，浮栅上的电荷很快泄漏，所有存储单元都恢复到原始状态，然后又可以采用前面介绍的方法重新写入新的内容。综上所述，EPROM 比 PROM 和 MROM 使用方便、灵活、经济。

EPROM 芯片种类很多，典型芯片是 27 系列产品，如 2764(8KB×8)，27128(16KB×8)，27256(32KB×8)，27512(64KB×8)等，其中“27”后面的数字表示其位存储容量。

4. E^2PROM

E^2PROM 又记为 EEPROM，是电可擦除电可改写的只读存储器，与 EPROM 相比 E^2PROM 的写操作可随机进行，而不必先擦除存储单元的内容再写入新的信息。E^2PROM 将不易丢失数据和修改灵活的优点有机地结合在一起。常见的型号有 2816(2K×8)，2817(2K×8)，2864(8K×8)，2864A 等。

下面以 2816A(2K×8 位)为例，分析 E^2PROM 的读写原理，2816A 的外部连接图如图 4.19 所示。

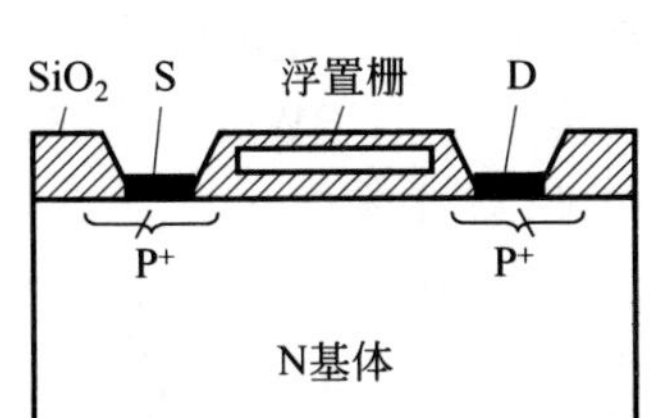

图 4.18 浮栅型 MOS 存储单元结构

Intel 2816

信号	引脚	引脚	信号
A_7	1	24	V_{CC}
A_6	2	23	A_8
A_5	3	22	A_9
A_4	4	21	$\overline{WE}$
A_3	5	20	$\overline{OE}$
A_2	6	19	A_{10}
A_1	7	18	$\overline{CE}$
A_0	8	17	I/O_7
I/O_0	9	16	I/O_6
I/O_1	10	15	I/O_5
I/O_2	11	14	I/O_4
GND	12	13	I/O_3

图 4.19 2816A 的引脚分布图

写入时，$\overline{CE}$为低电平，$\overline{OE}$为高电平，$\overline{WE}$加负脉冲，此时，数据 $D_0 \sim D_7$ 经 I/O 缓冲器和数据锁存器写入选中的单元。

读出时，$\overline{CE}$为低电平，$\overline{OE}$为低电平，$\overline{WE}$加高电平，选中单元中所存的数据将通过数据寄存器、I/O 缓冲器输出。

若要擦除某一字节内容，则给出单元地址，在写入状态下在 $D_0 \sim D_7$ 端送全 1 即可。

也就是将选中单元写入“11111111”。

整片擦除需在$\overline{CE}$加低电平，$\overline{OE}$端上加10～15V电压，$\overline{WE}$加低电平，D_0～D_7为全1。V_{PP}编程电压由其本身的编程电压发生器产生。

芯片不工作时，$\overline{CE}$为低电平，$\overline{OE}$和$\overline{WE}$都为高电平，其输出为高阻状态。

2816A的工作方式如表4.2所示。

表4.2 2816A的工作方式

引　脚	$\overline{CE}$	$\overline{OE}$	$\overline{WE}$	D_7～D_0
读出	L	L	H	数据出
闲置	H	X	X	高阻
字节擦除	L	H	L	数据入＝H
字节写入	L	H	负脉冲	数据入
整片擦除	L	＋10V～＋15V	L	数据入＝H
不工作	L	H	H	高阻
禁写	H	H	L	高阻

4.2.4 新型存储器

1. Flash Memory

Flash Memory也称闪存，是一种快速擦写、具有不挥发性的存储器，可以在线进行擦除和重写。目前其集成度和价格已接近EPROM，因而它是EPROM和E^2PROM的理想替代器件。特别是由于它的集成度提高以及抗振动、高可靠性、低价格等特点，可用它组成固态大容量存储器装置代替小型硬盘存储。与E^2PROM相比，它的写数时间短，特别适合存放实时采集的重要数据，运行速度比磁盘要快很多。

Flash Memory与E^2PROM的逻辑结构相似，最主要的区别在于存储元的结构和工艺。Flash Memory的工作方式有读工作方式、编程工作方式、擦除工作方式和功耗下降方式。它的编程和擦除方式采用写命令到命令寄存器的方法来管理编程和擦除。有些芯片具有功耗下降引脚PWD，当PWD＝5V时为正常工作方式。当PWD＝0V时，内部电路与电源断开，输出高阻，芯片消耗的功率仅为0.25μW，所以非常省电。其典型产品有Intel公司的28F010，它与EPROM芯片27C010容量相同，均为128K×8位，而且引脚也相同。28F008SA为1M×8位芯片。用此类芯片可以组成大容量的存储卡，以代替小型硬盘，而在存取速度上比普通硬盘快很多。Flash Memory与其他存储器的比较如表4.3所示。

表4.3 Flash Memory与其他存储器的比较

存储器类型	非易失性	高密度	低功耗	在线重写	抗冲击
MROM	√	√	√		√
EPROM	√	√	√		√
E^2PROM	√		√	√	√
Flash	√	√	√	√	√

Flash 芯片主要应用于微机主板上的 BIOS 和作为移动存储器。现在，以 Flash 芯片组成的新型移动存储器已经大量上市。这种移动存储器或称优盘(Only Disk)或称易盘(Easy Disk)。它融合了 Flash Memory、磁盘存储及通用串行总线(USB)等技术，体积小、重量轻、无须驱动器，具有加密、防磁、防震和防潮等功能，并带有写保护开关，可热插拔，可擦写 100 万次以上，数据至少可保存 10 年。目前产品的容量还在不断扩大，速度还在不断提高，非常适合于移动办公及大容量数据交换。另外，有些产品中还包含 MP3 播放、FM 调频收音及录音功能，具有很强的实用性。

需要特别说明的是，真正获得 U 盘基础性发明专利的是中国的朗科公司，2002 年 7 月，朗科公司"用于数据处理系统的快闪电子式外存储方法及其装置"(专利号：ZL 99 1 17225.6)获得国家知识产权局正式授权。该专利填补了中国计算机存储领域 20 年来发明专利的空白。该专利权的获得引起了整个存储界的极大震动。包括以色列 M-Systems 立即向中国国家知识产权局提出了无效复审，一度成为全球闪存领域震惊中外的专利权之争。但是 2004 年 12 月 7 日，朗科获得美国国家专利局正式授权的闪存盘基础发明专利，美国专利号 US6829672。这一专利权的获得，最终结束了这场争夺，中国朗科公司才是 U 盘的全球第一个发明者。

2. DRAM 的发展

从 20 世纪 70 年代到现在，主存储器的基本构件仍然是 DRAM 芯片。近年来，随着处理器的性能不断提高，传统 DRAM 芯片受其内部结构及与 CPU 存储总线连接的限制，已成为提高计算机系统的性能的瓶颈之一。通过优化 DRAM 的内部结构，是提高 DRAM 本身的性能解决上述性能瓶颈的有效途径之一，也是 DRAM 的发展方向。

1) 带高速缓存的 DRAM(CDRAM)

它是在普通 DRAM 芯片中集成了一个小容量的 SRAM，作为 DRAM 的一个小副本。图 4.20 是一个 1M×4 位的 CDRAM 芯片结构框图，其中 SRAM 的容量为 512×4 位。

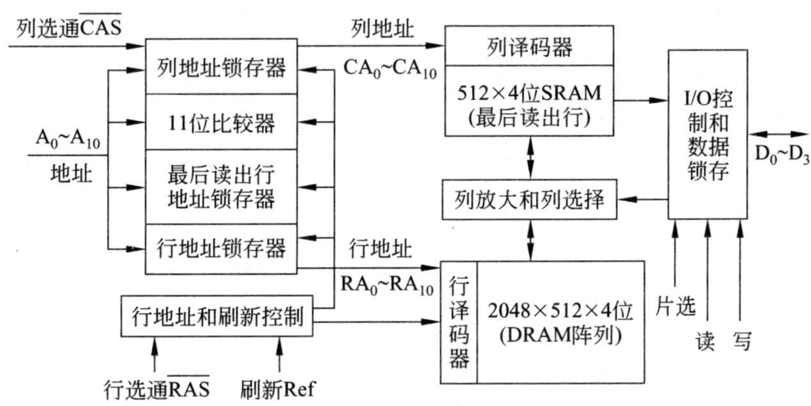

图 4.20 一个 1M×4 位的 CDRAM 芯片结构框图

访问 1M 存储空间需要 20 位地址，但芯片的实际地址引脚线只有 11 位，20 位地址通过分时送入内部。首先在行选通信号作用下，内存地址的高 11 位以 $A_0 \sim A_{10}$ 地址线输入,作为行地址分别保存在行地址锁存器和最后读出行地址锁存器中。当行地址有效时,从 2048 行 DRAM 阵列选择一行,并将指定行的 512×4 位数据读取到 SRAM 中暂存。然后,在列选通信号作用下,内存地址的低 9 位又经 A_0～A_{10} 地址线输入,并保存在列地址锁存器。当读命令信号有效时,选中保存在 SRAM 中的 512 列中的某列,4 位数据经数据线 D_0～D_3 从芯片输出。

下一次读取时,也是先送 11 位行地址,输入的行地址立即与最后读出行锁存器的内容进行 11 位比较。若相符则 SRAM 命中,表示将读出的数据已经保存在 SDRAM 中,此时,由输入的列地址从 SRAM 选择某一位组送出即可。若内容不相符,则需重新读 DRAM 阵列,并更新 SRAM 和最后读出行地址锁存器的内容。可见,以 SRAM 保存一行内容的方法,对成块传送非常有利。如果连续的地址高 11 位相同,意味着同一行地址对应的 512 个 4 位组均可以从 SDRAM 中找到。此时,只需要连续变动 9 位列地址就会使 SRAM 中相应位组连续读出,这种读取方法称为猝发式读取。

CDRAM 的这种结构还带来了另外两个优点：一是在 SRAM 读出期间可同时对 DRAM 阵列进行刷新;二是芯片内的数据输出路径(由 SRAM 到 I/O)与数据输入路径(由 I/O 到列放大和列选择)是分开的,允许在写操作完成的同时启动同一行的读操作。

增强型 DRAM(EDRAM)的原理与 CDRAM 类似,只是 SDRAM 的容量稍小。

2) 同步 DRAM(SDRAM)

在普通的 DRAM 中,CPU 访问的过程是先给出要访问单元的地址和控制信号($R/\overline{W}$),经过一段延迟时间(存取时间)向 DRAM 写入数据或从 DRAM 中读出数据。在这一段延迟时间内,CPU 只能等待。

SDRAM 与 CPU 的数据交换时钟信号同步,且以处理器/主存总线的最高速度运行,不需要等待时间。为此,需要改变传统 DRAM 的结构,增加模式寄存器指令是 SDRAM 的特殊之处,通过模式寄存器可指定猝发式读写的长度,如 1,2,3,8 以及全页字,该长度是同步地向系统总线上发送数据的存储单元的个数。模式寄存器还允许程序员调整从接受读写命令到开始传输数据的延迟时间。图 4.21 表示 SDRAM 的读操作时序图。

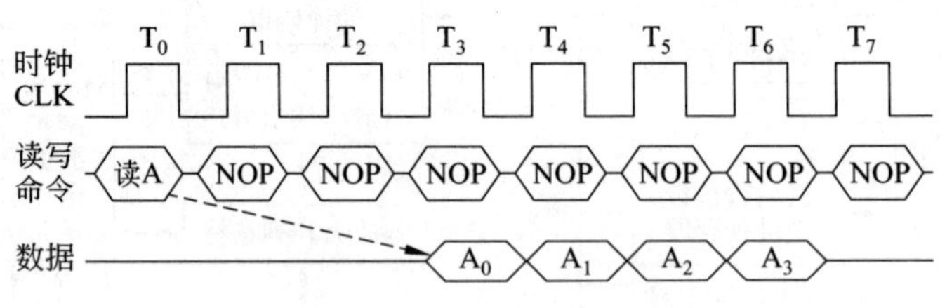

图 4.21 SDRAM 读操作时序图

SDRAM 利于传送数据块。图 4.21 中猝发长度为 4 个字,$\overline{CAS}$延时为 2 个时钟周期。在时钟上升沿,通过使$\overline{CS}$、$\overline{CAS}$为低而同时保持$\overline{RAS}$、$\overline{WE}$为高来启动猝发命令。读写命令中 NOP 表示空操作。

3) DDR SDRAM

DDR(Double Data Rate)SDRAM 是 SDRAM 的更新产品,它通过利用时钟周期的上沿和下沿分别进行两次数据传输,从而实现双倍数据传输速率。

4）Rambus DRAM(RDRAM)

RDRAM 内存最早由 Intel 在 1996 年提出。它是一种全新的内存规格，当时主要是为服务器和工作站领域的应用而研制的。它利用时钟信号的上沿和下沿传输数据，每个时钟周期传输 2bit 数据。因此在时钟频率为 400MHz 时，其数据传输率达到 800Mbit/s。

由于 Rambus 总线的数据通道为 16 位，故每通道的传输率可达 1.6GB/s。而 Intel 结构中使用的通道数不止一个，所以其数据传输率更大。能实现高速传输是由于 Rambus 总线使用异步的面向块的协议传送地址和控制信息，它精确地定义了阻抗、时序和信号。与传统的 DRAM 采用$\overline{RAS}$,$\overline{CAS}$,$\overline{WE}$和$\overline{CE}$控制截然不同，它通过高速总线获得存储器请求，这一请求包含了访问时所需的地址、操作类型和字节数。

5）FPM-DRAM

FPM-DRAM 称为快速页模式动态存储器，它基于程序的局部性原理来实现。在传统的 DRAM 读写周期，每次访问都是先由低电平的行选通信号$\overline{RAS}$确定行地址，然后由低电平的列选信号$\overline{CAS}$确定列地址，从而选择被访问的主存单元。

快速页模式改变了这种寻址操作方式。页是指由一个唯一的行地址和该行中所有的列地址确定的若干存储单元的组合。快速页模式允许在选定的行中对每一个列地址进行连续快速的读操作或写操作。当$\overline{RAS}$信号变为低电平并保持低电平时地址被选定，与此同时$\overline{CAS}$信号在高电平和低电平之间变换。只有每一个连续的$\overline{CAS}$信号变为低电平时，才选择该行中的另外一个列地址。所以经过一个快速页周期之后，根据读写命令 R/$\overline{W}$ 信号，该页中的所有存储单元都进行了读操作或写操作。图 4.22 所示的是快速页模式下读操作的时序图，当$\overline{CAS}$信号变为高电平时，数据不能输出。因此，$\overline{CAS}$信号由低到高的转化必须发生在读出数据被 CPU 取走之后。

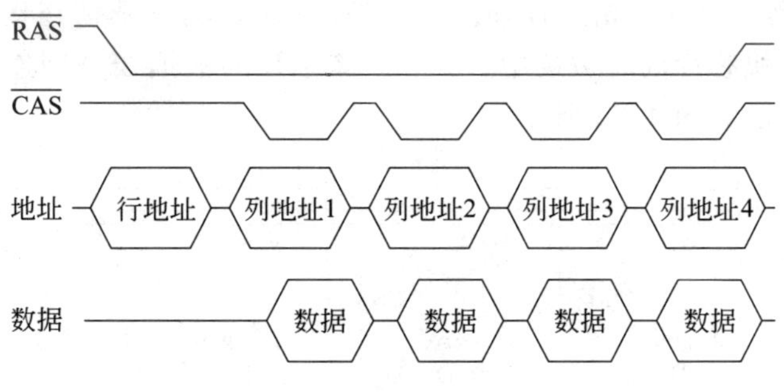

图 4.22 快速页模式下读操作时序图

4.3 主存的组织及与 CPU 的连接

单片存储芯片的存储容量有限，要获得一个大容量的存储器，通常需要用多片存储芯片按照一定的组织方式来实现并与 CPU 连接，这就是存储器的组织。在存储器组织过程中，要实现存储芯片与 CPU 地址线、数据线和控制线的连接。其中：

- 连接的地址线的数量与 CPU 要访问的主存容量有关。
- 连接的数据线的数量与计算机字长有关。

- 对于 RAM 而言，控制线包括片选信号和读写控制，而对于 ROM 而言则只有片选信号线。
- DRAM 没有片选控制线，进行容量扩展时，利用$\overline{RAS}$和$\overline{CAS}$控制芯片的选择。

可以从上述 4 方面的连接线来检查存储器的组织是否正确。

4.3.1 存储器的扩展

由于存储芯片的容量及字长与目标存储器的容量及字长之间可能存在差异，应用存储芯片组织一定容量与字长的存储器时，一般可采用位扩展、字扩展、字位同时扩展等方法来组织。

1. 位扩展

当存储芯片的数据位小于 CPU 对数据位的要求时，采用位扩展方式可解决此类问题。位扩展时，将所有存储芯片的地址线、读写控制线并联同时分别与 CPU 的地址线和读写控制线连接；存储芯片的数据线依次与 CPU 的数据线相连；所有芯片的片选控制线并联接低电平。

仅进行位扩展时，所需存储芯片的数量为

$$L=\text{存储器的数据位}/\text{存储芯片的数据位}$$

例 4.2 用 1024×2 位的 SRAM 存储芯片组成 1024×8 位的存储器并与 CPU 连接。

解：所需芯片数量 $L=8/2=4$ 片。

与 CPU 连接时，将 4 片存储芯片的地址线(10 根)、读写控制线各自并联，并分别与 CPU 的地址线和读写控制线相连；同时将所有存储芯片的片选端连接在一起并接地，只有这样才能保证 4 块芯片同时被选中。4 个存储芯片的数据线分别连到 CPU 的 8 位数据线上。其连接方法如图 4.23 所示。

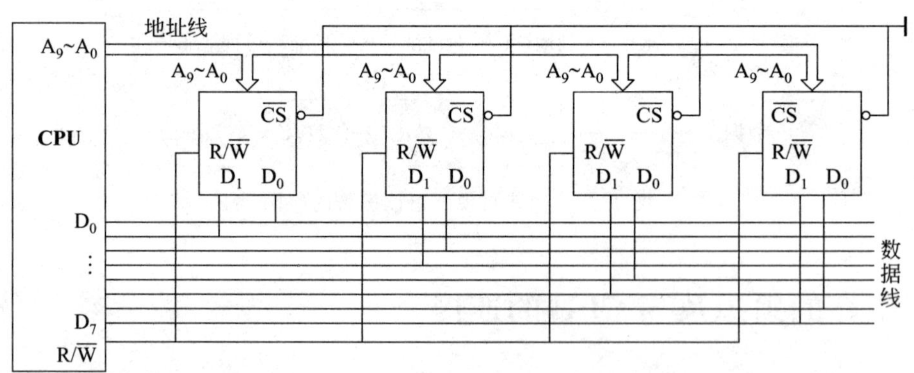

图 4.23 位扩展连接

在图 4.23 所示的位扩展连接中，CPU 每次访问所有存储芯片的同一单元，每个存储芯片输出 8 位数据中的 2 位。

2. 字扩展

字扩展也称容量扩展。当存储芯片的存储容量不能满足存储器对存储容量的要求时，可采用字扩展方式来扩展存储器。字扩展时，将所有存储芯片的数据线、读写控制线各自并联同时分别与 CPU 的数据线和读写控制线连接；各存储芯片的片选信号由 CPU 多余的地址线产生，片选信号的产生方法可进一步分为线选法、全译码法和部分译码法。

图 4.24 中的(a)、(b)、(c)分别对线选法、全译码法和部分译码的原理及其特点进行了简要说明。

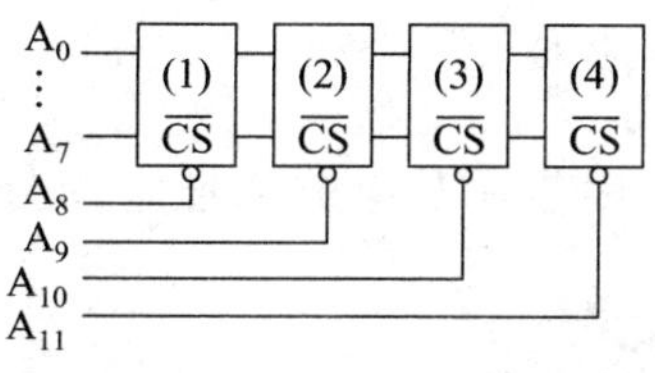
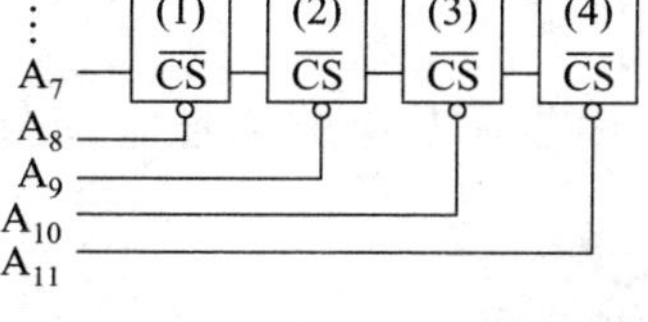

(1) 片选不经过译码器而由地址直接产生。
(2) 不能充分利用存储器空间。
(3) 将地址空间分隔成离散的区间。1~4片存储芯片对应的地址范围依次为：E00H~EFFH，D00H~DFFH，B00H~BFFH，700H~7FFH。

(a) 线选法及其特点

(1) 片选信号由多余地址经译码产生。
(2) 地址空间连续且不会重叠。1~4片存储芯片对应的地址范围依次为：000H~0FFH，100H~1FFH，200H~2FFH，300H~3FFH。

(b) 全译码法及其特点

(1) 片选信号由部分地址译码产生。
(2) 地址空间连续但存在重叠。重叠的原因是由于 A_{11}，A_{10}未参与译码。1~4片存储芯片对应的地址范围依次为：000H~0FFH，100H~1FFH，200H~2FFH，300H~3FFH或400H~4FFH，500H~5FFH，600H~6FFH，700H~7FFH或800H~8FFH，900H~9FFH，A00H~AFFH，B00H~BFFH或C00H~CFFH，D00H~DFFH，E00H~EFFH，F00H~FFFH。

(c) 部分译码法及其特点

图 4.24 三种片选信号产生原理及其特点

仅进行字扩展时，所需要的芯片数量为

K=存储器的容量/存储芯片的容量 （注意二者单位的一致）

例 4.3 用 16K×8 位的 SRAM 芯片组成一个 64K×8 位的存储器，完成与 CPU 的连接，并求每一个存储芯片在全局空间中的地址范围。

解：所需要的芯片数量 K=64K/16K=4 片。

因为一个 16K 的芯片对应 14 条地址线，CPU 要访问 64K 的主存容量需要 16 根地址线，采用全译码法，将多余的两根地址线送片选译码输入。具体的存储字扩展及其与 CPU 的连接如图 4.25 所示。

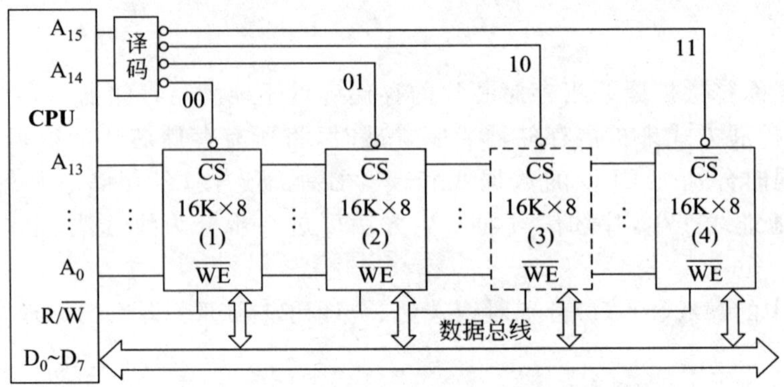

图 4.25 存储器字扩展及与 CPU 的连接

图 4.25 中片选信号采用的方法是全译码法。1～4 片芯片对应的地址空间分布如表 4.4 所示。

表 4.4 字扩展中不同芯片对应的地址范围

体 号	地址范围			说 明	十六进制值
	A_{15}	A_{14}	A_{13} … A_0		
1	0	0	00， 0000， 0000， 0000	最低	0000H～03FFFH
			11， 1111， 1111， 1111	最高	
2	0	1	00， 0000， 0000， 0000	最低	04000H～07FFFH
			11， 1111， 1111， 1111	最高	
3	1	0	00， 0000， 0000， 0000	最低	8000H～0BFFFH
			11， 1111， 1111， 1111	最高	
4	1	1	00， 0000， 0000， 0000	最低	0CFFFH～0FFFFH
			11， 1111， 1111， 1111	最高	

关于芯片对应地址范围的几点说明如下。

(1) 通过存储器与 CPU 的连接图能求出对应芯片的地址范围。

(2) 能从已知的地址范围定位具体的存储芯片。如在例 4.2 中增加一个条件：8000H～0BFFFH 为保留区，暂时不用，则图 4.25 中虚线框对应的存储体不使用，且相对的片选译码输出也应空置。

(3) 当采用部分译码时，要求能求出重叠区地址。

3. 字、位同时扩展

当存储芯片的数据位和存储容量均不能满足存储器的数据位和存储总容量要求时，可以采用字、位同时扩展方式来组织存储器。其中通过位扩展可以满足数据位的要求，通过字扩展可以满足存储总容量的要求。

例 4.4 用 16K×8 位的 SRAM 存储芯片组成 64K×16 位的存储器并完成与 CPU 的连接。

解：所需要的芯片数量 $K=(64\text{K}\times16)/(16\text{K}\times8)=8$ 片。

先采用位扩展法，用两片 16K×8 位的存储芯片组成一个 16K×16 位的组。然后再进行容量扩展，用 4 组来完成，如图 4.26 所示。

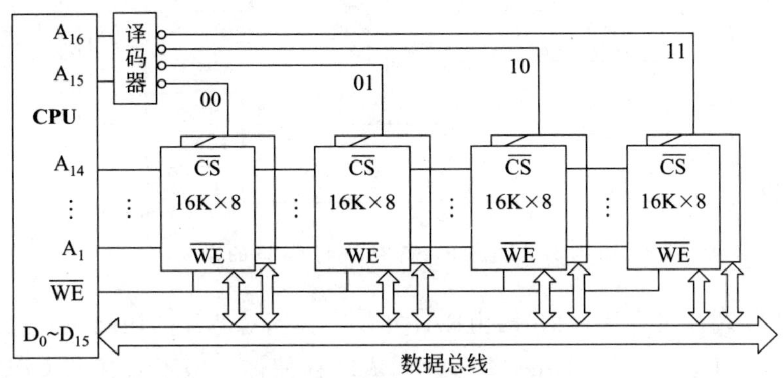

图 4.26 64K×16 位存储器

从图 4.26 中可以看出，连接到 64K×16 位的存储器的地址线不是 $A_0 \sim A_{15}$，而是 $A_1 \sim A_{16}$。这是因为主存按字节编址，对于 64K×16 位的存储器而言，将被分成高 8 位和低 8 位的两个 64K×8 的存储体，连接低 8 位数据线的是偶地址存储体，连接高 8 位数据线的是奇地址存储体。它们分别由 A_0(为 0)和 BHE＃来选择。因此，A_0 通常不参加存储器片内地址译码，而是和高字节允许 BHE(Bus High Enable)控制信号一起直接用作存储体的选择信号。

这种组织存储器的思想同样体现在具有 32 位数据总线的 80386，80486 系统和具有 64 位数据总线的 Pentium 系统当中，详细内容将在 4.3.2 节介绍。

例 4.5 设用单片存储容量为 16K×1 位的 Intel 2116 动态 RAM 芯片组成一个 16K×8 位的存储器，其地址范围为 4000H～7FFFH。试画出连接线路图。

分析：因 2116 芯片的容量为 16K×1，故需用 8 片按位扩展方法才能组成 16K×8 的存储器。每片 2116 芯片上有一条 I/O 线，正好分别与 CPU 的 8 条数据总线 $D_7 \sim D_0$ 相连。为解决 2116 用 7 个地址输入端传送 14 位地址的矛盾，地址信息的输入采用分时方式，因此，CPU 在读或写存储器时，由 IO/$\overline{\text{M}}$ 信号经过行列选通信号发生器，产生相应的行地址选通信号 $\overline{\text{RAS}}$、列地址选通信号 $\overline{\text{CAS}}$ 和读写控制信号 $\overline{\text{WE}}$，分别送到 2116 和地址多路转换器。由于题目条件中要求存储器的地址范围为 4000H～7FFFH，因此 $A_{15}=0$。CPU 的地址总线 $A_{13} \sim A_0$ 上的行地址 $A_6 \sim A_0$ 和列地址 $A_{13} \sim A_7$，分别在 $\overline{\text{RAS}}$ 和 $\overline{\text{CAS}}$ 的控制下，经地址多路转换器，被分别送入 2116 芯片内部的行地址锁存器和列地址锁存器，经译码后，选中被寻址的存储单元。

解：动态 RAM 存储芯片 2116 与 CPU 的连接线路图如图 4.27 所示。

关于动态存储器扩展的几点说明如下。

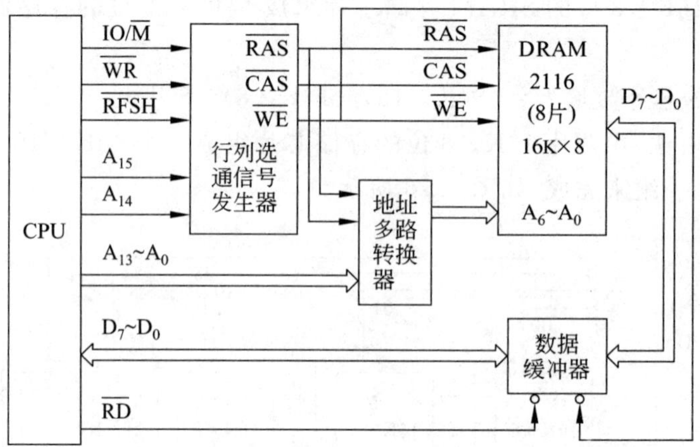

图 4.27 动态 RAM 2116 与 CPU 的连接

(1) DRAM 芯片没有片选信号，由$\overline{RAS}$和$\overline{CAS}$控制对芯片的访问。

(2) 与 SRAM 芯片不同，DRAM 芯片构成的存储体一般不直接与 CPU 相连，因为 DRAM 芯片的外围电路比较复杂，DRAM 芯片一般通过 DRAM 控制器与 CPU 连接。

(3) 由于 DRAM 芯片的数据输入和输出是分开的，因此，DRAM 芯片的数据线一般通过带双向控制的数据缓冲器与 CPU 数据线相连，并由读写信号控制数据的读出或写入。

(4) 为简化问题，对于动态存储器扩展问题，往往只画出存储体逻辑结构图而不画与 CPU 的连接。

4.3.2 存储器接口

本节将以 PC 系列机为例，详细分析存储器与 CPU 外部数据总线的连接问题。由于存储器按字节编址，当存储器的数据位数大于 8 位，如 16 位、32 位、64 位时，CPU 可能读取一个规则字，也可能只读其中的部分字节，如何适应这些不同粒度的数据访问是存储器接口应解决的问题。

1. 8 位存储器接口

对于数据位为 8 位的存储器，数据宽度刚好为一个字节，CPU 对这类存储器的访问每次一个字节，编址单位与访问单位一致。这类存储器接口简单，CPU 的地址线将全部用于寻址。

2. 16 位存储器接口

由例 4.4 的分析可知，16 位存储器分成高、低两个 8 位的存储体，其中低位存储器对应偶地址，高位存储器对应奇地址。高、低两个存储器的数据线分别与 16 位数据线的高 8 位和低 8 位相连，利用地址 A_0 和$\overline{BHE}$来选择 16 位数据中的访问粒度，具体的选择如

表 4.5 所示。

表 4.5 $\overline{BHE}$和 A_0 选择表

$\overline{BHE}$	A_0	访问数据粒度
0	0	16 位的规则字(从偶地址开始的两个字节单元)
0	1	访问 16 位中的高字节数据(奇地址字节单元)
1	0	访问 16 位中的低字节数据(偶地址字节单元)
1	1	备用

从表 4.5 可看出,对于偶地址字节、奇地址字节和偶地址字(按字边界对齐的规则字)的访问,仅需要一个存储周期;而对奇地址字的读写,需要两次访问存储器才能实现,而且每次访问从读取的 16 位字中选择高字节(访问奇地址字节)或低字节(访问偶地址字节单元)。

3. 32 位存储器接口

32 位存储器分成 4 个 8 位的存储体,CPU 根据指令产生类型,用低两位地址 A_1,A_0 来产生数据粒度选择控制信号$\overline{BE3}$~$\overline{BE0}$。当访问 32 位数据时,$\overline{BE3}$~$\overline{BE0}$全部为零,同时选中 4 个存储体;当访问一个 16 位字时,则通过$\overline{BE3}$/$\overline{BE2}$或$\overline{BE1}$/$\overline{BE0}$选择高 16 位或低 16 位的两个存储体;若只访问单字节,则只需要选择一个存储体,此时,根据被访问的 8 字节在 32 位数据中的位置关系,使相应的$\overline{BEi}$为零即可。具体的选择关系如表 4.6 所示。

表 4.6 $\overline{BE3}$~$\overline{BE0}$与存储体的选择关系

字节允许				被选择的存储体			
$\overline{BE3}$	$\overline{BE2}$	$\overline{BE1}$	$\overline{BE0}$	D_{31}~D_{24}	D_{23}~D_{16}	D_{15}~D_8	D_7~D_0
1	1	1	0				□
1	1	0	1			□	
1	0	1	1		□		
0	1	1	1	□			
1	1	0	0			□	□
1	0	0	1		□	□	
0	0	1	1	□	□		
1	0	0	0		□	□	□
0	0	0	1	□	□	□	
0	0	0	0	□	□	□	□

4. 64 位存储器接口

64 位存储器将分成 8 个 8 位的存储体,存储体选择通过选择信号$\overline{BE7}$~$\overline{BE0}$和 CPU 低 3 位地址 A_2,A_1,A_0 配合实现。如$\overline{BE7}$~$\overline{BE0}$全为 0 时访问 64 位数据;32 位数据访问则由$\overline{BE3}$~$\overline{BE0}$和 A_2 来选择;访问 16 位数据则由$\overline{BHE}$,$\overline{BLE}$及 A_2,A_1 选择;访问 8 位数

据则仅通过 $A_3 \sim A_0$ 实现。

4.4 并行主存系统

目前,主存的存取速度已经成为计算机系统的性能瓶颈,除通过选择高速元件来提高存储器访问速度外,也可以通过存储体的并行工作来提高存储器的访问速度,缓解 CPU 与主存速度不匹配的矛盾。本节主要研究如何通过发掘存储系统的并行访问来提高存取速度。

1. 双端口存储器

双端口存储器是指同一个存储器具有两组相互独立端口的存储器,每个端口有各自独立的数据端口、地址端口以及读写控制端口、片选端口等,每个端口可独立进行读写操作。双端口存储器的结构有多种,图 4.28 所示的是一种基本的双端口存储器结构示意图。

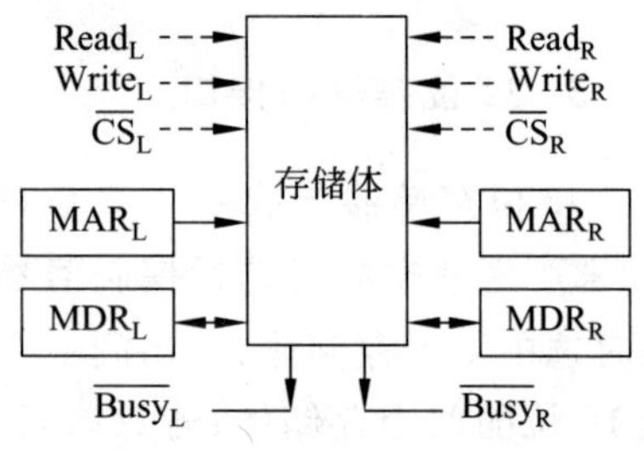

图 4.28 双端口存储器示意图

1) 并行读写

当左右两个端口的地址不同时,两个端口使用各自的地址线、数据线和控制线对存储器同时进行读写操作,而不发生冲突。

2) 冲突处理

当两个端口的访问地址相同时,便会发生读写冲突。为解决冲突问题,每个端口各设置一个标志$\overline{BUSY}$。当冲突发生时,由判断逻辑决定哪个端口优先进行读写操作,而将另一个端口$\overline{BUSY}$置零($\overline{BUSY}$变为低电平)以延迟其对存储器的访问。优先端口读写操作完成后,被延迟端口的$\overline{BUSY}$标志复位(变为高电平)后,便可进行被延迟的操作。

由于冲突访问不可避免,因此双端口存储器的速度不可能提高两倍。

2. 单体多字存储器

单体多字存储器的构造与存储器位扩展方式完全相同(参考图 4.23),该方式采用多个并行的存储模块共用一套地址寄存器,按同一地址并行访问不同存储模块的同一单元,从而实现在同一个存储周期内访问多个存储字,提高主存带宽。

充分发挥单体多字存储器特点的前提是指令和数据在主存中连续存放,此时,主存带宽最多可提高 n 倍(n 为存储体的个数)。当遇到转移指令或数据没有连续存放时,该结构存储器的加速效果就不明显。

3. 多体交叉存储器

多体交叉存储器也由多个存储模块构成,这些模块的容量和存取速度相同,具有各自独立的地址寄存器、地址译码器、驱动电路和读写控制电路。根据对多个模块编址方式的不同,又可分为高位多体交叉和低位多体交叉两种方式。

1）高位多体交叉

高位多体交叉方式的主要目的是为了扩展存储器的容量，与存储字扩展完全相同(参考图 4.25)，即用高位段地址经过译码后产生片选信号，选择不同的存储体；而低位段地址直接选择一个存储体内的不同存储单元。高位交叉的这种组织方式将地址顺序分配给一个模块后，接着按顺序为下一个模块分配地址，因此，高位多体交叉又称完全顺序方式，其地址结构如图 4.29(a)所示。

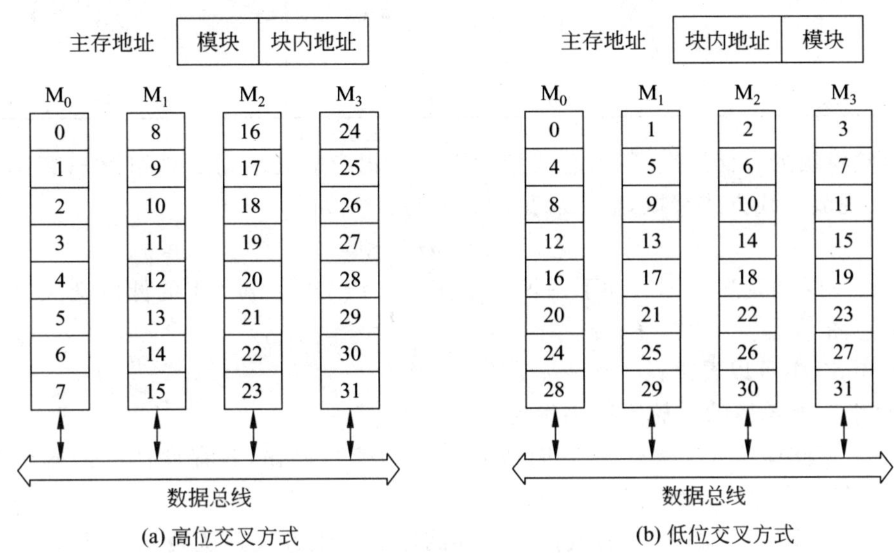

图 4.29　存储器的组织方式

由图 4.29(a)可看出高位交叉方式下数据组织的如下特点。

- 相邻的地址在同一存储体内。
- 不同存储体中的地址不相邻。

由于程序具有局部性和连续性的特点，当采用高位交叉组织存储器时，同一个存储体中的地址单元是连续的，这样执行程序过程中的指令和数据基本分布在同一个存储体中，往往导致一个存储体访问频繁，而其他存储体基本处于空闲状态，无法实现存储体并行工作。

高位多体交叉的存储器一般应用在共享存储器的多机系统中。在这些系统中，各处理机通常访问各自所需的数据对象，当这些数据对象放在不同存储体中时，存取操作可并行进行。

2）低位交叉方式

与高位多体交叉的地址组织方式不同，低位交叉方式下，用高位段地址直接选择一个存储体内的不同存储单元，而低位段地址经过译码后产生片选信号，选择不同的存储体，因此称为低位交叉方式。

低位交叉方式在进行地址划分时，将顺序的 M 个地址依次分配给 M 个存储模块后，再将下面的 M 个地址又依次分配给 M 个存储模块，照此法将全部线性地址分配完。其地址结构如图 4.29(b)所示，从图中可以看出低位交叉方式下数据组织的如下特点。

- 相邻的地址处在不同存储体内。
- 同一存储体中的地址不相邻。

以模 4 为例，低位交叉方式下，4 个存储体编址序列如表 4.7 所示。

表 4.7　四体低位交叉存储体编址序列

模　块　号	地址编址序列	最低两位地址
0	0,4,8,…,4i+0	00
1	1,5,9,…,4i+1	01
2	2,6,10,…,4i+2	10
3	3,7,11,…,4i+1	11

设存储模块的存储周期是 T，总线传输周期及相应的处理延迟总和为 τ，交叉模块数为 m，要实现流水线方式存取，应该满足的条件是：

$$T=m\tau$$

即每经 τ 时间延迟后即启动下一模块。图 4.30 给出了 $m=4$ 的低位交叉存储流水存取的示意图。

从图 4.30 中可以看出：

- 每个存储单体的存储周期仍然为 T。
- 各个存储体错开 1/4 个存储周期分时启动读写操作，各存储体的内容也分时传送；每个存储周期内可访存 4 次。

图 4.31 给出了一种 $m=4$ 的低位交叉存储器的组织方式。从表 4.7 可看出，不论访问 4 个存储的哪个单元，其最低两位地址的变化总是分时按照 00→01→10→11 的顺序循环变化。因此，在低位存储交叉存储器组织时，可用模 4 计数器产生模块选择信号。

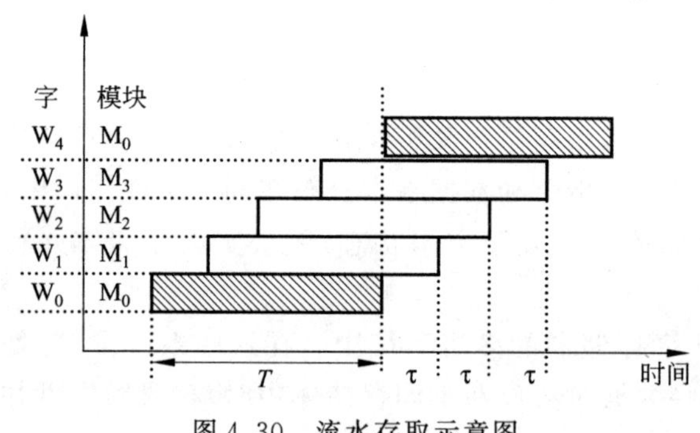

图 4.30　流水存取示意图

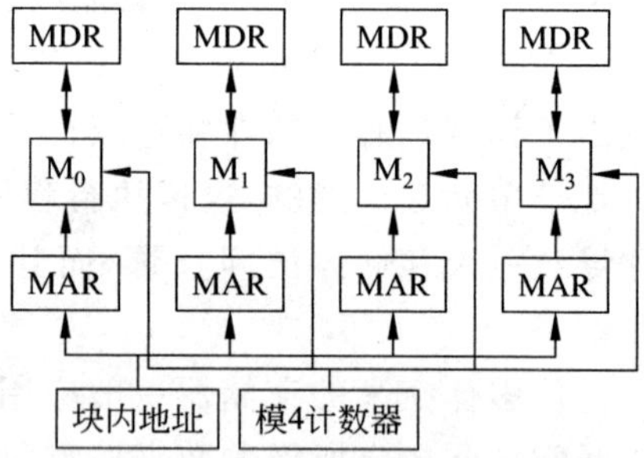

图 4.31　模 4 的低位交叉存储器组织方式

低位交叉存储器比较适合单处理机内的高速数据存取以及带 cache(将在 4.5 节详细分析)的主存。为简化硬件电路，一般存储体的模数 M 取 2 的方幂，有的则采用质数个模，以进一步减少访问存储器的冲突概率。

例 4.6　设计算机字长 64 位，存储器容量为 128MB，采用模数为 8 的存储器交叉方式组织，存储周期 $T=200\text{ns}$，数据总线宽度为 64 位，总线传输周期 $\tau=50\text{ns}$，分别计算顺序访问方式和低位交叉访问方式下存储器的带宽。

解：顺序方式下，连续读 8 个字所需要的时间 t1＝8T＝1600ns，则顺序方式下存储器带宽

$$W_1 = 64\times8/t1 = 64\times8/1600\text{ns} = 32\times10^7\ \text{bps}$$

低位交叉方式下，连续读 8 个字所需要的时间 t2＝$T+7\tau$＝550ns，则低位交叉方式下存储器带宽

$$W_2 = 64\times8/t2 = 64\times8/550\text{ns} = 9.31\times10^8\ \text{bps}$$

4.5 高速缓冲存储器(cache)

虽然 CPU 主频的提升会带动系统性能的改善，但系统性能的提高不仅取决于 CPU，还与系统架构、指令结构、信息在各个部件之间的传送速度及存储部件的存取速度等因素有关，特别是与 CPU 与内存之间的存取速度有关。

若 CPU 工作速度较高，但内存存取速度相对较低，则造成 CPU 等待，降低处理速度，浪费 CPU 的能力。减少 CPU 与内存之间的速度差异的途径主要有以下 4 种。

(1) 在基本总线周期中插入等待周期，但这样会浪费 CPU 的能力。

(2) 采用新型高速存储器，包括双端口存储器、低位多体交叉存储器等。

(3) 采用存取时间较快的 SRAM 作存储器。

(4) 在慢速的 DRAM 和快速 CPU 之间插入一至多级速度较快、容量较小的 SRAM，起到缓冲作用；使 CPU 既可以以较快速度存取 SRAM 中的数据，又不使系统成本上升过高，这就是 cache 法。

cache 法是目前计算机系统中广泛使用的一种减少 CPU 与内存之间速度差异的方法。本节将围绕如何解决下列 4 方面的问题研究 cache 的工作原理。

(1) 内存中的数据放在 cache 的什么地方？向 cache 中放置数据时登记什么信息？

(2) CPU 访问存储器时如何判断所访问的内容是否在 cache 中？

(3) cache 放满时，如有新的数据调入，按照什么策略替换 cache 中原有的数据？

(4) 写 cache 时是否写主存？

4.5.1 程序访问的局部性原理

对大量典型程序运行情况的分析结果表明，在一个较短的时间间隔内，由程序产生的地址往往集中在存储器逻辑地址空间的很小范围内，这种对局部范围的存储器地址频繁访问，而对此范围以外的地址则访问甚少的现象，就称为程序访问的局部性。

局部性又表现为时间局部性和空间局部性。时间局部性是指当程序访问一个存储位置时，有很大的可能性程序会在不久的将来再次访问同一位置，程序的循环结构和过程调用就很好地体现了时间局部性。空间局部性指一旦程序访问了某个存储单元，则不久之后，其附近的存储单元也将被访问。因为计算机中数据通常以向量、数组、树、表、记录等形式连续地放置在主存的相邻位置；而对指令而言，在不发生转移的情况下也是顺序存储、顺序执行。

利用程序的局部性原理，可以在主存和CPU通用寄存器之间设置cache，把正在执行的指令地址附近的一部分指令或数据从主存调入这个存储器，供CPU在一段时间内使用，从而提高CPU访问存储系统的速度。当程序继续执行时，程序访问的时间局部性和空间局部性也随着时间逐渐变化，新的数据将不断从主存调入cache，替换掉其中旧的数据。

例4.7 以下是一段程序代码：

```
Int sumvec()
 {
  Int i,sum=0;
For(i=0;i<1000;i++)
   Sum+=V[i];
Return sum;
}
```

分析for循环的时间局部性和空间局部性、访问变量sum和数组V的时间局部性和空间局部性。

解：for循环体在主存中连续存放，当包含该循环代码的信息放置到cache中后，具有空间局部性；由题目条件可知，该循环将被执行1000次，因此具有良好的时间局部性。

变量sum是单个变量，不存在空间局部性，但由于该变量在每次执行循环代码时都被用到，因此具有良好的时间局部性。

数组包含1000个数据元素，这些数据在内存中连续存放，具有良好的空间局部性，但因为每个数据在循环中仅被使用一次，因此没有时间局部性。

4.5.2 cache的工作原理

1. 主存地址的划分

为了便于比较和快速查找，cache和主存都被分成若干大小相等的块，每块又包含若干个字。显然，cache分块数远远小于主存的分块数。除分块外，还根据不同的地址映射方法(在4.5.4节将专门介绍)对cache和主存地址进行不同的逻辑划分，其中有的映射方法还对主存的块地址继续划分为标记和索引两部分，如图4.32所示。

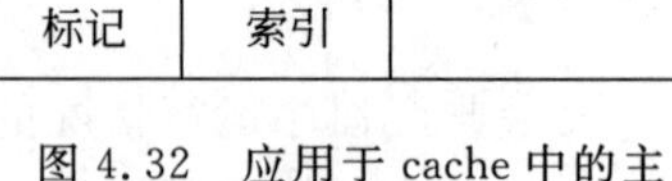

图4.32 应用于cache中的主存地址格式

上述地址中不同字段的作用分别如下。

- 主存块地址

是对CPU访问主存单元地址按块大小划分后得到的一个地址，用于标识CPU所访问的主存单元所在的主存块号。通过该地址可以缩小查找的范围。

- 块内偏移地址

又称块内地址，表示CPU所要访问的单元在某块内的偏移值，找到数据所在的块后，根据该值可以定位CPU要访问的具体单元。

• 索引

索引是对主存块地址进一步划分后得到的更细粒度的地址，用于指示 CPU 访问 cache 的位置，即作为 cache 存储体的地址指示器，指出 CPU 访问 cache 存储体的范围，如指定 cache 的某一行或某几行。不同的映射方法索引字段的位数不同，所指示的 cache 存储体地址的范围大小也不同。特殊地，当某种映射方法对主存块地址不再划分出索引字段时，表示 CPU 将在 cache 的全部范围内进行查找。

• 标记

标记也是对主存块地址进一步划分后得到的更细粒度的地址，作为判断 CPU 要访问的内容是否在 cache 中的依据。不同的地址映射方法具有不同的标记产生方法，特殊地，当某种映射方法对主存块地址不再划分出索引字段时，则主存块号整体作为标记使用。

在学习后面将要介绍的几种主存与 cache 地址映射方法时，要注意区分不同映射方式下对主存地址的不同划分，这是掌握 cache 工作原理的关键。

2. cache 的基本结构

cache 结构主要包括 3 部分，一部分是数据存储体，用于存放主存数据的副本；第二部分是标记存储体，用于存放标记，不同类型的映射方法标记位数不同，因此，所需要的标记存储体的容量也不同；第三部分是有效位，用来标识存放在 cache 中的数据是否有效，CPU 查找 cache 以及 cache 更新时都需要使用有效位。在设计 cache 的容量时，要综合考虑数据存储体、标记存储体和有效位等 3 部分的容量。

包含上述 3 部分存储体的 cache 结构框图如图 4.33 所示。

3. cache 的组织及 CPU 访问 cache 的流程

一种典型的 cache 的组织方式如图 4.34 所示。

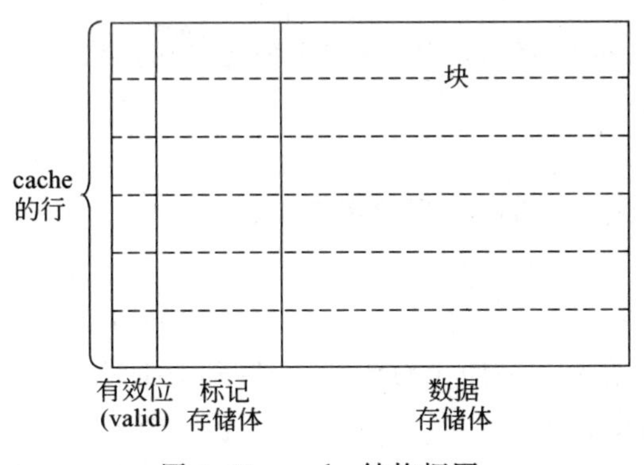

图 4.33 cache 结构框图

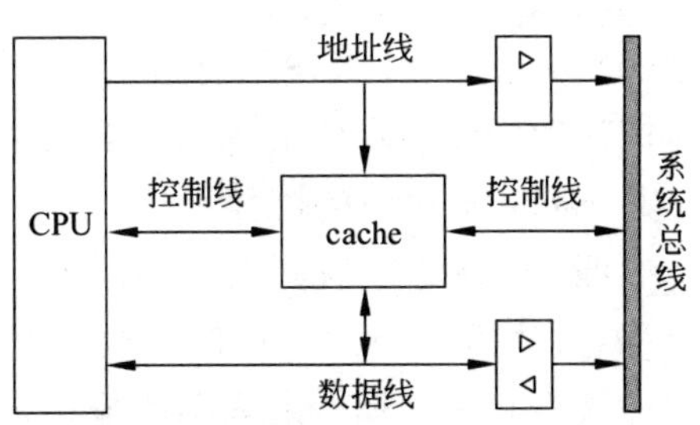

图 4.34 一种典型的 cache 的组织方式

如图 4.34 所示，cache 与 CPU 之间通过数据线、地址线和控制线相连，同时 cache 的地址线和数据线分别通过单向缓冲区和双向缓冲区与系统总线相连，从而与主存相连。当 CPU 根据主存地址在 cache 中找到要访问的内容(称为命中)时，地址线和数据线缓冲关闭，CPU 访问 cache；当不命中时，打开地址和数据缓冲区，CPU 访问主存，数据通过数据线反馈给 CPU 的同时还要根据某种规则装入 cache 的数据存储体中，同时登记标记。具体位置由访问主存的地址中划定的索引字段确定。

下面将结合图 4.35 详细分析 CPU 在不同情况下访问 cache 的流程。

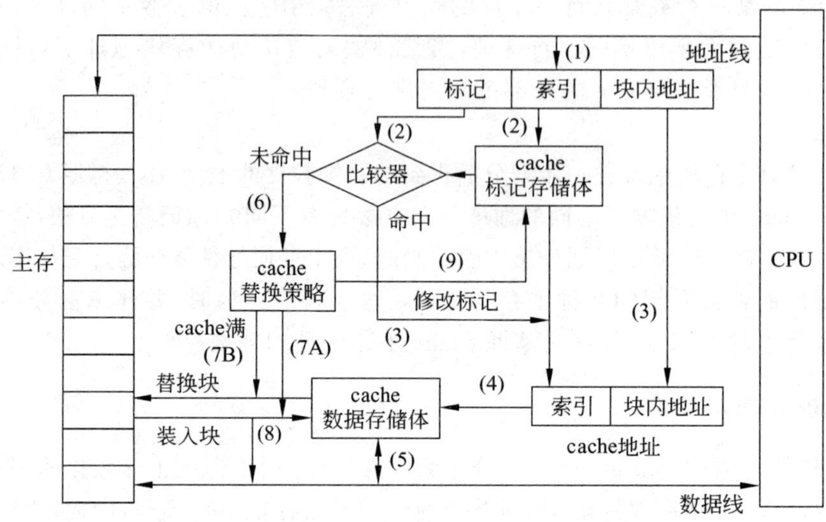

图 4.35 CPU 在 cache 中的访问流程

下面以读操作为例，分析高速缓存系统的工作流程。

1) cache 命中的流程

(1) 对 CPU 访问存储器的地址进行逻辑划分得到标记、索引、块内地址。

(2) 按照索引字段的值从 cache 标记存储体的特定单元读出标记值，并与(1)中的标记值进行比较。

(3) 若比较结果相同(称为命中)，则形成 cache 地址。

(4) 根据形成的 cache 地址访问 cache 数据存储体，其中标记部分定位访问数据存储体的范围，然后由块地址在该范围内找到具体的访问单元。

(5) 从 cache 中读出信息送 CPU。

该流程中每一步前面的标号与图 4.35 中标识的每一步数字编号相同。

2) cache 不命中的流程

参照 cache 命中的流程，利用图 4.35 中标识访问流程的标号直接写出 cache 不命中的流程，可分为 cache 已满和 cache 未满两种情况。为便于对流程的理解，先对图 4.35 与不命中流程有关的标号所表示的操作进行简要说明。

(7A)：将信息从主存调入 cache 的数据存储体中，存放的具体位置与采用的地址映射方法有关，仍然由索引字段指出。

(7B)：cache 已满时，将 cache 数据存储体中某单元的数据块交换到主存中，被换出数据的单元地址也由索引字段指出。

(8)：从主存向 cache 数据存储体调入数据块，同时将 CPU 访问单元的信息直接传送给 CPU。

(9)：更新 cache 标记存储体中特定单元中的标记，单元的地址与采用的地址映射方法有关，仍然由索引字段指出。

两种情况下访问 cache 不命中的流程如下。

(1) cache 已满的流程

(1)→(2)→(6)→(7B)→(7A)、(8)→(9)。

(2) cache 未满的流程

(1)→(2)→(6)→(7A)、(8)→(9)。

4. cache 的命中率

为评价 cache 系统的效果，引入命中率的概念。设 N_C 为某程序运行期间命中 cache 的次数，N_m 为从主存中访问信息的次数，则**命中率(hit ratio)**H 定义为

$$H = \frac{N_C}{N_C + N_m}$$

则 $1-H$ 为丢失率(miss ratio)，或称**未命中率**。若以 t_c 表示命中时 cache 的访问时间，t_m 表示未命中时主存的访问时间，则 cache/主存系统的**平均访问时间** t_a 为

$$t_a = Ht_c + (1-H)t_m$$

设计高速缓冲存储器的目标是以较小的硬件开销使 cache/主存系统的平均访问时间 t_a 越接近 t_c 越好。若以 $e=t_c/t_a$ 作为**访问效率**，则有：

$$E = \frac{t_c}{t_a} = \frac{t_c}{Ht_c + (1-H)t_m} = \frac{1}{H + (1-H)r} = \frac{1}{r + (1-r)H} \tag{4.1}$$

其中 $r=t_m/t_c$ 表示主存访问时间与 cache 访问时间的倍数。

由式(4.1)可看出，存储系统的访问效率与 r 和 H 有关，命中率 H 的值越接近 1，访问效率越高；另外 r 的值不能太大，一般以 5～10 为宜。

4.5.3 相联存储器

与一般存储器不同，相联存储器是一种按内容访问的存储器(Content Addressable Memory，CAM)。在课堂上点名就是典型的按内容访问的例子，如果是按座位的行列编号(对应地址访问)点名，则需要通过这名学生所在座位的行列号，如第五排第四列等信息进行。显然按座位号点名没有直接喊学生的名字方便。通过这个简单的例子我们能体会到按内容访问的特点——快速。

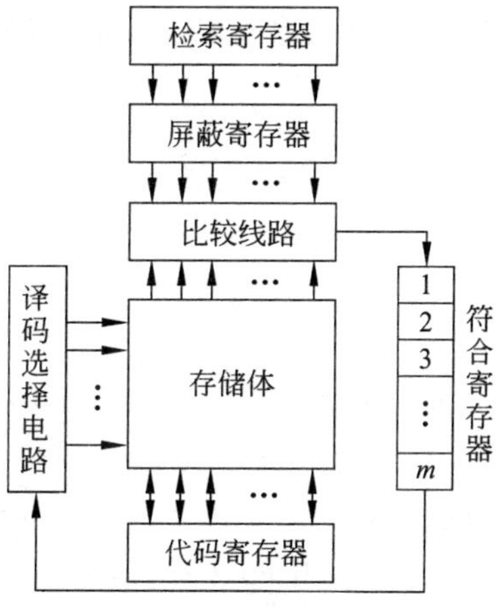

图 4.36　相联存储器的基本原理

相联存储器的基本原理如图 4.36 所示。

相联存储器一般由存储体、检索寄存器、屏蔽寄存器、符合寄存器、比较线路、代码寄存器、控制线路等几部分组成。

(1) 检索寄存器。用来存放检索字，其位数和相联存储器的存储单元位数相等。

(2) 屏蔽寄存器。屏蔽寄存器也称为表征码寄存器。用于存放屏蔽码,以确定检索寄存器参与检索的位数。

(3) 符合寄存器。存放按检索项内容检索 cache 存储体时命中存储体单元地址。符合寄存器的位数与相联存储器的存储单元数相等。

(4) 比较线路。把检索项和从存储体中读出的单元内容的相应位进行比较,如果比较结果为相同(即符合),就把符合寄存器的相应位置"1",表示该字已被检索到。

(5) 代码寄存器。用来存放存储体中读出的数据,或者存放向存储体中写入的数据。

(6) 存储体。由高速半导体存储器构成,以求快速存取,用于存放标记。相联存储器中的存储体即 cache 中的标记存储体。

(7) 译码选择电路。根据符合寄存器的状态译码选出被检索命中的地址,并将其中的内容读出送代码寄存器。

在计算机系统中,相联存储器主要用于虚拟存储器中存放段表、页表和快表以及高速缓冲存储器中的查找。

4.5.4 cache 的地址映射及变换方法

地址映射是指把主存地址空间映射到 cache 的地址空间,即把存放在主存中的程序或数据按照某种规则装入到 cache,并建立两者之间地址的对应关系,实现这一功能的函数称为映像函数。**地址变换**是指在程序运行时,根据地址映像函数把主存地址变换成 cache 地址。地址映射与变换方法相关,不同的地址映射方法具有不同的地址变换方法。

为便于比较,本节中对不同映射方法的举例都是基于下列假设。

(1) cache 的容量为 4K 字节。

(2) cache 和主存储器中,数据块的大小为 256 字节,即 cache 被分成 16 块,cache 块也称为 cache 行。

(3) 主存储器的容量为 1M 字节,主存地址 20 位,主存被划分成 4096 个块。

(4) 指令或数据从主存的 0 号单元开始存放。

1. 全相联映射(Associative Mapping)

全相联映射方式下,只对主存和 cache 分块,因此,两者的地址只包含块号和块内地址两部分,全相联映射方式下主存地址的逻辑划分为:

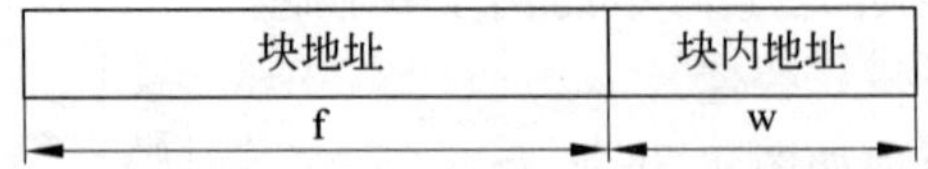

根据上述假设,f 字段长 12 位,w 字段长 8 位。对比图 4.32 中对主存地址的逻辑划分,这里块号(对应 f 字段)为标记,全相联映射方式下对主存地址的逻辑划分中不包含索引,因此,该映射方式下主存地址与 cache 地址之间的对应关系为一对多,即主存中的块可装入 cache 中的任意行,与此同时,将块地址(即本算法的标记)填入 cache 标记存储体的对应行中,作为 cache 行与主存块之间的映射关系。具体的映射操作如图 4.37 所示。

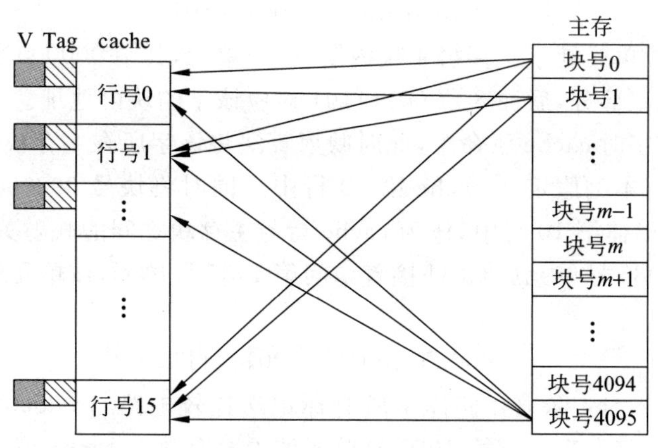

图 4.37　全相联映射示意图

全相联映射方式下的地址变换过程如图 4.38 所示。

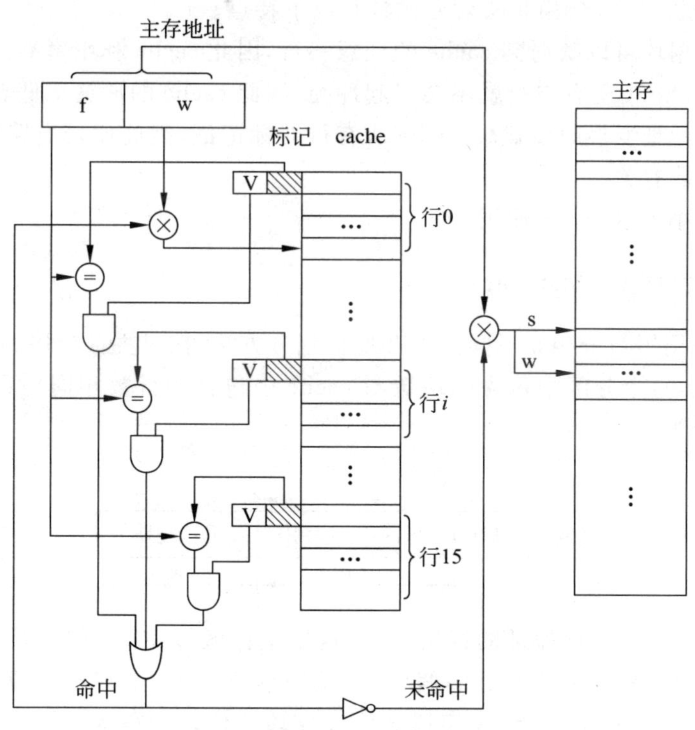

图 4.38　全相联映射方式下的地址变换过程

由于没有索引,地址变换时,需要将 cache 所有行的标记部分送到比较器中与当时访问地址中的标记部分进行对比,判断 CPU 所要访问的内容是否存在于 cache 中。

为便于理解,下面以一个具体的内存访问为例分析全相联映射方式下地址的映射与变换的过程。假定 CPU 访问主存第 1085 号单元(从 0 开始编址),先将该地址变成二进制地址,并划分成块地址和块内地址两部分:

000000000100　00111101

即主存1085号单元处于主存第4块内第61个单元，其中000000000100对应该字所在的主存块号即标记部分，后面8位00111101对应该字的块内地址。

第一次访问该字时cache不命中，此时映射算法将该字所在主存块调入cache任一空行的数据存储体中(本例假定在cache第10行中)，同时将块号000000000100作为标记存入cache标记存储体第10行中，作为cache行与主存块之间的映射关系。

若在访问第1085号单元后CPU接着访问第1087号单元，该单元地址对应的二进制值为

000000000100　00111111

地址变换时将cache标记存储体中所有标记送比较电路与000000000100比较。显然，本次比较的结果将发现主存第1087号单元的内容存放在cache第10行中，由于一行中包含256个字节，第1087号单元属于该块内第63个单元，即通过二进制地址的最后8位从该行中选出CPU所要访问的字节。

由前面的分析可知，全相联映射方式具有以下特点。

(1) 主存数据块可以映射到cache的任意一行，因此cache利用率高。

(2) 只要cache中还有空行就不会引起冲突，因此cache的冲突率低。

(3) 因每次地址变换时要比较cache所有行的标记值，因此比较电路复杂，且复杂程度与cache的行数有关。

(4) 适合于小容量cache使用。

2. 直接映射(Direct Mapping)

直接映射采用了与全相联不同的主存地址划分方法，在对主存分块的基础上，直接映射还对主存分区，每个分区中包含的块数与cache中包含的行数相同。直接映射对主存地址的逻辑划分为：

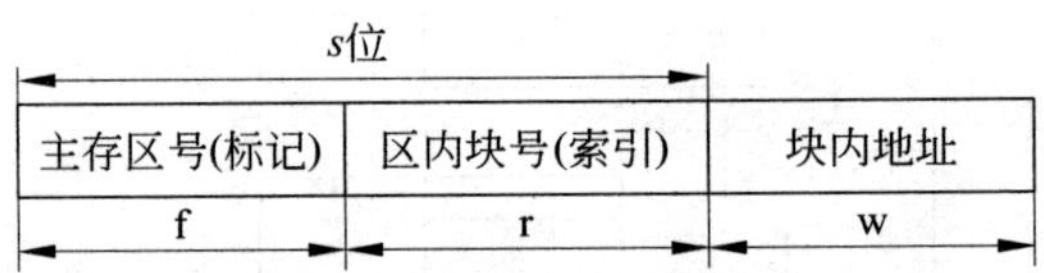

对比图4.32中对主存地址的逻辑划分，这里主存区号(对应f字段)为标记、区内块号(r字段)为索引。根据本节开始的假设，直接映射方式下，主存被分成256个区，每区中有16块，每块256字节，因此，w字段8位，r字段4位，f字段为8位。

根据直接映射的算法，主存数据块调入到cache的位置就由索引字段指定。同理，标记在标记存储体中的位置也由该索引字段的值确定。直接映射算法的映射和地址变换操作分别如图4.39(a)和图4.39(b)所示。

仍然用全相联映射中的例子分析直接映射方式下地址的映射与变换方法和过程。假定CPU访问主存第1085号单元(从0开始编址)，该地址采用直接映射进行的逻辑划分为

00000000　0100　00111101

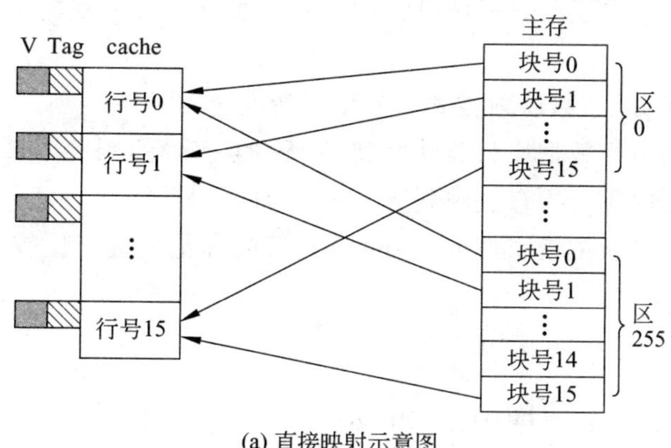

(a) 直接映射示意图

主存地址 f r w Tag cache V 行0 命中 行r 未命中 s w 主存

(b) 直接映射地址变换

图 4.39 直接映射

其中前 8 位对应该字所在主存区号即标记部分，中间 4 位对应区内块号即索引字段，后面 8 位对应块内地址。

第一次访问该字时 cache 不命中，根据映射算法，该字所在的主存块将调入 cache 数据存储体第 4 行中，同时将区号 00000000 作为标记存入 cache 标记存储体第 4 行中，作为 cache 行与主存块之间的映射关系。

假定在访问第 1085 号单元后 CPU 接着访问主存第 1087 号单元，将该单元地址按照直接映射算法进行逻辑划分后得到：

00000000 0100 00111111

地址变换时，只需将 cache 标记存储体中第 4 行所存储的标记值与 00000000 比较，显然，这次比较的结果是访问 cache 命中，CPU 将从 cache 数据存储体第 4 行中读取所访问的信息，即第 4 行中的第 63 个单元中的数据。

显然，当 CPU 继续访问主存 5183 号单元时(对应的二进制地址为：00000001 0100 00111111)，仍然会访问 cache 第四行，由于第四行的标记不等于 00000001，因此，本次访问不命中,CPU 从主存中读取数据,并用 5183 号单元所在的主存块将 cache 第四行中原来的块替换出来。

由前面的分析可知,直接映射方式具有以下特点。

(1) 由于主存的一个数据块只能映射到 cache 的特定行,因此 cache 利用率低。

(2) 索引值相同的所有主存块映射到 cache 的同一行,因此 cache 的冲突率高。

(3) 地址变换时只根据索引值取 cache 特定行的标记值进行比较,因此,比较电路简单,与 cache 的行数无关。

(4) 适合于大容量 cache 使用。

3. 组相联映射(Set Associative Mapping)

组相联映射是直接映射和全相联映射两种方式的折中,有如下两种方式的组相联。

1) 组相联方式 1

将 cache 分成 p 组,每组有 k 行,称 cache 中每组包含 k 行的组相联为 k-路组相联。组相联方式 1 中,主存也分组,每组中包含的块数同 cache 的组数,即主存每组中包含 p 块。注意,组相联方式 1 中,主存组的大小与 cache 组的大小不一定相同。

该方式对主存地址的逻辑划分为:

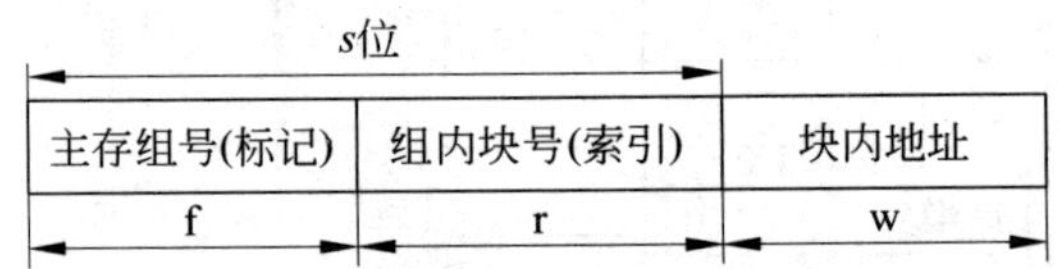

根据本节开始的假设,w 字段 8 位,若 $k=4$,则 cache 被分成 4 组,每组 4 块,即 $p=4$,$r=2$;主存被分成 4096/4=1024 个组,故 f 字段为 10 位。

根据组相联方式 1 的映射算法,只将主存数据直接映射到 cache 数据存储体的特定组,该组的位置由索引字段的值确定,至于调入该组的哪一行则是任意的(即从 cache 特定组的 k 行中任选一行)。同理,标记在标记存储体中的位置也采用完全相同的方法确定。

$p=4$,$k=4$ 的组相联方式 1 的映射和地址变换操作分别如图 4.40(a)和图 4.40(b)所示。

继续使用全相联映射中的例子分析组相联映射方式 1 的地址的映射与变换方法和过程。假定 CPU 访问主存第 1085 号单元(从 0 开始编址),对该地址采用组相联映射 1 的逻辑划分为

0000000001　00　00111101

其中前 10 位为主存组号即标记部分,中间两位对应索引字段,后面 8 位对应块内地址。

第一次访问该字时 cache 不命中,根据映射算法,该字所在的主存块将调入 cache 数据存储体第 0 组某行中,同时将标记 0000000001 存入 cache 标记存储体的对应行中,作为 cache 行与主存块之间的映射关系。

假定在访问第 1085 号单元后 CPU 接着访问主存第 1087 号单元,该单元地址对应的

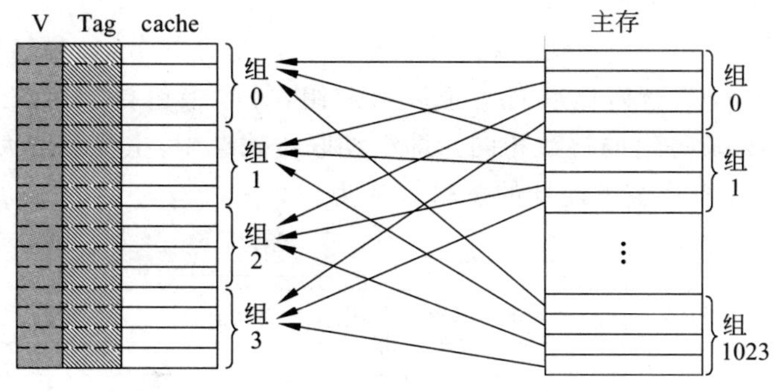

(a) p=4,k=4 组相联1映射示意图

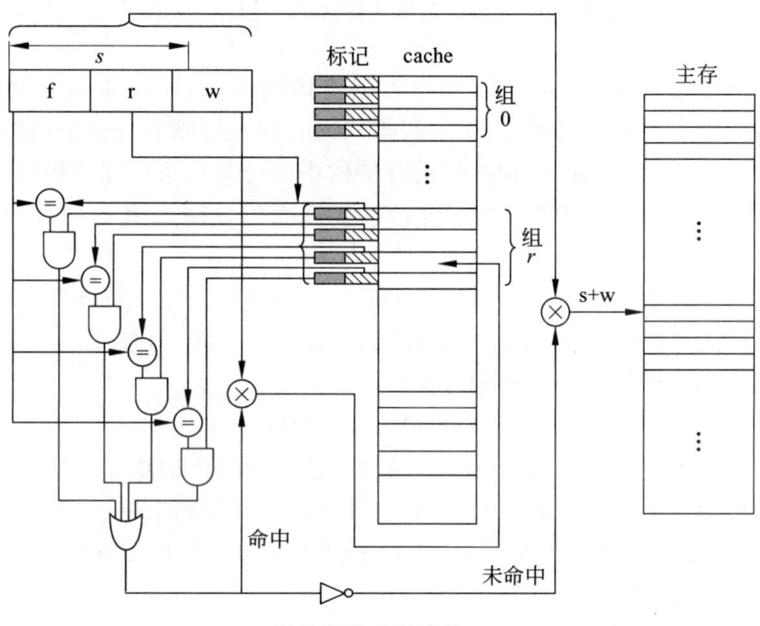

(b) 组相联1地址变换

图 4.40 $p=4,k=4$ 组相联映射 1

二进制值按组相联映射方式 1 进行逻辑划分后为

0000000001 00 00111111

由于地址划分中有索引字段，因此只需将 cache 标记存储体中第 0 组所有行的标记值与 0000000001 比较，显然，这次比较的结果是访问 cache 命中，CPU 将从 cache 数据存储体第 0 组的命中行中读取所访问的信息。

显然，当 CPU 继续访问主存 5183 号单元时(对应的二进制地址为：0000000101 00 00111111)，仍然会访问 cache 第 0 组，由于第 0 组所有行的标记不等于 00000101，因此，本次访问不命中，CPU 从主存中读取数据，并将 5183 号单元所在的主存块调入 cache 第 0 组的空闲行中，并不替换已经在 cache 第 0 组的另一行中的数据块(即 1085 号单元所在的 cache 行)。

2）组相联方式 2*

在这种方式下，设 cache 分成 p 组，每组有 k 行。主存先分区，每区中包含的块数同 cache 的行数(即为 $p\times k$ 行)，然后对每个区再分组，每区中包含的组数及每组中的块数与 cache 包含的组数及每组的行数相同。即组相联方式 2 中，主存组的大小与 cache 组的大小完全相同。该方式对主存地址的逻辑划分为：

s位			
主存区号(标记1)	区内组号(索引)	组内块号(标记2)	块内地址
f	r	q	w

这里标记由 f 和 q 两个字段构成，r 字段仍为索引。根据本节开始的假设，w 字段 8 位，若 $k=4$，则 $q=2$；同时 cache 被分成 4 组，$p=4$，$r=2$ 位；主存被分成 4096/4＝1024 个组，256 个区，则 f 字段为 8 位。

组相联方式 2 的映射算法也是将主存数据直接映射到 cache 数据存储体的特定组，该组的位置由索引字段 r 的值确定，至于调入该组的哪一行则是任意的（即从 cache 特定组的 k 行中任选一行）。同理，标记在标记存储体中的位置也采用完全相同的方法确定。

$p=4$，$k=4$ 的组相联方式 2 的映射和地址变换操作分别如图 4.41(a)和图 4.41(b)所示。

继续使用全相联映射中的例子分析组相联映射方式 2 的地址的映射与变换方法和过程。此时，f＝8，r＝2，q＝2，w＝8。当 CPU 访问主存第 1085 号单元（从 0 开始编址）时，对该地址采用组相联映射 2 的逻辑划分为

00000000　01 00　00111101

标记值为 00000000 00，索引值为 01，最后 8 位对应块内地址。

第一次访问该字时 cache 不命中，根据映射算法，该字所在的主存块将调入 cache 数据存储体第 1 组某行中，同时将标记 00000000 00 存入 cache 标记存储体的对应行中，作为 cache 行与主存块之间的映射关系。

假定在访问第 1085 号单元后 CPU 接着访问主存第 1087 号单元，该单元地址对应的二进制值按组相联映射方式 2 进行逻辑划分后为

00000000　01 00　00111111

只需将 cache 标记存储体中第 1 组标记存储器中所存储的标记值与 00000000 00 比较，显然，这次比较的结果是访问 cache 命中，CPU 将从 cache 数据存储体第 1 组的命中行中读取所访问的信息。

显然，当 CPU 继续访问主存 5183 号单元时（对应的二进制地址为：00000001　01 00　00111111），仍然会访问 cache 第 1 组，由于第 1 组所有行的标记不等于 00000001　00，因此，本次访问不命中，CPU 从主存中读取数据，并将 5183 号单元所在的主存块调入 cache 第 1 组的空闲行中，并不替换已经在 cache 第 1 组中另一行的数据块（即 1085 号单元所在的 cache 行）。

对比两种组相联映射方式可以发现，同一主存块映射到 cache 的组号可能不同，如主存 1085 号单元在组相联映射方式 1 和组相联映射方式 2 下分别映射到 cache 的第 0 组

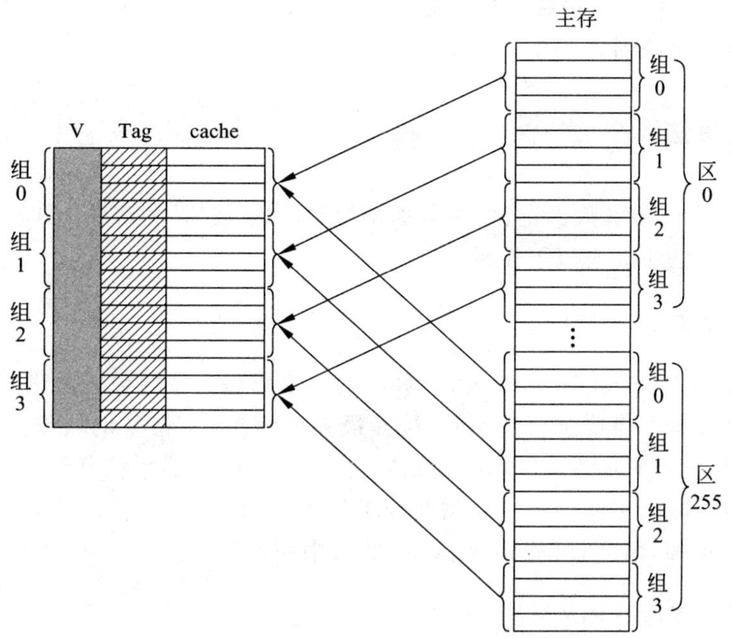

(a) p=4,k=4 组相联2映射示意图

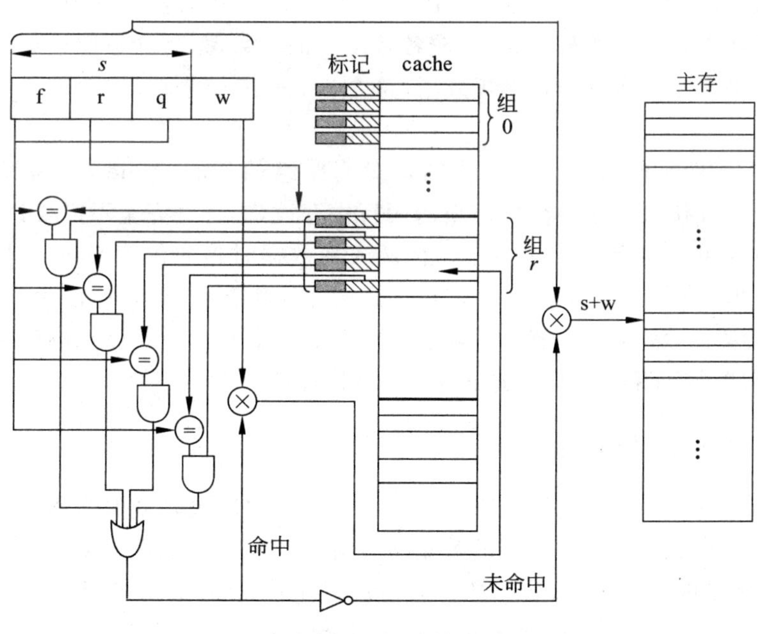

(b) 组相联2地址变换过程

图 4.41 $p=4,k=4$ 组相联映射 2

和第 1 组。不过不论哪种组相联映射方式，它们都结合了全相联映射和直接映射的特点。当 cache 每组中只包含一行时(此时分组数较多)，组相联映射就变成了直接映射；当整个 cache 只分成一组时(此时每组中的行数最多)，组相联映射就变成了全相联映射。更一

般地讲，随着 cache 每组中包含的行数越多，组相联所具有的特征就越接近全相联映射，反之，则越接近直接映射。

4.5.5 替换算法

如果 cache 中已装满数据，当新的数据块要装入时，必须将 cache 中原存的数据块替换掉，常用替换算法主要有以下 4 种。

1. 先进先出算法(FIFO)

先进先出 FIFO(First In First Out)算法的基本思想是按照数据块进入 cache 的先后决定替换的顺序，即在需要进行替换时，选择最先被调入 cache 中的块作为替换块。这种方法要求为每块记录它们进入 cache 的先后次序。FIFO 算法系统开销较小，缺点是不考虑程序访问的局部性，可能会把一些需要经常使用的块(如循环程序块)也作为最早进入 cache 的块而替换掉，因此，可能导致 cache 的命中率不高。

2. 近期最少使用(LRU)算法

LRU(Least Recently Used)算法是将近期内长久未被访问过的行换出。为此，每行设置一个计数器，cache 每命中一次，命中行计数器清零，其他各行计数器增 1，因此它是未访问次数计数器。当需要替换时，比较各特定行的计数值，将计数值最大的行换出。这种算法显然保护了刚调入 cache 的新数据，符合 cache 工作原理，因而使 cache 有较高的命中率。

LRU 算法硬件实现也不太难。特别是对两路组相联的 cache 而言，情况会大为简化。因为一个主存块只能在一个特定组的两行中存放，二选一完全不需要计数器，只需要一个二进制位即可。如规定一组中当 A 行调入新数据时将此位置 1，另一行(B 行)调入新数据时将此位置 0。当需要替换时只需检查此位的状态即可，若此位为 0，说明 B 行的数据比 A 行后调入，故将 A 行换出，反之则换出 B 行。Pentium 机片内的数据 cache 是一个两路组相联结构，采用的就是这种 LRU 替换算法。

3. 最不经常使用(LFU)算法

LFU(Least Frequently Used)算法将一段时间内被访次数最少的那行数据换出。为此，每行设置一个计数器，新调入行的数据从 0 开始计数，每访问一次被访问行的计数器增 1。当需要替换时，对这些特定行的计数值进行比较，将计数值最小的行换出。

LFU 算法的不足是一段期间访问情况不能严格反映近期访问情况。例如特定行中的 A，B 两行，A 行在期间的前期多次被访问而后期未被访问，但累积计数值很大，B 行是前期不常用而后期却正被频繁访问，但可能由于累积计数小于 A 行而被 LFU 算法换出。

4. 随机替换算法

随机替换(Random Replacement)就是需要进行替换时，从特定的行位置中随机地选取一行进行替换。这种策略硬件实现最容易,而且速度也比前几种策略快。缺点是随意换出的数据很可能马上又要用,从而降低命中率和 cache 工作效率。但这个负面效应随着 cache 容量增大会减少,模拟研究表明随机替换策略的功效只是稍逊于 LFU 和 LRU。

替换算法与 cache 的组织方式紧密相关。对于采用直接映射方式的 cache 来说,因一个主存块只有一个特定的行位置可存放,所以不需要使用任何替换算法,只要有新的数据块调入,此特定行位置上的原数据一定会被换出。对于全相联而言,执行替换算法时,涉及全部 cache 行;而对组相联的 cache 来说,执行替换算法只涉及特定组中的行。

例 4.8 假定某程序访问 6 块信息,cache 分 4 行,采用全相联方式组织。程序访问的块地址流依次为 1,2,3,6,2,1,5,6,3,1,2,4,5,3,2,5,2。分析 LFU 和 LRU 算法的工作过程,并计算命中率。

解:LFU 和 LRU 算法过程如表 4.8 所示。

表 4.8 LRU 和 LFU 算法过程

块地址流	LRU									LFU								
	0行计数值	0行中数据块	1行计数值	1行中数据块	2行计数值	2行中数据块	3行计数值	3行中数据块	命中	0行计数值	0行中数据块	1行计数值	1行中数据块	2行计数值	2行中数据块	3行计数值	3行中数据块	命中
1	0	1								0	1							
2	1	1	0	2						0	1	0	2					
3	2	1	1	2	0	3				0	1	0	2	0	3			
6	**3**	**1**	2	2	1	3	0	6		0	1	0	2	0	3	0	6	
2	**4**	**1**	0	2	2	3	1	6	√	0	1	1	2	0	3	0	6	√
1	0	1	1	2	**3**	**3**	2	6	√	1	1	1	2	**0**	**3**	**0**	**6**	
5	1	1	2	2	0	5	**3**	**6**		1	1	1	2	**0**	**5**	**0**	**6**	*
6	2	1	**3**	**2**	1	5	0	6	√	1	1	1	2	**0**	**5**	1	6	√
3	**3**	**1**	0	3	2	5	1	6		1	1	1	2	**0**	**3**	1	6	
1	0	1	1	3	**3**	**5**	2	6	√	2	1	1	2	**0**	**3**	1	6	√
2	1	1	2	3	0	2	**3**	**6**		2	1	2	2	**0**	**3**	1	6	√
4	2	1	**3**	**3**	1	2	0	4		2	1	1	2	**0**	**4**	1	6	
5	**3**	**1**	0	5	2	2	1	4		2	1	1	2	**0**	**5**	1	6	
3	0	3	1	5	**3**	**2**	2	4		2	1	1	2	**0**	**3**	1	6	
2	1	3	2	5	0	2	**3**	**4**	√	2	1	2	2	**0**	**4**	1	6	√
5	2	3	0	5	1	2	**4**	**4**	√	2	1	2	2	**0**	**5**	1	6	
2	3	3	1	5	0	2	**5**	**4**		2	1	3	2	**0**	**4**	1	6	√

* 对于 LFU 而言,当需要进行块替换时,可能存在计数值相等的情况,此时可采用随机方法,也可配合使用 FIFO 算法,本例中假定配合使用 FIFO。

对于 LRU 替换算法而言,命中率=6/17=35.3%;对于 LFU 替换算法而言,命中率=6/17=35.3%。

两种替换算法在本例中虽然替换的过程不同,但命中率却相同。

例 4.9 某计算机字长 32 位,采用直接映像 cache,已知主存容量为 4MB,cache 数据存储体容量为4KB，字块长度为8个字。完成下列各问：

(1) 画出直接映像方式下主存地址划分情况，并说明每个字段位数。

(2) 设cache初始状态为空，若CPU依次访问从主存0到99号单元，并从中读出100个字(假设主存一次读出一个字)，并重复此顺序10次，计算cache访问的命中率。

(3) 如果cache的存取时间为20ns，主存的存取时间为200ns，根据(2)中计算出的命中率求存储系统的平均存取时间。

(4) 计算cache-主存系统的访问效率。

解：(1) 根据直接映射算法，主存地址被分为主存区号(假设用f表示)、区内块号(假设用r表示)和块内偏移地址(假设用w表示)三部分；由于一个字块包含8×32位=32B，故w=5位；根据题目条件，cache的数据存储体被分成4096B/32B=128行，故r=7位；访问4MB主存空间需要22位地址线，因此f=22−7−5=10位。

(2) cache有128行，由于每块8个字，因此主存从0开始到99号单元的100个单元分在同一区，且该区内只有13个主存数据块(最后一个数据块中只有96～99号四个字)。由于cache初始状态为空，故13块数据按照直接映射均可全部调入cache而不需要进行页面调度。第一次访问时，每个块的第一次读时都不命中，后面9次访问时，所有数据均可从cache中命中。因此，命中率 $H=(100\times10-13)/(100\times10)=98.7\%$。

(3) 存储系统的平均访问时间 $T=0.987\times20\text{ns}+(1-0.987)\times200\text{ns}=22.34\text{ns}$。

(4) 存储系统的访问效率 $e=20/22.34=89.5\%$。

例4.10 某4×10的二维数组按列优先存放在主存连续单元，且该连续单元的起始地址能被8整除。主存每个存储单元存放二维数组中的一个数据，主存每块只包含一个字。该机器的cache分为数据cache和指令cache，数据cache被分成8行。cache的初始状态为空，cache的替换算法采用LRU。某程序的伪代码如下：

```
SUM:=0
for j:=0 to 9 do
    SUM:=SUM+A(0,j)
end
ave:=SUM/10
for i:=9 down to 0 do
    A(0,i):=A(0,i)/AVE
end
```

完成下列各问：

(1) 计算直接映射方式下cache读操作的命中率。

(2) 计算全相联方式下cache读操作的命中率。

(3) 计算四路组相联方式下cache读操作的命中率。

解：由于指令和数据分别存放在不同的cache中，因此可以不考虑指令对数据在cache中分布的影响。

(1) 程序按行优先方式访问数组，而且只访问数组中的A(0,0)～A(0,9)；数据在主存中按列优先存放，如图4.42(a)所示。

主存
A(0,0)
A(1,0)
A(2,0)
A(3,0)
A(0,1)
A(1,1)
A(2,1)
A(3,1)
…
A(0,9)
A(1,9)
A(2,9)
A(3,0)

(a) 主存数据组织

cache 行号	J=0,1	J=2,3	J=4,5	J=6,7	**J(i)=8,9**	i=7,6	i=5,4	i=3,2	i=1,0
C0	A(0,0)	A(0,2)	A(0,4)	A(0,6)	A(0,8)	A(0,6)	A(0,4)	A(0,2)	A(0,0)
C1									
C2									
C3									
C4	A(0,1)	A(0,3)	A(0,5)	A(0,7)	A(0,9)	A(0,7)	A(0,5)	A(0,3)	A(0,1)
C5									
C6									
C7									

(b) cache 中的数据组织

图 4.42 直接映射方式下主存和 cache 中的数据组织

根据直接映射法则和题目条件，A(0,2×k)和 A(0,2×k+1)分别映射到 cache 的第 0 行和第 4 行(k=0,1,2,3,4)。程序伪代码中的第一个循环执行后，数据在 cache 中的内容变化如图 4.42(b)中的前 5 列所示。

由于每块只包含数组的一个数据元素，因此，程序第一个循环中的数据访问均不能从 cache 中命中，第一个循环中，当 J=8,9 时，A(0,8)和 A(0,9)分别保存在 C0 和 C4 中。由于程序中第二个循环从 A(0,9)开始访问，且由于程序中第一个循环的访问，使得 A(0,9)和 A(0,8)还保存在 cache 中，这两次访问命中。第二个循环从 i=7 开始的所有访问，均不会命中。第二个循环过程中数据在 cache 中的内容变化如图 4.42(b)中的后 5 列所示。

故直接映射方式下 cache 中的命中率=2/20=10%。

(2) 全相联映射方式下 cache 中的内容变化如图 4.43 所示。

cache 行号	J=0,1	J=2,3	J=4,5	J=6,7	**J=8**	J=9	i=9	i=8	i=7	i=6～2	i=1	i=0
C0	A(0,0)	A(0,0)	A(0,0)	A(0,0)	A(0,8)	A(0,8)		命中				A(0,0)
C1	A(0,1)	A(0,1)	A(0,1)	A(0,1)	A(0,1)	**A(0,9)**	命中				A(0,1)	
C2		A(0,2)	A(0,2)	A(0,2)	A(0,2)	A(0,2)				命中		
C3		A(0,3)	A(0,3)	A(0,3)	A(0,3)	A(0,3)				命中		
C4			A(0,4)	A(0,4)	A(0,4)	A(0,4)				命中		
C5			A(0,5)	A(0,5)	A(0,5)	A(0,5)				命中		
C6				A(0,6)	A(0,6)	A(0,6)				命中		
C7				A(0,7)	A(0,7)	A(0,7)			命中			

图 4.43 全相联映射方式下 cache 中的内容

由于是全相联映射，第一个循环的前8次循环依次将8个数据块调入cache的8行中（假定按顺序调入各cache行）。当J＝8时，cache的8行都被占用，根据LRU规则，A(0,8)将替换A(0,0)，同理，J＝9时，A(0,9)将替换A(0,1)。此时，保留在cache中的数据是A(0,2)～A(0,9)。当程序进入第二个循环后，访问数据的顺序与第一个循环相反，依次访问A(0,9)～A(0,0)。由于第一轮循环后A(0,9)～A(0,2)已经在cache中，因此，这8次访问都命中。当第二个循环访问A(0,1)和A(0,0)时，根据LRU替换算法将依次替换A(0,9)和A(0,8)。

全相联映射方式下cache中的命中率＝ 8/20 ＝ 40％。

(3) 假设采用组相联方式1和组相联方式2，四路组相联方式下cache中的内容变化分别如图4.44和图4.45所示。

	cache行号	J＝0,1	J＝2,3	J＝4,5	J＝6,7	J＝8,9	i＝9,8	i＝7,6	i＝5,4	i＝3,2	i＝1,0
组0	C0	A(0,0)		A(0,4)		A(0,8)	命中		A(0,4)		A(0,0)
	C1	A(0,1)		A(0,5)		A(0,9)	命中		A(0,5)		A(0,1)
	C2		A(0,2)		A(0,6)			命中		A(0,2)	
	C3		A(0,3)		A(0,7)			命中		A(0,3)	
组1	C4										
	C5										
	C6										
	C7										

图4.44 四路组相联映射方式1 cache中的内容

组相联方式1下主存中每组包含2块，其中第0块映射到cache第0组，第1块映射到cache第1组。由于数组A按列优先存放，因此，按照该方式对主存分组，则A(0,0)～A(0,9)刚好处在每组中的第0块，因此都被分配到cache第0组。第一个循环中，当J=4开始要对cache第0组中的数据按照LRU算法进行替换。当第一个循环结束时，cache第0组中保存的数据是A(0,6)～A(0,9)，因此，第二个循环执行时，对A(0,9)～A(0,6)的访问命中，对其他数组元素的访问均不命中。

组相联方式1的命中率＝4/20＝20％。

组相联方式2下主存中每组包含4块，主存的每个区包含2组，其中第0组中的4个数据块只能映射到cache第0组；第1组中的4个数据块映射到cache第1组。由于数组A按列优先存放，因此，按照该方式对主存分组，则A(0,0)～A(0,9)中，列下标为偶数的数据（如A(0,0)，A(0,2)，A(0,4)等）处在每个主存分区中的第0组，它们都被映射到cache的第0组；而列下标为奇数的数据则处在每个主存分区中的第1组，它们都被映射到cache的第1组。

	cache行号	J=0,1	J=2,3	J=4,5	J=6,7	J=8,9	i=9,8	i=7,6	i=5,4	i=3,2	i=1,0
组0	C0	A(0,0)				A(0,8)	命中				A(0,0)
	C1		A(0,2)							命中	
	C2			A(0,4)					命中		
	C3				A(0,6)			命中			
组1	C4	A(0,1)				A(0,9)	命中				A(0,1)
	C5		A(0,3)							命中	
	C6			A(0,5)					命中		
	C7				A(0,7)			命中			

图 4.45 四路组相联映射方式 2 cache 中的内容

第一个循环中，当 J=8 时开始要对 cache 第 0 组中的数据按照 LRU 算法进行替换。当第一个循环结束时，cache 中保存的数据是 A(0,2)～A(0,9)，因此，第二个循环执行时，对 A(0,9)～ A(0,2)的访问命中，对其他数组元素的访问均不命中。

组相联方式 2 的命中率 = 8/20 = 40%。

4.5.6 cache 的写策略

CPU 在执行程序期间除对 cache 进行大量的读操作外，也存在对 cache 的写操作。常见的写策略主要有写回法和写直达法两种。

1. 写回法 WB(Write-Back)

使用这种策略，当 CPU 对 cache 写命中时，只修改 cache 的内容不立即写入主存，只有当此行被换出时才写回主存。这种策略使 cache 不仅在读方向而且在写方向上都起到高速缓存作用。为支持这种策略，每个 cache 行必须配置一个修改位，也称为脏位，以反映此行是否被 CPU 修改过，如被修改过则该位为 1，反之则为 0。当某行被换出时，根据此行的脏位为 1 还是为 0，决定是将该行内容写回主存还是简单地丢弃。

对于 cache 写未命中的处理，先将相关主存块按照映射算法调入 cache，然后再对其进行修改。显然，这种写 cache 与写主存异步进行方式可显著减少写主存次数，但写回法也带来 cache 与主存的数据的不一致性，可能会导致 DMA 操作获得的数据不是最新的数据。

2. 写直达法 WT(Write-Through)

也称写贯通法或全写法，其基本思想是当 cache 写命中时，同时对 cache 和主存中同一数据块进行修改；当 cache 写未命中时，直接向主存写入新的信息，但此时是否将修改过的主存块调入 cache，写直达法却有两种选择。一种是将数据调入 cache，称为写分配法

WA(Write-Allocate)。另一种是不取主存块到 cache,而是直接写主存,称为非写分配法 NWA(No-Write-Allocate)。

写直达法是写 cache 与写主存同步进行,其优点是 cache 每行无须设置一个修改位以及相应的判测逻辑,而且发生块替换时,被换出的数据块不需要写回主存。80486 处理器片内 cache 采用的就是写直达法,这可从其组织结构中无修改位看出。写直达法的缺点是,cache 对 CPU 向主存的写操作无高速缓冲功能,降低了 cache 的功效。

写直达法较好地维护了单 CPU 环境下 cache 与主存的内容一致性,在多处理器系统中各 CPU 都有自己的 cache,当一个主存块在多个 cache 中都有一份副本时,即使某个 CPU 以写直达法来修改它所访问的 cache 和主存内容时,仍然无法保证其他 CPU 中 cache 内容的同步更新。

综上所述,当考虑多处理机和采用 DMA(将在第 9 章中介绍)方式的外设时,无论采用 WB 还是 WT 写策略,任何一种写 cache 的方法都可能导致 cache 与主存中数据的不一致性,这需要其他同步机制来解决这一问题。

4.5.7 多 cache 结构

在前述三级存储系统中,cache 是其中一级,且处在 CPU 与主存之间。近年来,多 cache 在计算机系统中已普遍采用。多 cache 结构分两种,一种是多级 cache,即 CPU 片内和片外都设立 cache;另一种是指令和数据分开的 cache,称独立 cache。

1. 片内和片外两级 cache

将 cache 和处理器集成在同一芯片内,这个 cache 称为第一级 cache(L1)。由于 L1 在 CPU 芯片内,因而减少了对片外总线的访问,加快了存取速度,提高了系统性能。

由于 L1 cache 的容量通常较小,若 CPU 要访问的数据不在 L1 cache 时,就要通过总线访问主存。而主存和总线的速度较慢,这将影响系统的速度。为解决这个问题,在 CPU 片外与主存间再设置一个 cache,这就是通常所说的 cache,这里称为第二级 cache(L2)。

目前,在 Pentium Ⅱ 机中已经采用了三级缓存。多级缓存的使用,大大提高了系统的性能。

2. 统一和独立 cache

L1 cache 刚出现时,通常将指令和数据都存放其中,称为统一 cache。后来由于计算机系统结构中采用了一些新技术(如指令预取),需要将指令 cache 和数据 cache 分开设计,这就是独立 cache 结构。

统一 cache 的优点是设计和实现相对简单,而且由于指令和数据都在其中,命中率相对较高。但由于执行部件存取数据时,指令预取器又要从同一 cache 读指令,两者发生冲突,采用独立 cache 结构则解决了这个问题。

Intel 80386 及以前微处理器中不含片内 cache。80486 中有 8K 字节的片内 cache。

Pentium 芯片中有两个独立的 cache，每个 8K。P2 芯片中也有两个独立 cache，分别是 8K 字节的四路组相联指令 cache 和 8K 字节的两路组相联的数据 cache ，L2 cache 为 256KB～1MB。P3 芯片中包含 16K 字节指令 cache 和 16K 字节数据 cache。P4 芯片中包含 12KB 指令 cache 和 8KB 数据 cache，L2 cache 为 256KB。AMD 公司的 Athlon 4，L1 cache 为 128KB(64KB 指令 cache 和 64KB 数据 cache)，L2 cache 为 256KB。

4.6 虚拟存储器

4.6.1 虚拟存储器的工作原理

存储系统设计的基本目标是设计一个访问速度快、存储容量大的存储系统。在存储系统中采用 cache 大大提高了存储系统的访问速度，然而它不能解决存储系统的容量矛盾：一方面，受技术和成本的限制，主存空间不可能无限扩大，最大主存空间受限于 CPU 可寻址主存空间；另一方面，程序员总希望能够有一个大于主存空间的编程空间，这样编写程序不受实际主存大小的限制；再者，计算机系统中同时运行着多个进程，每个进程都需要有自己的地址空间，不可能为每个进程都提供整个地址空间的存储器。虚拟存储器是解决上述问题的有效方法，它由英国曼切斯特大学的 Kilburn 等人于 1961 年提出，经过 20 世纪 60 年代到 70 年代的发展和完善，目前，几乎所有的计算机都采用了虚拟存储器系统。

在存储系统的层次结构中，虚拟存储器处于“主存-辅存”存储层次，通过在主存和辅存之间增加部分软件(如操作系统)和必要的硬件(如地址映射与转换机构、缺页中断结构等)，使辅存和主存构成一个有机的整体，就像一个单一的、可供 CPU 直接访问的大容量主存。程序员可以用虚拟存储器提供的地址(称为虚拟地址)进行编程，这样，在实际主存空间大小没有增加的情况下，用户编程不再受实际主存空间大小的限制，因此，把这种存储系统称为虚拟存储器。图 4.46 给出了实现虚拟存储器的典型组织结构。

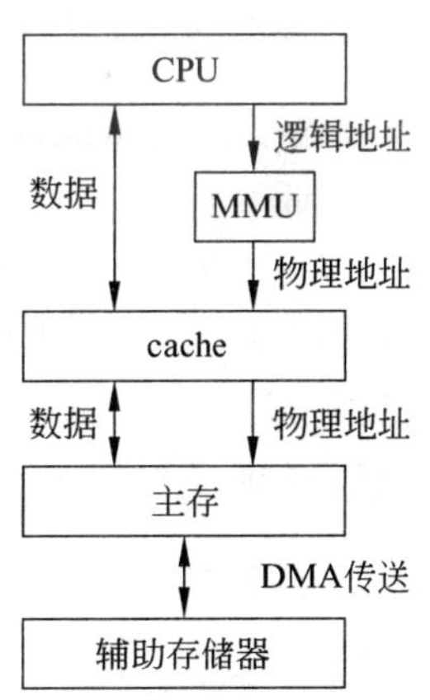

图 4.46 虚拟存储器的组织结构

在虚拟存储系统中程序运行时，CPU 以虚拟地址访问主存，由存储管理控制部件 MMU(Memory Management Unit)找出虚地址和实地址之间的对应关系，并判断这个虚地址对应的内容是否已经在主存中。如果已经在主存中，则通过 MMU 的地址变换机构将虚拟地址变换成物理地址，CPU 直接访问主存单元；如果不在主存中，则把包含这个字的一页或一个程序段(与采用的虚拟存储器的类型有关)调入主存，并向 MMU 中填写相关的标志。

根据虚拟存储器中对主存逻辑结构划分的粒度不同，虚拟存储器可分成 3 种不同的类型，分别是页式、段式和段页式虚拟存储器。本书将重点介绍页式虚拟存储器。

4.6.2 虚拟存储器的地址映射与变换

在虚拟存储器中有3种地址空间，第一种是虚拟地址空间，也称为虚拟空间，它是应用程序员用来编写程序的地址空间；第二种地址空间是主存的地址空间，也称物理地址空间或实地址空间；第三种地址空间是辅存地址空间，也就是磁盘存储器的地址空间。与这3种地址空间相对应，有3种地址，即虚拟地址、主存地址和磁盘存储器地址（也称磁盘地址或辅存地址）。

我们知道，cache中的地址映射是将主存中的数据按照某种规则调入cache；虚拟存储器中的地址映像也有类似的功能，它把虚拟地址空间映像到主存空间，也就是将用户利用虚拟地址访问的内容按照某种规则从辅助存储器装入到主存储器中，并建立虚地址与实地址之间的对应关系。而地址变换则是在程序被装入主存后，在实际运行时，把虚拟地址变换成实地址或磁盘存储器地址，以便CPU从主存或磁盘中读取相应的信息。

4.6.3 页式虚拟存储器

以页（Page）为逻辑结构划分和信息传送单位的虚拟存储器称为页式虚拟存储器。在页式虚拟存储器中，虚拟空间和主存空间均划分成固定大小的页，不同类型的计算机对页大小的划分不同，有的页大小只有几百字节，也有的计算机系统中页的大小达几千字节。

1. 页式虚拟存储器的地址划分

在页式虚拟存储器中，虚拟地址被划分成虚拟页号（Virtual Page Number，VPN）和虚拟页偏移量（Virtual Page Offset，VPO）；同时物理地址被划分成物理页号（Physical Page Number，PPN）和物理页偏移量（Physical Page Offset，PPO）两部分。VPN和PPN分别构成虚拟地址和物理地址的高位部分；VPO和PPO分别构成虚拟地址和物理地址的低位地址，其位数决定了页面大小。因为物理页和虚拟页大小相同，因此VPO和PPO的位数相同。

2. 地址转换的基本原理

物理地址由PPN和PPO两部分构成，虚拟地址到物理地址的映射本质上就是如何将VPN转换成对应的PPN。页虚拟存储器中虚拟地址到物理地址转换的基本原理如图4.47所示。

页式虚拟存储器中虚拟地址与物理地址之间的转换基于页表进行。页表是一张保存虚拟页号和物理页号（也称实页号）之间对应关系的表格，由若干个表项组成，每一个表项又包括有效位和物理页号两部分。页表常驻内存，并通过虚地址中的虚页号作为索引来访问，因此，页表项的数量与虚拟地址中虚页号字段的位数有关，如虚页号字段为20位，则页表中表项的数量为2^{20}。利用虚页号实现虚拟地址转换成物理地址的过程如图4.48所示。

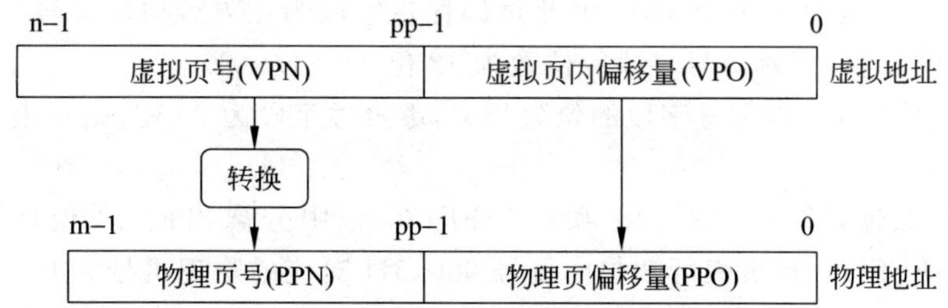

图 4.47 虚拟地址到物理地址的映射

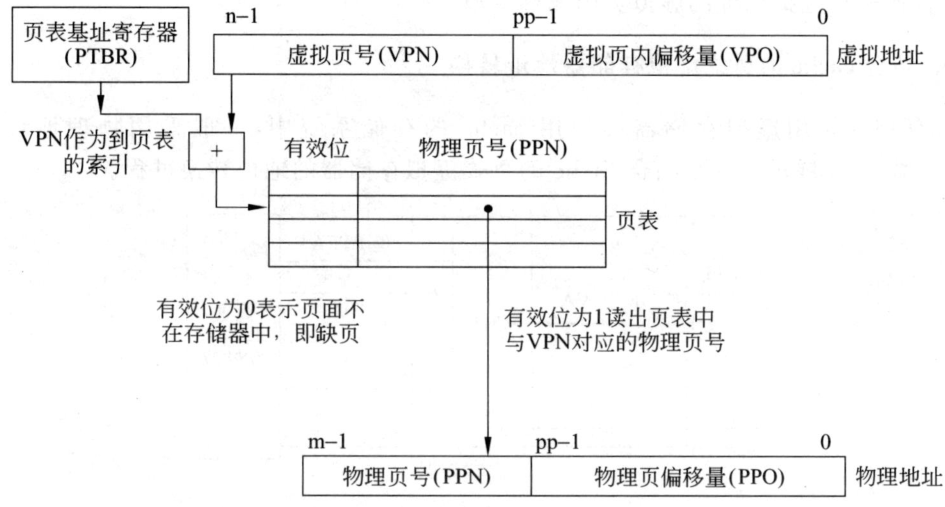

图 4.48 利用虚页号实现的虚拟地址与物理地址转换

图 4.48 中的页表基址寄存器(Page Table Base Register,PTBR)用于指出页表在内存中的位置,通过与 VPN 相结合就能访问到页表中与虚拟页号 VPN 相对应的物理页号 PPN,从而实现虚拟地址到物理地址的转换。

例 4.11 设主存容量为 16MB,按字节寻址。虚拟存储器容量为 4GB,采用页式虚拟存储器,页面大小为 4KB。完成下列各问:

(1) 计算物理页号、页内偏移字段、虚拟页号字段各为多少位。

(2) 计算页表中页表项的数量。

(3) 若部分页表内容如表 4.9 所示,求对应于虚拟地址$(00015240)_H$和$(03FFF180)_H$的物理地址。

表 4.9 部分页表内容

虚页号	有效位	物理页号	虚页号	有效位	物理页号
00010H	0	002H	03FFFH	0	153H
00015H	1	035H	…	…	…
…	…	…			

解：(1) 由于页面大小为4KB，因此页偏移量字段为12位，物理页号字段的位数为24位－12位＝12位，虚物页号字段的位数为32位－12位＝20位。

(2) 页表项数量与虚页号字段的位数相关，虚页号字段为20位，则页表项数为2^{20}＝1024K项。

(3) 从虚拟地址$(00015240)_H$和$(03FFF180)_H$中分离出的20位虚页号分别为00015H和03FFFH。查页表可知与虚页号00015H对应的物理页号为035H，而与虚页号03FFFH对应的页不在主存中，因为对应的有效位为0。

与虚拟地址$(00015240)_H$对应的物理地址为$(035240)_H$，其中的物理页内偏移字段240H直接来自虚拟地址的虚拟页内偏移字段。

3. 结合cache的页式虚拟存储器地址转换

在任何既使用虚拟存储器又使用cache的存储系统中，一般采用物理地址访问cache。图4.49展示了一个结合cache的页式虚拟存储器的地址转换过程。

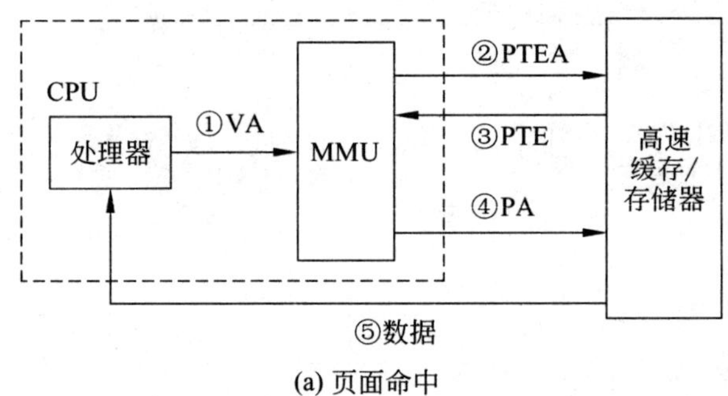

(a) 页面命中

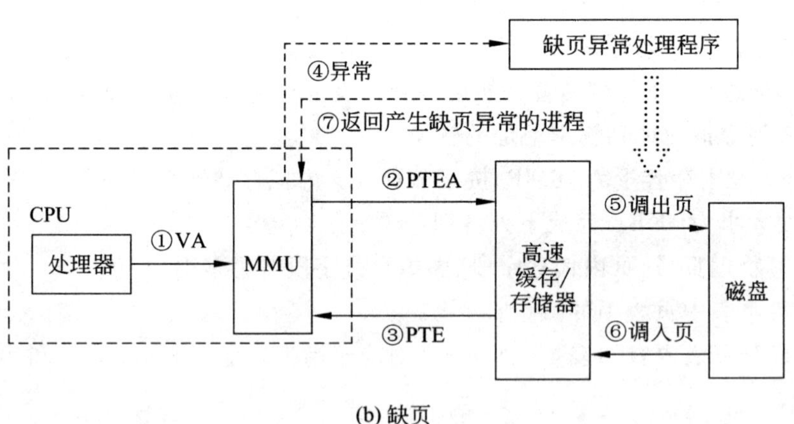

(b) 缺页

图4.49 结合cache的页式虚拟存储器地址转换

图4.49中所用符号的意义如下。

- VA(Virtual Address)：虚拟地址。
- PTEA(Page Table Entry Address)：页表项地址。
- PTE(Page Table Entry)：页表项。

- PA(Physical Address)：物理地址。

图 4.49(a)展示了页面命中时，CPU 硬件执行的步骤：

(1) 处理器生成一个虚拟地址，并把它传送给 MMU。

(2) MMU 利用页表基址寄存器 PTBR 和虚页号生成页表项地址 PTEA，访问存放在高速缓存/主存中的页表，请求与虚拟页号对应的页表项内容。

(3) 高速缓存/主存向 MMU 返回页表项 PTE，以构成所访问信息的物理地址。

(4) 若返回的 PTE 中有效位为 1，则 MMU 利用返回的 PTE 构造物理地址，并利用构造出的物理地址访问高速缓存/主存。

(5) 高速缓存/主存返回所请求的数据给处理器。

图 4.49(a)中当返回的 PTE 中有效位为 0 时，表示 CPU 要访问的页不在主存中，此时将出现页面不命中的情况，此时，将不能按照图 4.49(a)的处理流程来访问存储系统。处理缺页要求硬件和操作系统内核协作完成，图 4.49(b)给出了页面不命中的处理流程：

(1) 处理器生成一个虚拟地址，并把它传送给 MMU。

(2) MMU 利用页表基址寄存器 PTBR 和虚页号生成页表项地址 PTEA，访问存放在高速缓存/主存中的页表，请求与虚拟页号对应的页表项内容。

(3) 高速缓存/主存向 MMU 返回页表项 PTE，以构成所访问信息的物理地址。

(4) 若 PTE 中有效位为 0，则表明所访问的页不在主存，MMU 触发一次异常，调用操作系统内核中的缺页异常处理程序。

(5) 缺页处理程序根据替换算法确定出将被淘汰的页，如果这个页面的修改位为 1，则把该页面换出到磁盘，否则直接丢弃。

(6) 缺页处理程序从磁盘中调入新的页，并更新存储器中的 PTE。

(7) 缺页处理程序返回到原来的进程，驱使导致缺页的指令重新启动。CPU 将引起缺页的指令重新发送给 MMU，然后再重新执行图 4.49 (a)中的②～⑤步。

4. 利用 TLB 加速虚拟存储器地址转换

从上面的分析不难发现，即使不发生缺页异常，CPU 必须访问一次高速缓存/主存获得 PTE 后才能实现虚拟地址到物理地址的转换；如果发生缺页异常，则需要访问高速缓存/主存 3 次才能实现虚拟地址到物理地址的转换。为了降低虚拟存储器地址转换的开销，根据局部性原理，现代处理器都维护着一个转换旁路缓冲器 TLB(Translation Look-aside Buffer)作为页表映像的一部分。TLB 的组织与 cache 的组织方式类似，一般具有较高的关联度，大多采用全相联或组相联方式。当采用组相联方式时，按照组相联 cache 的地址划分方法，将虚页号划分成 TLB 标记和 TLB 索引两部分，便于快速判断所要访问的页面是否在主存，当页命中时还能在 MMU 中利用 TLB 返回的 PTE 完成虚拟地址到物理地址的转换。

图 4.50 展示了利用 TLB 加速虚拟存储器地址转换的基本流程。

图 4.50(a)展示了 TLB 命中时所包括的步骤：

(1) 处理器生成虚拟地址，并把它传送给 MMU。

(2) MMU 利用虚页号 VPN 查询 TLB。

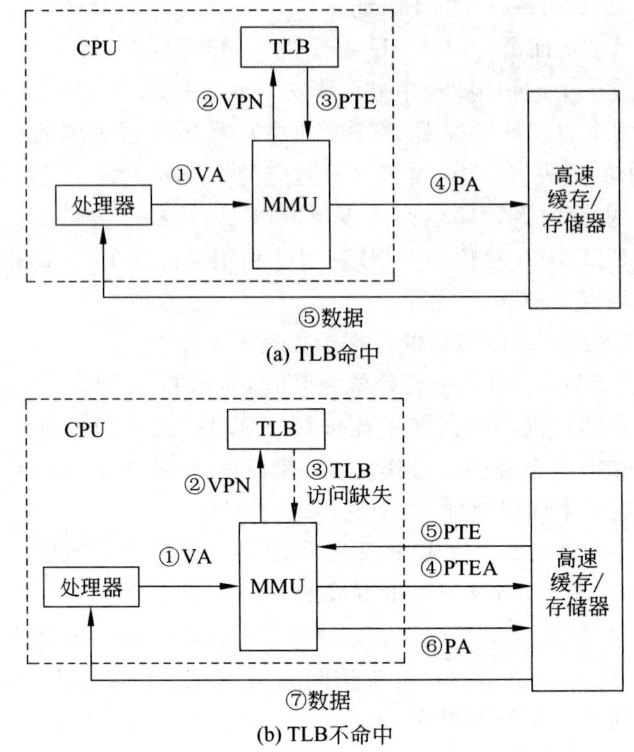

图 4.50 TLB 命中和不命中的操作视图

(3) 如果 TLB 访问命中(页表项在 TLB 中且相应 PTE 中有效位为 1),则 TLB 向 MMU 返回与 VPN 对应的 PTE。

(4) MMU 利用返回的 PTE 构造物理地址,并利用构造出的物理地址访问高速缓存/主存。

(5) 高速缓存/主存返回 CPU 请求的数据给处理器。

图 4.49(b)展示了 TLB 不命中(假定访问主存命中)时所包括的步骤:

(1) 处理器生成一个虚拟地址,并把它传送给 MMU。

(2) MMU 利用虚页号 VPN 查询 TLB。

(3) 如 TLB 访问不命中,则向 MMU 返回 TLB 访问缺失信息。

(4) MMU 利用页表基址寄存器 PTBR 和虚页号生成页表项地址 PETA,访问存放在高速缓存/主存中的页表,请求与虚拟页号对应的页表项内容。

(5) 高速缓存/主存向 MMU 返回页表项 PTE,以构成所访问信息的物理地址。

(6) 若返回的 PTE 中有效位为 1,则 MMU 利用返回的 PTE 构造物理地址,并利用构造出的物理地址访问高速缓存/主存。

(7) 高速缓存/主存返回所请求的数据给处理器。

对比图 4.49(a)和图 4.50(a)不难发现,采用 TLB 且访问 TLB 命中时,能减少一次访问主存的次数,因此又将 TLB 称为快表,而将存放在主存中的页称为慢表。

图 4.51 给出了页式虚拟存储系统中 TLB 和 cache 命中时详细的存储访问过程。

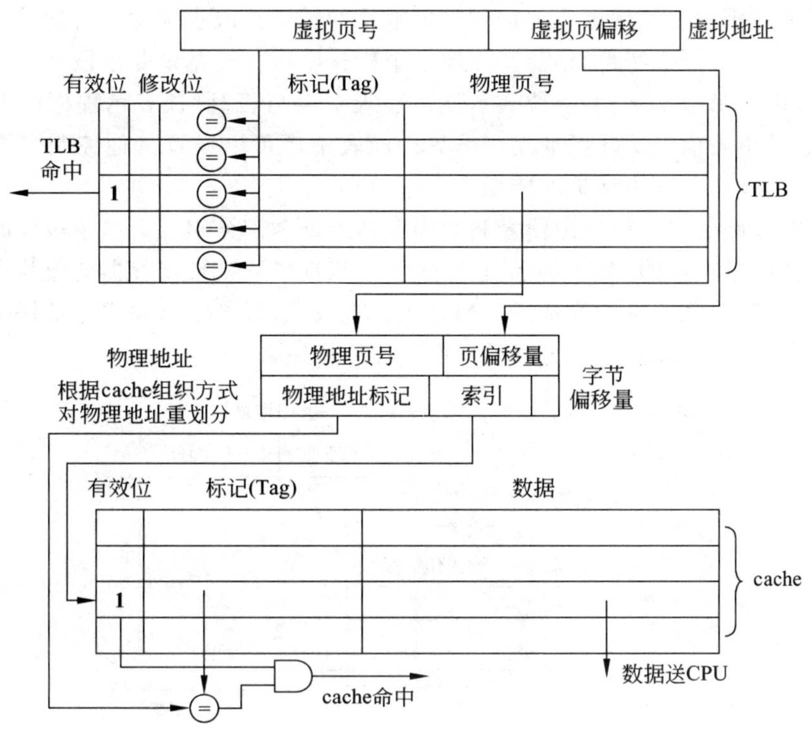

图 4.51 TLB 和 cache 都命中时存储访问的详细过程

图 4.51 中的 TLB 采用全相联，因此 TLB 中的标记部分保存的是虚页号。cache 采用直接映射。TLB 根据 MMU 发过来的虚页号从快表中读出对应的物理页号，并与来自虚拟地址的页内偏移地址构成物理地址访问 cache。访问 cache 时，根据其组织方式将物理地址重新划分成标记和索引两部分，并利用索引字段将 cache 中特定行(组)的标记值取出，与地址中的标记值进行比较，当 cache 命中时，将命中行中的数据取出送 CPU，该次存储访问完成。

需要说明的是，在包含快表和慢表的页式虚拟存储系统中，在进行地址变换时，往往同时查快表和慢表，如果查快表命中，则从快表中获得与虚页号对应的实页号同时终止查慢表的过程，这样就可以在几乎不降低主存访问效率的情况下访问虚拟存储器。

页式虚拟存储器中，页的大小固定且都取 2 的整数次幂个字节，因此，在页式虚拟存储系统中可以将虚拟存储空间和实存空间进行静态的固定划分，与所运行的程序无关，即页式虚拟存储器对程序员透明。页式虚拟存储器面向存储器自身的物理结构分页，有利于存储空间的利用与调度。但页式虚拟存储器不能反映程序的逻辑结构，一个在逻辑上独立的程序模块被划分成很多个页面，给程序的执行、保护和共享等都带来了不便。

4.6.4 段式虚拟存储器

以段作为基本信息单位在主存与辅存之间进行传送和定位的虚拟存储器称为段式虚拟存储器。一般将主存空间按照实际运行程序中的段来划分，因此，段长可大可小。段式虚拟存储器中使用段表实现虚拟地址到物理地址的转换。段表项除包含段基址和装入位外，为了适应段长的可变特性，还需要增加一个段长字段。段基址是该段在主存中的起始地址，指向段中的第一个字；装入位表示该段装入主存与否；段长表示程序段占用了多少主存空间，它可用来检查访问地址是否越界。段表中还可以设置其他控制字段，如读、写和只能执行等，以作为对段保护的依据。

段式虚拟存储器虚拟地址由段号和段内偏移地址两部分组成。基于段表的虚拟地址与物理地址变换过程如图 4.52 所示，程序运行时根据段表基址寄存器的值与虚拟地址中的段号访问段表，获取该段的段基址。当装入位有效时，段基址与段内地址拼接组成物理地址。对于多道程序环境，一般为每道程序分配一个段表。

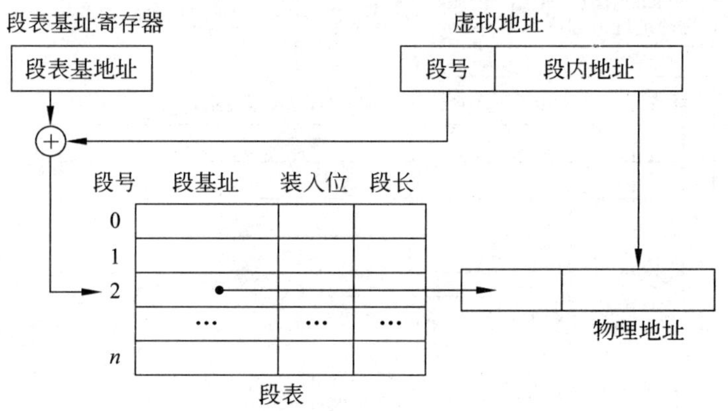

图 4.52 段式虚拟存储器地址变换

与页式虚拟存储器不同，段式虚拟存储器面向程序的逻辑结构分段，一个在逻辑上独立的程序模块可以作为一段来处理，从而使存储空间的划分与程序的自然段对应。以大小可变的段为单位进行调度、传送与定位，有利于对程序的编译、执行、共享与保护。另一方面，由于段的大小可变，不利于存储空间的管理、调度与优化。同时，由于段内必须连续，而各段的首尾地址又没有规律，必然导致地址计算比页式虚拟存储器要复杂。

4.6.5 段页式虚拟存储器

段页式虚拟存储器是页式虚拟存储器和段式虚拟存储器的结合。它将程序段分成固定大小的页。段页式虚拟存储器把程序按逻辑功能分段以后，再把每段分成固定大小的页。数据在主存与辅存之间的调入、调出以页为单位进行。每道程序由若干段组成，每段又由若干页组成，因此，段页式虚拟存储器的虚拟地址分成基号、段号、页号、页内偏移地址等 4 个字段。段基址表中每一个表项描述了一道程序含多少段，并给出段表基址；段表每道程序一个，每个段表项反映了该段由多少页组成(段长)，装入情况，并给出页表基址；页表每段一个，给出了该段中所有页的页基址和装入情况，其中一个页表项给出一页的页基址和该页的装入情况。

段页式虚拟存储器的地址变换过程如图 4.53 所示。具体过程包括：

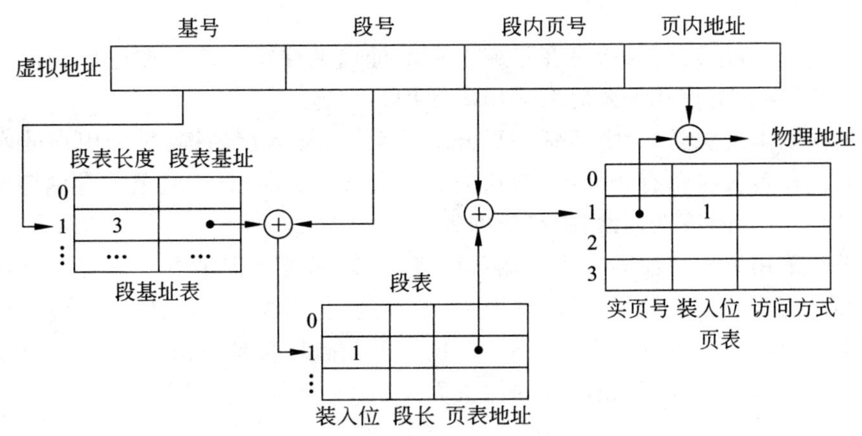

图 4.53 段页式虚拟存储器地址变换

(1) 从虚拟地址中分离出基号,并利用基号查段基址表。

(2) 从段基址表中得到该程序在段表中的起始地址,即段基址。

(3) 利用段基址与从虚拟地址中分离出的段号访问段表,同时判断该段是否已经装入主存。

(4) 若段已装入主存,则利用段表中的页表地址和从虚拟地址中分离出来的段内页号访问页表。

(5) 判断页是否在主存中,若在则通过页表中的实页号和虚拟地址中的页内地址获得与虚拟地址对应的物理地址。

当段或页不在主存中时,将按照一定的算法进行段的调度,详细内容请参见操作系统中的相关内容。

段页式虚拟存储器的引入是为了综合页式和段式虚拟存储器的优点,在这种方式下,将程序段按其逻辑结构分段,每段再分成固定大小的页,主存空间也划分成固定大小的页。相应地建立段表与页表,分两级分别查段表和页表实现虚拟地址到物理地址的转换,以页为单位调进或调出主存,以段共享与保护程序与数据。

4.7 存储保护

为了保证计算机系统能正确运行,当多个用户共享主存时,应防止由于一个用户程序出错而破坏其他用户的程序和系统软件,以及一个用户程序访问不是分配给它的主存区域。

在多道程序运行的情况下,为保证各用户信息资源的安全,系统应提供存储保护。具体来说,在系统中有多道程序处理时,某一程序改写或占用其他程序的存储空间,以及非法的写操作都是不允许的。

在虚拟存储器中,通常采用页保护、段保护和键保护方式。页、段的保护属同一类型,每道程序都有自己的段表和页表。段表、页表都有自己的保护功能,当虚拟的段号或页号出错时,在段表和页表中将找不到相应的实段或页,也就访问不了主存,也就不会侵犯其他程序空间。

这种段表、页表给出的保护是在形成主存地址前的保护。若是在地址变换中出现错误，则产生了错误的主存地址此时可采用键保护。

键保护的基本思想是，为主存每一页分配一个键，称为存储键，每个用户的实存页面的键都相同。每道程序都有访问键，当数据要写入某一页时，访问键要与存储键比较。若两键符合，则允许访问该页，否则拒绝访问。

对于没有采用虚拟存储器的主存储器而言，可采用越界保护方式进行存储保护。系统对每个用户程序划定存储区域，用确定上、下界地址值的方式实现区域保护，用户程序不能改变上、下界值，所以它如果出现错误，也只可能破坏自身的程序，影响不到别的用户程序和系统程序，这是一种禁止越界的保护方式。

4.8 辅助存储器

4.8.1 磁表面存储器

磁表面存储器是在金属或塑料的表面涂上一层薄薄的磁性材料，再在磁性材料上存储信息的存储器。计算机系统中使用的磁表面存储器包括磁盘存储器、磁带存储器和早期的磁鼓存储器等。

磁表面存储器的主要特点是：存储容量大、位价格低、非破坏性读出、可长期保存和反复使用、存取速度较慢、对工作环境（如电磁场、温度、湿度、灰尘等）要求较高。它主要作外存储器（或称辅助存储器）使用，一般用来存储暂时不用的信息或需长期保存的大量信息。

1. 读写原理

磁表面存储器利用磁性材料剩磁的两种磁化方向（S-N 或者 N-S）来记录信息，包括写入和读出两个过程。磁表面存储器读写信息的基本原理如图 4.54 所示。

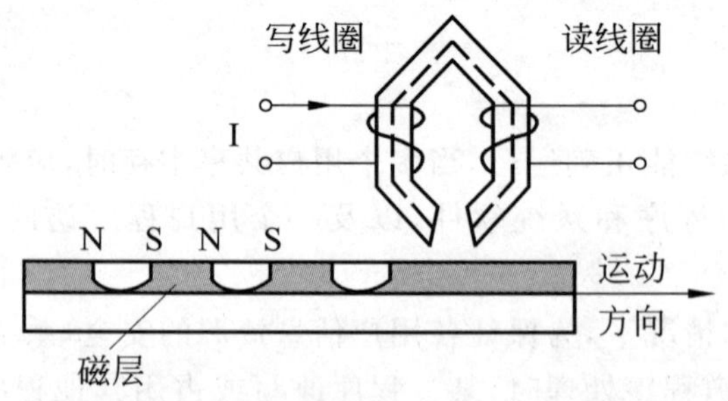

图 4.54 磁表面存储器读写信息的基本原理

写入信息时，在读写线圈中通上脉冲电流（电流的方向不同，则写入的信息不同），磁头气隙处的磁场把它下面一小区域的磁层向某一方向磁化（S-N 或 N-S），形成某种剩磁状态，因而记下一位二进制信息。磁层上这个被磁化的小区域，称为磁化单元。随着磁层的运动，读写线圈中的一串电流脉冲，就会在磁层上形成一串磁化单元。

读出时，某一磁化单元移动到磁头处，在磁层与磁头交链的磁路中磁通发生变化，于是在读写线圈中感应出不同方向的电流，经读出放大器放大和整形之后，还原出写入的信息。

2. 记录方式

磁层上的信息是靠磁头线圈中通以不同方向的电流脉冲形成的，因此，写入时需要把二进制信息变成对应的写电流脉冲序列。将写入电流波形的组成方式称为记录方式。在磁表面存储器中，由于写电流的幅度、相位、频率变化不同，形成了不同的记录方式。几种基本的记录方式为：归零制、不归零制、调相制和调频制等 4 种。这 4 种方式通过改进，又可形成其他改进方式如见“1”就翻转的不归零制和改进调频制等。4 种记录方式中写入电流波形与待写入信息的对应关系如表 4.10 所示。

归零制记录方式中，写 1 时磁头线圈中加正向脉冲，写 0 时加负向脉冲。但不论待写入的信息是 0 还是 1，在写入下一信息前，写入电流的波形都要回到零，因而称为归零制。这种记录方式简单，容易实现，但抗干扰能力比不归零制差。

不归零制记录方式的特点是磁头线圈中始终有电流。写 1 时有正向电流，写 0 时有负向电流。在记录信息的过程中，电流总不回到零，因此称为不归零制。它的抗干扰性能较好。

表 4.10 基本记录方式

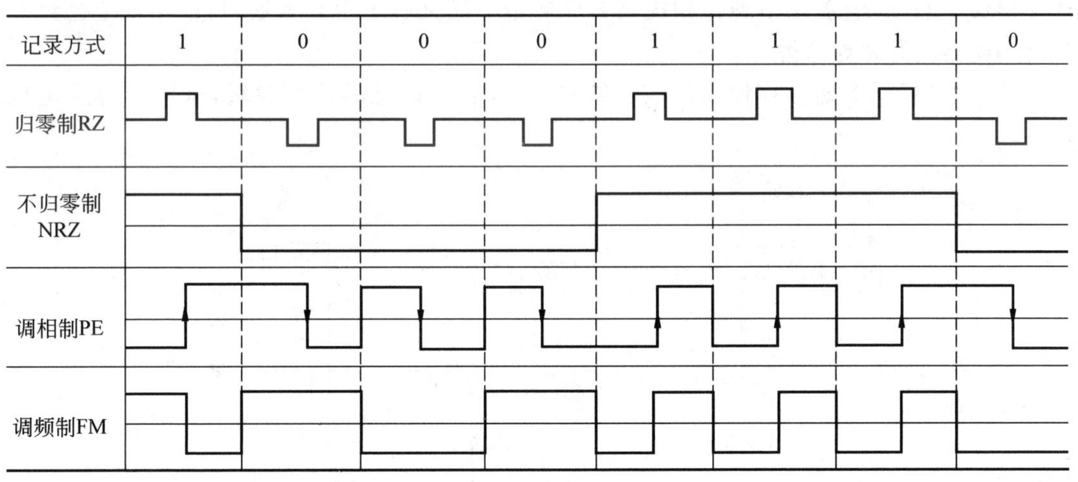

调相制记录方式中利用电流相位的变化来写 1 或写 0，如写 1 时，磁头线圈中的电流先负后正；写 0 时，电流先正后负。每写一位，磁头中的电流方向都要在数据位中间改变一次，因此可以从读出信号中提取自同步信号。另外，这种记录方式中，0 和 1 的读出信号的相位不同，故抗干扰能力较强。

调频制记录方式按下列规则写入数据：不论记录 0 或 1，磁头线圈中的电流在位周期结束时一定要改变一次方向；写 1 电流的频率是写 0 电流频率的两倍。故又称这种记录方式为双频制记录方式。这种记录方式的优点是记录密度高，具有自同步能力。磁盘存储器常用这种记录方式。

3. 磁盘存储器

磁盘存储器由 IBM 公司于 1956 年首次研制成功,目前已成为计算机系统中最重要的辅助存储设备之一,几乎所有的计算机都带有磁盘存储器。

1) 磁盘存储器的组成

磁盘存储器的机械结构如图 4.55 所示。信息的载体是一个绕轴旋转的圆盘,圆盘表面涂有一层磁性材料。盘面上方有一个磁头,磁头装在磁头臂上,磁头臂在步进电机的驱动下作直线运动。

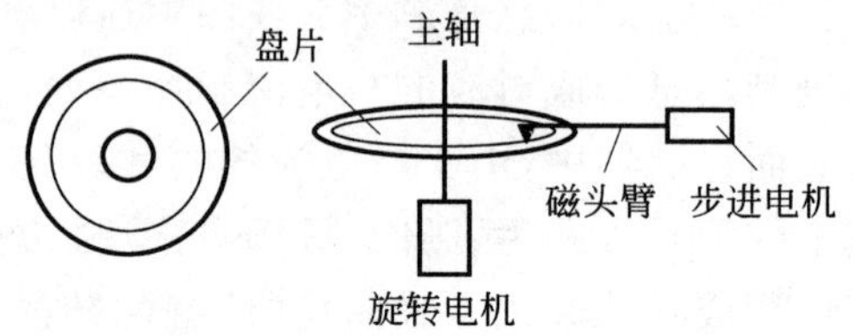

图 4.55 磁盘示意图

圆盘的基片如果用金属铝制成,则称这种磁盘为硬盘;如果基片用塑料制成,则称为软盘。自从 20 世纪 70 年代初 IBM 公司的 3340 磁盘驱动器采用"温彻斯特"技术以来,磁盘的性能有了突破性发展。20 世纪 80 年代,温彻斯特磁盘机(简称温盘)在计算机中得到广泛应用。温盘的主要特点是:采用轻质薄膜磁头,磁头能在磁盘高速旋转所形成的气垫上保持飞行状态,不接触磁盘表面,但与盘面的间隙又很小,从而提高了记录密度。采用温彻斯特技术后,磁道宽度减少到 0.001 英寸(25.4μm)。另外,它采用了密封技术,经过高效过滤的空气在其内部循环,使磁盘机内部保持高度的净化条件,保证了磁盘的性能和使用寿命。目前,温盘在小型化和提高存储容量方面又有了很大发展,目前市场上已经有几百 GB 容量的硬盘销售。

图 4.56 所示为磁盘存储器的逻辑结构,它仅表示信息的读写逻辑,未画出寻址定位机构。

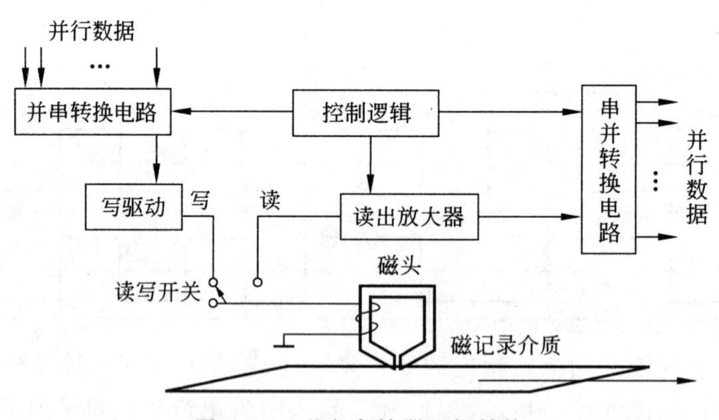

图 4.56 磁盘存储器逻辑结构

磁盘存储器主要由磁记录介质、磁盘控制器和磁盘驱动器组成。磁盘控制器包括控制逻辑、并串转换电路及串并转换电路;磁盘驱动器包括写驱动器、读出放大器、读写开关和读写磁头等。

写入时,从主机来的并行数据经并串转换电路,变成按位串行的数据,由写驱动器逐位作功率放大后送读写磁头线圈,使磁头的气隙处产生磁场,在磁盘的磁层上形成磁化单元，数据便写入磁盘。

读出时，磁头先找到指定磁道，因磁盘旋转，磁道相对磁头运动，被磁化的存储单元形成的空间磁场在磁头线圈中产生感应电势，此电势经读出放大器还原成原存的数据，然后一位一位地送串并转换电路，转换成并行数据供主机使用。

2）磁盘上信息的编址和记录格式

为了在指定的磁盘区域内读写信息，需要将盘面划分为若干区，称为扇区(Sector)，并给它们编上号。盘面上所有磁道也编上号，0 号磁道在最外面。每条磁道以扇区为界分为若干个记录(或扇段)，每个记录中信息的数量相同，记录是磁盘地址的最小单位。只要知道磁道号和扇区号，就可以定位记录。除磁道号和扇区号外，还有记录面号，以区分要访问的是哪个记录面。软盘只有两个记录面，若是磁盘组，则有若干个记录面。所有这些记录面上，半径相等的磁道的集合称为圆柱面(Cylinder)。一个磁盘组的圆柱面数等于其中一个记录面上的磁道数。一台主机如果配有几台磁盘机(称磁盘驱动器)，则还要给它们编号，以区分是哪台磁盘机工作。因此，磁盘的地址格式为：

驱动器号	磁道号(圆柱面号)	记录面号	扇区号

请注意磁道号(圆柱面号)与记录面号的顺序。如果有一个较大的文件，在某磁道号、某记录面的所有扇区内记录不下时，应先改变记录面号(即换成与该磁道号对应的另一记录面存放)，这样可避免磁头的机械运动给存取速度带来影响。只有当该磁道号对应的所有记录面都存不下时，才改变磁道号。

磁盘与主机交换信息时，一次最少要交换一个记录。因为，一个记录内的信息再无地址标志。每当检索到一个索引孔时，就将此处作为该磁道的开始。每个记录前面有一个标识符(扇标)。在连续的记录之间应有间隙，这样可以避免由磁盘转速的微小变化引起记录中信息的重叠。

3）磁盘存储器的技术指标

磁盘存储器的主要技术指标有存储密度、存储容量、平均定位时间和数据传输率。

(1) 存储密度

存储密度是指磁盘单位面积上所能存储的二进制信息量。它包括道密度和位密度两个指标。

道密度(TPI)是沿磁盘半径方向单位长度上的磁道数，单位为道/英寸。磁盘的道密度一般为 100～200 道/英寸，有的高达 2000 道/英寸。

位密度(BPI)是磁道单位长度上记录的二进制代码的位数，单位是位/英寸。因同一盘片上每条磁道的记录数相同，而各磁道的周长不同，因此外圈与内圈的记录密度不同，位密度一般是指内圈所能达到的记录密度。

(2) 存储容量

一个磁盘存储器所能存储的信息量称为磁盘存储器的存储容量，单位是字节。设一磁盘有两个记录面，每面 40 条磁道，每个磁道分 16 个扇区，每个扇区容量为 256B，则该磁盘的存储容量为 256B×16×40×2＝327 680B。

也可根据磁盘的内圈直径、外圈直径以及磁盘的位密度和道密度计算出磁盘的存储容量。

(3) 平均定位时间

定位时间是指从发出磁盘读写命令起，磁头从当前位置移动到指定的记录位置，并开始读写操作所需要的时间。它包括：将磁头定位到指定磁道上所需的时间，称为寻道时间；找到指定磁道后至指定的记录移到磁头下的时间，称为等待时间；因寻道时间和等待时间都是随机变化的，所以往往用平均值表示。平均定位时间等于平均寻道时间与平均等待时间之和。平均寻道时间一般为 10～20ms；平均等待时间取决于磁盘的转速，用磁盘旋转半周所用的时间来表示，如：

- 5400 转磁盘的平均等待时间约为：11/2＝5.5ms；
- 7200 转磁盘的平均等待时间约为：8/2＝4ms；
- 10 000 转磁盘的平均等待时间约为：6/2＝3ms。

如果把一些信息离散存放，那么每读写一个记录都要经历一次找道与一次等待，传输效率很低。为此，通常把信息集中起来，组成较大的单位，称为信息块。每块由连续的几个记录组成，读写一个记录就只花一次寻道时间和一次等待时间。

(4) 数据传输速率

读写磁头定位之后，可以根据磁盘的转速与存储密度来决定信息的传输速率。单位时间(秒)从磁盘中读出或写入信息的数量，称为数据传输速率。单位是 b(位)/s 或 B(字节)/s。设某磁盘的位密度为 Mb/英寸，转速为 V 英寸/s，则该盘的数据传输速率为 MVb/s。

4. 磁带存储器

磁带存储器的读写原理与磁盘存储器相同，不过它的载体不是圆盘，而是一种塑料带。它的工作方式与磁带录音机类似。录音磁带存储的是模拟信息，而计算机磁带存储的是数字信息。磁带存储器具有容量大、价格便宜、便于更换等优点。对于网站、大型软件开发商而言，数据备份量很大，往往达到 TB 甚至 PB 级，很适合使用磁带存储器作为备份系统的存储设备。

按驱动技术，磁带可分为线性记录技术和螺旋扫描技术。线性技术起源于模拟音频记录技术，它是通过单个或多个静态的磁头与高速运动的磁带接触来记录数据。螺旋扫描技术起源于模拟视频记录技术，它和数据流技术正相反，磁带是绕在磁鼓上，磁鼓则高速转动，在磁鼓两侧的磁头也高速扫描磁带进行记录。两种驱动技术的典型磁带产品包括 DLT(Digital Linear Tape)、LTO(Linear Tape Open)以及 AIT(Advanced Intelligent Tape)。

DLT 技术又称为数码线性磁带技术，采用线性记录技术，最早于 1985 年由 DEC 公司开发。DLT 技术采用单轴 1/2 英寸磁带仓，以纵向曲线性记录法在磁带上记录信息，具有大容量、高速度等特点。目前 DLT 驱动器的容量从 10GB 到 800GB 不等，非压缩存储数据传输速度为 1.25MB/s～10MB/s，压缩后可使存储容量和存储速度提升约一倍。Super DLT(SDLT)技术是昆腾公司于 2001 年提出的格式，它在 DLT 技术基础上结合了新型磁带记录技术，使用激光导引磁记录技术(LGMR)，通过增加磁带表面的记录道数使记录容量增加。目前 SDLT 的容量为 160GB，相当于 DLT 的 3 倍，传输速率为 11MB/s，是 DLT 的 2 倍。

LTO 称为开放线性磁带，结合了线性多信道、双向磁带格式的优点，基于服务系统、硬件数据压缩、优化的磁道面和高效率纠错等技术，来提高磁带的存储能力和性能。LTO 由 HP、IBM、Seagate 三厂商于 1997 年 11 月联合制定。开放的技术使不同厂商的产品能更好地进行兼容，开放性还带来更多的发明创新，使产品的价格下降，用户受益。LTO 本质上属于线性螺旋技术，具有两种存储格式：高速开放磁带格式即 Ultrium 和快速访问开放磁带格式即 Accelis，前者的特点是高容量，后者的特长在于存取速度快。

AIT 是指先进智能磁带，它采用螺旋扫描和金属蒸发带等先进技术，属于存储技术的新军，由 SONY 公司开发，技术特点是可以快速访问高密度磁带，是目前的一种磁带工业标准。AIT 使用的磁带盒上含有记忆体晶片，通过在微型晶片上记录磁带上文件的位置，可以有效的减少存取时间。

磁带技术发展很快，每隔一段时间就有采用新技术的磁带问世。自 2009 年以来，主要的磁带库厂商都推出了最新一代的磁带库产品，如 IBM 3592、昆腾 MAKO、ADIC Scalar i2000、StorageTek Stream Line 8500、Spectra Logic T950，以及 HP 发布的下一代磁带库体系架构——HP StorageWorks 扩展磁带库架构。上述新品并不是简单地对现有产品的升级，而是采用了全新的架构或突破性的技术。比如 IBM 3592 容量更大，且磁带介质可根据用户需求进行初始化，可同时满足用户对容量和访问速度的双重要求。HP 公布的 StorageWorks 下一代磁带库体系架构，进一步满足了特定企业存储区域网(SAN)对可靠性、互操作性及更先进功能的需求。

另外，从磁带库产品的发展来看，除了容量更大、访问速度更快以外，磁带库的混装驱动器功能、iSCSI 连接、虚拟分区、数据特殊保护、智能管理、多机械臂技术等方面将更适合网络存储环境中的应用，成为未来的技术发展趋势。

4.8.2 光盘存储器

光盘存储器是指利用光学原理存取信息的存储器。它的主要特点是存储容量大、寿命长和可靠性高。随着多媒体技术的普及和家用计算机的发展，图形、图像、声音和音乐等庞大的数据信息需要有足够的存储空间和相应的存取速度，因此，光盘已受到越来越多用户的喜爱。

1. 光盘存储器的类型

按照工作机制的不同，光盘存储器分为以下几类。

1) 只读型光盘(CD-ROM)

这种光盘盘片上的信息是由生产厂家预先写入的，用户只能读取盘上的信息。

2) 一次写入型光盘(Write Once Read Many，WORM)

与半导体 PROM 的读写功能一样，这种光盘可由用户一次性写入信息，写入的信息将永久保存在光盘上，以后只能读出。若要再次写入，则只能写到盘片上的空白记录区。

故又称为追记型光盘。

3) 可擦重写型光盘(Rewrite)

这种光盘,用户不仅可以写入信息,而且必要时可以擦除原存信息后进行重写。可擦重写光盘从记录介质的读、写、擦的机理等角度可分成以下两类。

(1) 主要用多元半导体元素配制成的记录介质:利用激光与介质薄膜相互作用时,激光的热和光效应导致介质在晶态与玻璃态之间的可逆相变来实现反复写、擦的要求。这是结构相变介质,用此介质制成的光盘称为相变光盘。

(2) 用稀土-过渡金属(RE-TM)合金制成的记录介质:这种介质具有垂直于薄膜表面的磁化轴,它利用光致退磁效应以及偏磁场作用下磁化强度取向的"正"或"负"来区别二进制中的"0"或"1"。这是磁性相变介质,用此种介质制成的光盘称为磁光盘(MO)。

它们都是利用介质的两个稳定状态来表示二进制的"0"和"1"。但擦和写需两束激光,分两次动作完成。即先用擦除激光将某一信息道上的信息擦除,然后再用写激光将新信息写入。

4) 直接重写型光盘(Overwrite)

这种光盘可以用一束激光,一次动作录入信息。即在写入新信息的同时,将原存信息自动擦除,不用两次动作,使用起来更加方便。

5) 数字化视频光盘 DVD(Digital Video Disk)

由东芝公司 1996 年首先发布,DVD 初期主要用来替代模拟 VHS(Video Home System,家用录像系统)视频磁带,使得影视节目进入数字时代。由于其画面质量极好,受到广泛欢迎。而今,其主要应用是取代 CD-ROM,进而成为数字多用途光盘(Digital Versatile Disk)。

DVD 的主要特点如下。

(1) 大容量。

与 CD-ROM 相比,它的存储容量更大。DVD 盘直径为 8cm 或 12cm,有单面单层、单面双层、双面单层和双面双层 4 种格式。直径为 12cm 单面单层的 DVD 盘,其容量为 4.7GB,约为 CD 盘 650MB 的 7 倍。直径为 12cm 双面双层 DVD 盘的容量可达 17GB。

(2) 质量高。

DVD 采用 MPEG-2 国际通用压缩标准,其最高传输码率为 10.08Mbps。

(3) 兼容性好。

现在的 DVD 驱动器,不仅可以使用 DVD 盘,还可以兼容 CD,VCD,CD-R 和 CD-RW 等多种光盘。

除上述分类外,光盘还可按盘片直径的大小分为 14 英寸、12 英寸、8 英寸、5.25 英寸、3.5 英寸、2.5 英寸和 1.8 英寸。目前常用的 5.25 英寸光盘(CD-ROM),其容量有 580MB 和 680MB 两种。

2. 光盘存储器的记录原理

光盘存储技术源于 1972 年荷兰飞利浦公司发布的激光式电视唱片。它采用聚焦成 1μm 以下直径的氩激光束,在涂有记录介质的光盘上以烧蚀微孔的方式录制电视节目,用类似密纹唱片复制工艺制备 1mm 厚的唱片复制品，用小功率氦氖激光扫描信息轨道，按反射强度的变化再现已录刻的信息。

1）CD-ROM

CD-ROM 是只读型光盘，在用户使用前用刻录机将信息存入光盘。CD-ROM 的存储原理如图 4.57 所示。

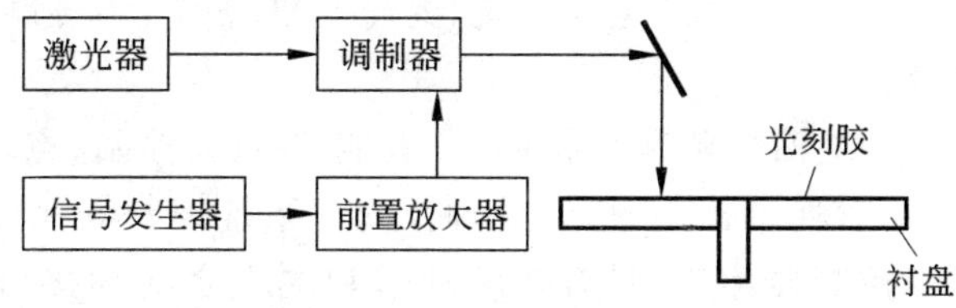

图 4.57 CD-ROM 存储原理

将拟写入光盘的信息通过信号发生器、前置放大器和调制器调制后的激光束以不同的功率密度聚焦在涂有光刻胶的玻璃衬盘上，光刻胶曝光后制成主盘和副盘（印模），再利用副盘经光致聚合作用喷注成用户使用的光盘。

2）WORM

WORM 是利用激光光斑在记录介质的微小区域内产生不可逆的物理化学变化以进行记录的盘片。其记录方式有烧蚀型、起泡型、熔绒型、合金化型和相变型等。此类光盘一般采用高分子聚合物如丙烯树脂（PMMA）作为衬盘材料，在它上面蒸附或溅射 Te 系合金薄膜。

以烧蚀型为例，写入信息时，将调制后聚焦成不到 1μm 的激光束照射到光盘介质上，对盘面微小区域加热，烧蚀出坑形微孔（约 1μm^2），从而改变了对光的反射率。以介质上有孔或无孔分别表示二进制的“1”和“0”。

读出时，用相当于写入功率十分之一的聚焦激光照射光盘。光电探测器则根据反射光的强弱将其变换成电信号 0 和 1。由于激光功率小，不会在盘面上形成新的微孔。

3）CD-RW

以磁光盘（MO）为例，这种盘用 GDCO 薄膜作为记录介质。GDCO 在室温附近的矫顽力（H_c）很大，但在室温以上时，H_c 将随温度的升高按指数规律很快减小。

写入过程：写入前，用一高强度的磁场 H_0 对介质进行初始磁化，使各磁畴单元均具有相同的磁化方向。写入信息时，磁光读写头的脉冲使激光聚焦在介质表面，光照微斑因升温而迅速退磁，此时，通过读写头中的线圈加一反偏磁场，使微斑反向磁化，而介质中无光照的相邻磁畴，磁化方向仍保持不变，从而实现磁化方向相反的反差记录。

读出过程：1877 年克尔（Kerr）发现，若用直线偏振光扫描录有信息的信道，光束到达磁化方向向上的微斑，经反射后，偏振方向会绕反射线右旋一个角度 θ_k。反之，若扫到磁化方向向下的微斑，反射光的偏振方向则左旋一个角度 θ_k。利用克尔效应检测盘面记录单元的磁化方向，即可将信息读出。

擦除过程：用原来的写入光束扫描信息道，并施加与初始磁场 H_0 方向相同的偏置磁场，则各记录单元的磁化方向将复原。

由于翻转磁畴磁化方向的速率有限，故磁光盘需两次动作才能完成信息的写入。即第一次擦除，第二次写入新信息。

3. 光盘存储器的组成

光盘存储器由盘片、驱动器和控制器组成。驱动器主要由光头和控制电路组成。

光头部分包括：大功率激光器、光学系统、光电探测系统、调焦跟踪执行机构及快速径向移动机构等几部分。

控制电路部分包括：主轴恒角速度控制、光盘自动加载控制、点调焦跟踪伺服控制、快速存取控制、激光器读写功率控制、信号处理及内部系统控制等几部分。

光盘控制器与磁盘控制器相似，具有在驱动器和主机之间的接口功能。它主要进行驱动器与主机之间命令、数据的传送及纠错。为了加快存取速度，目前都配有缓冲存储器，其容量一般在 32～256KB 之间。

图 4.58 是一次写入型光盘的光学系统示意图。氦氖激光器产生的光束经分离器分成两束光。90％的光束用作写入光束，10％的光束用作读出光束。

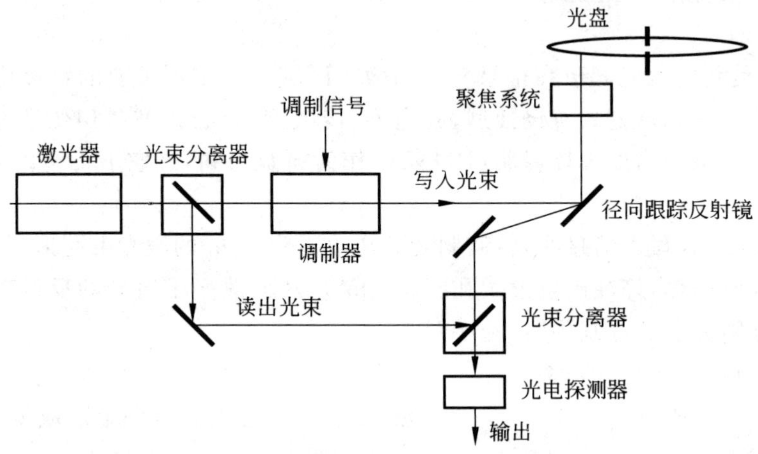

图 4.58　光盘的光学系统示意图

写入时，被调制信号送调制器，将写入光束调制。调制后的光束由跟踪反射镜反射至聚焦系统再射向光盘，在光盘记录介质上记录信息。

读出时，写入光束不起作用。小功率读出光束经光束分离器将从光盘反射回的读出光信号导入光电探测器，由光电探测器输出电信号。

4.8.3　冗余磁盘阵列

大容量存储系统中往往包含几十至几百块磁盘，为提高存储系统的性能、可靠性和数据的可用性，美国加州大学伯克利分校的 D. A. Patterson 教授提出了一种基于多磁盘冗余的存储系统，称为廉价冗余磁盘阵列 RAID(Redundant Array of Inexpensive Disk)或独立冗余磁盘阵列 RAID(Redundant Array of Independent Disk)，简称磁盘阵列。它将多块独立的普通磁盘按照一定的方式组织与管理，构成一个大容量、高速度、高容错的存储系统。该存储系统具有以下基本特征。

(1) 在操作系统支持下，将一组磁盘视为一个独立的大型存储设备。

(2) 数据分布在这一组磁盘上。

(3) 提供良好的容错能力。在某个磁盘出现问题后，可以继续工作。

根据不同的数据组织与管理，RAID 具有多个不同的级别，不同级别的 RAID 具有不同的特性。

1. RAID 0

该方式下磁盘存储区被划分成条带(Strip)，条带大小可以是一个物理块，也可以是磁盘的一个扇区或其他存储单元。将待存放的文件也分成与条带区容量相同的块，然后按块依次轮流地存放在不同磁盘的条带区，如图 4.59 所示。

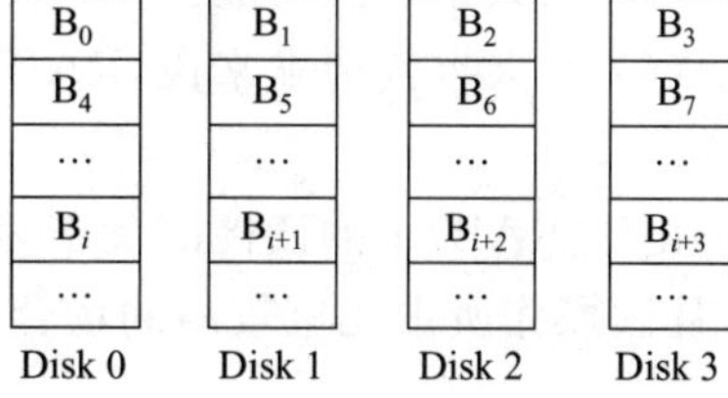

图 4.59 RAID 0 的数据分布

RAID 0 具有如下技术特点。

(1) 无数据冗余、无数据校验功能，因此它不具备数据的容错能力，数据的可靠性不高。

(2) 从 RAID 0 的数据分布看，其本质上是多磁盘体交叉存储(类似于主存的多体交叉存储)，多个磁盘可并行工作，存储系统的访问速度高。

(3) 条带的大小影响 RAID 0 的性能与应用。

① 条带大小对数据传输率的影响

小条带可将数据分配到更多的磁盘上，通过更多磁盘的并行工作可提高存储系统的数据传输率。

② 条带对 I/O 请求响应速度的影响

在面向事务处理的应用中，可能同时存在上百个 I/O 请求。此时，用户对 I/O 请求的响应时间比较关注。通过选择小而适中的条带，使得一次事务请求所传送的数据刚好集中在一个条带中，就能大大减少每个 I/O 请求的响应时间。

(4) 磁盘利用率高，由于 RAID 0 中没有冗余数据，所有的磁盘存储空间都可保存工作数据。

RAID 0 主要应用于对访问速度要求高，但对数据的可靠性要求不高的场合。

2. RAID 1

RAID 1 采用镜像盘冗余的方法将每份数据分配到两个不同的磁盘中，以提高数据的安全性和可靠性。RAID 1 数据分布如图 4.60 所示。

RAID 1 具有如下技术特点。

(1) 每个磁盘都有一个镜像磁盘，图 4.60 中备份磁盘 i 就是磁盘 i 的备份盘。

(2) 读请求时，可由包含该数据的两个磁盘中的任一个提供；写请求时，需同时更新两个磁盘中相应的数据块。

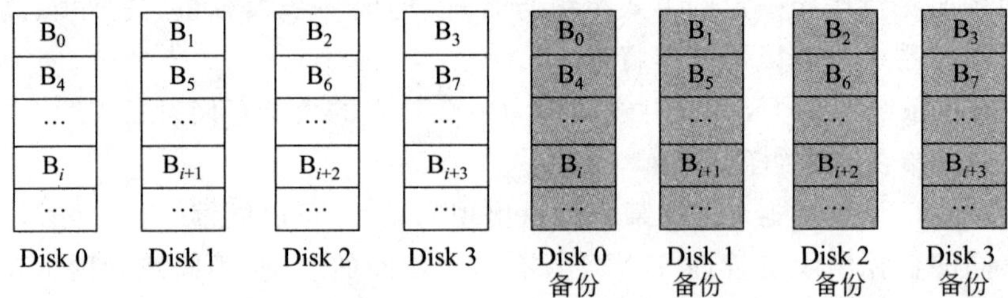

图 4.60　RAID 1 的数据分布

(3) 当一个磁盘被损坏时，数据仍可从另一磁盘获取。因此具有很高的安全性。

(4) 存储系统中磁盘的利用率只有 50%。

(5) 无数据校验功能。

(6) 对大批读请求来说，RAID 1 可以从对应的盘中并行读出。但对于写，其效率并不高。

由于 RAID 1 的读性能优于写性能，因此，RAID 1 主要应用于对数据的可用性要求高，且读操作所占比重较高的场合。

3. RAID 2

RAID 2 采用基于海明校验的磁盘体位交叉存取技术，即按照海明码校验技术对各数据盘上的相应位计算，并将计算出的校验位存储在多个校验盘的对应位。其中校验盘的数量与采用的海明校验技术有关，如果使用具有纠正一位错误并能检测两位错误的海明校验码，则校验盘的数量 r 与数据盘的数量 k 应该满足公式(4.2)。

$$2^r \geqslant r + k \tag{4.2}$$

例如数据盘 $k=4$ 时，校验盘的数量 $r=3$，该条件下 RAID 2 的数据分布如图 4.61 所示。

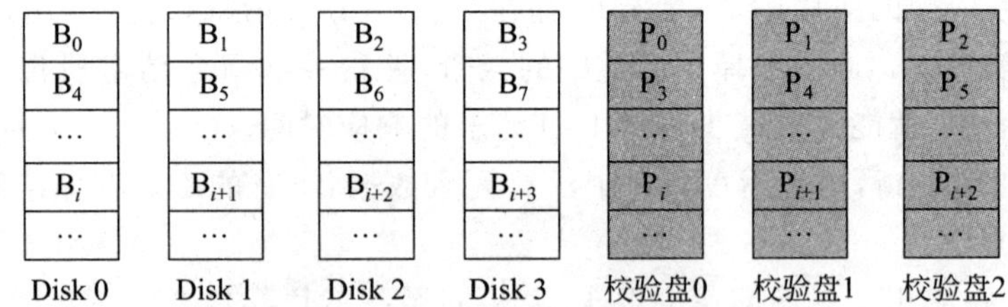

图 4.61　RAID 2 的数据分布($k=4,r=3$)

RAID 2 具有如下技术特点。

(1) 条带容量小，按位交叉存储，因此每个 I/O 请求都会访问到多个磁盘，导致 I/O 响应速度慢。

(2) 每个 I/O 请求都会访问到多个磁盘；对于单个读，所有磁盘同时读取，数据和相应的纠错码被送至控制器，若出现一位错，则由控制器立即识别并纠正。对于单个写，所有数据盘和校验盘都要进行写操作。

(3) 采用海明校验，具有纠错和检错功能，数据的可靠性高；但控制复杂。

(4) 冗余存放校验位，其数量与使用的数据盘的数量成正比。

(5) 由于按位存取，在 I/O 过程中所有磁盘上的磁头在任何时刻都处于同一位置，具有空间并行处理能力，数据传输率高。

受成本的影响，目前 RAID 2 很少被使用。

4. RAID 3

RAID 3 与 RAID 2 类似，也采用按位交叉存取和驱动器轴同步旋转技术。与 RAID 2 不同的是不论数据盘有多少，RAID 3 只需一块冗余盘来存放校验信息；另外，RAID 3 不采用纠错码，只用奇偶校验，即对所有数据盘上同一位置的一组位进行奇偶校验，奇偶校验位存于校验盘的相应位置。RAID 3 的数据分布如图 4.62 所示。

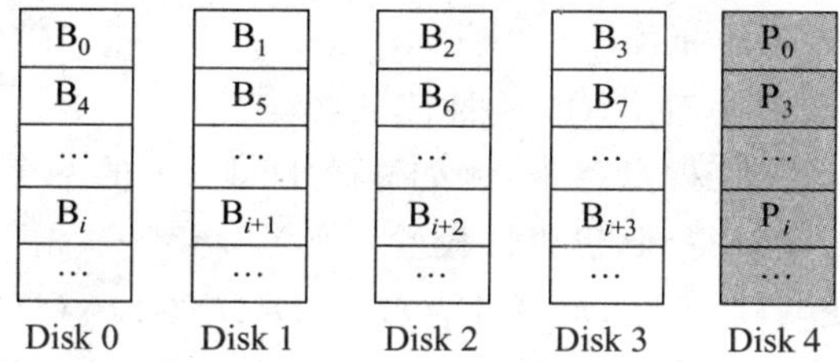

图 4.62 RAID 3 的数据分布

当某一磁盘损坏时，保存该盘上的数据可通过奇偶校验盘和其余磁盘上的数据进行恢复。

设 Disk0～Disk3 上保存数据，Disk4 为奇偶校验盘。采用偶校验时第 i 位的校验信息计算如公式(4.3)所示：

$$P_4(i) = D_3(i) \oplus D_2(i) \oplus D_1(i) \oplus D_0(i) \tag{4.3}$$

假设 Disk1 损坏，则其上的数据可通过公式(4.4)计算恢复：

$$D_1(i) = P_4(i) \oplus D_3(i) \oplus D_2(i) \oplus D_0(i) \tag{4.4}$$

RAID 3 的技术特点与 RAID 2 类似，不同点主要有两方面，其一是采用奇偶校验而不是海明校验，其二是校验盘只有一个，磁盘的利用率高。

与 RAID 2 相比，RAID 3 控制器简单，但由于仍按位处理，因此，RAID 3 不适合 I/O 请求较多的面向事务处理的应用场合。另外，由于所有的校验位都存放在同一个磁盘上，该盘容易成为访问的瓶颈，RAID 3 也不适合应用于大量写操作的场合。

5. RAID 4

RAID 4 与 RAID 3 类似，也采用奇偶校验和单个冗余盘。与 RAID 3 的不同主要表现在两方面：其一，RAID 4 不是按位校验，而是采用较大条区，一般为一个磁盘扇区；其二，各驱动器轴不再同步旋转，而是独立操作，因此 RAID 4 也称为独立存取技术。RAID 4 的数据分布如图 4.63 所示。

RAID 4 的技术特点如下。

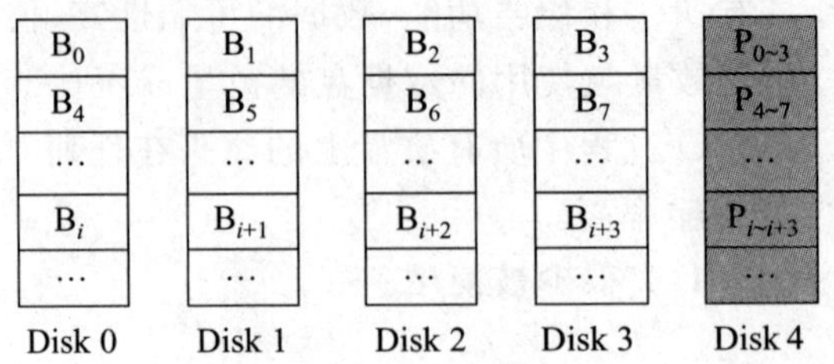

图 4.63 RAID 4 的数据分布

(1) 采用大条带区，I/O 请求响应速度快，但数据传输率不高。

(2) 采用奇偶校验技术。

(3) 各盘采用独立存取技术。

(4) 磁盘利用率高。

(5) 校验盘成为写访问的瓶颈。

下面将重点分析小数据写对 RAID 4 性能的影响。

当写操作只涉及修改一个磁盘条带，例如修改 Disk1 上的一个条带，此时校验盘上的校验信息按照公式(4.5)计算得到(仍以偶校验为例)：

$$P'_4(i) = D_3(i) \oplus D_2(i) \oplus D'_1(i) \oplus D_0(i) \tag{4.5}$$

其中 $P'_4(i)$和 $D'_1(i)$分别表示修改新计算的校验信息和修改后数据信息中的第 i 位。根据异或运算的特点，在公式(4.5)的右边异或 $D_1(i) \oplus D_1(i)$后，等式仍然成立。得到公式(4.6)：

$$\begin{aligned} P'_4(i) &= D_3(i) \oplus D_2(i) \oplus D'_1(i) \oplus D_0(i) \oplus (D_1(i) \oplus D_1(i)) \\ &= D_3(i) \oplus D_2(i) \oplus D_1(i) \oplus D_0(i) \oplus (D'_1(i) \oplus D_1(i)) \\ &= P_4(i) \oplus D'_1(i) \oplus D_1(i) \end{aligned} \tag{4.6}$$

其中从公式(4.6)不难看出，更新一次校验信息涉及两次读操作和两次写操作。两次读操作分别是读 $P_4(i)$ 和 $D_1(i)$(更新前的校验信息和数据信息)，两次写操作分别是写 $P'_4(i)$和$D'_1(i)$(更新后的校验信息和数据信息)。

当写操作涉及所有磁盘的条带时，不需要读原来的数据和校验信息，直接利用更新后的数据直接计算校验信息并写入冗余盘即可。

每次写数据时，校验盘成为数据传输的瓶颈。RAID 4 也不适合应用于大量写操作的场合。

6. RAID 5

RAID 5 与 RAID 4 类似，也采用大条带交叉存储和磁盘独立操作技术；不同的是 RAID 5 不将校验信息保存在一块磁盘上，而是将校验数据以循环方式放在每个磁盘中，从而可以有效避免校验盘成为写操作瓶颈的可能。RAID 5 的数据分布如图 4.64 所示。

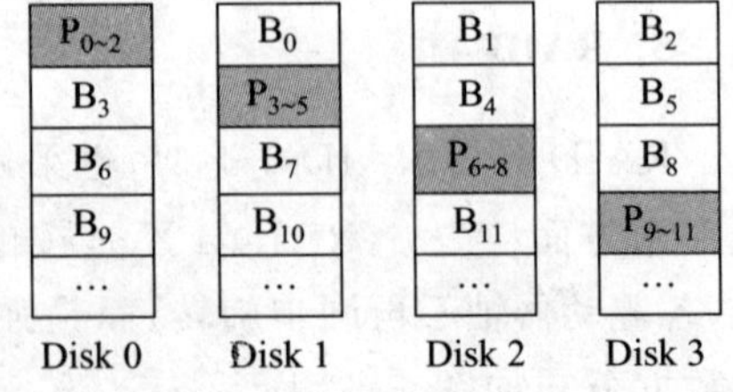

图 4.64 RAID 5 的数据分布

RAID 5 具有如下技术特点。

(1) 采用大条带区,I/O 请求响应速度快。

(2) 采用奇偶校验技术。

(3) 各盘采用独立存取技术。

(4) 校验信息在不同磁盘中循环存放,克服了 RAID 4 中校验盘成为写瓶颈的不足。

(5) 磁盘利用率高。

可以认为 RAID 5 是对 RAID 4 的改进,对大、小数据的读写都具有较好的性能,具有比较广泛的应用。

7. RAID 6

RAID 6 采用了按块交叉存放和双磁盘容错技术,其基本思想是对相同的数据进行两种不同的校验算法并将校验码分别存于两个磁盘中。这样,即使有两块盘同时出错也能将数据恢复出来,从而提高了数据的完整性和有效性。RAID 6 的数据分布如图 4.65 所示。

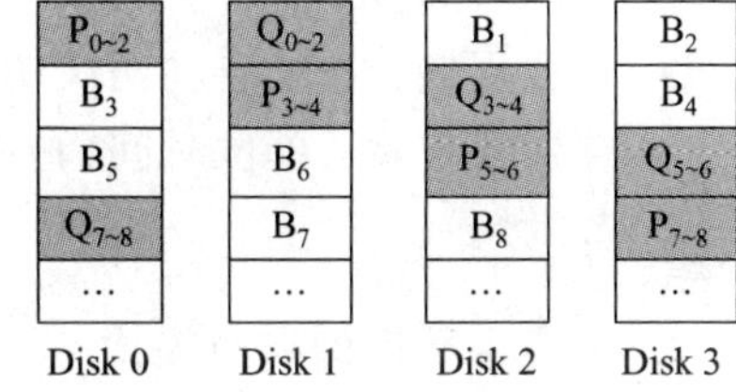

图 4.65 RAID 6 的数据分布

P 和 Q 是两个不同的校验算法。这种方案中,即使两个磁盘都出故障,数据仍可再生。因此,它提供了极高的数据可用性。相对 RAID 5 而言,其缺点是在组成中增加了一个磁盘,而且每次写都要进行 P 和 Q 两种校验以形成两个奇偶校验块。

以上各级 RAID 中,目前最常用的是 RAID 0,RAID 1,RAID 3,RAID 5 以及由 RAID 0 分别与 RAID 1,RAID 3 和 RAID 5 组合而成的 RAID 10,RAID 30 和 RAID 50 等模式。

RAID 既可采用硬件实现,也可采用软件实现。当采用硬件实现时,对应的磁盘阵列就称为硬磁盘阵列;当 RAID 基于软件实现时,对应的磁盘阵列就称为软磁盘阵列。硬磁盘阵列的性能比软磁盘阵列的性能高。

本章小结

根据冯·诺依曼计算机“存储程序”的设计思想,存储器是计算机系统中必不可少的用来记录信息的设备。设计一个大容量、高速度、成本低的存储器是存储系统的目标。本章主要介绍存储器分类、存储器分级结构、半导体存储器的工作原理、存储器组织、高速存储技术、虚拟存储器以及辅助存储器等主要内容。本章的主要学习目标包括:

(1) 熟悉存储器(含主存和辅助存储器)的技术指标。

(2) 熟悉主存中数据的存放模式。

(3) 熟悉存储系统的分级结构。

(4) 掌握静态和动态存储单元的工作原理;掌握动态存储器刷新的工作原理;了解新型存储器的发展方向。

(5) 掌握存储器组织及扩展方法。

(6) 了解并行存储系统的概念,熟悉多体交叉存储器的工作原理。

(7) 掌握高速缓冲存储器 cache 的工作原理及几种常见的地址映射方法。

(8) 掌握页式虚拟存储系统的工作原理。

(9) 熟悉磁表面存储器的工作原理,了解光盘存储器和冗余磁盘阵列的工作原理。

具体小结如下。

1. 存储器的主要技术指标

常用于描述存储的主要技术指标包括容量、存取速度(包括存取时间、存储周期、存储带宽)和稳定性等。

- 存取时间:启动一次存储器的操作(读或写分别对应取与存)到该操作完成所经历的时间。
- 存取周期:连续启动两次访问操作之间的最短时间间隔。
- 存储器带宽:单位时间内存储器所能传输的信息量,常用的单位包括位/秒或字节/秒。

2. 主存中数据的存放模式

1) 大、小端存储方式

存储器按字节编址,且存放信息时按地址增加的方向占用主存。一个多字节数据存入主存后需要占用多个连续的主存单元地址,当这个多字节数据中的高字节数据存放在连续主存地址中的低地址单元中时,称这种数据存放方式为按大端(Big-Endian)方式存储;反之,这个多字节数据中的低字节数据存放在连续主存地址单元的低地址单元中时,称这种数据存放方式为按小端(Little-Endian)方式存储。

2) 边界对齐的数据存放方法

按边界存储是指半字、字、双字都按它们各自地址所指定的空间进行存储,而不是随意存放,这样可保证对一个字长数据的读写只需要一次存储器访问即可完成,提高了访问效率,但有时会导致存储空间的浪费,因此这是一种以存储空间换取存储速度的方法。

字长 32 位,则半字长 16 位,双字长 64 位。则按边界对齐方式的存储要求是:

- 双字数据起始地址的最末 3 位为 000(8 字节的整数倍)。
- 单字数据起始地址的最末两位为 00(4 字节的整数倍)。
- 半字数据的起始地址的最末 1 位为 0(2 字节的整数倍)。

3. 存储系统的分级结构

1) 对存储系统的要求

对存储系统的要求是大容量、高速度、成本低。单级存储器不可能满足这样的要求,于是提出了分级的思想。

2) 存储系统分级的理论基础

局部性原理是存储系统分级的理论基础,又包括两方面的局部性:

- 时间局部性(Temporal Locality)：最近被访问的内容(指令或数据)在不久的将来还会被访问，程序的循环结构体现了时间局部性。
- 空间局部性(Spatial Locality)：靠近当前正在被访问内存的内容在不久的将来很快也会被访问，程序的顺序结构体现了空间局部性。

3) 存储系统的分级结构

由cache、主存和辅助存储器三级结构构成。cache-主存存储层次解决了主存速度不快的问题，而主存-辅存存储层次解决了主存容量不足的问题。

4. 存储单元的工作原理

1) 六管静态存储单元工作原理

(1) 组成：两个工作管、两个负载管、两个门控管。

(2) 保存数据：利用两个工作管构成的稳定互锁状态保存一位二进制信息。

(3) 三种工作状态：读、写、数据保持，其中数据保持由负载管为工作管提供工作电流。

2) 四管动态存储单元工作原理

(1) 组成：两个工作管、两个门控管、分布电容。

(2) 保存数据：利用工作管栅极的分布电容保存信息。

(3) 4种工作状态：读、写、数据保持和刷新。其中数据保持由工作管栅极分布电容上的电荷为工作管提供工作电流，由于分布电容容量有限，能维持的时间很短，因此动态存储单元需要刷新操作。

(4) 动态存储器的刷新。

① 刷新方式：集中刷新、分散刷新和异步刷新。集中刷新存在CPU死时间；分散刷新由于刷新次数过多，降低了存储器的速度；异步刷新是前两者的折中。

② 刷新按行进行，因此设计刷新电路时需要知道动态存储器的内部行列结构。

③ 刷新地址由刷新地址计数提供。

3) 动态存储器与静态存储器的比较

(1) 容量方面：动态存储器集成度高，容量一般比静态存储器容量大。

(2) 功耗方面：动态存储器的功耗比静态存储器功耗低。

(3) 速度方面：动态存储器由于需要刷新，速度相对静态存储器慢。

5. 存储器组织及扩展方法

1) 存储器组织

通常用多片存储芯片按照一定的组织方式来实现容量和数据位满足应用需求的存储器并与CPU连接。存储器与CPU连接时要连接的信号线包括地址线、数据线、读写控制线(对ROM芯片不需要该类控制信号)和片选线(动态存储芯片没有该引脚)等。

2) 存储器扩展

(1) 常见的扩展方式有字扩展、位扩展及字位同时扩展。

(2) 对字扩展而言，需明确每个存储芯片在全局范围内的地址空间。字扩展时片选信号的产生方法有线选法、全译码法和部分译码。

6. 并行存储系统

利用存储系统访问的并行性可提高存储系统的数据传输率。

1）双端口存储器

存储器有两个独立的访问端口，每个端口有各自独立的数据端口、地址端口以及读写控制端口、片选端口等，每个端口可独立进行读写操作。不发生访问冲突时，两个端口可并行访问；发生冲突时，暂停止一个端口的访问。

2）多模块交叉存储器

(1) 高位交叉：按存储器地址的高位地址划分模块，同一存储体内的地址是连续的。当多个目标同时访问存储器时(如 CPU 和 DMA 设备同时访问存储器)，如果访问的地方范围处于不同的存储芯片，则提供并行访问。

(2) 低位交叉：按存储器地址的低位地址划分模块，同一存储体内的地址不相邻，相邻地址处在不同存储体中。CPU 可同时启动多个存储体，并进行并行访问。

7. 高速缓冲存储器 cache

cache 的物理位置处于 CPU 和主存之间，它的特点是小容量、高速度和用硬件实现。利用程序访问的局部性原理，采用适当的调度算法可以使 CPU 能在大部分时间只访问 cache，从而提高了存取速度。

1）相联存储器

虚拟存储器、高速缓冲存储器中查找某数据是否在主存或在 cache 中用到了相联存储器。它是一种按内容访问的存储器(主存按地址访问)，按内容访问可以大大提高查询的速度。

2）cache 的结构

根据不同的映射算法对 cache 进行不同的划分，其中全相联映射和直接映射方式下，cache 分块(也称行)；组相联映射方式下，cache 除分块外，若干块组成一个逻辑组。cache 每行一般包括有效位字段、标记字段和数据字段，对应的 cache 存储体包括有效位存储体、标记存储体和数据存储体。

3）主存地址划分及 3 种 cache 映射方法

为实现主存与 cache 之间的地址映射和变化，一般将主存地址进行如下划分。

- 块内偏移量：根据块的大小划分。
- 索引字段(Index)：用于指定与该物理地址对应的数据块将映射到的 cache 的位置，也是地址变换时查找的 cache 范围。
- 标记(Tag)：作为判断数据是否在 cache 中命中的依据。

(1) 全相联映射

主存地址不划分索引字段，因此地址映射时，主存数据块可以映射到 cache 的任意行中；地址变换时，需查找所有的 cache 行。

(2) 直接映射

地址映射时，主存数据块只能映射到索引字段所指向的 cache 行中保存；地址变换时，需查找的范围也只涉及索引字段所指向的特定 cache 行。

(3) 组相联映射

地址映射时，主存数据块只能映射到索引字段所指向的 cache 特定组(其中的行可任选)；地址变换时，需查找的范围也只是索引字段所指向的特定 cache 组的所有行。

4) 替换算法

(1) LRU：淘汰掉最近最少用的块。

(2) LFU：淘汰掉最不经常使用的块。

(3) FIFO：淘汰掉最先进入 cache 的块。

5) cache 的写策略

(1) 写回法 WB(Write-Back)：写操作只将数据写到 cache 中，当该块从 cache 中被调出时，才写回主存。

(2) 写直达法 WT(Write-Through)：同时写 cache 和主存。

8. 虚拟存储器

(1) 虚拟存储技术是为了扩大主存的寻址空间所采用的一种技术。采用该项技术后，扩大的存储空间称为虚拟存储器。它依靠外存(磁盘)支持。其中虚实地址的转换需借助软件(操作系统)和硬件实现。

(2) 虚拟存储器指的是主存-外存层次，在操作系统的支持下，它给用户提供了一个比实际主存空间大得多的虚拟地址空间。因此虚拟存储器只是一个容量非常大的存储器的逻辑模型，不是任何实际的物理存储器。按照主存-外存层次的信息传送单位不同，虚拟存储器有页式、段式、段页式 3 类。

(3) 页式虚拟存储器及其虚实地址变换。

① 以页(Page)为逻辑结构划分信息传送单位。

② 页式虚拟存储器的地址划分和地址转换。

虚拟地址被划分成虚拟页号(Virtual Page Number，VPN)和虚拟页偏移量(Virtual Page Offset，VPO)；物理地址被划分成物理页号(Physical Page Number，PPN)和物理页偏移量(Physical Page Offset，PPO)两部分。物理页和虚拟页大小相同，因此 VPO 和 PPO 的位数相同。VPN 和 PPN 之间的变换通过页表进行。

③ 页表和页表项。

虚拟存储器的地址转换是基于页表进行的，页表中存放的是虚页和实页的对应关系，页表中的每一行称为一个页表项，包括有效位、使用位、修改位、使用权限、实页或磁盘地址等。页表存放在主存中，也称为慢表。

④ TLB(快表)：是页表的副本，由处理器维护。使用快表能减少虚实地址转换过程中访问主存的次数。

⑤ 存储保护：虚拟存储器中提供了越界保护和越权保护两种存储保护机制。

9. 辅助存储器

辅助存储器包括磁盘、磁带、光盘存储器和磁盘阵列等。辅助存储器是主机之外的存储器，它们也属于外部设备。其共同特点是容量大、速度慢和位价格低。

1) 磁表面存储器的工作原理

磁表面存储器是利用磁性材料剩磁的两种磁化方向(S—N 或者 N—S)来记录信息，包括写入和读出两个过程。写入信息时，在读写线圈中通上脉冲电流，在磁性材料表面形成磁化单元，以此记录一位二进制信息。读出时，磁化单元移动到磁头处，在磁层与磁头交链的磁路中磁通发生变化，于是在读写线圈中感应出不同方向的电流，经读出放大器放大和整形之后，还原出写入的信息。

2) 磁盘存储器的技术指标

磁盘存储器的主要技术指标有存储密度、存储容量、平均定位时间和数据传输率。

(1) 存储密度

指磁盘单位面积上所能存储的二进制信息量。它包括道密度和位密度两个指标。

- 道密度(TPI)是沿磁盘半径方向单位长度上的磁道数，单位为道/英寸。
- 位密度(BPI)是磁道单位长度上记录的二进制代码的位数，单位是位/英寸。磁盘外圈与内圈的记录密度不同，位密度一般是指内圈所能达到的记录密度。

(2) 存储容量

一个磁盘存储器所能存储的信息量称为磁盘存储器的存储容量，单位是字节。

(3) 平均定位时间

定位时间是指从发出磁盘读写命令起，磁头从当前位置移动到指定的记录位置，并开始读写操作所需要的时间。由寻找道时间和平均等待时间两部分组成。其中平均等待时间取决于磁盘的转速，用磁盘旋转半周所用的时间来表示。

(4) 数据传输速率

单位时间(秒)从磁盘中读出或写入信息的数量，称为数据传输速率。单位是 b(位)/s 或 B(字节)/s。

3) 光盘存储器的工作原理

光盘存储器是指利用光学原理存取信息的存储器。它的主要特点是存储容量大、寿命长和可靠性高。

4) 冗余磁盘阵列(RAID)

(1) 基本原理

将多块独立的普通磁盘按照一定的方式组织与管理，构成一个大容量、高速度、高容错的存储系统。采用 RAID 的目的是提高访问速度和增强可靠性。

(2) 冗余磁盘阵列的特点

- 在操作系统支持下，将一组磁盘视为一个独立的大型存储设备。
- 数据分布在一组磁盘上。
- 提供良好的容错能力。在某个磁盘出现问题，存储系统仍可继续工作。

(3) 常见 RAID 级别

目前的 RAID 级别包括 RAID 0～RAID 6,其中常用的是 RAID 0,RAID 1,RAID 5。混合 RAID 包括 RAID 10,RAID 30,RAID 50 等。不同级别的 RAID 具有不同的特征,但总的说来,小条带 RAID 方式具有数据传输率高但 I/O 响应速度慢的特点;而大条带的 RAID 则刚好相反。

习题 4

4.1 解释下列名词。

存储单元;存取时间;存取周期;存储器带宽;静态存储器;动态存储器;刷新;猝发式读;多模块交叉存储器;高速缓冲存储器;双端口存储器;相联存储器;时间局部性;地址映射;组相联映射;直接映射;全相联映射;命中率;地址复用;字扩展;位扩展;虚拟存储器;页表(慢表);页表项;TLB(快表);LRU;LFU;存储保护;cache 一致性;写回法;写直达法;边界对齐的数据存放;大端;小端;RAID;寻道时间;旋转时间。

4.2 回答下列问题。

(1) 计算机系统中采用层次化存储体系结构的目的是什么? 层次化存储体系结构如何构成?

(2) 为什么在存储器芯片中设置片选输入端?

(3) 动态 MOS 存储器为什么要刷新? 如何刷新?

(4) 试述多体交叉存储器的设计思想和实现方法。

(5) 为什么说 cache 对程序员是透明的?

(6) 直接映射方式下为什么不需要使用替换算法?

(7) 为什么要考虑 cache 的一致性?

(8) 替换算法有哪几种? 各有何优缺点?

(9) 不同 RAID 级各有哪些技术特点?

(10) 说明磁表面存储器记录二进制信息的基本原理。

(11) 主存与磁盘存储器在工作速度方面为何采用不同的参数指标? 后者采用哪几个指标表明其工作速度? 为什么?

4.3 对于 32K 字容量的存储器,若按字编址,字长 16 位。其地址寄存器应是多少位? 数据寄存器是多少位?

4.4 用 4 片 32K×8 位 SRAM 存储芯片可设计哪几种不同容量和字长的存储器? 画出相应设计图并完成与 CPU 连接。

4.5 用 32K×8 位 RAM 芯片和 64K×4 位 ROM 芯片,设计 256K×8 位存储器。其中,从 30000H 到 3FFFFH 地址空间为只读存储区,其他为可读、可写存储区。完成存储器与 CPU 连接。

4.6 某计算机字长 16 位,主存容量 128KB,请用 16K×8 位的静态 RAM 芯片和 32K×16 位的 ROM 芯片,为该机设计一个主存储器。要求 18000H～1FFFFH 为 ROM 区,其余为 RAM 区。画出存储器结构及其与 CPU 连接的框图。

4.7　假设 CPU 有 16 根地址线，8 根数据线，并用 MREQ 作为访存控制信号(低电平有效)，用 W/$\overline{R}$ 作读写控制信号(高电平为读，低电平为写)，主存地址空间分配如下：

6000H～67FFH 为系统程序区；

6800H～6BFFH 为用户程序区。

现有下列存储芯片：1K×4 位 RAM，4K×8 位 RAM，8K×8 位 RAM，2K×8 位 ROM，4K×8 位 ROM，8K×8 位 ROM 及译码器和各种门电路，设计该机的主存系统，并画出 CPU 与存储器的连接图。

4.8　用 64K×1 位的 DRAM 芯片构成 1M×8 位的存储器，若采用异步刷新，若每行刷新间隔不超过 2ms，则产生刷新信号的间隔是多少时间？若采用集中刷新方式，则存储器刷新一遍最少用多少个读写周期？CPU 的死时间为多少？

4.9　某动态 RAM 芯片，容量为 64K×1 位，除电源线、接地线和刷新线外，该芯片的最小引脚数量是多少？

4.10　有一个具有 8 个存储体的低位交叉存储器，如果处理器的访问地址为以下八进制地址值，求该存储器比单体存储器的平均访问速度提高多少(忽略最初的启动时延)？

(1) 1001_8，1002_8，1003_8，…，1100_8。

(2) 1002_8，1004_8，1006_8，…，1200_8。

(3) 1003_8，1006_8，1011_8，…，1300_8。

4.11　用 16K×1 位的 DRAM 芯片构成 64K×8 位的存储器，设存储器的读写周期为 0.5μs，要使 CPU 在 1μs 内至少访问存储器一次，问采用哪种刷新方式比较合适？若每行刷新间隔不超过 2ms，该方式下刷新信号的间隔是多少？

4.12　设 cache 的容量为 2^{14} 块，每块是一个 32 位字，主存容量是 cache 容量的 256 倍，其中有如表 4.11 所示数据(地址和数据均采用十六进制表示)。

表 4.11　主存数据分布情况

地　址	数　据	地　址	数　据
000000	87568536	01FFFC	4FFFFC68
000008	87792301	FFFFF8	01BF2460
010004	9ABEFCD0		

将主存中这些数据装入到 cache 后，cache 各块中的数据内容及相应的标志是什么？

(1) 全相联映射。

(2) 直接相联映射。

(3) 组相联映射。

4.13　某计算机 cache 由 64 个存储块构成，采用四路组相联映射方式，主存包含 4096 个存储块，每块由 128 个字组成，访问地址为字地址。

(1) 求主存地址和 cache 地址各有多少位？

(2) 按照题目条件中的映射方式，列出主存地址的划分情况，并标出各部分的位数。

4.14　某计算机中主存容量为 4MB，cache 容量为 16KB，每块包含 8 个字，每字

32 位，映射方式采用四路组相联。设 cache 的初始状态为空，CPU 依次从主存第 0，1，2，…，99 号单元读出 100 个字(每次读一个字)，并重复此操作 10 次，替换算法采用 LRU。

(1) 求 cache 的命中率。

(2) 若 cache 比主存快 10 倍，分析采用 cache 后存储访问速度提高了多少？

4.15 假定某数组元素按行优先顺序存放在主存中，则以下两段伪代码 A 和 B 中：

(1) 分析两段代码中对数组访问的时间局部性和空间局部性。

(2) 分析变量 sum 的时间局部性和空间局部性。

(3) 分析 for 循环体对指令访问的时间局部性和空间局部性。

```
Int sum_array_A(int a[M][N])
{
  Int i,j,sum=0;
  For(i=0;i<M;i++)
    For(j=0;j<N;j++)
      Sum+=a[i][j]
  Return sum;
}
```

```
Int sum_array_B(int a[M][N])
{
  Int i,j,sum=0;
  For(i=0;i<N;i++)
    For(j=0;j<M;j++)
      Sum+=a[j][i]
  Return sum;
}
```

4.16 主存容量为 8MB，虚存容量为 2GB，分页管理时若页面大小为 4KB，求出对应的 VPN，VPO，PPN，PPO 的位数。

4.17 某页式虚拟存储器共 8 页，每页 1KB，主存容量为 4KB，页表如表 4.12 所示。

(1) 失效的页有哪几页？

(2) 虚地址 0，3028，1023，2048，4096，8000 的实地址分别是多少？

表 4.12 某页式虚拟存储器的页表

虚页号	0 1 2 3 4 5 6 7
实页号	3 2 1 2 3 1 0 0
装入位	1 1 0 0 1 0 1 0

4.18 某计算机系统中有一个 TLB 和 L1 级数据 cache，存储系统按字节编址，虚拟存储容量为 2GB，主存容量为 4MB，页大小为 128KB，TLB 采用四路组相联方式，共有 16 个页表项。cache 容量为 16KB，每块包含 8 个字，每字 32 位，映射方式采用四路组相联。参照图 4.50 所描述的页式虚拟存储系统中 TLB 和 cache 命中时详细的存储访问过程，回答下列问题。

(1) 虚拟地址中哪几位表示虚页号？哪几位表示页内偏移地址？虚页号中哪几位表示 TLB 标记？哪几位表示 TLB 索引？

(2) 物理地址中哪几位表示物理页号？哪几位表示偏移地址？

(3) 为实现主存与数据 cache 之间的组相联映射，对该地址又进行怎样的划分？

4.19 某磁盘存储器共有 6 个记录面，盘面内圈直径为 1 英寸，外圈直径为 5 英寸，道密度为 50TPI，位密度为 2000BPI，转速为 3000r/min，平均找道时间为 10ms。试问：

(1) 该存储器的存储容量是多少？

(2) 平均存取时间是多少？

(3) 共有多少个圆柱面？

(4) 数据传输率是多少？

(5) 如果某文件的长度超过了一个磁道的容量,其超过部分应记录在同一记录面上,还是记录在同一柱面上?

4.20 写入代码为 011001,画出 RZ,NRZ,PE 和 FM 制记录方式的写电流波形。

课外实践

1. 利用 EDA 软件设计一个双端口存储器,并进行存储访问的功能仿真。
2. 利用 cache 模拟软件模拟不同映射算法。
3. 利用 I/O 性能测试工具 Iometer 软件测试计算机磁盘的读写性能。

第 5 章　指令系统

第 1 章中已经指出，计算机中有一股控制信息，它使得计算机按人们预先编好的程序去工作。这些控制信息就是控制计算机执行某种操作（如加、减、传送、转移等操作）的命令，称为**指令**。一台计算机中所有指令的集合称为该计算机的**指令系统**。指令通常应该提供的信息包括指令所做的操作、操作数据的来源、操作结果的存放位置等信息。本章的主要内容就是围绕上述内容展开的。具体来说，本章将介绍计算机中机器级指令的格式、指令和操作数的寻址方式并对典型指令系统进行简要的分析。

5.1　指令系统概述

计算机的工作基本上体现在执行指令上，指令是用户使用计算机与计算机本身运行的基本功能单位。由第 1 章计算机系统层次结构的概念可知，计算机系统不同层次的用户使用不同的程序设计工具，如微程序设计级用户使用微指令，一般机器级用户使用机器指令，汇编语言级用户使用汇编语言指令，高级语言级用户则使用高级语言指令。

应用级用户可以分别用高级语言级指令、汇编语言级指令和机器语言级指令编写应用程序。其中，高级语言指令和汇编语言指令属于软件层次，而机器语言指令和微指令则属于硬件层次。软件层次的指令需要“翻译”成机器语言指令后才能被计算机硬件识别并执行，虽然微指令也能被硬件直接识别并运行，但微指令是用于实现机器指令功能的，并不提供应用级程序员使用。由此可见，机器语言指令是计算机硬件与软件的界面，也是用户操作和使用计算机硬件的接口。本章定位在机器指令级来研究指令系统，第 6 章将定位在微指令级来研究控制器的设计。图 5.1 进一步说明了机器级指令与其他级指令之间的关系。

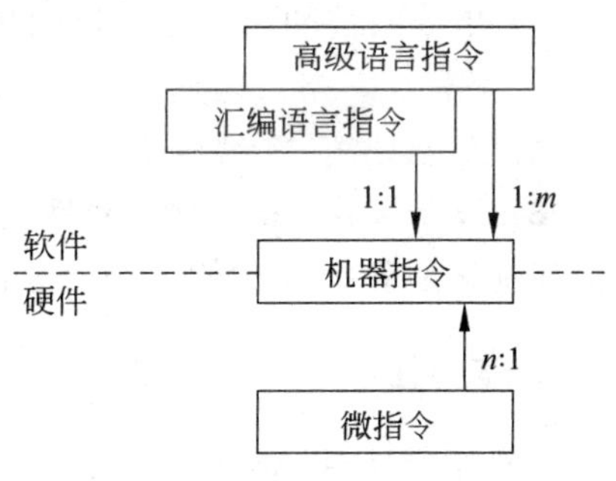

图 5.1　计算机系统层次结构中不同级别指令之间的关系

从图 5.1 可以看出：

(1) 一条高级语言指令被“翻译”(编译或解释)成多条机器语言指令。

(2) 一条汇编语言级指令(不包含宏指令)往往被“翻译”(汇编)成一条机器指令。因此，在学习机器指令的寻址方式和指令类别等相关内容时，读者可借鉴汇编语言中已经学过的知识来理解。

(3) 一条机器指令功能的实现依赖于多条微指令的执行。

指令系统是计算机系统性能的集中体现，是计算机软硬件系统的设计基础，一方面，硬件设计者要根据指令系统进行硬件的逻辑设计；另一方面，软件设计者也要根据指令系统来建立计算机的系统软件。如何表示指令，怎样组成一台计算机的指令系统，直接影响计算机系统的硬件和软件功能。一个完善的指令系统应该满足下面 4 方面的要求。

1. 完备性

指令系统的完备性是指编程时，指令系统直接提供的指令足够使用，而不必用软件实现。即要求所设计的指令系统种类齐全、使用方便。由于不同程序设计者编程的喜好及面对的硬件环境不同，即便完成相同功能的任务，所使用的指令也可能不完全相同。因此，指令系统的完备性应建立在广泛调查的基础上。一般来说应将程序中常用的一些基本指令，如数据传送类和加法指令等作为指令系统中的必备指令。还有一些指令根据所使用计算机的硬件配置灵活取舍，如乘法、浮点运算等指令，当机器中有专门硬件支持时，可在指令系统中增加这类指令，具体实现时由硬件完成；如果没有专门硬件支持，也可以利用指令系统中其他指令编程实现，此时，在指令系统中就不支持这类指令。

2. 有效性

有效性是指利用指令编写的程序能高效率地运行，程序占用的存储资源少。

3. 规整性

指令系统的规整性包括对称性、均齐性以及指令格式与数据格式的一致性等内容。

(1) 指令系统的对称性衡量的是指令对各种寻址方式的支持，即指令能同等对待寄存器和存储单元，指令能使用各种寻址方式。对称性对简化机器语言和汇编语言程序设计、提高程序的可读性非常有意义。

(2) 指令系统的均齐性衡量的是指令对各种数据类型的支持。如算术运算指令能支持字节、字和双字整数运算，也支持十进制数和单、双精度浮点数运算等。指令的这种性质可以使机器语言、汇编语言和高级语言程序设计无须考虑数据类型，方便程序设计。

(3) 指令与数据格式的一致性是指指令长度与数据长度的关系，通常指令长度与数据长度都应该是字节的整数倍。这样可以降低指令存取的代价，也有利于简化硬件的设计。

4. 兼容性

软件兼容性是指某机器上运行的软件无须或少量修改就可以在另一台计算机上正确运行。指令兼容可以使用户在开发软件时不用担心计算机硬件更新或换代后原来的软件能否继续使用，这对保护用户的软件投资具有重要的意义。兼容性包括向前兼容性和向后兼容性，一般用户更关注向后的兼容性。

5.2 指令格式

指令是计算机中传输控制信息的载体，每条指令代表某个基本的信息处理操作及操作的对象，因此，指令中应该包含表示处理功能的操作码字段和与操作对象有关的地址码字段。指令的一般格式如图 5.2 所示。

操作码	操作数地址码

图 5.2 指令的一般格式

5.2.1 操作码

指令用操作码来表示具体的操作性质，不同功能的指令其操作码编码不同，如可用0001表示加法操作，0010表示减法操作。操作码的长度，即操作码字段所包含的二进制位数，有固定长度和可变长度两种。

1. 固定长度操作码

固定长度操作码不仅指操作码的长度固定，而且操作码在指令中的位置也固定在指令的一个字段中。此时，操作码的位数取决于计算机指令系统的规模，指令系统中包含的指令数越多，操作码的长度相应就越长，反之就越短。通常情况下，长度为 n 位的操作码，最多可表示 2^n 条指令。

2. 可变长操作码

可变长的操作码是指操作码的长度可变，而且操作码的位置也不固定。有如下两种不同的方法实现可变长操作码。

(1) 通过将操作码向不用的地址码字段扩展来实现。

(2) 采用Huffman编码。使用频度高的指令使用短的操作码，使用频度低的指令使用长编码。

关于可变长操作码的详细内容将在5.5节专门介绍。

5.2.2 地址码

指令中地址码字段的作用随指令类型和寻址方式的不同而不同，它可能作为一个操作数，也可能是操作数的地址(包括操作数所在的主存地址、寄存器编号或外部设备端口地址)，也可能是一个用于计算地址的偏移量。根据一条指令中所含操作数地址的数量，可将指令分三地址指令、双地址指令、单地址指令和零地址指令等4种。不同类型的指令对地址的使用不同。

1. 三地址指令

具有两个操作对象的运算叫双目运算，有许多算术和逻辑运算都是双目运算指令，这类指令有两个操作数和一个运算结果，如果一条指令中将这三者的地址都给出，那么这种指令就是三地址指令。早期的计算机中采用这种指令，其格式为：

OP	Ad_1	Ad_2	Ad_3

其中，OP为操作码；Ad_1 为第一操作数地址，Ad_2 为第二操作数地址，Ad_3 为操作结果的地址。

三地址指令的操作表达式为：

$$Ad_3 \leftarrow (Ad_1)OP(Ad_2)$$

即将 Ad_1 中的内容与 Ad_2 中的内容进行 OP 所指定的操作,结果送 Ad_3 所指地址存放。可以看出,当地址码字段较长(所能表示的地址范围较大)时,三地址格式的指令将会很长。例如,设操作码为 6 位,存储容量为 16KB,寻址 16K 地址范围需 14 位地址码,三地址指令长度为 6+14+14+14=48 位。如果地址范围更大,指令就会更长。因此,3 个地址码很少都用存储单元地址码,而往往有两个或 3 个都是寄存器号,再由寄存器中的内容指出存储地址或直接提供操作数。

2. 双地址指令

双地址指令同样支持双目运算,只是为了压缩指令的长度,将操作的结果不另指定地址,而是将它存放到第一操作数地址 Ad_1 中,这样就形成了双地址指令。其格式为:

OP	Ad_1	Ad_2

双地址指令的操作表达式为

$$Ad_1 \leftarrow (Ad_1)OP(Ad_2)$$

式中,Ad_1 通常称为目的地址,其中既要存放第一个操作数,也是运算结果的目的地,Ad_2 称为源地址,是另一个操作数的来源。

对于双地址指令而言,根据其所指向的数据存储位置不同又可分为以下 3 种类型。

(1) RR(寄存器-寄存器)型:源操作数和目的操作数均使用寄存器存放。

(2) RS(寄存器-存储器)型:源操作数据和目的操作数一个存储在寄存器中,另一个存储在主存中。

(3) SS(存储器-存储器)型:两个操作数均存放在主存中。

由于存储器的访问速度比寄存器慢很多,所以从执行速度上看,RR 型最快,SS 型最慢。目前,在微型计算机中,主要采用 RR 和 RS 型指令。

3. 单地址指令

单地址指令中只有一个地址码字段,其格式为:

OP	Ad

使用单地址指令有以下两种情况。

(1) 单目运算类指令,如逻辑运算中的求反操作,其运算对象只有一个,所以只需要一个地址码,用它既表示该操作数的来源,也表示该操作数的目的地。此时,单地址指令的操作表达式为

$$Ad \leftarrow OP(Ad) \quad (单目运算)$$

(2) 为了进一步缩短指令长度,将双目运算类指令中的一个操作数约定隐含于 CPU 中的某个寄存器(通常是累加器 A)中,这样指令就可以只需指定另一个操作数的地址,操作后的结果送回约定的寄存器中,此时,单地址指令的操作表达式为

$$A \leftarrow (A)OP(Ad) \quad \text{(双目运算)}$$

式中，A 表示累加器，Ad 表示单目运算类指令中的操作数地址或双目运算中除累加器之外的另一个操作数的地址。

如 80x86 系列 CPU 中的乘法 MUL BL 表示将 AL 中的数据与 BL 中的数据相乘，结果存放在 AX 寄存器中。

4. 零地址指令

零地址指令中的指令格式中只有操作码而没有显式地给出地址码字段，其格式为：

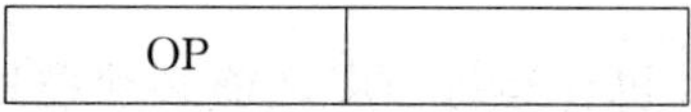

零地址指令分以下 3 种情况。

(1) 指令本身不需要任何操作数，如只是为了占位和延时而设置的 NOP(空操作指令)、WAIT(等待指令)、HALT(停机指令)等。

(2) 指令需要一个操作数，但该操作数隐含于 CPU 的某个寄存器(通常是累加器 A)中，比如 8086 中压缩 BCD 编码运算调整指令 DAA。

(3) 指令是双目运算类，虽然需要两个操作数，但这两个操作数均由堆栈提供，其操作结果也存入堆栈。如图 5.3 所示，假设有一条两数相加的零地址指令 ADD，其操作过程是从堆栈弹出第一和第二操作数 a，b 到加法器，两数相加后，结果(a+b)压入堆栈。

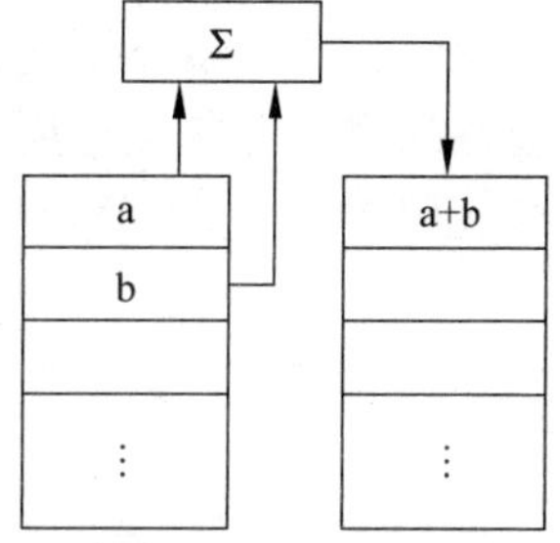

图 5.3 零地址加法指令运算示意图

从以上几种地址结构的变化来看，压缩指令长度的主要措施是简化地址结构，而简化地址结构的基本方法是尽量使用隐含地址。目前，指令字长较短的小型和微型机中，广泛采用双地址指令和单地址指令，而大中型计算机因字长较长，部分采用三地址指令。

计算机中，操作数可能在主存，也可能在寄存器中。因此，寄存器号也是一种操作数的地址码。另外，如果将操作数的地址码存放在某个寄存器中，由指令给出该寄存器的编号，那么，指令的长度会有效地缩短。

5.2.3 关于指令长度的有关概念

指令长度是指一条指令中所包含的二进制位数。根据指令字长与机器字长的关系，可将指令分为半字长指令、单字长指令和多字长指令。

(1) 半字长指令：指令字长等于半个机器字长的指令。此时，主存一个存储单元可以存放两条指令，CPU 访问主存时一次可读出两条指令，因此，采用半字长指令有利于加快取指令的速度。

(2) 单字长指令：指令字长等于机器字长的指令。此时，主存一个存储单元存放 1 条指令，CPU 访问主存时一次可读出 1 条指令。

(3) 多字长指令：指令字长等于多个机器字长的指令。如2字长指令，主存需要两个存储单元才能存放1条指令，同样CPU需要两次访问主存才能读出1条指令，因此，多字长指令的取指令操作速度慢。

虽然使用多字长指令会影响指令的执行速度，但多字长指令能提供足够长的操作码字段和足够多与足够长的地址码字段，从而能设计更多的指令、支持更多的指令格式和扩大寻址范围。

5.3 指令和操作数的寻址方式

根据存储程序的概念，计算机在运行程序之前必须把指令和数据(或称操作数)存放在主存储器相应地址单元中。运行程序时，不断地从主存取指令和数据，由于主存是基于地址访问的存储器，只有获得指令和操作数在主存中的地址(称为有效地址)后，CPU才能访问所需要的指令和数据。**寻址方式**就是寻找指令或操作数有效地址的方法。

寻址方式是指令系统设计的重要内容，对指令格式和指令功能设计均有很大的影响。一套好的寻址方式能给用户提供丰富的程序设计手段，能提高程序的运行速度和存储空间的利用率。

5.3.1 指令的寻址方式

指令的寻址方式有顺序方式和跳跃方式两种。

1. 顺序寻址方式

程序中的指令序列在主存中往往顺序存放。大多数情况下，程序又是按照指令系列顺序执行。因此，如果知道第一条指令的有效地址，通过增加一条指令所占用主存单元的数量，就很容易知道下一条指令的有效地址，这种计算指令有效地址的方法称为指令的顺序寻址方式。

CPU用程序计数器PC保存指令地址，只要将程序首地址送PC，然后每执行一条指令，通过PC加"1"，便能算出下一条指令地址，直到程序结束。指令顺序寻址的过程如图5.4所示。

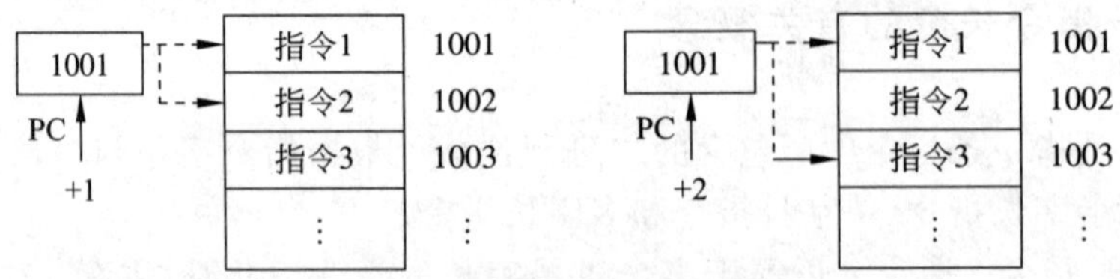

图5.4 指令顺序寻址示意图

需要特别说明的是PC+1中的"1"，这里的"1"是指一条指令所占用的存储单元数(以字节为单位)，如指令字长32位，占用一个存储字，则采用顺序寻址时下一条指令的有效地址通过 PC+“4”得到。同样的道理，对于 16 位机而言，通过 PC+“2”可得到下一条指令的有效地址。

2. 跳跃寻址方式

当程序中出现分支或转移时，就会改变程序的执行顺序。此时，指令寻址就要采取跳跃寻址方式。所谓跳跃，就是指下条指令的地址不一定通过程序计数器 PC 加 1 获得，最终的地址由指令本身及指令需要测试的条件决定。指令系统中的无条件转移指令和各种条件转移指令，就是为跳跃寻址方式而设置的。无条件转移指令的跳跃寻址过程如图 5.5 所示。

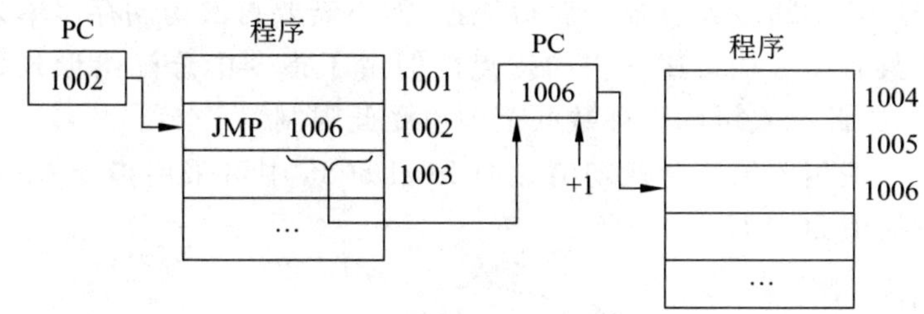

图 5.5 指令跳跃寻址过程

图 5.5 中，执行 JMP 指令时，PC 的值经过了一系列的变化，先从 1002 变成 1003，然后又从 1003 变成 1006。前面的变化是基于顺序寻址完成的，由于 JMP 指令要求改变程序的指令流程，JMP 指令的执行效果就是将其地址字段的值 1006 送入 PC，使得 JMP 1006 这条指令执行完毕后，CPU 不去执行主存 1003 号单元的指令，而是转去执行 1006 号单元的指令。之后又顺序执行从 1006 号单元开始的指令序列，直到再执行转移指令或程序结束。

5.3.2 操作数寻址方式

操作数寻址方式就是形成操作数有效地址的方法。由于操作数是程序运行过程中被程序取出并进行加工处理的对象，其存放方式比较灵活，因程序设计技巧的需要，取出操作数的方式有多种形式，这就导致了操作数的寻址方式比指令的寻址方式要复杂和灵活得多。

操作数来源基本上有 3 种情况：①操作数直接来自指令地址字段。②操作数存放在寄存器中，即寄存器操作数。③操作数存放在存储器中，即存储器操作数。操作数寻址方式就是如何从上述 3 种来源中为指令提供操作数。

目前，常用的寻址方式有：立即寻址、直接寻址、间接寻址、相对寻址、寄存器寻址、寄存器间接寻址、变址寻址和堆栈寻址等。

由于不同指令可能采用不同的寻址方式获得操作数，因此指令的格式需要进一步细分出寻址方式字段。如图 5.6 所示为包含寻址方式字段的单地址指令结构。

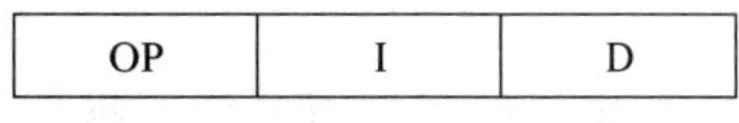

图 5.6 包含寻址方式的单地址指令结构

其中,OP为操作码,I为寻址方式特征码,I的位数与需要支持的寻址方式有关。D为形式地址,或称偏移量。寻址过程就是把I和D的不同组合变换成有效地址的过程。

1. 立即数寻址

此时,I字段编码指示为立即数寻址,指令的地址码字段D指出的不是操作数的地址,而是操作数本身。虽然该数存放在主存单元,但它是作为指令的一部分与指令一起存放,且在取指令时随指令一起被送到CPU内的指令寄存器中。

由于在指令的执行阶段,该数已经存在于CPU内,因此,当指令对该数据进行操作时,可直接从CPU内的指令寄存器中获得该数,而不需要再次访问存储单元。

立即数寻址具有指令执行速度快的优点。但由于指令中分配给形式地址字段D的二进制位数有限,因此能表示的立即数的范围也受此限制。

立即数寻址一般用于给变量赋初值。如Intel 8086中可采用指令MOV AX,2008H为寄存器AX赋初值2008H。

2. 直接寻址

指令的地址码字段直接作为操作数地址的寻址方式称为直接寻址。此时,特征位I指出是直接寻址方式,形式地址D给出操作数的地址。直接寻址的寻址过程如图5.7所示。

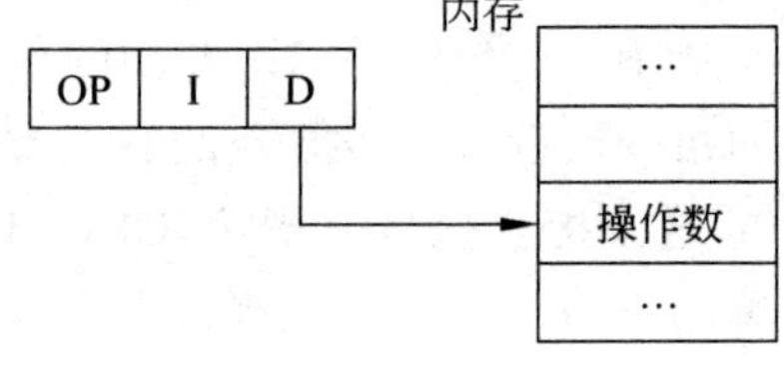

图5.7 直接寻址过程

若用EA代表有效地址,则EA=D,操作数=(EA)=(D)。这里括号()表示访问主存单元。

直接寻址的特点是地址直观,不需要通过计算可直接从指令中获得操作数的有效地址,CPU根据该有效地址访问主存即可获得操作数。

使用直接寻址方式存在下列不足。

(1) 寻址范围受限于指令中直接地址的二进制位数。

(2) 数据的地址存在于指令中,程序和数据在内存中的存放位置受到限制,灵活性不够。

(3) 当数据的地址改变时,需要修改指令中的形式地址字段D的值,编程不方便。

Intel 8086中采用直接寻址的指令如:

```
MOV AX,[2008H]
```

该指令的功能是将有效地址为2008H的内存单元的内容送入寄存器AX中。

3. 间接寻址

间接寻址是相对直接寻址而言的,特征位I指出间接寻址方式时,地址码字段中的形式地址给出的不是操作数的有效地址,而是操作数地址的地址(也称操作数地址指示器)。也就是说,D所指示单元中的内容才是操作数的有效地址,因而D只是一个间接地址。

间接寻址过程如图 5.8 所示。

此时 EA=(D)。

例 5.1 某计算机的间接寻址指令为：

```
MOV AX,@2008H      ;@为间接寻址标志
```

设计算机字长为 32 位，主存 2008H 单元的内容为 4000H，而主存 4000H 单元的内容为 50000000H，则最后送入到 AX 寄存器中的值为 50000000H。

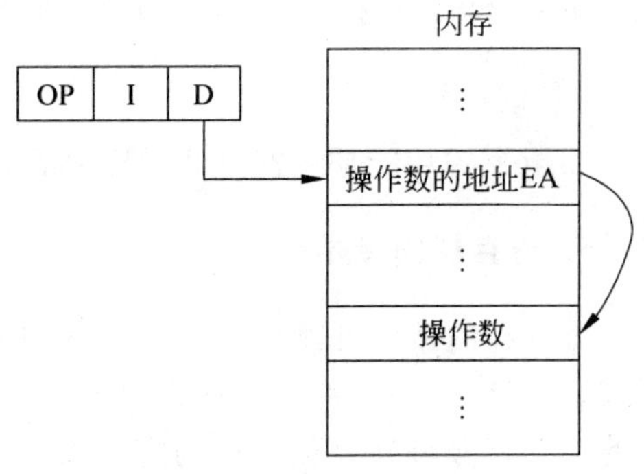

图 5.8 间接寻址过程

该指令若采用直接寻址，寻址范围为 64K 的主存空间，因为指令中形式地址的位数为 16 位(2008H 对应 16 位二进制)。而采用间接寻址后，该指令的寻址范围为 4G 的主存空间，因为操作数的地址为 32 位。

间接寻址具有下列优点。

(1) 解决直接寻址方式下寻址范围受限的不足，可以用较短的地址码访问较大的主存空间。

(2) 相对于直接寻址而言编程灵活。当操作数地址改变时，不再需要改变指令中的形式地址字段，只需要修改地址指示字所指主存单元的内容即可。

间接寻址的最大不足是取操作数需两次访问内存，降低了指令的执行速度，因此，在现今广泛使用的个人计算机的指令系统中已不采用这种寻址方式。

4. 寄存器寻址

寄存器寻址是指操作数在 CPU 内的某个通用寄存器中。在这种方式下，取操作数不需要访问主存。因此，形式地址字段不表示主存地址，而表示通用寄存器号，此时，I 特征码编码为寄存器寻址，寄存器的内容即所要的操作数。

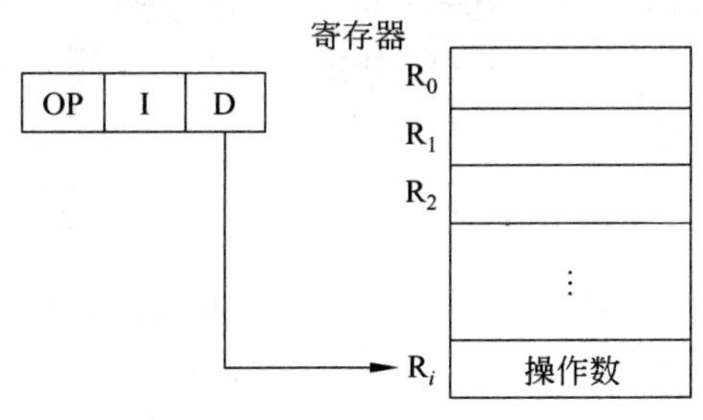

图 5.9 寄存器寻址过程

寄存器寻址过程如图 5.9 所示。寄存器寻址方式下，获得操作数不需要访问主存，操作数直接从寄存器中读取。

此时，操作数=(R_i)，这里的括号()表示访问寄存器内容。

寄存器寻址具有下列优点。

(1) 获得操作数不需要访问主存，指令执行速度快。

(2) 所需要的地址码短，有利于缩短指令字的长度，节省存储空间。

鉴于寄存器寻址的上述优点，目前这种寻址方式在计算机中得到了非常广泛的应用。当然，寄存器寻址也存在不足，由于 CPU 中寄存器数量有限，因此这种寻址方式不能为操作数提供大量的存储空间。

Intel 8086 中采用寄存器寻址的指令如：

```
MOV AX,CX
```

该指令的功能是将寄存器 CX 中的内容送入寄存器 AX 中。

5. 寄存器间接寻址

寄存器间接寻址能解决间接寻址需要访问主存两次才能获得操作数的不足，该寻址方式下，操作数的地址存放在寄存器中，指令的形式地址字段 D 给出的是存放操作数地址的寄存器号，I 特征码编码为寄存器间接寻址方式，以寄存器的内容为地址访问主存单元，即可得到所需的操作数。寄存器间接寻址过程如图 5.10 所示。

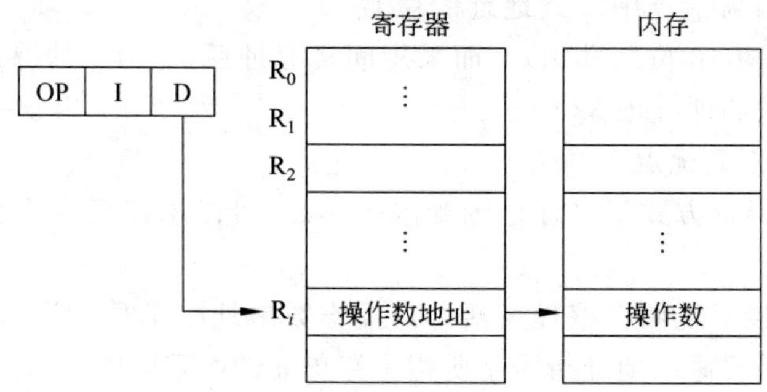

图 5.10 寄存器间接寻址过程

由于操作数地址存放在寄存器中，指令访问操作数时，只需要访问一次内存，比间接寻址少访问一次。

寄存器间接寻址方式下 EA＝(R_D)。

寄存器间接寻址具有下列优点：既能扩展寻址范围，又不增加访问主存的次数。

例 5.2 设 BX＝2010H，主存 2010H 单元的内容为 60H，则 Intel 8086 中采用寄存器间接寻址的指令 MOV AL,[BX]执行后寄存器 AL 的内容为 60H。

6. 相对寻址

相对寻址是把程序计数器 PC 中的内容加上指令中的形式地址 D，形成操作数的有效地址。此时，特征码 I 指示为相对寻址方式。相对寻址过程如图 5.11 所示。

此时，EA ＝(PC)＋D。

因为取指过程中 PC 的值会修改，而操作数有效地址的计算在指令分析或执行阶段完成，因此，上式中 PC 的内容应为 PC 的当前值，也就是下一条将要执行指令的地址值。

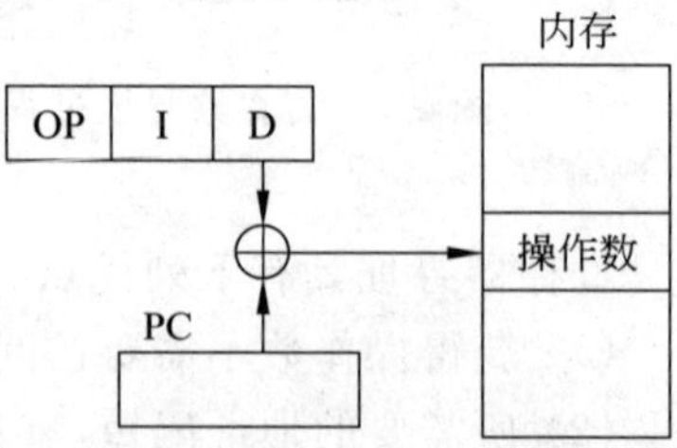

图 5.11 相对寻址过程

相对寻址的优点是编程只要确定程序内部操作数与指令之间的相对距离，而无须确定操作数在主存中的绝对地址，便于实现程序浮动。

除用于访问内存外，相对寻址也可以用于转移类指令，实现相对转移，有利于程序在主存中的灵活定位。

例 5.3 某计算机指令字长16位，内存按字节编址，指令中的数据采用补码表示，且PC的值在取指阶段完成修改。完成下列相对寻址的问题。

(1) 若某采用相对寻址指令的当前地址为2003H，且要求数据有效地址为200AH，则该相对寻址指令的形式地址字段的值为多少？

(2) 若某采用相对寻址转移指令的当前地址为2008H，且要求转移后的目标地址为2001H，则该相对寻址指令的形式地址字段的值为多少？

解：根据相对寻址有效地址的计算公式 EA=(PC)+D 可知。

$$D=EA-(PC)$$

对于相对寻址而言，关键是要求出计算有效地址时PC的当前值。

(1) 根据题意，采用相对寻址指令的地址为2003H，PC在取指令完成后修改，则取指令完成后 PC=2003H+2=2005H(因为指令字长16位占用两个主存单元)，所以 D=200AH-2005H=5H。

(2) 基于与(1)相同的原因，可计算出 D=2001H-(2008H+2)=F7H。

7. 变址寻址

变址寻址方式下，用一个寄存器存放变化的地址，这个寄存器称为变址寄存器，为便于后面的讨论，假定变址寄存器为X。同时用指令的形式地址字段存放一个偏移值。变址寄存器的内容与指令中形式地址D之和即为操作数据的有效地址。变址寻址过程如图5.12所示。

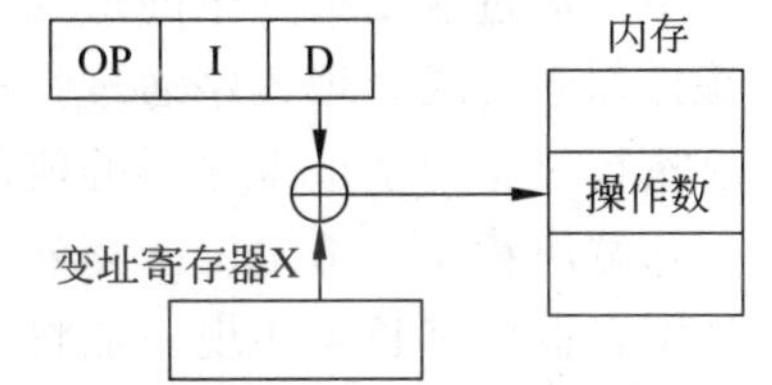

图 5.12 变址寻址过程

变址寻址方式下 EA=(X)+D。

习惯上变址寻址中变址寄存器提供修改量而指令提供基准量。因此，上式中X的内容可变，而D的值一经设定，在指令执行过程中保持不变。

一般情况下，CPU内部有专门的变址寄存器(如8086中SI和DI，其中SI表示源操作数，DI表示目的操作数)，因此变址寻址方式下，变址寄存器采用隐含寻址的方法，不需要在指令中显式地指出。指令中的形式地址字段给出的是参与变址寻址的偏移值。如果采用通用寄存器作为变址寄存器，则需要在指令中明确地指出该址寄存器的编号。

变址寻址主要应用于对线性表之类的数组元素进行重复的访问，此时，只需要将线性表的起始地址作为基值赋给指令中的形式地址，使变址寄存器的值按顺序变化，即可对线性表中的成块数据进行相同的操作，且不需要修改程序，极大地方便了程序设计。

8. 基址寻址

基址寻址用一个寄存器存放基地址，这个寄存器称为基址寄存器，为便于后面的讨论，假定基址寄存器为B。同时用指令的形式地址字段存放变化的地址值。基址寄存器的内容与指令中形式地址D之和即为操作数据的有效地址。基址寻址过程如图5.13所示。

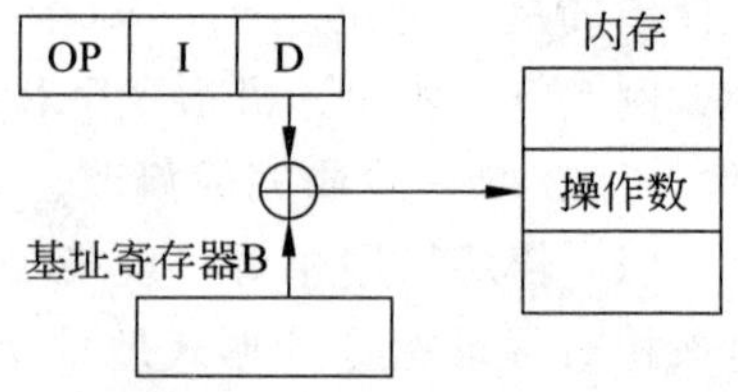

图5.13 基址寻址过程

基址寻址方式下 EA=(B)+ D。

习惯上基址寻址中基址寄存器提供基准量而指令提供位移量，因此上式中D的内容可变，而B的值一经设定，在指令执行过程中不再改变，这一点正好与变址寻址相反。

一般情况下，CPU内部有一个专门的基址寄存器(如Intel 8086中的BX和BP。若基址是BX，则操作数在数据段；若基址是BP，则操作数在堆栈段)，因此基址寻址方式下，基址寄存器采用隐含寻址的方法，不需要在指令中显式地指出。指令中的形式地址字段给出参与基址寻址的偏移值。如果采用通用寄存器作为基址寄存器，则需要在指令中明确地指出寄存器的编号。

比较图5.12和图5.13不难发现，基址寻址和变址寻址有效地址的形成过程非常相似，但两者的应用却有很大的差别。

基址寻址面向系统，主要用于程序的重定位。如多道程序设计环境下，需要由系统的管理程序将多道程序装入主存。由于用户编程使用的是逻辑地址，当用户程序装入主存时，为了实现用户程序的再定位，系统程序给每个用户程序分配一个基地址。程序运行时，该基地址装入基地址寄存器，通过基址寻址实现逻辑地址到特定用户物理地址的变换。用户通过改变指令中的形式地址D来实现指令或操作数的寻址。基址寄存器的内容是操作系统或管理程序通过特权指令设置的，对用户透明。对每一个用户程序而言，在程序执行过程中基址寄存器的值保持不变。

除解决程序的重定位问题外，基址寻址方式还能扩展寻址空间，这一功能可通过增加基址寄存器的字长来实现。如将基址寄存器的位数从32位增加到34位后，采用基址寻址的寻址范围将从4G扩展到16G。

变址寻址是面向用户的，主要解决程序循环问题，变址寄存器的内容由用户设置，程序执行过程中，用户通过改变变址寄存器的内容实现指令或操作数的寻址。

相对寻址、变址寻址和基址寻址3种寻址方式计算有效地址的方式非常类似，都由某寄存器的内容与指令中形式地址字段之和作为有效地址。通常将这3种寻址方式统称为偏移寻址。

9. 堆栈寻址

堆栈以先进后出的方式存储数据。寻找存放在堆栈中操作数地址的方法称堆栈寻址。堆栈有存储器堆栈和寄存器堆栈，前者在内存空间开辟堆栈区，后者利用寄存器作为堆栈区。无论哪种类型的堆栈，数据的存取都通过栈顶进行。堆栈操作有进栈和出栈两种，进栈是将指定数据传送到堆栈中，出栈是将栈顶的数据传送给指定的寄存器。

1) 存储器堆栈

为满足用户对堆栈容量的要求，目前计算机普遍采用存储器堆栈。由于内存基于地址访问，因此需要设置一个堆栈指示器(SP)指向栈顶单元。若主存按字编址，以字节为单位进出栈，进栈时 SP 向地址减小方向变化(即向低地址方向生成堆栈)，则存储器堆栈进出栈的操作过程如图 5.14 所示。

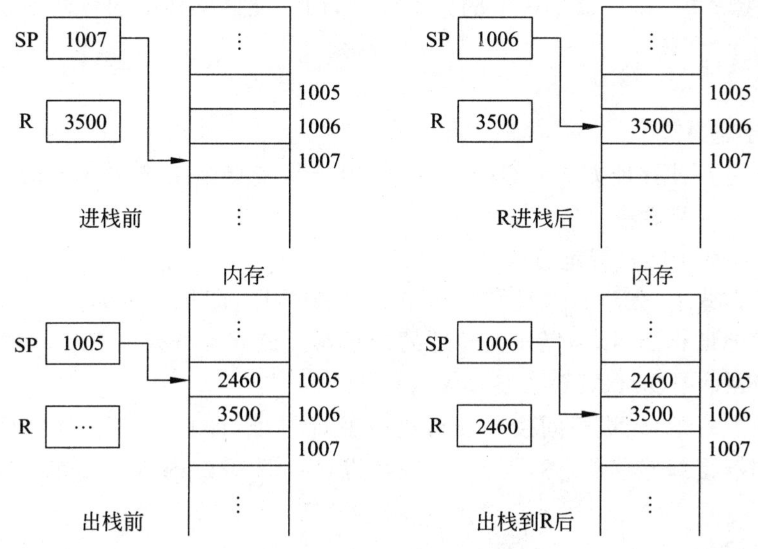

图 5.14 存储器堆栈操作示意图

进一步可用下列表达式描述图 5.14 中存储器堆栈操作：

入栈操作：SP←(SP)－1，$M_{[SP]}$←(R)；

出栈操作：R←($M_{[SP]}$)，SP←(SP)＋1。

不同的机型对 SP 的移动方法不同，有的计算机(如 8086 CPU)，进出栈以字为单位，而内存按字节编址，进栈时 SP 向地址减小方向变化，每进栈一个操作数，SP 都要先减 2，然后将数据送入(SP)和(SP)－1 为地址的两个字节单元中。对另外的计算机(如 MCS—51 单片机)，进出栈以字节为单位，进栈时 SP 向地址增大方向变化，所以每进栈一个操作数，则 SP 先加 1，然后将数据送入 SP 所指的存储单元。出栈的操作与进栈相反。

2) 寄存器堆栈

为满足用户对堆栈速度的要求，一些计算机采用寄存器堆栈。由于寄存器不基于地址访问，因此与内存堆栈不同，寄存器堆栈中不需要设置堆栈指示器。寄存器堆栈的操作过程与内存堆栈的操作过程及特征均不同。寄存器堆栈进出栈的操作过程如图 5.15 所示。

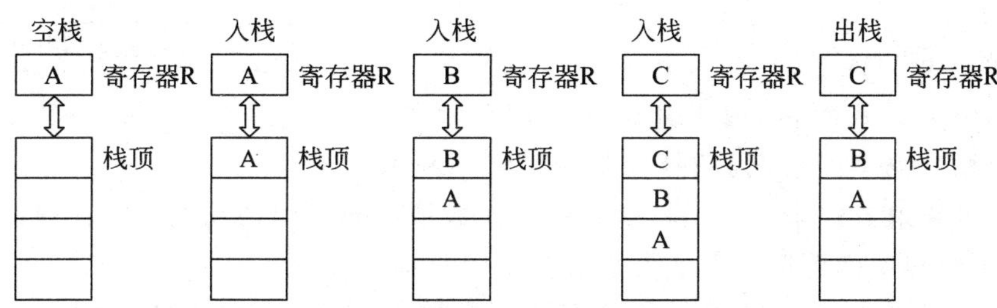

图 5.15 寄存器堆栈操作示意图

比较图 5.14 和图 5.15 不难发现寄存器堆栈与存储器堆栈操作存在下列不同。

(1) 寄存器堆栈栈顶固定不动，而存储器堆栈栈顶随着堆栈操作而移动。

(2) 堆栈操作时，寄存器堆栈中的数据移动，而存储器堆栈中的数据不动。

10. 其他寻址

1) 复合寻址

复合寻址是几种寻址方式的组合，主要应用于复杂指令集结构计算机中。下面将简要介绍几类常见的复合寻址方式。

(1) 变址寻址＋间接寻址方式

这种寻址方式下，先进行变址寻址再进行间接寻址，即把变址寄存器 X 中的内容与指令中的形式地址相加，作为操作数地址的指示器。该寻址方式下 EA＝((X)＋D)。

(2) 间接寻址＋变址方式

这种寻址方式下，先进行间接寻址再进行变址寻址，即根据指令中的形式地址 D 的内容访问存储器得到偏移量，然后将其与变址寄存器 X 中的内容相加作为操作数地址的指示器。

该寻址方式下 EA＝(X)＋(D)。

(3) 相对寻址＋间接寻址

在这种寻址方式下，先进行相对寻址再进行间接寻址，即把程序计数器 PC 中的内容与指令中的形式地址 D 相加，再进行间接寻址。该方式下 EA＝((PC)＋D)。

2) 段寻址方式

段寻址方式是一种为了扩大寻址范围而采用的技术。如在 Intel 8086/8088 中央处理器中，运算器和通用寄存器均为 16 位，若直接用寄存器间接寻址，则其寻址范围最大是 64KB。而中央处理器的地址线却有 20 根，即其对主存的寻址范围是 2^{20}＝1MB，为了访问 1MB 范围的存储空间，采用了段寻址方式。具体方法是将 1MB 的存储空间以 64KB 为单位分为若干段，在形成操作数的有效地址时，由一个段基地址加上某寄存器提供的 16 位偏移量以形成 20 位物理地址。这个基地址由 CPU 中的段寄存器提供。形成 20 位物理地址时，段寄存器中的内容自动左移 4 位，然后与偏移量相加，即形成所需的 20 位地址。段寻址过程如图 5.16 所示。

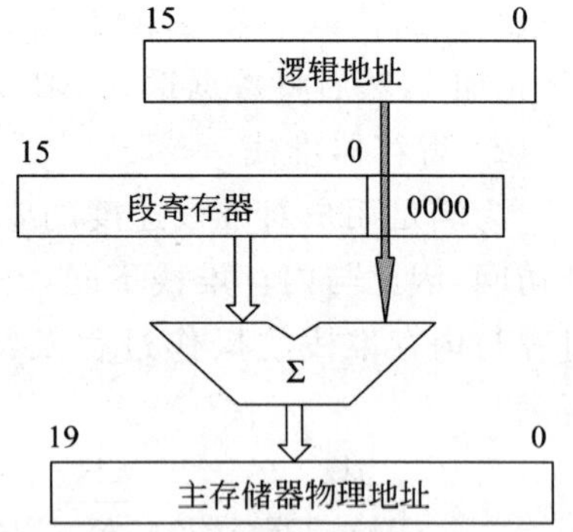

图 5.16 段寻址过程

3) 分页寻址方式

对直接寻址方式而言，由于其访问的内存地址空间受指令中地址码字段长度的制约，若内存空间较大，则可采用分页寻址方式来解决。将指令中操作数地址码可以访问到的内存地址空间称为一页，则整个内存空间可以按页的大小分为多个页面。

设内存容量为 64K，而指令中地址码长度为 9 位，则每一页有 512 个单元，可将内存空间划分为 64K/512＝128 页。为访问 128 页，需要 7 位代码来表示页号。若预先将页号送入页号寄存器，把页号寄存器的内容与指令寄存器中形式地址拼接起来，就能获得一个可以访问整个内存空间的有效地址。

以上介绍了十多种操作数寻址方式，在具体机器的指令系统中，可能只用了上述方式的一部分或某些基本方式再加上几种变形的寻址方式。另外，前面介绍操作数寻址方式时，都是用单地址指令为例。对多地址指令而言，由于不同的地址所起的作用不同，因此每个地址字段都应该有各自的寻址方式特征位字段。

5.3.3 寻址方式举例

不同类型的计算机由于其结构不同、指令系统的设计目标不同以及其他原因，它们所支持的寻址方式也不尽相同。8086 的寻址方式在“汇编语言程序设计”课程中已经详细学习过，这里不再复述。本节将简单介绍 Pentium 机和 PowerPC 机的寻址方式。

1. Pentium 的寻址方式

Pentium 机的外部地址总线宽度为 36 位，同时也支持 32 位物理地址空间。在实模式下，逻辑地址形式为段寻址方式：将 16 位段寄存器内容左移 4 位，得到 20 位段基址，再与段内偏移地址相加得到物理地址。在保护模式下，32 位段基址加段内偏移地址得到 32 位线性地址 LA，再由存储管理部件转换成 32 位物理地址，转换过程对程序员透明。

无论是实地址模式还是保护模式，段基地址的获取方式都是固定的，但有效地址的获取方式随寻址方式的不同而不同。Pentium 机常见的几种寻址方式及对应的有效地址的计算方法如表 5.1 所示。

表 5.1 Pentium 机寻址方式

寻址方式名称	有效地址 EA 计算方法	说　　明
立即数寻址	不需要计算 EA	操作数在指令寄存器中，取指过程中读入 CPU
寄存器寻址	不需要计算有效地址	操作数在寄存器中
偏移量寻址	EA＝D	D 为指令中的形式地址字段，可为 8 位、16 位、32 位
基址寻址	EA＝(SR)＋(B)	设 B 为基址寄存器，SR 为段寄存器
基址＋偏移量	EA＝(SR)＋(B)＋D	
比例变址＋偏移量	EA＝(SR)＋(X)×S＋D	设 X 为变址寄存器，S 为比例因子，可取 1,2,4,8 等
基址＋变址＋偏移量	EA＝(SR)＋(B)＋(I)＋D	
基址＋比例变址＋偏移量	EA＝(SR)＋(B)＋(I)×S＋D	
相对寻址	EA＝(PC)＋D	

2. PowerPC的寻址方式

PowerPC是精减指令系统机器，它的寻址方式很简单。表5.2给出了基于指令分类的PowerPC寻址方式。

表5.2 PowerPC寻址方式

指令类型	寻址方式	EA计算方法	说明
取数/存数	间接寻址	EA=(B)+D	B为基址寄存器
	间接寻址+变址寻址	EA=(B)+(X)	X为变址寄存器
转移	绝对寻址	EA=D	
	相对寻址	EA=(PC)+D	
	间接寻址	EA=(L/CR)	L/CR表示链接或计数寄存器
定点计算	寄存器寻址	EA=R	数据在寄存器中
	立即数寻址	不需要计算EA	数据在指令寄存器的形式地址字段中
浮点计算	寄存器寻址	EA=FPR	数据在浮点寄存器FPR中

5.4 指令系统类型

指令系统决定了计算机的基本功能，指令系统中不同指令的功能不仅影响到计算机的硬件结构，而且对操作系统和编译程序的编写也有直接影响。不同类型的计算机，由于其性能、结构、适用范围的不同，指令系统之间的差异很大，风格各异。有的机器指令类型多，功能丰富，包含几百条指令；有的机器指令类型少，功能简单，只包含几十条指令。

在指令系统设计过程中决定指令系统类型时，除满足完备性、有效性、规整性等基本要求外，还需要考虑为提高程序速度和便于程序员编写程序而设置一些指令类型。不同的计算机所具有的指令系统也不同，但不管指令系统的繁简如何，所包含指令的基本类型和功能是相似的。一般来说，一个完善的指令系统应包括的基本指令有：数据传送指令、算术逻辑运算指令、移位操作指令、堆栈操作指令、字符串处理指令、程序控制指令、输入输出指令等。复杂指令的功能往往是一些基本指令功能的组合。

1. 数据传送指令

数据传送指令是计算机中最基本、最常用的指令，主要用于两个部件之间的数据传送操作，如寄存器与寄存器、寄存器与存储器单元之间的数据传送。执行数据传送指令时，数据从源地址传送到目的地址，源地址中的数据不变。有的机器设置了通用的MOV指令，并支持寄存器之间以及寄存器与存储器之间的数据传输；有的机器专门用LOAD，STORE指令访存，其中LOAD为存储器读数指令，STORE为存储器写数指令；还有些机器设置了交换指令，可以完成源操作数与目的操作数互换，实现双向数据传送。

数据传送指令可以字节、字、双字为单位进行数据传送。有的计算机还支持成组数据传送，如在 Intel 8086 的指令系统中，有串传送指令 MOVS，再加上重复前缀 REP 后，可以控制一次将最多 64KB 的数据块从存储器的一个区域传送到另一个区域。另外，在 IBM 370 机中也有支持成组传输的指令。

除基本的传送类指令外，堆栈指令、寄存器/存储单元清零指令也属于数据传送指令。

2. 算术逻辑运算指令

该类指令的主要功能是进行各类数据信息处理，包括各种算术运算及逻辑运算指令。这类指令是 CPU 最基本功能的体现。算术运算指令主要包括二进制的定点、浮点数加、减、乘、除运算指令；求反、求补、加 1、减 1、比较指令；十进制加减运算指令等。不同计算机对算术运算类指令的支持有很大差别。对于低档机而言，由于硬件结构相对简单，一般仅支持二进制定点加、减、比较、求补等最简单、最基本的指令。而在一些高档机中，为了提高机器性能，除了最基本的算术运算指令之外，还设置了乘除运算指令、浮点运算指令、十进制运算指令，甚至乘方、开方指令和多项式计算指令。在一些大、巨型机中，不仅支持标量运算，还设置了向量运算指令，可以直接对整个向量或矩阵进行求和、求积运算。

逻辑运算指令主要包括与、或、非、异或、测试等指令。逻辑运算类指令多用于对数据字中某些位（一位或多位）进行操作，如按位测、按位清、按位置、按位取反等，也可以用于进行数据的相符判断和数据修改。

3. 移位操作指令

移位操作指令分为算术移位、逻辑移位和循环移位 3 种，可以实现对操作数左移或右移一位或几位。详细操作见 3.3.1 节的描述。

算术移位和逻辑移位指令分别控制实现带符号数和无符号数的移位。循环移位按是否与进位位 C 一起循环分为带进位循环（大循环）和不带进位循环（小循环）。循环移位一般用于实现循环式控制、高低字节的互换以及多倍字长数据的算术移位或逻辑移位。

算术移位常用于对操作数乘以 2 或除以 2 的运算。因为移位指令的执行时间远比乘除操作的执行时间短，所以采用移位指令实现简单的乘除运算可获得较高速度。在无乘除运算指令的计算机中，移位指令的这个性质对快速实现乘除运算来说显得特别重要。

4. 堆栈操作指令

如前所述，堆栈操作指令是一种特殊的数据传送指令。堆栈操作有两种：压入（进栈）或弹出（出栈）。压入指令是把指定的操作数送入栈顶，而弹出指令是从栈顶弹出数据，送到指令指定的目的地址中。

堆栈操作指令主要用于保存和恢复中断、子程序调用时的现场数据和断点指令地址，以及在子程序调用时实现参数传递。为了支持这些功能的快速实现，有些机器还设有多数据的压入指令和弹出指令，可以用一条堆栈操作指令依次把多个数据压入或弹出堆栈。

5. 字符串处理指令

字符串处理指令属于非数值处理指令，该类指令便于直接用硬件支持非数值处理。字符串处理指令一般包括字符串传送、字符串比较、字符串查找、字符串抽取、字符串转换等指令。其中字符串传送指令用于将数据块从主存的某一区域传送到另一区域；字符串比较指令用于把一个字符与另一个字符串逐个字符进行比较；字符串查找指令用于在一个字符串中查找指定的子串或字符；字符串抽取用于在字符串中提取某一子串；字符串转换用于将字符串从一种编码转换为另一种编码。字符串处理指令在需要对大量字符进行各种处理的文字编辑和排版方面非常有用。

6. 程序控制指令

程序控制指令用于控制程序运行的顺序和选择程序的运行方向。该类指令能增加程序设计的灵活性，可使程序具有测试、分析与判断能力，程序控制类指令主要包括转移指令、循环控制指令及子程序调用与返回指令等。

1) 转移指令

转移指令用于根据功能的需要，改变指令的执行顺序流程。转移指令按其转移是否需要测试相应条件可分为无条件转移指令和条件转移指令两类。

无条件转移指令在执行时不受任何条件的约束，直接把控制转移到指令指定的转移地址。如 Intel 8086 指令系统中的 JMP X 指令，其功能就是无条件地将程序移到指令中给出的转移目标地址 X 处继续执行。

与无条件转移指令不同，条件转移指令的转移受到一定条件的约束，只有在条件满足的情况下，才会执行转移操作，把控制转移到指令指定的转向地址；若条件不满足，则不执行转移操作，程序仍按原顺序继续执行。如 Intel 8086 指令系统中的 JNC Y 表示没有进位时转移到目标地址处执行，目标地址的计算与寻址方式及 Y 的取值有关。

条件转移指令的转移条件来自于状态标志寄存器(或条件码寄存器)的相关位，这些位一般由前面指令根据执行结果而设置。状态标志寄存器的标志主要包括：进位标志(C)、结果溢出标志(O)、结果为零标志(Z)、结果为负标志(N)、结果奇偶标志(P)等。这些标志的组合可以产生十几种转移条件，相应地就有了诸如结果为零转、非零转、为负转、为正转、溢出转、非溢出转等条件转移指令。

转移指令的转移地址一般采用相对寻址或直接寻址。若采用相对寻址，转移地址为当前 PC 内容与指令中给出的位移量之和；若采用直接寻址，转移地址由指令中地址码直接给出。

2) 循环控制指令

循环控制指令实际上是一种增强型的条件转移指令，其指令功能一般包括对循环控制变量的修改、测试判断以及地址转移等功能，从而支持循环程序的执行。

如 Intel 8086 指令系统中的循环控制指令 LOOP L1。该指令每执行一次，将循环计数器 CX 中的循环次数减 1，然后进行判断 CX 是否为 0，若不为 0 则程序转到 L1 处继续执行；否则结束循环，执行 LOOP 指令的下一条指令。

3）子程序调用与返回指令

在编写程序时，为了避免程序的重复编写，将具有特定功能的程序段设定为独立且可以公用的子程序。在主程序执行过程中，当需要执行子程序时，在主程序中发出调用子程序的指令并给出子程序的入口地址，控制程序的执行序列从主程序转入子程序；而当子程序执行完毕后，可以利用返回主程序的指令，使程序重新返回主程序中发出子程序调用命令的地方，继续顺序执行。

将调用子程序并实现程序控制从主程序转向子程序的指令称为转子指令（也称子程序调用指令或过程调用指令）。为正确调用子程序，必须在转子指令中给出子程序的入口地址。主程序中转子指令的下一条指令的地址称为断点，断点是子程序返回主程序时的返回地址。从子程序返回主程序的指令称为返回指令。为了在执行返回指令时能够正确地返回主程序，转子指令应具有保护断点的功能。有多种保护断点的方法，其中将断点压入堆栈是保护断点最好、最常用的方法，它便于实现多重转子和递归调用，因而被很多指令系统所采用。例如 Intel 8086 就是采用堆栈保存返回地址。Intel 8086 的指令系统中设置了子程序调用指令 CALL 和返回指令 RET。CALL 指令的功能是把下一条指令的地址（断点）压入堆栈，再将程序的执行转移到指令中给出的子程序入口。RET 指令的功能是从堆栈中取出断点地址并返回断点处继续执行。

虽然转子指令与转移指令的执行结果都是实现程序的转移，但两者存在下列区别。

(1) 转移的位置不同。转移指令一般在同一程序内转移，而转子指令实现不同程序之间的转移。

(2) 转移指令不需要返回原处，因此不需要保护断点地址；而转子指令需要返回原处，因此需要保护断点地址。

(3) 转子指令和返回指令通常是无条件的；条件转移指令需要条件。

7. 陷阱指令

陷阱实际是指由于意外事故而导致的程序执行中断。如机器运行中，可能会出现电源电压不稳定、存储器校验出错、I/O 设备故障、除数为 0、运算结果溢出等意外事件。发生了这类事件，将导致计算机系统不能正常工作，因此必须及时采取措施，以免影响整个系统的正常运行。为此，在程序的执行过程中，一旦出现意外故障，计算机就发出陷阱信号，暂停当前程序的执行，通知 CPU 当前所出现的故障，并转入故障处理程序，进行相应的故障处理。有关中断的概念将第 9 章详细介绍。

有的计算机将陷阱指令作为隐指令（即指令系统中不提供的指令），不提供给用户直接使用，在出现意外故障时，由 CPU 自动并执行。但也有计算机在指令系统中设置了用户可用的陷阱指令或“访管”指令，便于用户利用它来实现系统调用和程序请求。例如 Intel 8086 CPU 的软件中断指令 INT n(n 是 8 位二进制常数，用于表示内部中断类型)，就是直接提供给用户使用的陷阱指令，利用它可以实现系统调用和程序请求。

8. 输入输出指令

输入输出指令简称 I/O 指令，用于主机与外部之间的数据输入输出、主机向外设发出各种控制命令控制外设的工作、主机读入和测试外设的各种工作状态等。输入输出指令通常有以下3种设置方式。

(1) 外设采用独立编址方式并设置专用的I/O指令。由I/O指令的地址码部分给出被选外设的设备码(或端口地址),操作码指定所要求的I/O操作。

(2) 外设与主存统一编址。这种方式不设置专用I/O指令,用通用的数据传送指令实现I/O操作。一方面,外设与主存统一编址,外设地址需占用部分主存地址空间;另一方面,通用指令既能执行访存操作,又能执行I/O操作,因此难以分清程序中的I/O操作和访存操作。

(3) 通过I/O处理机执行I/O操作。在这种方式下,CPU只需执行几条简单的I/O指令,如启动I/O设备、停止I/O设备、测试I/O设备等,而对I/O系统的管理、I/O操作控制等工作都由I/O处理机完成。这种方式提高了主机的效率,但必须在I/O处理机支持下才能实现。

9. 其他指令

除了上述几种类型的指令外,还有一些完成其他控制功能的指令,如停机、等待、空操作、开中断、关中断、置条件码以及特权指令等。

特权指令主要用于系统资源的分配与管理,具有特殊的权限,一般只能用于操作系统或其他系统软件,而不直接提供用户使用。在多任务多用户的计算机系统中,这种特权指令是不可缺少的。另外,在一些多处理器系统中还配有专门的多处理机指令。

5.5 指令格式设计及优化

指令系统是程序设计人员所能看到的计算机的主要属性,它在很大程度上决定了整个计算机系统所具有的基本功能。设计一套好的指令格式,不仅程序设计人员使用起来很方便,硬件实现起来比较容易,而且能够节省大量的程序存储空间。

5.5.1 指令格式的设计

指令一般由操作码和地址码两部分组成。指令格式的设计首先要确定的是指令的编码格式,在此基础还要确定操作码字段和地址码字段的大小及其组合形式,以及各种寻址方式的编码方法。

1. 指令编码格式的设计

指令的编码格式设计就是要确定指令是采用定长指令结构、变长指令结构还是混合结构。

1) 定长指令格式

指令系统中,各种类型指令长度都相等。定长指令结构规整,有利于简化硬件,尤其是指令译码部件的设计。同时也应该看到,定长指令平均长度长、容易出现冗余码点和指令不易扩展等不足。当计算机字长较长时,采用定长编码格式可将操作码字段的位置和位数都固定,有利于提高指令译码的速度。

2）变字长指令格式

指各种指令字的长度随指令功能的不同而不同。如根据功能不同,指令长度可为单字长指令、半字长指令或多字长指令。变字长指令结构灵活,能充分利用指令中的每一位,所以指令码点冗余少,指令的平均长度短,易于扩展。但可变长指令的格式不规整,不同指令的取指时间可能不同,导致控制复杂。

3）混合编码指令格式

混合编码指令格式是定长指令格式和变字长指令结构的综合,它提供若干长度固定的指令字,以期达到既能减少目标代码的长度又能降低译码复杂度的目标。

由于指令和数据都存放在主存中,所以不论是设计定长指令结构、变长指令结构还是混合编码指令格式,都应该满足指令的规整性要求,使指令与数据格式保持一致。通常情况下,指令长度设计为字节的倍数关系。如奔腾系列机的指令系统中,最短的指令长度为1个字节,最长的指令长度为12个字节。在按字节编址的存储器中,采用长度为字节整数倍的指令,有利于充分利用存储空间。

2. 操作码的设计

操作码的编码比较直观和简单。满足完备性是操作码设计的基本要求。操作码设计任务还包括确定操作码采用定长结构还是可变长的操作码,对于变长操作码结构还要研究其实现方法。

3. 地址码的设计

地址码一方面要能为指令提供必要的操作数,另一方面还要满足指令系统的有效性和规整性要求。地址码的设计往往还与寻址方式有关。

4. 寻址方式的设计

寻址方式的表示有两种方法,一种是把寻址方式与操作码一起编码,另一种是设置专门的寻址方式字段指示对应的操作数所采用的寻址方式。如果处理机需要支持多种寻址方式,而且指令有多个操作数,那么就很难将寻址方式与操作码一起编码,此时应该为每个操作数据分配一个寻址方式字段。

例 5.4 某计算机字长16位,主存64KB,指令采用单字长单地址结构,要求至少能支持80条指令和直接、间接、相对、变址等4种寻址方式。请设计指令格式并计算每种寻址方式能访问的主存空间范围。

解:根据题目条件,指令采用定长、单地址结构。另外,由于要支持4种寻址方式,因此要为地址码字段设置专门的寻址方式字段。

操作码字段的位数为7位,这样最多可支持128条指令,满足题目至少80条指令的要求。

要支持4种寻址方式且每次只能使用其中的一种寻址方式,因此寻址方式字段需两位。

单地址字段的位数为：16－7－2＝7 位。

指令格式为：

OP	I	D

其中 OP 为操作码字段，7 位；I 为寻址方式字段，两位；D 为形式地址字段，7 位。

4 种寻址方式的寻址范围分别为：

I＝00：相对寻址，E＝(PC)＋D，寻址范围为 64KB(程序计数器 PC 为 16 位)。

I＝01：变址寻址，E＝(X)＋D，寻址范围为 64KB(变址寄存器 X 为 16 位)。

I＝10：直接寻址，E＝D，寻址范围为 128。

I＝11：间接寻址，E＝(D)，寻址范围为 64KB。

5.5.2 指令格式的优化

指令格式优化设计的主要目标有两个，一是节省程序的存储空间，二是指令格式要尽量规整，以减少硬件译码的复杂程度。另外，指令格式优化后，不应该降低指令的执行速度。本节主要研究操作码优化和地址码优化的基本方法。

1. 操作码优化表示

定长结构操作码虽然表示规整、硬件译码简单，但操作码较长，信息冗余现象严重。对操作码的优化就是缩短操作码的长度，降低信息冗余。操作码优化方法主要有 Huffman 编码法和扩展编码法。

1) Huffman 编码法

Huffman 编码法是 1952 年由 Huffman 首先提出的，其基本思想是：当各种事件发生的概率不均等时，采用优化技术对发生概率最高的事件用最短的位数来表示，而对出现概率较低的，用较长的位数来表示。利用哈夫曼编码的概念不仅可以压缩代码，也可用于程序压缩、存储空间压缩和时间压缩等，下面利用这种概念来讨论操作码与指令字的优化表示。

(1) Huffman 编码步骤

设某计算机指令系统中有 n 种不同的指令，第 i 种操作码在程序中出现的概率为 p_i，则 Huffman 编码步骤为：

① 把所有指令按照操作码出现的概率从低到高的次序自左向右排列。

② 选取两个概率最小的节点合并成一个概率值是二者之和的新节点，并把这个新节点与其他还没有合并的节点一起形成新节点集合，并按合并后的概率重新排序。

③ 在新节点集合中选取两个概率最小的节点进行合并，如此继续进行下去，直至全部节点合并完毕。

④ 最后得到的根节点的概率值为 1。

⑤ 每个节点都有两个分支，分别用一位代码“0”和“1”表示。

⑥ 从根节点开始，逐级下移，到达属于每条指令的概率节点，把沿线所经过的代码组合起来得到相应指令的操作码编码。

(2) 关于操作码编码的相关概念

① 操作码的平均长度：

$$H = \sum_{i=1}^{n} p_i \times L_i \tag{5.1}$$

其中 p_i 表示第 i 种操作码在程序中出现的概率，L_i 表示第 i 种指令操作码的位数。

② 操作码的最短平均长度：

$$H = -\sum_{i=1}^{n} p_i \cdot \log_2 p_i \tag{5.2}$$

p_i 表示第 i 种操作码在程序中出现的概率。

(3) 编码信息冗余量

两种不同编码中，以编码短者为参考值，长、短两种编码长度差占长编码二进制位的比值称为长编码的信息冗余量。

如以操作码最短平均长度为标准，可算出定长操作码的信息冗余量为：

$$R = 1 - \frac{-\sum_{i=1}^{n} p_i \cdot \log_2 p_i}{\lceil \log_2 n \rceil} \tag{5.3}$$

例 5.5 某模型计算机共有 7 种不同的指令，如采用固定长操作码则操作码字段需要 3 位。已知各种指令在程序中出现的概率如表 5.3 所示，计算采用 Huffman 编码法的操作码平均长度，并计算固定长操作码和 Huffman 操作码的信息冗余量(以最短平均长度为标准)。

表 5.3 各种指令的使用频度

	I_1	I_2	I_3	I_4	I_5	I_6	I_7
使用频度	0.45	0.30	0.15	0.05	0.03	0.01	0.01

解：利用 Huffman 树对操作码进行编码，如图 5.17 所示，得到该模型机指令操作码的 Huffman 编码，如表 5.4 所示。

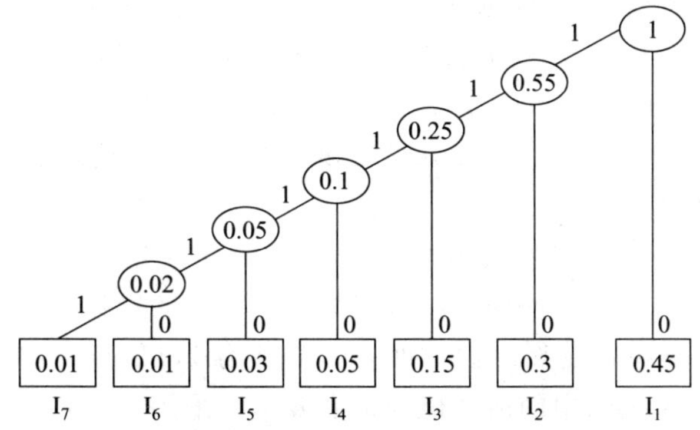

图 5.17 指令的操作码的 Huffman 编码过程

表 5.4　操作码 Huffman 编码法

指　　令	使用频度(p_i)	Huffman 编码	操作码长度
I_1	0.45	0	1 位
I_2	0.30	1 0	2 位
I_3	0.15	1 1 0	3 位
I_4	0.05	1 1 1 0	4 位
I_5	0.03	1 1 1 1 0	5 位
I_6	0.01	1 1 1 1 1 0	6 位
I_7	0.01	1 1 1 1 1 1	6 位

利用公式 5.1 可计算出 Huffman 编码的操作码平均长度：

$$H = 0.45\times1+0.30\times2+0.15\times3+0.05\times4+0.03\times5 +0.01\times6+0.01\times6=1.97\text{ 位}$$

把操作码的概率代入最短平均长度计算公式 5.2，可得到操作码的最短平均长度为：

$$H_{MIN} = -(0.45\times1.152+0.30\times1.737+0.15\times2.737+0.05\times4.322 +0.03\times5.059+0.01\times6.644+0.01\times6.644) =1.95\text{ 位}$$

再利用公式 5.3 可分别计算 Huffman 编码的信息冗余量为：

$$R=1-\frac{1.95}{1.97}\approx1.0\%$$

同理可计算出采用 3 位固定长操作码的信息冗余量为：

$$R=1-\frac{1.95}{3}\approx35\%$$

通过对两种编码信息冗余量的比较不难发现采用 Huffman 编码法的优点。

2）基于扩展编码的操作码优化

Huffman 操作码的主要缺点是操作码长度很不规整，硬件译码困难，与地址码共同组成固定长的指令比较困难。采用扩展编码法可以解决此类不足。

采用扩展编码的最终目的是使操作码在冗余量尽量小的基础上，努力使操作码规整。常见的扩展方法有等长扩展和不等长扩展两种。不等长扩展法每次扩展位数不等；等长扩展法每次扩展的位数相同，根据选择的位数不同，等长扩展也有多种不同的扩展方法，如操作码按 4 位、8 位、12 位，每次加长 4 位的扩展法，记作 4-8-12 扩展法，还有 3-6-9 扩展法。具体选用哪种编码取决于所设计的系统中指令使用频率的分布状况。

例 5.6　采用不等长 1-2-3-5 扩展编码法和等长 2-4 扩展编码法对例 5.5 中 7 条指令进行编码，并计算其信息冗余量。

解：采用 1-2-3-5 不等长扩展编码方法时，根据指令使用频度从高到低进行排列，分别用 1 位、2 位和 3 位二进制对使用频度最高的 3 条指令的操作码进行编码，并保留扩展标识(本例中 1 位、2 位和 3 位编码的扩展表示分别为 1，11，111)，剩余的 4 条指令采用 5 位编码表示，其中 5 位编码中的前 3 位为扩展表示。采用 1-2-3-5 不等长扩展编码的编码结果如表 5.5 第 3 列所示。

采用2-4等长扩展编码时，用两位编码表示使用频度最高的前3条指令，11为扩展标识，剩余的4条指令用4位编码中的低两位的4种状态表示。采用2-4等长扩展编码的编码结果如表5.5第4列所示。

表5.5 操作码扩展编码法

指令序号	出现的概率	1-2-3-5 扩展编码	2-4 等长扩展编码
I_1	0.45	0	0 0
I_2	0.30	1 0	0 1
I_3	0.15	1 1 0	1 0
I_4	0.05	1 1 1 0 0	1 1 0 0
I_5	0.03	1 1 1 0 1	1 1 0 1
I_6	0.01	1 1 1 1 0	1 1 1 0
I_7	0.01	1 1 1 1 1	1 1 1 1

采用1-2-3-5扩展编码法，其操作码平均长度为：

$$H=0.45\times1+0.30\times2+0.15\times3+(0.05+0.03+0.01+0.01)\times5=2.0$$

相对于最短编码的不等长编码信息冗余量为：

$$R=1-\frac{1.95}{2.0}=2.5\%$$

采用2-4等长扩展编码法，其操作码平均长度为：

$$H=(0.45\times0.30+0.15)\times2+(0.05+0.03+0.01+0.01)\times4=2.20$$

相对于最短编码的等长扩展编码信息冗余量为：

$$R=1-\frac{1.95}{2.20}=11.4\%$$

3）基于地址码扩展的操作码优化

这种方法通常在指令中用一个固定长度的操作码字段对基本的指令进行编码，而对于一部分不需要某个地址字段的指令，可将操作码扩展到该地址码字段。这样既能充分利用指令的各个字段，又能在不增加指令长度的情况下扩展操作码的长度，从而表示更多的指令。该扩展方法不对指令的使用频度进行统计，得到的编码长度与指令的使用频度无关。

例5.7 设某指令系统指令字长16位，采用单字长定长指令结构，每个地址码为6位。若已有二地址指令15条，一地址指令34条，则最多可设计多少条零地址指令？

解：根据题意可知该机指令字的结构为：

OP(4位)	地址字段1(6位)	地址字段2(6位)

如果不进行编码向地址码字段扩展，受操作码字段只有4位的限制，该机指令系统中包含二地址、一地址和零地址指令的总数量最多只有16条。此时，对于一地址指令而言，两个地址字段中有一个地址字段(假设为地址字段1)没有被利用；对于零地址指令而言，两个地址字段均没有被利用。

对于一地址指令而言，可将操作码向地址字段1扩展，为了标识这种扩展，需要从二地址指令的操作码中拿出一种编码作为扩展标识，本例中取 4 位编码 1111 为扩展标识。则对一地址指令而言，其指令格式为：

1111	000000～111111	地址字段 2(6 位)

即一地址指令最多可以有 64 条。

根据题意，一地址指令只需要 34 条即可满足完备性要求，假定取字段 1 为 000000～100001 表示 34 条一地址指令的扩展操作码，将剩下的 30 个码点(对应字段 1 的编码为 100010～111111)作为由一地址指令向零地址指令扩展的标识。

则零地址指令的操作码编码为：

1111	100010～111111	000000～111111

即零地址指令最多可有 30×64＝1920 条。

2. 地址码优化方法

地址码优化的根本目的是缩短地址码的长度，并能用一个较短的地址码表示一个比较大的逻辑地址空间，这样既能满足寻址的要求，又不增加指令的长度。

缩短地址码长度的方法有很多，常用的方法有以下 3 种：

(1) 用间接寻址方式缩短地址码长度。在主存储器的低端开辟出一个专门用来存储地址的区域，由于表示存储器低端部分的地址所需的地址码长度可以很短，将逻辑地址码存入这些单元，可以达到缩短地址码的目的。

(2) 用偏移寻址方式缩短地址码长度。由于程序局部性原理，在偏移寻址方式中使用的地址偏移量可以比较短，因此，可以把比较长的基地址放在变址、基址及程序计数器 PC 等寄存器中，在指令的地址码中只需给出比较短的地址偏移量。

(3) 用寄存器间接寻址方式缩短地址码长度。由于寄存器的数量比较少，表示一个寄存器的地址只需很少几位，而一个寄存器足可以放下一个逻辑地址。

5.6 CISC 和 RISC 的基本概念

复杂指令集计算机(Complex Instruction Set Computer，CISC)和精简指令集计算机(Reduced Instruction Set Computer，RISC)是 CPU 的两种架构，它们的区别在于不同的 CPU 设计理念和方法。

5.6.1 复杂指令系统计算机(CISC)

随着 VLSI 技术的不断发展，计算机的硬件成本不断下降，但软件成本不断提高，为此，计算机系统设计者在设计指令系统时，增加了越来越多且功能更强大的复杂指令，以及多种寻址方式，以便满足来自不同方面的需求，如：

(1) 更好地支持高级语言。增加语义更接近高级语言语句的指令，能缩短指令系统与高级语言之间的语义差距。

(2) 简化编译。编译器是将高级语言翻译成机器语言的软件，当指令的语义与高级语言的语义接近时，编译器的设计就相对简单，编译的效率也会大大提高，而且编译后的目标程序也能得到优化。

(3) 系列机软件向后兼容的需求。为了做到程序兼容，同一系列计算机的新型计算机和高档机的指令系统只能扩充而不能减少原来的指令，因此指令数量越来越多。

(4) 对操作系统的支持。随着操作系统功能的复杂，要求指令系统提供相应功能指令的支持，如多媒体指令和3D指令等。

(5) 为在有限指令长度内基于扩展法实现更多指令，只有最大限度地压缩地址长度。为满足寻址访问的需要，必须设计多种寻址方式，如基址寻址、相对寻址等。

基于上述原因，指令系统越来越庞大、复杂，某些计算机的指令多达数百条，同时寻址方式的种类也很多。称这类计算机为复杂指令系统计算机。

CISC具有如下特点：

(1) 指令系统复杂庞大，指令数目一般多达二三百条。

(2) 寻址方式多。

(3) 指令格式多。

(4) 指令字长不固定。

(5) 访存指令不加限制。

(6) 各种指令使用频率相差大。

(7) 各种指令执行时间相差大。

(8) 大多数采用微程序控制器。

5.6.2 精简指令系统计算机(RISC)

人们进一步分析CISC后发现了80-20规律，即CISC的典型程序中，80%程序只用到了20%的指令集，基于这一发现，RISC精简指令集被提出来，这是计算机系统架构的一次深刻革命。

RISC体系结构的基本思路是：针对CISC指令系统指令种类太多、指令格式不规范、寻址方式太多的缺点，通过减少指令种类、规范指令格式和简化寻址方式，方便处理器内部的并行处理，从而大幅度地提高处理器的性能。

RISC是在继承CISC的成功技术并克服CISC缺点的基础上产生并发展起来的，大部分RISC具有下述一些特点：

(1) 优先选取使用频率最高的一些简单指令，以及一些很有用但不复杂的指令。避免使用复杂指令。

(2) 大多数指令在一个机器周期内完成。

(3) 采用LOAD/STORE结构。由于访问主存指令花费时间较长，因此在指令系统中应尽量减少访问主存指令，而只保留不能再减掉的LOAD(取数)和STORE(存数)两种访存指令。也就是说其余指令只对存放在寄存器中的操作数进行处理。

(4) 采用简单的指令格式和寻址方式,指令长度固定。

(5) 固定的指令格式。指令长度、格式固定,可简化指令的译码逻辑,有利于提高流水线的执行效率。

(6) 面向寄存器的结构。为减少访问主存储器,CPU 内应设大量的通用寄存器。

(7) 采用硬布线控制逻辑。由于指令系统的精简,控制部件可由组合逻辑实现,不用或少用微程序控制,这样可使控制部件的速度大大提高。

(8) 注重编译的优化,力求有效地支撑高级语言程序。

精简指令系统计算机的着眼点不是简单地放在简化指令系统上,而是通过简化指令使计算机的结构更加简单合理,从而提高处理速度,其主要途径是减少指令的执行周期数。现在,RISC 的硬件结构有很大改进,一个机器周期平均可完成 1 条以上指令,甚至可达到几条指令。

5.7 指令系统举例

本节通过对几种常见计算机的指令系统进行实例分析,一方面加深对本章前面所学指令系统设计相关知识的理解,另一方面又体会不同系统在指令系统设计方面的不同特点。

5.7.1 8088/8086 指令系统

Intel 8086 是一种 16 位的中央处理器,广泛用于 IBM PC 及其兼容的个人计算机中,是 80x86 系列的基础型 CPU。Intel 8088 是准 16 位的中央处理器,之所以称它为准 16 位,是因为其内部结构虽然是 16 位,但对外的输入输出数据总线却是 8 位。8088 和 8086 具有相同的指令系统,指令长度不固定,最短的指令为一个字节,而最长的指令可达 6 个字节,带前缀(如段跨越)可达 7 个字节。指令格式如图 5.18 所示。

说明:

(1) reg(3 位),指出 8 个通用寄存器中的某一个。可以是 8 位或 16 位寄存器。

(2) mod(2 位):

mod=11,操作数在寄存器中;

mod≠11,操作数在主存中。

(3) r/m(3 位):

mod=11 时,指出操作数在哪个寄存器中;

mod≠11 时,指出操作数的寻址方式。

(4) w(1 位)指出操作数的长度:

w=0,8 位,表示字节操作;

w=1,16 位,表示字操作。

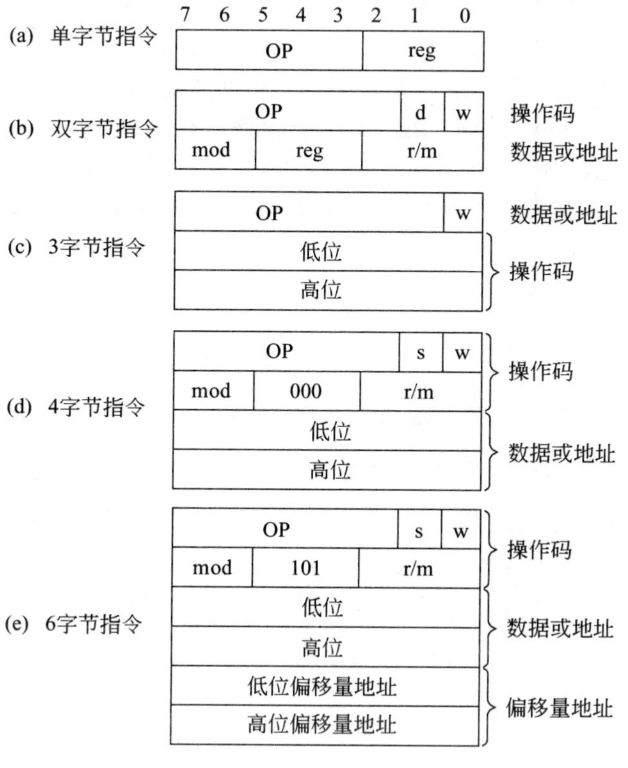

图 5.18 8086/8088 指令格式

(5) s(1 位)标志位,指出立即数是否要带符号扩展;d(1 位)标志位,指定执行操作的方向。

d=1,表示 RS 型指令中寄存器用于目的操作数;d=0,表示寄存器用于源操作数。

(6) 关于指令的编码,以 RR 型双字节的寄存器之间数据传送指令为例,其指令形式为:

```
MOV  Rd,Rs
```

其含义是,将源寄存器 R_s 中的内容传送到目的寄存器 R_d 中,指令长度为两个字节。R_s 和 R_d 均可以是 8 位寄存器,也可以是 16 位寄存器,只要两者是等长即可。

对于这种格式的指令,由于两个操作数都是寄存器,所以 mod=11,此时 reg 和 r/m 都表示寄存器,其编码如表 5.6 所示。

表 5.6 寄存器编码

编码		000	001	010	011	100	101	110	111
reg	8 位	AL	CL	DL	BL	AH	CH	DH	BH
	16 位	AX	CX	DX	BX	SP	BP	SI	DI

由于指令中的两个操作数都是寄存器,所以可将寄存器看做是源操作数,也可以将寄存器当成目的操作数,因此相应的编码也有两种方法。

以 MOV AL,BL 为例,其操作码为 OP=100010;因为是字节操作,所以 w=0;若将寄存器看做是源操作数,则 d=0;所以第一个字节的编码是 10001000。因用作源操作数的寄存器是 BL,其编码为 011;由于 mod=11,r/m 指寄存器 AL,其编码为 000;所以第二个字节的编码是 11011000;DEBUG 的 A 命令就是这样编码的。还是这条指令,若将寄存器看作目的操作数,则 d=1,操作码 OP 和 w 不变,所以第一个字节的编码为 10001010,而第二个字节的编码为 11000011;尽管编码不同,但执行的结果是相同的。

5.7.2 Pentium Ⅱ指令系统

Intel Pentium Ⅱ CPU 字长达到 32 位,它兼容了 8088/8086 CPU 的指令系统,又为利用新的硬件资源而增加一些新的指令。其指令格式如图 5.19 所示。

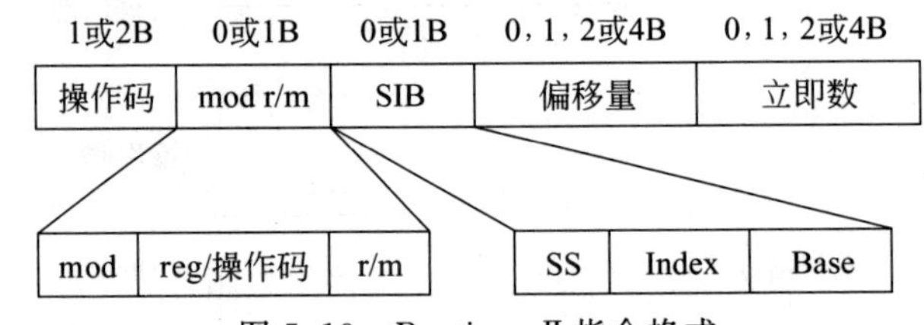

图 5.19 Pentium Ⅱ指令格式

(1) 指令前缀

0 或 1B	0 或 1B	0 或 1B	0 或 1B
指令	段取代	操作数大小	地址大小

(2) 指令

在 Pentium Ⅱ指令格式中,只有操作码字段是必须的,其他均为可选。整个指令由 0~4 字节的可选指令前缀,1 或 2 字节的操作码,一个字节 mod r/m 和一个 Scale Index(比例变址)字节组成的可选地址指示字段,一个可选的偏移量和一个可选的立即数等字段组成。

1. 指令前缀(Instruction Prefix)

有两种指令前缀,一种是锁定(LOCK)前缀,它用于多处理器环境中,保证对共享存储器的排他性访问;另一种是重复前缀,用它来指定串的操作。

1) 段取代(Segment Override)

用来指定使用哪个段寄存器取代默认的段寄存器。

2) 地址大小(Address Size)

地址大小确定了指令格式中偏移量的大小和在有效地址计算中生成的位移量大小。本字段用于在 32 位和 16 位地址间的切换。

3) 操作数大小

该字段用于在 32 位和 16 位操作数之间切换。

2. 指令中各字段的内容

(1) 操作码: 1~2B,其中还包括数据长度(8 位,16 位,32 位)的指定;数据的操作方向(存或取)的指定等。

(2) mod r/m 字段：由 mod r/m 字节和 SIB 字节决定寻址方式。

mod r/m 字节指定操作数在寄存器还是在存储器中。若在存储器中，则该字节的一个字段指明寻址方式。

本字节含 3 个字段：

① mod 字段(2 位)：它与 r/m 字段(3 位)组合，提供 32 种编码，其中包含 8 个寄存器和 24 个变址方式。

② reg/操作码字段(3 位)：可以指定一个寄存器号，或者作为操作码的扩充位。

③ r/m 字段(3 位)：指定存放操作数字段的寄存器号，或者与 mod 字段组合为寻址方式编码。

(3) SIB 字段：该字节与 mod r/m 字节组合以指定寻址方式。

① SS(2 位)：指定用于比例变址的比例因子。

② Index(3 位)：指定变址寄存器。

③ Base(3 位)：指定基址寄存器。

(4) 偏移量：它可以是 8 位、16 位或 32 位带符号整数的偏移量。

(5) 立即数：提供指令所需的 8 位、16 位或 32 位的操作数。

Pentium Ⅱ的指令系统属于复杂指令系统。

5.7.3 MIPS 指令系统

MIPS CPU 是一种 RISC 结构的 CPU，最初源于 Stanford 大学的 MIPS(Millions of Microcomputer without Interlocked Pipeline Stage)项目组。该项目的简称 MIPS 刚好与衡量计算机性能的性能指标 MIPS 的缩写相同，形成了双关语。1984 年 MIPS 公司成立，致力于将 Stanford 大学 MIPS CPU 小组的工作商业化。1985 年首台 MIPS CPU R2000 问世，1989 年又推出了 R3000，1991 年发布了 R4000，1993 年 SGI 公司收购了 MIPS 公司，1994 年又推出了 R4400 CPU。随后推出的 MIPS CPU 包括 R4650，R4700，R10000，R16000 等。目前 MIPS CPU 有 32 位和 64 位两种，本书以 MIPS 32 为例对 MIPS 指令系统进行简要介绍。

1. MIPS 中的寄存器

MIPS 提供了 32 个 32 位的通用寄存器，各寄存器的编号、名称和功能如表 5.7 所示。

表 5.7 MIPS 寄存器

寄存器编号	寄存器名称	寄存器功能
\$0	\$Zero	常量 0，只读寄存器
\$1	at	为汇编程序保留
\$2-\$3	\$v0-\$v1	过程调用返回值
\$4-\$7	\$a0-\$a3	过程调用参数
\$8-\$15	\$t0-\$t7	临时变量，被调用过程不需保存
\$16-\$23	\$s0-\$s7	临时变量，被调用过程需要保存

续表

寄存器编号	寄存器名称	寄存器功能
\$24-\$25	\$t8-\$t9	临时变量，被调用过程不需保存
\$26-\$27	\$k0-\$k1	为操作系统保留
\$28	\$gp	全局指针
\$29	\$sp	堆栈指针
\$30	\$fp	帧指针
\$31	\$ra	过程调用返回地址

除上述通用寄存器外，MIPS 还提供 32 个 32 位单精度浮点寄存器，用符号 f0～f31 表示，它们可以配对成 16 个 64 位的浮点数寄存器。

另外，MIPS 还提供了两个 32 位乘商寄存器 Hi 和 Lo，执行乘法时，Hi 和 Lo 分别存放 64 位乘积的高 32 位和低 32 位；执行除法时，Hi 和 Lo 分别存放余数和商。

2. MIPS 的指令格式

MIPS 将寻址方式与指令的操作码相关联，因此不再独立设置寻址方式特征位字段。所有指令都是 32 位，分成 R 型、I 型和 J 型等 3 种指令类型，其结构如表 5.8 所示。

表 5.8　MIPS 的 3 种指令格式

字段长度（位） 指令格式类型	字段名称						说明
	6	5	5	5	5	6	MIPS 指令字长为 32 位
R 型	OP	rs	rt	rd	shamt	funct	算术类指令，funct 为运算操作码
I 型	OP	rs	rt	地址/立即数			数据传输、分支、立即数指令
J 型	OP	目标地址					跳转指令

从表 5.8 可看出：

(1) MIPS 指令采用等长指令结构，3 种类型指令都是 32 位。

(2) 没有寻址方式字段。

(3) 操作码字段长度固定为 6 位。

下面分别对 3 类指令进行说明。

1) R 型指令

R 型指令的操作数只能来自寄存器，运算结果也只能存入寄存器中，属于 RR 型指令。对于 R 型指令的 OP 字段为 000000，具体的操作由 funct 字段指定，该字段的编码与具体 R 型运算的关系如表 5.9 所示。

若是双目运算，rs 和 rt 字段分别是第一和第二源操作数，rd 字段指明存放结果的寄存器；若是移位运算，则表示对 rt 的内容进行移位，所移位数由 shamt 字段指定。

例 5.8　根据 MIPS 指令操作码定义以及指令格式，写出指令 Add \$17, \$8, \$20 各字段的十进制值。

表 5.9 R 型指令中 funct 字段常用编码

$f_5 \sim f_3$ \ $f_2 \sim f_0$	000	001	010	011	100	101	110	111
000	sll		srl	sra	sllv		srlv	srav
001	Jr	jalr			syscall	break		
010	mfhi		mflo					
011	mult	multu	div	divu				
100	add	addu	sub	subu	and	or	xor	nor
101			slt	sltu				
110								
111								

解：根据 MIPS 指令格式，Add 为 R 型指令，因此 OP＝$(000000)_2$，funct＝$(100000)_2$。

根据 5.2.2 节对指令中地址码使用的说明可知，指令 Add ＄17,＄8,＄20 的含义是＄17←＄8＋＄20，因此＄17 为目的操作数，对应 R 型指令中的 rd 字段，因此 rd 字段的值为 17；＄8 和＄20 分别对应 R 型指令中的第一源操作数和第二源操作数，故 R 型指令中 rs 和 rt 字段的十进制值分别为 8 和 20。

shamt 字段在该指令中未使用，则指令各字段十进制值为：

0	8	20	17	0	32
OP	rs	rt	rd	shamt	funct

2) I 型指令

I 型指令是立即数型指令，若是双目运算，则将 rs 的内容和立即数字段的值分别作为第一操作数和第二操作数，结果送 rt 指定的寄存器中；若是 Load/Store 指令，则将 rs 的内容和立即数字段的值经符号扩展后的内容相加作为读/写（Load/Store）的存储单元地址；若是条件转移（分支）指令，则对 rs 和 rt 寄存器中的数据进行操作码规定的运算，并根据运算的结果决定是否转移。当转移发生时，转移的目标地址采用相对寻址方式获得，即将 PC 的内容和立即数字段经符号扩展后的内容相加得到。

3) J 型指令

J 型指令主要是无条件转移指令，指令中给出的是 26 位直接地址，无条件转移的目标地址由 PC 高 4 位与 26 位直接地址经左移两位后的值拼接而得到。

3. MIPS 指令的寻址方式

MIPS 指令有如下几种寻址方式：

(1) 寄存器寻址。

(2) 基址或偏移寻址。操作数在主存，且有效地址是某寄存器与指令中某常量之和。

(3) 立即数寻址。

(4) PC相对寻址。地址是PC与指令中常量之和。

(5) 伪直接寻址。跳转指令由指令中26位与PC高位拼接而成。

具体到MIPS的3种指令格式,其中R型指令的寻址方式只有寄存器寻址;I型指令的寻址方式有立即数寻址、基址(偏移寻址)、相对寻址、寄存器寻址;J型指令只有一种寻址方式,就是伪直接寻址。

4. MIPS汇编语言举例

表5.10和5.11分别是MIPS汇编语言及汇编语言指令对应的机器代码示例。表5.10列出了MIPS常见的5类指令:算术运算、存储器访问、逻辑运算、条件分支以及无条件转移等5类指令及其使用形式和使用说明。表5.11给出了常用MIPS汇编语言指令的机器代码示例,其中重点说明了不同类型指令不同字段的取值(以十进制方式给出)。

表5.10 MIPS指令

类型	指　令	汇编语言示例	含　义	说　明
算术运算	加	add $s1,$s2,$s3	$s1←$s2+$s3	3个寄存器操作数
	减	sub $s1,$s2,$s3	$s1←$s2−$s3	3个寄存器操作数
	立即数加	addi $s1,$s2,100	$s1←$s2+100	用于常数加
存储访问	取字	lw $s1,100($s2)	$s1←Mem[$s2+100]	从存储器单元读字
	取半字	lh $s1,100($s2)	$s1←Mem[$s2+100]	从存储器单元读半字
	取字节	lb $s1,100($s2)	$s1←Mem[$s2+100]	从存储器单元读字节
	存字	sw $s1,100($s2)	Mem[$s2+100]←$s1	将字写入存储器单元
	存半字	sh $s1,100($s2)	Mem[$s2+100]←$s1	将半字写入存储器单元
	存字节	sb $s1,100($s2)	Mem[$s2+100]←$s1	将字节写入存储器单元
	立即数高位取	Lui $s1,100	$s1←100<<16	将常数送寄存器高16位
逻辑指令	与	And $s1,$s2,$s3	$s1←$s2 & $s3	3个寄存器数按位与
	或	or $s1,$s2,$s3	$s1←$s2|$s3	3个寄存器数按位或
	或非	nor $s1,$s2,$s3	$s1←~($s2|$s3)	3个寄存器数按位或非
	立即数与	andi $s1,$s2,100	$s1←$s2 & 100	寄存器数和常数按位与
	立即数或	ori $s1,$s2 ,100	$s1←$s2|100	寄存器数和常数按位或
	逻辑左移	Sll $s1,$s2 ,10	$s1←$s2<<10	左移指定的常数位
	逻辑右移	slr $s1,$s2 ,10	$s1←$s2>>10	右移指定的常数位

续表

类型	指　　令	汇编语言示例	含　　义	说　　明
条件分支	相等转移	Beq $s1,$s2,L	If($s1==$s2)go to PC+4+L	相等判断,PC相关分支
	不等转移	Bne $s1,$s2,L	If($s1!=$s2)go to PC+4+L	不等判断,PC相关
	小于置位	slt $s1,$s2,$s3	If($s2<$s3)$s1←1; Else $s1←0	小于比较,用于beq,bne
	立即数小于置位	slti $s1,$s2,50	If($s2<50)$s1←1; Else $s1←0	小于比较,用于beq,bne
无条件跳转	跳转	J 2500	Go to 10000	无条件转移到目标地址
	跳转寄存器	Jr $ra	Go to $ra	用于switch,过程返回
	跳转并连接	Jal 2500	$ra←PC+4; goto 10000	

表5.11　MIPS指令机器代码

R型	OP(6)	Rs(5)	rt(5)	rd(5)	shamt(5)	funct(6)	说　　明
add	0	18	19	17	0	32	add $s1,$s2,$s3
sub	0	18	19	17	0	34	sub $s1,$s2,$s3
slt	0	18	19	17	0	42	slt $s1,$s2,$s3
jr	0	9	0	0	0	8	Jr $t1
I型	OP(6)	Rs(5)	rt(5)	地址/立即数			
lw	35	18	17	100			lw $s1,100($s2)
sw	43	18	17	100			slw $s1,100($s2)
beq	4	17	18	25			Beq $s1,$s2,100
bne	5	17	18	25			Bne $s1,$s2,100
J型	OP(6)	目标地址					
J	2	2500					J 10000

从表5.10和5.11可以看出机器代码与汇编语言的一一对应关系。根据指令代码和汇编助记符之间的对应关系,可以很容易实现从汇编语言到机器代码的汇编和从机器代码到汇编助记符的反汇编。

例5.9　将以下C语言程序用MIPS汇编指令序列表示。

```
if(I==j)f=g+helse f=g-h
```

假定C语言程序中5个变量i,j,f,g,h已分别存放在寄存器$s10～$s14中。

解:相应的MIPS汇编指令序列为:

```
bne $10,$11,else
```

```
add $12,$13,$14
J exit
else: sub$12,$13,$14
Exit:
```

从该例中可以看到，一条C语言指令变成了由5条MIPS汇编语言组成的汇编程序段。由表5.11可知，该汇编程序段中的每条汇编指令可以汇编成一条机器代码。从这个例题可以加深对图5.1所示高级语言、汇编语言及机器指令之间的关系的理解，也可以加深对“指令系统是计算机硬件与软件界面”这句话的理解。

本章小结

从用户的角度看，指令是用户使用与控制计算机的最小功能单位，从计算机本身的组成看，指令直接与计算机的运行性能、硬件结构密切相关，它是设计一台计算机的起始点和基本依据。本章主要介绍指令系统设计中涉及的多个方面，主要包括：指令格式、指令和操作数的寻址方式、指令格式设计及优化、CISC和RISC指令的基本概念。

本章的学习目标是：

(1) 熟悉指令系统的基本概念。

(2) 熟悉指令格式及各部分的作用。

(3) 深入理解指令的寻址方式及用途。

(4) 掌握指令格式设计的方法，熟悉指令优化方法。

(5) 了解CISC和RISC的特点。

(6) 熟悉MIPS指令格式及MIPS指令系统的特点。

本章内容小结如下。

1. 关于指令系统的基本概念

(1) 指令是计算机执行某种操作的命令，一台计算机中所有机器指令的集合称为这台计算机的指令系统。

(2) 机器语言指令是计算机硬件与软件的界面，也是用户操作和使用计算机硬件的接口。软件层次的指令需要经过“翻译”成机器语言指令后才能被计算机硬件识别并执行。

(3) 一个完善的指令系统应该满足完备性、有效性、规整性和兼容性等4方面的要求。

2. 指令格式

1) 指令组成

指令由操作码和地址码两部分组成。

(1) 操作码指明指令的具体操作性质，如加法操作、减法操作等。不同功能的指令其操作码往往不同。

(2) 地址码：地址码字段的作用随指令类型和寻址方式的不同而不同，它可能作为一个操作数，也可能是操作数的地址(包括操作数所在的主存地址、寄存器编号或外部设备端口地址)，也可能是一个用于计算地址的偏移量。当一条指令支持多种寻址方式时，每个地址码字段还要包括寻址方式特征位字段。当只包含一种寻址方式时(包括指令只支持一种寻址方式和某个操作数只使用一种寻址方式的情况)，就不需要设置寻址方式特征位字段。

2) 关于指令长度的有关概念

(1) 指令长度是指一条指令中所包含的二进制位数。根据指令字长与机器字长的关系，可将指令分为半字长指令、单字长指令和多字长指令。

(2) 一个主存单元可以保存两条半字长指令，访问一次主存可读取两条指令；保存一条多字长指令需要多个主存单元，读取一条多字长指令也需要访问主存多次。在设计取指周期流程时要考虑指令的长度(第6章控制器设计部分的内容)。

(3) 根据指令长度是否统一可将指令分成定长指令和变长指令，前者所有指令长度固定，便于处理(包括计算地址、取指令、指令译码)；后者指令长度可变，指令结构紧凑，程序占用空间少，但不便于处理。

3) 根据地址码结构的指令分类

根据一条指令中所含操作数地址的数量，可将指令分三地址指令、双地址指令、单地址指令和零地址指令4种。不同类型的指令对地址的使用不同。

3. 指令和操作数的寻址方式

1) 寻址方式的定义

寻找指令或操作数有效地址的方法。

2) 指令的寻址方式

指令的寻址方式有顺序方式和跳跃方式两种，只涉及程序计数器PC内容的修改方法。

(1) 顺序寻址方式：PC←(PC)+1，这里的“1”表示一条指令所占用的主存单元数(按字节编址)。

(2) 跳跃方式寻址：PC←转移地址值。转移地址值可能直接来自指令中的形式地址字段，也可能通过计算后得到。

3) 操作数的寻址方式

设指令中形式地址字段的值为D，常见的操作数寻址方式及有效地址计算方法如下：

(1) 立即数寻址

指令的形式地址字段给出的就是操作数，不需要计算有效地址。

(2) 直接寻址：E=D

指令的形式地址字段给出的就是操作数的地址。

(3) 间接寻址：E=(D)

指令的形式地址字段给出的是操作数存储单元的地址，此时需要访问两次主存才能取出操作数。

(4) 寄存器间接寻址：E=(R_D)

指令的形式地址字段所指寄存器的值是操作数的地址。

(5) 相对寻址：E=(PC)+D

由指令的形式地址字段给出的偏移量与PC的值相加得到数据的有效地址。

(6) 基址寻址：E=(BX)+D

基址寄存器(设为BX)的值与指令的形式地址字段给出的偏移量相加得到操作数的有效地址。

(7) 变址寻址：E=(X)+D

变址寄存器(设为X)的值与指令的形式地址字段给出的偏移量相加得到操作数的有效地址。

(8) 复合寻址：

- 变址+间接寻址方式：EA=((X)+D)；
- 间接寻址+变址方式：EA=(X)+(D)；
- 相对+间接寻址：EA=((PC)+D)。

(9) 堆栈寻址

- 内存堆栈：

入栈操作：SP←(SP)−1，$M_{[SP]}$←(R)；

出栈操作：R←($M_{[SP]}$)，SP←(SP)−1。

- 寄存器堆栈也有入栈操作和出栈操作。

4. 指令格式设计与优化

1) 指令格式设计

(1) 指令格式的设计，即确定采用定长指令格式、变长指令格式还是采用混合编码指令格式。由于指令和数据都存放在主存中，所以不论是设计定长指令结构、变长指令结构还是混合编码指令格式，都应该满足指令的规整性要求，使指令与数据格式保持一致。通常情况下，指令长度设计为字节的倍数关系，这样有利于充分利用存储空间。

(2) 操作码的设计：根据指令完备性要求选择操作码字段位数。

(3) 地址码的设计：既要为指令提供操作数，又要满足指令系统的有效性和规整性要求。地址码的设计往往还与寻址方式有关。

(4) 寻址方式字段的设计。寻址方式的表示有两种方法，一种是把寻址方式与操作码一起编码，另一种是设置专门的寻址方式字段指示对应的操作数所采用的寻址方式。

2) 指令格式优化

(1) 操作码优化的方法

- 采用Huffman编码：使用频度高的指令采用短操作码，使用频度低的指令使用长编码。
- 基于地址码扩展的操作码优化：将指令的操作码字段向不用的地址码字段扩展。

(2) 地址码的优化

- 用间接寻址方式缩短地址码长度。

- 用变址寻址方式缩短地址码长度。
- 用寄存器间接寻址方式缩短地址码长度。

5. CISC 和 RISC 指令的特点

(1) CISC 具有如下特点。

采用变长指令字结构,指令系统复杂庞大且指令数目多,指令格式种类多,指令寻址方式种类多,指令译码复杂,大多数采用微程序设计。

(2) RISC 具有如下特点。

使用等长指令,寻址方式少且简单,只有取数和存数指令访问存储器,指令数量和指令格式少,指令功能简单,CPU 内部设置了大量的寄存器,控制器多采用硬布线方式,大多数指令可在一个时钟周期内完成,支持指令流水并强调指令流水的优化使用。

6. MIPS 指令特点(以 32 位 MIPS 为例)

(1) 只有 R 型、I 型和 J 型 3 类指令。

(2) MIPS 指令为等长指令结构。

(3) 没有寻址方式字段。

(4) 操作码字段长度固定为 6 位。

(5) 32 个 32 位的通用寄存器。

习题 5

5.1 解释下列名词。

指令;指令系统;操作码;地址码;寻址方式;程序计数器 PC;有效地址;地址码扩展;CISC;RISC;存储器堆栈;寄存器堆栈;基址寄存器;变址寄存器。

5.2 简要回答下列问题。

(1) 什么叫指令?什么叫指令系统?

(2) 计算机中为什么要设置多种操作数寻址方式?

(3) 操作数寻址方式在指令中如何表示?

(4) 基址寻址和变址寻址的作用是什么?分析它们的异同点。

(5) RISC 处理器有何特点?

(6) 比较定长指令与变长指令的优缺点。

(7) 指令的地址码与指令中的操作码含义有何不同?

5.3 根据操作数所在的位置,指出其寻址方式(填空)。

(1) 操作数在指令中为________寻址方式。

(2) 操作数地址(主存)在指令中为________寻址方式。

(3) 操作数在寄存器中为________寻址方式。

(4) 操作数地址在寄存器中为________寻址方式。

5.4 某计算机字长 16 位,运算器 16 位,有 16 个通用寄存器,8 种寻址方式,主存

128KB,指令中操作数地址码由寻址方式字段和寄存器号字段组成。试问:

(1) 单操作数指令最多有多少条?

(2) 双操作数指令最多有多少条?

(3) 直接寻址的范围多大?

(4) 变址寻址的范围多大?

5.5 假设某计算机的指令长度固定为16位,具有双操作数、单操作数和无操作数3类指令,每个操作数地址规定用6位表示。

(1) 若操作码字段固定,现已设计出 m 条双操作数指令,n 条无操作数指令,在此情况下,这台计算机最多可以设计出多少条单操作数指令?

(2) 若操作码字段不固定,当双操作数指令取最大数,且在此基础上,单操作数指令条数也取最大值,试计算这3类指令最多可拥有多少条指令?

5.6 设相对寻址的转移指令占3个字节,第一个字节是操作码,第二个字节是相对位移量(补码表示)的低8位,第三个字节是相对位移量(补码表示)的高8位,每当CPU从存储器取一个字节时,便自动完成(PC)+1→PC:

(1) 若PC当前值为256(十进制),要求转移到290(十进制),则转移指令第二、三字节的机器代码是什么(十六进制)?

(2) 若PC当前值为128(十进制),要求转移到110(十进制),则转移指令第二、三字节的机器代码又是什么(十六进制)?

5.7 某计算机有变址、间接和相对等4种寻址方式,设指令由操作码、寻址方式特征位和地址码3部分组成,且为单字长指令。设当前指令的地址码部分为001AH,正在执行的指令所在地址为1F05H,变址寄存器中的内容为23A0H,已知存储器的部分地址及相关内容如表5.12所示。

表5.12 存储器内容分配

地　址	内　容	地　址	内　容
001AH	23A0H	23A0H	2600H
1F05H	2400H	23BAH	1748H
1F1FH	2500H		

根据要求完成下列填空。

(1) 当执行取数指令时,如为变址寻址方式,则取出来的数为________。

(2) 如为间接寻址,取出的数为________。

(3) 当采用相对寻址时,有效地址为________。

5.8 某计算机的指令格式包括操作码OP、寻址方式特征位I和形式地址D等3个字段,其中OP字段6位,寻址方式特征位字段I为2位,形式地址字段D为8位。I的取值与寻址方式的对应关系为:

I=00:直接寻址;

I=01:用变址寄存器X1进行变址;

I=10:用变址寄存器X2进行变址;

I=11：相对寻址。

设(PC)=1234H，(X1)=0037H，(X2)=1122H，以下4条指令均采用上述格式，请确定这些指令的有效地址。

(1) 4420H；(2) 2244H；(3) 1322H；(4) 3521H。

5.9 某计算机A有60条指令，指令的操作码字段固定为6位，从000000～111011，该机器的后续机型B中需要增加32条指令，并与A保持兼容。

(1) 试采用操作码扩展方法为计算机B设计指令操作码。

(2) 计算计算机B中操作码的平均长度。

5.10 以下MIPS指令代表什么操作？写出它的MIPS汇编指令格式。

0000 0000 1010 1111 1000 0000 0010 0000

5.11 假定以下C语句中包含的变量f,g,h,i,j分别存放在寄存器$11～$15中，写出完成C语言语句 f =(g+h) * i/j 功能的MIPS汇编指令序列，并写出每条MIPS指令的十六进制数。

课外实践

利用SPIM模拟器构建一个MIPS指令运行环境，进行MIPS汇编语言程序设计。SPIM可从ftp://ftp.cs.wisc.edu目录PUB/SPIM中下载。

第6章 中央处理器

中央处理器由运算器和控制器组成，简称 CPU(Central Processing Unit)，是整个计算机的核心。它根据指令的要求指挥协调全机各部分的工作，并且对信息处理过程中出现的异常情况进行处理。本章主要介绍中央处理器的基本组成与基本功能、指令周期的基本概念、数据通路的设计、时序列控制、微程序控制器的组成原理与设计方法、硬布线控制器的组成原理及设计方法等内容。

6.1 中央处理器的功能与组成

6.1.1 中央处理器的功能

CPU 作为运行指令的部件，从保证程序功能正确的角度看，CPU 应该具有以下几方面的功能。

(1) 指令执行顺序的控制。即控制程序中的指令按事先规定的顺序自动地执行，从而保证程序执行过程中，指令在逻辑上的相互关系不被改变。

(2) 指令的操作控制。即产生指令执行过程中所需要的信号，以控制执行部件按指令规定的操作运行。

(3) 时间控制。即对每个控制信号进行定时，以便按规定的时间顺序启动各操作。对于任何一条指令而言，如果操作控制信号的时间不正确，则指令的功能也就不能正确实现。

(4) 数据加工处理。即对数据进行算术、逻辑运算，或将数据在相关部件之间传送。

(5) 异常和中断处理。如处理运算中的异常及处理外部设备的中断服务请求等。

6.1.2 中央处理器的组成

中央处理器主要由控制器和运算器两部分构成。控制器的主要功能包括：取指令、计算下一条指令的地址、对指令译码、产生相应的操作控制信号、控制指令执行的步骤和数据流动的方向。运算器是执行部件，由算术逻辑单元和各种寄存器组成。运算器接受控制器的命令执行算术运算、逻辑运算及逻辑测试。许多中央处理器中具有多个运算功能单元，这些功能单元能够并行地进行运算。中央处理器的功能与其结构紧密相关，任何一种功能都依赖相应的硬件去实现。图 6.1 是一种能实现上述功能的 CPU 基本组成。

下面对图 6.1 中各部分的功能进行简要分析。

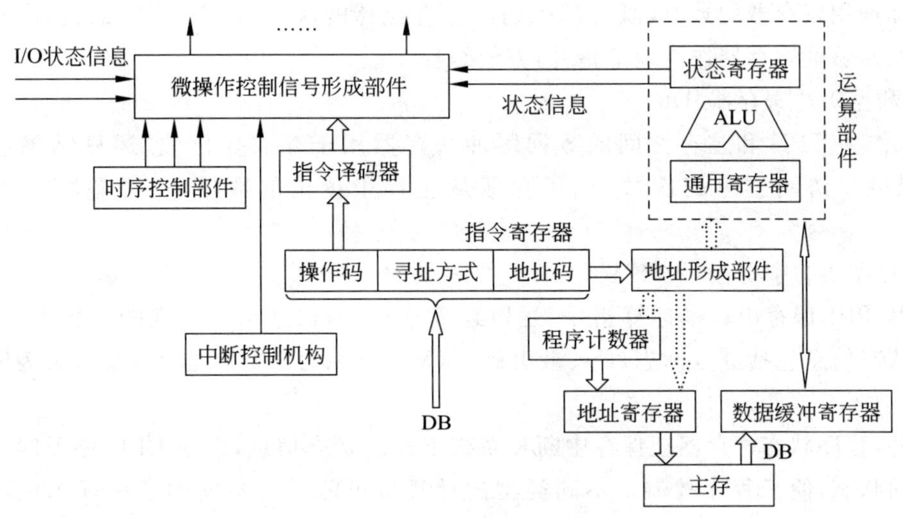

图 6.1 CPU 基本组成

1. CPU 内常用寄存器

1）指令寄存器（IR）

IR 用于保存指令。从主存储器取出的指令存放在 IR 中，直到新的指令从主存中取出为止。IR 中对应于指令操作码的部分输出送到指令译码器。IR 中指令的操作码字段内容经指令译码器，送到微操作信号形成部件；指令的地址码字段根据寻址方式的不同可能送入程序计数器、地址寄存器或运算部件。有的机器指令操作码中包含寻址方式，因此不单独设计寻址方式字段；有的机器将寻址方式字段和操作码字段一并送入指令译码器；有的机器将操作码字段和地址码字段送入地址形成部件，以决定地址码的作用。

2）程序计数器（PC）

PC 保存将要执行的指令地址，故又称指令地址寄存器。CPU 取指令时，将 PC 的内容送到主存地址寄存器，然后修改 PC 的值形成下一条将要执行的指令地址，有以下两种修改 PC 内容的方法。

（1）程序顺序执行时，可利用程序计数器本身的递增功能来实现，若程序计数器本身无此功能，则通过加法器实现。

（2）转移时，用转移指令提供的地址修改 PC 的值。

3）地址寄存器（AR）

AR 用来保存当前 CPU 所要访问的主存单元地址，无论 CPU 是取指令还是存取数据，都必须先将要访问的主存单元地址送 AR，直到读写操作完成。

4）通用寄存器组（GR）

通用的含义是指寄存器的功能有多种用途，GR 可作为 ALU 的累加器、变址寄存器、地址指针、指令计数器、数据缓冲器，用于存放操作数（包括源操作数、目的操作数及中间结果）和各种地址信息等。

增加通用寄存器的数量，既可减少访问主存储器的次数，提高CPU的处理效率，又可以提供足够的寄存器作为地址指针，方便编程。

5）数据缓冲寄存器（DR）

DR作为CPU和主存之间的数据缓冲寄存器用于存放操作数、运算结果或中间结果，以减少访问主存的次数；也可存放从主存中读出的数据，或准备写入主存的数据。

6）程序状态字寄存器（PSW）

PSW用于保存由算术运算指令、逻辑运算指令、测试结果等建立的各种条件标志。常见的状态信息包括进位标志（C）、溢出标志（V）、结果为负数标志（S）及结果为零标志（Z）等。

另外，程序状态寄存器还保存中断和系统工作的状态信息，以便CPU能及时了解机器运行的状态，便于程序控制。不同类型的计算机可能设置不同的条件标志位和状态信息。

2. 指令译码器、地址形成部件和微操作产生部件

指令译码器（ID）对指令的操作码进行译码，它的输出送到微操作产生部件。地址形成部件对指令的寻址方式字段、地址字段进行译码，计算操作数的地址信息。

微操作产生部件接受指令译码器送来的信息，与时序信号、条件及状态信息进行组合，形成各种具有时间标志的控制信号（即微操作控制序列）并发送到计算机的各个部件。

微操作产生部件是控制的决策机构。信息流的控制就是把微操作产生部件产生的微操作控制序列（即微操作控制信号），送到各个部件的控制门、触发器或锁存器，去打开或关闭某些特定的门电路，使数据信息按完成指令功能所需要经过的路径，从一个功能部件传送到另一个功能部件，实现对数据加工处理的控制。

根据设计方法的不同，微操作产生部件的结构有3种不同的类型：组合逻辑型、存储逻辑型及前两者的结合型。它们分别对应3种不同的控制器组成方式：组合逻辑控制器、微程序控制器及组合逻辑与存储逻辑混合型控制器。本章将介绍这些控制器的工作原理和设计方法。

3. 时序控制部件

指令执行过程中的所有操作都必须按照一定的次序完成，而且每个操作在什么时刻执行，执行多长时间也都有严格的规定，不能有任何差错。例如，执行加法指令，必须先将操作数送到ALU的输入端，然后再给出ALU执行加法的操作控制信号，待加法操作完成后，才能将结果送往目的地。不仅次序有规定，而且对什么时刻送操作数、什么时刻执行加法操作、什么时刻送出结果也有规定。因此，需要引入时序概念。图6.1中时序控部件的作用就是产生一组时序信号，即一系列电位与脉冲，送到微操作产生部件，对各种微操作控制信号进行定时控制。

6.2 指令周期

6.2.1 指令执行的一般流程

计算机工作的过程就是运行程序的过程。控制器根据事先编制好并存放在主存中的程序,控制各相关部件协调工作。计算机运行程序的过程,实质上就是由控制器根据程序所要求的指令序列,逐条执行指令的过程。控制器执行指令的一般流程如图 6.2 所示。

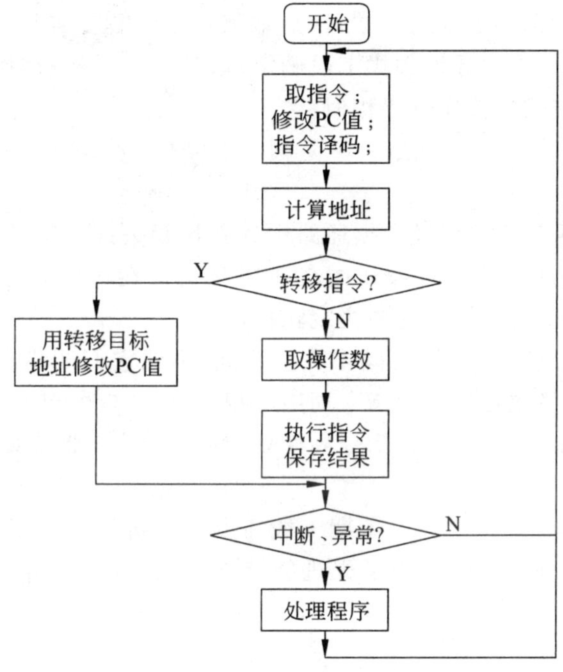

图 6.2 指令执行的一般流程

6.2.2 指令周期的基本概念

通常将一条指令从取出到执行完成所需要的时间称为指令周期。由图 6.2 可知,指令执行流程还可进一步分为几个不同周期,一种典型的划分方法是指令周期划分为取指令周期、译码/取操作数周期、执行周期和写回等几个阶段。在指令周期的不同阶段需要完成不同的任务。

1. 取指周期

取指周期要解决两个问题:一是 CPU 到哪个存储单元去取指令;二是如何形成后续

指令地址。指令的地址由PC给出,因此,取指周期就是按PC内容取出指令,并计算机后续指令的地址:

- 顺序执行指令时,将PC内容加当前指令所占用的主存单元数(以字节为单位)。
- 当出现转移时,根据寻址方式、转移条件、转移的目标地址等内容计算得到。

2. 译码/取操作数周期

对指令寄存器中的操作码字段进行译码,识别指令类型,并根据指令地址码字段的值访问相应的寄存器或主存单元。操作数有效地址的形成由寻址方式确定,寻址方式不同,计算有效地址的方式和过程不同,提供操作数的途径也不同,所需要的时间也不相同。因此,不同的寻址方式可能具有不同的取操作数周期。

算术运算类指令大都要求双操作数,因此取操作数流程要经历两次:取第一源操作数,操作流程由第一源操作数寻址方式字段确定;取第二源操作数,操作流程由第二源操作数寻址字段确定。它们的操作过程相似。

3. 执行周期

控制器向算术逻辑运算单元及数据通路中的其他相关部件发送操作控制命令,对前面准备好的操作数进行操作,并将操作的状态信息记录在程序状态字寄存器PSW中。若程序出现转移,则在执行周期内还要决定转移地址。

由于各种指令的寻址方式不同,操作类型不同,因此它们的指令周期亦不相同。例如,访问主存指令与不访主存指令的指令周期不相同;加法指令与乘法指令的指令周期亦不相同。为了便于同步,可进一步将指令周期划分成若干个机器周期,每个机器周期又包含若干个时钟周期。

早期的CISC计算机中一个指令周期一般需要几个机器周期来完成,一个机器周期也需要几个时钟周期。RISC中采用了先进的流水线技术后,使得平均指令周期可以小于一个时钟周期。

4. 写回

写回是将运算结果写到结果寄存器或存储器中。当运算结果写回存储器时,该过程时间较长,可能需要多个时钟周期。

除了前面介绍的4种机器周期以外,实际的指令周期中往往还包括中断周期、总线周期及I/O周期。中断周期用于完成现行程序与中断处理程序的切换。总线周期用于完成总线操作及总线控制权的转移。I/O周期完成输入输出操作。

6.2.3 寄存器级传送语言 RTL

每条指令的执行过程可以分解为一组操作序列,进而分解为一组微操作序列。其中,"操作"是指功能部件级的动作,微操作是指令序列中最基本的、不可再分割的动作。下面以某指令执行过程中的一个子过程为例来介绍操作与微操作之间的关系。

假定图6.3为某指令执行过程中经过的部分路径，要实现的功能是将部件A中的信息传送到部件B，该操作是指令执行过程一系列操作的一部分。Aout和Bin是实现这个操作所需要的两个微操作，前者用于打开A寄存器的输出端口，后者用于打开B寄存器的输入端口。

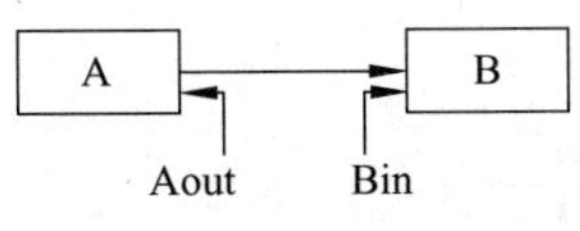

图6.3 指令执行过程的操作与微操作

为了便于统一表示指令执行流程，本书采用寄存器描述语言RTL(Register Transfer Language)来表示指令执行过程中的操作，使用的RTL的规则如下。

(1) 用()表示读取寄存器或主存地址的内容，如(PC)表示PC寄存器中的内容。

(2) 用[]表示主存单元地址或寄存器堆中寄存器的编号，则：

- M[6]表示主存6号单元，(M[6])表示读取主存6号单元的数据。
- R[6]表示寄存器堆中6号寄存器，(R[6])表示读取寄存器堆中6号寄存器的数据。
- M[(R[6])]表示寄存器堆中6号寄存器内容所指主存单元，(M[(R[6])])表示读取寄存器堆中6号寄存器内容所指主存单元的值。为简化对主存单元的表示和访问，将它们分别简化成M[R[6]]和(M[R[6]])。

(3) 用"A←B"表示数据传送，其中B为数据源，A为目的端。

寄存器传送级是为计算机设计设定的一个特定级别，在寄存器传送级，数据路径被抽象化为一组携带信息的数据寄存器，信息则在寄存器之间的传送路径中经过信息交换单元而被处理。控制信号控制在各个数据路径元件中执行微操作的时序。

本书将用RTL语言描述指令的执行流程，并详细分析相应的操作和微操作。

6.3 数据通路的构成及指令操作流程

数据在功能部件之间传送的路径称为数据通路。运算器与各寄存器之间的传送路径就是中央处理器内部的数据通路。数据在数据通路中的传送操作是在控制信号的控制下进行的。数据通路的建立可用总线或专用通路两种方法来构建。不同功能的指令及同一指令在不同指令周期中均可能使用不同的数据通路。数据通路的结构直接影响CPU内各种信息的传送路径、指令执行流程、所需要的微操作控制信号及其时序安排、控制器的设计。

6.3.1 基于单总线结构的数据通路

图6.4为基于单总线结构的计算机框图。

图6.4中，运算器、控制器、寄存器等部件通过一条内部的公共总线连接起来，构成了单总线结构的数据通路。这条内部的公共总线也称为CPU内总线，将连接CPU、内存及输入输出设备等部件构成计算机系统的总线称为系统总线。

在总线结构中，可同时进行的数据传输数量取决于总线的数量。对单总线结构而言，

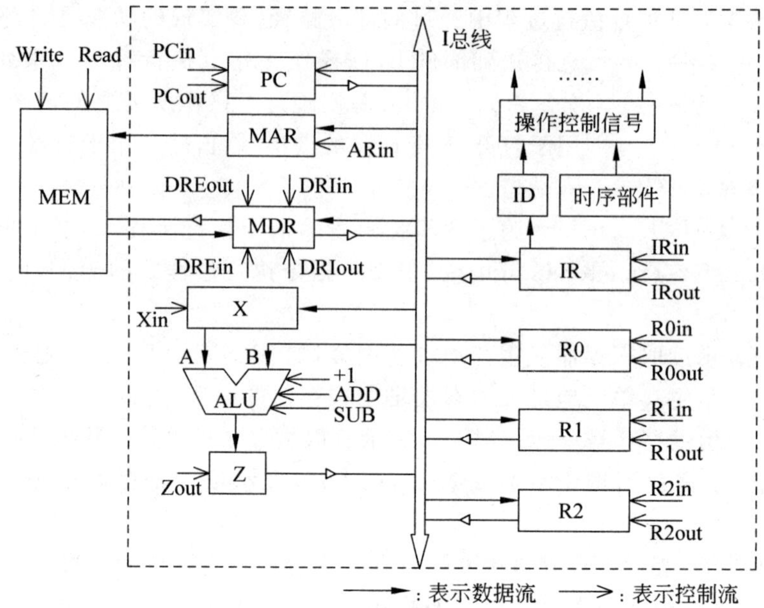

图 6.4 基于单总线结构的计算机框图

总线上可以有多个模块同时接收数据，但某一时刻只能有一个模块向总线发送数据。因此，连接到总线上的部件需进行输出控制，以防止总线上的数据冲突。为此，图 6.4 中所有向公共总线有输出的部件都采用带三态门的输出控制（图中用三角形空心箭头表示）。图中控制信号的作用如表 6.1 所示。

表 6.1 图 6.4 中控制信号及其作用的说明

控制信号	作用说明
PCin	控制 PC 接收来自 I 总线的数据
PCout	控制 PC 向 I 总线输出数据
ARin	控制 AR 接收来自 I 总线的数据
DRIin	控制 DR 接收来自 I 总线的数据
DRIout	控制 DR 向 I 总线输出数据
DREin	控制 PC 接收从主存读出的数据
DREout	控制 DR 向主存输出数据，以便最后将该数存入主存
Xin	控制暂存器 X 接收来自 I 总线的数据
+1	将 ALU A 端口的数据加 1
ADD	控制 ALU 执行加法，实现 A 端口和 B 端口的两数相加
SUB	控制 ALU 执行减法，实现 A 端口数减 B 端口数
Zout	控制暂存器件 Z 向 I 总线输出数据
IRin	控制 IR 接收来自 I 总线的指令
IRout	控制 IR 中的地址、立即数、偏移量等向 I 总线输出
R*i*in	控制某寄存器接收来自 I 总线的数据
R*i*out	控制某寄存器向 I 总线输出数据
Write	存储器写命令
Read	存储器读命令

表 6.2 列出了由 5 条不同类型指令组成的简单程序，下面将分析这几条典型指令在图 6.4 所示机器中的执行流程和对应的操作控制信号。

表 6.2 由 5 条典型指令构成的简单程序

主存地址	指令/数据	功能说明
0100		主存数据单元，其内容为空
0110	5	主存数据单元，其内容为 5
1000	LOAD R0,6#	R[0]←(M[6])：将主存 6 号单元内容送 R0
1001	MOVE R1,10	R[1]←(IR_A)：将来自于 IR 形式地址字段的立即数 10 送 R1
1010	ADD R0,R1	R[0]←(R[0])+(R[1])：将 R0 和 R1 相加，结果送 R0
1011	STORE R0,(R2)	M[R[2]]←(R[0])：将 R0 内容送 R2 内容所指主存单元保存
1100	JMP 1000	PC←(IR_A)：将 1000 送入 PC，实现无条件转移

说明 * 假定 R2 的值为 0100。

根据指令周期的概念，任何指令第一个 CPU 周期都是取指周期，其功能就是完成取指令，然后进入执行周期。不同指令的执行周期所包含的 CPU 周期数不尽相同，与指令的功能、指令类型、寻址方式等因素有关。

取指周期中 CPU 要完成以下 3 件事。

(1) 根据 PC 的内容取出指令并送指令寄存器 IR 中保存（本书假定程序首地址已存放在 PC 中）。

(2) 修改 PC 的值（这里假定计算机字长 8 位，采用单字长指令，主存按字节编址）。

(3) 对指令的操作码进行译码或测试，以确定指令在执行阶段将要具体进行何种操作。

执行周期中根据对取指阶段对操作码的译码或测试，进行指令所要求的操作，不同功能的指令具有不同的操作。

1. LOAD 指令的执行流程

LOAD 指令是典型的 RS 型指令，它从主存 6 号单元将数据取出后送到通用寄存器 R0 中保存。该指令执行共需要两个 CPU 周期，第一个 CPU 周期为取指周期，第二个 CPU 周期为取数周期，从主存 6 号单元取出操作数并送入数据缓冲寄存器 DR 中，然后送通用寄存器 R0 中保存。

LOAD 指令的操作及控制信号如表 6.3 所示。

表 6.3 LOAD 指令的操作及控制信号

操作	周期	功能说明	对应的控制信号
MAR←(PC)	取指	PC 寄存器内容送 MAR	PCout=ARin=1
X←(PC)		PC 内容送暂存器 X	Xin=1
Z←ALU		PC 值加 1 并送暂存器 Z	+1
PC←(Z)		暂存器 Z 内容回送 PC	Zout=PCin=1
MDR←(M[MAR])		读 MAR 内容对应主存单元并送 MDR	Read=DREin=1
IR←(MDR)		MDR 内容送 IR，完成取指	DRIout=IRin=1
MAR←(IR_A)	执行	指令中的地址 6#送 MAR	IRout=ARin=1
MDR←(M[MAR])		读 MAR 内容对应主存单元并送 MDR	Read=DREin=1
R[0]←(MDR)		MDR 的内容送寄存器 R0	DRIout=R0in=1

由上面的分析可知,LOAD 指令两个 CPU 周期使用了不同的数据通路。

(1) 取指 CPU 周期用到两条数据通路:

- PC→MAR→MEM→MDR→IR　　取指令送指令寄存器 IR;
- PC→X→ALU→Z→PC　　修改 PC 的值,为取下一条指令做准备。

(2) 执行阶段用到的数据通路:

IR_A→MAR→MEM→MDR→R0　从主存中取数并送 R0。其中 IR_A 表示指令寄存器中形式地址字段。

2. MOVE 指令的执行流程

本例中 MOVE 指令是典型的 RR 型指令。该指令执行共需要两个 CPU 周期,第一个 CPU 周期为取指周期,第二个 CPU 周期为传数周期,它将立即数 10 送入寄存器 R1 中保存。

MOVE 指令周期的操作及控制信号如表 6.4 所示。

表 6.4　MOVE 指令的操作及控制信号

操　作	周期	功 能 说 明	控 制 信 号
MAR←(PC) X←(PC) Z←ALU PC←(Z) MDR←(M[MAR]) IR←(MDR)	取指	PC 寄存器内容送 MAR PC 内容送暂存器 X PC 值加 1 并送暂存器 Z 暂存器 Z 内容回送 PC 读 MAR 内容对应主存单元并送 MDR MDR 内容送 IR,完成取指	PCout=ARin=1 Xin=1 +1 Zout=PCin=1 Read=DREin=1 DRIout=IRin=1 其余控制信号为 0
R[1]←(IR_A)	执行	将保存在指令寄存器 IR 形式地址字段的立即数送入通用寄存器 R1 中	IRout=R1in=1

MOVE 指令两个 CPU 周期使用的数据通路为:

(1) 取指 CPU 周期用到两条数据通路与 LOAD 指令的数据通路相同。

(2) 执行 CPU 周期用到的数据通路:

IR→R1　指令中的立即数送 R1。

3. ADD 指令的执行流程

本例中 ADD 指令是典型的 RR 型指令。该指令执行需要两个 CPU 周期,第一个 CPU 周期为取指周期,第二个 CPU 周期中,将 R0 和 R1 相加,结果送 R0 中保存。由于所有指令的取指周期的操作流程相同,从本条指令开始,将只列出指令执行周期的控制信号。ADD 指令执行周期控制信号如表 6.5 所示。

表 6.5　ADD 指令执行周期的操作及控制信号

操　作	周期	功 能 说 明	控 制 信 号
X←(R[0]) Z←ALU R[0]←(Z)	执行	寄存器 R0 内容送暂存器 X ALU 执行加法操作,将结果送暂存器 Z 暂存器 Z 的内容送寄存器 R0 中	R0out=Xin=1 R1out=1=ADD=1 Zout=R0in=1

ADD 指令两个 CPU 周期使用的数据通路为：

(1) 取指 CPU 周期用到的两条数据通路与 LOAD 指令的数据通路相同。

(2) 执行阶段 CPU 周期用到的数据通路：

- R0→X→ALU；R1→ALU　加数和被加数送 ALU 输入端；
- ALU→Z→R0　运算结果经 Z 写回寄存器 R0。

4. STORE 指令的执行流程

STORE 指令是典型的 RS 型指令。除取指周期外，该指令的执行需要两个 CPU 周期，执行阶段的第一个 CPU 周期送地址，即将寄存器 R2 的内容送 MAR；执行阶段第二个 CPU 周期内将 R0 的值送 MDR，然后存入 MAR 指向的内存单元。STORE 指令执行周期控制信号如表 6.6 所示。

表 6.6　STORE 指令执行周期的操作及控制信号

操　作	周期	功能说明	控制信号
MAR←(R[2])	执行	寄存器 R2 内容作为地址送 MAR	R2out=ARin=1
MDR←(R[0]) M[MAR]←(MDR)	执行	寄存器 R0 的内容送 MDR 数据存入 MAR 内容所指主存单元	R0out=DRIin=1 DREout=Write=1

STORE 指令 3 个 CPU 周期使用的数据通路：

(1) 取指 CPU 周期用到的两条数据通路与 LOAD 指令的数据通路相同。

(2) 执行阶段第一个 CPU 周期用到的数据通路：

R2→MAR　传送地址。

(3) 执行阶段第二个 CPU 周期用到的数据通路：

R0→MDR→MEM　往主存存数据。

5. JMP 指令的执行流程

本例中 JMP 指令是典型的 RR 型指令。除取指周期外，该指令的执行阶段只需要一个 CPU 周期，将指令寄存器中的转移地址送 PC，从而改变程序的执行流程。JMP 指令执行周期控制信号如表 6.7 所示。

表 6.7　JMP 指令执行周期的操作及控制信号

操　作	周期	功能说明	控制信号
PC←(IR_A)	执行	指令中形式地址 1000 送 PC	IRout=PCin=1

JMP 指令两个 CPU 周期使用的数据通路为：

(1) 取指 CPU 周期用到的两条数据通路与 LOAD 指令的数据通路相同。

(2) 执行阶段 CPU 周期用到的数据通路：

IR_A→PC　传送转移地址。

6.3.2 基于专用通路结构的数据通路

在采用专用通路的 CPU 中，寄存器之间及寄存器与 ALU 之间均基于专用的数据传输与接收的通路连接，而非基于总线方式连接，因此，该方式下各专用通路的数据将不再发生冲突，控制较总线结构 CPU 的控制要简单，且各寄存器之间数据传输可并行进行。本节将以 MIPS 指令的子集为例分析基于专用通路结构的数据通路及该环境下 MIPS 指令的执行流程。

1. 数据通路基本功能部件

为便于对基于专用通路结构数据通路的理解和设计，先对数据通路中常用的基本功能部件进行简要介绍。

1）多路选择器(Mux)

在选择控制端的控制下，多路选择器能从多路输入中选择一路输出。因此，当多个不同指令共享数据通路单元时，使用多路选择器既可避免多个到达同一功能单元输入端数据冲突，又能保证数据通路的正确性。

多路选择器的输出与输入的关系受其选择控制端的控制，图 6.5 给出了四路器的逻辑符号和功能表。

2）寄存器堆

寄存器堆是寄存器的集合，其中每个寄存器的内容可通过指定的寄存器号进行访问，类似于一个具有多个地址端口和多个数据端口的高速存储器。在 MIPS 结构中，寄存器堆有两个数据输出端口 Do_1 和 Do_2，一个数据写入端口 Din。对应的 R_1 和 R_2 为两个读数据选择端口，W 为写数据选择端口，由 MIPS 指令相关字段的值来选择，以便进行读写数据的操作。图 6.6 为一种寄存器堆的逻辑图。

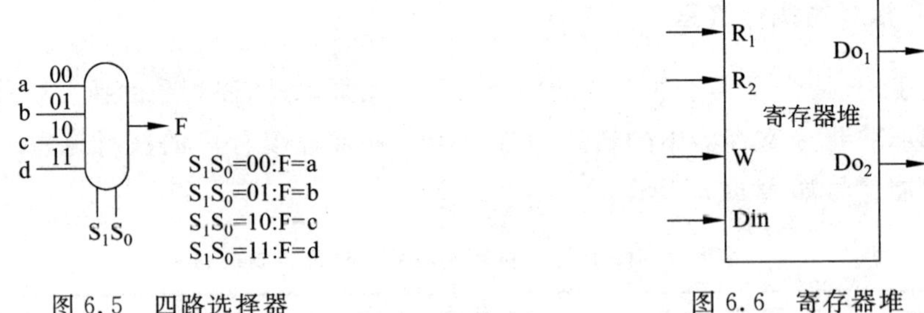

图 6.5 四路选择器　　　　图 6.6 寄存器堆

3）数据存储器和指令存储器

把数据存储器和指令存储器分开，可以使指令的访问和数据的访问同时进行，从而提高计算机的性能。

4）符号扩展单元

MIPS 是 32 位计算机，而指令中的偏移地址为 16 位。符号扩展单元的功能就是将 16 位的偏移值扩展成一个 32 位的有符号的值。扩展的方法就是将 16 位偏移值的符号位复制到高位。

5）加法器和 ALU

Add 加法器，仅完成与地址有关的加法运算，要将其功能与算术逻辑运算单元 ALU 的功能区别开来。ALU 即实现指令算术逻辑运算功能的部件。也有的计算机利用 ALU 完成与地址有关的加法运算，此时，在 ALU 前应使用多路选择器，选择地址或数据送入 ALU。

2．定时机制

构成 MIPS 机数据通路的功能部件根据其性质可分成数据处理和存储状态，对应两种不同的逻辑单元。

1）数据处理单元

这些处理单元由组合逻辑电路构成，其输出只与当前的输入有关，如 ALU、多路选择器、译码器等。

2）存储状态单元

指带有存储功能的单元，这些存储状态单元对外提供在前面时钟周期写入的数据。一个存储状态单元一般包含输入端、写控制端、时钟控制端和输出端。数据只有在写控制和时钟输入端都有效时才能被写入存储状态单元。状态单元的输出不受时钟信号的控制。存储器和各类寄存器都是常见的存储状态单元。

MIPS 计算机中采用边沿触发(edge-triggered)的定时方法，即状态单元都在时钟跳变的边沿改变其内容，为此，要求状态单元数据输入端的数据在时钟跳变前已经稳定可用。

由于只有状态单元才能保存数据，因此，所有组合逻辑的输入和输出都分别与状态单元相连，并从前一个状态单元接收数据，将处理结果送后一个状态单元保存，图 6.7 描述了数据处理单元和状态单元的连接。

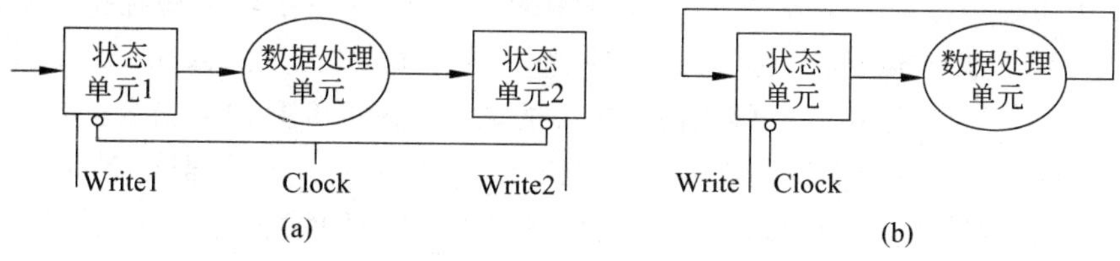

图 6.7 组合逻辑、状态单元和时钟周期之间的关系

通过合理选择时钟周期的长度，使数据处理单元的操作在一个时钟周期内完成，即状态单元 1 输出的信号在一个时钟周期内经过传输和组合逻辑电路处理后可稳定到达状态单元 2 的输入端。图 6.7(a)中，只有当写控制信号有效时，在时钟周期的下降沿，状态单元 1 和 2 输入端的数据才被写入到对应的两个状态单元中；若写控制信号无效或时钟周期的下降沿末达到，数据均不会被写入状态单元。

为简化设计，若状态单元不是在每个时钟周期都改变状态，则只需用写控制信号控制数据的写入即可；相反，若状态单元在每个时钟周期都改变状态，则可省略写控制信号的控制作用，使其处于有效状态，只保留时钟控制信号对数据写入的控制。

采用边沿触发方式,可以在一个时钟周期读出一个寄存器的值,并经过组合逻辑单元处理后,在该周期结束的边沿时刻再次写入同一个寄存器中。实现这一功能的连接如图 6.7(b)所示。

3. 单周期处理器典型操作的数据通路

单周期处理器是指所有指令在一个时钟周期内完成的处理器。尽管不同指令执行时间不同,但对单周期处理器而言,时钟周期必须设计成对所有指令都等长。需要特别说明的是,在单周期处理器中,一条指令执行过程中数据通路的任何资源都不能被重复使用,因此任何需要被多次使用的资源(如加法器)都需要设置多个,否则就会发生资源冲突,这是设计单周期处理器中数据通路时必须考虑的重要环节。

1) 取指令的数据通路

图 6.8 为取指令的数据通路,涉及的功能部件包括 PC、指令存储器、加法器等。注意这里的加法器仅完成 PC 值的修改,虽然 CPU 中一定还有一个算术逻辑运算单元 ALU 也能实现修改 PC 值的功能,但由于部分指令执行过程中要用到 ALU,根据前面的特别说明,必须单独设置一个加法器实现修改 PC 值的功能。

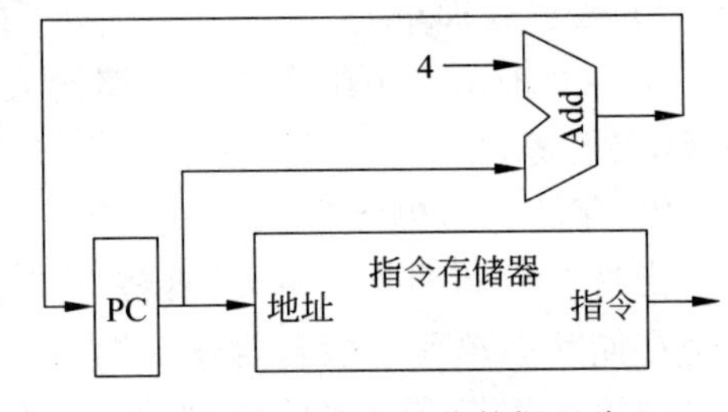

图 6.8 取指令部分数据通路

在顺序执行方式下,取出指令后将 PC 寄存器的值加 4,便形成了下一条指令的地址。这里加“4”是因为 32 位 MIPS 机中所有指令字长均为 4 字节,每条指令在存储器中占用 4 个字节的存储单元。对单周期处理器而言,在每个时钟周期 PC 的值都要被修改一次,因此对 PC 不需设置写控制信号,仅由时钟信号控制其写入即可。

2) 访存指令数据通路

MIPS 中访存指令属于 I 格式指令,指令中的地址/立即数字段为访存指令提供地址偏移量,由于该字段为 16 位,需要通过符号扩展将其变换成 32 位后送入 ALU,以便与某寄存器(与寻址方式有关)内容相加后形成访问主存的地址。图 6.9 是访存指令操作的部分数据通路,从图中可以看到该数据通路涉及的功能部件包括指令存储器、寄存器堆、符号扩展部件、ALU、数据存储器等。这里假设指令已经从指令存储器中读出,则寄存器号和地址偏移量来自于指令寄存器的不同字段。

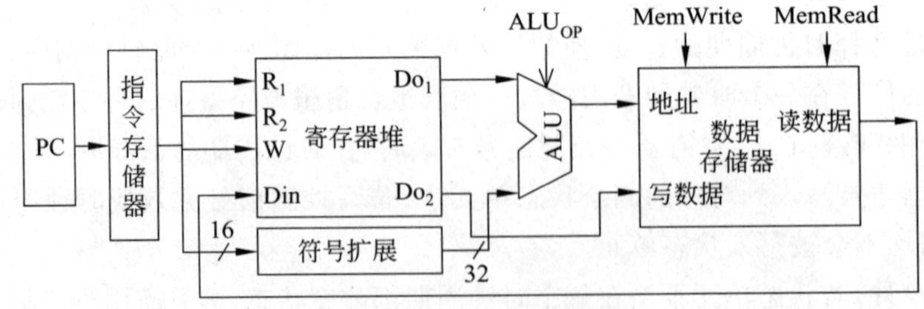

图 6.9 访存指令的数据通路

图 6.9 中指令存储器和数据存储器分离也是基于前面的特别说明，在指令执行过程中指令存储器只在取指令时使用一次，因此可使指令存储器在指令执行过程中一直处于读状态，这样就可以不使用指令寄存器。图中控制信号 ALU_{OP} 是 ALU 的运算操作码，由多位组成，可编码实现多种不同的 ALU 操作控制信号；MemRead 和 MemWrite 用于控制存储器读写操作。

3）算术逻辑运算指令数据通路

MIPS 中算术逻辑运算指令属于 R 格式指令，执行过程中涉及的功能部件应包括 IR、寄存器堆和 ALU。指令执行过程中的两个输入数据都来源于寄存器堆，运算结果也写入寄存器堆中，具体使用寄存器堆中的哪几个寄存器由指令中指定的寄存器号标识。R 型指令的数据通路如图 6.10 所示。

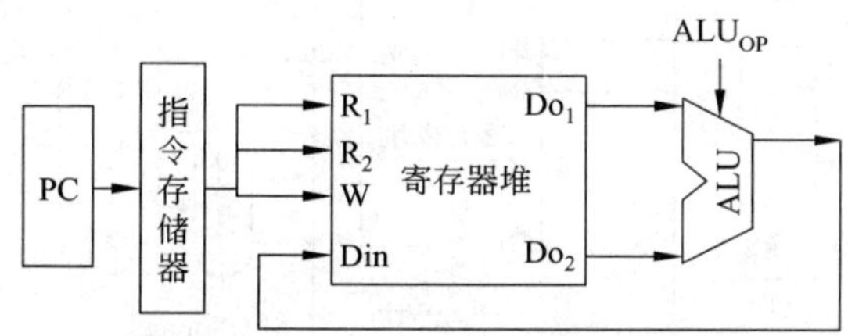

图 6.10　R 型指令的数据通路

为简化数据通路设计，可在 ALU 的输入端和寄存器堆的输入端各增加一个多路选择器，将图 6.9 和图 6.10 所示的数据通路合并，得到如图 6.11 所示的混合数据通路。

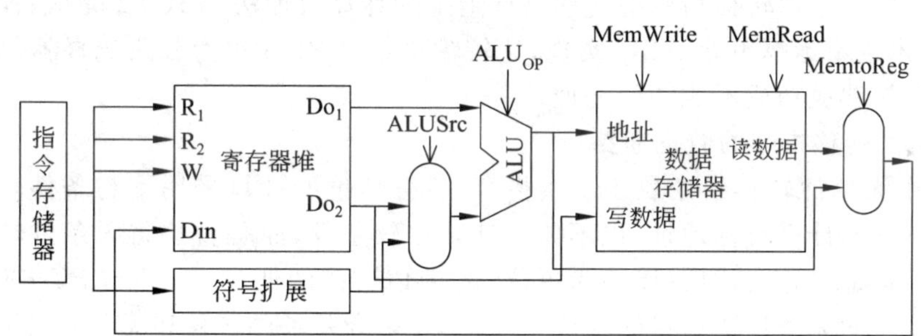

图 6.11　支持算术逻辑运算指令和访存指令的混合数据通路

在混合数据通路中 ALUSrc 用于从寄存器或指令的偏移值中选择一个操作数送入 ALU；MemtoReg 用于从 ALU 的输出结果或主存某单元的值中选择一路送入寄存器堆中。

4）条件转移指令的数据通路

条件转移指令也称为分支指令，属于 MIPS 的 I 型指令，能根据不同的条件进行分支转移，一般有 3 个操作数，其中两个用于比较操作的数据来源寄存器，另一个为 16 位的偏移量，用于计算分支目标地址。分支指令中有下列两个问题需要注意。

（1）计算分支转移地址的基址是分支指令下一条指令的地址。因为在取指令数据通路中已经计算过 PC＋4 的值，因此，可直接将 PC＋4 的值作为基址使用。根据前面的特别声明，为计算分支转移地址，还必须再单独设置一个加法器 Add。

（2）指令中提供的地址偏移量以字节为单位，但系统规定偏移地址以字为单位计算，故指令中地址偏移量经符号扩展后需左移两位，当比较条件满足时，就用上述计算形成的地址替代 PC 的内容，即转移发生；反之，PC 的值更新为 PC＋4，即未发生转移。地址左移两位的目的是为了将其变成以字为单位的偏移量，扩大偏移范围，左移两位后偏移范围扩大了 4 倍。

从前面的分析可知，转移是否发生依赖于对两个操作数的比较，为此，条件转移指令数据通路需要完成计算转移目标地址和比较寄存器内容等工作。图 6.12 为条件转移指令的数据通路。

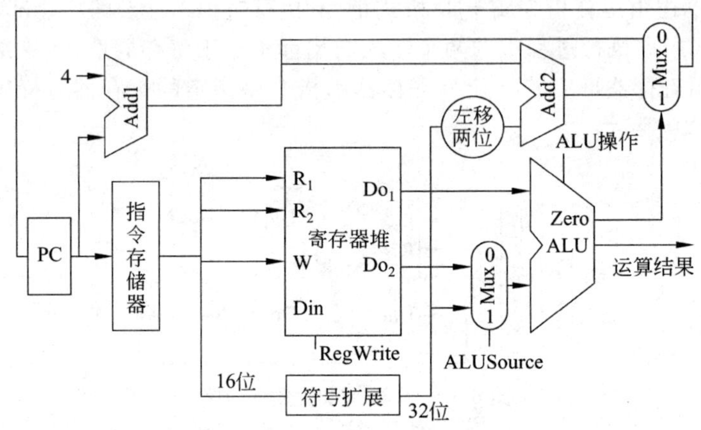

图 6.12 条件转移指令数据通路

图 6.12 所示条件转移指令中转移目标地址的计算由加法器 Add2 完成，而比较操作数则通过算术逻辑运算单元 ALU 实现，比较输出结果 Zero 作为二路选择器的选择控制端，直接选择转移成功或不成功的地址。

5）无条件转移指令的数据通路

MIPS 中无条件转移指令属于 J 型指令，目标地址的计算采用了与条件转移指令不同的方法，它既不计算目标地址，也不需要计算比较条件，而是直接将无条件转移指令中低 26 位目标地址左移两位后(以字为单位)代替 PC＋4 的低28 位，并与 PC＋4 的高 4 位组成一个 32 位的无条件转移目标地址。图 6.13 是合并条件转移和无条件转移指令后的转移指令数据通路。

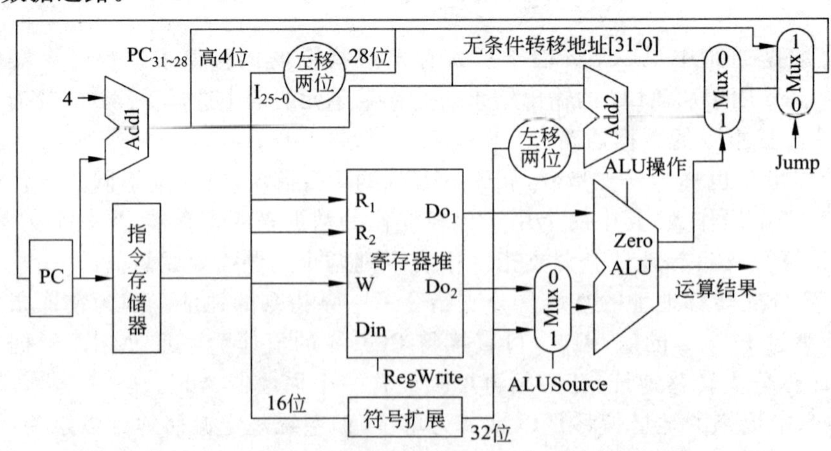

图 6.13 支持条件转移和无条件转移指令的数据通路

6）单周期数据通路的操作控制

通过将各类指令的数据通路合并，并增加必要的控制线路，就可以得到支持 MIPS 机器指令系统子集的完整数据通路。图 6.14 是一种基于单周期方案的数据通路高层视图。

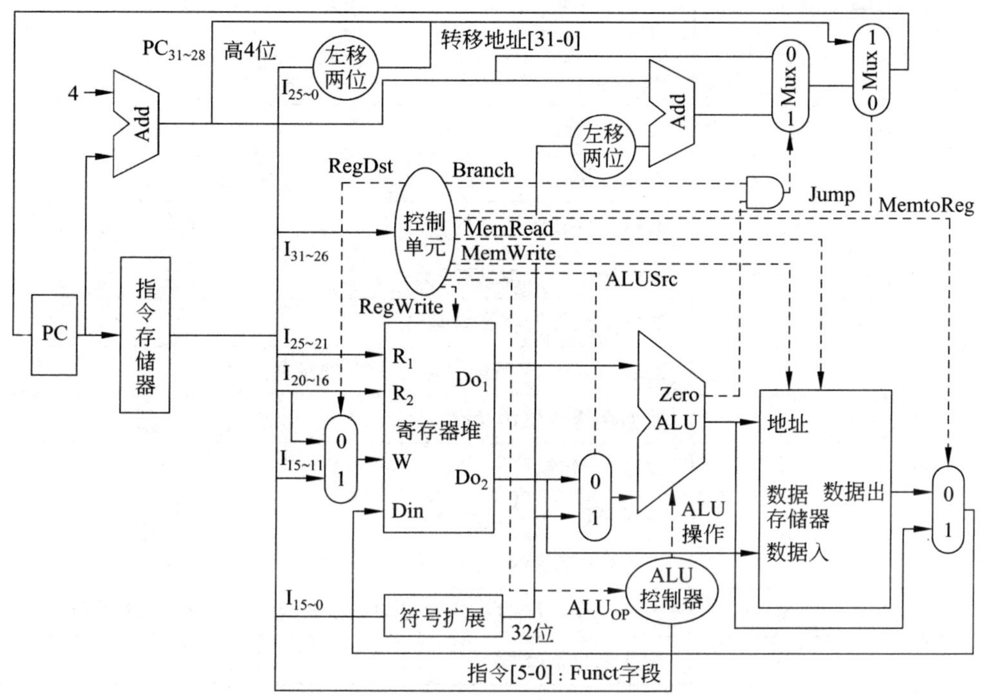

图 6.14　单周期方案数据通路高层视图

对图 6.14 的几点说明：

(1) PC 在每个时钟周期的下降沿写入新的 PC 值，直接用时钟控制。

(2) 指令存储器为只读存储器，指令直接从指令存储器中读出，故不设置 IR。

(3) ALU 采用 3.7.3 节设计的 ALU(参见图 3.19)，ALU 操作控制端有 4 位($S_3 \sim S_0$)。

(4) 图中采用了两级控制，一级是由指令操作码驱动的控制单元，它是控制器的核心部分；另一级是 ALU 控制单元，它由来自控单元的 ALU_{OP}信号和 R 型指令的 Funct 字段的控制，产生 ALU 执行各种运算的控制信号。

(5) 在寄存器堆的 W 输入端前增加了一个二路选择器，因为 I 型指令和 R 型指令写寄存器堆时的寄存器号来自指令的不同字段。

对图 6.14 中控制信号的作用说明如表 6.8 所示。

从表 6.8 可看出，对于多路选择器的选择控制信号而言，0 和 1 均表示有效信号，以选择不同的输入作为输出，而对非多路选择器控制信号来说(如 RegWrite)1 表示有效，0 表示无效，不同类型控制信号的这些差别在控制器设计时要注意区分。

图 6.14 中的控制信号分两种情况产生：

(1) 对非 R 型指令，控制信号由控制单元根据指令的操作码产生。

表 6.8　图 6.14 中控制信号的作用说明

控制信号	取　值	说　明
RegDst	0	I 型指令写寄存器堆时目标寄存器号来自指令的 rt 字段
	1	R 型指令写寄存器堆时目标寄存器号来自指令的 rd 字段
RegWrite	1	寄存器堆写信号,0 无效
ALU_{OP}	00	ALU 执行加法操作
	01	ALU 执行减法操作
	10	ALU 的操作由 R 型指令的 Funct 字段决定
Branch	1	选择条件转移指令的转移地址
	0	选择顺序执行地址
Jump	1	选择无条件转移指令地址
	0	配合 Branch 实现条件转移指令地址的选择
MemRead	1	数据存储器读,0 无效
MemWrite	1	数据存储器写,0 无效
MemtoReg	0	选择 ALU 的输出送寄存器堆
	1	选择数据存储器的输出送寄存器堆
ALUSrc	0	选择寄存器堆 Do_2 口输出的数据作为 ALU 的一个源数据
	1	选择来自指令低 16 位经符号扩展后的数作为 ALU 的一个源数据

(2) 对 R 型指令,ALU 的操作控制信号由 ALU_{OP}和 R 型指令的 Funct 字段共同控制。具体控制信号的设计将在 6.6.2 节硬布线控制器设计中详细介绍。

4. 多周期处理器典型操作的数据通路

1) 多周期处理器的数据通路及控制信号

虽然按照单周期设计的处理器也能正确地运行,但由于该处理器的时钟周期对所有指令等长,即以速度最慢的指令作为设计其时钟周期的依据,因此它的效率太低,现代处理器中已不再采用单周期方式设计处理器,取而代之的是设计多周期方式。

所谓多周期方式是指根据指令执行所需要的功能单元操作,将一条指令的执行分解为一系列的步骤,每个时钟周期执行其中的部分操作。与单周期处理器不同的是,在多周期处理器中,构成数据通路的同一个单元可在一条指令执行过程的不同时钟周期中被多次使用。这种共享一方面能减少对硬件资源的需要,另一方面也对处理器的结构提出了与单周期方式不同的需求。图 6.15 为多周期处理器数据通路高层视图。

多周期处理器结构与单周期处理器结构具有如下不同。

(1) 不再区分指令存储器和数据存储器,指令和数据保存在同一主存中。

(2) 部分功能单元,如 ALU、寄存器堆可在一条指令执行过程中的不同周期中多次使用。

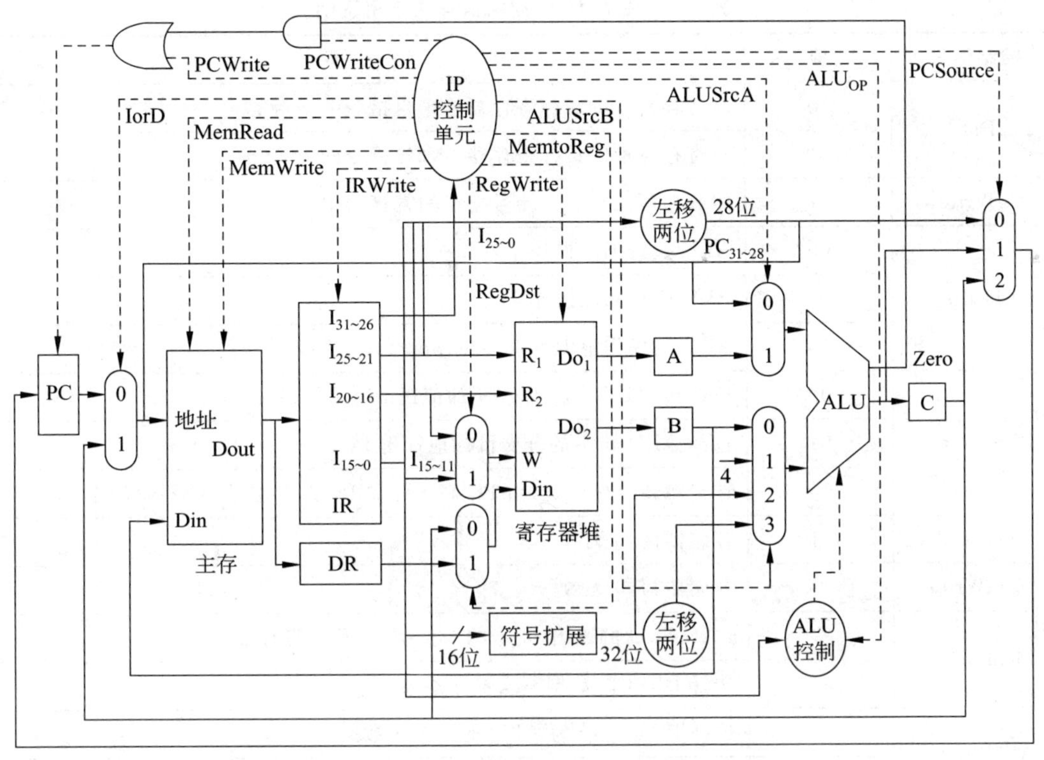

图 6.15 多周期方案数据通路高层视图

(3) 主要功能单元输出端都增加了寄存器,在以后时钟周期中要用到的所有数据必须存储在相应的寄存器。图 6.15 与图 6.14 相比,增加了下列部件。

① 在主存输出端增加了数据寄存器 DR,用于存放从存储器读出的数据。

② 在主存输出端增加了指令寄存器 IR,用于存放从存储器读出的指令。

③ 在寄存器堆的输出端增加了寄存器 A 和 B,用于存放从寄存器堆中读出的数据。

④ 在 ALU 的输出端增加了寄存器 C,用于存放 ALU 的输出,该输出可能是下列三者之一。

- 分支目标地址,该地址将被写到 PC 中。
- 指令的运算结果,将被写入到寄存器堆中。
- 为存储器访问指令 lw 和 sw 提供有效地址。

上述几个新增加的寄存器中,A,B,C,DR 在两个时钟周期之间保存数据,且每个时钟周期都更新一次内容,所以它们不需专门的写控制信号,仅用时钟周期控制信息的写入(图中所有时钟信号都未画出)。而指令寄存器 IR 的内容在整个指令执行过程中都保持不变,只在取指周期才改变,因此用专门的控制信号来控制其写操作。

(4) 增加了几个多路复用器。

在共享部件前增加或修改了多路复用器,具体情况对比图 6.15 与图 6.14。

(5) PC 的写操作将不再仅由时钟周期控制,增加了专门的写操作控制信号。

对图 6.15 中控制信号的作用说明如表 6.9 所示。

表 6.9　图 6.15 中控制信号的作用说明

控制信号	值	说　明
RegDst	0	写寄存器堆的目标寄存器号来自指令的 rt 字段
	1	写寄存器堆的目标寄存器号来自指令的 rd 字段
RegWrite	1	将数据写入写寄存器号指定的寄存器中
ALU_{OP}	00	ALU 执行加法操作
	01	ALU 执行减法操作
	10	ALU 的操作由 R 型指令的 Funct 字段决定
PCSource	00	选择 ALU 输出的 PC+4 的值送 PC
	01	选择 ALU 输出的分支目标地址送 PC
	10	选择跳转目标地址(由 PC 高 4 位和 IR 低 26 位左移后构成)送 PC
MemRead	1	存储器读,0 无效
MemWrite	1	存储器写,0 无效
MemtoReg	0	选择 ALU 的输出(指令的运算结果)写入寄存器堆
	1	选择 DR 中的数据写入寄存器堆
ALUSrcA	0	选择 PC 的值作为 ALU 的一个源数据
	1	选择 A 寄存器的值作为 ALU 的一个源数据
ALUSrcB	00	选择 B 寄存器的值作为 ALU 的一个源数据
	01	将常数 4 作为 ALU 的一个源数据,用于计算 PC+4 的值
	10	选择来自指令低 16 位经符号扩展后作为 ALU 的一个源数据
	11	选择来自指令低 16 位经符号扩展并左移两位作为 ALU 的一个源数据
IorD	0	PC 为存储器提供访问地址
	1	寄存器 C 为存储器访问提供地址
IRWrite	1	IR 写操作控制信号,0 无效
PCWrite	1	PC 写操作控制信号,写入的内容由 PCSource 决定,0 无效
PCWriteCon	1	利用 ALU 的运算结果为 0 作为写 PC 的激活控制,0 无效

对比表 6.8 和表 6.9,表 6.9 中增加了 IRWrite,PCWrite,PCWriteCon,ALUSrcB,PCSource,去掉了表 6.8 中的 Branch,Jump;修改了表 6.8 中的 ALUSrc。

2) 多周期处理器中指令执行过程分解

在多周期处理器中,指令的执行需要占用多个时钟周期,不同的指令所需的时钟周期数不一定相同。在进行指令执行过程分解之前,先介绍两个相关问题。

(1) 时钟周期长度的确定

时钟周期长度的划分是设计多周期处理器的关键,时钟周期时间过长(如单周期处理器中，一个时钟周期时间等于一条指令的执行时间），则系统的性能不高；通过6.3.2节对定时机制的分析可知，时钟周期长度也不能划分过短。

为便于计算机系统中的并行操作及系统性能的最大化，可先把指令的执行分解成一系列的步骤，然后将这些执行步骤再分成若干个等长的时间段，每个时间段就是一个时钟周期的时间。由于在指令执行过程中存储器访问、寄存器堆访问以及ALU操作等都是相对比较费时的操作，而且这些操作所需要的时间必须一次满足才能完成。因此，指令执行过程分解时，每个时间段内最多只能包含上述3个操作中的一个操作，且时钟周期至少应该长于上述3个操作中最长的操作所需要的时间。

(2) 并行操作及控制

与基于总线结构和基于专用通路结构的单周期CPU相比，基于专用通路结构的多周期CPU为指令执行的操作提供了良好的并行性。从图6.15可看出指令译码和从寄存器堆中取数据到寄存器A，B的操作可同时执行。尽管并不是所有指令在取指周期后都需要用到寄存器A，B中的数据，但即使不用，将数据提前取到A，B中也不影响指令的执行；而对后面需要用到A，B中数据的指令来说，提前取数可以缩短指令的执行时间。

另外，还可以利用ALU提前计算分支目标地址并存放在寄存器C中，即便指令最后未实现分支，这样做对指令的执行也没有影响，而如果指令最后实现分支，显然提前计算分支地址也有利于缩短指令的执行时间。

下面将介绍多周期处理器中MIPS指令执行过程的分解，MIPS指令可能的执行步骤及完成该步骤所需要的控制信号包括以下几种。

(1) 取指令

根据PC的值从存储器中取出指令并送指令寄存器IR，并修改PC的值。

- IR←(M[PC])：IorD=0，MemRead=IRWrite=1；
- PC←(PC)+4：ALUSrcA=0，ALUSrcB=01，PCSource=01，ALU_{OP}=00，PCWrite=1。

说明：

① ALU计算出的(PC)+4同时也送到C中保存，未被后面的指令使用。

② 修改后的PC值在当前时钟周期内不可见，下一次取指令时才被使用。

③ 上述两个操作并行进行。

(2) 指令译码和读寄存器堆

- B←(R[IR[20:16]])：读指令寄存器中rs字段所指寄存器内容并送B保存；
- A←(R[IR[25:21]])：读指令寄存器中rt字段所指寄存器内容并送A保存；
- C←(PC)+(Sign-extend(IR[15:0])≪2)：ALUSrcA=0，ALUSrcB=11，ALU_{OP}=00。

说明：

① A，B，C三个寄存器的内容在每个时钟周期都更新，因此用时钟信号控制数据写入。

② 计算出的分支地址送C中保存。

③ 上述3个操作并行进行。

④ 译码阶段并不能确定指令的功能，该步中的3个操作部分可能在指令的后续阶段不会使用，如果被使用的话，则响应的操作属于提前操作，可提高指令的执行速度。

(3) 指令执行及计算存储地址或分支地址

从该步开始,可根据指令的内容决定要进行的操作。即 ALU 对上一阶段准备好的 3 个数(保存在寄存器 A,B,C 中)进行指令功能规定的操作。

① 存储器访问指令(lw 或 sw,属于 I 型指令)

C←(A)+Sign-extend(IR[15:0]):ALUSrcA=1,ALUSrcB=10,ALU_{OP}=00。

此时,第(2)步的 3 个操作中仅取数到 A 中的操作被用到。

② R 型指令

C←(A) OP (B):ALUSrcA=1,ALUSrcB=00,ALU_{OP}=10(具体由 funct 字段确定)。

此时,第(2)步的 3 个操作中前面两个被用到。

③ 分支指令(即条件转移指令,也属于 I 型指令)

if(A==B) PC←(C):ALUSrcA=1,ALUSrcB=00,ALU_{OP}=01(是 ALU 执行减法运算),PCWriteCon=1,PCSource=10。

此时,第(2)步的 3 个操作都被用到,最后能否实现分支,取决于 ALU 的 Zero 是否为 1,即 A 是否与 B 相等。

说明:对于分支指令而言,执行到此 PC 的值已经被更新两次,一次是取指令完成时按(PC)+4 更新过一次。若分支条件成立,则还将对 PC 进行第 2 次更新,分支型指令到此执行完毕。下次按照最新的 PC 值取指令。

④ 跳转指令(即无条件转移,属于 J 型指令)

PC←($PC_{31\sim28}$) ‖ (IR[15:0])≪2:PCSource=00,PCWrite=1。

此时,第(2)步的 3 个操作都未被用到,跳转指令到此执行完成。

(4) 存储器访问或完成 R 型指令

本阶段对存储型指令而言按照第(3)步计算出的有效地址访问存储器;对 R 型指令而言则完成写结果。

① 读存储器指令

DR←(Memory[C]):MemRead=IorD=1。

② 写存储器指令

Memory[C]←(B):MemWrite=IorD=1。

此时,写存储器指令执行完毕。

说明:因为每个时钟周期都写一次 B,此时 B 中的内容是第(3)步中写入的内容,不过这和第(2)步中写入 B 的内容相同,因为 IR 的内容在该指令执行过程中没有改变。

③ R 型指令

R[(IR[15:11]])←(C):RegDst=1,RegWrite=1,MemtoReg=0。

此时,R 型指令执行完毕。

(5) 读取存储器写回寄存器

从前面的分析可知,分支型指令和跳转型指令在第(3)步执行完毕;写存储器型指令和 R 型指令在第(4)步执行完毕,只有读存储器型指令才需要这一步。

R[(IR[20:16])]←(DR):RegDst=0,RegWrite=1,MemtoReg=1。

将以上指令执行的 5 步操作概括如表 6.10 所示。

表 6.10 MIPS 指令执行步骤总结

执行步骤	R 型指令	存储器读指令	存储器写指令	分支指令	跳转指令
取指令	IR←(M[(PC)]) PC←(PC)+4				
指令译码和读寄存器堆	B←(R[IR[20:16]) A←(R[IR[25:21]) C←(PC)+(Sign-extend(IR[15-0])≪2)				
执行、地址计算、分支、跳转	C←(A)OP(B)	C←(A)+Sign-extend(IR[15-0])		if(A==B) PC←(C)	PC←($PC_{31\sim28}$) ‖ (IR[15:0])≪2
存储器访问及完成 R 型指令	R[(IR[15-11]])←(C)	DR←(Memory[C])	Memory[C]←(B)		
寄存器写回		R[(IR[20-16])]←(DR)			

3）多周期数据通路中指令执行流程举例

前面对多周期处理器指令执行过程进行了分解，下面将以图 6.15 所示的多周期处理器数据通路为例，分析几类典型指令的执行流程。

例 6.1 写出在图 6.15 所示 CPU 结构下，MIPS 指令 add ＄3，＄1，＄2 的执行流程及每步所需要的控制信号。

解：该指令在 MIPS 中属于 R 型指令，其格式为：

0	rs	rt	rd	shamt	funct
31:26	25:21	20:16	15:11	10:6	5:0

R型指令格式

该指令根据指令 rs 字段和 rt 字段的内容到寄存器堆中读出相关寄存器的内容，经过 ALU 执行加操作后，将运算的结果送入寄存器堆中由指令 rd 字段所指的寄存器中保存。

又根据 MIPS 指令规定，add ＄3，＄1，＄2 指令的功能是 ＄3←(＄1)+(＄2)，因此，＄3 对应 R 型指令中的 rd 字段，＄1 和 ＄2 分别对应 R 型指令中的 rs 和 rt 字段。

根据多周期数据通路，该指令的执行分为取指令、指令译码及取操作数、加运算及写回等 4 个阶段。各时钟周期的操作流程及对应的控制信号如表 6.11 所示。

表 6.11 ADD 指令操作流程及控制信号

指令阶段	操作流程	控制信号
取指令	IR←(M[PC]) PC←(PC)+4	MemRead=IRWrite=PCWrite=1，IorD=0，ALUSrcA=0，ALUSrcB=01，PCSource=01，ALU_{OP}=00
译码及取操作数	A←(R[IR[25:21]]) B←(R[IR[20:16]]) C←(PC)+(Sign-extend(IR[15-0])≪2)	ALUSrcA=0，ALUSrcB=11，ALU_{OP}=00
加运算	C←(A)+(B)	ALUSrcA=1，ALUSrcB=00，ALU_{OP}=10
写回	R[IR[15:11]]←(C)	RegDst=1，RegWrite=1，MemtoReg=0

例 6.2 分别写出在图 6.15 所示 CPU 结构下，MIPS 指令 lw \$1,offs(\$2)和 sw \$1,offs(\$2)的执行流程及每步所需要的控制信号。

解：该指令在 MIPS 中属于 I 型指令，其格式为：

35/43	rs	rt	Address
31:26	25:21	20:16	15:0

I 型指令格式

由于涉及访问数据存储器，因此这两条指令都需要计算内存单元地址，计算方法是将指令 rs 字段所指寄存器内容和指令中地址字段的值经符号扩展后相加。lw 指令的功能是将主存中对应该地址单元的数据读出后送入指令 rt 字段所指寄存器中保存；sw 指令的功能是将指令中 rt 字段所指寄存器的内容送入主存中对应地址保存。

根据 MISP 指令的格式，对本例中的两条指令而言，\$2 与 I 型指令中的 rs 字段对应，\$1 与 I 型指令中的 rt 字段对应。

根据多周期数据通路结构，lw 指令的执行分为取指令、指令译码及取操作数、计算地址、访存及写回等 5 个阶段，sw 指令的执行分为取指令、指令译码及取操作数、计算地址及访存等 4 个阶段。lw 和 sw 指令各时钟周期的操作流程及对应的控制信号分别如表 6.12 和 6.13 所示。

表 6.12 lw 指令执行阶段操作流程及控制信号

指令阶段	操作流程	控制信号
取指令	IR←(M[PC]) PC←(PC)+4	MemRead = IRWrite = PCWrite = 1, IorD = 0, ALUSrcA = 0, ALUSrcB = 01, PCSource = 01, ALU_{OP}=00
译码及取操作数	A←(R[IR[25:21]]) B←(R[IR[20:16]]) C←(PC)+Sign-extend(IR[15-0])≪2	ALUSrcA=0,ALUSrcB=11,ALU_{OP}=00
计算地址	C←(A)+Sign-extend(IR[15:0])	ALUSrcA=1,ALUSrcB=10,ALU_{OP}=00
访存	DR←(Memory[C])	MemRead=IorD=1
写回	R[IR[20:16]]←(DR)	RegDst=0,RegWrite=1,MemtoReg=1

表 6.13 sw 指令执行阶段操作流程及控制信号

指令阶段	操作流程	控制信号
取指令	IR←(M[PC]) PC←(PC)+4	MemRead = IRWrite = PCWrite = 1, IorD = 0, ALUSrcA = 0, ALUSrcB = 01, PCSource = 01, ALU_{OP}=00
译码及取操作数	A←(R[IR[25:21]]) B←(R[IR[20:16]]) C←(PC)+(Sign-extend(IR[15-0])≪2)	ALUSrcA=0,ALUSrcB=11,ALU_{OP}=00
计算地址	C←(A)+Sign-extend(IR[15:0])	ALUSrcA=1,ALUSrcB=10,ALU_{OP}=00
访存	Memory[C]←(B)	MemWrite=IorD=1

例 6.3 分别写出在图 6.15 所示 CPU 结构下，MIPS 的条件转移指令 beq ＄1，＄2，offs 和无条件转移指令 j10000 的执行流程。

解：beq 指令在 MIPS 中属于 I 型指令，其格式如例 6.2 中所示。

beq 指令的功能是通过 ALU 的减法运算比较寄存器＄1(与 I 型指令中的 rs 字段对应)和＄2(与 I 型指令中的 rt 字段对应)的内容是否相等，如相等则将转移目标地址写入指令寄存器 PC 中，实现条件转移。其中转移目标地址的计算方法为：将指令中转移目标地址 offs 经符号扩展部件进行符号扩展后再经过左移部件进行左移两位，然后与 PC 值相加。

根据多周期数据通路结构，beq 指令的执行分为取指令、指令译码及取操作数、实现分支(送目标地址)等 3 个阶段，各阶段操作流程及对应的控制信号如表 6.14 所示。

表 6.14 beq 指令执行阶段操作流程及控制信号

指令阶段	操作流程	控制信号
取指令	IR←(M[PC]) PC←(PC)+4	MemRead=IRWrite=PCWrite=1，IorD=0，ALUSrcA=0，ALUSrcB=01，PCSource=01，ALU_{OP}=00
译码及取操作数	A←(R[IR[25:21]]) B←(R[IR[20:16]]) C←(PC)+(Sign-extend (IR[15-0])≪2)	ALUSrcA=0，ALUSrcB=11，ALU_{OP}=00
送目标地址	if(A==B) PC←(C)	ALUSrcA=1，ALUSrcB=00，ALU_{OP}=01，PCWriteCon=1 PCSource=10

无条件转移指令 j10000 的功能是直接将目标地址 10000 左移两位后代替 PC+4 的低 28 位，组成一个 32 位的无条件转移目标地址，然后将该地址送 PC。地址的左移和拼接过程不需要控制信号，直接由硬件电路自动完成。j10000 指令各时钟周期的操作流程及对应的控制信号如表 6.15 所示。

表 6.15 j 指令执行阶段操作流程及控制信号

指令阶段	操作流程	控制信号
取指令	IR←(M[PC]) PC←(PC)+4	MemRead=IRWrite=PCWrite=1，IorD=0，[ALUSrcA=0]，[ALUSrcB=01]，[PCSource=01]，ALU_{OP}=00
译码及取操作数	A←(R[IR[25:21]]) B←(R[IR[20:16]]) C←(PC)+(Sign-extend(IR[15-0])≪2)	ALUSrcA=0，ALUSrcB=11，ALU_{OP}=00
送目标地址	PC←($PC_{31\sim28}$) ‖ (IR[15:0])≪2	PCSource=00，PCWrite=1

6.4 时序与控制

6.4.1 中央处理器的时序

1. 多级时序系统

早期的计算机采用主状态周期、节拍电位和节拍脉冲三级时序体制来对操作控制信号进行定时控制。图 6.16 为一个典型的包含机器周期、节拍电位和节拍脉冲的三级时序体制示意图，其中的主状态周期对应机器周期。

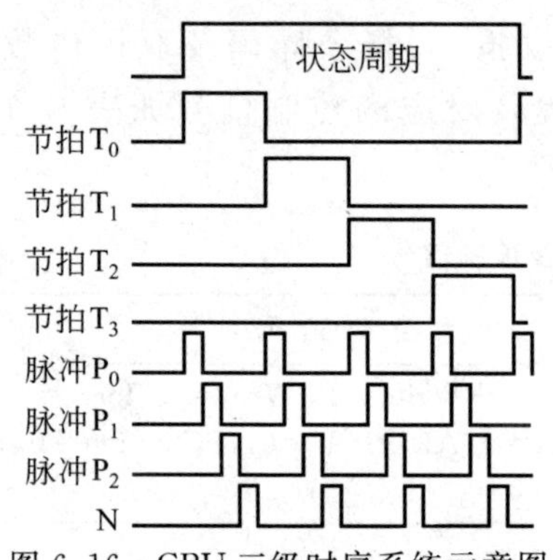

图 6.16 CPU 三级时序系统示意图

通常将指令周期划分成若干个机器周期（也称为 CPU 周期），如取指令周期、取操作数周期、执行周期等，不同功能的指令和不同的计算机系统对指令周期的划分不尽相同。由于 CPU 内部的操作速度比访问主存的速度快，为便于同步与控制，一些计算机系统往往以主存的工作周期为基础来定义**机器周期**的时间。

CPU 在每个机器周期完成一些特定的基本操作，这些操作有的可以并行执行，有的需要按先后次序串行执行。因此，往往把一个机器周期划分成若干个**节拍电位**时间段，通常以 CPU 完成一次微操作所需要的时间为基础来定义节拍电位的时间。在节拍电位时间内执行的微操作，有的需要同步定时脉冲，此时还需要在一个节拍时间内设置 1 个或多个节拍脉冲。

图 6.16 的时序系统是一个同步时序系统，每个主状态周期包含 4 个节拍电位，一个节拍电位包含 4 个工作脉冲。不同结构控制器所用的时序系统不同。硬布线控制中采用的时序体制是主状态周期、节拍电位和节拍脉冲三级时序体制，而对于微程序控制器，采用节拍电位、节拍脉冲两级时序体制。

现代计算机中，已经不再使用上述三级时序体制，指令执行过程中的定时信号就是时钟，一个时钟周期就是一个节拍，不再设置节拍脉冲。本书在基于专用通路结构的计算机中采用时钟周期作为定时信号，而在基于总线结构的计算机中采用多级时序体制。

2. 时序发生器

计算机系统高速地工作时，需要对每个控制信号在时间上具有严格的要求，时序发生器的作用就是对各种操作信号进行时间同步。不同计算机的时序发生器电路不尽相同。图 6.17 为一种时序系统的结构图。时序部件一般由脉冲源（晶体振荡器）、周期发生器、节拍发生器和启停控制等几部分组成。

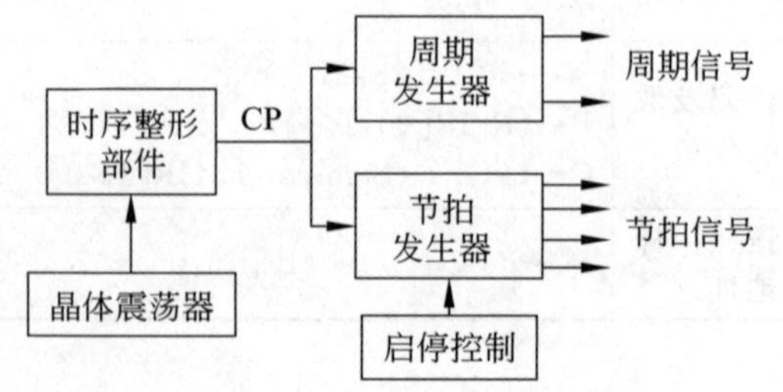

图 6.17 时序发生器工作原理图

图 6.18 为一种连续节拍发生器的工作原理图，由 4 个 D 触发器组成，可产生 4 个等

间隔的节拍电位信号 $T_0 \sim T_3$。CP 为整形后的时钟信号，RST 为启动信号，低电平有效。

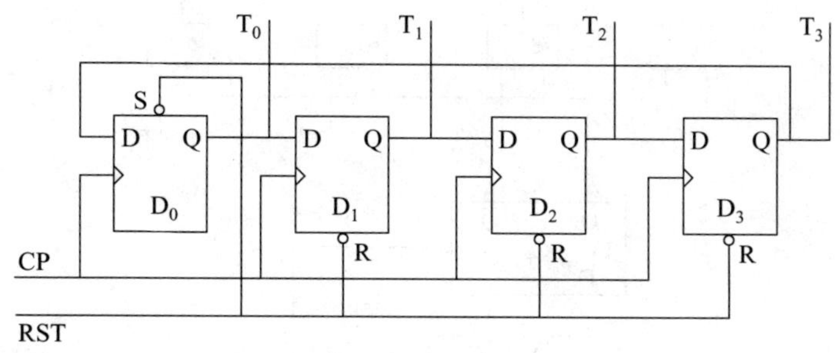

图 6.18 一种节拍脉冲发生器的工作原理

图 6.18 中，RST 分别与 D_0 的置位端（S 端）和 $D_1 \sim D_3$ 的复位端（R 端）相连。因此，当 RST 变成低电平时，T_0 输出为 1，$T_1 \sim T_3$ 输出为 0。当 RST 由低电平变成高电平后，$T_0 \sim T_3$ 将在 CP 的作用下，周期性地轮流输出正脉冲，产生节拍信号。

图 6.19 为一种周期信号产生器的工作原理图。假设指令的执行包含取指令周期（FT）、取源操作数周期（ST）、取目的操作数周期（DT）和执行周期（ET）等 4 个周期，每个周期设置一个周期状态触发器，指令执行时进入到哪个周期，相应周期的状态触发器就置为 1。4 个触发器之间的关系应是互斥的，即任一周期中只有一个触发器的 D 输入端为 1。

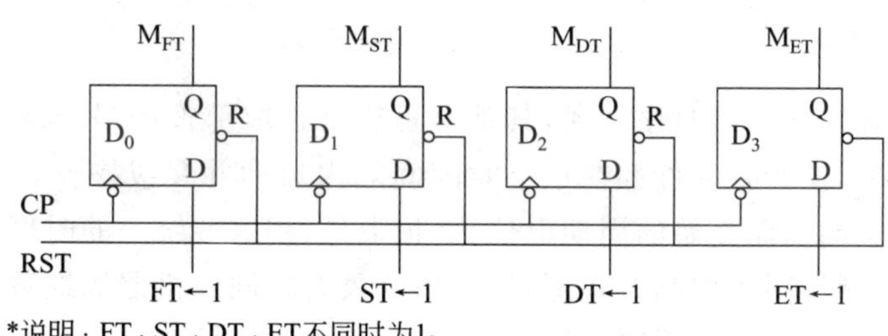

图 6.19 一种状态周期发生器的工作原理

3. 启停控制逻辑

启停控制逻辑的作用是保证节拍和脉冲信号的完整性。即当计算机启动时，保证计算机从第一个 CPU 周期的第一个节拍脉冲前沿开始工作，而在停机时，一定要在一个 CPU 周期的最后一个节拍脉冲的下降沿结束。只有这样才能保证时序信号脉冲的完整性和指令功能的完整性。图 6.20 是一种典型的启停控制逻辑示意图。

计算机通电后，时序电路就会产生原始的节拍信号 $T_0^0 \sim T_3^0$，而只有计算机运行程序时，才需要产生节拍电位 $T_0 \sim T_3$。由于启动和停止计算机是随机的，为了保证节拍的完整性（每次都是从 $T_0 \sim T_3$），于是就利用原始的节拍信号 T_3^0 取非后的上升沿（即 T_3^0 的下降沿）将启动或停止信号加载到 C_r，从而保证了节拍的有序和完整，实现对时序电路的启停控制。

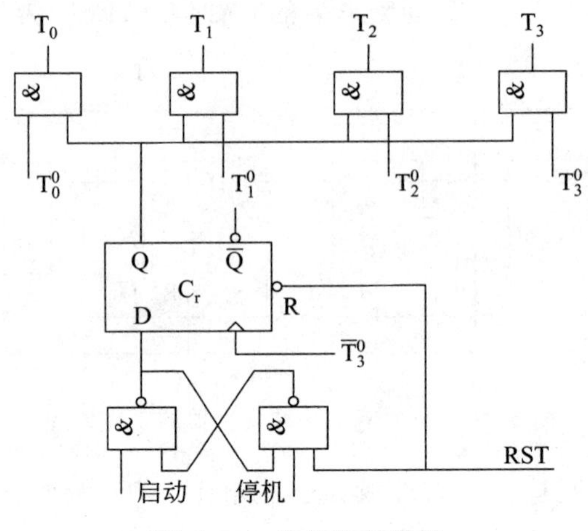

图 6.20 启停控制逻辑

6.4.2 控制方式

控制方式本质上就是对各种操作信号进行时间控制。常用的控制方式包括同步控制、异步控制及联合控制等 3 种形式。

1. 同步控制方式

同步控制方式又称固定时序方式，其基本思想是选取部件中最长的操作时间作为统一的时间间隔标准，使所有部件都在这个时间间隔内启动并完成操作。通常采用同步时序发生器产生固定的周而复始的周期电位、节拍电位，用这些统一的时序信号对各种操作定时，实现同步控制。同步控制方式下，所有指令具有相同的机器周期数或相同时间的机器周期，根据同步控制的粒度不同，又可分为：

(1) 采用完全统一的机器周期执行各种不同的指令，此时，所有指令的指令周期数具有相同的节拍电位和节拍脉冲，显然对简单指令和操作而言，将造成时间浪费。

(2) 机器周期数据固定但机器周期长度不固定的方法，将大多数指令安排在相对固定和时间较短的机器周期完成，而对某些时间紧张的操作，再采用延长机器周期的办法来解决。

(3) 中央控制与局部控制相结合。将大多数指令安排在固定的机器周期完成，称为中央控制，对少数复杂而又耗时长的指令在采用另外的时序进行定时，称为局部控制。

同步控制方式的优点是时序关系比较简单，控制器设计方便，但这是以牺牲速度为代价的。

2. 异步控制方式

异步控制方式，又称可变时序控制方式，其基本思想是系统不设立统一的时间间隔标准(基准时钟除外)，各部件按本身的速度需要占用时间。各部件可以设置各自的时序系统，或者用同一时钟系统，但按不同的需要来选择时间，分别实现各自的时序控制，时间衔接通过应答通信方式(又称握手方式)实现。

如图 6.21 所示，A，B，C 为 3 个速度不同的部件，按照 A，B，C 的顺序，前者的操作结束信号作为相邻后者启动信号。因此，每个部件都可按需要的速度延长时间，两个部件在交接处按应答通信方式的约定进行联络，使它们协调工作。

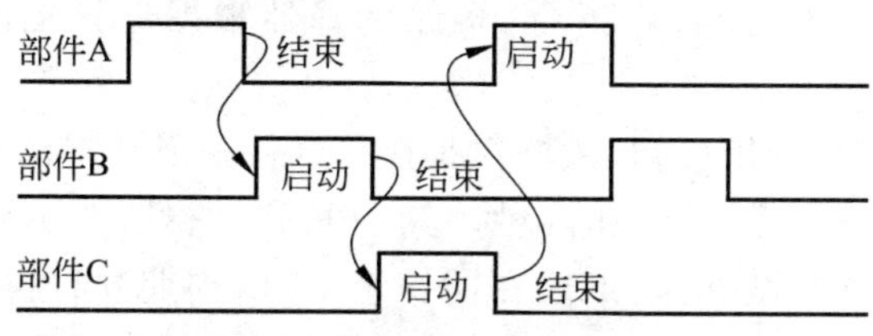

图 6.21 应答通信方式示意图

异步控制方式的优点，是每个部件都按各自实际需要的时间工作，没有快者等待慢者的过程，从而提高了系统的速度，但是，异步控制方式的时序控制比较复杂。

3. 联合控制方式

联合控制的基本思想，是将同步控制与异步控制相结合，使计算机处于同步与异步交替工作方式。具体实现时，对大多数需要节拍数相近的指令，用相同的节拍数来完成，即采用同步控制；而对少数需要节拍数多的指令或节拍数不固定的指令，给予必要的延长，即采用异步控制。由于这种情况只对少数指令，是局部性的，故又称局部性异步控制。实现局部性异步控制的方法有：节拍数可变周期法，即不同的机器周期采用不同的节拍数，由周期状态触发器来控制；节拍数固定周期法，即不同的机器周期采用相同的节拍数，但各指令周期中包含的机器周期数不固定，在微程序控制器中采用的就是这种联合控制方式。

6.5 微程序控制器

6.5.1 微程序控制的基本概念

微程序控制概念是由英国剑桥大学教授 M. V. Wilkes 于 1951 年首先提出的，其基本思想是：仿照程序设计的基本方法，将实现指令系统中所有指令功能所需要的控制信号，按照一定的规则编写成微指令，若干条实现同一条指令的微指令构成一段微程序。将实现所有指令的微程序存放在一个只读存储器中。当机器运行指令时，逐条取出对应的微指令并执行，使相应部件执行规定的操作，执行完这段微程序，就给出了指令处理所需要的全部控制信号，从而完成指令的功能。重复这一过程，直到一段程序中的所有指令都执行完毕。

微程序控制器的设计采用了存储技术和程序设计技术，使复杂的控制逻辑得到简化，从而推动了微程序控制器的广泛应用。

1. 微命令与微操作

控制部件向执行部件发出的各种控制命令称为**微命令**，执行部件收到微命令后所进行的操作称为**微操作**。如图 6.15 中由控制发出的 PCWrite，IRWrite，RegDst 等控制信号就属于微命令。收到微命令后 PC、IR、多路选择器等执行相应操的微操作，如 PC 写入新的地址值、IR 接收新指令、多路选择器根据选择端的值选择对应的输入送到输出。

由前面对指令流程的分析可知，微操作是执行部件中最基本的操作，由于数据通路的关系，微操作可分为相容性和互斥性两种。其中相容性微操作是指能同时或在同一个 CPU 周期内可并行执行的微操作，不能在同一个 CPU 周期并行执行的微操作就是**互斥性微操作**。如图 6.15 中存储器的读和写就属于互斥性微操作，PC 和 IR 的写就属于**相容性微操作**。在图 6.15 中还存在很多相容性和互斥性的微操作，这里不再一一列举。由于微操作和微命令之间的一一对应关系，通过区分微操作的相容与互斥性可区分对应微命令的相容与互斥，如存储器的读和写是互斥性微操作，则控制信号 MemRead 和 MemWrite 属于互斥性的微命令。

只有相容性的微命令才能出现在同一条微指令中，因此，区分微命令的相容性和互斥性对微程序的设计尤为重要。

2. 微指令与微程序

在机器的一个 CPU 周期中，一组实现一定操作功能的相容性微命令的组合称为**微指令**。这些微命令的组合产生一组控制信号，控制执行相应的一组微操作，实现一条指令的部分功能。图 6.22 为一种常见的微指令格式。

操作控制字段	测试字段	下地址字段

图 6.22 微指令的基本格式

操作控制字段是微指令的主体，由若干微命令位组成。微程序控制器向执行部件发出的微命令就是通过微指令的操作控制字段发出的。控制字段中的每一位通常可表示一个特定的微命令，微指令是否含某个微命令，由该位的状态 1 或 0 决定。

实现一条指令功能的若干条微指令的集合称为**微程序**，微程序中多条微指令的先后关系由微指令格式中的测试字段和下地址字段给出。

测试字段和下地址字段一起构成微指令的顺序控制字段，测试字段指出微指令执行过程中需要测试的外部条件，如进位、运算结果是否为零等；下地址字段给出的地址是下条微指令地址，最终是否按照该地址执行下一条微指令与是否进行条件测试及测试条件是否成立等有关。如果需要进行条件测试且测试条件成立，则会对下地址字段给出的地址进行修改，实现转移，否则按下地址字段取下一条微指令。

由此可见，微指令是一种比较容易理解和设计的描述指令执行控制信号的方法，微程序的执行意味着控制一条指令执行所需要的控制信号按照一定的顺序（受微程序中微指令的执行顺序控制)依次被激活。

3. 微指令周期

由于微指令存放在控制存储器中,与指令执行类似,微指令只有从控存中被读出后才能被执行。将取出并执行一条微指令所需的时间定义为微指令周期,简称微周期。在串行执行方式下,将一个微指令周期设计成与一个机器周期相同,这样就可以用一个机器周期时间来处理一条微指令。图 6.23 给出了一个机器周期处理一条微指令的时间分配。其中一个 CPU 周期包含 4 个 T 周期 $T_0 \sim T_3$,利用 T_0 取微指令,$T_1 \sim T_3$ 执行一条微指令。

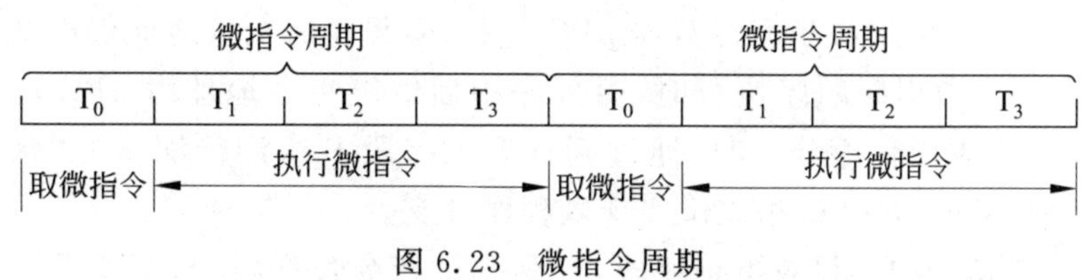

图 6.23 微指令周期

6.5.2 微程序控制器组成原理

1. 微程序控制器的组成

图 6.24 给出了微程序控制器的组成框图。它主要由控制存储器、微指令寄存器和地址转移逻辑 3 大部分组成。

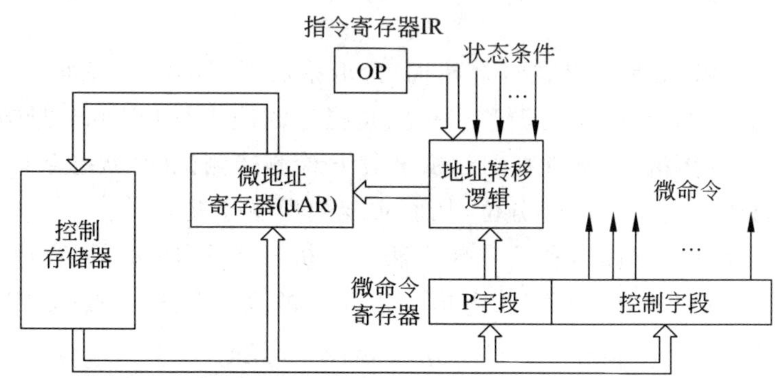

图 6.24 微程序控制器组成框图

1) 控制存储器

控制存储器(以下简称为控存)用于存放全部指令的所有微程序,它采用只读存储器。控制存储器的字长等于微指令的长度,其存储容量取决于指令系统,即等于所有微程序中包含的微指令数量。要求控存速度快。

2) 微指令寄存器

类似于指令寄存器保存从主存中读出的指令,微指令寄存器保存从控存读出的微指令。图 6.24 中微指令寄存器由微地址寄存器(μAR)和微命令寄存器共同构成，其中微地址寄存器保存微指令的下地址字段，以指示将要访问的下一条微指令的地址；微命令寄存器保存微指令的操作控制字段和判别测试字段 P 等信息。

3）地址转移逻辑

根据指令操作码或外部条件实现微程序的分支。

2. 后续微地址的形成

产生后继微指令地址常用的方法有如下两种。

1）计数器法

将图 6.24 中 μAR 用微程序计数器 μPC 代替，微程序的入口地址仍由地址产生逻辑加载到 μPC 中。当微程序顺序执行时，微程序中后继微指令地址由 μPC 增加一个增量后得到。当可能出现微程序分支时，通过判别测试字段 P 检测待测试的“状态条件”，当测试条件满足时，就修改 μPC 相关位实现微程序分支。

该方式下，微指令中不设置下址字段，有利于微指令长度减少，但要求顺序执行的微指令存放在控存的连续单元。

2）多路转移方式

微程序不出现分支时，直接由微地址寄存器给出下一条微指令的地址；当可能出现微程序分支时，通过判别测试字段 P 检测待测试的“状态条件”，当测试条件满足时，就修改微地址寄存器的部分位，从而实现微程序分支。

下列 3 种情况下需要实现微程序转移。

(1) 取指后要根据指令的操作码，转移到不同的微程序入口。这种情况下，决定转移目标的是指令的操作码 OP。

(2) 对于支持多种寻址方式的计算机而言，取指后根据不同的寻址方式，转移到不同的微程序入口。这种情况下，决定转移目标的是指令的操作码 OP 和寻址方式。

(3) 对于条件转移指令，通过判别测试字段 P 检测待测试的“状态条件”，当测试条件满足时，就修改微地址寄存器的部分位，从而实现微程序分支。

图 6.25 给出了一种多路转移的实现方法。设机器指令 16 条，微程序中微指令数量不超过 64 条。指令的操作码为 4 位，占指令寄存器的高 4 位 $IR_7 IR_6 IR_5 IR_4$，微地址寄存

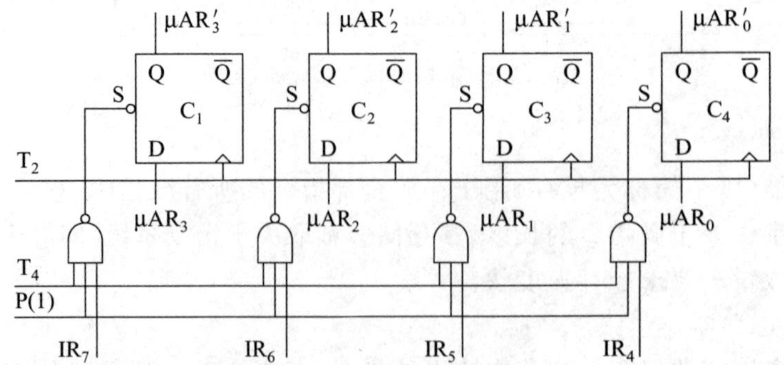

图 6.25　一种多路转移的实现方法

器 6 位。又假定取指令微程序中最后一条微指令的下址字段值为 010000。取指完成后根据 IR 的高 4 位，由判别测试字段（设用判别测试字段 1）和时序脉冲配合，将微地址的低四位进行重新设置，即可实现取指后根据不同指令的 OP 字段实现多路转移。

对于不同的寻址方式和转移条件，也可按类似方法，通过修改微地址寄存器的其他位来实现。

6.5.3 微指令及其编码方法

1. 微命令编码方法

微命令的编码方法研究微指令中操作控制字段采用的表示方法。常见的微命令编码方法有：直接表示法、字段直接译码法及混合表示法 3 种。

1）直接表示法

直接表示法的基本思想是：将微指令操作控制字段的每个二进制位定义为一个微命令，用“1”或“0”表示相应的微命令的“有”或“无”。一条微指令从控存中取出时，它所包含的微命令经时间同步后去控制相应的数据通路中的部件。

这种方法的优点是：简单、微操作的并行能力强、操作速度快；不足的是：微指令过长，一般来说，有多少个微命令，微指令的操作控制字段就需要多少位。

2）字段直接译码法

该方法的基本思想是：将微指令格式中的操作控制字段分成若干组，每组中包含若干个互斥性微命令，将相容性的微命令安排在不同组。当一条微指令从控存取出后，各个字段经过各自的译码器，产生一组微命令，经时间同步后再去控制相应的数据通路中的部件。图 6.26 为一种字段直接译码法示意图。

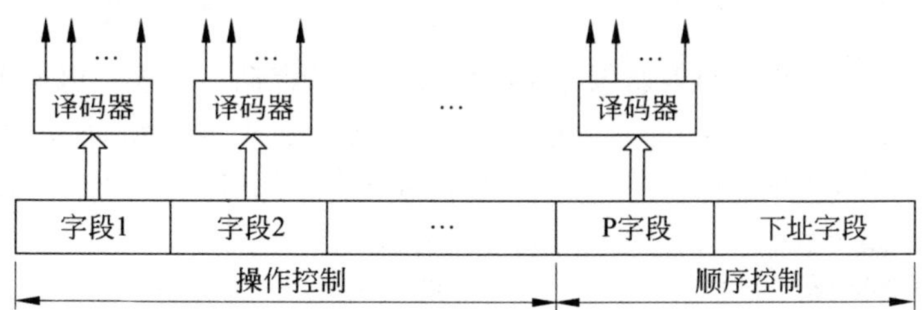

图 6.26　字段直接译码法

字段直接译码法的优点是能缩短微指令的字长；不足是译码降低了微指令的执行速度。

需要特别说明的是，每个译码器的输出状态中需要预留一个状态，表示当前微指令不使用本组互斥性微命令中的任何一个。这种情况是客观存在的，因为并不是每条微指令都会用到每个分组中的微命令。因此，当微指令的某字段为两位时，最多只能表示 3 个互斥性的微命令。

除字段直接译码外，还有字段间接译码法，它是在直接译码的基础上，将多个字段联合编码来定义微命令，这样可以进一步缩短微指令的长度。

3) 混合控制法

将直接表示法与字段直接译码法混合使用,以便在微指令字长、并行性及执行速度和灵活性等方面进行折中,发挥它们的共同优点。

例 6.4 某微指令 24 位字长,采用混合控制法。其 23~15 位用直接控制法,14~5 分为 A,B,C 三组,均采用直接译码法,C 组除表示 4 种控制转移的判别测试 P(1)~P(4)外,其余均用于表示微命令,各字段的位数分配如图 6.27 所示。

23	22	21	20	19	18	17	16	15	14 13 12	11 10 9	8 7 6 5	4	3	2	1	0
直接表示法									A	B	C	下址字段				

图 6.27 微指令格式

问:(1) 该格式的微指令最多可表示多少种微命令?

(2) 一条微指令可同时出现的微命令最多可以有多少个?

(3) 控制存储器的最大容量是多少?

解:(1) 直接控制表示的微命令有 9 个,A 和 B 两组经译码各可表示 7 个微命令,C 字段的微命令个数为 15－4＝11 个微命令,所以该格式微指令最多可表示的微命令为:9＋7＋7＋11＝34 个。

(2) 采用字段直接译码法每个字段最多只能使用一个微命令,该微指令有 3 个字段采用了译码法,故图 6.27 所示微指令结构中,一条微指令中最多可同时出现的微命令个数为:9＋1＋1＋1＝12 个。

(3) 微指令中下地址字段的位数决定了控制存储器的可寻址范围,微指令字的位数决定了控制存储每个单元的位数,该格式所需的控制存储器的最大容量为 32×24 位,即控制存储器最多有 32 个 24 位存储单元。

2. 微指令的格式

微指令的格式直接影响微程序控制器的结构、控制存储器的容量及执行速度,也直接影响到微程序的编制。20 世纪 60 年代,Beekman 等人将微程序设计分为水平型与垂直型两类,与此相对应,微指令的格式也有水平型与垂直型之分。

1) 水平型微指令

在一个微周期内能同时给出多个微命令的微指令称为水平型微指令。由此可见,微指令操作控制字段采用直接表示法、字段直接译码法及混合表示法的微型指令都属于水平型微指令,对应的水平型微指令分别称为全水平型、字段译码法水平型和直接控制与字段译码相混合的水平型微指令。图 6.22 所示的就是一种常用的全水平型微指令格式。

2) 垂直型微指令

垂直型微指令采用完全编码方法,将全部微命令代码化。这种微指令类似于机器指令,一条垂直型微指令包含微操作码字段、源地址字段及目的地址字段。

垂直型微指令的一般格式为:

微操作码字段	源部件地址字段	目的地址字段	下地址字段

这类微指令也像机器指令一样，可以有多种不同的格式，如按功能可分为寄存器传送型、运算控制型、移位控制型、条件转移型及主存传送型等不同的类型。

垂直型微指令的每条微指令只控制1～2个微操作。因此，其微指令结构简单，规整，字长短，易于编制微程序。它的最大缺点是，编制的微程序长，不能充分利用数据通路固有的并行性，几乎没有并行操作能力，故执行效率低。

水平型微指令的特点是：微指令编制的微程序短，执行效率高，能充分利用数据通路固有的并行性，有较高的并行操作的能力。水平型与垂直型之间之所以产生这种差别，其主要原因是水平型微指令是**面向数据通路**的描述，而垂直型微指令是**面向操作算法**的描述。垂直型微指令的设计思想在 Pentium 4 和安腾系列机设计中得到了应用。

6.5.4 微程序设计举例

本节以图6.4所示的单总线结构计算机框图为例，设计表6.2中5条典型指令的微程序。

1. 列出表6.2中5条指令操作、控制信号及时间分配

分别如表6.16～表6.20所示。

表6.16 LOAD指令取指周期的操作及控制信号

		操　　作	对应的控制信号
取指令	T_0	MAR←(PC),X←(PC)	PCout=ARin=1=Xin=1,Read整个取指周期有效
	T_1	Z←ALU	+1有效
	T_2	PC←(Z), MDR←(M[MAR])	Zout=PCin=DREin=1
	T_3	IR←(MDR)	DRIout=IRin=1
取操作数	T_0	MAR←(IR_A)	IRout=ARin=1, Read整个取数周期有效
	T_1		
	T_2	MDR←(M[MAR])	DREin=1
	T_3	R[0]←(MDR)	DRIout=R0in=1

表6.17 MOVE指令取指周期的操作及控制信号

		操　　作	对应的控制信号
取指令	T_0	MAR←(PC),X←(PC)	PCout=ARin=1=Xin=1,Read整个取指周期有效
	T_1	Z←ALU	+1有效
	T_2	PC←(Z),MDR←(M[MAR])	Zout=PCin=DREin=1
	T_3	IR←(MDR)	DRIout=IRin=1
送操作数	T_0	R[1]←(IR_A)	IRout=R1in=1
	T_1		
	T_2		
	T_3		

表 6.18 ADD 指令执行周期的操作及控制信号

		操　作	对应的控制信号
取指令	T_0	MAR←(PC),X←(PC)	PCout=ARin=1=Xin=1,Read 整个取指周期有效
	T_1	Z←ALU	+1 有效
	T_2	PC←(Z),MDR←(M[MAR])	Zout=PCin=DREin=1
	T_3	IR←(MDR)	DRIout=IRin=1
取操作数	T_0	X←(R[0])	R0out=Xin=1
	T_1	Z←ALU	R1out=1,ADD=1
	T_2		
	T_3	R[0]←(Z)	Zout=R0in=1

表 6.19 STORE 指令执行周期的操作及控制信号

		操　作	对应的控制信号
取指令	T_0	MAR←(PC),X←(PC)	PCout=ARin=Xin=1,Read 整个取指周期都有效
	T_1	Z←ALU	+1 有效
	T_2	PC←(Z),MDR←(M[MAR])	Zout=PCin=DREin=1
	T_3	IR←(MDR)	DRIout=IRin=1
送地址	T_0	MAR←(R[2])	R2out=ARin=1
	T_1		
	T_2		
	T_3		
存数	T_0	MDR←(R[0])	R0out=DRIin=1
	T_1		
	T_2	M[R[3]]←(MDR)	DREout=Write=1
	T_3		

表 6.20 JMP 指令执行周期的操作及控制信号

		操　作	对应的控制信号
取指令	T_0	MAR←(PC),X←(PC)	PCout=ARin=1=Xin=1,Read 整个取指周期有效
	T_1	Z←ALU	+1 有效
	T_2	PC←(Z),MDR←(M[MAR])	Zout=PCin=DREin=1
	T_3	IR←(MDR)	DRIout=IRin=1
送地址	T_0		
	T_1		
	T_2	PC←(IR_A)	IRout=PCin=1
	T_3		

关于上述指令的微操作系列的几点说明如下。

(1) 各指令操作系列顺序的安排必须保证指令功能的正确实现。如取指令阶段MAR←(PC)操作一定要在IR←(MDR)之前完成,否则取出的指令就不正确。

(2) 不能导致数据通路上的信息冲突,即同一节拍内不能同时有两个或两个以上的部件向公共总线输出信息。如取指阶段 PCout,Zout 和 DRIout 必须被分别安排在不同的节拍内。

(3) 上述几条典型指令微操作序列实现,重在描述实现方法,并不是优化的实现方案,且各微操作在时间节拍的安排也不唯一,也没有考虑最后实现逻辑的简化。

(4) 指令执行不同周期所需要的节拍数可能不同,上述安排采用了同步控制方法,每个周期都分配了 4 个节拍,因此,部分指令有些周期中存在一些空节拍,没有任何微操作。

2. 微指令格式设计

采用直接控制与字段译码相结合的混合型水平微指令格式。图 6.4 所示单总线结构计算机框图中共有 22 个微命令。微指令中各字段安排如下:

(1) 3~0 位:为下地址字段。

(2) 5~4 位:判别测试位 P2 和 P1。

(3) 7~6 位:控制 ALU 执行不同的操作,采用直接译码后作为微命令使用。其中 00 表示不使用该组的微命令,01 表示 +1 操作,10 表示 ADD,11 表示 SUB。

(4) 26~8 位采用直接表示法,分别对应 R0out,R1out,R2out,PCout,IRout,DRIout,Zout, PCin,ARin,DRIin,DREin,DREout,Xin,IRin,R0in,R1in,R2in,Write,Read 等 19 个控制信号。

直接控制字段的具体分配如图 6.28 所示。

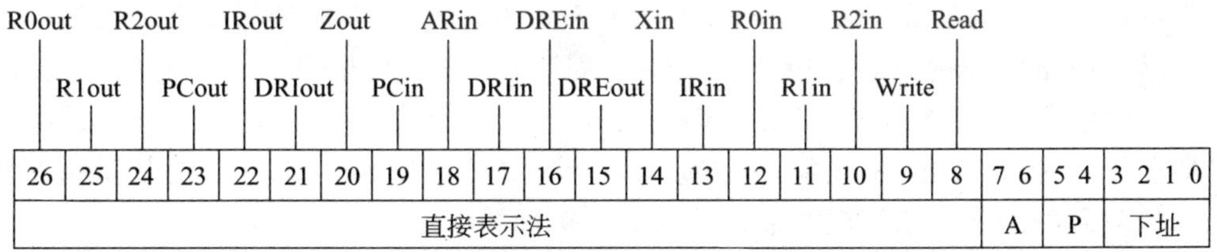

图 6.28 直接控制字段控制位分配

3. 微程序设计

将取指微指令作为公操作,存放在控存的 0 号单元,所有指令在控存中的微程序首地址与指令的操作码相同。假设 LOAD,MOVE,ADD,STORE,JMP 指令操作码字段的值分别为 0010,0100,0111,1001,1011,则上述 5 条指令对应的微程序如表 6.21 所示。

表 6.21 中,控存地址的 0000 号单元存放的是取指令的微指令,属于公操作,是任何指令的微型程序中必须首先执行的微指令。该微指令的下地址字段的值为 0000,等指令取出后,通过 P1 判别测试将指令的操作码映射成到实现指令过程对应的微程序的入口地址(不含取指令的微指令),如 LOAD 的操作码为 0010,则实现该指令的微程序的入口地址为 0010。

表 6.21 5条典型指令对应的微程序

指令	控存地址	26 25 24 23	22 21 20 19	18 17 16 15	14 13 12 11	10 9 8	7 6 5 4	3 2 1 0
取指公操作	0000	0 0 0 1	0 1 1 1	1 0 1 0	1 1 0 0	001	01 01	0000
LOAD	0010	0 0 0 0	1 1 0 0	1 0 1 0	0 0 1 0	001	00 00	0000
MOVE	0100	0 0 0 0	1 0 0 0	0 0 0 0	0 0 0 1	000	00 00	0000
ADD	0111	1 1 0 0	0 0 1 0	0 0 0 0	1 0 1 0	000	10 00	0000
STORE	1001	0 0 1 0	0 0 0 0	1 0 0 0	0 0 0 0	000	00 00	1010
	1010	1 0 0 0	0 0 0 0	0 1 0 1	0 0 0 0	010	00 00	0000
JMP	1011	0 0 0 0	1 0 0 1	0 0 0 0	0 0 0 0	000	00 00	0000

微指令的下地址字段指出的是下一条将要执行的微指令地址，如 STORE 指令微程序中第一条垂直型微指令的下地址为 1010，则本条微指令执行完毕后将取出控存中 1011 号单元的微指令执行。

任何微程序中最后一条微指令(包括只包含一条微指令的微程序)的下地址字段都指向取指公操作的入口地址，表 6.21 中这个地址为 0000。

4. 微命令的同步

表 6.21 所示的微程序存放在控存中，每条指令的微程序包含几条微指令(包括取指令微指令)就表示该指令的执行需要几个 CPU 周期。每条微指令中取值为零的位表示指令执行的对应 CPU 周期中不需要这些控制信号，反之则表示需要对应的微命令。这些有效的微命令自从控存中取出并送入微指令寄存器后就开始生效，直到新的微指令送入微指令寄存器，即任何有效的微命令最长能持续一个 CPU 周期的时间。但从表 6.16～表 6.20 可看出，只有少数微命令需要持续一个 CPU 周期的时间，大部分微命令只是在一个 CPU 周的某个 T 周期有效，显然不能让所有的微命令都持续一个 CPU 周期的时间，必须对从微指令寄存器发出的微命令进行时间同步，然后才能与相应执行部件的控制端相连。

微命令同步的基本方法就是列出每个微命令的逻辑表达式，并用相应的逻辑电路实现表示式的功能，电路的输入来自微指令的相关位和时序信号(包括节拍电位或节拍脉冲)，对应逻辑电路的输出才能与相应执行部件的控制端相连。下面以 Zout 为例说明微命令的同步方法。

从表 6.16～表 6.20 可知，Zout 在取指微指令的 T_2 时刻以及 ADD 指令执行周期的 T_3 时刻有效，设微指令寄存器第 20 位的微命令为 Zout'(见图 6.28 所示的微指令格式)，则同步后的微命令 $Zout = M_{FT} \cdot Zout' \cdot T_2 + ADD \cdot M_{ST} \cdot Zout' \cdot T_3$。表达式中 ADD 来自指令译码器的输出，$M_{ST}$ 和 M_{FT} 的含义见图 6.19。实现 Zout 同步的逻辑电路如图 6.29 所示。

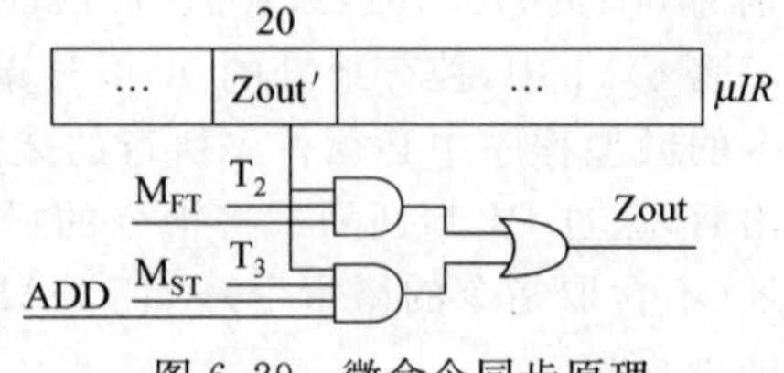

图 6.29 微命令同步原理

其他微命令的同步方法与此完全相同，请读者自己分析完成。

6.6 硬布线控制器

硬布线控制器又称为组合逻辑控制器，这种控制器中的控制信号直接由各种类型的逻辑门电路和触发器等构成，与微程序控制器相比，具有结构复杂但速度快的特点。

6.6.1 硬布线控制器的模型

图 6.30 描述了一种硬布线控制器的通用模型。

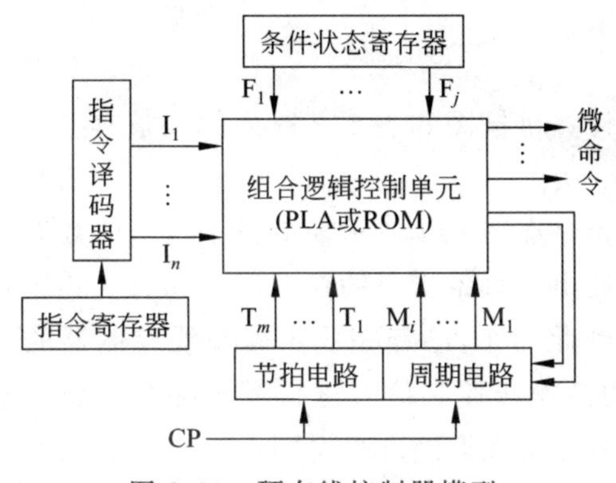

图 6.30 硬布线控制器模型

图 6.30 所示的硬布线控制器由组合逻辑控制单元、指令寄存器和指令译码器、节拍电路和周期电路条件状态寄存器等几部分组成。其中组合逻辑控制单元产生指令执行所需要的所有控制信号(包括控制电位与打入脉冲)，是控制器的核心，它可以采用组合逻辑电路或可编程阵列逻辑或 ROM 实现，其输入来自以下 3 个方面。

(1) 指令译码器的输出 $I_1 \sim I_n$。

(2) 条件状态寄存器的状态标志信息 $F_1 \sim F_j$。

(3) 来自时序电路的节拍信号，包括节拍电位信号 $M_1 \sim M_i$ 和节拍脉冲信号 $T_1 \sim T_m$。

组合逻辑电路的输出信号就是微操作控制信号，它根据不同的指令在不同机器周期及不同的条件状态产生不同的操作控制信号，对指令执行过程中的数据通路进行控制。另外，由于不同指令执行过程中需要不同的执行周期数和不同的节拍电位数，因此组合逻辑还要输出一些控制信号，用于根据指令执行条件改变节拍电路和周期电路的计数顺序，以便跳过某些状态，从而可以缩短指令周期时间。

操作控制信号的定时采用专门的节拍信号作为输入，以控制指令的各个操作步骤，使得控制器在不同的执行阶段向不同的部件发出各种操作控制信号，协调各部件之间的操作。

6.6.2 硬布线控制器的设计举例

1. 硬布线控制器的设计流程

硬布线控制器的一般设计流程如下。

(1) 分析指令执行的数据通路,列出每条指令在所有寻址方式下的执行操作流程和每一步所需要的控制信号。

(2) 对指令的操作流程进行细化,将每条指令的每个微操作分配到具体机器周期的各个时间节拍信号上,即对操作控制信号进行同步控制。

(3) 对每一个控制信号进行逻辑综合,得到每个控制信号的逻辑表达式。在对控制信号进行逻辑综合的过程中,要考虑每一个控制信号在不同指令、不同 CPU 周期和不同节拍脉冲的有效情况,不能遗漏,否则对应的指令将由于缺少控制信号而不能正确执行。为了防止遗漏,设计时可按信号出现在指令流程图中的先后次序书写,然后进行归纳。

(4) 最后采用逻辑门或 PLA 或 ROM 实现逻辑表达式的功能。

2. 硬布线控制器的设计举例

下面将以图 6.4 所示的基于单总线结构的计算机框图和表 6.2 所列的几条典型指令为例,介绍硬布线控制器的设计与实现过程。

在 6.3 节已经详细分析了表 6.2 所列 5 条指令在图 6.4 所示模型机中执行的数据通路,详细情况见表 6.3~表 6.7。在 6.5.4 节又列出了每条指令的执行流程和每一步所需要的控制信号,详细情况见表 6.16~表 6.20。到此为止,已经完成了硬布线控制器的设计流程的前两个步骤,接下来的工作是对所有的微操作控制信号进行逻辑综合。受篇幅的限制,这里仅以 Xin,Zout,IRout 三个控制信号的实现为例进行说明。

分析表 6.16~表 6.20 可知:

(1) Xin 在所有指令取指周期的 T_0 节拍和 ADD 指令取操作数周期的 T_0 节拍有效,因此,对应的逻辑表达式为

$$\text{Xin}=M_{FT}\cdot T_0+\text{ADD}\cdot M_{ST}\cdot T_0$$

其中 M_{FT} 和 M_{ST} 分别为取指周期和取操作数周期;T_0 为节拍电位信号;ADD 是加法指令 OP 字段译码器的输出。

(2) Zout 在所有指令取指周期的 T_2 节拍和 ADD 指令取操作数周期的 T_3 节拍有效,因此,对应的逻辑表达式为

$$\text{Zout}=M_{FT}\cdot T_2+\text{ADD}\cdot M_{ST}\cdot T_3$$

(3) IRout 在 LOAD 和 MOVE 指令的取操作数周期的 T_0 节拍和 JMP 指令的执行周期的 T_2 节拍有效,因此,对应的逻辑表达式为

$$\begin{aligned}\text{IRout}&=\text{LOAD}\cdot M_{ST}\cdot T_0+\text{MOVE}\cdot M_{ST}\cdot T_0+\text{JMP}\cdot M_{ET}\cdot T_2\\&=(\text{LOAD}+\text{MOVE})\cdot M_{ST}\cdot T_0+\text{JMP}\cdot M_{ET}\cdot T_2\end{aligned}$$

产生 Xin,Zout,IRout 三个控制信号的组合逻辑电路如图 6.31 所示。

图 6.31 中,$M_{FT}\cdot T_0$,$M_{ST}\cdot T_0$,$M_{FT}\cdot T_2$,$M_{ST}\cdot T_3$,$M_{ET}\cdot T_2$ 等与项都是为时间同步而设置的,这些与 T 节拍有关的同步控制对基于总线结构的 CPU 来说是必须的,而对基于专用通路结构的 CPU 来说就没有必要了,因为基于专用通路结构的 CPU 中,每个时钟周期的所有控制信号都可以同时有效。此时,只需要用时钟周期的个数同步指令执

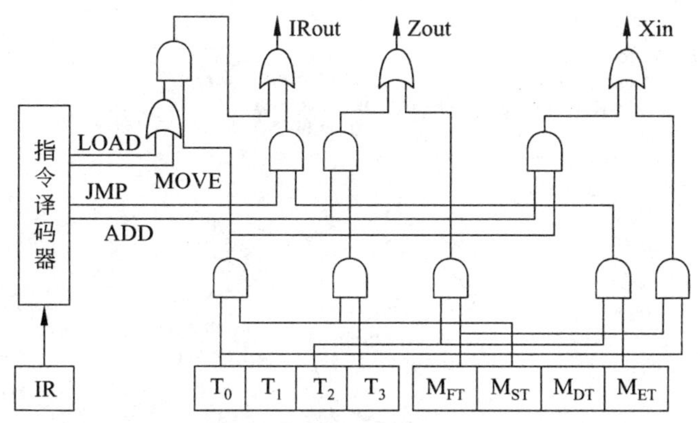

图 6.31　产生 Xin,Zout,IRout 三个控制信号的硬布线控制器

行的不同阶段即可,于是图 6.30 所示的硬布线控制器通用模型可进一步简化,如图 6.32 所示。

图 6.32 中,组合逻辑控制单元的输入包括当前状态(来自状态寄存器)、指令的操作码和条件状态寄存器。组合逻辑电路的输出包含两部分,一部分是当前状态下指令执行所需要的微命令,另一部分是后续状态,该状态值在时钟信号的作用下输入到状态寄存器中,作为下一时刻的现态,因此可以同步时序逻辑来实现指令执行的状态转移。

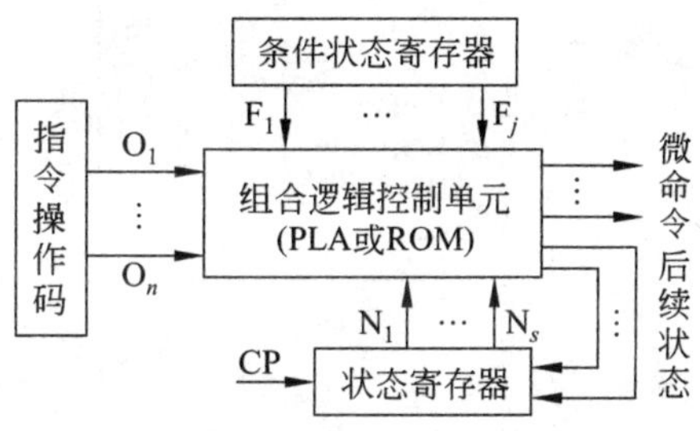

图 6.32　简化的硬布线控制器模型

由数字逻辑电路的知识可知,时序电路的类型包括 Moore 型和 Mealy 型,这里采用 Moore 型电路结构,并用有限状态机来描述指令的执行,因此,输出的微命令(即电路的外输出)只与指令执行的当前状态有关,后续状态(即电路的内输出)则与指令的操作码和指令执行的当前状态有关。

基于时序电路的硬布线控制器设计的关键是画出所有指令执行过程的 Moore 型有限状态机,然后按照同步时序电路的设计方法设计控制器。下面以图 6.15 所示基于多周期方案的数据通路高层视图为例,分析说明基于时序电路的硬布线控制器的设计方法。

例 6.5　对于图 6.15 所示的数据通路,采用图 6.32 所示的硬布线控制模型设计控制器,实现下列指令的功能。要求其中的组合逻辑控制单元采用 PAL 实现。

```
Add $3,$1,$2
lw $1,offs($2)
sw $1,offs($2)
beq $1,$2,offs
j10000
```

解:(1) 根据表 6.11～表 6.15,可列出上述 5 条指令的 Moore 型状态转换图,如图 6.33 所示。

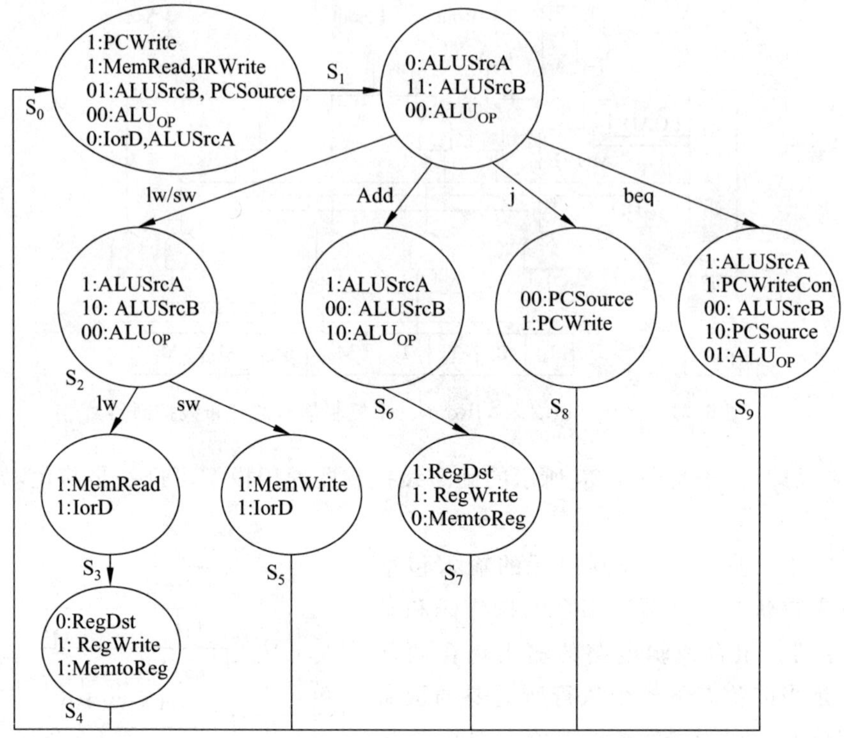

图 6.33 指令执行状态转换图

图 6.33 中各状态的意义分别为：S_0 为取指，S_1 为译码及取操作数，S_2 为访存指令计算有效地址，S_3 为 lw 指令访问存储器，S_4 为 lw 指令数据写回寄存器，S_5 为 sw 指令数据写回存储器，S_6 为 Add 指令两数加运算，S_7 为 Add 指令数据写回寄存器，S_8 为 beq 指令目标地址送 PC，S_9 为 j 指令目标地址送 PC。

(2) 状态编码。

图 6.33 中共有 10 个状态，因此需要 4 个寄存器来表示状态，图中 S 的编号用对应的 4 位二进制编码表示。图 6.33 中状态之间的转换关系如表 6.22 所示。

表 6.22 控制器状态转换表

现 态	输入(指令操作码)/次态						输出(即操作控制信号)
	XXXX	Add	lw	sw	beq	j	
0000(S_0)	0001						MemRead=IRWrite=PCWrite=1，IorD=0，ALUSrcA=0，ALUSrcB=01，PCSource=01，ALU_{OP}=00
0001(S_1)		0110	0010	0010	1001	1000	ALUSrcA=0，ALUSrcB=11，ALU_{OP}=00
0010(S_2)			0011	0101			ALUSrcA=1，ALUSrcB=10，ALU_{OP}=00
0011(S_3)		0100					MemRead=1，IorD=1
0100(S_4)	0000						RegDst=0，RegWrite=1，MemtoReg=1

续表

现 态	输入(指令操作码)/次态						输出(即操作控制信号)
	XXXX	Add	lw	sw	beq	j	
0101(S_5)	0000						MemWrite=1,IorD=1
0110(S_6)		0111					ALUSrcA=1,ALUSrcB=00,ALU_{OP}=10
0111(S_7)	0000						MemtoReg=0,RegWrite=RegDst=1
1000(S_8)	0000						PCSource=00,PCWrite=1
1001(S_9)	0000						ALUSrcA=1,PCWriteCon=1,ALUSrcB=00,PCSource=10,ALU_{OP}=01

(3) 基于可编程逻辑阵列实现的硬布线控制器。

根据表 6.22 可画出基于 PLA 组合逻辑控制单元,如图 6.34 所示。

由于采用了 Moore 电路,因此次态由操作码和当前状态共同决定,而操作控制信号仅由当前状态决定(图 6.34 中虚线框部分所示)。

假定所采用 ALU 的控制信号如表 6.23 所示。

表 6.23 ALU 功能与控制信号

$S_3S_2S_1S_0$	功 能	$S_3S_2S_1S_0$	功 能	$S_3S_2S_1S_0$	功 能
0000	与	0010	加	0111	小于比较置 1
0001	或	0110	减		

根据 MIPS 指令规定,对 R 型指令而言,ALU 的功能由 R 型指令的 Funct 字段确定。另外,从表 6.23 可知 S_3 控制端在本例中恒为 0,在设计 ALU 控制信号时可不考虑该输入端。综合上述因素并结合 MIPS 指令格式,得到 ALU 的功能与控制信号的对应关系如表 6.24 所示。

表 6.24 ALU 的功能与控制信号的对应关系

指令/指令类型	ALUOp1、0	指令功能	Funct 字段	ALU 功能	ALU 控制输入端
lw	00	取字	XXXXXX	加	010
sw	00	存储字	XXXXXX	加	010
相等分支	01	相等分支	XXXXXX	减	110
R 型指令	10	加	100000	加	010
R 型指令	10	减	100010	减	110
R 型指令	10	与	100100	与	000
R 型指令	10	或	100101	或	001
R 型指令	10	小于比较置 1	101010	小于比较置 1	111

由此可得 ALU 控制函数表达式(未使用"小于比较置 1"功能):

$$S_2 = \overline{ALUOp1} \cdot ALUOp0 + ALUOp1 \cdot \overline{ALU\ Op0} \cdot F_5\overline{F}_4\overline{F}_2F_1\overline{F}_0$$

$$S_1 = \overline{ALUOp1} \cdot \overline{ALUOp0} + \overline{ALUOp1} \cdot ALUOp0$$

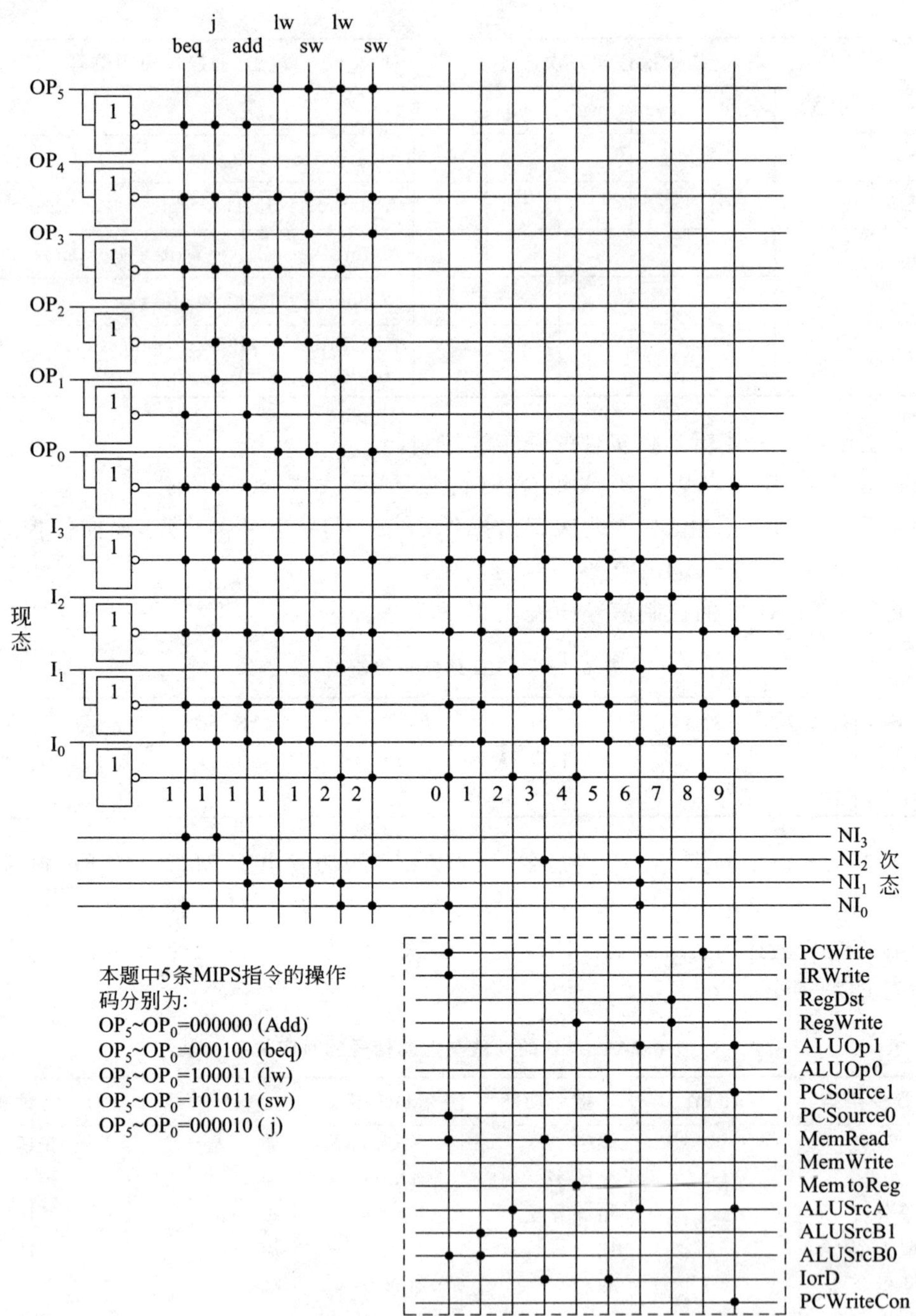

图 6.34 基于 PAL 的硬布线控制单元

$$+ \text{ALUOp1} \cdot \overline{\text{ALUOp0}} \cdot F_5 \overline{F_4}\,\overline{F_2}\,\overline{F_0}$$

$$S_0 = \text{ALUOp1} \cdot \overline{\text{ALUOp0}} \cdot F_5 \overline{F_4}$$

其中，F_i 表示来自 MIPS 指令的 Funct 字段，F5 表示 Funct 字段最左边的一位，F_0 表示 Funct 字段最右边的一位。根据上述表达式即可设计实现 ALU 控制的逻辑电路。

6.7 中央处理器举例

1. Intel 8086 CPU——传统的 CPU

Intel 8086(以下简称 8086)中央处理器是一种 16 位处理器,其基本结构如图 6.35 所示。

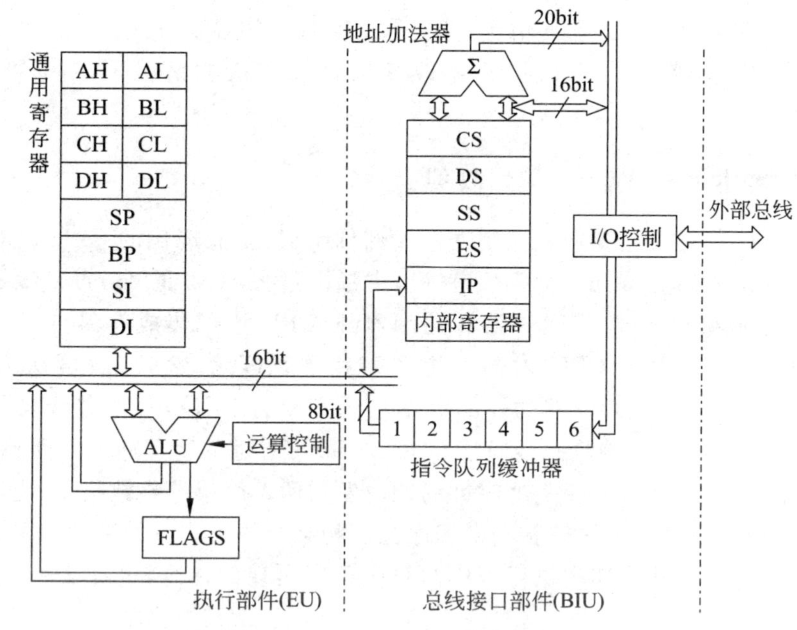

图 6.35 8086 CPU 的基本结构框图

CPU 从功能上来说分成两大部分:**总线接口单元 BIU** 负责与存储器和外围设备接口;**执行单元 EU** 负责指令的执行。

通用寄存器中,AX,BX,CX,DX 可处理 16 位数据,且每一个又可分解成两个 8 位数据寄存器。另外 4 个寄存器 SP,BP,SI,DI 只能用作 16 位,除了可作为数据寄存器外,每一个都有专门用途。堆栈指针 SP 用来指示堆栈操作时栈顶位置,SP 必须与堆栈段寄存器 SS 一起使用。另外 3 个 16 位寄存器 BP(基数指针)、SI(源变址)、DI(目的变址)用来增加几种寻址方式,从而能更灵活地寻找操作数。

指令指针 IP 的功能相当于一般机器的程序计数器 PC,但是 IP 要与代码段寄存器 CS 相配合才能形成真正的物理地址。

状态标志寄存器 FLAGS 由 9 个标志位组成,以反映操作结果的某些状态或机器运行状态。

4 个 16 位的段寄存器,用来存放各段在主存中的段地址(代码段 CS、数据段 DS、堆栈段 SS、附加段 ES)。通过把某个段寄存器左移 4 位低位补零后与 16 位偏移地址相加的方法可形成 20 位长度的实际地址,从而可使主存具有一兆字节($2^{20}=1M$)的寻址能力。

取指令时,CPU 自动选择代码段寄存器 CS,将其左移 4 位后,再加上 IP 的 16 位移量,从而形成取指令所需的 20 位主存物理地址。

进行堆栈操作时,CPU 自动选择堆栈段寄存器 SS,同样左移 4 位,再加上 SP 的16 位偏移量,从而形成堆栈操作所需要的 20 位物理地址。

存取一个操作数时,CPU 自动选择数据段寄存器 DS 或附加段寄存器 ES,左移 4 位后,再加上相应的 16 位偏移量,便得到操作数的 20 位物理地址。此处的 16 位偏移量,可以是包含在指令中的直接地址,也可以是某一个 16 位地址寄存器的值,又可以是指令中的偏移量加上 16 位地址寄存器的值等,这要取决于指令的寻址方式。

由于段内地址均为 16 位,所以在不改变段寄存器值的情况下,寻址的最大范围是 64KB。

2. Intel Pentium 4 CPU——现代的 CPU

传统的 CPU 都是由运算器和控制器两大部件组成的,而现代的 CPU 已有了很大变化,就拿 80x86 系列的 Pentium 4 CPU 来说,主频由过去 8086 的 4.77MHz 提高到现在的 2.6GHz。组成结构上,除了运算器和控制器外,CPU 内部集成有浮点运算器和高速缓冲存储器(cache)。由于 CPU 内部的主要寄存器宽度为 32 位,故可认为它是一个 32 位微处理器。但它通向存储器的外部数据总线宽度为 64 位,每次总线操作可以同时传输 8 个字节。CPU 外部地址总线宽度是 36 位,故可寻址的物理地址空间达 64GB。控制器采用两条指令流水线,能在一个时钟周期内发射两条简单的整数指令,也可发射一条浮点指令。控制器采用硬布线控制和微程序控制相结合的方式。大多数简单指令用硬布线控制实现,在一个时钟周期内执行完毕。对微程序实现的指令,也在 2~3 个时钟周期内执行完毕。

虽然 Pentium CPU 仍采用非固定长度的指令格式,但是在一个时钟周期又能执行两条指令。因此它具有 CISC 和 RISC 两者的特性,不过具有的 CISC 特性更多一些,因此被看成为一个 CISC 结构的处理器。以 CISC 结构实现超标量流水线,并有 BTB(转移目标缓冲器)方式的转移预测能力,堪称为当代 CISC 机器的经典之作。Pentium CPU 结构框图如图 6.36 所示。

1) 超标量流水线

超标量流水线是 Pentium 系统结构的核心。它由 U 和 V 两条指令流水线构成,每条流水线都有自己的 ALU、地址生成电路、与数据 cache 的接口。两个指令预取缓冲器都是 32 字节,存放从指令 cache 或主存取出的指令。

指令译码器除完成译码指令外,还要完成指令配对检查。两条连续的指令 I_1,I_2 前后被译码,然后判断是否将这一对指令并行发射出去。发射一对指令必须满足如下条件。

(1) 两条指令是简单指令。

(2) 两条指令不发生数据相关。

(3) 每条指令都不同时含有立即数和偏移量。

(4) 只有 I_1 允许带有指令前缀。

CPU 对 U,V 两条流水线的调度采用按序发射按序完成策略。检查合格的一对指令

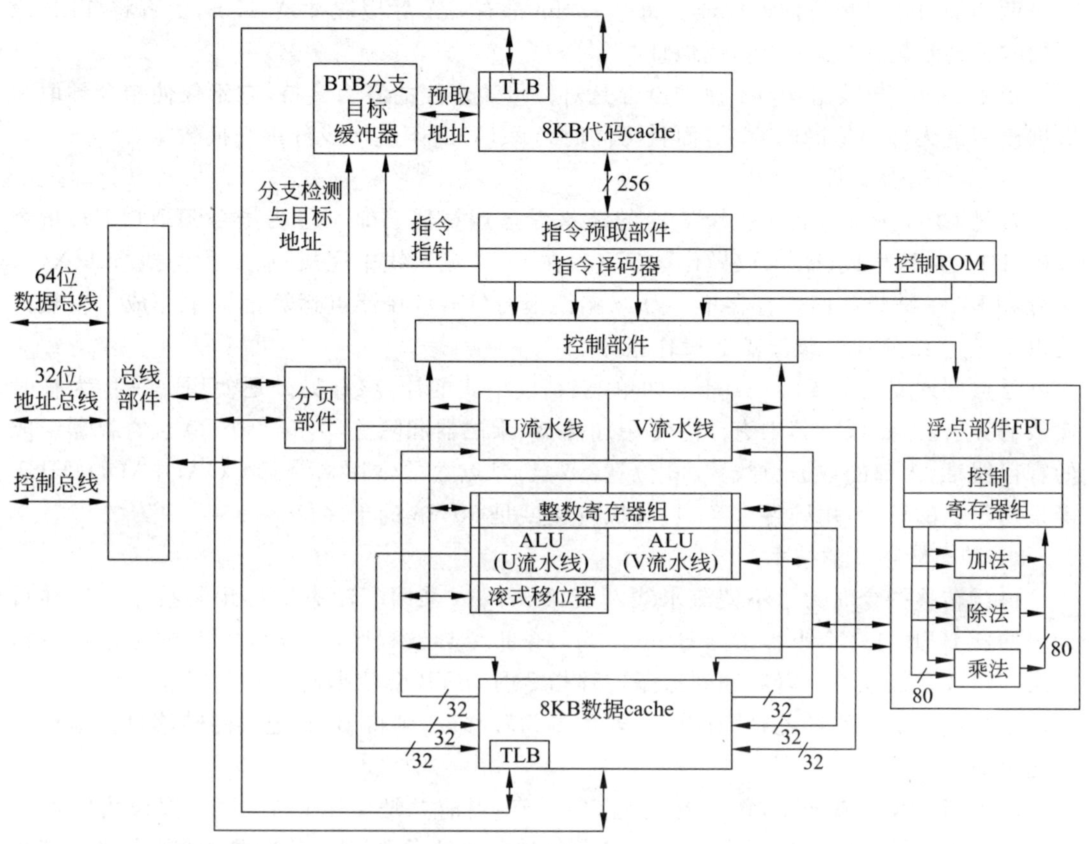

图 6.36 Pentium CPU 结构框图

同时被发射到 U,V 流水线的下一段。如果不满足配对条件,只允许 I_1 指令发射到 U 流水线的下一段。在指令配对条件下,流水线在每个时钟周期内执行两条简单的整数指令,但一般只能执行一条浮点数指令。原因是:浮点数指令流水线是 8 段,而前 5 段与 U,V 流水线(共 5 段)共享,而且某些浮点操作数是 64 位,所以浮点数指令不能与整数指令同时执行。

控制 ROM 属于微程序控制器,其中存放一组解释指令操作顺序的微指令代码。

两个地址生成器用于计算存储器操作数地址。各种模式下的逻辑地址最终要转换成物理地址来访问数据 cache,并用转换后援缓冲器 TLB 来加速这种地址转换过程。寄存器堆有 8 个 32 位整数寄存器,用于地址计算、保存 ALU 的源操作数和目的操作数。

2) 指令 cache 和数据 cache

Pentium 4 CPU 分设指令 cache 和数据 cache。指令 cache 是只读的,以单端口 256 位(32B)向指令预取缓冲器提供超长指令字代码。数据 cache 是可读可写的,双端口,每个端口 32 位,与 U,V 两条流水线交换整数数据,或组合成一个 64 位端口与浮点运算部件交换浮点数据。两个 cache 与 64 位数据、32 位地址的 CPU 内部总线相连接。

两个 cache 都是两路组相联结构,每个 32 字节。数据 cache 可设置成行写回或全写法方式,并遵守 MESI 协议来维护 L1 cache,L2 cache 的一致性。

两个 cache 都使用物理地址。每个 cache 都有一个后援缓冲器 TLB，负责将 TLB 命中的线性地址转换成 32 位物理地址。

指令 cache 与数据 cache 独立设置是对标量流水线的有力支持，它不仅使指令预取和数据读写能无冲突地同时完成，而且可同时与 U，V 两条流水线分别交换数据。

3）浮点运算部件

奔腾 CPU 内部包含了一个 8 段的流水浮点运算器。前 4 段为指令预取（PF）、指令译码（D1）、地址生成（D2）、取操作数（EX），在 U，V 流水线中完成；后 4 段为执行 1（X1）、执行 2（X2）、结果写回寄存器堆（WF）、错误报告（ER），在浮点运算部件中完成。一般只能由 U 流水线完成一条浮点数操作指令。

浮点部件支持 IEEE 754 标准的单、双精度格式的浮点数，另外还使用一种称为临时实数的 80 位浮点数。其中有浮点专用加法器、乘法器和除法器，有 8 个 80 位寄存器组成的寄存器堆，内部的数据总线为 80 位宽。对于浮点数的常用指令如 LOAD，ADD，MUL 等采用了新的算法，用硬件来实现，其执行速度是 80486 的十多倍。

4）动态转移预测技术

执行转移指令时为了不使流水线断流，Pentium 采用了动态转移预测技术。转移目标缓冲器 BTB 是一个小容量的 cache。当一条指令导致程序转移时，BTB 便记录这条指令及其转移目标地址。以后遇到这条转移指令时，BTB 会依据前后转移发生的历史来预测该指令这次是转移取还是顺序取。若预测为转移取，则将 BTB 记录的转移目标地址立即送出即可。

两个指令预取缓冲器，每个容量为 32 字节，当前总是使用其中一个（假设为缓冲器 1）。当在指令译码（DI）段译出一条转移指令时立即检索 BTB。若预测为“顺序取”，则继续从缓冲器 1 取指令；若预测为“转移取”，则立即冻结缓冲器 1，启动另一个缓冲器 2，由给出的转移目标地址处开始取分支程序的指令序列。这样，保证了流水线的指令预取步骤永远不会空置。并且预测转移取错误时，正确路径的指令已经在另一个缓冲器中，使流水线的性能损失减至最小。

本章小结

控制器是计算机 5 大功能部件之一，其作用是向整机每个部件（包括控制器部件本身）提供协同工作所需要的控制信号。计算机最本质的功能是连续执行指令，而每一条指令往往又要分成几个执行步骤才得以完成。由此又可以说，计算机控制器的基本功能，是依据当前正在执行的指令和它所处的执行步骤，形成（或称得到）并提供在这一时刻整机各部件要用到的控制信号。

本章的主要内容就是围绕控制器的功能、结构、设计等内容展开的。主要内容包括 CPU 的功能与组成、指令执行的基本流程、数据通路的构成、指令执行的时序控制、微程序控制器的设计、硬布线控制器的设计等。

由于指令执行过程中涉及多个方面，包括运算器、存储器和指令系统等，因此，本章学习过程中要结合这些知识。

本章的学习目标包括：

(1) 熟悉中央处理器的功能。

(2) 熟悉中央处理器的基本结构。

(3) 熟悉中央处理器中主要寄存器的功能。

(4) 熟悉指令周期的有关概念。

(5) 熟悉数据通路的基本组成和掌握数据通路的设计方法。

(6) 熟悉中央处理器的定时方法。

(7) 掌握控制器的设计方法，包括微程序控制器和硬布线控制器。

具体小结如下。

1. CPU 的功能

CPU 作为运行指令的部件，从保证程序功能正确实现的角度看，应具有以下几方面的功能。

- 顺序控制功能：控制程序中的指令按事先规定的顺序自动地执行。
- 操作控制功能：产生指令执行过程中所需要的信号。
- 时间控制功能：对每个控制信号进行定时。
- 数据加工处理功能：对数据进行算术或逻辑运算。
- 异常和中断的处理功能。

2. CPU 的组成

CPU 由控制器和运算器两大部分构成。

(1) 控制器的主要功能包括：取指令、计算下一条指令的地址、对指令译码、产生相应的操作控制信号、控制指令执行的步骤和数据流动的方向。

(2) 运算器是执行部件，由算术逻辑单元和各种寄存器组成。运算器接受控制器的命令执行算术运算、逻辑运算及逻辑测试等功能。

3. CPU 中的主要寄存器及其功能

1) 指令寄存器(IR)

IR 用于保存指令。从主存储器取出的指令存放在 IR 中，直到新的指令从主存中取出。

2) 程序计数器(PC)

PC 保存将要执行的指令地址。CPU 取指令时，将 PC 的内容送到主存地址寄存器，然后通过修改 PC 的值可形成下一条将要执行指令的地址，有两种修改 PC 地址值的方法：

(1) 程序顺序执行时，可利用程序计数器本身的递增功能来实现，若程序计数器本身无此功能，则通过加法器实现。

(2) 转移时，用转移指令提供的地址修改 PC 的值。

3) 存储器地址寄存器(MAR)

MAR 用来保存当前 CPU 所要访问的主存单元地址，无论 CPU 取指令还是存储数据，都必须先将要访问的主存单元地址送 MAR。

4）通用寄存器组（GR）

通用的含义是指寄存器的功能有多种用途，GR 可作为 ALU 的累加器、变址寄存器、地址指针、指令计数器、数据缓冲器，用于存放操作数（包括源操作数、目的操作数及中间结果）和各种地址信息等。

5）存储器数据缓冲寄存器（MDR）

MDR 作为 CPU 和主存之间的数据缓冲寄存器用于存放操作数、运算结果或中间结果，以减少访问主存的次数；也可存放从主存中读出的数据，或准备写入主存的数据。

6）程序状态字寄存器（PSW）

PSW 用于保存由算术运算指令、逻辑运算指令、测试结果等建立的各种条件标志。常见的状态信息包括进位标志（C）、溢出标志（O）、结果为负数标志（S）及结果为零标志（Z）等。

上述寄存器中程序员可见的寄存器有 GR 和 PSW，程序员不可见的寄存器包括 IR，PC，MAR，MDR 等。

4. 指令周期的有关概念

1）指令周期的定义

将一条指令从取出到执行完成所需要的时间称为**指令周期**。进一步还可将指令周期细分为几个不同周期，如可将指令周期划分为取指令周期、译码/取操作数周期、执行周期和写回等几个阶段。

2）指令周期时间

指令周期可划分成若干个机器周期（也称为 CPU 周期），如取指令周期、取操作数周期、执行周期等，不同功能的指令和不同的计算机系统对指令周期的划分不尽相同。一般以主存的工作周期为基础来定义**机器周期**的时间。

一个机器周期又分成若干个**节拍电位**时间段，通常以 CPU 完成一次微操作所需要的时间为基础来定义节拍电位的时间。

一个节拍电位中又包含 1 个或多个节拍脉冲。

现代计算机中，已经不再使用机器周期、节拍电位和节拍脉冲三级时序体制，指令执行过程中的定时信号就是时钟，一个时钟周期就是一个节拍，不再设置节拍脉冲。

5. 数据通路的结构和设计

1）数据通路的基本概念

数据在功能部件之间传送的路径称为**数据通路**。运算器与各寄存器之间的传送路径就是中央处理器内部的数据通路。不同指令由于其功能不同，因此指令执行过程中所用到的功能部件不同，其数据通路也不同。

2）数据通路的两种基本设计方法

数据通路的基本元素包括处理单元（运算器、多路选择器等）和存储状态单元（存储器和寄存器等）。可采用总线或专用通路来连接上述基本单元以构成指令执行的数据通路。

数据通路的结构直接影响CPU内各种信息的传送路径、指令执行流程、所需要的微操作控制信号及其时序安排。数据通路的结构也将直接影响到微操作控制信号形成部件的设计。

3）数据通路的定时方法

现代计算机都采用时钟信号进行定时，当时钟边沿有效时，数据通路中的存储状态单元开始写入信息。

6. 中央处理器的定时

分为同步控制、异步控制及联合控制3种。

(1) 同步控制方式(固定时序方式)：选取部件中最长操作时间作为统一的时间间隔标准。

(2) 异步控制方式(可变时序控制方式)：系统不设立统一的时间间隔标准，各部件设置各自的时序系统，分别实现各自的时序控制，时间衔接通过应答通信方式实现。

(3) 联合控制：将同步控制与异步控制相结合，对大多数需要节拍数相近的指令，采用同步控制；而对少数需要节拍数多的指令或节拍数不固定的指令，采用异步控制。

7. 控制器的设计

1）控制器的设计方法

控制器的设计可采用微程序、硬布线以及微程序与硬布线相结合的设计方法。微程序设计技术是利用软件方法设计操作控制器的一门技术，具有规整性、灵活性、可维护性等一系列优点，因而在计算机设计中得到了广泛应用，并取代了早期采用的硬布线控制器设计技术。但是随着VLSI技术的发展和对机器速度不断提高的要求，硬布线逻辑设计思想又得到了重视。硬布线控制器的基本思想是：某一微操作控制信号是指令操作码译码输出、时序信号和状态条件信号的逻辑函数，即用布尔代数写出逻辑表达式，然后用门电路和触发器等器件实现。

2）微程序控制器的基本概念

(1) 微命令：控制部件向执行部件发出的各种控制命令。

(2) 微操作：执行部件收到微命令后所进行的操作。微操作可分为两类：

- 相容性微操作：指能同时在同一个CPU周期内并行执行的微操作。
- 互斥性微操作：不能在同一个CPU周期并行执行的微操作。

(3) 微指令与微程序。

- 微指令：机器的一个CPU周期中，一组实现一定操作功能的微命令的组合。
- 微程序：实现一条指令功能的若干条微指令的集合。

微指令的执行意味着其定义的所有控制信号被激活，微程序是控制的一种符号表示，微程序的执行意味着控制一条指令执行所需要的控制信号按照一定的顺序依次被激活。

(4) 微程序控制器组成。

微程序控制器由控制存储器、微指令寄存器和地址转移逻辑3大部分组成。微指令和微程序之间的映射关系通过指令的操作码实现。

(5) 微命令编码方法。

常见的微命令编码方法有直接表示法、字段直接译码法及混合表示法3种。

① 直接表示法：将微指令的操作控制字段的每个二进制位定义为一个微命令，用该位的"1"或"0"表示相应的微命令的"有"或"无"。

② 字段直接译码法：将微指令格式中的操作控制字段分成若干组，每组中包含若干个互斥性微命令，将相容性的微命令安排在不同组。

③ 混合表示法：将直接表示法与字段直接译码法混合使用。

3) 微程序制器的工作原理

仿照程序设计的方法，把完成每条指令所需要的操作控制信号编写成微指令，存放到一个只读存储器(控存)中。每条机器指令对应一段微程序，当机器执行程序时依次读出每条指令所对应的微指令，执行每条微指令中规定的微操作，从而完成指令的功能，重复这一过程，直到该程序的所有指令完成。

4) 微程序控制器的设计流程

(1) 分析指令执行的数据通路，列出每条指令在所有寻址方式下的执行操作流程和每一步所需要的控制信号。

(2) 对指令的操作流程进行细化，将每条指令的每个微操作分配到具体的机器周期的各个时间节拍信号上。

(3) 设计微指令格式、微命令编码方法和程序组织方式。

(4) 编制每条指令的微程序，并按照所设计的微程序组织方式存放到控存中。

(5) 对微命令进行同步控制，并送数据通路的相关控制点。

5) 硬布线控制器的工作原理

与微程序控制器不同，硬布线控制器中控制信号不是基于存储逻辑，而是用时序电路产生时间控制信号，用组合逻辑实现各种控制功能。大规模集成化的组合逻辑控制方式又称为阵列逻辑方式。

6) 控制器的设计流程

硬布线控制器的一般设计流程如下。

(1) 分析指令执行的数据通路，列出每条指令在所有寻址方式下的执行操作流程和每一步所需要的控制信号。

(2) 对指令的操作流程进行细化，将每条指令的每个微操作分配到具体的机器周期的各个时间节拍信号上，即对操作控制信号进行同步控制。

(3) 对每一个控制信号进行逻辑综合，得到每个控制信号的逻辑表达式。

(4) 最后采用逻辑门或PLA或ROM实现逻辑表达式的功能，各控制信号送数据通路的相关控制点。

习题6

6.1 解释下列名词。

指令周期；数据通路；时钟周期；同步控制；异步控制；联合控制；单周期处理器；多周

期处理器；微操作；相容性微命令；互斥性微命令；微指令；微程序；微程序控制器；控制存储器；硬布线控制器。

6.2 回答下列问题。

(1) 中央处理器的基本功能是什么？从实现其功能的角度分析，它应由哪些部件组成？

(2) CPU 内部有哪些寄存器？它们的功能分别是什么？

(3) 什么是取指周期？取指周期内应完成哪些操作？

(4) 指令有几种执行方式？说明各自的特点。

(5) 计算机为什么要设置时序系统？说明指令周期、机器周期和时钟周期的含义。

(6) 组合逻辑控制器与微程序控制器各有什么特点？

(7) 说明程序与微程序、指令与微指令的异同。

(8) 微命令有哪几种编码方法？它们是如何实现的？

(9) 简述微程序控制器和硬布线控制器的设计方法。

6.3 微地址转移逻辑表达式如下：

$$\mu A_0 = P_2 \cdot IR_4 \cdot T_4$$

$$\mu A_1 = P_2 \cdot IR_5 \cdot T_4$$

$$\mu A_2 = P_3 \cdot (C+Z) \cdot T_4$$

其中，$\mu A_2 \sim \mu A_0$ 为微地址寄存器相应位，P_2 和 P_3 为判别标志，C 为进位标志，Z 为零标志，IR_5 和 IR_4 为指令寄存器的相应位，T_4 为时钟周期信号。说明上述逻辑表达式的含义，画出微地址转移逻辑图。

6.4 已知某机采用微程序控制方式，控存容量为 128×32 位。微程序可在整个控存中实现转移，控制微程序转移的条件共 3 个，微指令采用水平型格式，后继微指令地址采用断定方式。请问：

(1) 微指令的 3 个字段分别应为多少位？

(2) 画出对应这种微指令格式的微程序控制器逻辑框图。

6.5 某微程序包含 5 条微指令，每条微指令发出的操作控制信号如表 6.25 所示，试对这些微指令进行编码，要求微指令的控制字段最短且能保持微指令应有的并行性。

表 6.25 微指令及其对应的微操作控制信号

微指令	微操作控制信号	微指令	微操作控制信号	微指令	微操作控制信号
μI_1	a,c,e,g,i	μI_3	a,d,e,f	μI_5	a,d,j
μI_2	a,b,d,f,h,j	μI_4	a		

6.6 某 CPU 的结构如图 6.37 所示，其中 AC 为累加器，条件状态寄存器保存指令执行过程中的状态。a,b,c,d 为 4 个寄存器。图中箭头表示信息传送的方向。完成下列各题。

(1) 根据 CPU 的功能和结构标明图中 4 个寄存器的名称。

(2) 简述指令 LDA X 的数据通路，其中 X 为主存地址，指令的功能是将主存 X 单元的内容送入 AC 中。

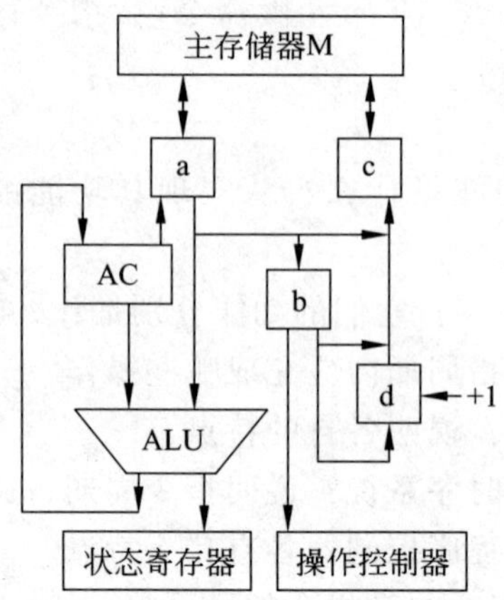

图 6.37 某 CPU 的结构框图

6.7 对图 6.4 所示的单总线 CPU,如加法指令中的第二个地址码有寄存器寻址、寄存器间接寻址、存储器间接寻址 3 种寻址方式,并在指令中用代码表示寻址方式,对应的指令及功能如下:

(1) ADD R0,R1:R[0]←(R[0])+(R[1]),即把寄存器 R0 的内容和 R1 的内容相加,结果送 R0 保存。

(2) ADD R0,(R1):R[0]←(R[0])+(M[R[1]]),即把寄存器 R0 的内容和 R1 的内容所指主存单元的值相加,结果送 R0 保存。

(3) ADD R0,(addr) :R[0]←(R[0])+(M[addr]),即把寄存器 R0 的内容和主存单元 addr 的值相加,结果送 R0 保存。

分别设计上述 3 条指令的指令周期流程图,并列出每一步的控制信号。

6.8 用微程序设计图 6.15 的控制单元。

6.9 用 ROM 实现例 6.5 中的控制单元,并与基于 PAL 的实现方式进行对比。

6.10 用微程序设计图 6.14 所示的单周期处理器的控制单元。

6.11 假定多周期处理器采用图 6.15 所示的数据通路和图 6.34 所示的控制单元。某程序中包含的 lw、sw、R 型、J 型指令比例分别为 20%,10%,60%,10%。求多周期处理器比单周期处理器大约快多少倍。

课外实践

1. 用 EDA 软件设计一个图 6.5 所示的寄存器堆,并对其进行数据读写功能的功能仿真。

2. 用 EDA 软件设计一个支持单步和连续两种方式的节拍时序发生电路,能产生 4 个等间距的状态周期 $M_0\sim M_3$,每个状态周期中包含 4 个等间隔的时序信号 $T_0\sim T_3$,并进行功能仿真。

3. 用 EDA 软件实现图 6.34 所示的控制单元,并进行功能仿真。

第7章　流水线技术概述

计算机组成设计的基本任务之一是加快机器语言的解释和提高处理机执行指令的处理速度,上述任务可以从3个方面实现:第一,通过对器件自身特性的改善,提高运算能力;第二,采取更好的运算方法,提高指令内各微操作执行的并行程度,减少解释过程中所需要的拍数等多项措施来加快整个机器指令的解释;第三,通过采用流水或多操作部件等处理技术同时解释两条或多条指令的控制方式来加快整个机器语言程序的解释,提高指令的执行速度。本章介绍指令流水线技术的基本知识,包括流水线的概念、表示方法、流水线的特点、流水线的分类、实例分析、线性流水线的性能分析以及指令级高度并行技术。

7.1　流水线的基本概念

1. 流水线的概念

流水线处理技术并不是计算机领域所特有的技术。在计算机出现之前,流水线技术已经在工业领域得到广泛应用,如空调装配生产流水线等。

计算机中的流水线技术是把一个复杂的任务分解为若干个子过程,每个子过程与其他子过程并行运行。由于其运行方式和工业领域中的流水线处理技术十分类似,因此被称为流水线技术。一般而言,从计算机自身特性出发,可以从两个方面来提高计算机内部的并行性:一个是采用时间上的并行性,通过将一个任务划分成几个不同的子过程,并且各子过程在不同的功能部件上并行执行,使得在同一个时钟周期内同时解释多条机器语言指令,提高程序的执行速度,这种方法即为流水线处理技术;另一个是采用空间上的并行性处理技术,即在一个处理机内设置多个执行相同功能的独立操作部件,并且让这些操作部件并行工作,这种处理机被称为多操作部件处理机或超标量处理机。

把流水线技术应用于指令的解释执行过程,就形成了指令流水线。如图7.1所示,指令的执行过程分为取指、译码、执行、存储器访问、写回等5个子过程,在每个子过程的后面都需要有一个锁存器,以保证该子过程的执行结果给下一个子过程使用。把流水线技术应用于运算的执行过程,就形成了运算操作流水线,也称为部件级流水线,如浮点数加法运算过程可分解为求阶差、对阶、尾数加和规格化4个子过程。

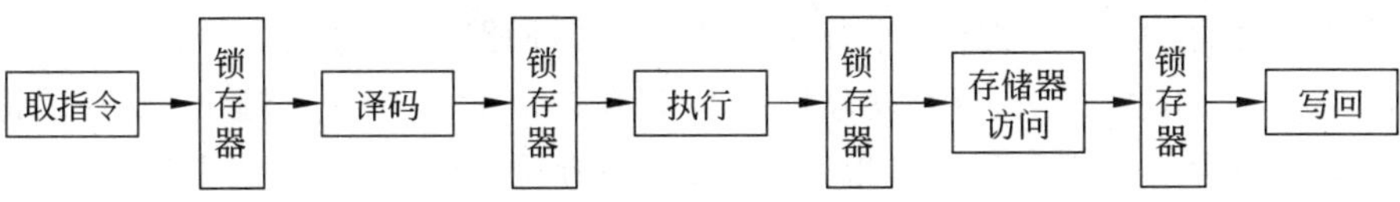

图7.1　指令流水线

2. 流水线的时空图表示方法

以指令流水线为例，其执行过程分为取指、译码、执行、存储器访问、写回5个子过程，分别用S_1,S_2,S_3,S_4和S_5表示。图7.2给出了指令流水线的时空图，其中，横坐标表示时间，也就是连续任务从输入流水线到输出流水线所经过的时间，当流水线中各子过程的执行时间相等时，横坐标被分割成相等长度的时间段；纵坐标表示空间，即流水线的各子过程或对应的功能部件。在时空图中，流水线的每个子过程常被称为一个“功能段”。

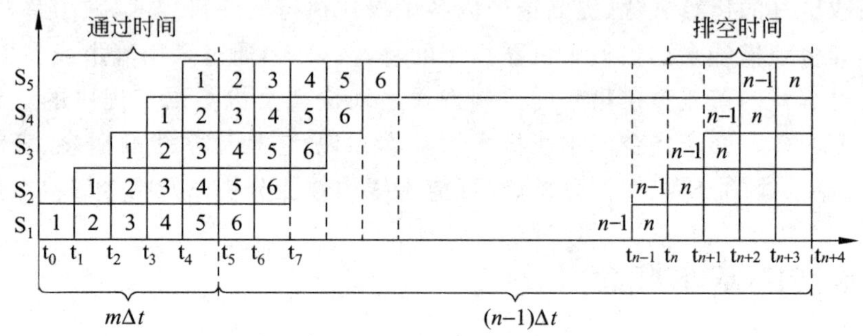

图7.2 指令流水线的时空图

从图7.2可以看出，流水线具有如下特点：

(1) 流水线把一条指令的执行划分成若干个子过程，每个子过程由一个独立的专用功能部件来执行，依靠执行不同功能的功能部件并行工作来提高系统的吞吐率和处理速度。

(2) 流水线并不能改变单条指令的执行时间，但提高了系统整体吞吐率。因此只有大量连续的任务不断输入到流水线中，保证在流水线的输出端有任务不断地从流水线中输出，才能充分发挥流水线的性能。

(3) 流水线需要有通过时间和排空时间。通过时间是指第一条指令从输入流水线到输出流水线所经过的时间，排空时间是指最后一条指令流出流水线所花费的时间。

7.2 流水线的分类

流水线可以从不同的角度，按照不同的观点进行多种不同的分类。

1. 线性流水线和非线性流水线

根据流水线的结构，可按照流水线中是否有反馈回路进行分类。线性流水线是将流水线的各个段逐个串接起来，每个功能段有且只有一个输入和一个输出，没有反馈回路。非线性流水线是指流水线中除了有串行连接外，还有反馈回路，允许流水线的某些功能段通过反馈回路在一个任务的执行过程中被使用多次。如图7.3所示的非线性流水线，尽管其结构中仅包含S_1,S_2,S_3,S_4功能段，但由于存在反馈回路，任务从输入到输出可能依次要流经S_1,S_2,S_4,S_3,S_4,S_1各段，其中⊗代表多路选择开关。在非线性流水线中，一个重要的问题是非线性流水线的调度问题，即如何确定两个或两个以上的连续任务最少相隔多少个时钟周期连续的输入到流水线中，不会引起功能段的争用现象。

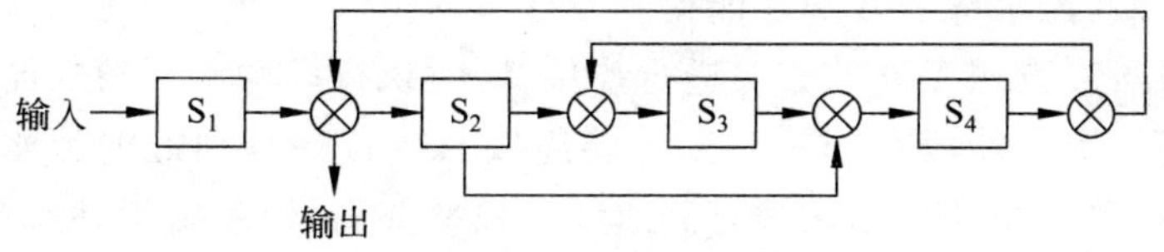

图 7.3 非线性流水线

2. 单功能流水线和多功能流水线

按流水线的功能，可把流水线划分为单功能流水线和多功能流水线。单功能流水线是指流水线各段之间的连接是固定的，只能完成某种固定的功能，如 Cray-1 巨型机有 12 条单功能流水线；多功能流水线是指流水线的各段在不同的时间或同一时间里按照不同的连接方式可以实现两种或两种以上的不同的功能，如美国 TI 公司的 ASC 处理机多功能流水线如图 7.4 所示，通过不同的连接方法可以实现定点乘、浮点加两种功能的运算。

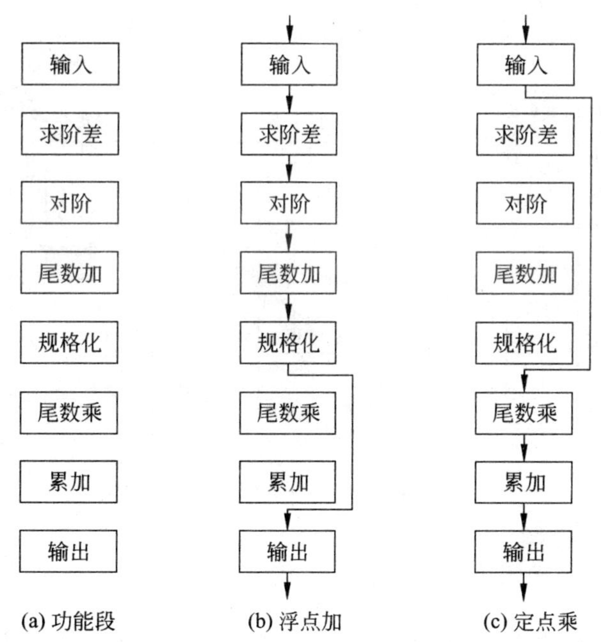

图 7.4 TI—ASC 的多功能流水线

3. 静态流水线和动态流水线

按照工作方式，可把多功能流水线划分为静态流水线和动态流水线。静态流水线是指在同一时间内，多功能流水线的各段之间只能按照一种固定的方式连接，当流水线要切换到另外一种功能的时候，必须等到执行前一种功能的任务全部流出流水线后，才能改变其连接方式。如图 7.5 所示，多功能流水线必须等到浮点加任务全部流出流水线后，才能切换到执行定点乘的流水线功能段的连接方式上。因此在静态流水线中，只有执行的是多个相同的任务时，流水线的效率才能得到发挥。动态流水线是指在同一时间内，多功能流水线中的各段可以按照不同的方式进行连接，同时执行多种不同的功能，前提是多功能流水线中的任何一个功能段在同一时间仅能连接到执行一种功能的流水线中，如图 7.6 所示。显然，动态流水线的效率比静态流水线的效率要高，但是由于动态流水线的调度策略和控制回路的耦合复杂度很高，目前绝大多数的流水线均采用静态流水线的调度策略。

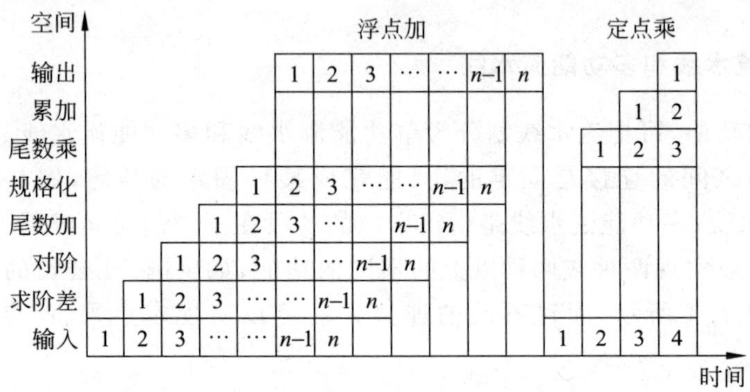

图 7.5　静态流水线时空图

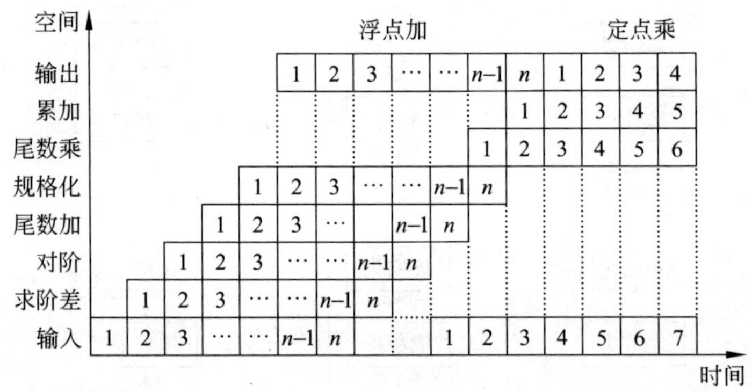

图 7.6　动态流水线时空图

4. 顺序流水线和乱序流水线

按照流水线中任务输入和输出的顺序是否相同，可把流水线分为顺序流水线和乱序流水线。顺序流水线是指任务输入到流水线的顺序与从流水线中输出的顺序完全一致；乱序流水线是指任务输入到流水线的顺序与从流水线中输出的顺序可以不同，允许后流入到流水线的任务先从流水线中输出。例如，在指令流水线中，有的指令需要到主存中读取操作数，有的指令不需要到主存中读取操作数。由于到主存中读取操作数需要等待较长的周期，在没有数据相关且指令的执行部件处于空闲状态的时候，可以让后续不需要在主存中读取操作数的指令先执行，从而导致后流入到流水线中的指令先从流水线中输出。

5. 功能部件级、处理机级及系统级流水线

按照流水线使用的不同级别，可把流水线分为功能部件级、处理机级、系统级等。功能部件级流水线又称运算操作流水线，它是把复杂的算术运算操作按照流水的方式执行，如浮点加法运算可被分为求阶差、对阶、尾数加和规格化 4 个子过程。处理机级流水线又称指令流水线，它是把指令的执行过程按照流水的方式进行处理，即把一条指令的执行过程分解为若干个子过程，每个子过程在独立的功能部件中执行，7.3 节将详细介绍指令流水线。系统级流水线又称宏流水线，它是把多台处理机串接起来，构成流水线的各个功能段，对同一数据流进行处理，每台处理机完成整个任务的一部分。前一台处理机的输出结果作为后一台处理机的输入。

7.3 流水线的性能分析

衡量线性流水线的主要技术指标是吞吐率、加速比和效率。

1. 吞吐率

吞吐率是指单位时间内流水线所完成的任务数或输出结果的数量。计算公式如下：

$$T_p = \frac{n}{T_k} \tag{7.1}$$

其中，n 为任务数，T_k 是处理 n 个任务所用的时间。

对于线性流水线，假定各功能部件执行子过程所花费的时间均相等，如图 7.7 所示，对于一条 m 段流水线来说，在不考虑数据相关、部件相关、控制相关的提前条件下，连续输入 n 个任务，可以从两个方面来分析流水线执行 n 个任务所需要的时间。从流水线的输出端看，用 m 个时钟周期完成第一个任务，其余 $n-1$ 个时钟周期，每隔一个时钟周期有一个任务从流水线中输出，即用 $n-1$ 个时钟周期完成了后续的 $n-1$ 个任务；从流水线的输入端看，用 n 个时钟周期完成任务的输入，另外的 $m-1$ 个时钟周期作为流水线的排空时间。因此，流水线执行 n 个连续任务所需要的时间为：

$$T_k = (m + n - 1)\Delta t \tag{7.2}$$

其中，Δt 为时钟周期。

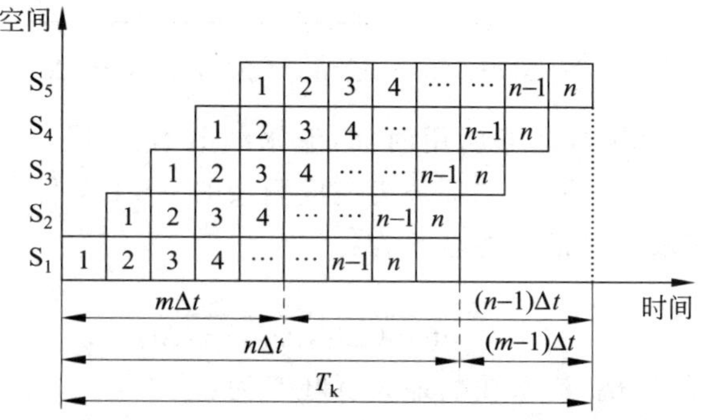

图 7.7 各段执行时间均相等的流水线时空图

将式(7.2)代入到式(7.1)中，可计算流水线的实际吞吐率为：

$$T_p = \frac{n}{T_k} = \frac{n}{(m+n-1)\Delta t} \tag{7.3}$$

这种情况下的最大吞吐率为：

$$T_{pmax} = \lim_{n\to\infty} \frac{n}{(m+n-1)\Delta t} = \frac{1}{\Delta t} \tag{7.4}$$

从式(7.3)和式(7.4)分析可知，流水线的实际吞吐率小于最大吞吐率，主要原因在于任务有输入时间和排空时间，执行子任务的功能段不可避免地存在着“空闲”状态，所以只有当 $n \gg k$ 的时候，才有 $T_p = T_{pmax}$。

在流水线的各段执行任务所花费的时间不相等的情况下，流水线中就存在着“瓶颈”段，其情况就复杂多了。如图 7.8(a)所示，一个 5 段流水线中，其中第三段(S_3)的执行时间是其余各段执行时间的 3 倍，即第三段的执行时间是 $3\Delta t$，其余各段的执行时间是 Δt。由于流水线中第三段的执行时间最长，导致其他各段出现“阻塞”和“断流”的现象，将该段称之为“瓶颈”段。图 7.8(b)所示的是该种情况下所对应的流水线时空图，其中阴影部分表示流水线的功能段在这一时间内处于空闲状态。

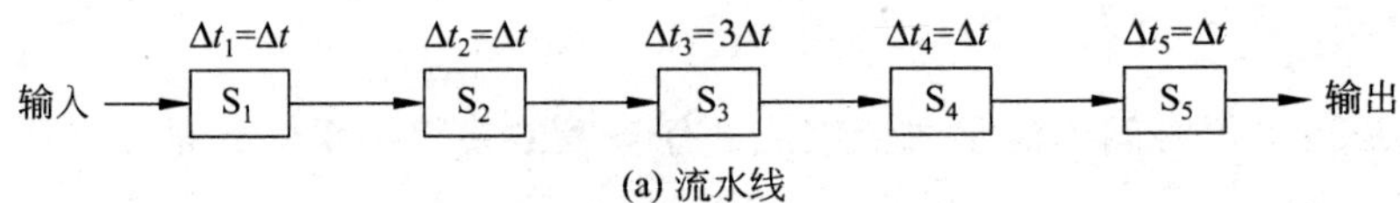

(a) 流水线

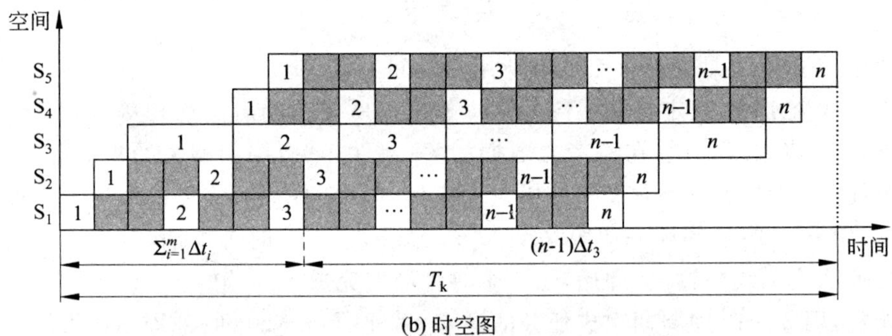

(b) 时空图

图 7.8 各段执行时间不相等的流水线及其时空图

根据图 7.8 分析可知，流水线各段执行时间不相等时，其实际吞吐率为：

$$T_p = \frac{n}{\sum_{i=1}^{m} \Delta t_i + (n-1)\max(\Delta t_1, \Delta t_2, \cdots, \Delta t_k)} \tag{7.5}$$

其中，Δt_i 为流水线第 i 段执行任务所用时间，流水线共有 m 段，分母中第一部分为流水线完成第一个任务所用的时间，第二部分为完成剩余的 $n-1$ 个任务所用的时间。

在这种情况下，流水线的最大吞吐率为：

$$T_{pmax} = \frac{1}{\max(\Delta t_1, \Delta t_2, \cdots, \Delta t_k)} \tag{7.6}$$

对于图 7.8 所示的案例，流水线的最大吞吐率为：

$$T_{\text{pmax}} = \frac{1}{3\Delta t} \tag{7.7}$$

依据式(7.6)和式(7.7)分析可知，当流水线各段执行时间不相等时，流水线的实际吞吐率和最大吞吐率的大小受限于流水线中执行时间最长的那个功能段，该功能段成为整个流水线的“瓶颈”段。对图7.8(b)分析可知，除了瓶颈段一直处于满“负荷”工作状态外，其余各段在许多时间都处于空闲状态，导致硬件资源利用率很低。

为了有效地解决流水线中存在的“瓶颈”段问题，主要有如下两种方法。

1）细分瓶颈段

如图7.9(a)所示，由于瓶颈段的执行时间是其余各段的执行时间的3倍，将瓶颈段S_3细分为3个子流水线功能段S_{3a}，S_{3b}，S_{3c}，这样每个功能段或子功能段的执行时间均为Δt，流水线转换为各段执行时间均相等的流水线，其时空图如图7.9(b)所示，流水线各段都处于满“负荷”工作状态，流水线的最大吞吐率为$1/\Delta t$。

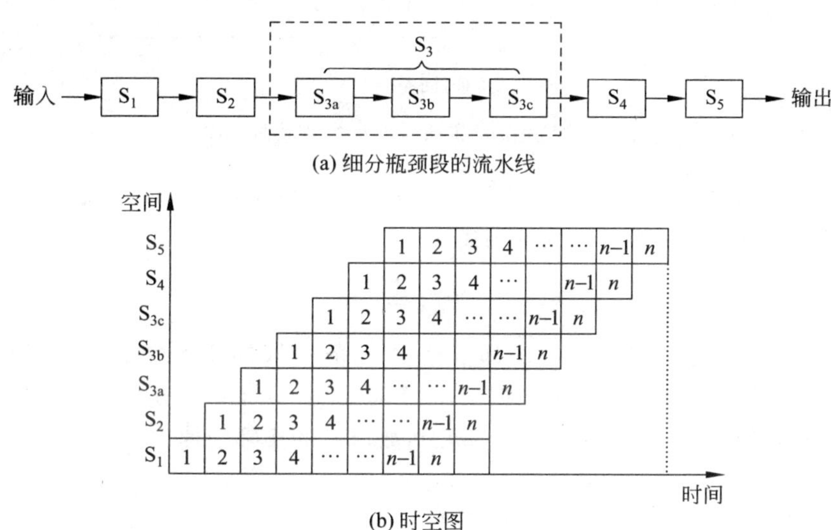

图7.9　细分瓶颈段的流水线及时空图

2）重复设置瓶颈功能段

如果由于结构等原因，流水线中的瓶颈段不能按照图7.9(a)的方法进行细分，则可以通过设置多个执行相同功能的瓶颈段的方法以消除瓶颈。重复设置的瓶颈段并行工作，交替地为不同的任务所使用，如图7.10(a)所示。从功能段S_2输出到并列瓶颈段S_{3a}，S_{3b}，S_{3c}输入之间，需要设置一个数据分配器，保证从功能段S_2中输出的第一个任务分配给功能段S_{3a}，输出的第二个任务分配给功能段S_{3b}，第三个任务分配给功能段S_{3c}，之后依此类推。而在瓶颈段S_{3a}，S_{3b}，S_{3c}的输出到功能段S_4的输入之间，需要设置一个数据收集器，依次分时地将S_{3a}，S_{3b}，S_{3c}的输出收集到功能段S_4的输入，改进后的流水线的最大吞吐率为$1/\Delta t$，其时空图如图7.10(b)所示。

2. 加速比

流水线的加速比是不使用流水线技术执行任务所用的时间与使用流水线技术执行相

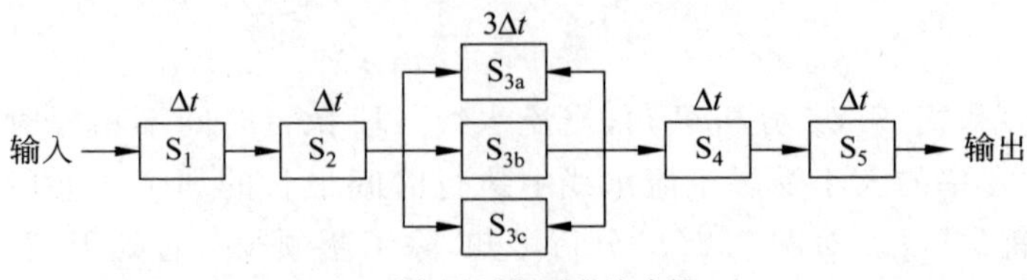

(a) 重复设置瓶颈段流水线

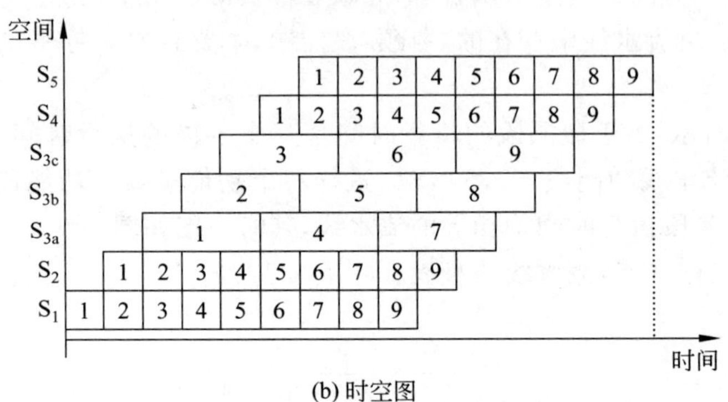

(b) 时空图

图 7.10 重复设置瓶颈段流水线及时空图

同任务所用的时间之比。如果不使用流水线,即串行执行所使用的时间为 T_0,使用流水线执行任务的时间为 T_k,则流水线的加速比为:

$$S=\frac{T_0}{T_k} \tag{7.8}$$

如果流水线各功能段的执行时间都相等,则一条 m 段的流水线完成 n 个任务所需的时间如式(7.2)所示。而这 n 个任务如果串行执行,由于每个任务的执行时间为:$m\Delta t$,则 n 个任务串行执行所需的总时间为:$nm\Delta t$,故流水的实际加速比为:

$$S=\frac{T_0}{T_k}=\frac{mn\Delta t}{(m+n-1)\Delta t}=\frac{mn}{m+n-1} \tag{7.9}$$

这种情况下的最大加速比为:

$$S_{\max}=\lim_{n\to\infty}\frac{mn}{m+n-1}=m \tag{7.10}$$

从式(7.10)分析可知,流水线的最大加速比等于流水线的功能段段数。从这个意义上看,流水线的功能段段数越多越好。然而随着流水线段数的增多,要求连续输入的任务数也会增加,由于程序中一般都存在着转移、跳转指令或中断、数据相关等情况,使得能够连续输入的任务数 n 受到很大的限制,同时当功能段的段数增多的时候,流水线的控制复杂度、电路实现的难度都呈耦合性增加,因而流水线的功能段的段数并非越多越好。

当流水线的各段执行时间不完全相等时,一条 m 段线性流水线完成 n 个连续任务的实际加速比为:

$$S=\frac{n\sum_{i=1}^{m}\Delta t_i}{\sum_{i=1}^{m}\Delta t_i+(n-1)\max(\Delta t_1,\Delta t_2,\cdots,\Delta t_k)} \tag{7.11}$$

3. 效率

效率是指流水线各段设备的利用率，即流水线中设备的实际使用时间与整个系统运行时间的比值。由于流水线有通过时间和排空时间，因此各功能段的设备不可能一直处于满负荷工作状态，总有一段空闲时间。从时空图上看，效率就是 n 个任务所占用的时空区与 m 个功能段总的时空区之比，因此流水线的效率包括时间和空间两个方面的因素。

当流水线的各段执行时间都相等时，如图 7.7 所示，则流水线的效率为：

$$E=\frac{n\text{ 个任务占用的时空区}}{m\text{ 个功能段总的时空区}}=\frac{n\times T_0}{m\times T_k}=\frac{mn\Delta t}{m(m+n-1)\Delta t}=\frac{n}{m+n-1} \tag{7.12}$$

这种情况下的最大效率为：

$$E_{\max}=\lim_{n\to\infty}\frac{n}{m+n-1}=1 \tag{7.13}$$

在各段执行时间不完全相等时，连续执行 n 个任务，流水线的效率为：

$$E=\frac{n\sum_{i=1}^{m}\Delta t_i}{m\times\left(\sum_{i=1}^{m}\Delta t_i+(n-1)\max(\Delta t_1,\Delta t_2,\cdots,\Delta t_m)\right)} \tag{7.14}$$

通常情况下，当需要去评估流水线的吞吐率、加速比和效率等性能指标时，可先画出时空图，然后根据流水线性能指标的基本定义去计算，这种方法对于线性流水线、非线性流水线、多功能流水线和任务不连续、各段执行时间不相等等情况均适用，是一种通用、直观的方法。

7.4 流水线的性能分析举例

例 7.1 在图 7.8(a)所示的流水线上计算 $Z=\sum_{i=1}^{7}A_i$，假定流水线的输出可直接返回到流水线的输入端或暂存于相应的流水线寄存器中，试计算流水线的吞吐率、加速比和效率。

解：首先，为了保证流水线的性能达到最优，应使流水线的各功能段尽可能处于满负荷工作状态，并使求流水线的相关最少。采用“二叉树”算法分配任务的执行顺序，可保证任务之间的相关性降为最小，如图 7.11 所示。在本题中，由于元数据 A_i 之间没有任何的数据相关性，故应先计算 A_1+A_2，A_3+A_4，A_5+A_6，作为前 3 个任务输入到流水线中，而第 4 个任务的源操作数之一为第 1 个任务的结果，必须等到第 1 个任务流出流水线以后，才能将第 4 个任务流入到流水线中，同理，第 5 个任务必须等到第 2、3 任务流出流水线以后才能流入到流水线中，第 6 个任务必须等到第 4、5 个任务流出流水线后才能流入到流水线中。在进行任务分配时，为了尽快将新的任务输入到流水线中，第 4 个任务的两个源操作数应设置为任务 1 的执行结果和 A_7，而不能是任务 1 的结果和任务 2 的结果进行相加，因为如果按照后一种方法进行任务分配，任务 4 为了等待任务 2 的输出结果，需延迟一个时钟周期才能输入到流水线中。

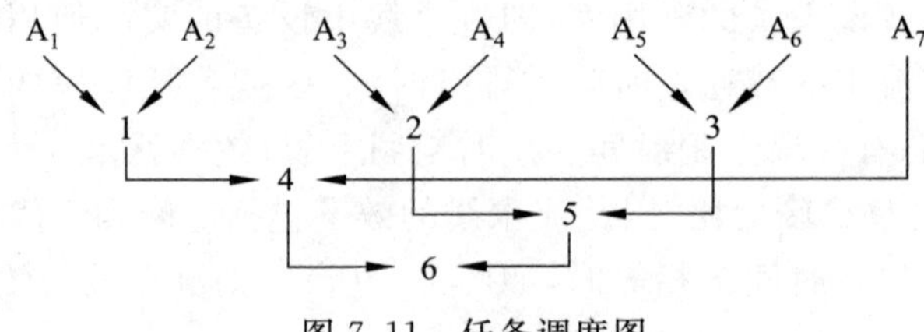

图 7.11　任务调度图

其次，画出完成该计算的流水线时空图，如图 7.12 所示，图中阴影部分表示该功能段处于空闲状态。

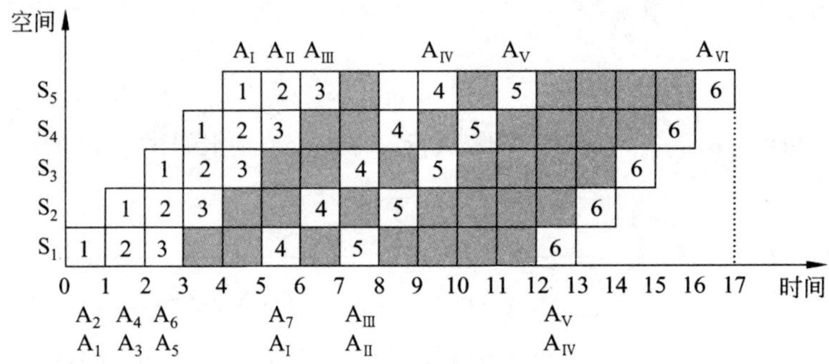

图 7.12　完成加运算流水线时空图

由图 7.12 可见，完成 6 个任务，共花费了 $17\Delta t$ 的时间，故吞吐率为：

$$T_p = \frac{6}{17\Delta t}$$

如果不采用流水线处理技术，每个任务的执行时间为 $5\Delta t$，则完成 6 个任务所需要的总时间为 $6\times 5\Delta t = 30\Delta t$，故加速比为：

$$S = \frac{30\Delta t}{17\Delta t} = \frac{30}{17}$$

而流水线的效率为：

$$E = \frac{30\Delta t}{5\times 17\Delta t} = \frac{6}{17}$$

例 7.2　设在图 7.4 所示的多功能流水线上，分别采用静态流水线的调度策略和动态流水线的调度策略，计算 $Z=\prod_{i=1}^{5}(A_i+B_i)$，流水线的输出可直接返回到流水线的输入端或暂存于相应的流水线寄存器中，试计算流水线的吞吐率、加速比和效率。

解：多功能静态流水线的调度策略：为了尽量减少任务切换次数和数据相关性，充分发挥流水线的作用，计算的顺序应该是先做 5 个加法：A_1+B_1，A_2+B_2，A_3+B_3，A_4+B_4，A_5+B_5，然后再做乘法。流水线的任务调度图如图 7.13 所示。

依题意，元数据 A_i，B_i 之间没有任何数据相关性，故 A_1+B_1，A_2+B_2，A_3+B_3，A_4+

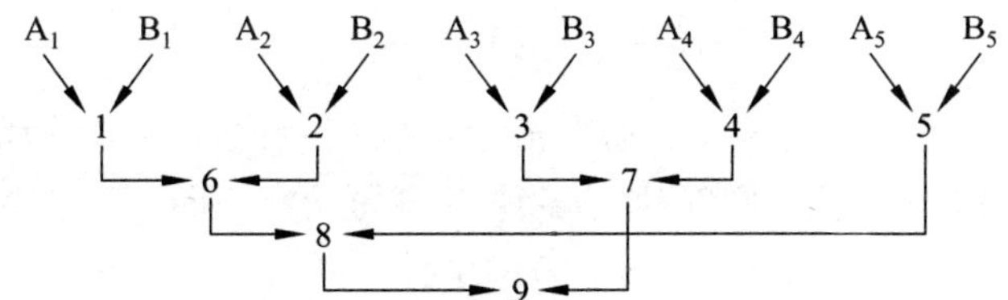

图 7.13 流水线任务调度图

B_4，A_5+B_5，可以作为前 5 个任务依次输入到流水线中，由于多功能静态流水线切换到另外一种功能的时候，必须等到执行前一种功能的任务全部流出流水线后，才能改变其连接方式，因此只有等前 5 个任务均流出流水线后，流水线才能切换到乘法功能，并依次启动任务 6、7 流入到流水线，而第 8 个任务的操作数是第 6 个任务的结果，必须等到第 6 个任务流出流水线以后，才能将第 8 个任务流入到流水线中，同理，第 9 个任务必须等到第 7、8 任务流出流水线以后才能流入到流水线中。在进行任务分配的时候，为了尽快将新的任务输入到流水线中，第 8 个任务的两个源操作数应设置为任务 5 和任务 6 的执行结果，而不能是任务 6 的结果和任务 7 的结果进行相乘，因为如果按照后一种方法进行任务分配，任务 8 为了等待任务 7 的输出结果，需延迟一个时钟周期才能输入到流水线中。

画出完成该功能的流水线时空图，如图 7.14 所示。

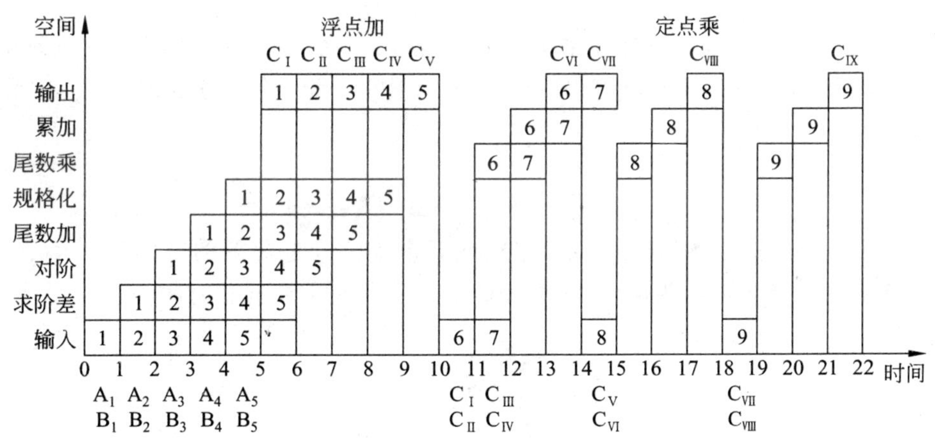

图 7.14 静态流水线时空图

由图 7.14 可见，完成 9 个任务，共花费了 $22\Delta t$ 的时间，故吞吐率为：

$$T_p = \frac{9}{22\Delta t}$$

如果不采用静态流水线处理技术，完成前 5 个加法任务需要时间为 $5\times 6\Delta t$，完成后 4 个乘法任务需要时间为 $4\times 4\Delta t$，则完成 9 个任务所需要的总时间为 $(5\times 6\Delta t)+(4\times 4\Delta t)=46\Delta t$，故加速比为：

$$S = \frac{46\Delta t}{22\Delta t} = \frac{23}{11}$$

而流水线的效率为：

$$E=\frac{46\Delta t}{8\times 22\Delta t}=\frac{23}{88}$$

多功能动态流水线的调度策略：动态流水线在同一时间内，多功能流水线中的各段可以按照不同的方式进行连接，同时执行多种不同的功能，所以不但要考虑数据相关，还要考虑结构相关。动态流水线时空图如图 7.15 所示。

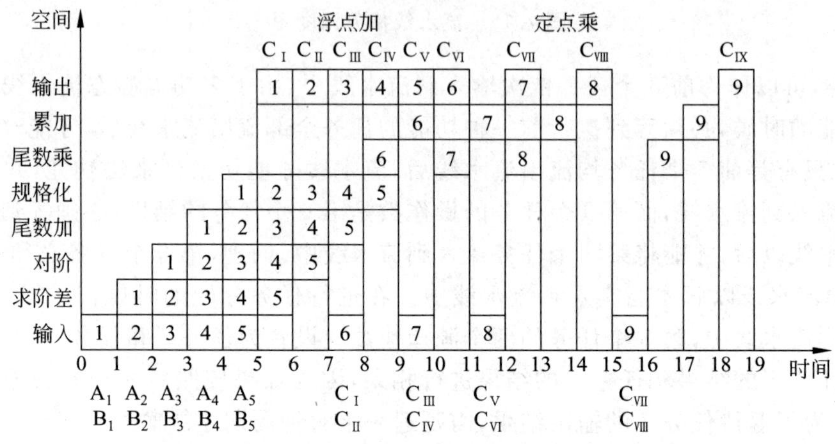

图 7.15 动态流水线时空图

图 7.15 中，任务 6 最早只能在第 7 个 Δt 时输入到流水线，因为任务 6 要处理的数据 C_{II} 在第 6 个 Δt 时结束时才流出流水线。图 7.15 中，完成 9 个任务，共花费了 $19\Delta t$ 的时间，故吞吐率为：

$$T_{p}=\frac{9}{19\Delta t}$$

如果不采用动态流水线处理技术，完成前 5 个加法任务需要的时间为 $5\times 6\Delta t$，完成后 4 个乘法任务需要的时间为 $4\times 4\Delta t$，则完成 9 个任务所需要的总时间为 $(5\times 6\Delta t)+(4\times 4\Delta t)=46\Delta t$，故加速比为：

$$S=\frac{46\Delta t}{19\Delta t}=\frac{46}{19}$$

而流水线的效率为：

$$E=\frac{46\Delta t}{8\times 19\Delta t}=\frac{23}{76}$$

7.5 流水线中的相关和冲突问题

要使流水线处于理想的运行状态，必须使流水线中不出现“阻塞”和“断流”的现象，但由于流水线中存在着结构相关、数据相关和控制相关，导致流水线中不可避免地存在着“阻塞”和“断流”的现象。相关是指两条指令之间存在着某种依赖关系，如前一条指令的执行结果是后一条指令的源操作数。下面以经典的 5 段指令流水线为例，来描述流水线中存在的相关和冲突问题以及解决方法。

7.5.1 经典 5 段 MIPS 指令流水线

一条指令的执行过程分为 5 个周期，分别为取指令周期（IF）、指令译码/读寄存器周期（ID）、执行/有效地址计算周期（EX）、存储器访问/分支完成周期（MEM）、写回周期（WB），如图 7.16 所示。

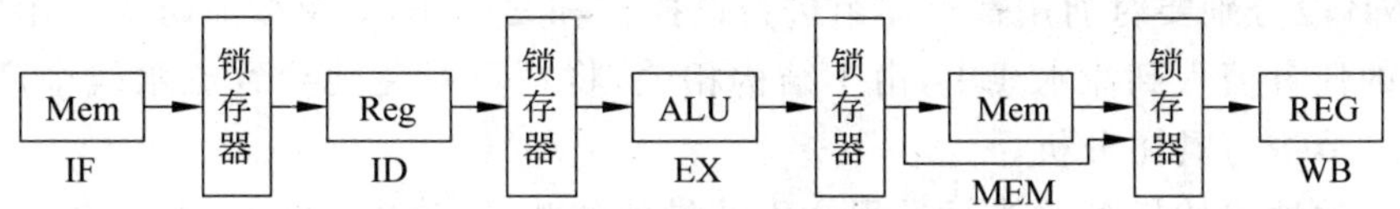

图 7.16 经典 5 段 MIPS 指令流水线

具体每个周期的功能如下。

1. 取指令周期（IF）

以程序计数器（PC）中存放的内容作为指令存放的地址，从存储器中取出指令并存入指令寄存器（IR），同时将 PC 中的值自动加“逻辑 1”，即如果指令的长度是 8 位，则 PC＋1→PC；如果指令的长度是 16 位，则 PC＋2→PC；如果指令的长度是 32 位，则 PC＋4→PC，以此类推，PC 指向下一条要执行指令的首地址。

2. 指令译码/读寄存器周期（ID）

对于 MIPS 指令而言，由于采用固定字段译码方式，指令译码和读寄存器操作是并行执行的。对指令进行译码，以指令中地址码的译码结果作为地址访问通用寄存器组，把读出的操作数分别送入 ALU 的左路操作数寄存器和右路操作数寄存器。

3. 执行/有效地址计算周期（EX）

在这个周期，ALU 对 ID 周期准备好的操作数进行算术运算或逻辑运算，不同种类的指令执行不同的操作。

（1）存储器访问指令：ALU 把所指定的寄存器的内容与偏移量相加，形成访存的有效地址。

（2）寄存器-寄存器/立即数 ALU 指令：ALU 按照操作码指定的操作对从通用寄存器组读出的数据或立即数进行有效运算。

（3）分支指令：ALU 把偏移量与 PC 值相加，形成转移目标地址。同时，对在前一个周期读出的操作数进行判断，确定分支转移是否成功。

4. 存储器访问/分支完成周期（MEM）

在这个周期，只有 LOAD/STORE 指令和分支指令需要进行操作，其他指令不做任何操作。对于 LOAD/STORE 指令，就是用上一个周期计算出来的有效地址从存储器中读出相应的数据或将指定的数据写入有效地址指定的存储单元；对于分支指令，如果前一个周期判断分支或转移“成功”，就把目标地址送入 PC。

5. 写回周期(WB)

在这个周期，只有 ALU 运算指令和 LOAD 指令需要进行写操作，将运算结果写入通用寄存器组，其他指令不做任何操作。

分析上面的指令执行过程，IF 段和 MEM 段分别要对存储器进行读操作和写操作，ID 段和 WB 段分别要对通用寄存器组进行读操作和写操作，如果按照每隔一个时钟周期将一个新的任务流入到流水线中，由于结构相关，将不可避免地导致流水线中产生冲突，将在 7.5.2 节进行具体分析。

为了有效地描述任务的执行过程和由此导致的相关、冲突，可以采用另外一种时空图描述，如图 7.17 所示。其中，横坐标依然表示时间，纵坐标是将所要执行的指令按序列出，时空区所描述的是各流水段的名称。图 7.18 是以数据通路的快照形式所展现的时空图描述。

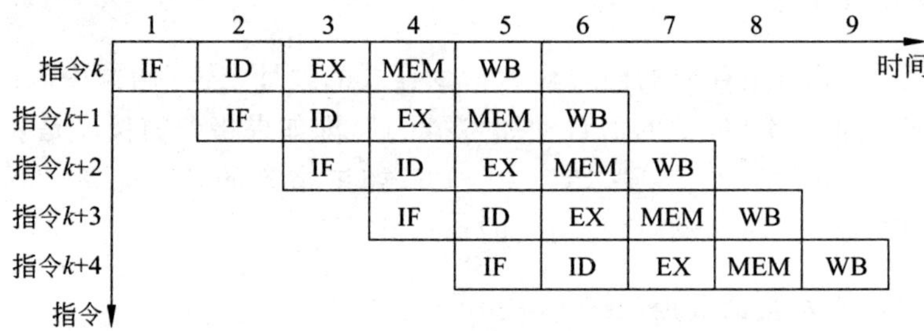

图 7.17　5 段流水线时间-指令时空图

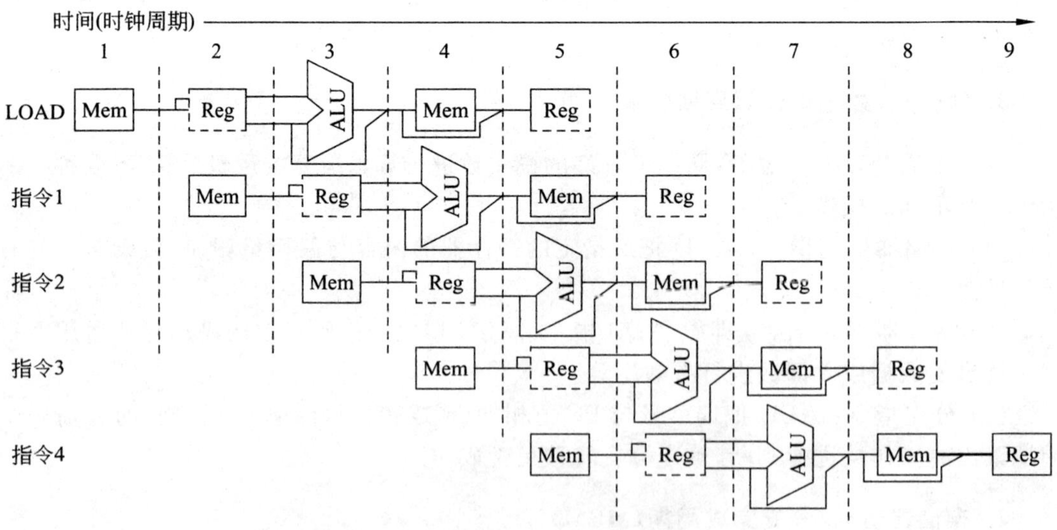

图 7.18　5 段流水线时间-指令数据通路时空图

7.5.2 流水线的冲突和相关

流水线相关是指两条指令之间存在着某种依赖关系。如果两条指令相关，则两条指令在流水线中执行时，就不能重叠执行或只能部分重叠。相关包括数据相关、结构相关和控制相关。流水线冲突是指流水线中由于相关的存在，导致流水线中出现"断流"或"阻塞"，后一条指令不能在预期的时钟周期流入到流水线中。冲突包括结构冲突、数据冲突和控制冲突。

1. 结构冲突

由于多条指令在同一时钟周期都需使用同一操作部件而引起的冲突被称为结构冲突。如流水线只有一个存储器，数据和指令都放在这个存储器中。在这种情况下，当执行LOAD指令需要访存取数时，而同时又要完成其后某条指令的"取指令"操作，此时就发生访存冲突，如图7.19所示。为了消除这一冲突，在流水线中插入一个"气泡"，停顿一个时钟周期，等到LOAD指令访问存储器操作结束以后，后一条指令再启动，如图7.20所示。在这种情况下，在第4个时钟周期没有新的指令流入到流水线中，第3条指令等到第5个时钟周期再启动。

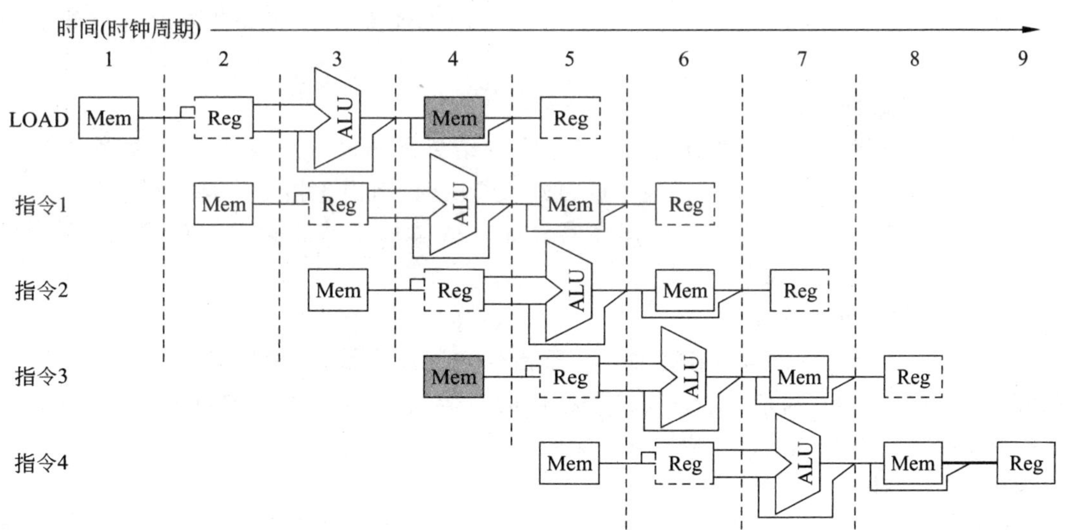

图7.19 访存冲突而引起的结构冲突的时空图

由图7.20可知，为消除结构相关而插入的气泡导致流水线的吞吐率、加速比降低，影响了流水线的性能。为了更高效消除结构冲突，可在流水线处理机中设置独立的数据存储器和指令存储器或将cache分成独立的数据cache和指令cache。

2. 数据冲突

后续指令要用到前面指令的操作结果，而这个结果尚未产生或尚未送到指定的位置，从而造成后续指令无法继续执行的状况，称为数据冲突或数据相关。根据指令读访问和

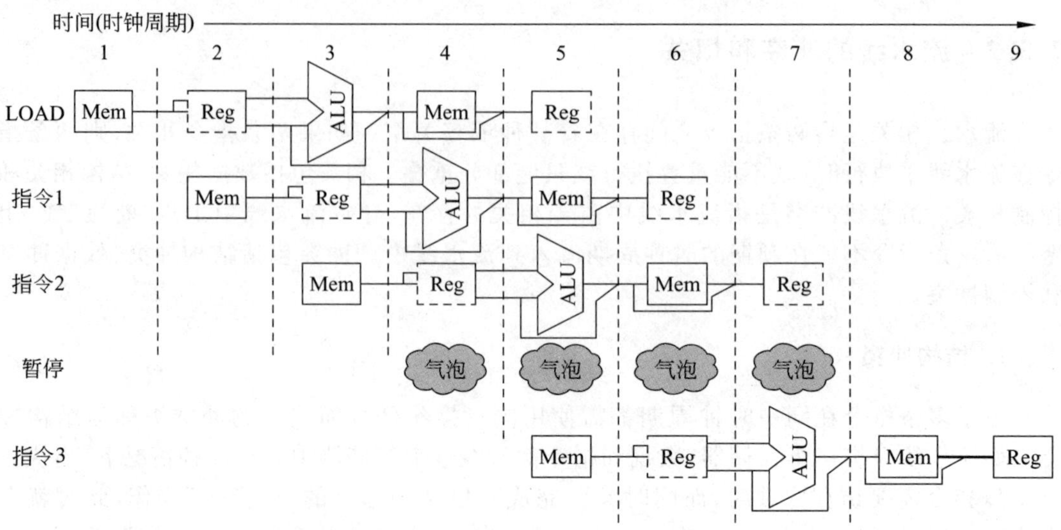

图 7.20 为消除结构冲突而插入的气泡流水线

写访问的顺序，常见的数据冲突包括先写后读冲突（Read After Write，RAW）、先读后写冲突（Write After Read，WAR）、写后写冲突（Write After Write，WAW）。假定连续的两条指令 i 和 j，其中第 i 条指令在第 j 条指令之前流入到流水线，两条指令之间可能引起的数据冲突如下。

1）先写后读冲突 RAW

如果第 j 条指令的源操作数是第 i 条指令的结果操作数，这种数据冲突被称之为先写后读冲突（RAW）。当指令按照流水的方式执行的时候，由于指令 j 要用到指令 i 的结果，而指令 j 在指令 i 将结果写入寄存器之前就去读取了该寄存器，将导致读取数据出错。

2）先读后写冲突 WAR

如果第 j 条指令的结果操作数是第 i 条指令的源操作数，这种数据冲突被称之为先读后写冲突（WAR）。当指令 j 去写该寄存器的时候，指令 i 已经读取过该寄存器，所以这种数据相关对指令的执行不构成任何影响。

3）写后写冲突 WAW

如果第 j 条指令和第 i 条指令的结果操作数是相同的，这种数据冲突被称之为写后写冲突（WAW）。当指令按照流水的方式执行的时候，如果第 j 条指令的写操作发生在第 i 条指令的写操作之后，这种 WAW 冲突对指令的执行没有影响；如果第 j 条指令的写操作发生在第 i 条指令的写操作之前，如采用乱序调度策略，这种冲突将导致写入顺序错误，结果单元中留下的是第 i 条指令的执行结果，而不是第 j 条指令的执行结果。

从上面的分析可知，当遇到数据相关时，为了有效地避免结果出错，最简单的处理方法，就是推后执行与其相关的指令，来保证指令或程序执行的正确性。

例 7.3 设在图 7.16 所示的指令流水线，执行如下指令序列：

```
DADD  R1,R2,R3 ; R3←(R1)+(R2)
```

```
LW     R4,20(R1); R4←Mem[(R1)+20]
AND    R5,R1,R6 ; R5←(R1) AND (R6)
DSUB   R7,R1,R2 ; R7←(R1)-(R2)
OR     R8,R1,R4 ; R8←(R1) OR (R4)
```

画出流水线指令数据通路时空图，并分析存在哪些数据相关；为了有效地避免数据冲突，采用推后执行法，计算吞吐率、加速比和效率。

解：指令数据通路时空图如图 7.21 所示。由指令序列分析可知，第 1 条 DADD 指令在第 5 个时钟周期(WB 段)才将计算结果写入寄存器 R1，但是第 2 条 LW 指令在第 3 个时钟周期(ID 段)要从寄存器 R1 中读取该计算结果，则第 1 条指令和第 2 条指令之间就存在着一个先写后读的数据冲突；同理分析可知，第 3 条 AND 指令和第 4 条 DSUB 指令分别在第 4 个时钟周期和第 5 个时钟周期(ID 段)要从寄存器 R1 中读取该计算结果，则第 1 条指令和第 3 条、第 4 条指令之间也存在着一个先写后读的数据冲突；而第 5 条指令在第 6 个时钟周期(ID 段)才从寄存器 R1 中读取该计算结果，故与第 1 条指令之间不存在数据冲突，但由于此时会存在结构相关，第 3 和第 4 条指令分别在第 6 个时钟周期和第 7 个时钟周期要用到 ID 段，为了有效避免结构相关，采用推后执行法，第 5 条指令在 IF 段和 ID 段之间也插入了两个气泡。为防止以上情况出现，流水线只好暂停 DADD 指令后的所有指令，防止 LW 在 ID 段读到错误的结果。

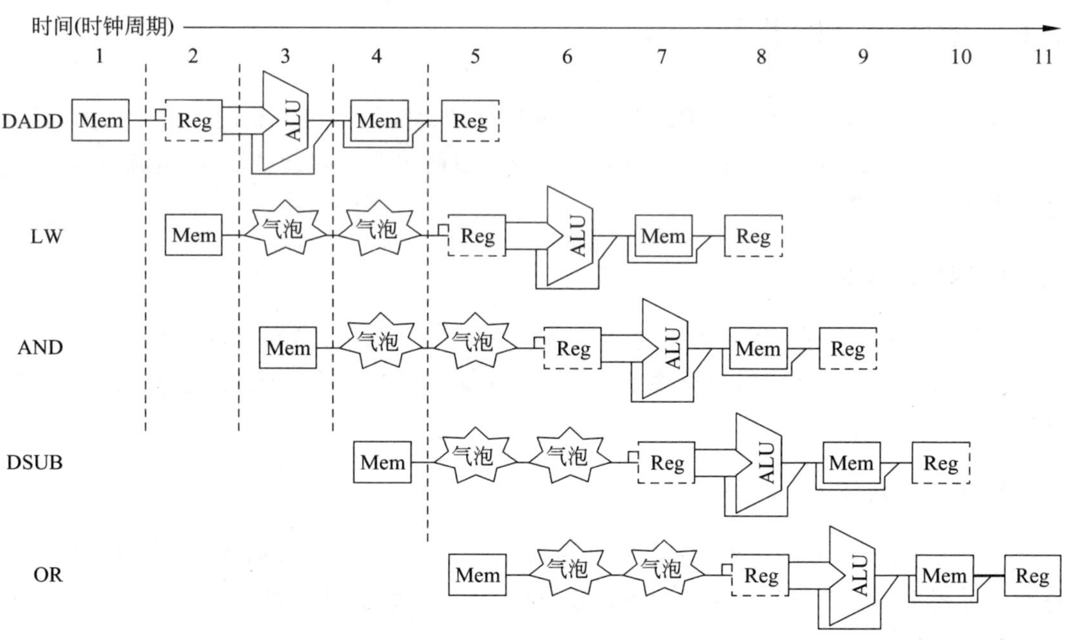

图 7.21 指令数据通路时空图

如图 7.21 指令数据通路时空图所示，完成 5 条指令所用时间为 $11\Delta t$，故吞吐率为：

$$T_p = \frac{5}{11\Delta t}$$

如不采用流水线技术，每条指令所用时间为 $5\Delta t$，总用时为 $5\times 5\Delta t = 25\Delta t$，故加速比为：

$$S = \frac{25\Delta t}{11\Delta t} = \frac{25}{11}$$

而流水线的效率为：

$$E = \frac{25\Delta t}{5 \times 11\Delta t} = \frac{5}{11}$$

3. 控制相关

当流水线遇到分支指令或其他会改变PC值的指令时，由于分支指令跳转是否成功或改变后的PC值要等到存储器访问/分支完成(MEM)段才能确定或计算出来，导致在指令执行阶段，无法确定应该去执行哪一段程序所造成的相关被称之为控制相关。解决控制相关最简单的办法，依然是采用推后指令执行的方式，当遇到跳转指令的时候，如JMP指令，等到上一条指令的MEM段执行完毕以后，再去执行下一条指令的EX段，可有效避免控制相关所引起的指令执行出错。另外，还可以采用基于软件或硬件方法的分支预测，提前取指令，以尽量减少由于控制相关所导致的对流水线性能的影响。

7.6 指令级高度并行技术

自从20世纪80年代兴起RISC之后，又出现了提高指令级并行的一些新技术，让单处理机在每个时钟周期里可以解释更多的指令。目前主要有超标量技术、超流水线技术、超长指令字技术等。

1. 超标量技术

超标量技术是指在CPU内部包含两条或两条以上的可并行执行的指令流水线，使得在一个时钟节拍内能同时执行多条指令。通过采用空间上的并行性，来提高系统的处理速度。

2. 超流水线技术

在标准流水线中，将指令的执行过程分为取指、译码、执行、写回4个子过程，如果将这些子过程进一步细划分出更多的子过程，更大程度上提高任务处理过程中时间上的并行性的处理技术称为超流水线技术。

3. 超长指令字技术

把多条无相关关系的常规指令储存在一个超长的指令字中，让它们同时被处理，分别控制多个功能部件并行工作的技术称为超长指令字技术。这种技术的实质，是把超标量技术中的相关性识别任务，由CPU硬件转移给程序员或编译程序去实现。

本章小结

采用流水线处理技术是提高计算机处理性能最基本的方法。本章在介绍指令流水线技术基本概念的基础上，重点分析了如何对流水线的性能进行评估以及流水线的冲突问题和解决方法，涉及流水线的概念、表示方法、流水线的特点、流水线的分类、实例分析、线性流水线的性能分析、流水线中存在的冲突和解决方法等内容，并对指令级高度并行技术进行简单的说明。

本章的学习目标包括：

(1) 熟悉流水线和时空图的基本概念。

(2) 掌握线性流水线的性能分析方法和评价指标。

(3) 掌握流水线中对冲突问题的分析方法和处理方法。

(4) 了解指令级高度并行处理技术的基本概念。

具体内容小结如下。

1. 流水线基本概念

1) 定义

将一个任务划分成几个不同的子过程，并且各子过程在不同的功能部件上并行执行，使得在同一个时钟周期内同时解释多个机器语言，这种方法即为流水线处理技术。

2) 流水线的分类

流水线可从多个不同的角度进行分类。常见的分类包括线性流水线和非线性流水线，单功能流水线和多功能流水线，静态流水线和动态流水线，顺序流水线和乱序流水线，功能部件级、处理机级及系统级流水线等。

3) 流水线的性能指标

(1) 吞吐率：它是指单位时间内流水线所完成的任务数或输出结果的数量。

(2) 加速比：不使用流水线技术执行任务所用的时间与使用流水线技术执行任务所用的时间之比。

(3) 效率：指流水线各段设备的利用率，即流水线中设备的实际使用时间与整个系统运行时间的比值。

为了计算流水线的性能，一般先画出流水线的时空图。

2. 流水线的冲突和相关

1) 结构冲突

是由于多条指令在同一时钟周期使用同一操作部件而引起的冲突。

2) 数据冲突

后续指令要用到前面指令的操作结果，而这个结果尚未产生或尚未送到指定的位置，从而造成后续指令无法继续执行的状况，称为数据冲突。

3）控制相关

当流水线遇到分支指令或其他会改变 PC 值的指令时，由于分支指令跳转是否成功或改变后的 PC 值要等到存储器访问/分支完成(MEM)段才能确定或计算出来，导致在指令执行阶段，无法确定应该去执行哪一段程序所造成的相关称之为控制相关。

4）解决各类相关的方法

(1) 解决结构冲突的方法：使用分离的数据 cache 和指令 cache、插入气泡推后后续指令的执行、通过编译调整指令的执行顺序等。

(2) 解决数据相关的方法：推后后续指令的执行、采用旁路技术将前一条指令的数据直接送后面的指令使用等。

(3) 解决控制相关的方法：推后后续指令的执行、采用分支预测技术等。

3. 指令级高度并行技术

主要包括超标量技术、超流水线技术、超长指令字技术等。

习题 7

7.1 解释下列名词。

流水线技术；通过时间；排空时间；部件级流水线；指令级流水线；静态流水线；动态流水线；多功能流水线；顺序流水线；乱序流水线；流水线加速比；流水线吞吐率；流水线吞吐率效率；数据冲突；结构冲突；控制相关；写后读冲突；先读后写冲突；写后写冲突；超标量技术；超流水线技术；超长指令字技术；气泡。

7.2 简述流水线的特点。

7.3 流水线方式是缩短了指令的执行时间还是程序的执行时间？

7.4 简述流水线的分类。

7.5 某动态多功能流水线有 6 个功能段，其中 1,2,3,6 为乘法功能所用，1,4,5,6 为加法功能所用，在该流水线上计算

$$\sum_{i=1}^{7} A_i B_i$$

(1) 画出描述算法的任务分布图。

(2) 画出任务执行的时空图。

(3) 计算吞吐率、加速比、效率。

7.6 有一条 5 段(S_1～S_5)组成的数据处理流水线，如图 7.22 所示，其中，S_1、S_2、S_3 和 S_4 的执行时间为 Δt，S_5 的执行时间为 $3\Delta t$。

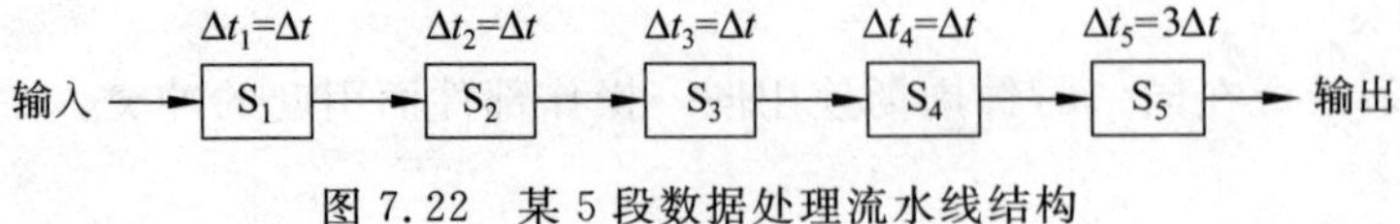

图 7.22 某 5 段数据处理流水线结构

(1) 画出连续处理 5 个数据的处理过程的时空图，并求出流水线的实际吞吐率和

效率。

(2) 采用瓶颈段细分方法对瓶颈段 S_5 进行改造，画出改造后的流水线和连续处理 5 个数据的时空图，并求出流水线的实际吞吐率和效率。

7.7 某非线性流水线由 4 段组成，其中每当流经第 3 段时，总要在该段循环一次，然后才能流到第 4 段。如果每段的时间都是 Δt，问：

(1) 当在该流水线输入端连续地每隔 Δt 时间输入一个任务时，该流水线会发生什么情况？

(2) 此流水线的最大吞吐率为多少？如果每隔离 $2\Delta t$ 输入一个任务，连续处理 10 个任务时的实际吞吐率和效率是多少？

(3) 当每段时间不变时，如何提高该流水线的吞吐率？仍连续处理 10 个任务时，其吞吐率提高到多少？

课外实践

利用 WinDLX 模拟器对流水线的功能进行仿真。仿真软件下载地址：http://www.Gotoschool.net

第8章 系统总线

计算机所有功能的实现过程就是各种信息在计算机内各大功能部件之间进行交换的过程，因此，必须在部件之间构筑信息传输的公共通路，即总线。计算机系统通过总线将CPU、主存储器及输入输出设备连接起来，并在这个通路上传送地址信息、数据信息及控制信息。

本章主要介绍系统总线的基本概念、总线设计中必须考虑的因素、总线标准及现代计算机的总线互连结构以及提高总线数据传输速度的基本方法。

8.1 总线基本概念

8.1.1 总线的分类

总线的应用很广泛，从不同角度可以有不同的分类方法。如按总线连接线的数量可分为并行传输总线和串行传输总线。在并行传输总线中，又可按传输数据宽度分为8位、16位、32位、64位等传输总线。按传输方向可分为单向传输总线和双向传输总线等。下面将按连接部件的不同，分3类总线介绍。

1. 片内总线

片内总线是指芯片内部各组成部分之间的连接线。如在CPU芯片内部，寄存器与寄存器之间、寄存器与算术逻辑单元之间的连接线就属于片内总线。

2. 系统总线

系统总线是指连接CPU、主存、I/O模块等主要部件之间的信息传输线。按传输信息的类型不同，除电源线与地线外，系统总线又可分为3类：数据总线、地址总线、控制总线。

1）数据总线

数据总线用来传输各功能部件之间的数据信息，它是双向传输总线，其位数与机器字长、存储字长有关。数据总线的条数称为数据总线宽度，它是衡量系统性能的一个重要参数。

2）地址总线

地址总线主要用来指出数据总线上的源数据或目的数据在主存单元的地址，是单向传输总线。地址线的位数与存储单元数有关，如地址线为20根，则对应的可访问存储单元个数为2^{20}。

3）控制总线

控制总线是各种控制信号的传输线。常见的控制信号有：

- 时钟：用来同步各种操作。
- 复位：表示各模块恢复初始状态。
- 总线请求：表示某部件需获得总线使用权。
- 总线允许：表示需要获得总线使用权的部件已获得了控制权。
- 中断请求：表示某部件提出中断请求。
- 中断确认：表示中断请求已被接收。
- 存储器读写：控制对存储单元的读写操作。
- I/O 读写：控制对 I/O 端口的读写操作。
- 数据确认：表示数据已被接收或已读到总线上。

3. 通信总线

这类总线主要用于计算机和 I/O 设备之间以及计算机系统之间或计算机系统与其他系统（如控制仪表、移动通信等）之间的通信。由于系统之间不同部件的特性差异较大，因此这类总线涉及的内容较广，如距离、速度、工作方式等。

8.1.2 总线的特性

1. 物理特性

物理特性是指总线的物理连接方式，包括总线的线数，总线的插头、插座的形状，引脚线的排列方式等。

2. 功能特性

功能特性描述总线中每一根线的功能。按传送信息的不同，分为地址总线、数据总线和控制总线。地址总线的宽度决定了其对存储器空间的寻址范围；数据总线的宽度决定了一次数据传送的二进制位数；控制总线包括 CPU 发出和接收的各种控制信号线，如读写控制信号线、中断请求与响应信号线等。除以上 3 种线外，还有时钟线、电源线和地线，分别用作时钟控制及提供电源。为减少信号失真及噪声干扰，地线通常有多根，分布格式很讲究。

3. 电气特性

电气特性即定义每一根线上信号的传递方向及有效电平范围。如地址线用于选择信息传送的设备。地址线通常是单向线，地址信息由源部件发送到目的部件。数据线用于总线上的设备之间传送数据信息。数据线通常是双向线，以通过数据线进行输入或输出。控制线用于实现对设备的控制和监视功能。控制线通常都是单向线，有从 CPU 发送出去的，如对主存储器的读写控制线，也有进入 CPU 的，如接口的中断请求线。

总线的电平表示方式有两种：单端方式和差分方式。前者采用一条信号线和一条公共接地线来传递信号，信号中一般用高电平表示逻辑“1”，低电平表示逻辑“0”；后者常采用一条信号线和一个参考电压比较来互补传输信号，一般采用负逻辑，即用高电平表示逻辑“0”，用低电平表示逻辑“1”。如串行总线接口标准 RS-232C，其电气特性规定用“－3V”表示逻辑“1”；用“＋3V”表示逻辑“0”。

4. 时间特性

时间特性定义了每根线的信息在什么时间有效，即规定了总线上各信号有效的时序关系。只有当逻辑与时序都无误，计算机系统才能正常工作。

当部件接口的特性与所使用的总线特性不一致时，这些部件就不能通过总线直接互连，需要增加转换接口，才能实现不同特性总线之间的互联互通。

8.1.3 三态门与总线

三态门是指逻辑门的输出除有高、低电平两种状态外，还有第三种状态——高阻状态的门电路。高阻态相当于隔断状态。三态门都有一个控制使能端，用来控制门电路的通断。三态门的逻辑符号及功能表如图 8.1 所示。

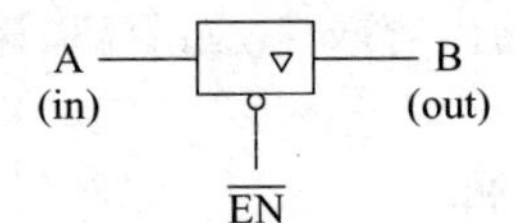

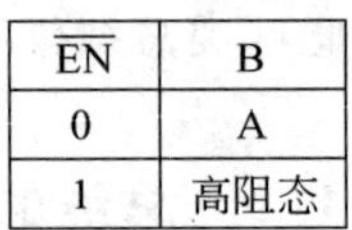

$\overline{EN}$	B
0	A
1	高阻态

图 8.1 三态门及功能表

三态门在总线中有两方面典型应用。一是作为功能部件输出端与总线之间的缓冲器，如图 8.2 所示。当总线上某些部件在使用总线传输信息时，其他功能部件输出端的三态门就处于高阻态，以免有多个功能部件同时向总线输出信息，发生数据冲突。

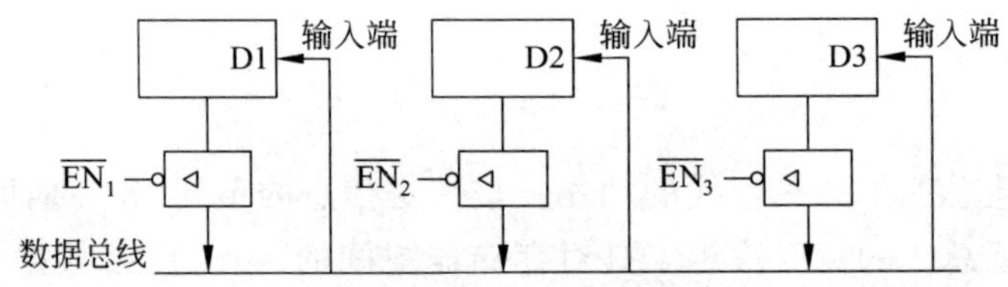

图 8.2 基于三态门的输出缓冲

图 8.2 中 3 个功能部件 D1～D3 的输出端通过 3 个由三态门构成的输出缓冲器与总线相连。同一时刻，3 个三态缓冲器的控制端最多只能有一个控制使能端为低电平。当控制端为高电平时，三态门输出为高阻态，相应功能部件的输出端与总线隔离。需要特别说明的是，输出端的三态缓冲控制不影响相应部件输入端的功能。图 8.2 中不论三态缓冲器控制使能端是否有效，相应功能部件均可通过输入端接收来自总线的数据。

三态门在总线中另一典型应用是构成有向总线。图 8.3 所示为基于三态门的单向总线和双向总线的原理。图 8.3(a)所示为单向总线的工作原理，当 $\overline{EN}_{AB}$ 低电平时，部件 A 可向 B 传送信息，而部件 B 则不能向 A 传送信息。图 8.3(b)所示为双向总线的工作原理，当 $\overline{EN}_{AB}=0$ 时，实现部件 A 向部件 B 的信息传送；当 $\overline{EN}_{BA}=0$ 时实现部件 B 则向 A

信息传送。显然$\overline{EN}_{AB}$和$\overline{EN}_{BA}$不能同时为0，因此图8.3(b)实现的是半双工通信。

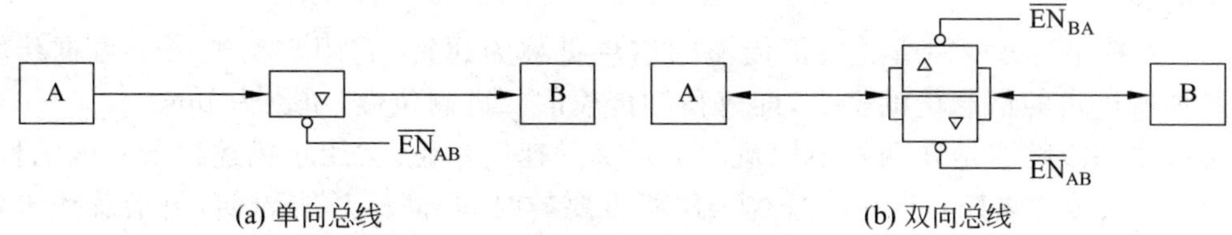

图8.3 基于三态门的单/双向总线

8.1.4 总线事务类型

把总线上一对设备之间的一次信息交换过程称为一个“总线事务”，总线事务类型通常根据它的操作性质来定义。典型的总线事务类型有“存储器读”、“存储器写”、“I/O读”、“I/O写”、“中断响应”、“DMA响应”、“存储器刷新”等。

一次总线事务一般包括地址阶段和数据阶段。在地址阶段，获得总线使用权的主设备向被寻址的从设备发出地址信息，从设备确认该地址，并向主设备发回应答信号。在数据阶段，主从设备之间传输数据信息。

突发(Burst)传送事务则由一个地址阶段和多个数据阶段组成。其中地址阶段发送的是连续数据单元的首地址，在数据阶段传送多个连续单元的数据，因此，突发传送事务也称为成组传送事务。在成组传送事务中，每个总线周期仍传送一个字长的信息，但不释放总线，直到这批信息送完后，再释放总线。

不同类型的总线所支持的总线事务类型不同，如ISA总线支持8种事务类型，而Pentium Pro处理器的总线事务类型多达11种。

8.1.5 信号线的类型

总线的信号线有专用和复用两种。专用信号线用于传输一种信号，如分立的数据线和地址线分别专门用于传送数据信息和地址信息。复用线指一组传输线具有多种用途，分时传送不同类型的信息。最常见的是地址总线和数据总线复用，即将地址总线和数据总线共用一组物理线路，某一时刻该总线传输地址信号，另一时刻传输数据信号。

总线复用可提高总线的利用率，节省布线空间和降低成本。在具体设计过程中决定是采用专用还是复用方式时，需根据部件的功能和性能要求来确定，对需要采用并行传送来实现部件功能或提高传输性能的场合，就不宜采用复用方式。

8.1.6 总线性能指标

总线的性能指标主要包括如下几种。

(1) 总线宽度：它是指数据总线的根数，用bit(位)表示，如8位、16位、32位等。

(2) 波特率：在信道上每秒钟传送的码元(波形)个数，可用于表示传输线上信号的传输速度。

(3) 比特率：每秒钟通过信道传输的信息量称为比特，它用于反映一个数据传输系统每秒钟所传送的信息量的多少，即每秒钟传输的二进制位数，单位为 bps。

比特率和波特率是在两种不同概念上定义的速度单位，常用于描述串行总线的性能。

(4) 总线传输周期：指一次总线操作所需要的时间，简称总线周期，包括总线申请阶段、寻址阶段、传输阶段和结束阶段等 4 个阶段的时间。

(5) 总线带宽：即在总线上每秒能传输的最大字节量，用 MB/s(每秒多少兆字节)表示。该指标常用于描述并行总线的性能。影响总线带宽的几个主要因素包括：

① 数据总线宽度。增加数据总线的宽度可以一次传输更多的数据位。

② 信号线是专用还是复用。如当地址线和数据线单独设置时，可同时传输数据和地址，有利于缩短总线周期；反之，则必须分时传送地址和数据，总线周期增加。

③ 是否允许突发数据传输。传输相同的数据量，采用突发传输方式，可减少地址的传输次数和总线的申请次数。

④ 总线的频率。一般情况下，总线的时钟频率越高，总线周期的时间就越短。

例 8.1 某 32 位总线中，时钟频率为 100MHz，设总线传输周期为两个时钟周期传输一个字，求：

(1) 总线的数据传输率为多少？

(2) 若将总线数据线增加到 64 位，其他条件不变，则总线的数据传输率为多少？

(3) 在(1)的情况下，若仅将总线的时钟频率增至 200MHz，则总线的数据传输率为多少？

解：(1) 时钟频率为 100MHz，则一个时钟周期的时间 $T=1/100\text{MHz}=0.01\mu\text{s}$，两个时钟周期的时间为 $0.02\mu\text{s}$，数据传输率 $=4\text{B}/0.02\mu\text{s}=200\text{MB/s}$。

(2) 与第一问相比，每个总线传输中传送的数据量发生了变化，由 4B 变成 8B，则数据传输率 $=8\text{B}/0.02\mu\text{s}=400\text{MB/s}$。

(3) 与第一问相比，每个总线周期的时间发生了变化，由 $0.01\mu\text{s}$ 变成 $0.005\mu\text{s}$，则数据传输率 $=4\text{B}/0.01\mu\text{s}=400\text{MB/s}$。

本例说明，提高总线宽度和提高总线时钟频率可提高总线的数据传输率。

8.2 总线的连接方式

总线的连接方式主要研究构成计算机的各大组成部件如何与总线相连并构成一个有机的整体，这与系统总线的结构紧密相关。在不同的总线结构下，构成计算机的各大部件与总线的连接方式不同，所构成的系统性能也不同。本节主要研究在单总线结构和多总线结构下，系统总线与计算机各大部件的连接方式。

1. 单总线结构

在单总线结构的计算机中只有一条系统总线，因此构成计算机系统的各部件如 CPU、主存储器及输入输出设备等，都只能连接在这一条总线上并构成一个完整的计算机系统。单总线结构下构成计算机的各大部件与总线的连接方式如图 8.4 所示。早期的 ISA 总线、EISA 总线就是典型的单总线结构。

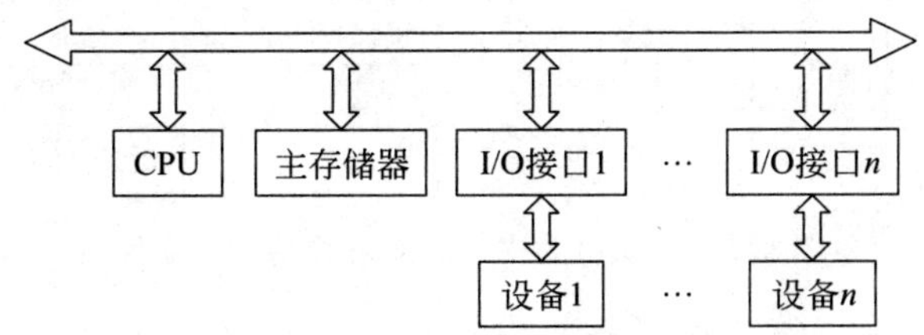

图 8.4 单总线结构示意图

在单总线结构中，由于主存与 I/O 设备都连接在同一条总线上，从编址的角度看，主存单元及外部设备采用统一编址方式，即主存地址和外设备地址共享一个连续的地址空间。此时，通过地址来区分是访问内存还是外部设备，当指令的地址字段对应于外部设备的接口地址时，CPU 选中相应的外部设备并与之交换信息；当指令的地址字段对应于主存地址时，CPU 则与主存之间交换信息。

在单总线结构系统中，某些外部设备也可以指定地址（外部设备向 CPU 申请总线控制权），因此可允许 I/O 之间、I/O 与主存之间直接交换信息。

单总线结构具有如下优点。

(1) 由于主存与外设采用统一编址方法，可省去一类 I/O 指令，从而简化了指令系统。

(2) 总线结构简单，使用灵活，扩充容易。在总线上增加新的外设不涉及总线的扩展和已经连接到总线上其他设备的变化。

单总线结构的不足主要表现在：

(1) 主存与外部设备采用统一编址，减少了主存的地址空间。

(2) 高速设备和低速设备连接在同一组总线上，高速设备的高速特性得不到发挥。

(3) 总线只能被分时使用，通信速度慢。

(4) 任何两部件之间的信息传递都共享受一组总线，系统总线负载重，系统性能低。

为了克服单总线系统中分时使用总线、通信速度慢、系统性能低等缺点，人们提出了多总线结构的概念，并根据部件的特性和对数据传输的不同要求将这些部件连接在不同层次和特性的总线上。

2. 双总线结构

有两种类型的双总线结构。图 8.5 是一种以主存为中心的双总线结构，它在单总线结构的基础上，通过在 CPU 和主存储器之间增加一组高速的存储总线（也称主存总线）而得到。在以主存为中心的双总线结构中，CPU 通过存储总线访问主存，而访问外设则通过系统总线进行，同时外设与主存之间、CPU 和主存之间的数据传送可并行进行（当主存为双端口存储器时）。

这种类型的双总线结构具有如下特点。

(1) 仍然保持了单总线系统扩展容易的优点。

(2) 存储总线的使用，大大降低了系统总线的负载。

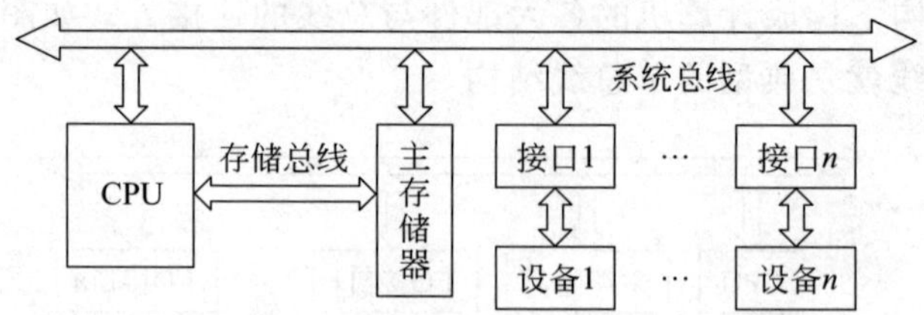

图 8.5 以主存为中心的双总线结构示意图

图 8.6 是采用 IOP 方式的另一种双总线结构。与单总线结构相比，该结构增加了 I/O 总线，将高速的主存和 CPU 挂接在系统总线上，将 I/O 设备挂接在新增的 I/O 总线上。I/O 总线与系统总线之间通过输入输出处理机（IOP）相连。IOP 是一种专门用于输入输出控制的特殊处理部件，它具有对各种 I/O 设备统一管理的能力，同时还能接管 CPU 的大部分I/O 指令功能。IOP 的使用将 CPU 和 I/O 分离开来，减轻了 CPU 直接参与 I/O 的负担。

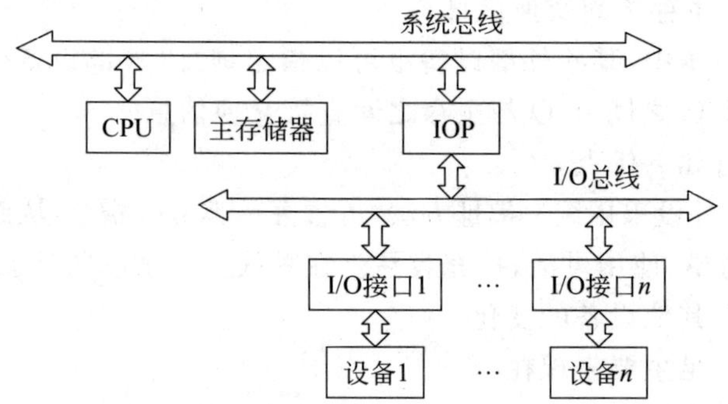

图 8.6 采用 IOP 的双总线结构示意图

在以 IOP 为中心的双总线结构中，CPU 通过系统总线访问主存并与 IOP 之间进行信息的传递；I/O 设备之间的通信直接通过 I/O 总线进行；CPU、主存与 I/O 设备之间信息交换则通过 I/O 总线、IOP 及系统总线进行。

图 8.5 和图 8.6 采用了不同的思想，前者将 CPU 和主存之间的高速访问从系统总线中分离出来，后者则将慢速的外设通信从系统总线中分离出来。两种类型的双总线结构系统，吞吐能力较强，CPU 的工作效率较高，适用作高速大型计算机的系统总线。

3. 三总线结构

三总线结构是在上述以主存为中心的双总线结构中，将主存从系统总线上分离出来，并将原来的系统总线分离成主存总线和 I/O 总线。图 8.7 为一种包含 DMA 总线的三总线结构示意图。

图 8.7 所示的三总线结构中，不同特性的设备与 3 条不同的总线相连。其中，存储总线负责 CPU 与主存的信息传送；I/O 总线负责 I/O 设备之间以及 I/O 设备与 CPU 之间的信息传送；DMA 总线（直接主存访问总线）负责高速外部设备与主存的信息传送。

值得指出，如果主存储器只有一个入口，则存储总线与 DMA 总线不能同时使用，在

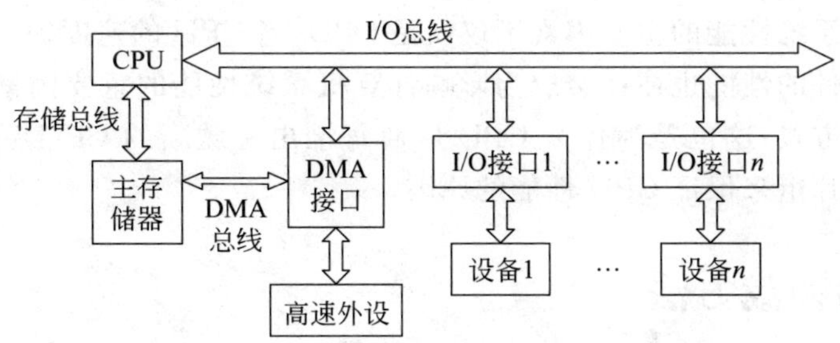

图 8.7 包含 DMA 总线的三总线结构示意图

某个时刻内只允许一条总线使用。如果主存储器采用双端口存储器，每个口有各自的地址译码和读写控制等，每个口连接一条总线，则主存可以同时对两个口完成读写操作，即存储总线与 DMA 总线可同时使用，这将大大提高系统的运行速度。

图 8.8 为另一种采用处理器-cache 总线、主存总线和 I/O 总线的三级总线结构。

图 8.8 中处理器和 cache 之间采用专用的局部总线相连；cache 同时还与主存一起连接到主存总线，它们之间通过主存总线传输数据；同时引入扩展总线连接各种 I/O 设备，将 I/O 设备与主存之间的通信与处理器的活动分离开来。

4. 高性能总线

随着计算机系统结构的变化(如 cache 与 CPU 集成)、CPU 性能的提高、大量高速外设的使用(如高速网络、高速视频图形设备等)，总线的结构也在不断变化，并向高性能方向发展。其总体发展趋势包括：

(1) 采用分层次的多总线结构，不同层次总线之间采用桥接方式连接和缓冲。

(2) 将 I/O 设备与主存之间的通信与处理器的活动分离开来。

(3) 高速设备靠近 CPU，慢速设备远离 CPU。

图 8.9 所示为 Pentium Ⅱ 微机的总线基本结构。

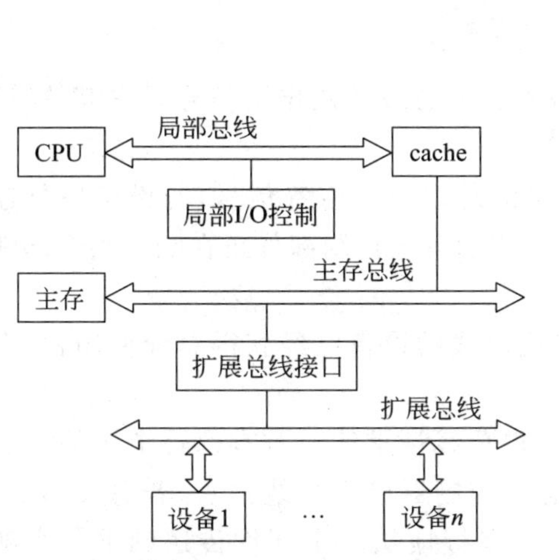

图 8.8 包含处理器-cache 总线的三总线结构示意图

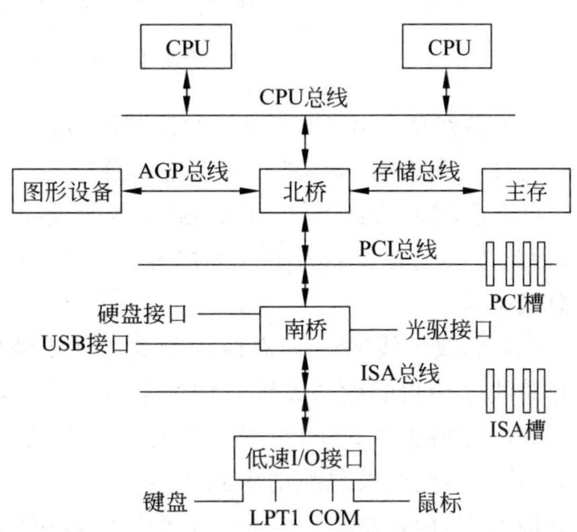

图 8.9 采用南北桥结构的奔腾机系统总线结构

影响计算机系统性能的主要因素不仅仅是CPU，当CPU的速度提高到一定程度后，外围其他功能部件的性能也往往会成为影响计算机系统性能的重要因素，特别是系统总线的速度和互连方式，这也是为什么CPU厂商每推出一款新的CPU后，还要推出与之相配套的外围芯片组来保证CPU性能的原因。

8.3 总线的仲裁方法

总线的仲裁也称总线的控制。因为总线为多个部件共享，为防止有多个部件同时使用总线导致数据冲突，需要有一个总线控制机构来解决总线使用权的仲裁，以某种方式选择其中一个设备作为主设备。总线控制机构，又称总线控制器，它的组成与总线控制方式有关。总线的控制方式有两种：集中控制方式和分布控制方式。集中控制方式将总线控制的逻辑集中在一起，如设置一个单独的总线控制器或者将它放在CPU中。分布控制方式将总线控制逻辑分散在各个连到总线的部件中。

1. 集中式仲裁

集中仲裁包括串行链接、定时查询及独立请求3种方式。

1）串行链接方式

串行链接方式，又称链式查询方式。如图8.10所示，除系统总线外，还需要增加以下3根控制线。

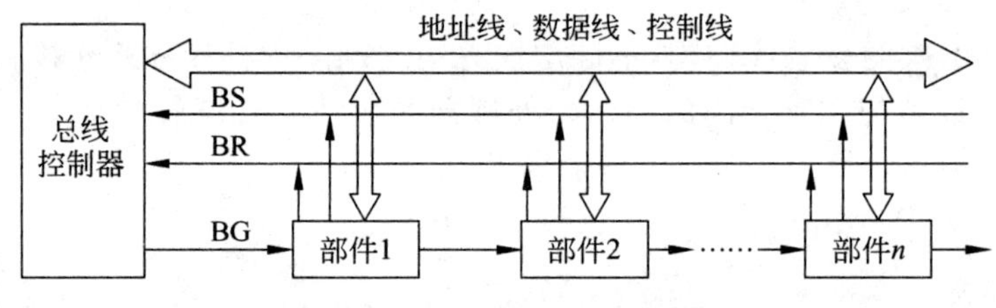

图8.10 串行链接方式示意图

（1）总线请求线BR：向总线控制器传输设备发出的总线使用申请信号。它有效时，指示总线上至少有一个部件请求使用总线。

（2）总线响应线BG：总线控制器向设备发出的总线请求应答信号，与设备串行连接，因此该仲裁方式称为串行链接方式。它有效时，指示总线控制部件正在响应某个部件的总线请求。

（3）总线忙线BS：向总线控制器传递申请使用总线的设备已经获得总线使用权，由获得总线使用权的设备设置总线忙信号。

在串行链接方式中，总线上所有的部件共用一根总线请求线。若有部件请求使用总线时，均需经此线发总线请求到总线控制器。由总线控制器检查总线忙否，若总线不忙，则立即响应，即发总线响应信号，经总线响应线BG串行地从一个部件传送到下一个部件，依次查询。若响应信号到达的部件无总线请求，则该信号立即传送到下一个部件；若响应信号到达的部件有总线请求，该部件获得总线使用权，置总线忙信号，总线响应信号不再沿着BG线往下一部件传递。

串行链式查询的优点是结构简单、扩充容易。缺点主要表现在：

(1) 优先级固定：离总线控制器越近的部件，其优先级越高；离总线控制器越远的部件，其优先级越低。

(2) 对单点故障敏感：一旦某个部件接口的链路出现故障，则该部件之后的所有部件都不能正常工作。

(3) 当优先级高的部件频繁请求使用总线时，会使优先级较低的部件长期不能使用总线。

(4) 采用串行查询方式，响应速度慢。

串行链接方式适合在小系统中使用。

2) 计数器定时查询方式

计数器定时查询方式采用一个计数器控制总线使用权，其工作原理如图8.11所示。

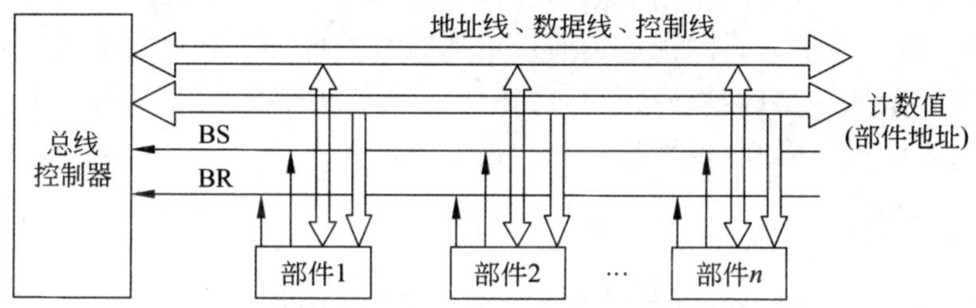

图8.11 定时查询方式示意图

与串行链接方式相比，该方式下用一组计数地址线代替了总线响应线BG。其工作原理为：当总线控制器收到总线请求信号且忙线不忙时，计数器开始计数，计数值通过一组地址线发向各部件，每个部件与总线接口均有一个地址判别逻辑。当地址线上的计数值与请求使用总线设备的地址一致时，该设备获得总线控制权，并置忙线为"1"。同时，终止计数器的计数及查询工作。

计数器定时查询方式的优点：

(1) 优先级改变灵活：通过改变计数初始值改变设备获得总线使用权的优先级。

(2) 单点故障不再影响其他部件的正常工作。

计数器定时查询方式的不足：

(1) 系统扩展较复杂，计数地址线增加后涉及与所有部件连接的改变。

(2) 响应速度仍然较慢。

3) 独立请求方式

在独立请求方式中，每个部件均有一对总线请求线(BR)和总线响应线(BG)，而不采用共享请求线的方式，独立请求方式的工作原理如图8.12所示。

当总线上的部件需要使用总线时，经各自的总线请求线发送总线请求信号，在总线控制器中排队。当总线控制器按一定的优先次序决定响应某个部件的请求时，则给该部件发送总线响应信号，该部件接到此信号，就获得了总线使用权，开始传送数据。

独立请求方式的特点是响应时间快，不必逐个设备地查询。此外，独立请求方式对优

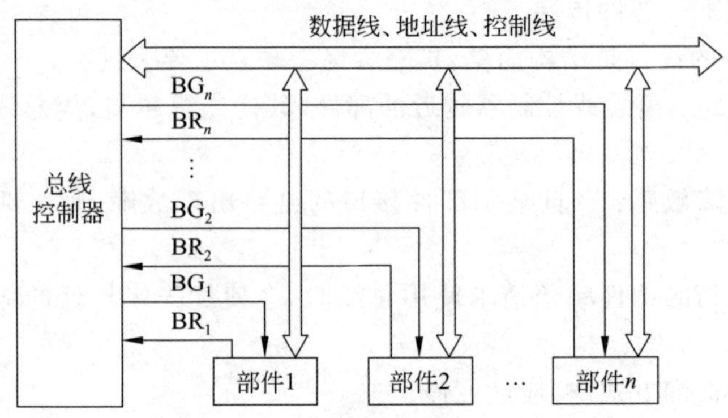

图 8.12 独立请求方式示意图

先次序的控制相当灵活，既可采用优先级固定法，也可通过程序改变优先次序，还可通过屏蔽(即禁止)某个请求，以禁止相应的部件使用总线。

值得指出，独立请求方式的优点是通过增加线数换取的。在串行链接方式中，确定总线使用权属于哪个部件，只需用两根线；而在独立请求方式中，每个部件都需两根控制线，从而使线数大大增加。因而，也增加了总线控制器的复杂性。

2. 分散式仲裁

分布式仲裁控制逻辑分散在总线各部件中，不需要中央仲裁器，每个潜在的主方功能模块都有自己的仲裁号和仲裁器。分布式仲裁分为自举分散式仲裁、冲突检测分散式仲裁和并行竞争仲裁方式 3 类。

1) 自举分散式仲裁

这种仲裁方式也采用多请求线，但不需要总线控制器，每个设备独立决定自己是否是具有最高优先级的总线使用请求者。自举分散式仲裁方式如图 8.13 所示，图中 BS 和 BR 的作用与串行链接方式下 BS 和 BR 的作用相同。

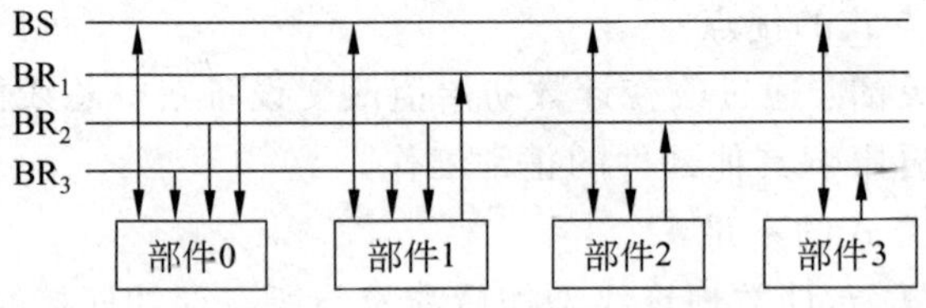

图 8.13 自举分散式仲裁

自举分散式仲裁方式的工作原理为：每个需要请求总线控制权的部件在检测到 BS 为零时，在各自对应的总线请求线上发出请求信号 BR_i，在总线裁决期间每个设备将有关的请求信号合成后取回分析。如果发现其他设备没有发出总线请求信号，则可立即使用总线并置总线忙信号，以阻止其他设备使用总线；反之，则该设备不使用总线。任何获得总线使用权的设备在总线使用完毕后同时撤销 BS 和相应的 BR_i 信号。

如图 8.13 中有 4 个部件，按照此图的连接方式，部件 3 的优先级最高，部件 0 的优先级最低，因为部件 0 需要检查其余 3 个部件的总线申请信号，而部件 3 不检查其他 3 个部件的总线申请信号。SCSI 采用的就是自举分散式仲裁。

2）冲突检测分散式仲裁

冲突检测分散式仲裁中，每个部件独立地请求使用总线。当某个部件要申请使用总线时，先检查一下是否有其他部件在使用总线，若有则等待；若无，则置总线忙信号，并获得总线的使用权。当多个同时申请使用总线的部件发生冲突时，发生冲突的部件停止总线申请，各自延迟一个时间段后再重新发出新的总线使用请求，直到总线空闲获得使用权为止。

由于检测到冲突需要一定的时间（最大为端到端线路传播时延的两倍），因此在这种仲裁方式下，获得总线使用权的部件还需要坚持监听一段时间，防止多个部件同时监听到总线闲而同时使用总线而导致冲突。

3）并行竞争仲裁方式

并行竞争仲裁方式的基本工作原理为：每个设备都有自己的仲裁号和控制器，当某个设备有总线请求时，把它的仲裁号发送到共享的仲裁线上，每个设备的控制器将仲裁线上接收到的号与自己的仲裁号进行比较，如果比自己的仲裁号大，则在仲裁线上撤销自己的仲裁号。最后，竞争获胜者的仲裁号被保留在仲裁线上。显然，这种仲裁方式下，设备的仲裁号越大，优先级越高。

并行竞争分布式仲裁比自举分布式仲裁所需的连接线要少，因为并行竞争分布式仲裁中，对于 n 根仲裁线可以表示 2^n 个优先级，如 7 根仲裁线共可以表示 128 个优先级，仲裁号为 127 的设备优先级最高，仲裁号为 0 的设备优先级最低。而在自举分布式仲裁中，7 根请求线只能表示 7 个优先级，只能对 7 个设备进行仲裁。

8.4 总线的定时方式

总线的一次信息传送过程可分地址传送和数据传送两个过程，可细分为以下 4 个阶段。

(1) 总线请求与仲裁：需要使用总线的主部件（或源部件）提出请求，由总线控制器确定将下一个总线使用权分配给哪一个请求者。

(2) 寻址阶段：取得使用权的主部件通过总线发出本次要访问的从部件（或目的部件）的存储器地址或 I/O 端口地址及有关命令，启动相应的目的部件。

(3) 信息传送阶段：主从部件之间进行数据传输。

(4) 结束阶段：主部件撤销总线请求等有关信息，让出总线，以便总线控制器重新分配总线使用权。

当共享总线的部件获得总线使用权后，就开始传送信息，即进行通信。总线通信的定时方式主要解决通信双方如何获知传输开始和传输结束，通信双方如何配合。常见的定时方式有同步方式、异步方式和半同步方式等 3 种。

1. 同步通信

在同步方式下，通信双方在统一的时钟控制下进行信息的传输。图 8.14 为同步方式下存储读操作的时序图。

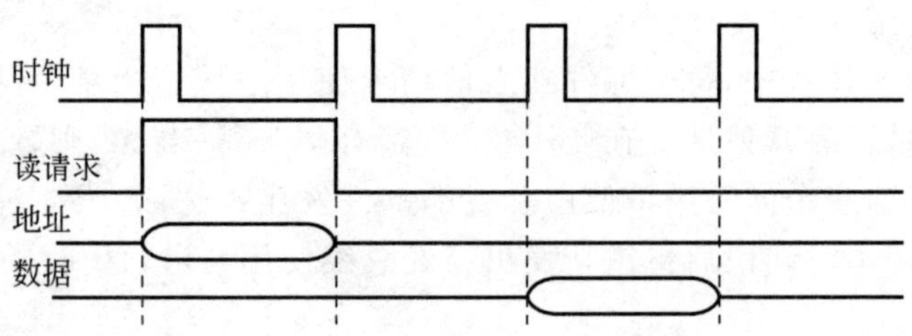

图 8.14　同步方式下存储器读操作时序

在图 8.14 所示的同步读操作时序图中，在同步脉冲的作用下，获得总线使用权的主设备发出读请求信号和被请求从设备的地址信息，从设备准备数据。延时一段时间后，在下个同步脉冲开始时刻，从设备将准备好的数据送数据总线，主设备发出读信号，读取数据总线上的数据，至此，主从设备完成一次同步的读数据操作。

同步通信的最大优点是传送速度快，具有较高的传输速率。但由于时钟线上的干扰信号会引起错误的同步，滞后的时钟也会造成同步误差，而且同步方式的时钟频率必须能适应总线上最长的延迟和最慢的接口的需要，因此，同步通信适用于总线长度较短及总线所接部件的存取时间比较接近的系统。

例 8.2　假定某总线的时钟周期为 50ns，每次总线传输需要 1 个时钟周期，总线的数据总线宽度为 32 位，存储器的存储周期为 300ns，求同步方式下从该存储器中读一个存储字时总线的数据传输率为多少？

解：同步方式下存储器读操作步骤及所需的时间分别为：

送地址和读命令：一个总线周期时间，50ns；

存储器读数据：一个存储周期，300ns；

读取数据：一个总线周期，50ns。

则同步方式下从主存读一个存储字的总时间 T＝400ns，数据传输率＝4B/400ns＝10MB/s。

2. 异步通信

异步通信，又称应答通信，是指通信联络的控制信号采用异步式的一种通信方式，即总线上的部件通过总线传送信息时，源部件不只是单向发送信息，它在发出一个信息后，要等待目的部件发回确认信号，再发送下一个信息。

根据应答信号是否互锁，即请求和回答信号的建立和撤销是否互相依赖，异步通信可分为 3 种类型：非互锁通信、半互锁通信及全互锁通信。图 8.15 给出了这 3 种通信方式的示意图。图中 t_1 为数据在总线上达到稳定所需要的时间，t_{d1} 为一次总线传输的延迟时间和目的部件执行时间之和，t_{d2} 为一次总线传输延迟。

1）非互锁通信

非互锁通信是指应答信号的建立和撤销互相没有依赖关系，如图 8.15(a)所示。假定发送方将数据放到总线上，经 t_1 时间后，送请求信号 READY。接收方在收到请求信号后，便接收此数据，并发回答信号 ACK，源部件收到回答信号后，就撤销数据，准备下一个数据的传送。该方式实现简单，但无法发现错误。

2）半互锁通信

半互锁通信是指应答信号的建立与撤销存在一定的依赖关系，如图 8.15(b)所示。源部件在收到回答信号后就撤销请求信号，即请求信号的撤销依赖回答信号的建立，然而回答信号的撤销与请求信号无依赖关系，因此称为半互锁。

3）全互锁通信

全互锁通信是指应答信号的建立与撤销存在着完全的依赖关系，如图 8.15(c)所示。源部件在收到回答信号后就撤销请求信号。目的部件测试到请求信号已撤销，立即撤销回答信号。这样，当源部件测试到回答信号已撤销，可以再发请求信号。因此，保证了一个数据的请求信号只能在一个回答信号结束后，才能发出，从而大大提高了通信的可靠性。

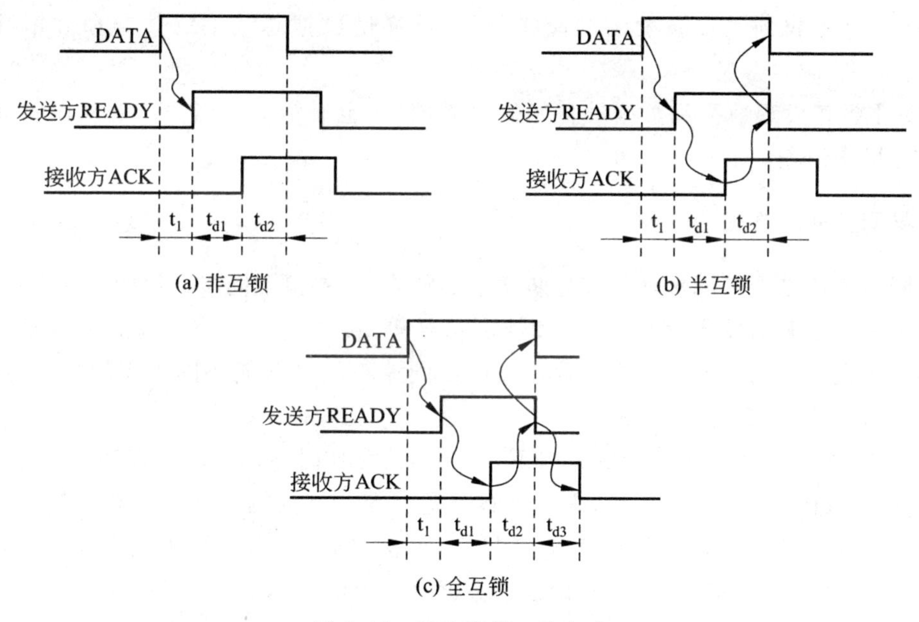

(a) 非互锁　(b) 半互锁　(c) 全互锁

图 8.15　异步通信 3 种方式

图 8.16 为全互锁方式的存储器读操作时序图，此操作中存储器为从设备，发出读操作的部件为主设备。

图 8.16 中每一步操作说明如下。

(1) 存储器收到来自主设备的读请求信号后就接收来自地址线上的地址信息，然后发出应答信号 ACK，表示收到读请求信息和地址信息。

(2) 主设备收到确认信息后撤销读请求信息和地址信息。

(3) 存储器发现主设备撤销读请求信息和地址信息后也撤销应答信号，完成了读命令和地址信息的传送。

(4) 存储器将数据送数据总线上，同时向主设备发数据准备好信号。

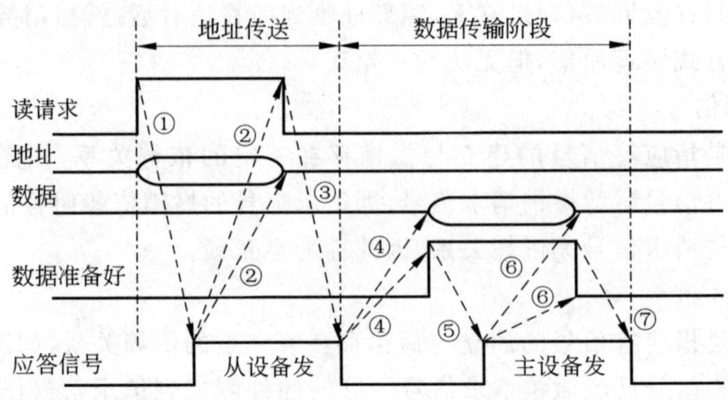

图 8.16　全互锁异步方式下存储读操作时序

(5) 主设备从数据总线上读取数据后，向存储器发出应答响应信号，表明数据接收成功。

(6) 存储器收到主设备发出的应答信号后，撤销数据总线上的数据和数据准备好信号。

(7) 主设备发现数据和数据准备好信号撤销后，也撤销应答信号。主从设备完成一次数据的异步传输。

3. 半同步通信方式

半同步通信结合了同步通信和异步通信的特点，既保留了同步通信的基本特点，如发送端在时钟的上升沿发出地址、数据和控制信号等，接收端在系统时钟的下降沿识别它们。同时半同步通信又保留了异步通信允许不同速率的设备能协同工作的特点，这是通过设置“等待”响应信号来实现的。

图 8.17 为一种半同步通信的方式下，存储器读操作时序。在同步存储器读时序的基础上引入了一个等待信号(Wait)，表示存储器是否准备好数据。在每个时钟信号的上升沿发出存储器读信号的设备采样 Wait 信号，当该信号未准备好时，则插入等待周期 T_w，并继续等待，直到等待信号有效，开始读取数据总线上的数据。

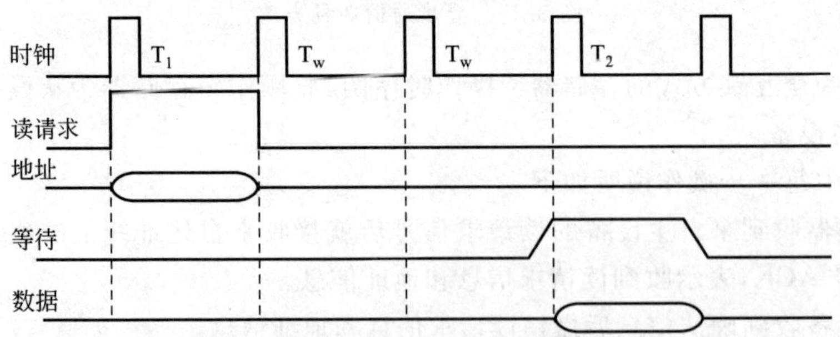

图 8.17　半同步方式下存储器读操作时序

8.5 总线的信息传送

1. 信息的传送方式

总线上的信息以电信号的形式传送，用电位的高低或脉冲的有无代表信息位的“1”或“0”。通常，总线信息的传送有两种基本方式：并行传送及串行传送。此外，还有并串行传送及分时传送，并串传送是并行与串行传送的折中。

1）串行传送

串行传送是指一个单位信息按从低位到高位的顺序逐位以脉冲方式传送，它们共享一条传输线，一次只能传送一位。每秒钟传送的二进制位数称为**波特率**。由于信息在CPU内部通常都是并行处理的，所以要将信息以串行方式传送，在发送端必然有一个并-串转换，而在接收端则有一个串-并转换。

在同步串行通信过程中，每位传送的“位时间”由同步脉冲控制，因此判别有无脉冲十分方便。若在3个位时间内没有脉冲，则表示传输了3个“0”代码。

在异步串行通信过程中，被传送的一个单位的信息叫一帧。一帧信息通常以一个起始位(由低电平表示)开头；接着是数据位，通常有5到8个，数据位的次序是从低位到高位；然后可以有(也可以没有)一个校验位(奇校验或偶校验)；最后是1至2个终止位(由高电平表示)。

若一个串行字符由1个起始位、7个数据位、1个奇偶校验位和1个停止位等10个数位构成，线路每秒钟传送120个字符，则数据传送的波特率为：

$$10\text{ 位/字符} \times 120\text{ 字符/秒} = 1200\text{ 位/秒} = 1200\text{ 波特}$$

串行传输的特点是只需一条传输线，成本低。当远距离传输时，如几百米甚至几千米以上，采用这种方式比较经济。但是，串行传送速度慢。

根据数据传送方向的不同，串行数据传送方式可分为单工、全双工和半双工3种。图8.18为这3种传送方式的示意图。

如图8.18所示，单工方式下，数据只能从A传向B；双工方式下，数据可同时在设备A和B之间传送，但要求设备之间具有两组数据传输线；半双工方式下，数据可分时在设备A和B之间传送。

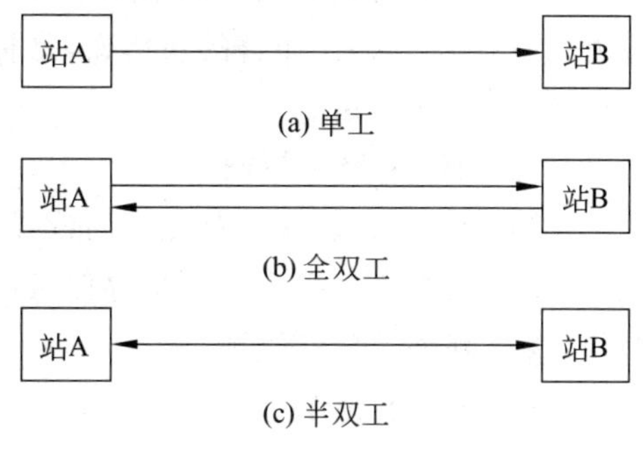

图8.18 三种数据传输方向

2）并行传送

并行传送是指一个信息的所有位同时传送，每位都有各自的传输线，互不干扰，一次传送整个信息。一个信息有多少位，就需要多少条传输线。并行传送一般采用电位传输法，位的次序由传输线排列而定。

并行传输的优点是传送速度快。然而，这种方式要求线数多，成本高。因此，在距离不远时可以采用并行传输。

3）并串行传送

并串行传送是将被传送信息分成若干组，组内采用并行传送，组间采用串行传送。它是对传送速度与传输线数进行折中的一种传送方式。例如，在准 16 位微机(8088 CPU)中，CPU 内部数据通路为 16 位，CPU 内部采用并行传送；系统总线只有 8 位，CPU 与主存或外部设备通信只能采用并串行传送，即将一个字的 16 位分成两个连续的 8 位字节进行传送。

4）分时传送

分时传送有两种含义，一是采用总线复用，指的是在某个传输线上既传送地址信息，又传送数据信息，其目的是为了减少线数，为此必须划分时间片，以便在不同的时间间隔中完成传送地址和传送数据的任务。二是指共享总线的部件分时使用总线。总线资源是系统的公共资源，挂在总线上的部件可以有很多，但在一个特定时间片内，总线通常只为一个源件和一个目的部件提供服务，所以多个部件要求使用总线时，只能由总线控制器按时间片分时提供服务。

2. 数据传送模式

当前的总线标准大都能支持以下 4 类数据传送模式。

1）读写操作

读操作是由从方到主方的数据传送；写操作是由主方到从方的数据传送。一般情况下，主方先以一个总线周期发出命令和从方地址，经过一定的延时再开始数据传送总线周期。为了提高总线利用率，减少延时损失，主方完成寻址总线周期后可让出总线控制权，以使其他主方完成更紧迫的操作。然后再重新竞争总线，完成数据传送总线周期。

2）块传送操作

只需给出块的起始地址，然后对固定块长度的数据逐个地读出或写入。对于 CPU(主方)、存储器(从方)而言的块传送，常称为猝发式传送，其块长一般固定为数据线宽度(存储器字长)的 4 倍。

3）写后读、读修改写操作

只给出地址一次，或进行先写后读操作，或进行先读后写操作。前者用于校验目的，后者用于多道程序系统中对共享存储资源的保护。这两种操作和猝发式操作一样，主方掌管总线直到整个操作完成。

4）广播、广集操作

一般而言，数据传送只在一个主方和一个从方之间进行。但有的总线允许一个主方对多个从方进行写操作，这种操作称为广播。与广播相反的操作称为广集，它将选定的多个从方数据在总线上完成 AND 或 OR 操作，以检测多个中断源。

8.6 总线标准

8.6.1 总线发展概述

随着计算机技术的发展，数据传输带宽的日益增长，总线技术也在迅速的发展。系统总线的发展可划分为以下3个阶段。

第一阶段总线包括ISA（Industrial Standard Architecture，工业标准结构总线）、EISA（Extended Industry Standard Architecture，扩展工业标准结构）、MCA（Micro Channel Architecture，微通道结构）和VESA（Video Electronics Standards Association，视频电子标准协会）。ISA总线的数据宽度为16位，数据传输率约为8MBps，1984年随IBM PC/AT结构微机一起推出，故也称为AT总线，它采用单总线结构，主存和外设都挂在此总线上。EISA总线为增强的ISA总线，1989年在ISA总线的基础上推出，仍沿袭PC/AT结构，数据总线宽度和地址总线宽度均扩展为32位，数据传输率约为33MBps。MC总线是随IBM PS/2系列微机推出的MCA，总线性能与EISA相当。VESA总线于1992年由视频电子标准协会（VESA）推出，数据和地址总线宽度为32位，总线时钟频率达33MHz，数据传输率可达132MBps。VESA总线是PC微机的第一个局部总线，连到处理器子系统的局部总线上，在基于VESA总线的机器中也可以存在ISA或EISA总线，经IO总线控制器后与VESA总线相连，称为IO扩展总线。第一代总线有一个共同的特点，其信号的功能和时序与处理器引脚关系密切，几乎是处理器信号的延伸和扩展，有些信号还与主板上的硬件资源有关系。

第二代总线包括PCI（Peripheral Component Interconnect，外设部件互连）、AGP和PCI-X。PCI总线是一个标准的、与处理器无关的局部外围总线，不受制于系统所使用的处理器的种类，通用性更强。PCI将多级总线结构引入个人计算机，不同总线之间通过相应的桥芯片来转接。PCI总线的数据和地址线宽32位，数据线可扩展为64位，1992年和1993年推出的PCI 1.0和PCI 2.0为33.3MHz，数据传输率为133MBps(64位数据线加倍为266MBps)，1995年推出的PCI 2.1总线时钟频率达66.6MHz，数据传输率达266MBps(64位数据线加倍为533MBps)。在基于PCI的计算机中，主存储器挂在主桥上，PCI总线专用于外围设备的互连。AGP名为加速的图形端口，是主桥上专用于连接显示设备的总线，将PCI总线从图形数据传输中解放出来，使得图形显卡和PCI总线上的设备都能获得充足的传输带宽。当市场上出现了要求更高带宽的IO设备时，如千兆以太网、光纤通道（当时为1G和2G）、Ultra3 SCSI和多端口网络接口控制器，传统的PCI总线无论从总线时钟频率还是总线使用率都不能满足应用的要求，于是1999年出现了PCI-X总线。PCI-X总线在PCI总线的基础上，进一步提高时钟频率，改进数据传输协议使之更加合理。

PCI Express和InfiniBand是第三代高性能总线的代表。PCI Express在总线结构上采取了根本性的变革，主要体现在两个方面：一是由并行总线变为串行总线；二是采用点到点的互连。将原并行总线结构中桥下面挂连设备的一条总线变成了一条链路，一条链路可包含一条或多条通路，每条通路由两对差分信号线组成双单工串行传输通道，没有专用的数据、地址、控制和时钟线，总线上各种事务组织成信息包来传送。PCI Express 突破传统总线的另一个特点是采用点到点的互连方法，每个设备都由独立的链路连接，独享带宽，这是提高传输率的有效解决方案。PCI Express 总线结构将一条链路视为一条总线，从而从地址空间、配置机制及软件上均保持与传统 PCI 总线的兼容。一个 PCI Express 设备占一条总线(链路)，所以在基于 PCI Express 的计算机里，桥和总线的数目很多。

InfiniBand 发展的初衷是把服务器中的总线网络化，以克服 PCI 总线传输距离受限制、扩展受限、总线带宽难以承受数据中心巨大的数据处理与传输负荷等不足。由 InfiniBand 贸易协会(InfiniBand Trade Association，IBTA)于 2000 年，组织 Compaq，HP，IBM，DELL，Intel，Microsoft 和 Sun 七家公司，共同研究了高速先进的 I/O 标准。它采用全双工、交换式串行传输方式，主要用于服务器与外存储以及服务器之间的通信。

8.6.2 几种典型的流行总线标准

1. PCI 总线

PCI 是一个与处理器无关的高速外围总线，从结构上看，PCI 是在 CPU 和原来的系统总线之间插入的一级总线，具体由一个桥接电路实现对这一层的管理，并实现上下总线之间的接口以协调数据的传送。它采用同步通信方式和集中式控制策略，并具有自动配置能力。

1) PCI 总线结构

典型的 PCI 总线结构框图如图 8.19 所示。整个系统由 HOST，PCI 和 LAGACY 等 3 种不同的总线构成。

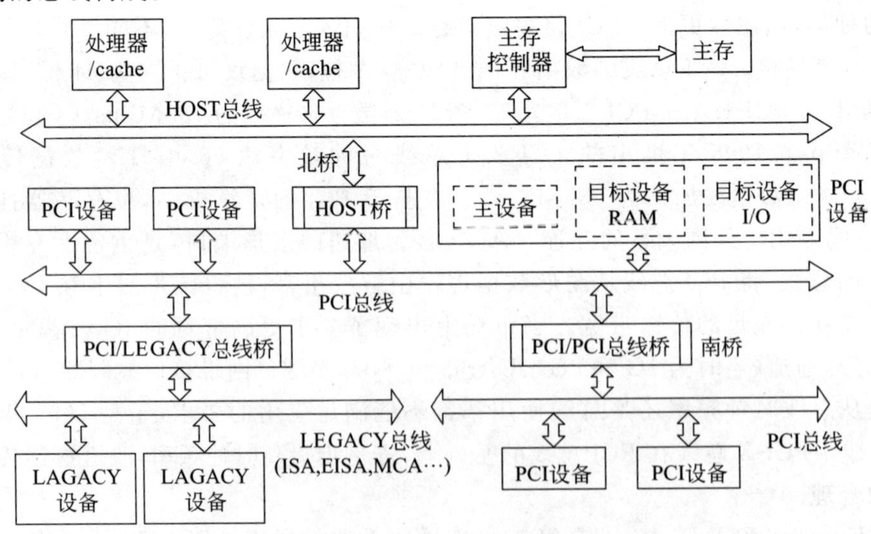

图 8.19 PCI 总线结构框图

(1) HOST 总线

也称"宿主"总线,用于连接主存和 CPU(可以是多个)。

(2) PCI 总线

连接各种高速的 PCI 设备。PCI 设备可以是主设备,也可以是从设备,或兼而有之。在 PCI 设备中不存在 DMA 的概念,这是因为 PCI 总线支持无限的猝发式传送。这样,传统总线上用 DMA 方式工作的设备移植到 PCI 总线上时,采用主设备工作方式即可。系统中允许有多条 PCI 总线,它们可以使用 HOST 桥与 HOST 总线相连,也可使用 PCI/PCI 桥与已和 HOST 总线相连的 PCI 总线相连,从而得以扩充整个系统的 PCI 总线负载能力。

(3) LEGACY 总线

可以是 ISA,EISA,MCA 等这类性能较低的传统总线,以便充分利用市场上丰富的适配器卡,支持中低速 I/O 设备。

在 PCI 总线体系结构中有 3 种桥,它们都是 PCI 设备。其中,HOST 桥又是 PCI 总线控制器,含有中央仲裁器。桥连接两条总线,使彼此间相互通信。桥又是一个总线转换部件,可以把一条总线的地址空间映射到另一条总线的地址空间上,从而使系统中任意一个总线主设备都能看到同样的一份地址表。

PCI 总线的基本传输机制是猝发式传送,利用桥可以实现总线间的猝发式传送。写操作时,桥把上层总线的写周期先缓存起来,以后的时间再在下层总线上生成写周期,即延迟写。读操作时,桥可早于上层总线,直接在下层总线上进行预读。无论延迟写和预读,桥的作用可使所有的存取都按 CPU 的需要出现在总线上。

由上可见,以桥连接实现的 PCI 总线结构具有很好的扩充性和兼容性,允许多条总线并行工作。它与处理器无关,不论 HOST 总线上是单 CPU 还是多 CPU,也不论 CPU 是什么型号,只要有相应的 HOST 桥芯片(组),就可与 PCI 总线相连。

2) PCI 事务类型

当总线主设备获得总线使用权后,在总线事务的地址周期,通过分时复用的总线命令/字节允许信号(C/BE#)发出的总线命令来指示事务类型。PCI 总线支持的事务类型包括如下几种。

(1) 中断响应:读取中断向量的命令。用于对 PCI 总线上中断控制器提出的中断请求进行响应。地址线在该事务的地址周期不起作用。在数据周期,C/BE#表示从中断控制器中读出的中断向量的长度。

(2) 特殊周期:一个主设备通过广播方式向从设备广播消息。

(3) I/O 读和 I/O 写:用于事务发起者和 I/O 控制器之间传递数据。

(4) 存储器读、存储器行读、存储器多行读:用于主设备从存储器中读取数据。3 种不同的读命令读出的数据量不同,所需要的数据周期也不同,与是否配置 cache 有关。

(5) 存储器写、存储器写并无效:存储器写操作。其中存储器写并无效用于回写一个 cache 行到存储器中。

(6) 配置读、配置写:总线主控设备对 PCI 总线上的其他设备中的配置参数进行读或更新。

(7) 双地址周期：事务发起者将使用 64 位地址寻址。

3) PCI 总线数据传送过程

PCI 总线上的数据传输由一个地址周期和一个或多个数据周期组成。图 8.20 是 PCI 总线读操作的时序图。所有事件均在时钟的下降沿同步，即在每个时钟周期的中央。总线设备在总线周期开始时的上升沿对总线路采样。

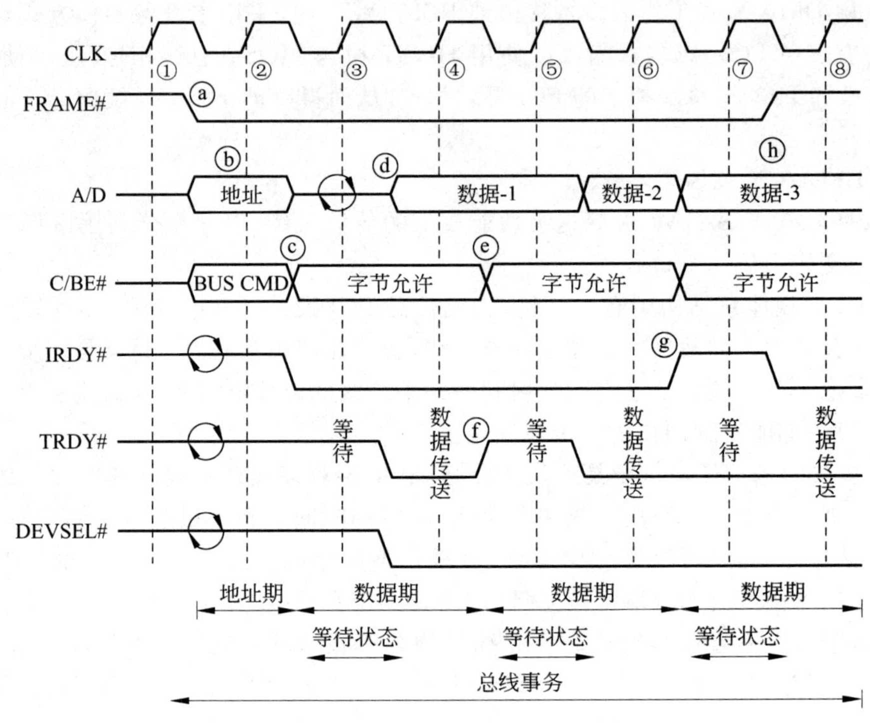

图 8.20 PCI 读操作

下面对图 8.20 中所标出的重要事件进行说明。

(1) 一旦总线的主控器获得总线的控制权，它通过使 FRAME 有效(降为低电平)来启动事务，FRAME 线将一直保持有效，直到发送端就绪完成最后一次的数据传送。FRAME 有效之后，发送端把起始地址放到地址总线上，而 C/BE 信号线则首先送出“读命令”信号。

(2) 当 CLK②开始时，目标设备将会识别 A/D 线上的地址信号。

(3) 事务发送端停止驱动 A/D 总线。所有可能由多个设备驱动的信号线要求一个切换周期(用两个环形的箭头表示)，使地址由发起设备使用切换到被目标设备使用。发送端修改 C/BE 线上的信息，以指示 AD 线传送数据中哪些字节有效(1～4B)。同时事务发送端改变 C/BE 信号线上的信号，并使 IRDY 降为低电平(有效)，表示它已准备接收第 1 个数据项。

(4) 被选中的目标设备使 DEVSEL 信号有效(降为低电平)，表示收到了有效的地址，并将响应事务。目标设备将所要求的数据放到 A/D 总线上并使 TRDY 信号有效(降为低电平)，表示已将有效的数据放在 A/D 总线上了。

(5) 发送端在 CLK④的开始时刻，事务发起端读数据，并改变 C/BE 字节指示信号，为下一次读做准备。

(6) 在图 8.20 所示的例子中，目标设备需要一些时间为第 2 块数据的传输做准备。因此，它将 TRDY 置为无效(高电平)，以通知发送端"下一周期没有新的数据"。相应地，发送端在 CLK⑤开始时不会读数据，并且在这个周期中不改变 C/BE 上的字节允许信号。第 2 块数据在 CLK⑥开始被读取。

(7) 在 CLK⑥周期中，目标应将第 3 块数据项放到总线上。但在本例中，发送端没有准备好读数据(有很多原因可能导致未准备好，如处在缓冲区满的状态时)。于是，它使 IRDY 无效(变为高电平)，迫使目标设备的第 3 块数据在 A/D 线上多保持一个时钟周期。

(8) 发送端知道传送的第 3 个数据是最后一个，因此它使 FRAME 变为高电平(无效)，以通知目标这是最后一次数据传送，同时发送端再次使 IRDY 降为低电平(有效)，表示它已准备好完成这次传送。

(9) 事务发起端完成数据接收后取消 IRDY，使总线变为空闲状态。同时目标端撤销 TRDY 和 DEVSEL 信号，使它们处于无效状态。

为便于读者对图 8.20 所描述过程的理解，下面对图 8.20 中几个 PCI 信号的功能进行简要说明。

• FRAME#

帧周期信号，双向三态，低电平有效。该信号由当前主设备驱动，用来表示一个总线周期的开始和结束。该信号有效，表示总线传输操作开始，此时 AD[31～0]和 C/BE[3～0]上传送的是有效地址和命令。只要该信号有效，总线传输就一直进行着。当 FRAME#变为无效时，表示总线传输事务进入最后一个数据相位或该事务已经结束。

• A/D#

扩展的 32 位地址和数据复用线。

• C/B#

高 32 位总线命令和字节允许信号。

• IRDY#

主设备准备就绪信号。双向三态，低电平有效，由主设备驱动。该信号有效表明引起本次传输的设备为当前数据相位做好了准备，但要与 TRDY#配合，它们同时有效才能完成数据传输。在写周期，IRDY#表示 AD[31～0]上数据有效；在读周期，该信号表示主控设备已准备好接收数据。如果 IRDY#和 TRDY#没有同时有效，则插入等待周期。

• TRDY#

从设备准备就绪信号。双向三态，低电平有效，由从设备驱动。该信号有效表示从设备已做好当前数据传输的准备工作，可以进行相应的数据传输。同样，该信号要与 IRDY#配合使用，二者同时有效才能传输数据。在写周期内，该信号有效表示从设备已做好接收数据的准备；在读周期内，该信号有效表示有效数据已提交到 AD[31～0]上。如果 TRDY#和 IRDY#没有同时有效，则插入等待周期。

• DEVSEL#

设备选择信号。双向三态，低电平有效，由从设备驱动。当该信号由某个设备驱动时

(输出),表示所译码的地址属于该设备的地址范围;当作为输入信号时,可以判断总线上是否有设备被选中。

4) PCI的主要特点

(1) 支持总线主控技术,允许智能设备在适当的时候取得总线控制权以加速数据传输和对高度专门化任务的支持。

(2) 支持猝发式传送。在这种模式下,PCI能在极短时间内发送大量数据,特别适合高分辨率且多达数百万种颜色的图像快速显示。

(3) 不受CPU速度和结构的限制,可支持非常广泛的微处理器。

(4) 与ISA,EISA,MCA兼容。

(5) 预留扩展空间,支持64位数据和地址。

(6) 支持自动配置功能。

(7) 设有特别的缓存,实现外设与CPU隔离,外设或CPU的单独升级都不会带来兼容问题。

(8) 数据宽度32bit,时钟频率33MHz时,最大数据传输率(带宽)为132MB/s。

(9) 支持即插即用技术,当配置PCI适配器时,配置带有即插即用功能的BIOS,可由软件自动识别。

(10) PCI总线采用独立请求集中仲裁方式,总线仲裁与数据传输同时进行,PCI总线事务过程中只有一个地址周期和若干个数据周期,不包含裁决周期。

5) PCI-X对PCI总线的改进

PCI-X总线不仅仅对传统PCI总线的数据宽度和总线频率进行了升级,更为重要的是对传统PCI总线协议进行了改进,提高了总线效率。

(1) PCI-X总线采用寄存器-寄存器的信号传输方式,PCI-X总线首先对信号进行锁存,在下一个时钟再对信号进行译码,这种改进不仅可以大大提高时钟频率,而且大大缩短了总线事务的处理时间。PCI-X总线的时钟频率最高可以达到133MHz。

(2) 针对传统PCI总线推迟总线事务的处理方式,PCI-X总线对其进行了改进,并提出了总线事务分割的概念。也就是当目标设备不能立即完成请求时,发送分割响应给请求设备。请求设备会释放总线,当目标设备完成请求后,会主动启动一次PCI的总线事务,将请求设备所需数据主动传输给请求设备,从而完成请求事务。总线事务分割,减少了总线事务占用总线的带宽,提高了总线效率。

(3) PCI-X另一个非常重大的创举是引入了MSI(Message Signal Interrupt)机制。传统PCI总线采用的是共享中断模型,当PCI中断发生之后,中断服务程序会扫描总线上的所有设备,查看具体是哪个设备发生了中断,从而调用具体的中断服务程序。这种中断模型大大浪费了服务程序的时间,特别当PCI设备达到一定程度之后,将会导致中断服务时间过长,发生中断丢失等问题。这种中断处理机制是一种"被动查询"的模型,而MSI则是一种"主动通知"的模型。当PCI设备发生中断事务之后,设备会主动将中断向量号发送到指定的存储空间,然后触发CPU中断。处理器会根据指定存储空间的中断向量号调用具体的中断服务程序,不存在任何查询过程。为了实现MSI机制,PCI-X需要扩展PCI的配置空间,并且在设备枚举过程中需要为每个PCI设备分配MSI的中断向量号存储地址以及向量号。

综上所述，PCI-X总线在PCI的物理层和逻辑层都做了较大程度的改进，增加了总线宽度，提升了时钟频率，优化了总线效率。

2. PCI Express 总线

PCI-E是在PCI总线的基础上发展而来，对原有系统进行了结构层面的革新，图8.21是采用PCI-E总线的计算机体系结构。

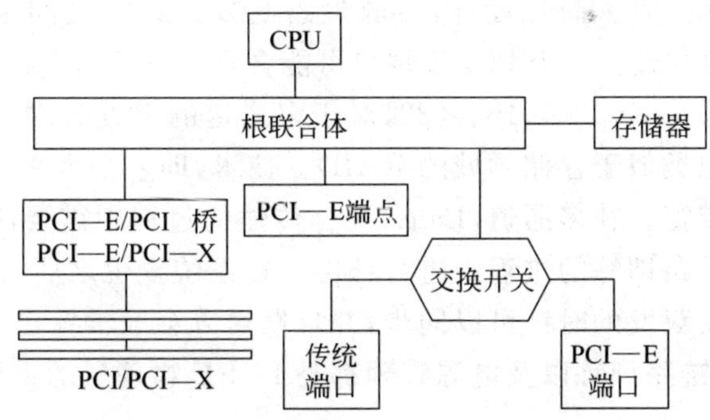

图 8.21　PCI-E总线的计算机体系结构

从图8.21可看出，根联合体是PCI-E总线的根，其通过前端总线(Front Side Bus，FSB)总线与处理器进行互连，并且集成内存控制器，可以看成是传统系统总线的北桥(MCH)。交换开关与根联合体进行连接，在实现过程中交换开关可以集成到南桥，北桥与南桥通过DMI(Desktop Management Interface)总线进行连接，交换开关可以扩展多个PCI-E端口，且可以抽象成多个传统的PCI桥。

PCI-E交换开关进行事务包的路由转发，其内部可以抽象成一条虚拟的PCI Bus，在一条PCI Bus上连接多个PCI Bridge，每个PCI Bridge对应一个PCI-E端口。因此，在PCI扫描软件枚举设备时，同样会枚举交换开关内部的PCI Bus，为其分配总线号。

PCI-E总线是一种分层架构的协议规范，主要分成如下3层。

(1) PCI-E事务层。处理PCI事务方面的工作，例如请求构造、路由等。PCI-E事务层定义了规范的协议头，在协议头中标识了请求的类型(I/O读写、存储器读写或者配置读写)、请求地址、事务属性、请求ID等内容。PCI-E封装的报文称之为TLP，交换开关会根据报文头中的地址或者ID进行路由。在配置过程中，需要采用ID(总线号、设备号以及功能号等信息)进行路由，在正常数据通信过程中采用地址信息进行路由。在系统初始化过程中，每个交换开关的配置空间中都会初始化一份它所管理的地址空间范围，地址路由就是根据配置空间的地址信息进行的。PCI-E事务报文TLP生成之后会递交给链路层进行发送。

(2) PCI-E链路层。处理PCI链路方面的管理工作，例如链路传送应答和部分流控。链路层采用数据重传和应答机制处理收发报文，在发送TLP时，首先采用链路头对数据报文进行再次封装，然后将链路数据交给物理层进行发送。发送之后启动超时处理机制，在规定的时间内没有收到对方链路层的ACK应答包，那么认为此次链路传输失效，需要进行数据重传。如果接收到有效应答,那么发送链路层会清除发送缓存中的数据报文;反之,发送链路会重传数据报文。

(3) PCI-E 物理层。该层处理数据编解码、链路训练、时钟管理以及串行、解串等方面的工作。PCI-E 物理层采用 2.5Gbps(5Gbps,10Gbps)、低压差分(800～1200mV)的数据传输方式,为了平衡各频点的能量,在物理层数据发送时采用伪随机码进行数据位乱序;为了达到 DC(Direct Current,交流)平衡以及时钟信号恢复,将数据位乱序之后的报文进行 8b/10b 编码;为了解决符号内干扰问题,需要采用预加重(减重)技术处理发送的数据位,进行时域补偿;为了简化设计,接收设备与发送设备之间采用 AC(Alternating Current,交流)耦合的方式。一个 PCI-E 端口可能含有多个 PCI-Lane(PCI 通道),一般通道数为×1、×2、×4、×8、×12、×16、×32,对于多通道的 PCI-E 端口需要进行发送数据字节的剥离,这种思想类似于存储领域的 RAID 0 技术,即一个报文可以通过多个通道同时传输,提高了通信带宽。在多通道(Lane)聚合传输的过程中需要注意通道间的时序差异,这种差异需要在链路训练的过程中进行补偿。在系统复位之后,首先需要进行通信链路训练,训练之后收发双发的时钟可以同步,并且发送方会经常发送 PLP 空闲报文,保证双方始终信号同步。链路训练以及电源管理都是 PCI-E 物理层的重要组成部分。

3. AGP 总线

AGP(Accelerated Graphics Port)局部总线规范是 Intel 于 1996 年 7 月,在 PCI 2.1 版规范基础之上扩充修改而成,专门为显卡量身打造的一种总线标准,以满足随着 3D 游戏的迅速普及,显卡的数据吞吐量越来越大的需求。

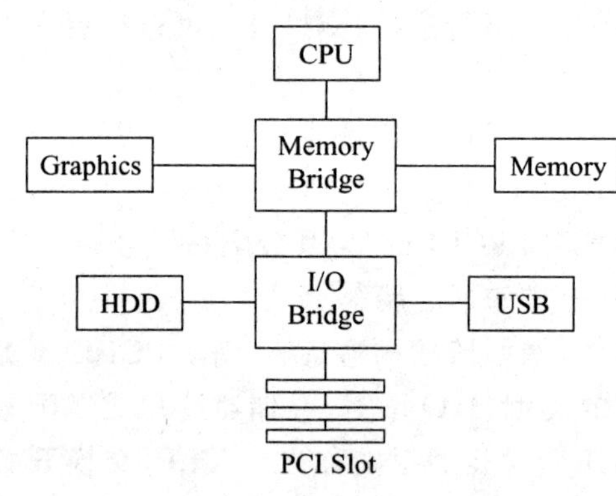

图 8.22 AGP 总线逻辑框图

AGP 总线工作频率为 66MHz,在 1X 模式下带宽为 266MB/s,是 PCI 总线的两倍。后来依次又推出了 AGP2x、AGP4x,现在流行的 AGP8x,带宽已经达到了 2.1GB/s,是 PCI 总线带宽的 16 倍。图 8.22 为 AGP 总线逻辑框图。

AGP 总线可以将系统主内存映射为 AGP 内存,用作图形上专业显存的扩展。AGP 总线有两种工作方式,一种是直接内存访问方式,即 DMA(Direct Memory Access)方式;另一种是直接内存执行方式 DME (Direct Memory Execute)。两者的差别主要体现在 3D 图形加速芯片是否能直接利用系统内存中纹理贴图数据进行渲染。

当 AGP 工作在 DMA 方式时,AGP 总线先将系统主存中的纹理和其他数据装载到图形加速器的本地内存中,纹理映射、明暗度调整等图形处理工作都在图形加速器本地内存中执行。在此模式下,AGP 总线基本上与 PCI 的图形加速器工作方式相同,此时,图形加速器只是拥有了 AGP 总线高数据传输率的优势。

当 AGP 总线工作在 DME 方式时,图形数据可直接在系统内存中执行,不再需要将数据传输到图形控制器，从而减少了主存和图形控制器之间的数据传输量和数据传输时延。

总体上来看，AGP 总线具有下列特点。

(1) 是一条独立的北桥到显卡数据通道，为图形设备独占，不具有一般总线的共享特性，不与其他设备共享总线资源，最大限度照顾了显卡的数据吞吐要求。

(2) 采用带边信号传送技术，在总线上调制地址与数据的多路复用，从而把整个32位的数据总线留出来给图形加速器。

(3) 采用内存请求流水线技术，隐含了对存储器访问造成的延迟。

(4) 双重驱动技术。允许在一个时钟内传输一次或两次数据，在 66MHz 的上升沿和下降沿都进行 32 位数据传输，使有效带宽提高 4 倍。

4. InfiniBand 总线

1) InfiniBand 总线的产生背景

以数据为中心的应用对计算机的 I/O 吞吐量提出了越来越高的要求。传统的 PCI 总线技术将难以承受数据中心巨大的数据处理与传输负荷。而且 PCI 总线速率已经接近极限，即使是更快速的 PCI-X 总线也难以胜任飞速增长的 I/O 吞吐量。

从可扩展性上看，PCI 也受到挑战。PCI 架构主要通过两种方式来实现：要么增加同层 PCI 总线，要么增加 PCI-to-PCI 桥。前者主要通过在主板上集成额外的 Host-to-PCI 总线芯片以及增加 PCI 连接器来实现，而后者主要通过在主板上增加 PCI-to-PCI 桥接芯片来实现。无论采用什么方式扩展 PCI 架构的 I/O 总线，其代价都比较昂贵。因此，迫切需要一种新的技术，克服 PCI 总线的上述不足。InfiniBand Architecture (IBA) 正是为了满足这一需求而出现的新型互连技术。

InfiniBand 总线来源于 NGIO(Next Generation I/O)和 Future I/O 这两种竞争的总线结构，是一种基于全双工、交换式串行传输的新型 I/O 标准，主要用于服务器与 I/O 存储以及服务器之间的通信。

InfiniBand 贸易协会(InfiniBand Trade Association，IBTA)成立于 2000 年，由 Compaq，HP，IBM，DELL，Intel，Microsoft 和 Sun 七家公司牵头，共同研究发展高速先进的 I/O 标准。并于 2000 年 10 月发布了 InfiniBand 1.0，支持一个通道内多个连接的网络。

2) InfiniBand 总线的结构

InfiniBand 结构由 InfiniBand 链路(IB Link)、主机通道适配器 HCA(Host Channel Adapter)、目标通道适配器 TCA(Target Channel Adapter)、交换机(Switch)以及路由器(Router)等构成，其体系结构如图 8.23 所示。

InfiniBand 体系结构中各主要组成部分的作用分别如下。

(1) 主机通道适配器 HCA：连接服务器与 IB 交换机。

(2) 目标通道适配器 TCA：将目标设备、路由器和其他外围设备连接到 IB 交换机。目标设备包括光纤通道协议设备、SCSI 设备、千兆网设备等。

(3) IB 交换机：为各类设备提供点到点的物理连接和不同链路之间信息切换。

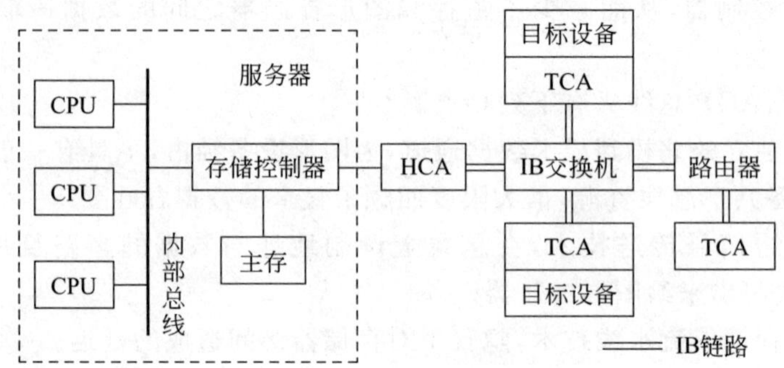

图 8.23 InfiniBand 体系结构

(4) InfiniBand 链路：InfiniBand 体系组成部分的连接线。

3) InfiniBand 总线的特点

InfiniBand 的结构从下到上可分为：物理层、链路层、网络层、传输层、软件接口 Verb 层。在主机节点的上层还有应用和管理层。管理的部件有 TCA，HCA，Switch 等。InfiniBand 结构从物理层开始与其他标准就有所不同，体现出 InfiniBand 不同于其他总线的特点：

(1) 在物理层，以太网以及光纤通道(FC)以铜线或光纤作为传输介质，使用铜缆时，I/O 设备与服务器的传输距离可达 17 米；采用光纤作为传输介质时，传输距离可达 10 千米。

(2) 在数据链路层，利用基于 Credit(信誉)的流控机制拓宽了网络带宽，增加了并行度。

(3) 传输层上，持 IP，VI(虚拟接口)，SCSI 等其他传输标准的映射，支持可靠或不可靠的传输，支持从远端节点的内存缓冲中发送数据以及接收数据的内存语义操作(RDMA Read/Write)。InfiniBand 还提供应用程序可以使用的抽象接口(Verb 接口，如可用 VI 接口)，可以用于子网配置和管理。

(4) 采用交换结构。与传统的 I/O 结构相比，不需要仲裁机制，也能避免总线冲突，提高并行度，且任何节点的错误都不影响其他节点的正常使用。

(5) 利用 HCA/TCA 的智能化，可以实现远程直接内存访问，以及服务分级；也可实现负载平衡。

目前基于 InfiniBand 技术的网络卡的单端口带宽最大可达到 20Gbps，基于 InfiniBand 的交换机的单端口带宽最大可达 60Gbps，单交换机芯片可以支持达 480Gbit 每秒的带宽。InfiniBand 是目前在计算集群、通信和存储等应用中具有 10Gb/s 带宽和低延迟的互连方案。作为一种互连业界的标准技术，InfiniBand 具有高可靠、高可用、适用性广和可管理的特性，能够满足数据中心和高性能计算对互连环境的要求。InfiniBand 产品有着极佳的性价比，其功耗低，体积小，再加上开源软件的支持和未来 120Gb/s 规格的发展趋势，InfiniBand 将为板级互连和主机间互连技术提供适合的选择。

本章小结

总线是信息传输的公共通路。计算机系统通过总线将 CPU、主存储器及输入输出设备连接起来。总线是它们相互通信的公共通路，在这个通路上传送地址信息、数据信息及控制信息。现代计算机系统的总线包括内部总线、系统总线及处理机间的总线。内部总线是指 CPU 内部连接各寄存器与 ALU 部件的总线，它包含在 CPU 数据通路内；系统总线是指计算机系统的 CPU、主存储器及 I/O 接口之间的连线；处理机之间的总线涉及多机系统互连。

本章在分析总线基本概念的基础上，重点讨论构成计算机的各大部件如何通过总线连接成一个完整的系统，涉及总线的连接方式、总线的仲裁方式、总线的定时方式和总线的信息传送方式，对总线的标准也进行了简要分析与说明。

本章的学习目标包括：

(1) 熟悉总线的基本概念。

(2) 掌握总线的连接方法。

(3) 熟悉总线的定时方式。

(4) 熟悉总线数据传送模式。

(5) 了解常见的总线标准。

具体内容小结如下。

1. 关于总线的几个基本概念

1) 总线分类

总线分类可从多个不同角度进行。

(1) 按总线连接线的数量分为并行传输总线和串行传输总线。

(2) 按传输方向可分为单向传输总线和双向传输总线等。

(3) 按连接部件的不同又可分为内部总线、系统总线、I/O 总线等。

2) 总线的特性

总线的特性包括物理特性、功能特性、电气特性和时间特性。

3) 三态门与总线

(1) 三态门具有 3 种逻辑状态，分别是高、低电平和高阻状态。

(2) 三态门在总线中有两方面典型应用。一是作为功能部件输出端与总线之间的缓冲器，避免数据冲突；二是实现有向总线。

4) 总线事务类型

(1) 定义：把总线上一对设备之间的一次信息交换过程称为一个“总线事务”。

(2) 常见总线事务类型：典型的总线事务类型有存储器读、存储器写、I/O 读、I/O 写、中断响应、DMA 响应、存储器刷新等。

(3) 总线事务过程。

① 一次总线事务一般包括地址阶段和数据阶段。在地址阶段，获得总线使用权的设

备向被寻址的从设备发出地址信息，从设备确认该地址，并向主设备发回应答信号。在数据阶段，主从设备之间传输数据信息。

② **突发**(Burst)传送(成组传送事务)事务则由一个地址阶段和多个数据阶段组成。其中地址阶段发送的是连续数据单元的首地址，在数据阶段传送多个连续单元的数据。在成组传送事务中，每个总线周期仍传送一个字长的信息，但不释放总线，直到这批信息送完后，再释放总线。

5) 总线性能指标

(1) 总线宽度：它是指数据总线的数量，如8位、16位、32位等。

(2) 波特率：在信道上每秒钟传送的码元(波形)个数，可用于表示传输线上信号的传输速度。

(3) 总线传输周期：指一次总线操作所需要的时间，简称总线周期，包括总线申请阶段、寻址阶段、传输阶段和结束阶段等4个阶段的时间。

(4) 总线带宽：即在总线上每秒能传输的最大字节量，用MB/s(每秒多少兆字节)表示。该指标常用于描述并行总线的性能。影响总线带宽的几个主要因素包括：数据总线宽度、信号线是专用还是复用、是否允许突发数据传输以及总线的时钟频率等。

2. 总线的连接方式

1) 单总线结构下的连接方式

所有功能部件都挂接在同一总线上，总线被不同设备分时使用。

2) 双总线结构下的连接方式

CPU、主存和I/O设备分别通过不同总线连接。其中CPU和主存之间通过主总线连接；I/O设备通过IOP与系统总线连接。

3) 三总线结构下的连接方式

将主存从系统总线上分离出来，并将原来的系统总线分离成主存总线和I/O总线。不同特性的设备与3条不同的总线相连。其中，主存总线负责CPU与主存的信息传送；I/O总线负责I/O设备之间以及I/O设备与CPU之间的信息传送；DMA总线(直接主存访问总线)负责高速外部设备与主存的信息传送。

4) 其他多总线结构下的连接方式

将不同速率的部件细分后再分级连接，不同总线之间采用桥连接和缓冲，形成了多总线结构，高速设备靠近CPU，慢速设备远离CPU；同时将I/O设备与主存之间的通信与处理器的活动分离开来。

3. 总线的仲裁方法

按照总线控制器所在位置的不同，总线控制分为集中式和分布式。

1) 集中式仲裁

• 串行链接

总线允许信号按设备串行连接的顺序依次查询，接口和控制简单，但存在单点故障，优先级改变不灵活、响应速度慢。

• 定时查询

通过计数值决定查询总线请求的顺序。不存在单点故障，优先级可通过改变计数初始值改变，但响应速度慢，系统扩展受计数线的制约。

• 独立请求

每个设备使用独立的总线请求线和应答线。优先级可通过编程改变，响应速度快。

2）分布式仲裁

• 自举分布式仲裁

每个设备只有检测到比自己优先级高的设备没有发总线使用请求时才能发总线使用请求信号。

• 冲突检测分散式仲裁

每个部件独立地请求使用总线。请求总线时若检测到其他部件在使用总线，则等待；若无，则置总线忙信号，并获得总线的使用权。使用过程中还要坚持监听总线一段时间，该时间内若检测到冲突，则停止总线申请。

• 并行竞争仲裁方式

当设备有总线请求时，直接将仲裁号发送到共享的仲裁线上，每个设备的控制器将仲裁线上接收到的号与自己的仲裁号进行比较，如果比自己的仲裁号大，则在仲裁线上撤销自己的仲裁号。

4. 总线的定时方式

（1）同步方式：用公共时钟信号对传输过程的每一步进行控制。

（2）异步方式：用应答信号对传输过程进行控制。又分为非互锁、半互锁和全互锁。

（3）半同步方式：结合同步方式和异步方式的特点，在同步时钟的控制下进行采样和应答。

5. 总线的信息传输

1）信息的传送方式

• 串行传送

信息按从低位到高位的顺序逐位以脉冲方式传送，它们共享一条传输线，一次只能传送一位。根据数据传送方向的不同，串行数据传送方式可分为单工、全双工和半双工3种。串行传送的信息格式一般包括一位起始位、5～8位数据位、一位校验位、1～2位停止位。

• 并行传送

并行传送是指一个信息的每位同时传送，每位都有各自的传输线，互不干扰，一次传送整个信息。

• 并串行传送

并串行传送是将被传送信息分成若干组，组内采用并行传送，组间采用串行传送。它是对传送速度与传输线数进行折中的一种传送方式。如将16位数据分成两个8位组传送。

• 分时传送

分时传送有两种含义，一是采用总线复用，二是指共享总线的部件分时使用总线。

2）数据传送模式

当代的总线标准大都能支持读写操作、块传送操作、写后读与读修改写操作、广播与广集操作数据传送模式。

6. 总线标准

包括ISA，EISA，MC，VESA、PCI，PCI Express，AGP及InfiniBand等总线。

习题8

8.1 解释下列名词。

总线；系统总线；内存总线；I/O总线；三态门；总线事务；总线复用；总线带宽；突发传输；总线连接；总线仲裁；串行传送；并行传送；数据传输模式；总线标准；PCI总线；AGP总线；总线事务分离；波特率；桥；全双工；半双工；主设备；从设备；广播与广集；同步通信；异步通信。

8.2 简要回答下列问题。

(1) 计算机系统为什么采用总线结构？

(2) 比较单总线、双总线、三总线结构的性能特点。

(3) 总线的信息传送方式有哪几种？各有什么特点？

(4) 集中式总线控制方下，确定总线使用权优先级的方法有哪几种？各有什么特点？

(5) 影响总线性能的因素有哪些？

(6) 什么是突发传输模式？采用突发传输模式有什么优点？

8.3 假设一个同步总线的时钟频率为100MHz，总线带宽为32位，每个时钟周期传输一个数据，该总线的最大数据传输率为多少？若要将总线带宽提高一倍，有哪几种可行方案？

8.4 采用异步通信方式传送ASCII码时，若数据位为8位，校验位为1位，停止位为1位，计算当波特率为4800时，字符传送的速率是多少？每个数据位的时间长度是多少？数据位的传送速率是多少？

8.5 有4个设备A，B，C，D的响应优先权为D>B>A>C，画出串行链式排队电路。

8.6 有4个设备A，B，C，D的响应优先权为A>B>C>D，试画出独立请求方式的排队电路。

8.7 假定有一个具有以下性能的系统：(1)存储器和总线系统支持大小为4～16个32位字的数据块访问；(2)总线的时钟周期频率为200MHz，总线宽度为64位，每64位数据的传输需要一个时钟周期，向存储器发送一个地址需要一个时钟周期；每个总线操作之间需要两个总线周期（设一次存储之前总线总是处于空闲状态）；(3)对最初的4个字的访问时间为200ns，随后的4个字能在20ns的时间内被读取，假定总线传输数据的操作可以与读下 4 个字的操作重叠进行。读操作中,分别用 4 个字的数据块和 16 个字的数据块传输 256 个数据,计算两种情况下总线传输的带宽和每秒钟总线事务的次数(说明:一个总线传输操作包含一个地址和紧随其后的数据)。

课外实践

用 EDA 软件设计一个双向总线,并进行功能仿真和时序分析。

第 9 章　输入输出系统

输入输出系统简称 I/O 系统，其作用是实现主机与外部设备（简称外设）之间的信息交换。它由 I/O 接口、I/O 管理部件及有关软件构成。

由于一个主机所带的外设可能有多个，而且各外设之间在工作速度、信息格式等方面的差异很大，所以要实现主机与外设的信息交换，必然存在设备的选择、如何将用户的 I/O 请求转换成对设备的控制命令、主机和外设之间的速度匹配、格式转换等问题。

本章主要阐述 I/O 系统中 I/O 接口的功能、组织结构、工作方式及其在信息交换中的几种控制方式。

9.1　输入输出特性

现代的外部设备品种繁多，性能、结构差异很大，它们输入输出的方式又不一样。人们对输入输出的要求也不尽相同，有成批交换数据，有现场实时交换，有计算机与几个外设分时交换等。面对这些复杂的情况，只有找出输入输出的共同特性，才能更好地分析、使用和设计接口。归纳起来，输入输出特性主要体现在下列 3 个方面。

1. 异步性

外设的工作速度与 CPU 相差很大。例如，键盘操作速度取决于手指按键的速度，按键速度又取决于人对键盘的熟练程度，显然这种速度不能与主机相比。即使是速度较高的磁盘机，也因其输入输出的速度受电机转速限制，与 CPU 的速度相比仍相差很远。这说明外设的操作在很大程度上要独立于 CPU，不能使用统一的工作节拍。但另一方面，外设要与主机交换数据。外设什么时刻准备好数据，什么时刻请求传送，对 CPU 来说是随机的。为了能使主机和外设充分提高工作效率，则要求输入输出操作异步于 CPU。这样，CPU 可以全速运行程序，外设也可按自身节拍工作。只有当设备请求信息交换时，主机才中断正在执行的程序而转去为它们服务，服务完毕仍返回断点处继续运行。输入输出的异步性使主机和外设并行工作，把相互的牵制降低到最低限度。

2. 实时性

对于现场测试和实时控制等应用，若测试或控制的信息不能及时地被接收和处理，就有可能丢失重要的信息，并可能导致严重的后果。信息交换及处理的实时性，在工业生产中起着重要的作用。还有一种普遍的情况，即计算机与多台设备连接，输入输出的实时要求也相当重要。例如，计算机连接了键盘、显示器和磁盘机，这些设备的信息传送速度相差悬殊，传送方式各异，CPU 既要进行单个字节的传送，又要进行若干字节的信息块的传送，既要保证与高速设备传送信息的完整性，又要兼顾低速设备的信息传送。为此，输入输出的操作必须按各设备实际工作速度，控制信息流量和信息交换的时刻，这就是输入输出的实时性。

3. 独立性

不同外设发送和接收信息的方法各不相同，而且其数据格式及物理参数也不尽相同。而主机与它们之间连接的控制和状态信号是有限的，主机接收和发送数据的格式是固定的，主机的输入输出不可能针对某一个设备来设计，应该按统一的规则制定输入输出，也就是说，输入输出与具体设备无关，具有独立性。

输入输出的上述3个特性，对输入输出接口的设计和组织具有极其重要的影响。

9.2 I/O接口

9.2.1 I/O接口的功能

接口是两个不同部件或系统之间的连接部分，可以是两个硬设备(可以都是计算机，也可以都是外部设备)之间的连接，也可以是软件系统中两个独立程序块之间的连接。本章指主机与外设的接口，即主机通过接口连接I/O设备，为实现主机与外设的连接和信息的交换，接口应具有如下主要功能：

(1) 寻址功能。

接收来自总线的寻址信息，经过译码电路，选择相应的设备或其中某个有关的寄存器。某些较复杂的外设可能对应多个端口，如数据端口、控制端口等，因此对这些外设的访问可能需要根据访问的内容选择不同的端口地址。

(2) 数据输入输出功能。这是接口最基本的功能。

(3) 匹配主机与外设的速度差距。

主机传送信息的速度高，外设发送或接收信息的速度低，接口应具有对数据信息传送速度的缓冲作用。

(4) 实现数据格式转换或逻辑电平转换。

不同的I/O设备存储和处理信息的格式不同，例如可以分为串行和并行两种，也可以分为二进制格式、ACSII编码和BCD编码等。接口必须完成不同格式信息的转换。

不同类型的外设使用的信号电平与总线使用的信号电平也有可能不同，计算机与这些外设进行信息交换的过程中必须进行电平转换。

(5) 传送主机命令。

接口能存储和识别主机传送来的命令，并将命令传送到设备。这些命令有启动、停止、读、写等。

(6) 反映设备的工作状态。

输入输出操作时，接口随时采集并保存设备的工作状况，以备主机查询。这些状态有：设备正在工作、停止工作、出现故障、中断请求等。

除上述功能外,接口还应有中断、时序控制和检纠错等功能。

9.2.2 I/O 接口的结构

接口既要面向主机,又要面向设备。面向主机的逻辑应按统一标准设计,称此逻辑为接口的标准部分。面向设备的逻辑因设备而异,是非标准的。图 9.1 为接口的通用结构及与主机和外部设备的连接逻辑。

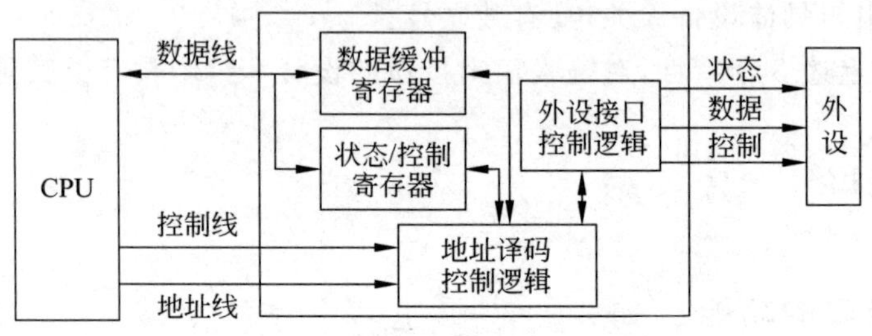

图 9.1 主机与外部设备的连接

虽然不同类型的 I/O 接口的内部电路、控制方式、复杂性等方面都可能不同,但一般 I/O 接口应包括以下基本的接口功能部件。

(1) 数据缓冲寄存器(DBR):缓冲数据,匹配主机与外设之间的速度差异。

(2) 设备地址译码器:识别主机是否与其通信。

(3) 设备状态字寄存器(DSR)和主机命令寄存逻辑:反馈设备状态,识别主机命令。

(4) 数据格式转换线路:进行串并或并串传送的转换。

接口的具体组织,根据各设备和信息交换的控制方式的不同,可能较简单,也可能较复杂。

9.2.3 接口的分类

输入输出接口可以从不同的角度进行分类。

1. 按数据传送方式

可分为并行接口和串行接口。并行接口又简称为“并口”,是指多位数据同时通过并行线进行传送。并口的优点是数据传送速度快,不足是传输距离受限。打印机、扫描仪、网络适配器、磁盘驱动器等均采用并口。

串行接口也称为“串口”,不同于并行口之处在于串口的数据和控制信息是一位接一位地传输。串行接口用于串行外设或计算机的远程终端设备与计算机的连接。与并口的特点刚好相反,串口的速度慢,但传送距离较并口更长。常见的串行接口如 RS-232 和 USB。串行传送的工作原理如图 9.2 所示。并行传送的工作原理比较简单,这里不再介绍。

从图 9.2 可以看到,在发送端接口中实现并行到串行的转换,在接收端接口则执行串

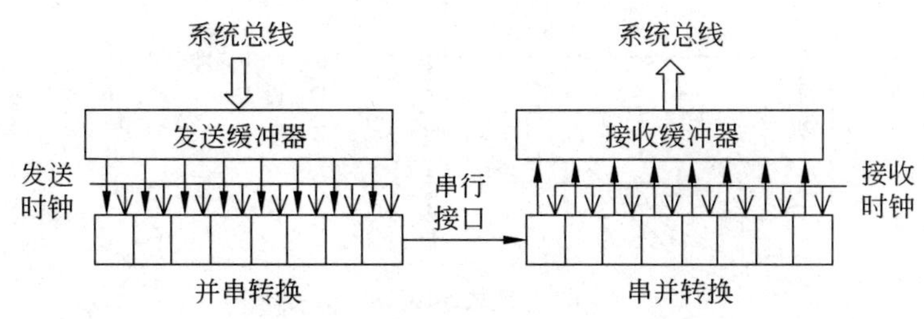

图 9.2 串行接口的工作原理示意图

行到并行的转换。

2. 按接口的灵活性

可分为可编程接口和不可编程接口。可编程接口常常具有多种不同的工作方式和不同的功能，可根据应用的实际需要，通过编程手段灵活选择。不可编程接口的功能固定，不可能通过编程手段改变其功能。

3. 按通用性

可分通用接口和专用接口。通用接口可提供多种外设使用，通用性强。如现代计算机中的USB接口就是通用接口，可外接U盘、鼠标、光驱等不同的外设。专用接口是为某类外设或某种功能专门设计的，不能供多种外设使用。

4. 按访问外设的方式

可分为直接传送方式接口、程序查询方式接口、程序中断方式接口、DMA接口及通道处理机接口等。

5. 按总线传输的通信方式

可分为同步接口和异步接口。同步接口一般与同步总线相连，接口与系统总线之间的信息传输由统一的时钟信号同步。异步接口一般与异步总线相连，接口与系统总线之间的信息传输采用应答方式控制。

9.2.4 I/O的连接方式

I/O的连接方式随主机和外部设备的发展而变化，图9.3给出了几种连接方式示意图。

1. 基于总线的连接

图9.3(a)是基于总线的连接方式。这种方式将所有设备和接口通过一组总线与计算机连接，称这组总线为I/O总线。I/O总线包括数据线、控制信号线和地址线。总线方式使主机与外设的连线大大减少，可靠性增强。另外，接口按标准方式接到总线上，设备

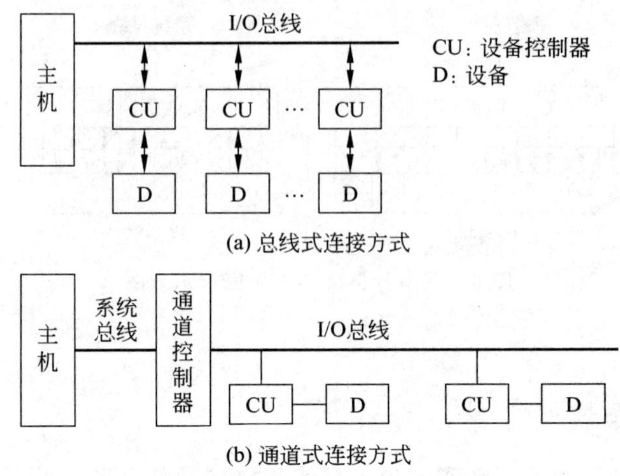

(a) 总线式连接方式

(b) 通道式连接方式

图 9.3　I/O 连接方式示意图

的增减不影响主机的线路结构和功能，扩展和维护都很方便。

2. 基于通道控制器的连接

图 9.3(b)是基于通道的连接方式。在这种方式下，输入输出操作控制将不再由 CPU 负责，而是由通道控制器负责主存与外设之间的数据传输。实现了处理机和通道控制器与外设之间的并行工作，提高了系统的效率。

这种连接方式主要应用于大型机，如 IBM 系列大型机中。在具体的实现方式上因不同的系统而不同，有的计算机采用结合型通道，即将通道控制器与 CPU 集成在一起并置于 CPU 内部；有的计算机采用独立型通道。另外，通道程序的存放位置也不尽相同，有的计算机将通道程序存放在主存中，有的机器则将其存放于自带的局部存储器中。

3. 基于 I/O 处理机的连接

将图 9.3(b)中的通道控制器换成 I/O 处理机就变成了基于 I/O 处理机的连接方式。相对于通道控制器，I/O 处理机是一种与 CPU 结构无关的专用输入输出处理器，而且还可有自己的指令系统，并可通过编程实现对 I/O 设备的控制，因此，基于 I/O 处理机的连接方式具有更好的适应性和通用性。

在具体的实现方式上，I/O 处理机可以是一个专用的集成电路，也可以是一台通用的小型或微型计算机。

9.2.5　I/O 设备的编址

每个 I/O 接口中可能有控制寄存器、数据寄存器和状态寄存器，每类寄存器都有对应的访问端口，必须对它们进行编址。对 I/O 端口的编址有两种方式，一是单独编址，二是统一编址。

1. 单独编址

单独编址方式中，端口地址与内存单元地址相互独立，有各自独立的地址空间。如8086系统中，主存地址范围是00000H～FFFFFH，而外设的地址范围是0000H～FFFFH。虽然两个地址范围有重叠，但在这种方式下，可以通过使用不同类型的指令来区分是访问主存还是访问外设。如用MOV指令访问内存，用IN/OUT指令访问外设。多总线结构中的I/O设备往往采用单独编址。

2. 统一编址

该种编址方式下，外设端口地址与内存单元地址统一编址，两者在逻辑上是同一个地址空间，通过不同的地址区域来区分是访问内存还是访问外设，单总线结构中外设的编址采用的就是统一编址。统一编址方式下，不需设置专用I/O指令。

9.3 输入输出数据传输控制方式概述

主机与外部设备之间的信息交换随外部设备性质的不同而采用不同的控制方式。随着计算机技术的发展，控制方式也经历了由简单到复杂，由低效率到高效率，由CPU集中控制到各部件分散控制的发展过程，这个过程表现在下列几种控制方式中。

1. 程序查询控制方式

这种控制方式，主机和外设之间信息交换的控制完全由主机执行程序实现。当主机要与某设备进行数据交换时，往往通过先读取该设备对应接口的状态寄存器(状态字)来了解设备是否已就绪，根据设备的状态，决定下一步操作究竟是进行数据传送还是等待。这种控制方式，接口设计简单，但是CPU与外设只能串行工作，由于CPU的速度比外设的速度要高得多，所以在信息传送过程中，CPU的大量时间是花费在查询和等待上，从而使系统效率大大降低。这种控制方式用于早期的计算机。

2. 程序中断控制方式

在这种方式下，主机启动外设后不再查询并等待外设状态准备好而继续执行程序，当外设准备好后，主动向CPU发中断请求。CPU收到中断请求后，当中断响应条件满足时，响应外设的中断请求，暂停原来的主程序并调用相应的中断服务程序，完成主机与外设之间的一次信息的传输，中断服务程序执行完毕后，CPU又返回被中断的原程序中继续执行。

这种I/O方式下，CPU与外设在并行工作，因此CPU和系统的效率都得到提高。

3. 直接存储器存取控制方式(DMA)

程序中断控制方式虽然能减少CPU的等待时间，使设备和主机在一定程度上并行工作，但这种方式下，每传送一个字或字节都要发生一次中断。结果可能是用于辅助操作的时间比真正用于传送数据时间还多，因此，不合适要求高速传送大批量数据的场合。在这样的场合下使用中断 I/O 方式，不仅会影响全机的效率，而且还有可能丢失高速外设传送的信息。

DMA 方式是一种完全由硬件(即 DMA 控制器，简称 DMAC)进行成组信息传送的控制方式。它具有程序中断控制方式的优点，即在设备准备数据阶段，CPU 与外设能并行工作。它还降低了 CPU 在数据传送时的开销，这是因为 DMAC 接替了 CPU 对输入输出中间过程的具体干预，信息传送不再经过 CPU，而在内存和外设之间直接进行，因此，称此为直接存储器存取方式。由于在数据传送过程中不使用 CPU，因此 DMA 方式下不存在保护 CPU 现场，恢复 CPU 现场等繁琐操作，数据传送速度很高。

4. 通道方式

DMA 方式仍存在着一定的局限性，主要表现在 DMA 方式对外围设备的管理和某些操作仍由 CPU 控制。在大中型计算机中，系统所配置的外围设备种类越来越多，数量也越来越大，因而对外围设备的管理与控制也就愈来愈复杂。多个 DMA 控制器的同时使用会引起内存地址的冲突，并使得控制过程进一步复杂化。

通道方式是 DMA 方式的发展，在通道方式下，数据的传送方向、存取数据的内存起始地址及传送的数据块长度等都由独立于 CPU 的通道来进行控制，因此，通道方式可进一步减少 CPU 的干预。

通道通过执行通道程序来完成 CPU 制定的 I/O 任务，通道程序是由一系列通道指令组成的，通道指令一般包含被交换数据在内存中应占据的位置、传送方向、数据块长度及被控制的 I/O 设备的地址信息、特征信息(例如磁带设备还是磁盘设备)等。当通道执行完相应通道程序后，就发出中断请求表示 I/O 结束，CPU 响应中断请求，执行相应的中断处理程序实现与通道之间的数据传输。

5. 外围处理机方式

外围处理机(PPU)方式是通道方式的进一步发展，通常用于大中型计算机系统中。由于 PPU 基本上独立于主机工作，其结构更接近一般处理机，甚至就是一般的通用微小型计算机。它可以完成 IOP 的功能，还可以完成码制变换、格式处理、数据块检错、纠错等操作。

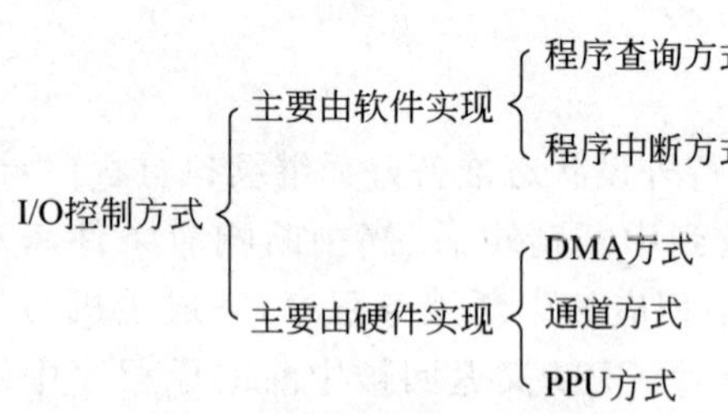

图 9.4 输入输出控制方式

综上所述，输入输出控制方式可用图 9.4 表示。

通过对不同输入输出方式特点的分析可知，程序查询方式和程序中断方式适用于数据传送率较低的外设，而 DMA 方式、通道方式和 PPU 方式适用于数据传送率比较高的外设。目前，小型机和微型机中大都采用程序查询方式、程序中断方式和 DMA 方式。通道方式和 PPU 方式大都用于大中型计算机中。

9.4 程序查询控制方式

程序查询控制方式是最原始、最简单的方式。其基本思想是,CPU 直接执行一段输入输出程序来实现主机与外设的数据交换,程序执行一次只能传送一个数据(字或字节)。每次传送前都要查询设备所处的状态,只有当设备准备就绪后才可进行传送。否则,主程序做循环查询等待操作。因此,数据传送速度很慢,CPU 的利用率较低。

9.4.1 程序查询控制方式的接口

图 9.5 为程序查询控制方式接口示意图,从中可以看出程序查询控制方式接口的主要组成部分包括:地址译码器、数据缓存器 DBR、设备状态字寄存器 DSR 和有关控制逻辑等。

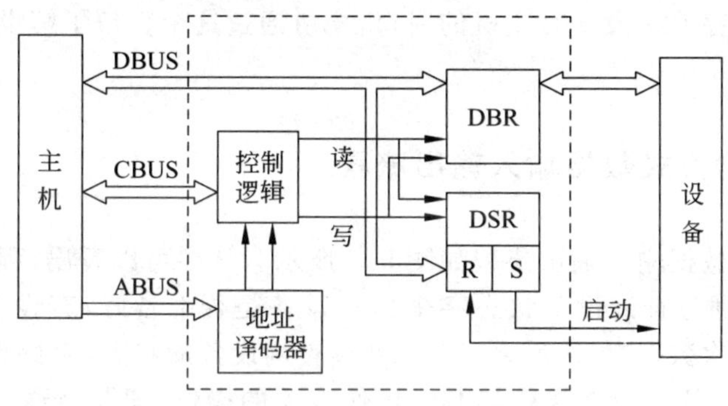

图 9.5 程序查询控制方式接口

1. 地址译码器

地址译码器用来识别设备并完成设备选择功能。

2. 数据缓冲寄存器(DBR)

用于主机与外设之间数据的缓冲。执行输入操作时,数据缓冲寄存器存放从 I/O 设备读取的数据,该数据将被 CPU 读取;当执行输出操作时,数据缓冲寄存器存放 CPU 送来的数据,下一步,该数据将输出至外设。

3. 设备状态字寄存器(DSR)

用于记录设备的状态,常见的状态信息如“忙”、“准备就绪”、“错误”等。在程序查询输入输出方式下,CPU 通过程序查询设备状态位来判断设备的状态,以确定程序的下一步流程。

9.4.2 设备状态寄存器的格式

设备所有状态的集合称为设备状态字(DSW)。设备的每一种状态由一个触发器表示,这些触发器连接在一起就构成了设备状态字寄存器(DSR)。图 9.6 为某计算机接口中设备状态字的格式及其所包含的信息。

7	6	5	4	3	2	1	0
E		B		R	I		S

图 9.6 设备状态字格式

其中:第 0 位(S):启动位。S=1 启动设备,启动后 S 自动置为 0。

第 2 位(I):中断允许位。I=1 表示允许设备的中断请求,I=0 表示禁止中断请求。

第 3 位(R):准备就绪位。R=1 表示设备处于准备好状态,可以进行数据传送;R=0 表示设备尚未准备就绪。

第 5 位(B):忙位。B=1 表示设备忙,即正在传送数据,传送完成后 B=0。

第 7 位(E):出错位。设备出错时,E=1。

设备状态字寄存器是设备对主机的窗口,主机通过这个窗口了解设备的现状,以便采取相应的处理。

9.4.3 程序查询方式数据输入输出流程

程序查询方式数据输入输出流程如图 9.7 所示。从中可以看出,程序查询方式下,外设被启动后,CPU 通过查询设备状态字来检查设备是否准备好,若设备准备好,则 CPU 与外设之间进行一次数据交换;反之,CPU 继续查询设备的状态,直到设备准备好。在整个输入输出过程中,CPU 只能执行与 I/O 操作有关的操作,即要么通过 I/O 指令查询外设的状态,要么通过 I/O 指令执行数据输入输出。

图 9.8 为具有多个外设情况下程序查询方式的工作流程,在这个流程图中假定外设的编号越小其优先级越高。

下面以 80x86 系列指令系统以及图 9.6 中的设备状态字为例,给出一个程序查询输入输出方式的实例。设接口的状态寄存器地址为 S_PORT,数据寄存器地址为 D_PORT,在初始化过程中已对控制寄存器写入控制字使该接口为输入接口并启动该设备,现要从该接口所连接的输入设备读取 CONT 个字节的数据,存放到主存以 ADDR 为首地址的区域,则可通过下面的程序段实现这一功能。

```
    MOV  CX,CONT        ;将数据量计数值 CONT 送入 CX
    LEA  BX,ADDR        ;将主存中数据缓冲区首地址 ADDR 送入 BX
LL: IN   AL,S_PORT      ;读状态字
    TEST AL,8           ;测试就绪位 R
    JZ   LL             ;若 R=0,则输入表示数据尚未准备就绪,继续查询
    IN   AL,D_PORT      ;设备准备好,读数据口
    MOV  [BX],AL        ;存数据到内存
    INC  BX             ;修改内存地址指针
    LOOP LL             ;计数器减 1,非零则继续
```

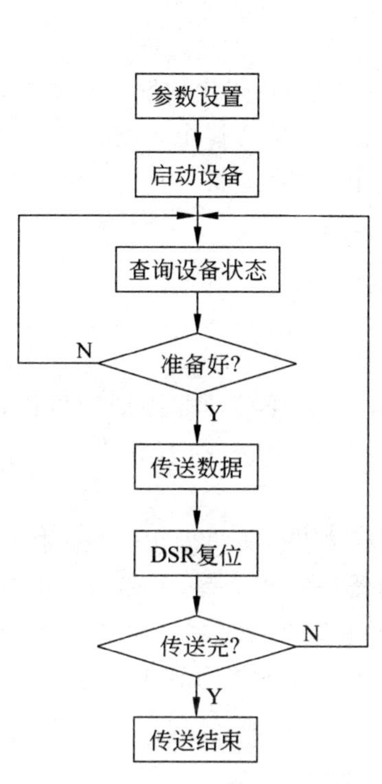

图 9.7 程序查询 I/O 流程

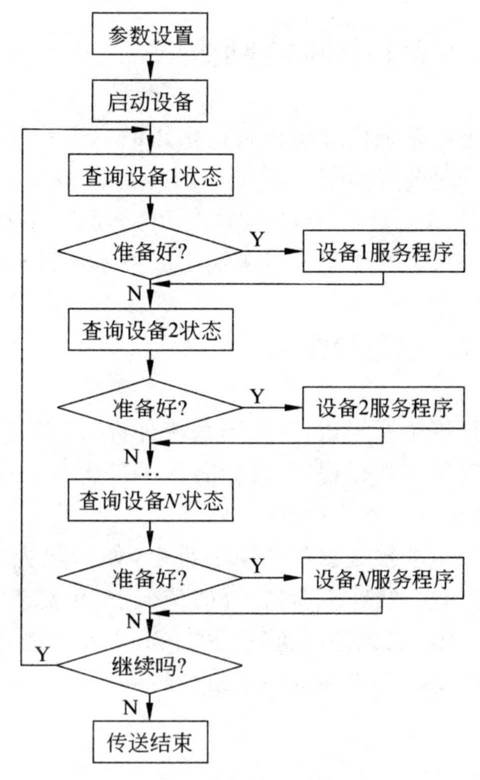

图 9.8 多设备程序查询 I/O 流程

该程序段清晰地表达了程序查询输入输出方式的基本思想。

例 9.1 某以程序查询方式的输入输出系统，假设不考虑预处理时间，每个查询操作需要 100 个时钟周期，CPU 的时钟频率为 50MHz。现有鼠标和硬盘两个外设，而且 CPU 需每秒对鼠标进行 30 次操作，若硬盘以 32 位字长为单位传输数据，即每 32 位被 CPU 查询一次，CPU 访问硬盘的速率为 2MB/s。求 CPU 对这两个设备查询所花费的时间比率，由此可得到什么结论？

解：(1) CPU 每秒钟用于查询鼠标所需要的时钟周期数为：$100\times30=3000$，则查询鼠标所需的时间比率为：$3000/(50\times10^6)=0.006\%$。

可见，查询鼠标的操作基本不影响 CPU 的性能。

(2) 对硬盘而言，要达到预定的传输速率，每秒钟需访问的次数为：2MB/4B＝500 000 次。

每秒钟访问硬盘所花费的时钟周期数为：$500\,000\times100=50\times10^6$。

查询硬盘的操作所需要的时间比率为：$50/50=100\%$。

可见，不能采用程序查询方式访问硬盘。

9.5 程序中断控制方式

中断是现代计算机普遍采用的一项重要技术，是 20 世纪 60 年代初发展起来的，其作用之一是使异步于主机工作的外部设备与主机并行工作，以提高整个系统的工作效率。中断技术虽然源于输入输出，但它也是主机内部管理的一种重要手段。IBM 7094 和 DEC 的 PDP-11 是最早采用中断技术的计算机代表。

9.5.1 中断的概念

计算机系统运行时，若系统外部、内部或现行程序本身出现某种非预期的事件，CPU 将暂时停下现行程序，转向为该事件服务，待事件处理完毕，再恢复执行原来被终止的程序，这个过程称为中断。

产生非预期事件的原因很多，如除数为零、运算结果溢出、堆栈溢出、程序中设置断点、打印机缺纸、校验错、计时值到、地址越界、虚拟存储器访问缺页等，上述产生中断的事件对 CPU 来说是随机发生的，CPU 不可能预先知道事件发生的时刻。中断技术把有序的程序运行和无序的中断事件统一起来，大大增强了系统的处理能力和灵活性。

1. 中断的作用

现代计算机系统中中断的功能相当丰富，主要功能包括如下几种。

1）实现主机和外设并行工作

图 9.9 将 CPU 使用中断和不使用中断两种情况的轨迹进行了比较。不难发现，使用中断技术后，CPU 原来用于查询外设状态的时间被充分地利用起来，工作效率得到了显著的提高。

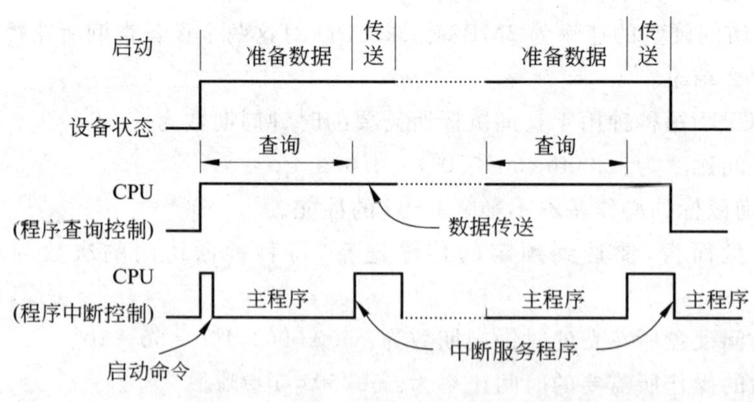

图 9.9 两种方式中 CPU 运行的轨迹

2）程序调试

在调试程序的过程中，常常需要查看程序执行的中间结果，包括某条指令或某程序段执行的中间结果，为此，需要在程序中的适当位置设置断点。

3）故障处理

计算机运行时，会发生某些可能导致整个系统瘫痪的非正常事件，中断系统应能在这类事件出现时发出中断信号，以便 CPU 调用相应的处理程序，将故障的危害降到最低程度，并请求系统管理员排除故障，以提高系统的可靠性。

4）实时处理

计算机在现场测试和控制、人机对话等应用中都具有很强的实时性，中断技术能确保使这些应用中的数据及时地被处理。

5）实现人机交互

如键盘、鼠标等都是通过中断方式实现人机对话。

2．中断的分类

中断分类的方式很多，根据引起中断的事件来自于 CPU 内部还是 CPU 外部，可分为内中断（也称为软中断）和外中断（也称为硬件中断）；根据进入中断的方式可分为自愿中断和强迫中断；根据其重要性可分为可屏蔽中断和不可屏蔽中断。这些分类方法之间存在交叉。本书主要从内部中断和外部中断来讨论中断的分类。

1）外部中断

凡是由主机外部事件引起的中断称为外中断，这类中断大部分由外设发出，如 I/O 信息传送请求中断、I/O 传送结束处理中断、I/O 接口和外设故障中断等。这类产生中断的事件往往与执行的程序无关，与指令的执行异步发生，且不具备可预测性和可重复性。因此，CPU 会在每条指令执行完毕后，主动去检测外设是否在上一个指令周期发出过中断请求，并根据检测的结果决定是否改变 CPU 的执行流程。

2）内部中断

发生在 CPU 内部的中断称为内中断，也称为内部异常，指中断原因是由于 CPU 当前执行的指令所引起的中断。与外中断不同的是，这类中断往往具有可预测性或可再现性。如溢出中断，只要发生溢出的指令和数据未被修改，再次执行程序溢出仍将发生。再比如程序中设置的断点也具有可预测性和可再现性。

异常产生的原因有硬件故障和程序性异常。根据异常被报告的方式以及导致异常的指令是否能够被重新执行，异常又可细分为故障（Fault）、自陷（Trap）和终止（Abort）3 类，下面将详细介绍这 3 类异常。

（1）Fault

Fault 是一种通常可以被纠正的异常，并且一旦被纠正程序就可以继续运行。当出现一个 Fault，处理器会把机器状态恢复到产生 Fault 指令之前的状态。此时异常处理程序的返回地址会指向产生 Fault 的指令重新执行。如虚拟存储中“缺页”异常处理程序导致访问未命中的页从磁盘中调入主存，然后产生“缺页”异常的指令被重新执行。

（2）Trap

自陷是一种预先被安排的“异常”事件，通过某种方式将 CPU 设定为处于某种状态，在程序执行过程中，当某条指令执行后使 CPU 中设定的状态出现时，CPU 调出相应的处理程序进行处理。一般情况下，当处理程序执行完毕后，CPU 将转入到发生“自陷”指令的下一条指令处执行。

在 80x86 体系结构有以下几种自陷。

① 单步自陷：在标志寄存器的单步位 TF=1 时，每执行完一条指令都发生单步自陷。

② 溢出自陷：当标志寄存器的溢出位 OF=1 时，执行 INTO 指令就发生溢出自陷。

③ 零除自陷：除数为零时发生的自陷。

④ 自陷指令：INT n。

(3) Abort

Abort 是在系统出现严重的不可恢复的事件时触发的一种异常。产生这种异常后，正执行的程序不能恢复执行，系统要重新启动才能恢复正常运行状态。与前两种异常不同的是，这类异常不是由于指令产生的，而往往是由于系统故障导致的，如计算机硬件系统故障等。

需要特别说明的是，不同计算机体系结构以及不同的教材对前面介绍的“中断”和“异常”的定义不尽相同。如 PowerPC 体系结构中把两者都称为异常；8086 CPU 中则把两者都称为中断，其中把来自于 CPU 内部的中断称为内中断或软件中断或异常，而把来自于 CPU 外部的中断称为“外中断”或硬件中断；还有的计算机系统用中断泛指中断和异常。本书中将外部中断称为中断，内部中断称为异常。

3. 中断优先级

中断优先级包括两层含义：响应优先级和处理优先级。

响应优先级是指 CPU 对各设备中断请求进行响应的先后次序，它根据中断事件的重要性和迫切性而定。当几个设备同时有中断请求时，优先级高的先响应，优先级低的后响应；当 CPU 正在为某个设备服务时，优先级更高设备的中断请求可以中断 CPU 正在执行的低优先级的中断服务程序。中断响应的这种次序往往在硬件线路上已固定，不便于变动。

处理优先级是指 CPU 实际完成中断处理程序的先后次序。对单级中断而言，先被 CPU 响应的中断服务程序先完成；对多重中断而言，先被 CPU 响应的中断服务程序不一定先完成，这与中断屏蔽密切相关。具体内容将在本章后面部分介绍。

4. 单级中断与多重中断

根据计算机系统对中断处理的策略不同，可将中断分为单级中断和多重中断，这也是一种中断的分类方法。如果一个中断服务程序被执行，则 CPU 不响应其他中断请求(包括比本中断服务程序级别更高级的中断)，而只有在该中断服务程序执行完成后才能响应其他中断请求，这种中断就是单级中断。在中断服务程序执行过程中，如果允许 CPU 响应其他中断请求，则这种中断称为多重中断，也称中断嵌套。图 9.10 给出了单级中断和多重中断的处理示意图，更详细的中断处理过程将在 9.5.5 节详细介绍。

关于单级中断与中断嵌套，需要特别关注下列概念。

(1) 单级中断并不是说只有一个中断源，单级中断主要体现多个中断之间能否嵌套。

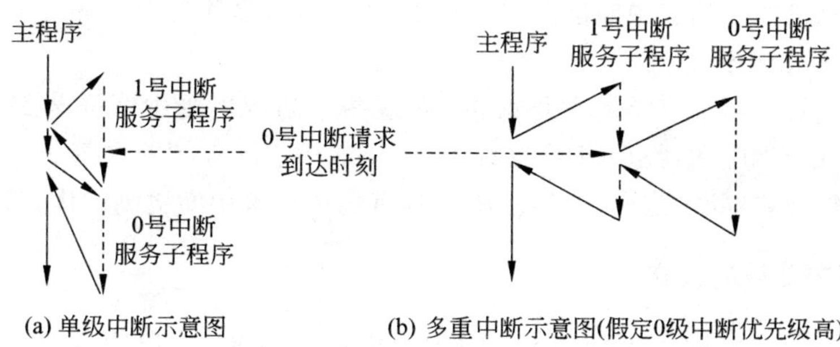

图 9.10 单级中断和多重中断的处理示意图

当外设的中断请求通过串行连接方式组织时，就构成了单级中断，如图 9.11(b)所示。在单级中断方式下，站在设备的角度看，外设中断的优先级与它们离 CPU 的距离有关，离 CPU 越近的设备中断优先级就越高；但站在 CPU 的角度看，这些设备的中断优先级相同，因此，任何一个中断被响应，其对应的中断服务程序必须完成后才能让出 CPU，所以图 9.10(a)中只有 1 号中断服务程序完成后才能响应 0 号设备发出的中断请求。

(2) 中断嵌套包括两种方式，一种是高级中断中断低级中断，这是最基本的中断嵌套方式；另一种是低级中断中断高级中断，这属于比较特殊的嵌套，需要借助中断屏蔽来实现，详细过程将在第 9.5.5 节中详细介绍。

9.5.2 中断请求的建立与传送

1. 中断源和中断请求寄存器

中断源是发出中断请求的设备或事件，一台计算机系统往往有多个中断源。由于每个中断源发出中断请求的时间是随机的，而中断要满足一定条件才能被响应，也就是说有的中断可能需要经过较长的时间才能被响应。因此，当中断源的中断事件发生时，先将请求信号保存在中断请求触发器中。对应于每个中断源有一个中断请求触发器，多个中断请求触发器组合在一起，就构成了中断请求寄存器，其内容称为中断字或中断码。中断请求寄存器的某位为“1”，表明对应的外设向 CPU 发出了中断请求。CPU 进行中断处理时，根据中断字确定中断源，然后转入相应的服务程序。

2. 中断屏蔽

中断请求寄存器的某位为 1 表示对应的外设发出了中断请求，但这个中断请求信号能否传递给 CPU 还与这个中断请求是否被屏蔽有关。

为了便于利用程序控制中断处理的先后顺序，可通过程序有选择地封锁部分中断源发出的中断请求，而允许其余部分中断仍得到响应，这种方式称为中断屏蔽。实现方法是为每个中断源设置一个中断屏蔽触发器 INM 来屏蔽该设备的中断请求，CPU 通过程序可以有选择地使一些接口的中断屏蔽位为“1”，另一些为“0”。中断屏蔽位为“1”时禁止接口发送中断请求信号，即屏蔽；为“0”时即中断开放，允许接口发送中断请求。全机多个设备的中断屏蔽触发器即构成中断屏蔽寄存器IMR。其内容称为中断屏蔽字，每一位控制一个中断源的屏蔽与开放。

有些中断源的中断请求是不可屏蔽的，即这些中断源不受中断屏蔽寄存器的控制。这种中断源一旦产生中断请求，CPU立即响应，一般用于如电源断电等紧急情况。所以，中断又有可屏蔽与非屏蔽之分。非屏蔽中断具有比可屏蔽中断更高的优先级。

3. 中断请求信号的传送

中断请求信号有多种不同的方式向CPU传送。图9.11给出了常见的3种传输方式。

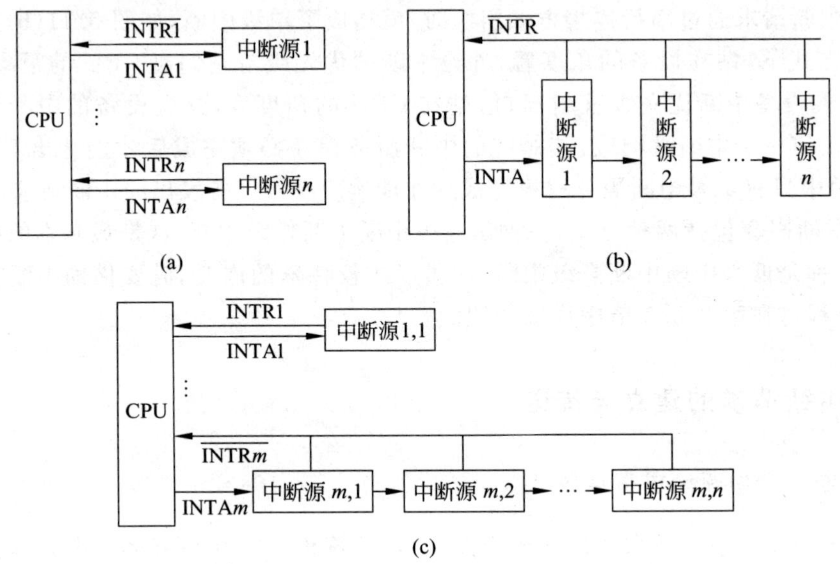

图9.11 中断请求信号的传输

1）独立请求传送

每个源单独设置中断请求线，将中断请求信号直接送往CPU，如图9.11(a)所示。

该方式的优点是有利于实现向量中断，快速找到中断服务程序的入口地址；不足是系统能连接的中断请求线有限，系统扩充困难。

2）基于公共请求线传送

即多个中断源共用一根请求线向CPU传送中断请求，其基本结构如图9.11(b)所示。这种方式的特点是系统扩展容易，但中断源识别相对复杂，一般需要通过查询软件或硬件方法来识别中断源。

3）二维结构

二维结构是基于公共请求线传送方式的扩展，将多条公共请求线与优先级较高的单中断源排列成多行，其结构如图9.11(c)所示。每条公共请求线上中断源具有相同的优先级，不同的中断请求线上的中断源具有不同的优先级。二维结构综合了前两种方式的优点，应用于中断源较多的系统中。

9.5.3 中断响应

1. 中断的响应条件

中断响应需要满足一定的条件，这些条件包括：

(1) 中断允许触发器处于允许状态，即执行过开中断指令。

(2) 对应的中断未被屏蔽。

(3) CPU 已执行完一条指令的最后一个状态周期。

(4) 如果 CPU 正在执行中断服务程序，则要求新的中断请求符合中断嵌套的条件。

(5) 无 DMA 请求，因为 DMA 请求的优先级比中断的优先级高。

2. 中断响应的操作及中断隐指令

CPU 一旦响应中断，就进入中断周期，在这个时间段内，CPU 要完成下列工作：

(1) 关中断，即临时禁止中断请求。主要是为了保证保护断点和保护现场操作的完整性，只有这样才能使中断服务程序完成后能正确返回被中断的原程序中继续执行。

(2) 保护断点。即将程序计数 PC(80x86 为 CS：IP)和程序状态字 PSW(80x86 为标志寄存器)等内容压入堆栈或直接送主存的特定单元保存。

(3) 寻找中断服务程序入口地址并送程序计数器 PC。有多种寻找中断服务程序入口地址的方法。

上述 3 方面的功能是由中断隐指令完成的。中断隐指令并不是机器指令系统中一条可供用户使用的指令。任何中断源引起的中断，只要被响应，CPU 即进入中断周期，中断隐指令就自动执行上述功能，因此上述操作也被称为公操作。

9.5.4 中断源识别以及获得中断服务程序入口地址的方法

中断识别的任务是确定中断是由哪个中断源发出的，在获知中断源后，还需要获得中断服务程序入口地址，这样才能执行中断服务程序。为便于理解，本节先介绍获得中断服务程序入口地址的方法，然后再介绍中断源的识别方法。

1. 获得中断服务程序入口地址的方法

获得中断服务程序的入口地址主要有两种方法：向量中断法和非向量中断法。

1) 向量中断

下面先阐述几个有关的概念。

(1) 中断向量：通常将中断服务程序的入口地址和程序状态字(有的机器不包含此项)称为中断向量。

(2) 中断向量表：中断向量的集合就是中断向量表，也就是中断服务程序入口地址和状态字的集合。

(3) 向量地址：访问中断向量表中一个表项的地址码，也称为中断指针。

(4) 中断类型号：中断源提供的识别中断类型的编码，CPU 可根据该编码计算得到向量地址。

中断向量、中断向量表和向量地址之间的关系如图 9.12 所示。图 9.13 为 80x86 的中断向量表。

在 80x86 中，中断向量表占用主存从 00000H～003FFH 共 1K 个字节的存储空间，表中内容分为 256 项，对应于中断类型号 0～255。每一项占 4 个字节，用来存放中断服务子程序的入口地址信息，其中高地址的两字节存放中断处理子程序所在段的首地址。低地址的两个字节存放中断服务程序入口地址的偏移(段内)地址。

在图 9.13 所示的 80x86 向量表中，中断类型号为 n 的处理程序的入口地址存放在中断向量表起始地址为 $n\times4$ 的 4 个单元，只要用地址为 $n\times4+1$ 和 $n\times4$ 两个字节中的字内容更新 IP(指令指针)，用地址为 $n\times4+3$ 和 $n\times4+2$ 两个字节中的字内容更新 CS 即可转到相应的中断处理程序。

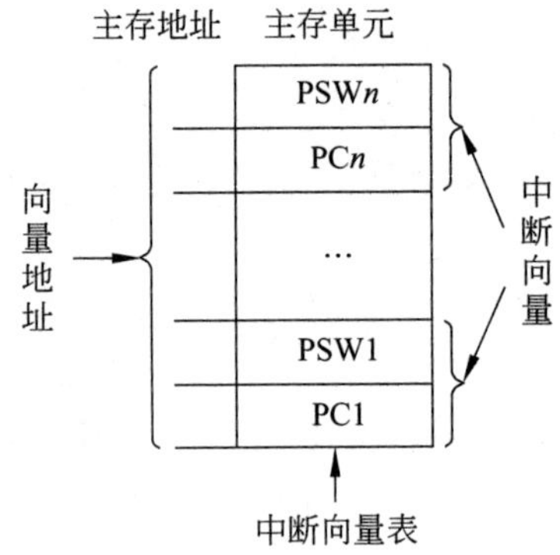

图 9.12 中断向量、中断向量表和向量地址之间的关系

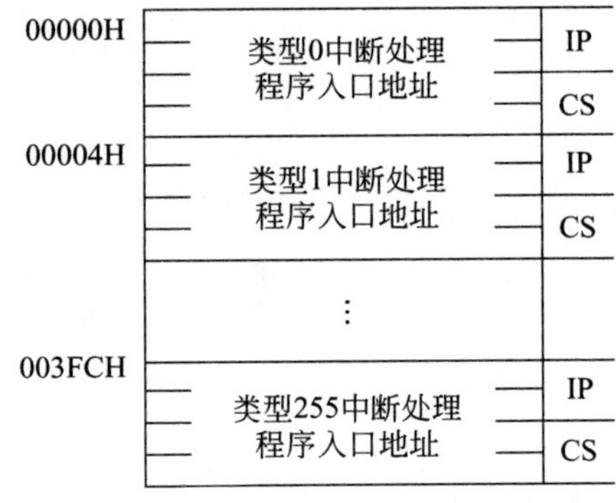

图 9.13 80x86 中断向量表

基于上面的概念，很容易理解向量中断法中断响应方式：先将各个中断服务程序的中断向量组织成中断向量表；中断响应时，通过识别中断源获得中断类型编码，然后计算得到对应于该中断的中断向量地址，再根据向量地址访问中断向量表，从中读出中断服务程序的入口地址和 PSW，并装入程序计数器 PC 中和条件状态寄存器中，CPU 开始执行中断服务程序。

2) 非向量中断法

非向量中断法的中断响应方式为：CPU 在响应中断请求时，只产生一个固定的地址，该地址是中断查询程序的入口地址，通过执行该查询程序来确定中断服务程序的入口地址，然后执行响应的中断服务程序。

2. 中断源识别方法

主要有程序查询、硬件查询和独立请求 3 种中断源识别的方法。

1）程序查询法

在 CPU 响应中断请求后，CPU 自动执行固定地址为 N 的单元中的查询程序来识别中断源。

如图 9.14 所示，中断响应使 CPU 自动执行固定单元 N 中的指令，从 N 单元开始的中断识别程序是预先编制好的设备查询的程序，假定按照设备编号顺序查询(也可按其他任何顺序查询)。若 1 号设备没有准备好(R=0)，就查询 2 号设备；若 2 号设备已准备好(R=1)，此时就取 2 号设备接口中的地址，经过简单的变换或直接作为 2 号设备中断服务程序的入口地址。其余设备的查询以此类推。通过分析可知，该方法属于非向量中断响应方式。

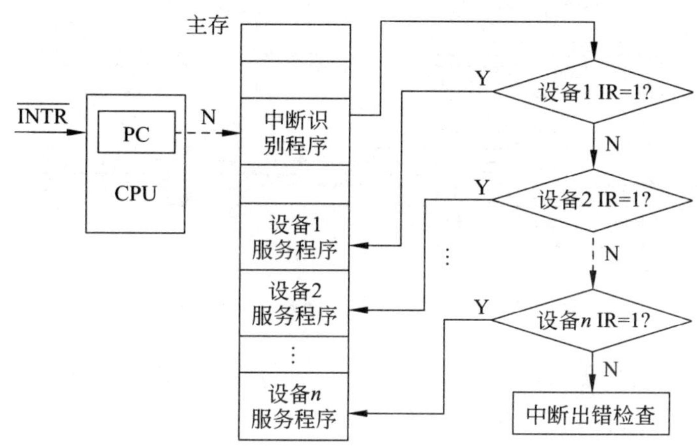

图 9.14 程序查询法中断源识别过程示意图

上述程序中设备查询的先后次序，反映了设备中断响应的优先级。程序查询法的优点是硬件开销小，设备的优先级可以通过修改这个查询程序而得到调整，灵活性强。但是，这种方法要耗费 CPU 较多的时间。

2）硬件查询法

硬件查询法的逻辑电路如图 9.15 所示，每个中断请求信号保存在“中断请求”触发器 IR 中，经“中断屏蔽”触发器 IMR 控制后，产生来自中断请求触发器的中断请求信号 IR1，IR2，IR3，IR4。

当 IR1，IR2，IR3，IR4 中任意一个为高电平时，$\overline{INTR}$就为低电平，请求中断。

$\overline{INTI}$为中断排队输入信号，$\overline{INTO}$为中断排队输出信号，当$\overline{INTI}$=0 时，该级所有中断请求进行排队；若该级设备无中断请求则$\overline{INTO}$=0，允许下一级进行排队，所以$\overline{INTI}$和$\overline{INTO}$用于多个请求排队电路的串行连接。

下面分两种情况进行讨论。

(1) 设 IR2 为高电平，则$\overline{INTR}$为低电平，CPU 收到中断信号后，若满足中断响应条件，则 CPU 发中断响应信号 INTA。

因为 IR1=0，$\overline{INTI}$=0，所以 a 点为低电平，即当 IR1=0 时，$\overline{INTI}$=0 传到 a 点。

因为 IR2=1，a=0，所以 b=1，c=1，$\overline{INTO}$=1，即当 IR2 有请求时，封锁了后面的中

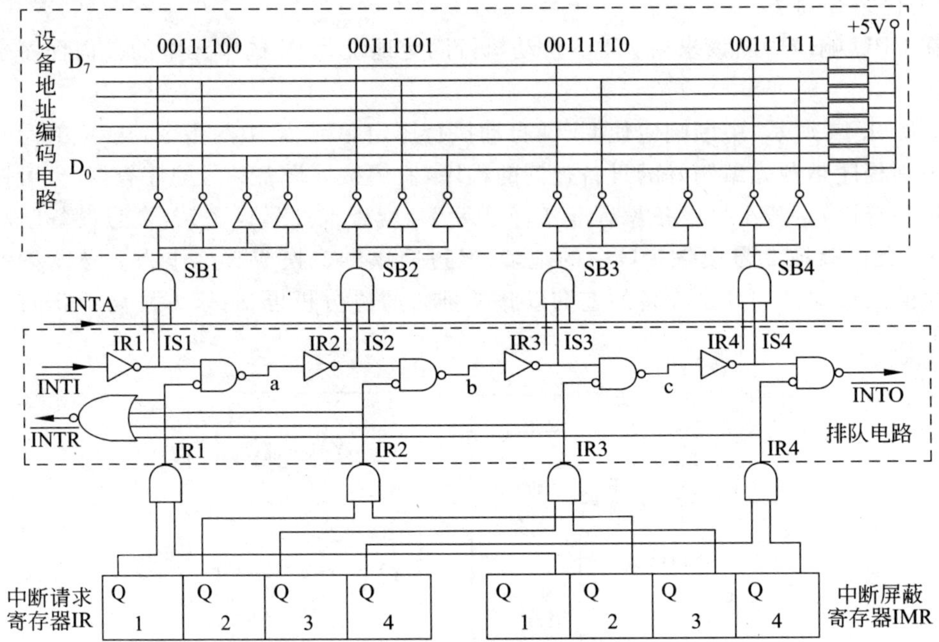

图 9.15　串行排队列判别及向量编码电路

断请求。同时，由于 IR2=1，IS2=1(INTA=1)，所以 SB2 输出高电平，从而在数据总线上产生设备地址 00111101。

(2) 设 IR1，IR2 同时为高电平，则$\overline{INTR}$为低电平，CPU 收到中断信号后，若满足中断响应条件，则 CPU 发中断响应信号 INTA。

因为 IR1=1，$\overline{INTI}$=0，所以 a=1，b=1，c=1，$\overline{INTO}$=1，即当 IR1 有请求时，封锁了后面的中断请求，IR2 的请求得不到响应。同时，由于 IR1=1，IS1=1(INTA=1)，所以 SB1 输出高电平，从而在数据总线上产生设备地址 00111100。

由此可见，IR1 请求的优先级高于 IR2 的请求，IR2 请求的优先级高于 IR3 的请求，以此类推。

上述过程得到的设备地址经简单变换即可形成该设备的中断服务程序入口地址，由此可见，该方法属于向量中断响应方式。

3) 独立请求法

独立请求法优先排队电路如图 9.16 所示。其中，每个中断请求信号保存在“中断请求”触发器中，经“中断屏蔽”触发器控制后，产生请求信号 IR1'，IR2'，IR3'，IR4'，而 IR1，IR2，IR3，IR4 是经过优先排队后送给 CPU 的中断请求信号。IR1'的优先权最高，IR2'，IR3'，IR4'的优先权依次降低。具有较高优先权的中断请求信号能自动封锁比它优先级低的所有中断请求。

则各中断请求信号之间的逻辑关系为：

$IR1 = IR1'$;

$IR2 = IR2'\overline{IR1'}$;

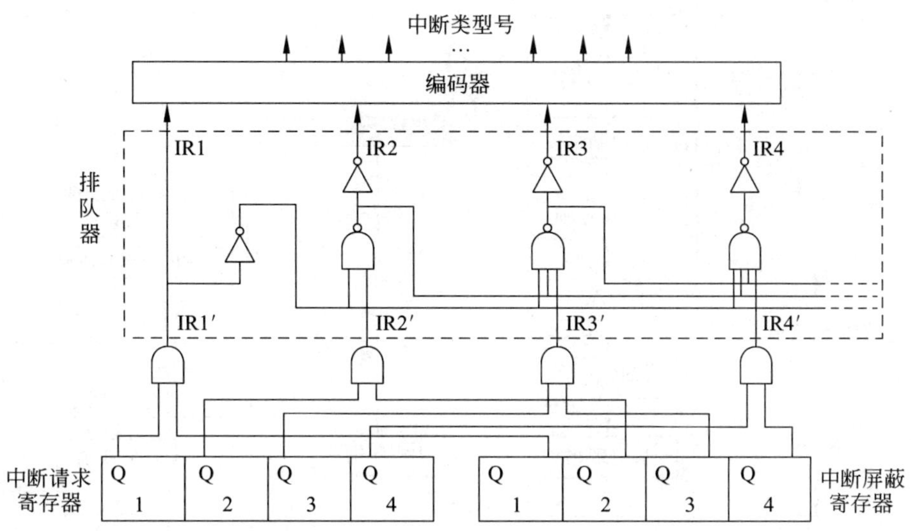

图 9.16 独立请求方式的优先排队电路逻辑

$IR3 = IR3'\overline{IR2'}\overline{IR1'}$;

$IR4 = IR4'\overline{IR3'}\overline{IR2'}\overline{IR1'}$。

编码电路根据排队的中断源输出信号 IRi 产生一个预定的地址码,称为中断类型号,由此可计算出中断服务程序的入口地址,因此该方法属于向量中断响应方式。

9.5.5 中断处理流程

下面将对中断处理过程进行全面的分析,重点是体会单级中断和多重中断在处理流程上的差异性和产生这些差异的原因。单级中断和多重中断处理流程如图 9.17 所示。

中断处理程序通常由 3 部分组成,即预处理部分、主体部分和后期处理等 3 部分,图 9.17 中依次用 3 个虚线框标出了单级中断和多重中断这 3 部分所包含的详细功能。

1. 预处理部分的功能

(1) 中断隐指令完成关中断、保护断点、非向量中断的中断源识别等 3 方面的功能。

(2) 保护现场,即将中断服务程序中要使用的寄存器(包含隐含寻址用到的寄存器)入堆栈保存。

(3) 对多重中断而言,在预处理阶段还要完成下列功能。

① 保护原来的屏蔽字。

② 设置新的屏蔽字。

③ 开中断,按照新设置的中断屏蔽字实现中断的嵌套。

2. 主体部分的功能

中断处理程序主体部分是根据中断源的要求编写的。有的是进行数据传送,有的

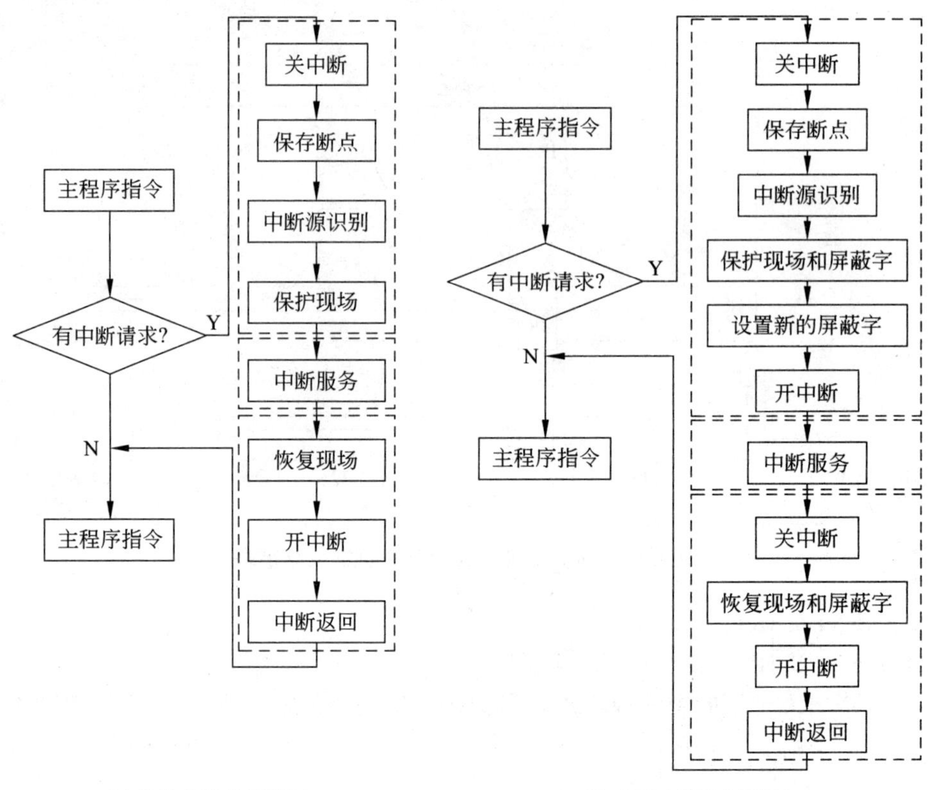

(a) 单级中断处理流程　　(b) 多重中断处理流程

图 9.17　中断处理流程

是检查设备,有的是数据传送完毕后的结束处理,根据不同情况,主体部分可以是一条指令,也可以是一段程序,也可以在中断处理程序中根据新的要求再次设置新的中断屏蔽字。

3. 后期处理的功能

(1) 恢复现场。把预处理中压入堆栈的数据从栈中弹出,送回原来的寄存器中。

(2) 开中断,将 CPU 中的中断允许触发器置 1,允许设备请求中断。

(3) 中断返回。将压入堆栈中的原 PC 和 PSW 送回相应的寄存器。被中断的原程序从断点继续执行。

(4) 对多重中断而言,在后期处理阶段还要完成下列功能:

① 在恢复现场和中断前的屏蔽码前再次关闭中断。

② 恢复中断前的屏蔽码。

关于中断处理流程的几点说明如下:

(1) 上面所述的操作过程是一个典型的过程,并不是固定不变的程式,各种机器的设计方案和硬件结构各不相同,中断处理的具体操作也有所差别。

(2) 中断响应受中断允许和中断屏蔽两方面因素的控制。其中中断允许寄存器的状态受开、关中断指令的控制，执行开中断指令则将中断允许置1，CPU接受外围设备的中断请求；执行关中断指令则将中断允许触发器置0，CPU不接受所有外设的中断请求。通过设置中断屏蔽字寄存器的相关位，可以单独屏蔽或开放一个中断源的中断请求，便于多级中断的嵌套处理。

(3) 有的中断机构在响应中断时自动关中断，此时为实现中断嵌套，中断预处理的最后一条指令或在中断服务主体的第一条指令应执行开中断指令，否则就成了单级中断。

下面以80x86指令系统和中断控制器芯片8259A为例分析多重中断嵌套的实例。假定CPU当前正在为IR4进行中断服务，现要求IR4中断服务程序对所有其他中断开放，即允许比自己优先级高和优先级低的中断都能中断IR4服务程序。实现该功能的程序段如下：

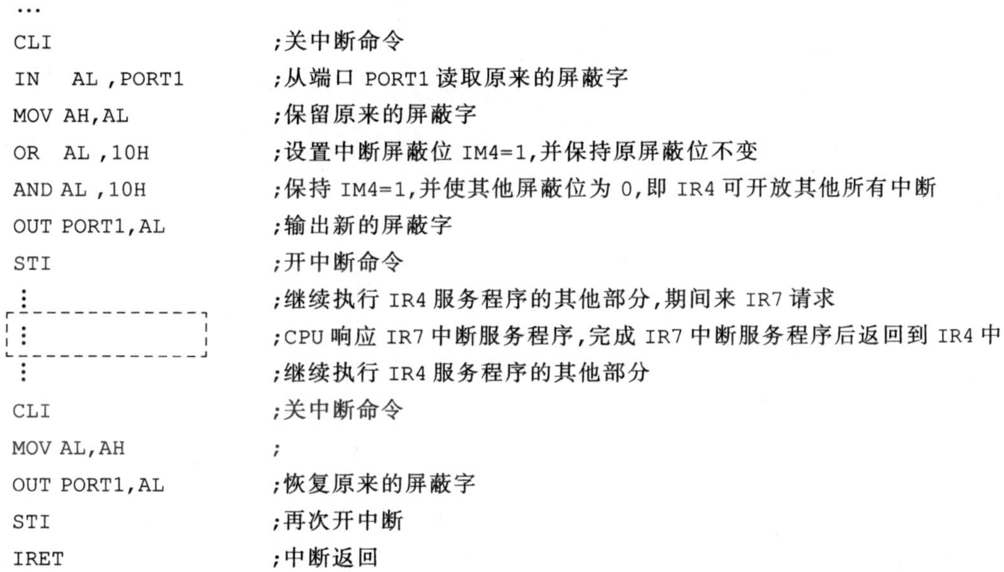

```
…
CLI                    ;关中断命令
IN   AL ,PORT1         ;从端口 PORT1 读取原来的屏蔽字
MOV AH,AL              ;保留原来的屏蔽字
OR   AL ,10H           ;设置中断屏蔽位 IM4=1,并保持原屏蔽位不变
AND AL ,10H            ;保持 IM4=1,并使其他屏蔽位为 0,即 IR4 可开放其他所有中断
OUT PORT1,AL           ;输出新的屏蔽字
STI                    ;开中断命令
 ⋮                     ;继续执行 IR4 服务程序的其他部分,期间来 IR7 请求
 ⋮                     ;CPU 响应 IR7 中断服务程序,完成 IR7 中断服务程序后返回到 IR4 中
 ⋮                     ;继续执行 IR4 服务程序的其他部分
CLI                    ;关中断命令
MOV AL,AH              ;
OUT PORT1,AL           ;恢复原来的屏蔽字
STI                    ;再次开中断
IRET                   ;中断返回
```

例9.2 某计算机系统有四级中断源，经过排队电路后四级中断响应优先级从高到低的次序依次为1→2→3→4。请分别根据表9.1和表9.2给出的屏蔽码画出当四级中断请求同时到达时中断处理过程示意图，并判断中断响应优先级与中断处理优先级之间的关系。

表9.1 中断优先级与屏蔽码

	屏蔽码				说明
	1级	2级	3级	4级	
1级	1	1	1	1	中断服务程序1中设置的屏蔽码
2级	0	1	1	1	中断服务程序2中设置的屏蔽码
3级	0	0	1	1	中断服务程序3中设置的屏蔽码
4级	0	0	0	1	中断服务程序4中设置的屏蔽码

表 9.2　中断优先级与改动后的屏蔽码

	屏蔽码				说　明
	1级	2级	3级	4级	
1级	1	1	1	1	中断服务程序 1 中设置的新屏蔽码
2级	0	1	0	0	中断服务程序 2 中设置的新屏蔽码
3级	0	1	1	0	中断服务程序 3 中设置的新屏蔽码
4级	0	1	1	1	中断服务程序 4 中设置的新屏蔽码

解：对应表 9.1 和表 9.2 所给屏蔽码画出的中断处理过程示意图如图 9.18(a)和图 9.18(b)所示。

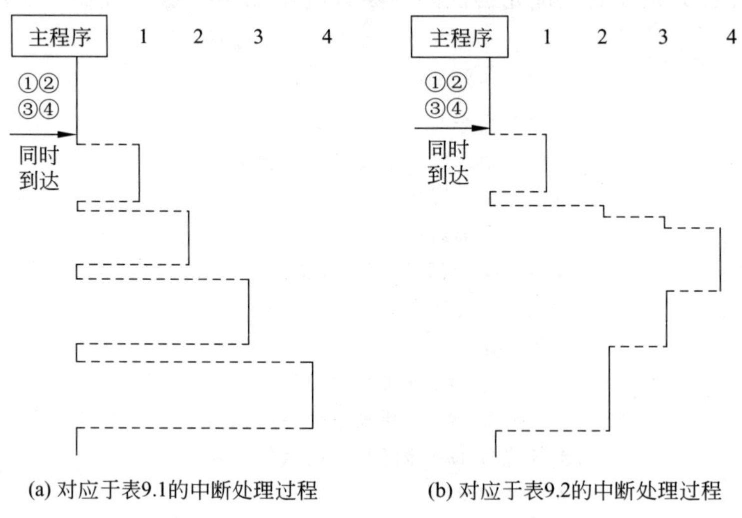

(a) 对应于表9.1的中断处理过程　(b) 对应于表9.2的中断处理过程

图 9.18　中断处理过程示意图

图 9.18(a)中，主程序执行到某时刻，同时到达四级中断请求，由于 1 级中断的响应优先级最高，因此，CPU 先执行 1 级中断服务程序。从表 9.1 中的屏蔽字可以看出，1 级中断服务程序对其他中断都进行了屏蔽，因此，在执行 1 级中断服务程序的过程中，尽管还有 2～4 级中断请求未被处理，CPU 仍然执行中断服务程序 1。1 级中断服务程序执行完毕后，根据中断返回的原则，CPU 将返回到被中断的主程序中，此时还有 2～4 级共 3 个中断请求还未处理，其中 2 级中断的响应优先级比其他两级要高，因此，CPU 在主程序中执行完一条指令后将响应 2 级中断请求，执行 2 级中断服务程序。根据表 9.1 所对应的屏蔽字，2 级中断服务程序执行完成后将返回到被中断的主程序。以此类推，后面还将依次响应 3 级和 4 级中断服务程序。中断处理的过程如图 9.18(a)所示，从图中可以看到中断处理的优先级和中断响应的优先级相同，既按照 1→2→3→4 的顺利响应与处理中断。

下面再分析 9.18(b)的中断处理过程：与表 9.2 所对应的中断系统中，中断响应的先后次序依次为：1→2→3→4。

主程序执行到某时刻，同时到达四级中断请求，由于 1 级中断的响应优先级最高，因此,CPU 先执行 1 级中断服务程序。从表 9.2 中的屏蔽字可以看出,1 级中断服务程序对其他中断都进行了屏蔽,1 级中断服务程序执行完毕后,根据中断返回的原则,CPU 将返回到被中断的主程序中,此时还有 2～4 级共 3 个中断请求还未处理,其中 2 级中断的响应优先级比其他两级要高,因此,CPU 在主程序中执行完一条指令后将响应 2 级中断请求,执行 2 级中断服务程序。根据表 9.2 所对应的屏蔽字,2 级中断服务程序对其他 3 个中断源头都开放,因此,尚未处理的 3、4 级中断中响应优先级高的 3 级中断被响应,在 3 级中断服务程序中通过设置新的屏蔽字,对第 4 级中断开放,因此 3 级中断服务程序又被第 4 级中断服务程序中断。执行完成第 4 级中断服务程序后返回到第 3 级,执行完第 3 级的中断服务程序后又返回到被它中断的第 2 级中断服务程序,第 2 级中断服务程序执行完毕后又返回到被它中断的主程序。中断处理的过程如图 9.18(b)所示,从中可以看到中断处理的优先级为 1→4→3→2,与中断响应优先级不同。

例 9.3 某外设传送信息的最高频率为 40K 次/秒,而相应的中断处理程序的执行时间为 40μs,问该外设是否可以采用中断方式工作?为什么?

解:外设传送一个数据的时间 $t=1/f=1/(40\times10^3$ 秒$)=25\mu s$,即每次信息传送的时间不能超过 25μs。由题目条件可知,采用中断方式执行一次 I/O 的时间最少是 40μs,因此,如果采用中断方式实现 I/O 将导致部分数据丢失。故不能采用中断方式。

9.6 DMA 方式

程序中断控制方式使主机和外设可以并行工作,与程序查询方式相比,系统的效率有所提高,但是每传送一个字或一个字节的数据就要执行一次中断服务程序,其中现场与断点的保护与恢复的开销较大,如果外设数据传输率高,可能导致数据丢失,例 9.3 很好地说明了这一点。DMA 就是为了解决这一问题而引入的,该方式在外设与主存之间建立一个由 DMA 控制器(DMAC)管理的数据通路,CPU 不参与数据传送,大大降低了 CPU 的开销,系统效率得到了进一步提高。

9.6.1 DMA 的基本概念

DMA 数据传送方式是在高速外设与主存之间由硬件组成的直接数据通道上进行的,外设与主存之间在 DMAC 的控制下直接进行成块的数据传输,其中数据在主存中的地址、数据块的长度以及数据传送过程中地址的改变和对已传数据的计数等任务均由 DMAC 完成,不需要 CPU 的干预。在 DMA 传送前和 DMA 传送结束后,要通过程序中断方式对数据缓冲区和 DMA 控制器进行预处理和后处理。

DMAC 在 DMA 过程中的基本操作包括:

(1) 接受外设的 DMA 请求,并将该请求传送到 CPU。

(2) 接受 CPU 的 DMA 响应,接管系统总线。

(3) DMAC 控制主存与外设之间的数据传输,修改地址和计数值及相关的管理和控制功能。

(4) 数据传送完成后，向 CPU 报告 DMA 操作结束，由 CPU 执行中断服务程序对数据进行校验，DMAC 向 CPU 交还系统总线。

DMA 是程序中断传送技术的发展。它在硬件逻辑机构的支持下，以更快的速度、更简便的形式传送数据。两者之间的明显区别有：

(1) 中断方式通过程序实现数据传送，且需要切换程序，进行 CPU 现场及断点的保护和恢复操作；而 DMA 方式不使用程序，直接靠硬件来实现，不改变 CPU 现场。故不需要现场及断点的保护和恢复。

(2) CPU 对中断的响应是在执行完一条指令之后，而对 DMA 的响应则可以在指令执行过程中的任何两个存储周期之间。

9.6.2 DMA 传送方式

DMA 方式下外设与主存之间传送数据时，CPU 仍可执行主程序，因此存在 DMAC 与 CPU 同时访问主存的可能，为避免由此而引起的内存访问冲突，常用的方法有停止 CPU 使用主存、DMAC 与 CPU 交替使用主存以及周期挪用等 3 种，图 9.19 为这 3 种方式的时间图。

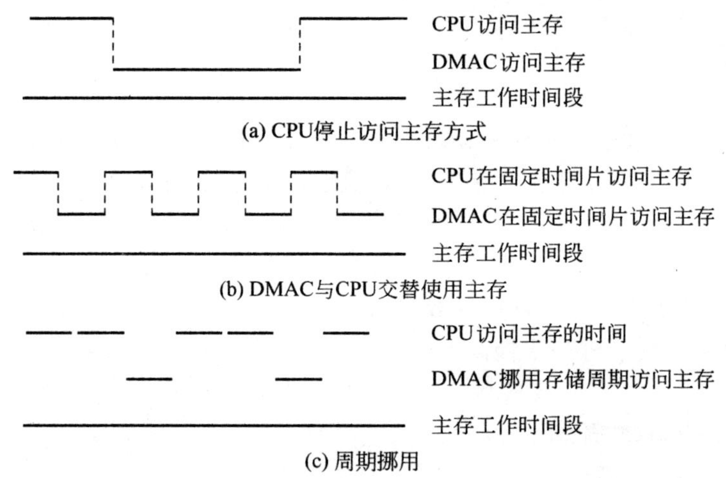

图 9.19 DMA 传送方式

1. 停止 CPU 使用主存

即当外设使用 DMA 方式传送数据时，由 DMA 控制器向 CPU 发出接管系统总线的请求，CPU 在当前指令执行完毕后响应该请求，并将系统总线控制权交给 DMAC 控制。DMA 控制器获得总线控制权以后，连续占用若干个存取周期(总线周期)进行数据传送。在一批数据传送完毕后，DMA 控制器通知 CPU 可以使用主存，并把总线控制权交还给 CPU，在整个 DMA 传送过程中，停止 CPU 对主存的访问。如图 9.19(a)为这种传送方式的时间图。

这种传送方法的优点是控制简单，缺点是在DMA控制器访问主存期间，由于外设速度与主存速度差异较大，相当一部分主存工作周期可能会被浪费，主存的效率不能被充分发挥。如软盘读一字节约要32μs，而RAM的存取周期为1μs左右，因此，在通过DMA方式从软盘读取一个字节的过程中，主存将有31个存储周期空闲，使用效率只有约3.125%。因此，当外设速度与主存速度接近，或CPU在DMA期间不访问内存的应用适合采用这种方式。

2. DMAC与CPU交替使用主存

该方式是将主存的存取周期分成两段，一段专用于DMAC访问主存，另一段专用于CPU访问主存。时间上不会发生冲突，可以使DMA传送和CPU同时发挥最高的效率。图9.19(b)为这种传送方式的时间图。

这种方式不需要总线使用权的申请、建立和归还等过程，总线使用权是分时控制的。CPU和DMA控制器各自有自己的地址寄存器、数据寄存器和读写信号等。在前半周期中，如果DMA控制器有访问主存的请求，可将DMA所需的地址、数据等信号送到DMA的总线上；在后半周期中，如CPU有访问主存的请求，可将CPU所需的传送地址、数据等信号送到CPU的总线上，这种总线控制权的转移时间可以忽略不计。由于CPU及外设的速度与主存不匹配，因此在时间控制上比较复杂，另外，由于外设速度远慢于主存，因此，可能有多个供DMA使用的主存时间片被浪费。

3. 周期挪用法

周期挪用方式下，只有当DMA控制器需要访问主存时，才暂停CPU一个存储周期的时间供DMAC访问主存，一个数据传送结束后，CPU立即继续运行，这种技术也称周期窃取。图9.19(c)为这种传送方式的时间图。

从指令周期中挪用一个存储周期的时间可能发生在指令任何一个周期的结束时刻，DMA操作期间不会改变CPU现场。如果挪用周期期间CPU执行的指令本来就不访问主存，则这种方式对CPU的执行没性能影响；如果挪用周期期间CPU执行的指令刚好也要访问主存，即形成访存冲突，此时，DMA优先访问主存。周期挪用法已成为DMA方式的主要方法，在许多计算机中得到应用。

9.6.3 DMA操作过程

下面以周期挪用方式为例分析DMA操作过程。一般将DMA的数据块传送过程分为3个阶段，即预处理阶段、传送阶段和结束阶段。

1. 预处理阶段

在执行数据传送前DMAC还需CPU参与完成一些必要的预处理工作，这些工作包括：

(1) 写入读写命令，明确数据传送方向，即主机是从外设读数据还是向外设写数据。

(2) 向 DMAC 中的内存地址计数器写入数据块在主存中的首地址。

(3) 向 DMAC 的设备地址寄存器中写入数据在外设存储介质上的地址。用于 DMA 传送的高速外设有磁盘机、磁带机等。如使用磁盘机，应指出磁盘机号、盘面号、柱面号和扇区号。

(4) 向字或字节计数器中写入要传送的数据字或字节个数。

CPU 完成上述初始化工作后启动 DMA，然后继续执行原来的程序。之后，若 DMA 设备准备好向 CPU 申请 DMA 请求，由 DMAC 接管系统总线，进入 DMA 传送阶段。

2. DMA 传送阶段

此阶段是 DMA 工作的主要阶段。从宏观上看，DMA 接口连续传送一批数据。从微观上看，每传送一个数据，发一次 DMA 请求，经历一个循环操作。DMA 数据传输的过程如图 9.20 所示。

DMA 数据传送过程具体操作如下。

(1) 外设准备好发送数据(输入)或接收数据(输出)时，向主机发 DMA 请求。

(2) CPU 在本机器周期执行完毕后(**体现周期挪用方式**)响应该请求并使 CPU 的总线驱动器处于高阻状态，让出主存使用权。

(3) DMAC 发送主存地址、读写命令，若是写命令，DMAC 还送来数据。

(4) DMAC 挪用一个存储周期对主存进行读或写操作。周期挪用结束后，给 DMA 接口一个回答信号。

(5) DMAC 接到回答信号，撤除 DMA 请求，将主存数据缓冲区地址指针加 1，字或字节计数器减 1。

(6) DMAC 判断数据是否全部传送完。若传送完毕，则进入结束阶段；若没传送完，则又开始下一个循环操作。

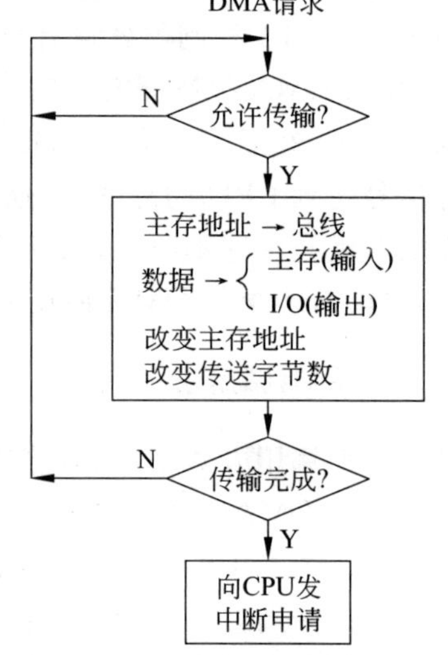

图 9.20 DMA 数据传送过程

注意图 9.20 的数据传送流程是 DMA 控制器的操作流程，而不是 CPU 执行程序的流程。

3. 结束阶段

DMA 在两种情况下会进入结束阶段。一种情况是一批数据传送完毕，这是正常结束；另一种情况是 DMAC 发生了故障，属于非正常结束。不论是哪一种情况进入结束阶段，DMA 都向主机发出中断请求，CPU 执行中断服务程序查询 DMA 接口状态，根据状态进行不同处理，具体的操作包括：

(1) 校验送入主存的数据是否正确？若出错，则执行错误诊断程序及处理程序。

(2) 测试在传送过程中是否发生了错误？若出错，则执行错误诊断程序及处理程序。

(3) 决定继续使用 DMA 还是结束使用 DMA。如继续使用则需要对 DMAC 重新进行初始化，否则停止 DMA 方式。

例 9.4 某磁盘采用DMA方式与主机交换信息，其传输速率为2MB/s。若DMA的预处理需要1000个时钟周期时间，DMA完成传输后的中断处理需要500个时钟周期。如果DMA平均传输的数据块长度为4KB，问磁盘工作时，50MHz的处理器需要多大的时间比率进行DMA操作？（不考虑由于DMA操作与CPU争用主存而对CPU的影响）

解：DMA处理包含3个时间段，其中需要CPU参与的时间段是预处理时间段和传输后的中断处理阶段。一次DMA传送需要一次预处理阶段和一次后处理阶段。

要达到2MB/s的传输速率，磁盘每秒钟需要执行的DMA次数为：2MB/4KB＝500次。

而每次DMA操作所需要的CPU时间为：1000＋500＝1500时钟周期。

主频为50MHz的CPU，每秒钟有50×10^6个时钟周期，则DMA操作所占用CPU时间的比率为：

$$500\times(1000+500)/(50\times10^6)=0.75/50=1.5\%$$

9.6.4 DMA控制器的基本组成

DMA控制器的基本结构如图9.21所示，由各类寄存器、DMA控制逻辑以及中断逻辑等功能部件组成，各部分的作用分别如下。

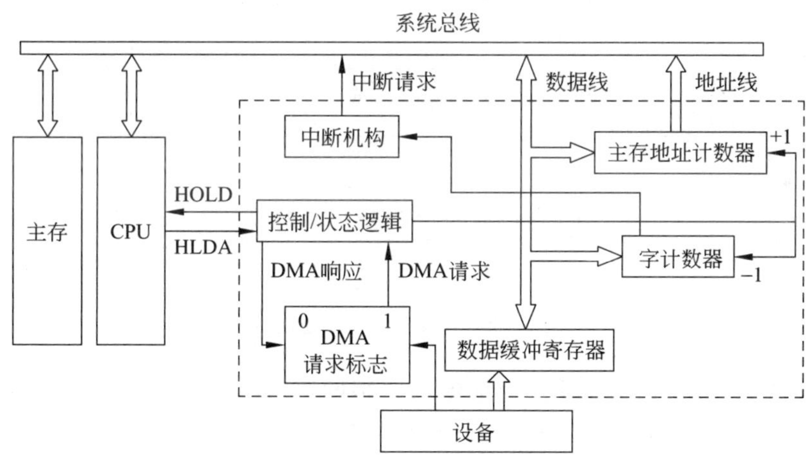

图9.21 DMA控制器的基本组成

(1) 主存地址计数器。用于存放交换数据的主存地址。在DMA预处理阶段由CPU设置，每次DMA传送后，自动递增，指向下一个主存单元。

(2) 字计数器。用于记录数据块的长度，也在预处理阶段设置。传送开始后，每传送1个字或1字节，自动减1。当计数值为0时，数据传送完毕，接口发出中断请求信号。

(3) 数据缓冲寄存器。用于暂存每次传送的数据。

(4) DMA请求标志。外设准备好一个数据字后给出一个控制信号，使DMA请求标志置1，并触发控制/状态逻辑向CPU发DMA请求信号HOLD；收到CPU的DMA响应允许信号HLDA后，控制/状态逻辑将DMA请求标志复位，为交换下一个字做准备。

(5) 控制/状态逻辑。包括控制和时序电路以及状态标志,用来修改主存地址计数器和字计数器,指定传送类型(输入输出),并对 DMA 请求信号和 CPU 响应信号进行协调和同步。

(6) 中断机构。一组数据交换完毕时,向主机发出中断请求,通知 CPU 进行结束处理。

9.6.5 选择型和多路型 DMA 控制器

前面介绍的是最简单的 DMA 控制器,一个控制器只控制一个 I/O 设备。实际应用中一个 DMA 控制器常连接并控制多个 DMA 设备,根据控制和连接的方式不同,可分为选择型 DMA 控制器和多路型 DMA 控制器。

1. 选择型 DMA 控制器

选择型 DMA 控制器在物理上可以连接多个设备,但在某一段时间内 DMA 控制器只能为一个设备服务。选择型 DMA 控制器的逻辑结构框图如图 9.22 所示。

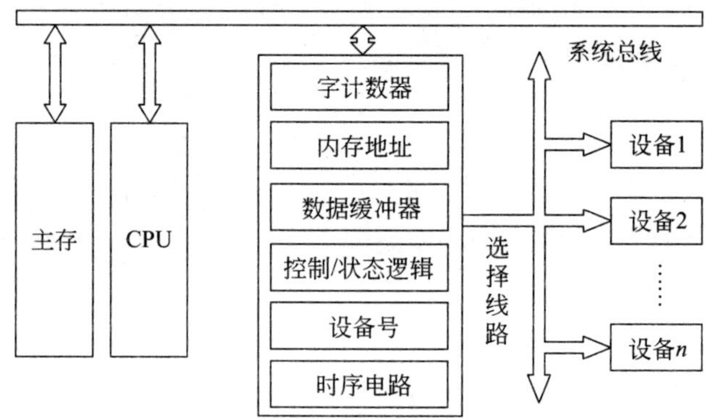

图 9.22 选择型 DMA 控制器

选择型 DMA 控制器工作原理与前面的介绍的 DMA 控制器的原理基本相同,增加了设备号寄存器用于选择多个设备中的一个。数据传送以块为单位进行。预处理阶段,除设置数据块的大小、起始地址、操作命令外,还要给出所选择设备的编号。从预置开始,一直到这个数据块传送结束,DMA 控制器只为所选设备服务。下一次预置再根据 I/O 指令指出的设备号,为另一选择的设备服务。

选择型 DMA 控制器只用了少量的硬件达到了为多个外围设备服务的目的,它特别适合数据传输速率很高以至接近内存存取速度的设备。在很快地传送完一个数据块后,控制器又可为其他设备服务。

2. 多路型 DMA 控制器

选择型 DMA 控制器不适用于慢速设备。但是多路型 DMA 控制器却适合于同时为多个慢速外围设备服务,多路型 DMA 不仅在物理上可以连接多个外围设备,且允许这些外围设备同时工作，各设备以字节交叉方式通过 DMA 控制器进行数据传送。

9.7 通道方式

9.7.1 通道概念

在大中型计算机系统中，外设的数量和种类较多，为了进一步减少 I/O 操作对 CPU 的影响，提高系统的效率，通常把对外设的管理和操作控制从 CPU 中分离出来，使 I/O 控制更具有智能化，这种 I/O 控制器就是通道控制器。通道控制器能代替 CPU 独立地执行一系列的 I/O 操作指令，实现主机和外设之间的数据传输。

一般来说，通道具有以下功能。

(1) 根据 CPU 要求，组织设备与系统连接。

(2) 通过设备控制器向设备发出操作命令。

(3) 指出数据在设备中的位置和在主存缓冲区内的位置。

(4) 检查设备和设备控制器的工作状态。

(5) 向 CPU 反映设备、设备控制器及通道本身的状态信息。

(6) 进行必要的信息格式变换。例如将若干字节装配成一个字，或将一个字拆卸成若干字节。

设备控制器介于通道与设备之间，是通道对外部设备实行具体控制的机构。它把通道发布的命令转换为设备能接收的控制信号，向通道反映设备的状态，将设备的各种电平信号转换成通道能够识别的标准逻辑信号。

9.7.2 通道的类型

根据设备共享通道的情况及信息传送速度的要求，通道分为字节多路通道、选择通道和成组多路通道等 3 类。

1. 字节多路通道

这种通道规定与其连接的各设备以字节为单位交叉使用通道。每个设备占用通道时，只传送一个字节信息。这种工作方式称为字节交叉方式。但从宏观上看，多台设备同时享用了通道。

一个字节多路通道可包括若干子通道，如图 9.23 所示。每个子通道服务于一个设备。子通道的任务是提供字节缓冲、记录设备状态、传送通道命令、保存传送参数等。为了减少设备量，所有子通道共用一套控制逻辑。通道控制逻辑在某子通道完成一个字节的传送后，切断与它的连接，转为其他子通道服务。子通道在完成某设备全部传送任务后，根据主机的要求，选择新的设备；子通道的数量决定了字节多路通道输入输出并行传送的最大数目。例如，IBM 370 系列机的字节多路通道有 256 个子通道，可支持 256 路信息的并行传送。

字节多路通道用于连接低速设备，如打印机等。

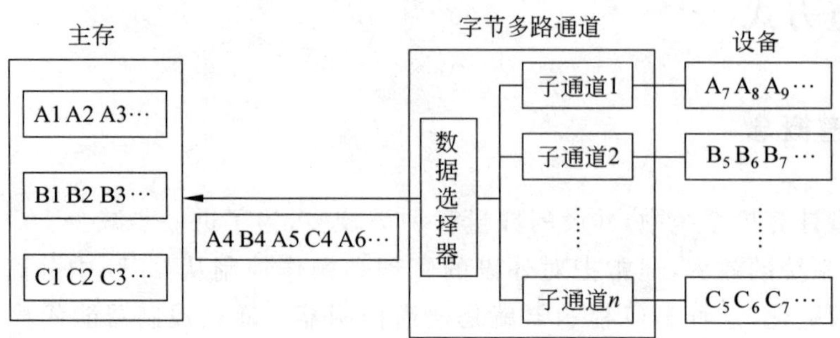

图 9.23　字节交叉方式传送

2. 选择通道

对于那些传输速率很高的设备，如磁盘机、磁带机等，不适合使用字节多路通道。这是由于它们的传输速度达每秒几十千到几兆字节，因通道传送两个字节之间的空闲时间很少，故只宜为一台设备单独服务。

选择通道中设备以成批数据连续传送方式占用通道，直到指定数量的数据全部传送完毕，通道才转为其他设备服务。选择通道在物理上可以连接多个设备，但这些设备不能同时工作。选择通道只有一个子通道，它适用于大批量数据的高速传送。图 9.24 为选择通道组织框图，图 9.25 为选择通道数据传送示意图。

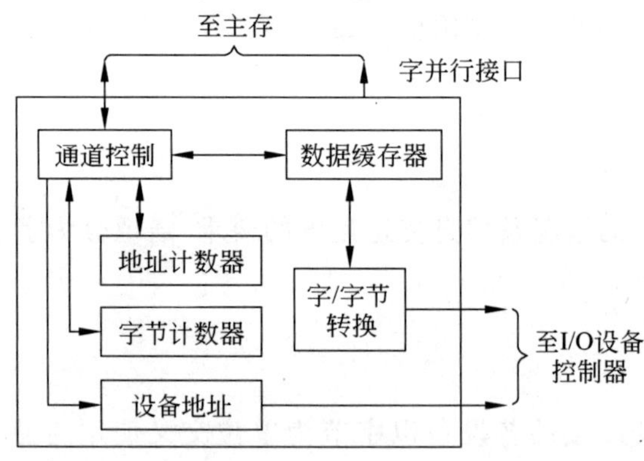

图 9.24　选择通道组织框图

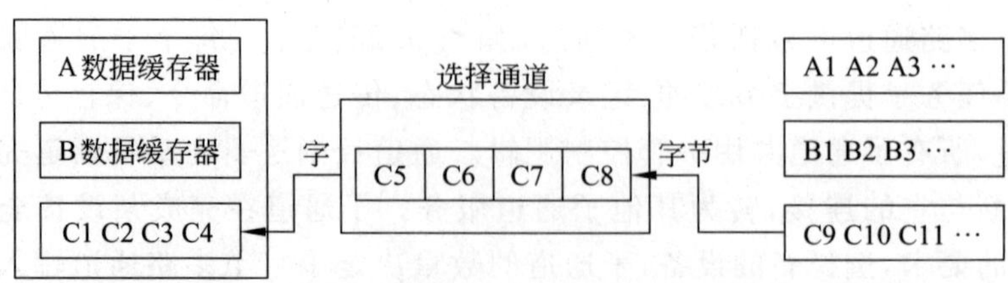

图 9.25　选择通道数据传送示意图

3. 成组多路通道

选择通道虽然能高速传送数据,但花费在设备辅助操作的时间不能有效地利用,如磁盘机启动后,磁头找到指定扇区的平均时间有20~30ms,磁带机磁头定位时间更长,可达几分钟。在这样长的时间里,通道处于等待状态。为了利用这段时间,把上述字节多路通道和选择通道的特点结合起来,形成一种新的通道形式,称为成组多路通道。

成组多路通道规定多个设备以数据组(块)为单位交叉使用通道。某设备占用通道时,连续传送一组数据,然后将通道让给其他设备。数据组的大小因设备而异,有256B,512B或1KB等。通道在某设备执行辅助操作时,暂时断开与该设备的连接,挂起与该设备对应的通道程序,转为其他设备服务。等到该设备完成了辅助操作,并且其他设备完成一组数据的传送后,通道才转为该设备服务。

成组多路通道也包含若干个子通道。当几个子通道同时要求通道为自己服务时,用优先级排队方法裁决。成组多路通道适用于中高速设备,如磁带机、宽行打印机等。它能充分发挥传送效率,但在一批数据传送过程中,要多次与设备断开和连接,因此通道的硬件结构比较复杂。

9.7.3 CPU对通道的控制

CPU对通道的控制通过以下两种途径进行。

1. 执行I/O指令

当需要进行数据传输时,CPU按通道的格式准备好数据和命令,编制好通道程序,设置好各种通道参数(如通道的操作类型、通道号、设备号等),然后通过特权I/O指令(如START I/O)来启动通道。通道被启动后,从特定主存单元读出通道程序并执行。特权指令I/O指令不是用户在一般输入输出程序中使用的I/O指令。CPU启动通道后,通道和外设将独立工作。

2. 处理来自通道的中断请求

CPU对通道的控制除表现在向通道发控制命令外,还要处理来自通道的下列任务。

(1) 当通道和外设发生异常或通道处理结束时,CPU接收来自通道的"中断"请求,对故障进行测试和处理以及对通道传输的后期处理。

(2) 收集外设和通道自身的状态信息,并送内存固定单元存放,供CPU测试外设和通道的状态使用。

9.7.4 通道结构的发展

通道结构的进一步发展,出现了两种计算机I/O系统结构。一种是通道结构的I/O处理器,通常称为输入输出处理器(IOP)。IOP可以和CPU并行工作,提供高速的DMA

处理能力，实现数据的高速传送。但是它并不独立于 CPU 并行工作，而是主机的一个部件，有些 IOP 例如 Intel 8089 IOP，还提供数据的变换，搜索以及字装配/拆卸能力。这类 IOP 广泛应用于中小型及微型计算机中。另一种是外部处理机(PPU)。PPU 基本上独立于主机工作，它有自己的指令系统，能完成算术/逻辑运算、存储器读写、与外设交换信息等操作。外围处理机方式一般用于大型高效率的计算机系统中。

9.8 输入输出设备

输入输出设备，简称 I/O 设备，是指计算机与人之间进行信息交换的装置。计算机通过输入输出设备与外界进行联系。人们将程序、原始数据及操作命令等信息，通过输入设备送入计算机，进行自动处理。计算机处理后的结果，又以人们能识别的形式，如数字、符号、图形、图像，通过输出设备打印或显示出来，供人们分析和使用。

随着计算机的发展及应用范围的扩大，I/O 设备的含义更为广泛，以至对输入输出设备、外部设备及外围设备等三者，有时不加以区分。从广义上理解，凡是与计算机相连、受主机控制完成某种数据处理或控制操作的装置都可称为外围设备。它包括：输入输出设备、外存储设备、数据通信设备、终端设备以及计算机自动控制、自动检测系统中的各种采样及检测设备、A/D 和 D/A 转换器、各种控制对象中与计算机相关的仪表及装置等。

9.8.1 输入输出设备分类

输入输出设备的分类方法可以从以下不同的角度进行。

按照信息的传输方向可分为输入设备、输出设备以及输入输出兼用设备 3 类。

1. 输入设备

输入设备是指向主机输入程序、原始数据和操作命令等信息的设备。输入设备将记录在不同载体上的多种信息变换成主机能识别的二进制代码，并负责送到主机。常见的输入设备包括键盘、鼠标、扫描仪、纸带输入机、卡片输入机、图形输入板、数字化仪、光学字符阅读器、声音识别器等。

2. 输出设备

输出设备将计算机处理过的二进制代码信息，转换成人们能识别的形式，如数字、符号、文字、图形、图像或声音等输出，供人们分析和使用。常见的输出设备有打印机、显示器、绘图仪、纸带穿孔机、卡片穿孔机、声音合成器等。

3. 输入输出兼用设备

输入输出兼用设备既可作计算机的输入设备，也可作为计算机的输出设备。如磁盘机、磁带机、触摸屏等。

9.8.2 输入设备的工作原理

输入设备的作用是将各种原始信息转换为计算机能识别和处理的信息形式并输入到计算机，是人机交互的主要工具。本节主要介绍键盘、鼠标、触摸屏、扫描仪等常见输入设备的工作原理。

1. 键盘

键盘是最常用的输入设备之一，结构上一般将按键排列成行列结构，其功能就是及时发现被按下的键，并将该按键的信息送入计算机。键盘中有发现按键位置的键扫描电路、产生被按键代码的编码电路以及将产生代码送入计算机的接口电路，这些电路统称为键盘控制电路。依据键盘工作原理，可以将其分为非编码键盘和编码键盘。

1）非编码键盘

非编码键盘并不直接提供按键的编码信息，而是利用键盘处理程序完成按键扫描、编码及按键编码信息的传送等功能。键盘处理程序由查询程序、传送程序、译码程序3部分组成。键盘处理程序的工作过程如下。

（1）主程序首先调用查询程序，通过查询接口逐行扫描键位矩阵，同时检测行列的输出，由行与列的交连信号确定某闭合键的坐标，即得到被按键对应的扫描码。

（2）主程序调用传送程序将得到的扫描码传送给位于主机内的键盘接口电路。

（3）主程序调用译码程序将键盘接口内的扫描码翻译为相应键的编码信息。

（4）在需要的时候，键盘接口电路把上述编码信息传送给主机。

查询程序中常用的扫描方法有行反转扫描法、行扫描法及行列扫描法等3种。

（1）行反转扫描法

行反转扫描法的工作原理为：先对所有行线送“1”，所有列线送“0”，读键盘行扫描值；然后反过来先对所有行线送“0”，然后对所有列线送“1”，并读键盘列扫描值。若无键按下时，则行线组和列线组的扫描值均为全“1”。若有某键被按下，则行扫描时该键所在的行线为“0”；列扫描时该键所在的列线为“0”。从两次收到的行、列信息可得到该键的位置信息。如图9.26(a)所示，进行行扫描时得到 R_2 行为0，进行列扫描时得到 C_1 列为“0”，由此可判断是 R_2 行 C_1 列的键被按下。

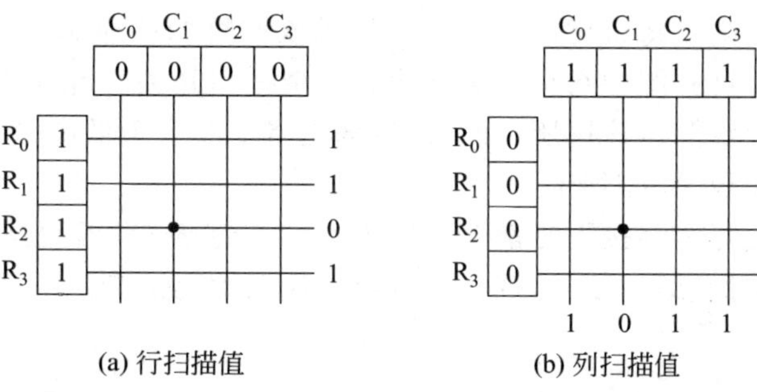

图9.26 行反转扫描法原理

(2) 行扫描法

行扫描就是只对行扫描值,其工作原理为:将所有行和列都置"1",然后将各列的值依次变为"0",并逐一读取行扫描值。若无键按下,则每次行扫描值均为"1";若有某个键按下时,则该键所在行的扫描值为"0",此时,通过行扫描值为 0 的行和置"0"列可判断出按键位置。如图 9.27 所示,若图中黑点所在位置的键被按下,C_1 列置"0"时,对应行扫描值的 R_2 为"0",由此可判断是 R_2 行 C_1 列的键被按下。

(3) 行列扫描法

行列扫描法的工作原理与行反转扫描法类似,需要分别读取键盘矩阵行和列的扫描值,所不同的是扫描时对行或列的置位是逐行或逐列进行的。

图 9.28 为行列扫描法原理图。具体过程为:先把所有的行都置"1",再依次对各列赋"0",同时读取各对应行的扫描值;然后反过来保持列的值全为"1",依次对各行赋"0",同时读取各对应列的扫描值。若无键按下,则各行、列扫描值均为"1";若有某个键按下时,则相关行和列的扫描值不全为"1",此时,根据行扫描值不全为 1 时 0 所在的列和列扫描值不全为 1 时 0 所在的行即可确定按键的位置。图 9.28 中,若黑点所在位置的键被按下,当 C_1 列置"0"时,对应行扫描值的 R_2 为"0",由此可判断是 R_2 行 C_1 列的键被按下。

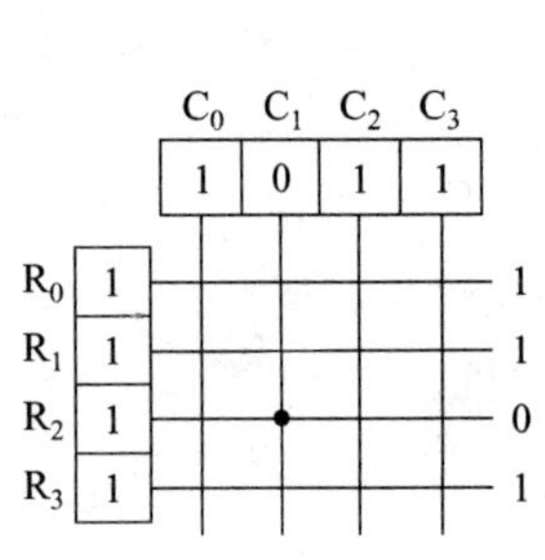

图 9.27 行扫描法原理

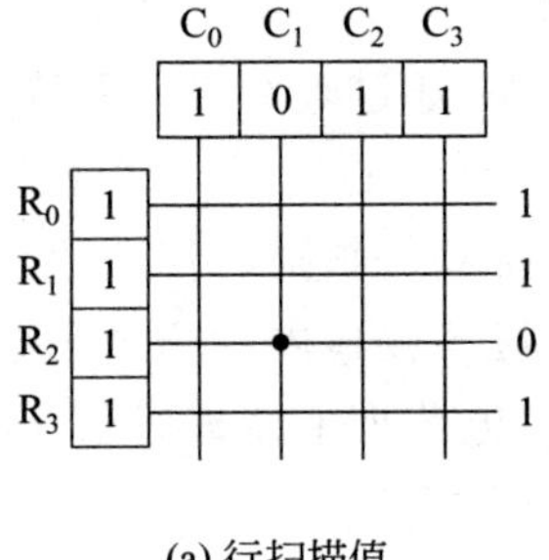

(a) 行扫描值

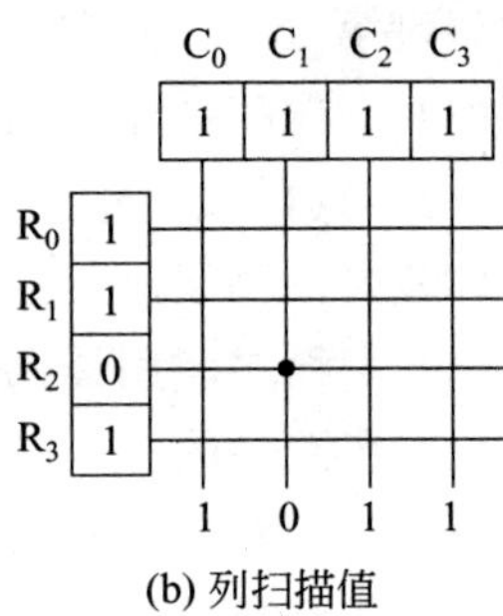

(b) 列扫描值

图 9.28 行列扫描法原理

对于上述 3 种扫描方法中无论哪一种,若行、列信息中每次有 1 位以上为"0"时,说明产生了重键,一般需要需重新扫描,直到每次收到的行列信息中只有 1 位为"0"为止。

非编码键盘可通过软件编码对键盘的某些键重新定义,以方便用户扩充键盘功能,目前这种键盘被广泛采用。

2) 编码键盘

编码键盘由编码电路将按键动作直接转换成该键符的相应编码。图 9.29 给出了一个 16 键编码器的示意图,图中每个交叉点代表一个按键开关。键未按下时,行、列输出均为高电平;当按下某个键时,该键所在的行、列输出 X_i,Y_i 变为低电平,经过编码网络便产生该按键所对应的 7 位 ASCII 码。

由于编码键盘的每个键按下时都会产生唯一的按键编码,因此这种键盘不存在键位冲突的问题,但编码键盘结构复杂,现在已经很少使用编码键盘。

2. 鼠标

鼠标是继键盘之后的一种新的计算机输入的设备,它是美国斯坦福研究所的科学家

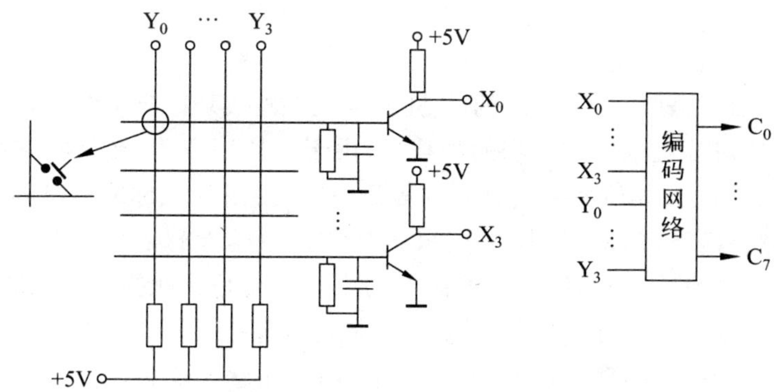

图 9.29 编码器结构示意图

恩格尔巴特于 1963 年发明的。鼠标能在屏幕上实现快速精确的光标定位，可用于屏幕编辑、选择菜单和屏幕作图。随着图形用户界面的发展及网络应用的普及，鼠标器几乎成为计算机系统中必不可少的输入设备。

目前常见的鼠标有机械鼠标、光电鼠标和无线鼠标。尽管不同类型的鼠标在结构上存在不同，但从控制光标移动的原理上来看基本是相同的，都是把鼠标器的移动距离和方向变为脉冲信号送给计算机，计算机再把脉冲信号转换成显示器光标的坐标数据，从而达到指示位置的目的。

1）光电式鼠标

光电鼠标利用发光二极管(LED)发出的光投射到鼠标板上，其反射光经过光学透镜聚焦投射到光敏管上。由于鼠标板在 X，Y 方向皆印有间隔相同的网格，当鼠标器在该板上移动时，反射的光有强弱之分，在光敏管中就变成强弱不同的电流，经放大、整形变成表示位移的脉冲序列。鼠标的运动方向可由相位相差 90°的两组脉冲序列求出。

新型的光电鼠标采用了“光眼”(Optical Sensor)技术装置，每秒可感应 1500 个信号，并将它转变为数位信号，提高了鼠标的感应精度。这种光电鼠标可在任何非反光的表面使用。

2）机械式鼠标

机械式鼠标底部有一个可自由滚动的球，在球的前方及右方装有两个支成 90°角的内部编码器滚轴，移动鼠标时小球随之滚动，同时带动旁边的编码器滚轴，前方的滚轴代表前后滑动，右方的滚轴代表左右滑动，两轴一起移动则代表非垂直及水平方向的滑动。编码器由此识别鼠标移动的距离和方位，产生相应的电信号，以确定光标在屏幕上的正确位置。若按下鼠标按键，则会将按下的次数及按下时光标的位置传给计算机。计算机及软件接收到此信号后，可依此进行定位和处理工作。

3）无线鼠标

无线鼠标的定位和按键的识别原理与传统鼠标相同，所不同的是利用无线发射器把鼠标在 X 或 Y 轴上的移动、按键按下或抬起的信息转换成无线信号并发送出去，无线接收器收到信号后经过解码传递给主机。

3. 触摸屏

触摸屏是一种最简单、最直接的人机交互方法。诞生于 1970 年，是一项由 Elo TouchSystems 公司首先推广到市场的新技术，由于它使用方便，在某些应用环境(如银行 ATM 机、自动售票以及其他公共信息查询等场所)已经成为鼠标或键盘的替代品。

触摸屏由触摸检测部件和触摸屏控制器组成。触摸检测部件安装在显示器屏幕前面，用于检测用户触摸位置；而触摸屏控制器的主要作用是从触摸点检测装置上接收触摸信息，并将它转换成触点坐标，再送给 CPU，它同时能接收 CPU 发来的命令并加以执行。

根据定位方式的不同，触摸屏有电阻式、电容式、压感式 3 类。

(1) 电阻式触摸屏由显示屏上加两层涂有导电物质的薄膜组成，当用户利用触摸屏幕时，接触点电阻会发生变化，由此可定位触摸点的位置。

(2) 电容式触摸屏由显示屏上加一个内部涂有金属层的玻璃罩，触摸时，手和金属之间产生耦合电容，在触摸点将产生微小的电流并向屏幕的四角流动，根据电流的大小定位触摸点的坐标。

(3) 压感式触摸屏在显示屏上安装压力传感器，通过触摸点的压力变化，由压力传感器转化成电信号来定位触摸点。

4. 扫描仪

扫描仪是一种常见的图形输入设备。扫描时它先对原稿进行光学扫描，原稿的反射光聚集在电荷耦合器 CCD(Charge-Coupled Device)上。CCD 将反射光的强度变成相应的模拟电信号，经过 A/D 转换后将模拟电信号变换成为数字电信号，最后通过计算机接口送至计算机。

彩色扫描仪用红、绿、蓝 3 种滤波器分离出 3 种基本色，然后加以处理；而对于黑白扫描仪则用灰度级来区分不同的颜色。扫描仪的主要技术指标有分辨率、灰度级、扫描方式和扫描速度等。

9.8.3 输出设备

输出设备的作用是将计算机处理的结果以用户可以识别的数字、字符、图形等形式记录或显示出来，供用户识别、分析、处理和保存。常用的输出设备是打印机和显示器。

1. 打印机

1) 打印机分类

(1) 按工作方式分类

可分为串行打印机与并行打印机两类。串行打印机采用串行打印方式，逐字、逐行、逐页地打印。常见的菊花瓣打印机、点阵式打印机均属此类。并行打印机又称行式打印机，采用行式打印，逐行、逐页地打印。常见的宽行打印机(每行字符数为 80～256)、窄行打印机(每行字符数为 15～60)均为并行打印机。

(2) 按印字方法分类

分为击打式打印机与非击打式打印机两种。击打式打印机在印字过程中有击打动作,它利用机械作用,击打活字载体上的字符,使之与色带和打印纸相撞击而印字,或者利用钢针撞击色带和纸打出点阵,组成字符或图形。击打式打印机也有串、并行之分。前面提到的菊花瓣打印机、点阵式打印机都是击打式串行打印机,而宽行打印机则是击打式并行打印机。击打式打印机印字质量好,可靠性高;但速度较慢、噪音大。

非击打式打印机在印字过程中无击打动作,它采用各种物理或化学的方法,如静电效应、电灼、热敏效应、激光扫描、喷墨等非机械手段印刷字符。现在研制出的非击打式打印机,有激光打印机、热敏式打印机、喷墨式打印机及静电式打印机等。非击打式打印机也有串行、并行之分,如热敏式打印机就是串行的,而激光打印机是并行的。喷墨式打印机既可以做成串行,也可以做成并行。非击打式打印机的特点是速度快、噪音小;但是结构复杂、成本高。

随着计算机应用的日益普及,对打印输出设备的要求越来越高,因而在打印速度、印字质量、可靠性、无噪音、多功能等方面正在向更高的水平发展。此外,还在印刷汉字、图形、图像及色彩等方面不断地改进和提高。

2) 针式打印机的工作原理

针式打印机是利用机械和电路驱动原理,使打印针撞击色带和打印介质,进而打印出点阵,再由点阵组成字符或图形来完成打印任务。打印机在联机状态下,通过接口接收主机发送的打印控制命令、字符打印或图形打印命令,再通过打印机的 CPU 处理后,从字库中寻找与该字符或图形相对应的图像编码首列地址(正向打印时)或末列地址(反向打印时),如此一列一列地找出编码并送往打印头驱动电路,激励打印头出针打印。

针式打印机的基本打印步骤是:启动字车→检查打印头是否进入打印区域→执行打印初始化→按照字符或图形编码驱动打印头打印一列→产生列间距→产生字间距→一行打印完毕,启动输纸电机驱动打印辊和打印纸输纸一行→换行(若是单向打印则回车),为下一行打印做准备。针式打印机就是这样由监控程序控制打印电机完成打印作业的。

从结构和原理上看,针式打印机由“打印机械装置”和“控制驱动电路”两大部分组成,在打印过程中共有 3 种机械运动:打印头横向运动、打印纸纵向运动和打印针的击针运动。这些运动都由软件控制驱动系统通过一些精密机械来执行。

针式打印机的机械装置包括如下几部分。

(1) 打印头驱动机构(字车机构)

该机构利用步进电机及齿轮减速装置,由同步齿形带来带动字车横向运动。

(2) 打印头

打印头即印字机构,它是成字部件,由若干根打印针和相应数量的电磁铁组成,其中电磁铁可驱动打印针完成击打动作。

(3) 色带驱动机构

在针式打印机中普遍采用单向循环色带机构,打印头左右运动时,色带驱动机构驱动色带向左运动,既可改变色带受击部位,保证色带均匀磨损,延长色带使用寿命，又能保证打印字符颜色深浅一致。色带常用涂有黑色或蓝色油墨的带状尼龙或薄膜制成。

(4) 输纸机构

输纸机构是驱动打印纸沿纵向移动以实现换行的机构。针式打印机的输纸机构一般分为摩擦输纸和齿轮输纸方式，前者适用于无输纸孔的打印纸；后者适用于有输纸孔的打印纸。当打印头完成一行打印后(不管字符多少)，走纸机构将马上完成一行或多行走纸。

(5) 打印状态传感机构

不同的针式打印机其状态传感机构是不同的，一般有纸尽传感机构、原始位置传感机构和计时传感机构。

现代针式打印机在控制驱动电路中还广泛采用了微处理器、ROM 和 RAM 存储器。其中 ROM 主要用来存储针式打印机的管理程序、字符库和汉字库，不加汉字库时容量一般在 10KB 以上，加上汉字库后容量更大。而 RAM 则主要作为打印机接收主机信息的数据缓冲区，一部分在针式打印机加电初始化后存储来自 ROM 的字符集，另一部分在程序执行中供动态参数交换使用。

针式打印机的打印质量与使用的针数有关，针数量越多，打印质量越好。针式打印机虽然噪声较高、分辨率较低、打印针易损坏，但近年来由于技术的发展，较大地提高了针式打印机的打印速度、降低了打印噪声、改善了打印品质，并使针式打印机向着专用化、智能化方向发展，使其在银行存折打印、财务发票打印、记录科学数据连续打印、条形码打印、快速跳行打印和多份副本制作等应用领域具有其他类型打印机不可取代的功能。

3) 激光打印机

激光打印机是一种非击打式高速打印机，它是激光扫描技术和电子照相技术结合的产物，由激光扫描系统、电子照相部分、字符发生器和控制电路等组成。其中字符发生器、控制电路、输纸机构都与击打式打印机类似，因此这里不再赘述。图 9.30 给出了一种激光打印机的结构原理图。

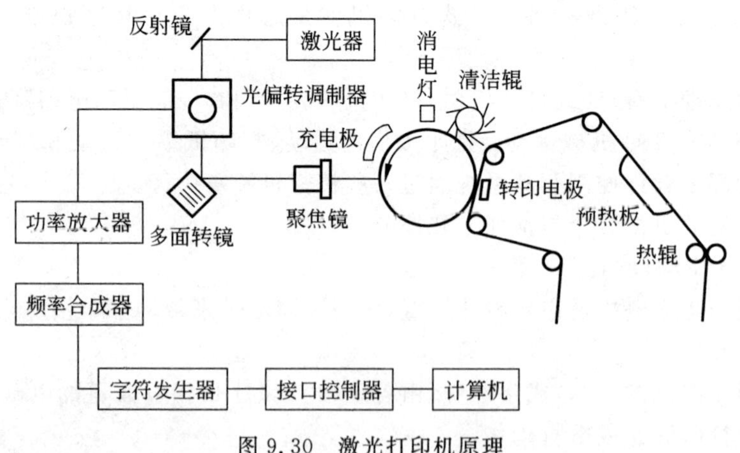

图 9.30 激光打印机原理

(1) 激光扫描系统

激光扫描系统由激光器、偏转调制器、扫描器、光路系统等几个部分组成。激光器是光源。偏转调制器对激光束传播的方向和强度实施控制。扫描器的作用是使调制后的激光束沿光导鼓轴线横向运动,而光束的纵向运动由光导鼓旋转完成。这样调制后的激光束就可以在光导鼓上形成字符和图形。光路系统将扫描器输出的光束聚焦成所要求的光点尺寸作用在光导鼓上。

(2) 电子照相技术

激光打印机应用电子照相技术首先在光导鼓上记录信息,然后显影、转印到纸上。光导鼓是电子照相的核心部件,用它记录激光扫描信息。光导鼓表面光洁度很高,鼓基为铝合金,鼓基表面有一层光导特性良好的材料,通常是硒,故又将光导鼓称为硒鼓。为了使光导鼓记录信息,需事先对光导鼓充电。目前多采用电晕放电法对光导鼓均匀地充上正电或负电。

在激光束的作用下,光导鼓的表面将有选择性地进行曝光,被曝光的部分产生放电现象,而未曝光的部分仍为充电时的电荷,这样,在光导鼓的表面就形成了静电潜像。在显影器的作用下潜像将变成可见的墨粉像。转印电极的作用则将墨粉像转印到普通纸上,而预热板和热辊的作用是将墨粉像熔凝在纸上,达到定影的效果。可见它的工作过程为:曝光→显影→转印→定影。

(3) 激光打印机的工作过程

① 充电:对硒鼓进行充电,使其表面均匀地带上一层电荷。

② 曝光:由控制电路控制激光束对硒鼓表面进行扫描照射,在需印出内容的地方关闭激光束,在不需印出的地方打开激光束。这样,被激光束照射过的地方产生光电流,使其失去表面电荷,而未被照射的地方仍带有电荷,从而在硒鼓上形成"潜像"。

③ 显影:带有"潜像"的硒鼓表面继续运动,通过碳粉盒时,带电荷的部分吸附上碳粉,从而在鼓面上显影成可见的字符墨粉图像。

④ 转印:显影的表面同打印纸接触时,在外电场的作用下,碳粉被吸附到纸上,完成图像的转印。

⑤ 分离:清除纸与鼓面的相互吸引力,使由于静电引力紧贴鼓面的纸离开鼓面。

⑥ 定影:分离后的纸经定影热辊,在高温和高压下熔化而永久性地粘附在纸上,实现定影而得到最终的印字输出结果。

⑦ 消电、清洁:完成转印后,硒鼓表面还留有残余的电荷和墨粉,先经过放电将电荷中和,然后经过清扫辊除去残留的碳粉。这样,硒鼓便恢复原来的状态,以便进行下一次印字过程。

2. 显示器

显示器是计算机最基本的一种输出设备,将电信号转换成能直接观察到的光信号。

1) 显示器分类

显示器的分类可从多个角度进行,如按工作原理可分为阴极显像管显示器CRT(Cathode-Ray-Tube)、液晶显示器LCD(Liquid Crystal Display)和等离子显示器PDP(Plasma Display Panel);按显示色彩分为单色显示器和彩色显示器;按显示屏幕大小分为15英寸(1英寸=25.4mm)、17英寸和20英寸或更大等。

2）显示器中的有关概念

（1）几个基本概念

① 图像

图像是一种具有亮暗层次变化的图，如人物、景物照片等。经计算机处理与显示的图像称为数字图像。它是将图片上连续的亮暗变化变换成离散的数字量，以点阵的形式显示出来。

② 像素

在图像处理时，将组成图像的各点按几何位置排列成矩阵，矩阵中的每个元素称为像素（或称像元）。实际上就是显示屏上不可再小的光点。

③ 点距

指显示屏幕上同色荧光点的最短距离，它决定着像素的大小和显示图像的清晰度。通常点距有0.39，0.31，0.28，0.26，0.25及0.20等几种规格。

④ 分辨率

分辨率是指显示器所能表示的像素的个数。像素越多，分辨率越高。它取决于显像管荧光粉的粒度、荧光屏的尺寸、CRT电子束的聚焦能力以及刷新存储器的存储容量。

分辨率一般以显示屏上水平方向和垂直方向像素乘积来表示。如某显示器的分辨率为1024×768，则表示该显示器水平方向有1024个像素，垂直方向有768个像素。常用的显示器分辨率有640×480，800×600，1024×768和1280×1024等。

⑤ 灰度级

灰度级是像素点的亮度值，在彩色显示器中表示颜色的差别。字符显示器中只用“0”和“1”两级灰度来表示字符的有无，这种显示器称单色显示器，有黑底白字和黑底绿字两种。在图形显示器中，灰度级越多，图像的层次感越强，图像也就越逼真。灰度级取决于每个像素对应刷新存储器中存储单元的位数和CRT本身的性能。如位数为4，则有16级灰度或颜色。若位数为8，则有256级灰度或颜色。目前，高质量的彩色显示器对应刷新存储器的位数可达16位、24位甚至32位，所以相应地具有65 536种颜色、24位或32位真彩色。

（2）有关显示标准的基本概念

显示器适配器又称显卡，是主机与显示器之间的接口部件。它的主要功能是控制光栅的产生及主机与显示器之间数据的暂存和传送等。显示标准是影响显示质量的关键因素。几种常见的显示卡包括如下几种。

① MDA（Monochrome Display Adapter）单色显示器适配器

MDA是1981年由IBM公司随IBM PC一起推出，是一种字符显示卡。它采用9×14点阵显示一个字符，满屏可显示80列×25行字符，其分辨率为720×350个像素。字符显示的质量较高，但不能兼容图形方式。

MDA适配器上配置的显示缓冲区VRAM容量为4KB，绝对地址始于B0000H，正好存放1帧字符显示信号。其中，偶数地址单元是字符的ASCII码，奇数地址单元是字符的属性代码。MDA的显示控制逻辑是围绕MC6845控制芯片设计的。

② CGA(Color Graphics Adapter)彩色图形适配器

CGA兼容图形和字符两种方式。CGA适配器配置的显示器缓冲区VRAM的容量为16KB,绝对地址始于80000H。在40×25字符方式下,每屏可显示字符数为1000个,对应要在显示缓冲区VRAM中占用2KB,其中偶数地址单元为显示字符的ASCII代码,奇数地址单元为显示字符的属性代码;而在80×25字符方式下,至多可存放4帧显示信息。在320×200图形方式下,16KB显示缓冲区共有128 000个二进制位,对应于64 000个显示像素点,用2位表示一个像素点,所以每一个像素点能有4种颜色可供选择,而640×200 APA(All Point Addressable)显示方式下,每1个像素点用1位表示,所以只能显示两种色彩(黑或白)。因此,在图形方式下,16KB的显示缓冲区全部用于存放一帧的图形信息。

③ MGA单色图形适配器

MGA可显示单色图形或字符,分辨率为720×350个像素。它用于那些不需彩色图形的场合,以降低硬件开销。

④ EGA(Enhanced Graphics Adapter)增强型图形适配器

EGA的显示缓冲区VRAM采用位平面(Bit Plane)技术,同一像素点在各位平面上占同一地址,而在不同位平面上,同一像素地址中的内容形成色彩组合。EGA在配置上有256KB的VRAM,被分成4个位平面,即位平面0,1,2和3,每个位平面的规模最大可达64KB。当EGA处于不同显示模式时,使用的显示内存规模构成和寻址空间均有较大差别。在字符显示时,BIOS将字符点阵由字符库ROM送到位平面2,而将字符的ASCII代码送到位平面0,将属性代码送到位平面1,使用时可把位平面0和位平面1看作一个单一连续的显示缓冲区。因此,在EGA与MDA和CGA兼容的各种模式中,使用的VRAM的规模仍为4KB和16KB,它们的绝对地址起始点也分别为B0000H和B8000H。

EGA兼有MDA和CGA的优点,并增加了一些显示功能。字符方式下,采用8×14点阵显示一个字符,显示质量优于CGA。图形方式下,其分辨率为640×350,显示16种颜色。经改进后的EGA,其分辨率达640×480或800×600。

⑤ VGA(Video Graphics Array)视频图形阵列

VGA是IBM公司1987年推出的。它的主要特点是在微型机的基本显示系统中采用模拟量接口(VGA以前的显示器,均采用数字信号输出接口),使显示的颜色更加丰富和逼真。VGA在字符方式下以9×16点阵显示字符,质量好于EGA,图形方式下,其分辨率为640×480,显示16种颜色或320×200,256种颜色。

VGA配置的显示缓冲区与EGA类似,其规模也是256KB。对于不同的显示模式,分别采用位平面结构或线性结构的显示内存。在VGA与EGA兼容的各种显示模式中,显示内存的使用基本相同,而在VGA新增加的显示模式中,显示内存的起始地址均为A0000H。

为适应大屏幕显示器和液晶显示器的需要,VGA显示技术不断更新,出现了下列改进型VGA。

- SVGA(Super Video Graphics Array),分辨率800×600,纵横比4∶3。
- XGA(Extended Graphics Array),分辨率1024×768,纵横比4∶3。

- SXGA(Super Extended Graphics Array),分辨率 1280×1024,纵横比 5∶4。
- SXGA+(Super Extended Graphics Array+),分辨率 1400×1050,纵横比 4∶3。
- UXGA(Ultra Extended Graphics Array),分辨率 1600×1200,纵横比 4∶3。
- WXGA(Wide Extended Graphics Array),分辨率 1280×800,纵横比 16∶10。
- WXGA+(Wide Extended Graphics Array+),分辨率 1280×854/1440×900,纵横比 15∶10/16∶10。
- WSXGA(Wide Super Extended Graphics Array),分辨率 1600×1024,纵横比 14∶9。
- WSXGA+(Wide Super Extended Graphics Array+),分辨率 1680×1050,纵横比 16∶10。
- WUXGA(Wide Ultra Extended Graphics Array),分辨率 1920×1200,纵横比 16∶10。

3) CRT 字符显示器工作原理

(1) 光栅扫描显示器的工作原理

CRT 字符显示器采用定点光栅扫描原理形成字符点阵。它的基本思想是控制电子束,使其按某种光栅进行顺序扫描,按规定的字符点阵结构,产生字符,在荧光屏上显示。它与电视光栅扫描方法相同,其基本原理如图 9.31 所示。

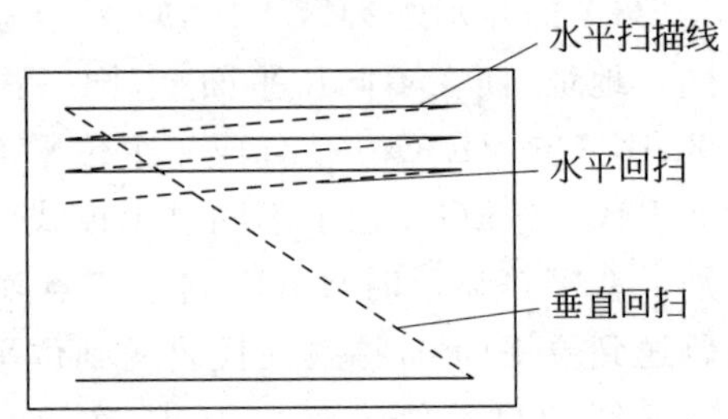

图 9.31 光栅扫描的合成显示示意

电子束以每秒 50 帧画面(或更高)的速度进行光栅的水平扫描和垂直扫描。电子束从左向右扫出一条水平扫描线,然后进行水平回归,再从左向右扫出第二条水平扫描线,然后再进行水平回归。依此继续下去,便有一组密集的水平扫描线,形成一帧画面。当一帧画面扫完后,从最后一条水平扫描线的右端尾部回扫到第一条水平扫描线的起点,称垂直回归,至此,完成了一次场扫描。然后,再重复上述过程,扫描第二次。

荧光屏上的全部扫描线构成一幅光栅。在进行水平和垂直回归时,CRT 电子束被消隐掉,如图 9.31 中虚线就是消隐线,所以水平回归与垂直回归均无亮线出现。

显然,一帧的扫描线越多,显示的字符也越清晰。然而,扫描线越多,要求的扫描信号频率越高,设备就越复杂。受人的视觉分辨能力的限制,扫描线数多到一定程度,字符的清晰度就足以满足视觉的要求了。通常,电视机采用 625 行光栅,隔行扫描,即一帧画面需两次场扫描;现在常用的 CRT 字符显示器至少通常采用 312 行光栅,并采用逐行扫描,即一帧画面只需一次场扫描。这样,若帧频为 50 帧/s,则扫描信号频率为 312 行/帧×50 帧/s=15 600 行/s,周期为 64μs。

(2) 字符点阵的形成

若采用 7×9 点阵组成字符图案,每个字符有 63 个点,用不同的亮暗点图案代表不同的字符,如图 9.32(a)所示。要在光栅所对应的字符点阵图案的亮点处加点脉冲,如图 9.32(b)所示,则在显示时,被显示的字符点阵笔画呈亮点,如图 9.32(c)中所示的黑点，其他为暗区。当光栅扫完9行后，在荧光屏的相应位置处就出现一组亮点，构成一排完整的字符点阵。图中给出了工字的点脉冲及其形成的点阵图案。

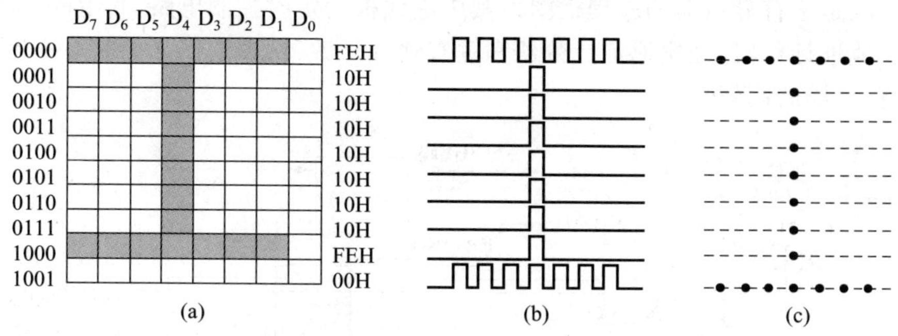

图 9.32 光栅扫描字符显示示意图

点阵的多少取决于显示字符的质量和字符窗口的大小。字符窗口是指每个字符在屏幕上所占的点数，它包括字符显示点阵和字符间隔。如在 IBM PC 系统中，屏幕上共显示80列×25行＝2000个字符，故字符窗口数目为2000。在单色字符方式下，每个字符窗口为9×14点阵，字符为7×9点阵。

对应于每个字符窗口，所需显示字符的 ASCII 代码被存放在视频存储器 VRAM 中，以备刷新，故 VRAM 应有2000个单元存放被显示的字符信息。字符发生器 ROM 的高位地址来自 VRAM 的 ASCII 代码，低位地址来自光栅地址计数器的输出 $RA_3 \sim RA_0$，它具体指向这个字形点阵中的某个字节。在显示过程中，按照 VRAM 中的 ASCII 码和光栅地址计数器访问 ROM，依次取出字形点阵，就可以完成一个字符的输出。

字符点阵图案由字符发生器提供。字符发生器主要由地址译码器、点阵图案只读存储器、输出缓冲器等组成，如图 9.33 所示。

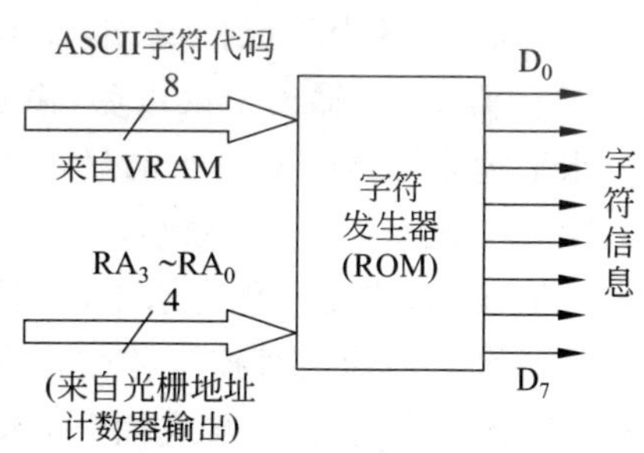

图 9.33 字符发生器的结构

由于光栅扫描是逐行进行的，因此荧光屏上的字符不是逐个地显示，而是对每排中的全部字符点阵逐行扫描。首先从第0排、第0个字符位置开始，从刷新存储器中依次取出80个字符编码，分别作为地址，从字符发生器中顺序读出该80个字符的第一行点阵图案，依次在屏幕上显示，形成第一行点阵图案。然后，光栅扫描水平回归。再重复上述过程，扫出该排字符的第二行点阵图案，以此类推，直到该排字符的第7行点阵图案都扫出，才完整地显示出第0排的80个字符的点阵图案。

不断重复上述过程，第1排、第2排……至第24排点阵图案扫出为止，形成一帧画面。最后，光栅扫描垂直回归，一次场扫描完成。

在每扫完一排字符点阵后，接着进行5行水平扫描。此时，刷新存储器不寻址，故荧光屏上无亮点显示。用它作为排之间的间隔。

为使点阵图案稳定显示，通常以每秒50次的速度重复上述全部过程，进行第二次、第三次、……、第 n 次场扫描。

(3) 字符显示器的组成与工作原理

图 9.34 是字符显示器的原理框图。其中虚线框为定时控制电路，其中的核心是点计数器、水平地址计数器、光栅地址计数器和垂直地址计数器，由它们来控制显示器的逐点、逐字、逐行、逐屏的刷新显示。

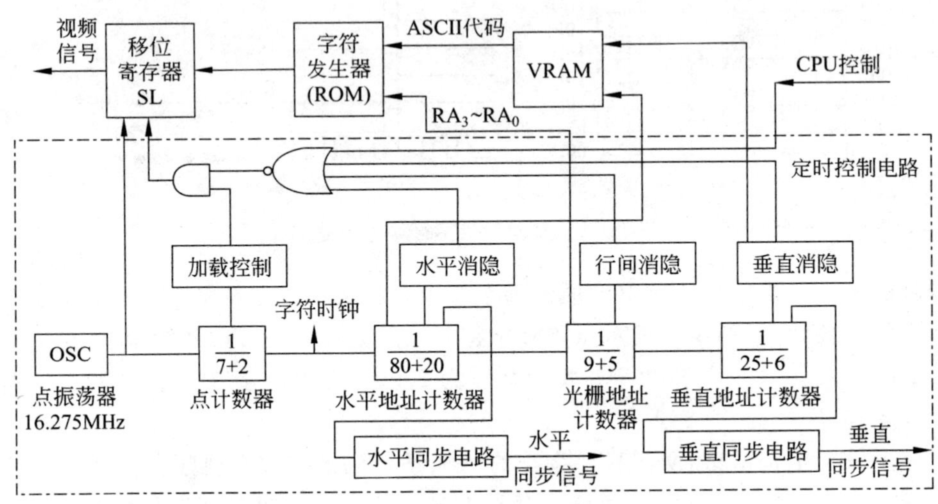

图 9.34 字符显示的基本原理

点振荡器产生 16.257MHz 的点时钟，用来控制 ROM 中每行 9 个点依次移位输出。点计数器对点时钟 9 分频，输出的字符时钟是显示控制器的定时信号，同时它也控制移位寄存器的加载(S 为移位控制端，L 为并行输入控制端)。当一个字符的 9 个点阵(字符 7 点，行间隔 2 点)输出结束以后，输出下一个字符中同一行的 9 个点。

水平地址计数器对一行的显示进行控制，送出当前要显示的这一行字符的视频存储器(VRAM)地址，每行有效显示 80 个字符。当光栅从一行结束回到另一行开始时，屏幕上不应该显示，这一段称为水平回扫消隐期，在此期间产生水平同步信号，输出到显示器，与此同时水平消隐信号控制移位寄存器不要加载。水平消隐约占行扫描周期的 1/5，对一行 80 个字符的显示方式而言，水平消隐占用 20 个字符时钟的时间，计算方法为：$x/(80+x)=1/5, x=20$。

光栅地址计数器对字符窗口的高度进行控制，因字符窗口的高度为 14，字符点阵高度为 9，行间隔为 5 个点阵，故光栅地址计数器控制一个字符的 9 行点阵逐行输出，并在最后 5 行进行行间消隐。垂直地址计数器控制一屏幕 25 行字符的显示，与水平回扫类似，光栅到达屏幕底部最后一行字符时需要回到屏幕顶部第一行，这一过程称为垂直回扫，假设这一过程也需要占用 1/5 的帧扫描周期，则它需要约 6 排字符的扫描时间，计算方法同行消隐占用时间相同。回扫期间同样需要消隐，故垂直消隐信号控制移位寄存器不加载。

VRAM 的地址由水平地址计数器(列地址)和垂直地址计数器(行地址)决定，VRAM 输出的 ASCII 代码作为 ROM 的高位地址，ROM 的低位地址来自光栅地址计数器，ROM 的输出在 L 信号控制下并行装入移位寄存器，然后在点时钟控制下移位输出形成视频信号，输出到显示器。显示器在水平同步、垂直同步和视频信号的控制下，连续不断地进行屏幕刷新，从而呈现稳定而不消失的字符图像。

例 9.5 某 CRT 显示器可显示 95 种 ASCII 字符，每帧可显示 80 字×25 排；字符采用 7×9 点阵，即横向 7 点，字间间隔 2 点，纵向 9 点，排间间隔 5 条扫描线；垂直回扫和水平回扫分别为帧扫描周期和行扫描周期的 1/5；帧频为 50Hz，采取逐行扫描方式。问：

(1) 刷新存储器 VRAM 中存放的是什么内容，其容量至少需多少字节？

(2) 字符发生器 ROM 中存放的是什么内容，其容量是多少字节？

(3) 设置哪些计数器以控制刷新存储器访问与屏幕扫描之间的同步？它们的分频关系如何？

(4) 设时钟直接用于点计数脉冲，则其频率是多少？

解：(1) 刷新存储器 VRAM 中存放的是待显示字符的编码，因为每屏字符数为 80×25=2000，VRAM 容量至少要存放一帧字符的 ASCII 码，所以至少为 2000 字节。

(2) 字符发生器 ROM 存放的是全部可显示字符的点阵代码，由于可显示 95 种字符，而每个字符的点阵码为 9 个字节，所以 ROM 的容量至少为存放所有可显示字符点阵所需要的空间，即 95×9=855 字节。

(3) 按显示过程的需要，应设置 4 级计数器。

① 点计数器，7×9 字符点阵一行有 7 个光点，加上字符间隔两个点，则点计数器应按 9 循环。

② 字计数器，字计数器用来控制一排中第 i 个字符的刷新，其输出送到刷新存储器，作为其 X 向地址，因为一排可显示 80 个字符，行回扫占行扫描周期的 1/5，即相当于 20 个字符，所以字计数器应按 100 循环计数。归零输出作为行计数脉冲。

③ 行字数，该计数器用来控制第 j 行扫描线，其输出送到字符发生器，作为读取字符发生器的低位地址。因为一排字符有 9 条扫描线，加上排间隔 5 条扫描线，所以行计数器应按 14 循环计数。归零输出作为排计器的计数脉冲。

④ 排字数，该计数器用来控制第 n 排字符，其输出送到刷新存储器，作为刷新存储器的 Y 地址。因为一帧可显示 25 排，而帧回扫占帧扫描周期的 1/5，约相当于 6 排字符，所以排计数器应按 31 循环计数。

由上述分析可见各级计数器的分频关系为：点计数器(7+2)∶1 分频，字计数器(80+20)∶1 分频，行计数器(9+5)∶1 分频，排计数器(25+6)∶1 分频。

(4) 当时钟频率直接用于点计数脉冲时，其频率为 $f=50\times9\times100\times14\times31=19.53\text{MHz}$

4) CRT 图形显示器工作原理

前面介绍了 CRT 字符显示器的组成和工作原理。实际上目前计算机系统中使用的显示器大都是字符/图形显示器，不仅能显示字符(包括汉字)，也能显示图形和图像。对于图形显示器而言，VRAM 中存放的是一帧待显示的图形信息。这些图形信息在 VRAM 中的排列次序与在屏幕上显示位置密切相关。

在图形方式下，屏幕被划分的粒度远远比字符显示方式更细，随着图形分辨率的不同，一个屏幕可能被划分成几百个至几千个水平点和几百个至几千个垂直点。同字符方式一样，屏幕上显示点的位置由行地址与列地址确定，该行列值对应一个存放该点信息的 VRAM 地址。根据该地址从 VRAM 中读出的图形字节不需要访问 ROM，而是直接送入移位寄存器，然后串行输出视频信号。

由于计算机以二进制数存放数据，VRAM 中存放图形数据的每位只能为"0"或"1"，其中"0"表示对应的像素点不亮，而"1"则表示对应的像素点点亮，这种方式适合单色显示器。如果要显示彩色信息，还需要采用彩色位平面存储结构来表示每一个像素点的色彩信息，每个彩色位平面由单一位组成，并表示某个像素点的颜色，彩色位平面也存储在 VRAM 中。如需要支持 256 种颜色，则需要 8 个彩色位平面，此时 VRAM 的总容量为单色时 VRAM 容量的 8 倍。

例 9.6 若显示工作方式采用分辨率为 1024×768，24 位真彩色，帧频（刷新速度）为 72Hz。

（1）刷新存储器的容量至少需要多少 KB？

（2）若保留 50%带宽用于其他非刷新功能，则刷新存储器的总带宽应为多少？

（3）为了提高刷新存储器的带宽，应采取何种技术措施？

解：（1）刷新存储器的容量至少要存放一帧画面的内容，所以为 1024×768×24/8 =2304KB。

（2）刷新屏幕所需带宽为：1024×768×24/8×72/s=165 888KB/s=162MB/s。

若保留 50%带宽用于其他非刷新功能，则刷新存储器的总带宽应为 162MB×2=324MB/s。为了提高刷新存储器的带宽，可采取以下技术措施。

① 使用高速度的 DRAM 芯片组成刷新存储器。

② 刷新存储器采用多体交叉结构。

③ 提高刷新存储器内显示控制器的内部总线宽度，由 32 位提高到 64 位，甚至到 128 位。

④ 刷新存储器采用双端口存储器结构，将刷新端口与更新端口分开。

5）液晶显示器

液晶显示器 LCD(Liquid Crystal Display)的显示原理与 CRT 不同，它是基于液晶电光效应的显示器件，其基本原理是在电场的作用下改变液晶晶体分子的排列，使得液晶具有透光或不透光特性，从而达到在屏幕上显示图像的目的。

LCD 大约诞生在 20 世纪 70 年代，目前已得到广泛应用。根据液晶分子形态和排列方式的不同，目前市场上流行的液晶显示器可分为扭曲向列型 TN(Twisted Nematic)、薄膜场效应管型 TFT(Thin File Transistor)以及高分子散布型 PDLC(Polymer Dispersed Liquid Crystal)。下面将简要介绍这几种不同类型液晶显示器的工作原理。

（1）TN 型液晶显示器的工作原理

TN 液晶显示器的结构如图 9.35 所示，它主要包括一组玻璃基片、附着在玻璃基片内表面的透明导电薄膜电极以及加在两个玻璃基片外表面的偏振片。在两个玻璃基片间是液晶层，在玻璃基片表面配向剂

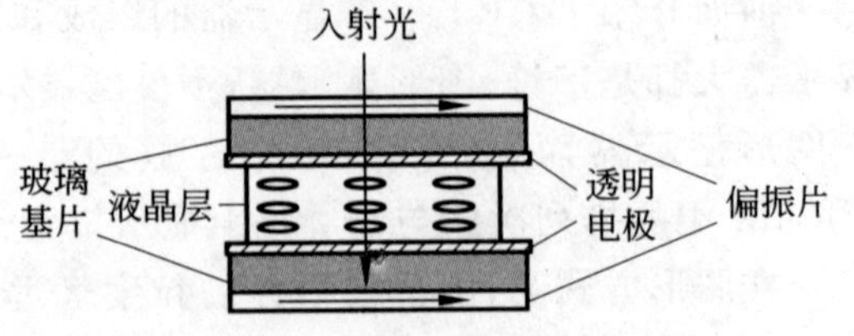

图 9.35 TN 模式液晶显示器的结构

的作用下两玻璃基片间液晶的自然状态为连续扭曲90°排列，这也是为什么被称为扭曲型液晶显示器的原因。

不加电的情况下，液晶使入射光刚好偏振偏转90°，正好与下方的偏振片光轴正交，形成不透光状态。加电后，在两个电极之间形成电场，在电场作用下，液晶分子按照电场方向排列，不再扭转90°，入射光的偏振方向不变，形成透明状态，即明和暗两种状态。为了实现彩色显示，可增加彩色滤片，将单色像素分成红、绿、蓝三基色，然后再根据三基色的不同比例呈现出彩色效果。

液晶显示器本身是非发光器件，因此不能在暗处使用，为此，利用背光源使光线从背面均匀照射，并通过调节背光源的强度，达到满意的使用效果。TN型液晶显示器随显示屏尺寸的加大，对比度将变差，并且视角小(小于30°)，因此，主要应用于手持式设备中，如MP3、手机、数码相机等。

(2) TFT型液晶显示器的原理

TFT型液晶显示器也采用了两夹层间填充液晶分子的设计，与TN型不同的是将上边夹层的电极改为了FET(Field Effect Transistor，场效应晶体管)，而下边夹层的电极改为了共通电极。在光源设计上，TFT的显示器采用“背透式”照射方式，即假想的光源路径不是像TN液晶那样的从上到下，而是自下而上，即在液晶的背部设置光源。光源照射时先通过下边偏振片向上透出，借助液晶分子来传导光线。由于上下夹层的电极改成FET电极和共通电极，在FET电极导通时，液晶分子的表现如TN液晶的排列状态一样会发生改变，也通过遮光和透光来达到显示的目的。但不同的是，由于FET晶体管具有电容效应，能够保持电位状态，先前透光的液晶分子会一直保持这种状态，直到FET电极下一次再加电改变其排列方式为止。相对而言，TN就没有这个特性，液晶分子一旦没有被施压，立刻就返回原始状态，这是TFT液晶和TN液晶显示原理的最大不同。

由于TFT型液晶显示器采用有源光源，因此功耗比TN型显示器高，目前笔记本和台式计算机中的液晶显示器大多采用TFT型。

(3) PDLC型液晶显示器的工作原理

PDLC型液晶显示器的结构与TN型类似，高分子的单体与低分子的液晶混合后夹在两片玻璃中间，做成一液晶盒。也采用薄膜作电极，但不需要在玻璃上镀表面配向剂，也不需要偏振片。在高分子形成的同时，低分子液晶与高分子分开而形成许多液晶小颗粒。这些小颗粒被高分子聚合物固定住。当光照射在此液晶盒上，因折射率不同，而在颗粒表面处产生折射及反射。经过多次反射与折射，就产生了散射。此液晶盒就像牛奶一样呈现出不透明的乳白色。

当电压加在液晶盒两侧的电极上时，液晶顺着电场方向排列，而使每颗液晶的排列均相同。对正面入射光而言，这些液晶有着相同的折射率。如果选用的高分子材料的折射率与液晶的折射率相同，则而在液晶盒内部没有任何折射或反射的现象产生。此时的液晶盒就呈现透明状。

聚合物分散型液晶显示器具有很多优点，例如不需偏振片和取向层，制备工艺简单，易于制成大面积柔性显示器等，目前已在光学调制器、热敏及压敏器件、电控玻璃、光阀、投影显示、电子书等方面获得广泛应用。

6）等离子显示器的工作原理

等离子显示器(Plasma Display Panel)于 1964 年由美国的伊利诺斯大学的两位教授发明，20 世纪 70 年代初实现了 10 英寸 512×512 线单色 PDP 的批量生产，20 世纪 80 年代中期，美国的 Photonisc 公司研制了 60 英寸级显示容量为 2048×2048 线单色 PDP。20 世纪 90 年代突破彩色化、亮度和寿命等关键技术，目前已经进入彩色实用化阶段。

(1) 等离子显示器的结构

等离子显示器的结构如图 9.36 所示，一般由前、中、后 3 层玻璃板组成。在第一层玻璃板(前面)的里面涂有导电材料的垂直条，中间层是由离子管作为发光元件，每个发光元件中装有氖气，第三层表面涂有导电材料的水平条。

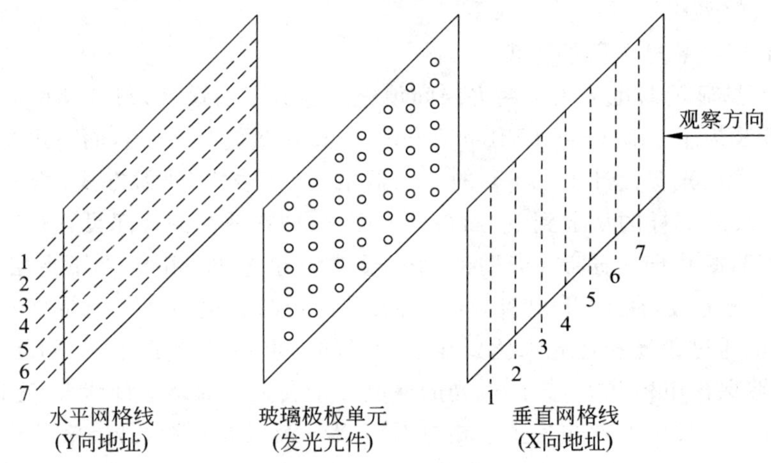

图 9.36 等离子显示器三层结构示意图

如图 9.36 所示的等离子显示器的前、后玻璃板上分别有 7 条垂直和水平导电条，中间层有 7 行×7 列发光元件。

要点亮某个地址的发光元件，如第 3 行第 4 列的发光元件，先在第 3 行上加高电压，等该发光元件点亮后，可用低电压维持氖气发光元件的亮度。若要关掉该发光元件，只要将相应的电压降低。发光元件开关的周期时间是 15ms，通过改变控制电压，可以使等离子板显示不同灰度的图形。

(2) 等离子显示器工作原理

等离子技术同其他显示方式相比存在明显的差别，它是一种利用气体放电的显示装置。这种屏幕采用了等离子管作为发光元件，大量的等离子管排列在一起构成屏幕。每个等离子对应的每个小室内部充有氖氙气体。在等离子管电极间加上高压后，封在两层玻璃之间的等离子管小室中的气体会产生紫外光，从而激励后玻璃上的红、绿、蓝三基色荧光粉发出可见光。每个离子管作为一个像素，由这些像素的明暗和颜色变化组合，产生各种灰度和色彩的图像，与显示像管发光相似。

等离子显示器的扫描方式是每秒刷新 60 场(幅)，每场图像的最大点亮时间(包括清除和写入时间)为 16.6ms，把每场分为 8 个副场，每个副场的点亮时间按二进制数倍增，即 1,2,4,8,16,32,64,128,这样就能实现点亮时间的 256 级精确控制。

维持发光元件在每个副场时间内都点亮显示屏一次,要求每场图像需要点亮显示屏 8 次,与显像管每秒刷新 60 场图像(隔行扫描)的速度相比,等离子显示屏需要每秒点亮 480 次,才能完成 60 场图像(逐行扫描)的刷新,这是等离子显示器驱动电路的工作原理,因此,等离子显示器中需要高速、高压电源开关以及图像数据的高速传输。

(3) 等离子显示器的特点

等离子显示器具有以下比较突出的特点。

① 高亮度、高对比度。

等离子显示器具有高亮度和高对比度,对比度达到 10 000 : 1,完全能满足眼睛的视觉需求;亮度达到 1000 尼特(cd/m^2),比普通 CRT 显示器的 250(cd/m^2)高很多,其色彩还原性非常好。

② 纯平面图像无扭曲。

PDP 的 RGB 发光栅格在平面中呈均匀分布,这样就使得 PDP 的图像即使在边缘也没有扭曲现象出现。而在纯平 CRT 显示器中,由于在边缘的扫描速度不均匀,很难控制到不失真的水平。

③ 超薄设计、超宽视角。

由于等离子显示原理的关系,使厚度大大低于传统的 CRT 显示器的厚度。

④ 具有良好的防电磁干扰功能。

与传统的 CRT 彩电相比,由于其显示原理不需要借助于电磁场,所以来自外界的电磁干扰,如马达、扬声器,甚至地磁场等离子对图像没有影响,不会像 CRT 彩电受电磁场的影响会引起图像变形变色或图像的倾斜。

⑤ 环保无辐射。

等离子显示器在结构设计上采用了良好的电磁屏蔽措施,其屏幕前置玻璃也能起到电磁屏蔽和防止红外辐射的作用,对眼睛的伤害非常小,具有良好的环保特性。广泛应用于大屏幕显示及家用电视等场合。

本章小结

本章讲述了输入输出系统的一些基本知识,主要包括 I/O 系统的特性、I/O 接口的功能与组织结构、常见的几种输入输出方式,并简要介绍了几种常见输入输出设备的工作原理。

本章的学习目标包括:

(1) 熟悉 I/O 接口的基本概念。

(2) 熟悉程序查询方式的工作原理。

(3) 掌握程序中断方式的工作原理和相关概念。

(4) 掌握 DMA 方式的工作原理和相关概念。

(5) 了解通道方式的工作原理和相关概念。

(6) 了解常见输入输出设备工作原理。

对上述内容具体小结如下。

1. I/O接口的基本概念

外围设备通过输入输出接口实现与主机的连接与通信。

1) I/O接口的功能

包括寻址、数据输入输出、匹配主机与外设速度、数据格式转换或逻辑电平转换、传送主机命令、收集设备的工作状态等。

2) I/O接口的结构

虽然不同类型接口差别较大,但一般I/O接口应包括数据缓冲寄存器(DBR)、地址译码器、状态字寄存器(DSR)、命令寄存器、数据格式转换逻辑等部件。

3) I/O接口的分类

可从不同的角度对I/O接口进行如下分类:并行/串行接口、可编程接口和不可编程接口、专用接口与通用接口、同步/异步接口、直接传送/程序查询/程序中断/DMA等接口。

4) I/O接口的连接方式与编址

(1) I/O接口的连接方式

I/O的连接方式随主机和外部设备的发展而变化,常见的几类连接方式包括:基于总线的连接、基于通道控制器的连接和基于I/O处理机的连接。

(2) I/O设备的编址方式

- 单独编址:外设使用独立的地址空间。
- 统一编址:外设与主存统一编址,将主存空间地址划分一部分出来供外设使用。

2. 程序查询方式的工作原理

程序查询方式的输入输出相当于条件传送方式。该方式下,CPU查询接口中的状态字,并根据查询的结果决定下一步的动作。如果查询到设备准备好,则CPU与外设之间进行数据的传送;若查询到设备忙或未准备好,则根据不同的查询方式进行不同的后续处理。有两种方式的程序查询,一种是定时查询,另一种是独占查询。对独占查询,CPU不是在进行输入输出操作就是在查询设备状态。

3. 程序中断方式的工作原理

1) 相关概念

(1) 中断的定义

计算机系统运行时,若系统外部、内部或现行程序本身出现某种非预期的事件,CPU将暂时停下现行程序,转向为该事件服务,待事件处理完毕,再恢复执行原来被中止的程序继续运行,这个过程称为中断。

(2) 中断的作用

实现主机和外部设备并行工作、程序调试、故障处理、实时处理和人机交互等多种作用。

(3) 中断的分类

① 外部中断：凡是由主机外部事件引起的中断称为外中断，这类中断大部分由外设发出，如I/O信息传送请求中断、I/O传送结束处理要中断、I/O接口和外设出现故障时也要中断。又可分为可屏蔽中断和不可屏蔽中断。

② 内中断：发生在CPU内部的中断称为内中断，也称为内部异常。又可分为故障(Fault)、自陷(Trap)和终止(Abort)3类。

(4) 中断优先级

指响应和处理中断请求的先后次序，又包括响应优先级和处理优先级。

① 响应优先级是指CPU对各设备中断请求进行响应的先后次序，它根据中断事件的重要性和迫切性而定。当几个设备同时有中断请求时，优先级高的先响应，优先级低的后响应。

② 处理优先级是指CPU实际完成中断处理程序的先后次序。对单级中断而言，先被CPU响应的中断服务程序先完成；对多重中断而言，先被CPU响应的中断不一定先完成，这与中断屏蔽密切相关。

(5) 单级中断与多级中断

① 如果一个中断服务程序被执行后，则CPU不响应其他中断请求，而只有在该中断服务程序执行完成后才能响应其他中断请求，这种中断就是单级中断。若在中断服务程序执行过程中，如果允许CPU响应其他中断请求，则这种中断称为多重中断，也称中断嵌套。

② 中断嵌套包括两种方式，一种是高级中断中断低级中断，这是最基本的中断嵌套方式；另一种是低级中断中断高级中断，这属于比较特殊的嵌套，需要借助中断屏蔽来实现。

(6) 中断屏蔽

为了便于利用程序控制中断处理的先后顺序，可通过程序有选择地封锁部分中断源发出的中断请求，而允许其余部分中断仍得到响应，这种方式称为中断屏蔽。中断屏蔽通过中断屏蔽寄存器进行。

2) 中断的响应条件

当中断源提出中断请求时，CPU并不一定响应，响应中断需要满足一定的条件，这些条件如下。

(1) 中断允许触发器处于允许。

(2) 对应的中断未被屏蔽。

(3) CPU已执行到一条指令的最后一个状态周期。

(4) 如果CPU正在执行中断服务程序，则要求新的中断请求符合中断嵌套的条件。

(5) 无DMA请求，因为DMA请求的优先级比中断的优先级高。

3) 中断源的识别方法及获得中断服务程序入口地址的方法

(1) 中断识别的任务是确定中断是由哪个中断源发出的，主要识别方法包括程序查询法、硬件查询法和独立请求3种。

(2) 获得中断服务程序的入口地址主要有向量中断法和非向量中断法两种。

4) 中断处理的流程

中断处理程序通常由3部分组成，即预处理部分、主体部分和后期处理等3部分。单级中断与多级中断的处理流程不同，对多级中断而言，还涉及屏蔽字的处理、开放及关闭中断的处理。

4. DMA的工作原理和相关概念

1) DMA的传送方式

DMA方式下外设与主存之间传送数据时，CPU仍可执行主程序，因此存在DMA控制器与CPU同时要访问主存的可能。防止这种访问主存的冲突，常用的方法有停止CPU使用主存、DMA控制器与CPU交替使用主存以及周期挪用等3种方式。

2) DMA的操作过程

DMA的数据块传送过程可分为3个阶段，即预处理阶段、传送阶段和结束阶段。其中预处理阶段和结束阶段仍然需要CPU的参与，只有数据传送阶段不需要CPU参与。这是完成与DMA有关定量计算的关键。

3) DMA控制器组成

DMA控制器的基本结构由各类寄存器、DMA控制逻辑以及中断逻辑等功能部件，具体包括：主存地址计数器、字计数器、数据缓冲寄存器、DMA请求标志、控制/状态逻辑、中断机构等。

4) DMA类型

分为选择型和多路型。

5. 通道方式的工作原理

(1) 通道处理机是一种专用的输入输出处理机，分担主机对输入输出管理的全部或大部分工作，而且不仅能管理高速设备，还能管理低速设备。

(2) 通道的类型：字节多路通道、选择通道和成组多路通道等3类。

6. 常见输入输出设备

- 常见的输入设备：键盘、鼠标、触摸屏、扫描仪等。
- 常见的输出设备：打印机、显示器等。

习题9

9.1 解释下列名词。

接口；中断；中断处理优先级；中断屏蔽；多重中断；中断向量；中断响应优先级；中断隐指令；程序中断I/O；程序查询I/O；DMA；周期挪用；通道；选择型通道；通道指令；输入设备；输出设备；显示分辨率；点距；行反转扫描法。

9.2　简要回答下列问题。

(1) 什么是接口？它有哪些功能？

(2) 主机与外部设备之间如何连接？

(3) 主机与外部设备信息交换的控制方式有哪些？各有什么特点？

(4) 什么是程序查询 I/O 方式？简要说明其工作原理。

(5) 比较单级中断和多重中断处理流程的异同点。

(6) 中断隐指令完成什么功能？

(7) 为什么在保护现场和恢复现场的过程中，CPU 必须关中断？

(8) CPU 响应中断的条件有哪些？

(9) 什么是中断向量？简要分析中断向量方式下形成中断向量的基本方法。

(10) 为什么采用 DMA 方式能提高成组数据传送的速度？

(11) 什么是中断优先级？它具有哪两层含义？划分优先级的原则是什么？

(12) 计算机中断系统中使用屏蔽技术有什么好处？

(13) 计算机中断响应后，如何调出中断服务程序？

(14) DMA 方式传送数据前，主机应向 DMA 接口输送哪些参数？

(15) 比较中断 I/O 和 DMA 的异同点。

(16) 比较 DMA 与通道的异同点。

(17) 中断系统中设计中断允许和中断屏蔽的作用分别是什么？两者是否可以合二为一？

9.3　A,B,C 是与主机连接的 3 台设备，在硬件排队线路中，它们的优先级是 A>B>C>CPU，为改变中断处理的次序，它们的中断屏蔽字如表 9.3 所示(设“0”表示允许中断，“1”表示中断屏蔽)。

表 9.3　中断屏蔽表

设备名称	屏蔽码			设备名称	屏蔽码		
	A	B	C		A	B	C
A	1	1	1	C	0	1	1
B	0	1	0				

请按图 9.37 所示的时间轴给出的设备中断请求时刻，画出 CPU 执行程序的轨迹。A,B,C 中断服务程序的时间宽度均为 20μs。

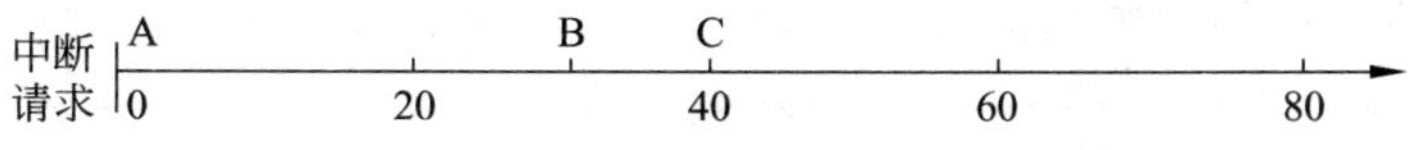

图 9.37　中断程序执行轨迹

9.4　设某机有 5 级中断：L0,L1,L2,L3,L4。其中断响应优先次序为：L0 最高，L1 次之，L4 最低。现在要求将中断处理次序改为 L1→L3→L0→L4→L2，试问：

(1) 表 9.4 所示的中断屏蔽字该如何设置(“0”表示允许中断，“1”表示中断屏蔽)？

9.4 更新后的中断屏蔽表

中断处理程序	中断处理级屏蔽位				
	L0 级	L1 级	L2 级	L3 级	L4 级
L0 中断处理程序					
L1 中断处理程序					
L2 中断处理程序					
L3 中断处理程序					
L4 中断处理程序					

(2) 若这 5 级中断同时都发出中断请求，按更改后的次序画出进入各级中断处理程序的过程示意图。

9.5 以图 6.15 所示的多周期方案数据通路高层视图为例，设计带异常处理的控制器有限状态机示意图。

9.6 某计算机的 CPU 主频为 500MHz，与之连接的外设的最大数据传输率为 20KBps，外设接口中有一个 16 位的数据缓冲器，相应的中断服务程序执行时间为 500 个时钟周期，通过计算分析该设备是否可采用中断 I/O 方式？若该设备的最大数据传输率为 2MBps，该设备是否可采用中断 I/O 方式？

9.7 假设某个主频为 1GHz 的处理器需要从某个成块传送的 I/O 设备读取 1000 字节的数据到主存缓冲区中，该 I/O 设备一旦启动就按 50KBps 的数据传输率向主机传送 1000 字节的数据，每个字节的读、处理及送内存缓冲区共需要 1000 个时钟周期的时间，则以下 4 种方式下，在 1000 字节的读取过程中，CPU 花费在该设备 I/O 操作上的时间分别为多少？这部分时间占处理器时间的百分比分别是多少？

(1) 采用独占式查询方式，每次处理一个字节，一次状态查询需要 60 个时钟周期。

(2) 采用中断 I/O 方式，外设每准备好一个字节发送一次中断请求。每次中断请求需要两个时钟周期，中断服务程序的执行需要 1200 个时钟周期。

(3) 采用周期挪用的 DMA 方式，每挪用一次主存周期处理一个字节，一次 DMA 传送完成 1000 字节数据的传输，DMA 初始化和后处理的总时间为 2000 个时钟周期，CPU 和 DMA 没有访存冲突。

(4) 如将外设的速度提高到 5MBps，则上述 3 种方式中，哪些不可行，为什么？对于可行的 I/O 方式，计算 CPU 花费在 I/O 操作上的时间占 CPU 时间的百分比。

9.8 某 CRT 显示器可显示 64 种 ASCII 字符，每帧可显示 64 字×25 排；字符采用 7×8 点阵，即横向 7 点，字间间隔 1 点，纵向 8 点，排间间隔 6 条扫描线；水平回扫为行扫描周期的 1/5；垂直回扫为帧扫描周期的 1/4；帧频为 50Hz，采取逐行扫描方式。问：

(1) 刷新存储器 VRAM 中存放的是什么内容，其容量至少需多少字节？

(2) 字符发生器 ROM 中存放的是什么内容，其容量是多少字节？

(3) 设置哪些计数器控制刷新存储器访问与屏幕扫描之间的同步？它们的分频关系如何？

(4) 设时钟直接用于点计数脉冲，则其频率是多少？

9.9 有一汉字 CRT 显示器，它可显示 3000 个汉字，每字以 11×16 点阵组成，字间间隔一点，两排字间隔 4 条扫描线，32 字/排，一个汉字编码点 2 个字节，帧频 50Hz，帧回扫描和行回扫描均占扫描时间的 20%（扫描时间包括正扫和回扫），行频可在 60～70μs 之间选择，由时钟源输出经点计数器→字计数器→行计数器→排计数器分频产生 RAM 用来存放字符的编码，ROM 用来存储汉字的点阵信息。试求：

（1）RAM 的存储容量是多少字节？

（2）ROM 的存储容量是多少字节？

（3）各计数器位数分别是多少？

（4）时钟源频率是多少？

9.10 已知字符显示器每排显示 80 个字符，一帧可显示 25 排，字符编码采用 ASCII 码，使用 7×7 字符点阵，字间隔一个点，字符排间隔为一条扫描线，行逆程占 34 个字符时间，场逆程占 7 排字符时间，刷新频率为 60Hz，求：

（1）刷新存储器容量和存取时间的要求。

（2）时钟频率和定时各计数器的最大值。

（3）画出该字符显示器框图。

9.11 一光栅扫描图形显示器，分辨率为 800×600，可显示 32 位真彩色，刷新频率为 72Hz，问：

（1）刷新存储器容量至少需要多少 MB？

（2）每一个像素允许的读出时间是多少 ns？

（3）设总带宽的 60%用于刷新屏幕，保留 40%带宽用于其他非刷新功能，则刷新存储器的总带宽应是多少？

课外实践

用 EDA 软件设计一个硬件中断优先级排队电路并进行功能仿真。

参考文献

[1] David A. Patterson,John L. Hennessy 著. 计算机组成和设计 硬件/软件接口. 第 2 版. 郑纬民等译. 北京：清华大学出版社,2003.

[2] 胡越明. 计算机组成与系统结构. 北京：电子工业出版社,2002.

[3] 李文兵. 计算机组成原理. 第 3 版. 北京：清华大学出版社,2006.

[4] 张功萱,顾一禾,邹建伟等. 计算机组成原理. 北京：清华大学出版社,2005.

[5] 王万生. 计算机组成原理使用教程. 北京：清华大学出版社,2006.

[6] 戴志涛,杨春武,汤天乐等. 计算机组织与体系结构. 第 4 版. 北京：清华大学出版社,2008.

[7] 袁春风. 计算机组成与系统结构. 北京：清华大学出版社,2010.

[8] 王诚,郭超峰. 计算机组成原理. 北京：人民邮电出版社,2009.

[9] Carl Hamacher,Zvonko Vranesic,Safwat Zaky 著. 计算机组成. 张红光,张健民,李莹译. 北京：机械工业出版社,2004.

[10] 蒋本珊. 计算机组成原理. 第 2 版. 北京：清华大学出版社,2008.

[11] 张晨曦,王志英,沈立等. 计算机系统结构教程. 北京：清华大学出版社,2009.

[12] 金兰,金波. 计算机组织：原理、分析与设计. 北京：清华大学出版社,2006.

[13] William Stallings 著. 计算机组织与体系结构：性能设计. 第 7 版. 张昆藏等译. 北京：清华大学出版社,2006.

[14] 唐塑飞. 计算机组成原理. 哈尔滨：哈尔滨工业大学出版社,2001.

[15] 潘松,潘明著. 现代计算机组成原理. 北京：科学技术出版社,2007.

[16] Dominic Sweetman 著. MIPS 体系结构透视. 李鹏,鲍峥,石洋等译. 北京：机械工业出版社,2008.

[17] Yale N. Patt Sanjay J. Pate 著. 计算机系统概论. 梁阿磊,蒋兴昌,林凌译. 北京：机械工业出版社,2007.

[18] 张新荣,李雪威,于瑞国. 计算机组成原理. 北京：机械工业出版社,2009.

[19] 李学干. 计算机系统结构. 第 3 版. 西安：西安电子科技大学出版社,2000.

[20] 高建生,莫正坤,谭志虎. 计算机组成原理. 武汉：华中科技大学出版社,2004.

[21] 莫正坤,邵平凡. 计算机组成原理. 北京：高等教育出版社,2005.

[22] Randal E. Bryant. David O'Hallaron 著. 深入理解计算机系统. 修订版. 龚奕利，雷迎春译. 北京：中国电力出版社,2004.

[23] 顾一禾,朱近,路一新. 计算机组成原理辅导与提高. 北京：清华大学出版社,2004.

[24] 王元昌. 计算机组成原理习题与解答. 北京：冶金工业出版社,2004.

[25] 白中英,杨春武. 计算机组成原理题解、题库与实验. 北京：科学出版社,2001.

[26] 文德雄,李向饶,王石. 计算机组成原理习题与解析 B 级. 北京：清华大学出版社,2006.

[27] 徐爱萍. 计算机组成原理习题与解析. 北京：清华大学出版社,2002.

[28] 姚爱红. 计算机组成原理知识要点与习题解析. 哈尔滨：哈尔滨工业大学出版社,2006.

[29] 唐塑飞. 计算机组成原理学习指导与习题解答. 北京：高等教育出版社,2005.

[30] 秦磊华,王小兰. 计算机组成原理实验与课程设计. 武汉：华中科技大学出版社,2010.

[31] 马鸣锦,朱剑冰,何红旗,杜威. PCI、PCI-X 和 PCI Express 的原理及体系结构. 北京：清华大学出版社,2007.

读者可参考的资源网站

[1] ftp://ftp.cs.wisc.edu

[2] http://inst.eecs.berkeley.edu/～cs61c/su08/(美国 UC Berkeley Machine Structure 课程网站)

[3] http://inst.eecs.berkeley.edu/～cs150/sp09/(美国 UC Berkeley Components and Design Techniques for Digital System 课程网站)

[4] http://inst.eecs.berkeley.edu/～cs152/sp09/(美国 UC Berkeley Computer Architecture and Engineering 课程网站)

[5] http://www.stanfrd.edu/class/ee108b(美国 Stanford Digital System Ⅱ 课程网站)

[6] http://www.ece.cmu.edu/～ece447/(美国 Carnegie Mellon Introduction to Computer Architecture 课程网站)

[7] http://6004.csail.mit.edu(美国 MIT Computation Structure 课程网站)

[8] http://www.Gotoschool.net(同济大学张晨曦教授,计算机组成与计算机系统结构网站)

说明:上述网站内容可能会发生变化。